범죄수사를 위한

필수 법생물학

제2판

Essential Forensic Biology

Second Edition

범죄수사를 위한

필수 법생물학

제2판

Essential Forensic Biology

Second Edition

원저 | Alan Gunn

공역 | 오계현 · 이병욱

월드사이언스
worldscience.co.kr

범죄수사를 위한

필수 법생물학

인　　쇄 | 2011년 10월 10일
발　　행 | 2011년 10월 20일

역　　자 | 오계헌 · 이병욱
발 행 인 | 박선진
발 행 처 | (주)월드사이언스

주　　소 | 서울특별시 서초구 방배4동 864-31 월드빌딩 1층
등록일자 | 1988년 2월 12일
등록번호 | 제 16-1601호
대표전화 | (02) 581-5811~3
팩　　스 | (02) 521-6418

E-mail | worldscience@hanmail.net
U R L | http://www.worldscience.co.kr

정　　가 | 30,000원
I S B N | 978-89-5881-188-6 (93470)

이 도서의 국립중앙도서관 출판시도서목록(CIP)은 e-CIP 홈페이지(http://www.nl.go.kr/ecip)와 국가자료공동목록시스템(http://www.nl.go.kr/kolisnet)에서 이용할 수 있습니다. (CIP제어번호: CIP2011004261)

너무나도 부족한

남편을 믿고 참아준 *Sarah*에게.

목차

감사의 글

이 책을 집필하는 중에 도움을 준 Sarah와 Liverpool John Moores University, School of Biological & Earth Sciences의 모든 교수진 및 기술진에게 감사한다.

서론

'법(forensic)'이라는 용어는 '시장(market place)'이라는 뜻을 가지는 라틴말인 '포럼(*forum*)'에서 유래한다: 로마시대에 이곳은 상거래와 법적소송이 수행되었던 곳이었다. 수년 동안 '법(forensic)' 이란 용어는 제한된 정의를 가지며 법적 조사를 의미하지만, 현재는 어떤 사람이 증거를 수집할 때와 같이 지난 사건에 대한 구체적인 분석을 위해 일반적으로 사용된다. 예를 들어, 오염사건의 원인을 추적하는 일은 '법환경분석(forensic environmental analysis)'이라고 하고, 과거 행성 배치를 측정하는 일은 '법천문학(forensic astronomy)'이라고 하지만, 역사학자들은 이들을 '법정세부사항(forensic detail)'에서 문헌을 조사하는 것이라고 말하였다. 이 책 '법생물학(forensic biology)'에서는 출간 목적에 부합되도록 생물학을 법적수사에 폭넓게 적용할 수 있도록 기술하였으며, 인체해부학, 생리학, 바이러스에서 척추동물에 걸친 다양한 생물체, 그리고 살인에서 보호식물종의 매매에 이르기까지 다양한 주제를 나루고 있다.

법의학(forensic medicine)과 법과학(forensic science)은 지난 200년 이래에 특수한 학문분야로 여겨졌지만, 그 학문의 기원은 초기 문명으로 거슬러 올라갈 수 있다. 역사의 기록에 따르면, 의료법학적 권한을 가진 최초의 인물은 (옛 오스만 제국 등 이슬람교 국가의) 수상(Grand Vizier), 재판장(Chief Justice), 건축가이며, 이집트의 파라오(pharaoh) Zozer (또는 Djoser)의 주치의인 Imhotep였다. Zozer는 기원전 2668-2649년에 걸쳐 군림하였으며, Imhotep에게 미심쩍은 상황에서 발생한 사망사건을 조사하도록 명령하였다. 법전편찬은 다양한 범죄에 대한 형벌이 명문화되어 있었던 '우르남무 법전(Ur-Nammu Code)'의 시조인 수메르인 왕 우르남무(king Ur-Nammu) (기원전 2060년)에 의해 시작되었지만, 살인사건에 대한 최초의 기록은 바빌론의 도시인 Nippur에서 발견된 기원전 1850년에 새겨진 점토서판에 볼 수 있다.

영국에서 검시관은 그 시대에 수행하였던 분명한 역할이 전해지지는 않았지만, Afred 대제 (871-899) 시대로 거슬러 올라간다. 검시관이 법률체계의 일환으로 모습을 갖추게 된 것은 Richard I세의 통치기간동안 이었다. 초기 검시관들은 강도사건에서 살인과 의문사 사건에 이르기까지 다양한 범죄수사에 대하여 커다란 권력과 책무를 가졌다. 예기치 못하게 죽어가는 사람의 몸은 그 환경이 미심쩍지 않다 하더라도 검시관들이 정밀조사를 위하여 보존되어야 했다. 조사장소에 도착할 때 까지 죽어가는 사람의 시신을 잘 관리하지 못하여 부패하고 해로운 악취가 나게되면 벌금을 물었다. 그러

Essential Forensic Biology, Second Edition Alan Gunn

므로 어떤 마을의 문제가 되지 않도록 하기 위해서 죽어가는 사람을 야밤에 다른 마을로 끌어다 놓는 일이 흔하게 발생하였다. 검시관의 책임은 수백 년이 지나면서 상당히 변화되었으나, 그의 역할은 1980년까지 여전히 미심쩍은 상황에서 죽어가는 사람의 몸을 검시하는 것이라고 여겨졌다.

검시관은 시신을 관찰하기는 하였지만, 부검은 하지 않았다. 영국과 다른 유럽국가에서 인체를 해부하는 것은 범죄로 간주되었으며 19세기까지 금지되거나 예외적인 환경에서만 허용되었다. 대다수의 기독교인은 시신 전부를 매장해야 하며, 그렇지 않으면 최후심판의 날(Judgement Day)에 부활의 기회가 줄어든다고 믿었다. 최초로 공인된 인체해부는 신성로마제국의 황제인 Fredrick II세가 의대 학생들에게 수업자료를 제공하기 위하여 매 5년마다 Naples 대학교에서 해부할 수 있다는 법령을 포고한 1240년에 실시되었다. 그 후 다른 국가들은 점차적으로 이 선례를 따랐다. 1540년에 King Henry 8세는 이발사 외과의사조합(Company of Barber Surgeons)에 매년 4구의 죽은 범인에 대하여 인체해부의 승인을 입법화한 최초의 영국 군주가 되었으며, 1663년에 King James 2세는 매년 6구로 증가시켰다. 그 후 재판관에게 사형선고가 내려진 죄수들에 대하여 (의식을 실행하지 않고) 매장할 것인지 아니면 교수대로 처형할 것인지, 또는 해부할 것인지에 대한 선택권이 주어졌다.

그럼에도 불구하고 의과대학들 사이에서는 시신의 부족을 해결하기 위해서 eager market에서 시체를 탈취하는 일들이 생겨났다. 시체도둑들은 관(coffin)과 매장장막(burial shroud) 뒤에 대기하고 있다가 그들의 행위가 어쩌면 교수형에 처해질 수 있는 심각한 중범죄행위로서 간주되었기 때문에 조심스레 떠나기도 하였다. 무덤에서 시신을 파내는 일은 단순한 경범죄로서 분류되었다. 이는 오늘날 불확실한 출처의 인골을 인터넷 시장에서 거래하는 것에 준한다 (Huxley & Finnegan, 2004; Kubiczek & Mellen, 2004). 최근에 악명높은 사건으로서 저명한 저널리스트인 Alistair Cooke의 시신이 뉴욕의 장례식장의 '대기장소(resting)'에서 강탈당하는 일이 발생하였다. Alistair Cooke은 2004년 3월 30일에 죽었으며 그가 죽은 시점이 95세로서 암으로 고통받고 있었음에도 불구하고, 그의 팔, 다리, 골반은 은밀히 처리되어 조직가공회사에 팔렸다. 그 회사는 외과에서 또는 치과충전제로서 사용하고자 뼈와 기타 신체조직을 사고파는 합법적인 시장이었지만, 수익성이 좋았기 때문에 일부사람들은 이와 관련된 범죄행위를 저지르게 되었다.

고대 그리스인들이 인체를 해부 했었다고 알려졌지만, Julius Caesar (기원전 102/100-44년)는 부검 대상이 되었던 역사상 최초로 기록된 살인사건의 희생자가 된 믿지못할 특징을 가지고 있다. 암살된 후에 내과의사는 그의 시신을 조사하였다. Antistius가 23회 걸쳐 Julius Caesar를 찔렀으며, 이들 가해가운데 두 번째 가해가 첫 번째와 두 번째 갈비뼈사이를 찔러서 죽게되었다는 결론을 내렸다. 의문사의 원인을 규명하기 위한 최초의 기록된 부검(post mortem)은 1302년에 Bologna 시에서 실시되었다. Azzolina라는 사람은 식사 후 쓰러져 갑자기 죽었으며 그의 시신은 매우 신속히 부풀어 올랐고 동시에 피부는 올리브색으로 변하고 점차 검게 되었다. Azzolino는 많은 원한관계의 사람들이 있었기 때문에 그의 가족은 그가 독살되었다고 믿었다. 유명한 외과의사인 Bartolomo de Varignana는 사인을 알아보기 위하여 시신을 부검하게 되었다. 그는 Azzolino가 간의 정맥에 혈액이 축적되어 사망하였으며 따라서 그의 죽음은 의문사가 아니라고 결론을 내렸다. 이 사건이 전례가 되었음에도 불구하고, 미심쩍은 상황에서 사인을 결정하는데 실시되는 부검은 그후 수백년동안 기록이 거의 남아있지 않다.

법의학(forensic medicine)에 관한 최초의 서적은 6세기에 중국인 내과의사인 Hsu Chich-Ts'si에 의해 씌여진 것으로 알려져 있으나 현존하지 않는다. 그후 1247년에 중국인 치안판사인 Sung Tz'u는 보통 '죄를 씻어버림(The Washing Away of Wrongs)'으로 번역되는 'Xi Yuan Ji Lu'라는 제목의 논문을 썼으며, 이 논문은 일반적으로 최초의 법의학 교재로 받아들여진다(Peng & Pounder, 1998). Sung Tz'u는 또한 사람이 사용하는 낫의 혈흔에 꼬이는 파리 떼를 관찰하여 살인자를 식별하는 방법과의 연관성을 제시함으로서, 범죄수사에서 생물학을 적용시킨 최초의 사람이 되었다. 유럽에서 의학지식은 세월이 지남에 따라 서서히 발전하였으며, 법의학은 1700년대에 의학의 한 독립된 분야로서 인식되기 시작하였다 (Chapenoire & Benezech, 2003). 프랑스의 내과의사인 Francois-Emanuel Foderé (1764-1835)는 1799년에 법의학에서 주요한 발전으로 알려진 *Les lois éclairéés par les sciences physique: ou Traité de medeciné-légale et d'hygiène publique*라는 제목의 역사적인 세권의 책을 출판하였다. 1802년 영국에서 최초의 법의학 강좌는 에딘버러 대학교에서 개설되었으며 1821년에 John Gordon Smith는 '*법의학의 원리(The Principles of Forensic Medicine)*'라는 최초의 법의학 책을 집필하였다.

오늘날 법의학은 잘 정립된 의료 전문분야의 하나이다. 임상법의학(clinical forensic medicine)에서는 살아있는 환자를 대상으로 한다 [예, 비우발적 손상(non-accidental injuries), 아동학대, 강간]. 반면에 법병리학(forensic pathology)에서는 형사소송절차를 위하여 사인을 조사한다 [예, 의심되는 살인사건(suspected homicide), 중대한 항공사고(fatal air accident)]. 병리학(pathology)은 질병, 외상, 독소 등에 의해 생겨난 조직과 기관의 변화를 연구하는 학문이다. 이론적으로 훌륭한 의사는 부검을 할 수는 있으나, 실제로 영국에서는 적절한 고도의 훈련된 사람들에 의해서 부검이 수행된다.

대부분의 죽음은 미심쩍은 경우가 없기 때문에 부검을 하지 않는다. 실제로 의사가 부검을 요청하더라도 죽은 사람의 친척들이 승인해야 한다. 일부 종교 집단은 부검에 반대하거나 어떤 사람은 매우 단시간에 매장하기를 원하기 때문에 부검을 원치 않는다. 예를 들어, 많은 회교도, 정통 유대인, 일부 기독교 종파들은 부검에 반대한다. 일부 의사들은 사망진단서의 20-30%가 사망원인을 부정확하게 기술된다고 생각하기 때문에 부검을 별로 원하지 않는다 것을 우려하는데 (Davies 등, 2004), 그러한 과실은 부적격(incompetence) 또는 '은폐(cover-up)' 때문에 좀처럼 나타나지 않으나 사체에 대한 상세한 조사없이 사인을 결정해야하는 어려움이 있다. 불행하게도 모든 전문직에서 사기꾼들은 있기 마련으로, Harold Shipman 박사는 모르핀의 과량투여를 통해서 수년간 200명이상의 노인 환자들을 살해하였으며, 그들의 사망진단서는 위조되었다고 알려져 있다 (Pounder, 2003). Shipman 박사에 의한 희생자들은 다양한 만성 질환으로 고통을 받았으며 그들이 고령 및 질병으로 죽었다고 그가 서명 날인했던 사망진단서에 누구도 의문을 제기하지 않았다. 더욱이 그는 컴퓨터에 기록된 환자의 자료도 위조하여 그 환자들이 만성질환으로 고통을 받아서 사망하였다고 주장하였다. 그는 종종 치사량에 해당하는 모르핀을 정해진 시간에 투여하였다. 의심이 제기되어 매장된 몇 명의 희생자들을 파내어 부검을 실시하였다. 그 결과 사망자들은 연로하였지만 사인이 질병이 아니라는 것을 알아냈다. 그들의 몸에는 상당량의 모르핀이 축적되었는데, 실제로 모르핀은 사망 후 수년간 매장된 시신에서도 검출될 수 있다. 그 결과 놀랍게도 의사인 Shipman 박사가 이면에 남긴 증거가 최악의 독약들 가운데 하나인 모르핀으로 밝혀졌다. Shipman 박사는 2000년 1월에 15명의 살인죄로 유죄판결을 받았으며 결국 감옥에서 자살하였다.

잉글랜드와 웨일즈에서 시신이 미심쩍은 환경에서 발견되었을 때, 사망진단서를 발급하는 의사나 경찰은 검시관에게 알리게 되며 그들은 그후 친인척들의 희망과는 상관없이 부검의 실시를 요청할 수 있다. 이 사례에서 부검은 보통 내무부의 병리학자 명부에 있는 의사들 가운데 한사람에 의해 실시된다. 2006년 4월 1일에 잉글랜드와 웨일즈의 8구역 가운데 한 구역을 담당하였던 사람들은 38명이었다. 그들 이름은 내무부에 의해 부검을 할 수 있다는 허락을 받았다고 하더라도 정식으로 고용되지 않았기 때문에 다소의 인명오기가 있었다. 스코틀랜드에서는 그와 관련된 자국의 법을 가지고 있으며, 검찰관은 죽음이 미심쩍은지를 생각하고 한명 또는 두명의 병리학자들이 부검을 수행해야 하는지를 결정한다. [잉글랜드와 웨일즈에서 병리학자는 보통 독립하여 일함]. 북아일랜드에서의 경우는 그 지역의 병리학자 부서(Pathologist's department)에서 제공된 병리서비스(pathology service)와 다소 다르다. 다른 나라에서는 각 국가마다 제도가 마련되어있으며, 특히 잉글랜드와 웨일즈에서는 법의학 서비스와 검시관 제도의 규정을 위한 철저한 정비를 요구하고 있다(예, Whitwell, 2003).

동물과 식물은 항상 사람의 생활에서 중요한 역할을 해왔으며, 말 그대로, 이(lice)의 사례에서 최초로 법정에 소환된 이래 법적논쟁(legal wrangle)에 휩싸이게 되었다. 초기 기록에서는 소유권 분쟁, 농작물의 훼손, 가축의 절도 또는 도살 등의 내용들이 많이 발견된다. 예를 들어, 기원전 1792-1750년 동안 바빌로니아를 지배한 함무라비(Hammmurabi)는 소유권과 상해에 관련된 많은 법을 체계적으로 정리하였으며, 추후에 이 법은 모자이크 법(Mosaic Law)의 기초가 되었다. 이 법에는 (노예 신분에서 해방된) 자유민 소유의 동물을 훔치는 사람은 10배 되돌려 주어야하며, 만일 법정이나 신에 귀속된 동물이라면 그는 30배로 보상해야 한다는 것이 명확히 제시되어있다. 동물은 여러가지 혐의를 받는 법정의 피고석에서도 발견되었다. 중세시대에는 돼지나 당나귀, 그리고 다른 동물들이 살인이나 남색(男色, sodomy) (역자주: 남자끼리하는 성행위)의 죄목으로 재판을 받은 후 공개교수형집행인(public hangmen)에 의해 처형되었던 몇가지 사례가 있었다. 재판과정은 매우 중요시되었으며 동물들에게는 그들을 대변하기 위한 변호사가 지정되었으며, 동물들도 사람들처럼 재판받고 처벌 받았다. 1576년에 교수형집행인은 정당한 법절차가 진행되기 전에 법정의 감호소에서 돼지를 공개교수형에 처하여 독일의 슈바인푸르트(Schweinfurt)에서 망신을 당했다. 그는 다시는 그 도시에서 일하지 못하게 되었으며 그의 행동으로 평판이 나쁜 악당을 칭하기 위하여 'Schweinfurter

Sauhenker'라는 용어가 생겨났다 (Evans, 1906). 그러나 그 문구는 더이상 유행하지 않는다. 오늘날에는 동물이 사형을 당하는 경우도 있지만, 누군가를 다치게 하거나 죽게한 동물의 주인이 기소를 당한다.

19세기 중에 많은 프랑스 노동자들은 공동묘지의 시신에서 발생하는 무척추동물의 집단서식을 순차적으로 상세하게 관찰하였으며, 이러한 시도들은 사망 후, 살인사건수사에서 사망시간을 결정하는데 사용할 수 있게 하였다 (Beneke, 2001). 그 후 무척추동물은 가끔 살인사건수사에서 증거를 제공하는데 사용되었으나, 그 가능성은 1980년대 까지 널리 인식되지 않았다. 그 이유들 가운데 일부는 실제 사건상황에 적용될 수 있는 연구를 수행하는데 대한 문제 때문이다. 전통적인 실험동물인 실험실 쥐의 몸체는 사람의 몸체와 별로 공통점이 없어서 무척추동물의 부패와 집단서식의 의미있는 비교를 하는 것이 어렵다. 그래서 미국 (다른 곳?)에는 사망자가 다양한 실제 상황에서 부패하는 것을 관찰할 수 있는 '시체농장(Body Farm)'이 있지만, 돼지, 특히 태아상태의 돼지는 법과학자(forensic scientist)에게 시신의 일상적 대안이다 (Bass & Jefferson, 2003). 어떤 동물이 불가피하게 부패하는 곳을 떠나는 이유는 악취 때문이며 파리가 꼬이게 되므로 사람의 거주지에서 멀리 떨어진 지역을 이용할 필요가 있다. 사체를 파내는 조류, 개, 쥐도 막아야 한다. 결론적으로 유효한 반복실험에서 얻는 것과 정상 환경에서 사체를 남겨두는 것은 어렵다. 더욱 중요하게도 이런 종류의 실험들은 시체농장의 시체들과 질병의 확산을 피하기 위해 가축을 적절하게 폐기하기를 원하는 유럽연합동물부산물규정(European Union Animal by Products Regulations)과 마찰을 일으키며, 땅위에서 죽은 돼지를 썩도록 방치하는 일도 명백히 위법이다.

법의학 수사에서 곤충이 아닌 다른 동물을 사용하는 일은 더욱 서서히 진행되고 있으며 식물에 근거한 증거를 채택하는 일은 여전히 서서히 진행 중이다. 형사재판에서 꽃가루 분석이 최초로 사용된 때는 1959년이었으며 (Erdtman, 1969), 그 후 형사재판에 널리 사용되지 않았지만 그 가능성은 현재 크게 인식되고 있다 (Coyle, 2004). 대조적으로, 고고학적 연구에서 식물과 다른 생물체의 사용은 수년간 일상적으로 사용되어오고 있다. 새로운 탐침과 동정법의 개발과 생물테러에 대한 우려가 변화하고 있음에도 불구하고 미생물적 증거는 형사재판에서 좀처럼 관심의 대상이 되지 못하였다.

동물과 식물에 근거한 증거채택이 서서히 진행되고 있는데 비하여, 법과학에서 분자생물학의 활용은 현재 잘 확립되어있으며 개개의 동정을 위한 방법으로 받아들여지고 있다. 이것은 보통 혈액과 다른 체액, 골수와 같은 조직으로부터 회수된 DNA에 근거하며, Jobling & Gill (2004)은 당시 현재의 방법에 대한 철저한 검토를 통하여 향후 개발될 수 있는 방법들을 제시하였다. DNA 데이터베이스가 구축됨에 따라 가까운 미래에 활용될 수 있을 것임에도 불구하고, 사람의 것이 아닌 DNA의 법의학적 관찰을 위한 분자생물학의 사용은 아직 진척되지 못하고 있다 (Coyle, 2007). 이러한 상황이 개선되면 동물과 식물은 소송절차에서 보다 커다란 부분에서 역할이 기대된다.

영국에서 생물학적 증거의 사용을 막는 주요 장애물들 가운데 한 가지는 법률제도의 특징이다 (Pamplin, 2004). 형사고발사건(criminal prosecution case)에서, 법원은 그 성이 유죄평결이 제출

표 A 미심쩍은 환경에서 몸체나 얼룩이 발견되었을 때 생기는 의문점들

사람에서 유래하는 잔해 또는 얼룩이 있는가?
희생자는 누구인가?
사인은 무엇인가?
희생자가 죽은지 얼마나 되었는가?
희생자는 즉시 죽었는가? 죽은지 시간이 경과되었는가–그렇다면 얼마나 경과하였는가?
사람은 사체가 발견된 지점에서 죽었는가?
사람은 자연적 원인, 사고, 또는 범죄행위에 의해 죽었는가?
만일 사람이 범죄로 죽었다면 누구 책임인가?

되기 전에 '모든 의심을 배제할 정도(beyond all reasonable doubt)'로 확신해야 한다. 그래서 법원은 과학이 확실하게 제공할 수 있는 어느 정도의 객관적 확실성을 요구한다. 실제로 과학은 가정(hypothesis)에 근거를 두며, 과학적 가정은 잘못으로 입증될 수 있다 – 만일 어떤 사람이 증거를 발견할 수 있다면. 생물체는 많은 내적 및 외적요인들에 의해 영향을 받으며, 따라서 그들에 근거한 증거는 거기에 첨부되는 증명서를 제시해야 한다. 예를 들면, 용의자의 신발에 묻은 흙에서 발견된 꽃가루 프로파일이 현장에서 발견된 것과 유사하다고 한다면, 이것은 연관성이 있을 수 있다는 것을 암시하지만 논리적인 의문을 벗어난 진술은 불가능하다. 비슷한 프로파일을 가지고 있을법한 다른 장소는 없다 – 그러나 의심할 여지가 없는 것은 아니다. 엄밀히 말하자면 변호사들은 결코 일어날 것 같지 않은 사건이나 발견에 대해서 또 다른 설명이 없다고 말할 수 없기 때문에 생물학적 증거의 잠재적 약점을 파헤치는 전문가이다. 민사법원에서 생물학적 증거는 '증명책임(burden of proof)'이 '균형의 개연성(balance of probability)'에 근거하기 때문에 더욱 커다란 잠재력을 가진다,

모든 생물학적 증거는 제한적임에도 불구하고 사체가 미심쩍은 환경 하에서 발견될 때는 언제나 제기되는 많은 의문점들에 대해 답을 제시하는데 매우 유용하다고 할 수 있다. 물론 첫 번째 질문은 사람의 시신인가? 만일 사체가 완전하고 상하지 않았거나 또는 거기에 단지 두개골만 있다하더라도 명백하다. 그러나 때때로 한조각의 뼈나 약간의 오래된 혈흔만 있을 수도 있다. 그 잔해가 사람의 것이라고 가정하면 생물학적 증거는 또한 후속답변을 얻는데 도움이 될 수 있다 (표 A).

유사한 종류의 문제가 야생동물범죄 (예, 보호종의 도살/매매), 사람과 가축의 유기, 동물제품(animal product)의 원산지 속임(miss-selling), 식품오염 등의 사례들에서 제기되었다. 이 책은 생물학의 이해가 생물체와 관련된 의문들에 대한 해답을 얻을 수 있다는 생각으로 기획되었으며, 활동중인 법과학자가 아닌 생물학에 한정된 지식적 배경을 가지는 학부생을 위해서 만들어졌다. 그러므로 전문용어를 단순하게 하기위해 노력하였으며, 생물학적 특성들이 어떻게 증거로서 제공하기 위해 사용될 수 있는지에 대하여 설명하였다. 생물학적 증거와 시험의 잠재적 출처(potential sources)에 대한 서술적 묘사는 혼동을 더욱 크게 할 뿐이다. 그러나 진정으로 유용한 어떤 증거에 대한 시험과 출처는 정확하고, 간결하며, 저렴하게 얻을 수 있어야 하고, 정해진 기간 이내에 그 결과를 얻

표 B 이상적인 법의학 시험의 특성

정확성: 그 결과는 법원에서 치밀한 조사가 진행될 까지 효력이 있어야 한다.
민감성: 많은 법의학 샘플은 매우 작고 한정되어 있다 (예, 일단 써버리고 나면 그 물질을 더 수거할 수 없음)
특이성: 시험에서 다른 물질들과 교차반응이 일어나면 정확도는 손상될 것이다.
신속성: 수사는 지연되어서는 안된다. 만일 범죄가 다시 일어난다면, 가능하면 빨리 파악하여 범인을 잡아야 한다. 또한 시간이 오래 걸리는 시험을 수행하는 오랜기간동안 용의자의 자유를 박탈하는 일은 불공평한 일이다.
간편성: 시험이 복잡할수록 실수가 생길 가능성은 커진다. 또한 시험을 하기 위한 사람을 교육시키는데 비용이 많이 든다.
신뢰성 및 재현성: 시험이 다른 연구실의 다른 연구원에 의해 반복될 수 있는 것이 매우 중요하다.
경제성: 경제적 이유는 중요하다. 지나치게 비용이 많이 드는 시험은 일상적으로 할 수 없다.
장비와 시약의 지속적인 이용가능성: 시험의 효과는 분석장비의 부품이 부족하거나 시약을 구하기 어려워 이용할 수 없게 된다면 손상될 것이다,

을 수 있어야 한다 (표 B). 그같은 커다란 주제의 틀에서 모든 주제를 심도있게 다루는 것은 불가능하며 구더기를 식별하거나 DNA를 분석하기 원하는 독자들은 관련된 적절한 분야의 권위자들에게 자문을 구해야 할 것이다. 비슷하게, 각 사례에 대하여 보다 상세한 내용을 알기를 원하는 사람들은 Erzinclioglu (2000), Goff (2000), Greenberg & Kunich (2002), Smith (1986) 등에 의해 집필된 훌륭한 저서들을 참고하였다. 여기서는 학부생이 쉽게 이용할 수없는 정보들에 대하여 통상 예고기재 신청절차(caveat)가 그같은 출처(sources)에 적용됨에도 불구하고 웹기반 자료(web-based material)를 만들었다.

각 장(chapter)의 시작부분에는 다룬 자료를 설명하기 위해 일련의 '목적'을 제시하였으며, 그들은 논문식 시험문제의 형식으로 기술되어 있어 독자들이 자가진단(self-assessment) 시험의 자료로서 사용할 수 있다. 마찬가지로 각장의 끝부분에 지식과 사실에 근거한 정보를 기억하는지를 시험하기 위해서 몇 개의 문제가 출제되어있다. 또한 각장의 끝에 학부생들의 연구 과제를 위하여 몇 가지 문제를 제시하였다. 법의학 증거로서 생물학적 자료의 유용성은 기본 생물학적 과정의 완전한 이해와 그들에 영향을 미치는 요인들에 의존되기 때문에 종 조성의 식별 또는 생장율 측정에 근거한 다양한 영역에서 단순한 프로젝트들이 있을 수 있다. 대부분의 프로젝트 수행경비, 시간, 시설이용에 있어서 심한 제약을 받게 된다; DNA 분석은 매우 비싸며 전문가의 장비가 필요하다. 마찬가지로 사람의 조직이나 사람과 비슷한 크기의 돼지를 대상으로 연구할 기회는 없을 것이다. 그러나 연구는 증거의 출처(source)로서 실험실 쥐와 식물과 무척추동물과 함께 시체를 대신하여 정육점에서 사온 고기와 뼈를 사용하여 훌륭하게 수행될 것이다.

역자소개

오계헌 (吳溪憲)

고려대학교 생물학과 (BS)

고려대학교 대학원-미생물 (MS)

(美) Ohio State University, Columbus-미생물학 (Ph.D)

(美) Purdue University, West Lafayette-미생물학 (Post-doc)

(英) University Wales, Bangor-미생물유전학 (Visiting Professor)

(美) University of California, Riverside-의생명과학 (Visiting Scholar)

(現) 순천향대학교 생명공학과 교수

이병욱 (李柄旭)

고려대학교 생물학과 (BS)

고려대학교 대학원-미생물 (MS)

(美) University of Georgia, Athens-미생물학 (Ph.D)

(美) Stanford Univeristy, Palo Alto-생명과학 (Post-doc)

(美) University of Rhode Island, Kingston-약학 (Visiting Professor)

(現) 고신대학교 생명과학과 교수

역자서문

법생물학(forensic biology)은 신원 확인, 실종자 수색, 범죄 수사에 활용할 수 있는 생물학적 증거와 자료에 대하여 연구하며, 범죄 현장과 다양한 생물들의 분포 간의 상관관계를 연구하는 과학 수사에서 기본이 되는 학문이다.

최근 들어 범죄는 날로 지능화 및 다양화 되어가고 있어 그에 따른 수사방법도 과학화 되어야 할 필요성이 제기되고 있으며, 생물체가 범죄수사에서 중요한 증거로 채택된지 얼마되지 않지만 법생물학에 근거를 둔 객관적인 과학적 증거가 범죄 수사에서 크게 기여하고 있다. 법생물학은 병리학, 의학, 생물학, 분자생물학적 실험기법들을 포함하는 다양한 관련 학문의 눈부신 발전을 배경으로 만들어진 학문 분야로서 올바른 과학수사를 위해서 반드시 이해해야 할 분야이다.

Alan Gunn이 지은 이 책(*Essential Forensic Biology, 2nd*)은 법생물학과 관련한 여러 가지 다양한 사례에 근거한 내용을 상세히 기술하고 이해를 돕기 위하여 컬러사진과 함께 생동감 있게 소개하고 있다. 이 책은 크게 3부로 나누어져 있다. 1부에서는 사람의 시신으로 사체의 부패, 발견, 회수(제1장), 체액과 노폐물(제2장), 분자생물학(제3장), 인간의 조직(제4장), 상처(제5장)를 기술하고 있으며, 2부에서는 무척추동물(제6장-7장)과 척추동물(제8장)에 대한 내용을 포함하고 있다. 3부에서는 식물과 다양한 미생물들(제9장-제10장)이 범죄와 법생물학적 지표로서 어떻게 이용되고 있는지에 대한 내용이 상세히 기술되어 있어 학문적으로 뿐만 아니라 다양한 범죄의 종류 및 수사와 관련하여 커다란 흥미를 불러일으킬 수 있을 것으로 믿는다.

이 책은 "범죄수사를 위한 필수 법생물학"은 법생물학을 알기 쉽고 상세하게 기술하고 있어 범죄를 탐구하는 전공자들 뿐만아니라, 법종사자, 경찰, 군인 등 과학범죄수사에 관계하는 사람들을 포함하여, 현대를 살아가는 일반인들에게도 흥미로운 내용으로 구성되어 있다. 따라서 이 책에 담겨있는 내용들이 독자들에게 최신의 법생물학에 대한 올바른 이해와 학문적 밑거름이 되기를 바란다.

본 필수 법생물학 2판을 번역하는데 있어서 분야의 특수성으로 인하여 용어가 일반화되어 있지 않은 경우가 많아 어색한 감이 있을 수 있다고 생각하며 독자들의 지도 편달을 기대한다. 여러 가지로 도움을 주신 많은 분들에게 깊은 감사를 드리며, 기술적인 교정을 위해 수고해준 현진우 군에게도 고마운 마음을 전하고 싶다. 또한 이 책을 발간하는데 많은 도움을 주신 (주)월드사이언스의 임직원 여러분들게 감사드린다.

2011. 10.

역자 오계헌 · 이병욱

감수의 글

“범죄수사를 위한 필수 법생물학” 번역본에 대한 감수를 부탁받고, 본인이 국립과학수사연구원에 입사하였던 1997년부터 현재까지를 돌아보게 되는 계기가 되었다. 지난 15년 동안 법생물학을 포함한 법과학 분야는 실로 눈부신 발전을 거듭해왔는데, 이제야 법생물학에 대한 첫 번째 교재가 번역되었다는 점에 어쩐지 의무를 소홀히 하지 않았는지 하는 미안한 생각이 들기도 했다. “알아야 보인다”는 말처럼 법생물학에 대해 알게 되면 사건해결에 결정적 역할을 하는 증거물이 보일 것이다.

1995년 O. J. Simpson 사건은 증거물을 바라보는 미국인들의 시각을 근본적으로 바꾸어 놓았으며, 최근까지도 인기가 식지 않고 있는 미국 드라마 CSI 시리즈로 인해 많은 일반인들이 저녁 식탁에서 비교적 상세한 법과학적 내용들을 이야기하게 되었다. 법과학과 과학수사를 소재로 한 많은 영화가 만들어지고, 책들이 저술되어 대중들에게 제공되고 있다. 이는 법과학과 과학수사를 바라보는 일반인의 눈높이가 매우 높아졌음을 의미하는데, 법정의 판사조차 그들이 TV에서 보아왔던 뭔가를 기대하게 되어 소위 “CSI effect”라는 말까지 생겨나게 되었다. 초등학교 학생들이 과학시간에 루미놀(luminol)을 이용한 혈흔 찾기 실험을 하고 있으며, 매일 뉴스에 등장하는 사건사고의 해결에 법과학이 이용되고 있고, 많은 학생들이 미래의 법과학자를 꿈꾸고 있다. 법과학은 매우 넓은 분야에 활용되고 있으며, 교실과 실험실에서만 적용되는 학문이 아니라 알게 모르게 우리의 생활 속에 자리잡고 있다는 것이다.

외국에서는 이미 오래전부터 법과학과 과학수사를 가르치고 훈련시키는 많은 대학교나 교육기관들이 중요한 역할을 수행해오고 있다. 국내에서도 수년 전부터 몇몇 대학교에 법의학 또는 법과학 관련 대학원이 문을 열었지만, 법생물학 혹은 유전자감식의 기본 이론과 적용에 대한 교과과정은 그리 많지 않으며, 특히 우리말로 번역된 좋은 교재를 찾기란 더욱 어려운 형편이다. Alan Gunn의 “Essential Forensic Biology (2nd)”는 법생물학 전문 서적으로서, 인체분비물 검사와 유전자감식은 물론이고, 동식물 종식별, 사후 경과시간 추정을 위한 법곤충학, 생물범죄 및 생물테러에 이용되는 법미생물 분야에 이르기까지 다양한 생물학 분야의 기본 지식과 법과학적 응용, 그리고 미래의 연구 방향까지 일목요연하게 제시해주고 있다.

이번에 출판하게 된 “범죄수사를 위한 필수 법생물학”은 법과학 혹은 과학수사에 종사하는 전문가는 물론 관심있는 일반인들에게도 매우 유용할 것으로 생각된다. 본서의 발간을 시작으로 하여 불모지와 다름없는 국내 법생물학 분야에 대한 인식제고와 함께, 보다 많은 법과학 관련 서적들이 번역되고 집필되어 수사기관의 과학수사를 지원하고 법원의 엄정하고 공정한 판결에 도움을 주기를 바란다.

2011년 10월

임시근
이학박사
국립과학수사연구원 남부분원 보건연구관
유전자분석실장

I 부 사람의 시신: 부패, DNA, 조직, 체액

1 사체의 부패, 발견, 회수

이 장의 개요

사체
부패단계
부패 속도에 영향을 미치는 요인들
사람유물의 발견과 회수
백골화된 시체의 연령과 출처의 결정
미래의 연구방향
자가진단 문제
실습문제

이 장의 목표

부패 단계의 화학적 및 물리적 특성을 비교한다.

사체의 부패속도는 발견된 방향과 사체가 위치한 환경에 어떻게 영향을 받는지 설명한다.

사체지방과 미이라화의 형성을 촉진하는 조건과 이들 과정이 어떻게 체조직을 보존하는지를 비교한다.

사체를 발견하고 회수하는 여러 가지 기법들을 대조하고 비교한다.

사람시신(human remains)의 연령과 지리적 근원을 결정하는 수단으로서 방사성 탄소연대측정법(radiocarbon dating)과 안정동위원소 분석의 가능성과 한계성을 측정한다.

사체

사람이 죽기 전의 시간은 생전 기간(ante mortem period)이라고 하며, 죽은 후의 기간은 사후 기간(post mortem period)이라고 한다. 죽음의 순간은 '빈사기(瀕死期, agonal period)'라고 하는데, 이는 죽음이 항상 아픈 경험라고 여겨졌기 때문에 '빈사(瀕死, agony) (역자주: 병이나 이상으로 거의 죽음에 이른 상태)'라는 단어로부터 유래하였다. 죽음의 순간이 몇시간이나 되는지 대한 견해는 일

Essential Forensic Biology, Second Edition Alan Gunn

치하지 않으며 사망을 전후한 시기(peri mortem period)를 말한다. 사인과 범죄에 의해 발생한 사건 인지를 알기 위해서 이 기간에 일어났던 일련의 과정을 아는 것이 중요하다. 마찬가지로 사망사건이 일어났을 때 여러 가지 일들 가운데 용의자가 연루되었는지의 여부를 정확히 알아야하기 때문에 사후간격(post mortem interval, PMI)이라고 하는 사후기간(post mortem period)을 아는 것이 중요하다. 사후 유해(remains)에서 일어나는 일들에 대하여 연구하는 학문은 '타포노미(taphonomy) (역자주: 생물개체가 죽은 뒤에 지층에 매몰되어 화석으로 발견되기까지의 기간에 관하여 연구하는 학문)'라고 하며, 그 유해에 영향을 주는 요인들을 '타포노믹 프로세스(taphonomic process)'라고 한다. 이같이 화상(burning), 구더기섭식(maggot feeding), 카니발리즘(cannibalism) (역자주: 마술적이나 종교적 의식으로서 죽은지 얼마 되지 않은 인육이나 그 일부를 먹는 일) 등은 모두 타포노믹 과정(taphonomic process)의 예에 해당한다.

어떤 사망사건을 수사할 때 마음을 열고 가능한 사인들에 대하여 생각하는 것이 필수적이다. 예를 들어, 만일 어떤 여성이 멀리 떨어진 황야에서 옷을 일부만 걸친 채 사체로 발견되었다면, 그녀가 성폭력으로 살해되었다는 것 말고도 많은 가능성이 있을 수 있다는 것을 생각할 수 있다. 먼저 그녀는 죽은 후에 부패되고 옷의 일부가 바람에 날라 갔거나, 청소부들에 의해 벗겨졌을 수도 있다 (8장). 둘째로, 그녀는 조용한 시골길을 걷기 좋아하는 사람이었을지도 모른다. 대부분의 사람들은 자연적인 이유로 죽는다. 아마도 그녀는 이미 심장마비, 뇌졸증, 또는 유사한 잠재적으로 치명적인 질병을 가진 상태에서 걷다가 죽었을 수도 있다. 또 다른 가능성으로는 그녀가 자살했을 수도 있다. 자살의도를 가진 사람은 종종 죽기위하여 멀리 떨어진 곳을 선택한다. 그녀가 암석 위를 걷다가 헛딛어 머리에 치명상을 입는 사고로 죽었을 수도 있다. 그리고 마지막으로 그녀가 살해되었을 가능성이다. 모든 이들 시나리오는 현장과 사체에 의해 제공되는 증거를 통해서 신중하게 고려되어야 한다.

부패단계

사람이 죽게 되면 몸은 화학적 및 물리적 조성에서 많은 변화를 겪게 되며 이들 변화는 PMI 지표를 제공할 수 있다. 그러한 변화는 죽은 유기물질을 먹고사는 생물체인 잔사식생물(殘渣食生物, detritivore)이 사체로 꼬여드는 현상에도 영향을 미치며, 그들 종류와 개체수도 PMI의 지표로서 사용된다. 더욱이 사후(post mortem)에 일어나는 일로 법의학적 증거가 유지되기도 하지만, 손상될 수도 있으며 그것들이 무엇인지를 알아보는데 필요한 인공물이 생기기도 한다. 그러므로 분해과정과 영향을 미치는 요인들을 이해하는 일은 사망자와 동물의 잔해(remains)를 분석하는데 매우 중요하다.

육상 환경에서 부패단계는 대충 초기(fresh), 팽창기(bloat), 부패기(putrefaction), 부패건조된 잔해형성기(putrid dry remains) 등으로 구분될 수 있다. 그러나 각 단계는 그 다음 단계와 중복될 수 있으며, 각 단계를 명확하게 구분하는 것은 불가능 하다. 더욱이 사체는 통일된 방식으로 부패되지 않는다. 결론적으로 사체의 일부는 피골이 상접하게 되지만, 다른 부위는 부드러운 육질상태를 유지한다.

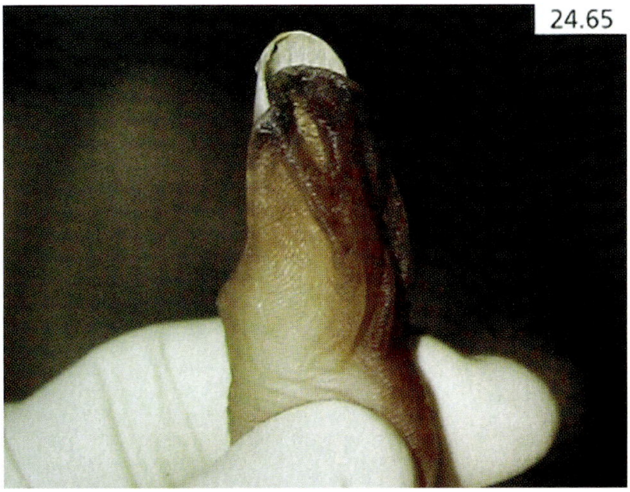

그림 1.1 미라화된 손가락 끝. 주변 피부의 건조와 수축으로 손톱이 더 길게 나타나 보이며 그로인하여 사망한 후 손톱이 계속 자란다는 것이 일반적 생각이다. 피부가 건조해지면 지문을 얻는 것은 불가능하다. [Dolinak, D 등, (2005) *Forensic Pathology Theory and Practice*, 저작권 © 2005, Elsevier Academic Press 승인]

초기

혈액순환이 멈추고 피가 순환의 말단에 위치하는 의존성 부위에서 굳게 되면 (추후 참고), 즉시 피부와 점막은 창백하게 된다. 순환이 중단되었기 때문에 조직과 세포는 산소의 고갈로 죽기 시작한다. 세포의 종류에 따라 사멸율도 다르다. 예를 들어, 뇌세포는 3-7분 이내에 죽는데 반하여, 피부세포는 사망 후 24시간까지 사체에서 채취하여 실험실에서 배양될 수 있다. 과거의 개념과는 다르게도 주변 피부는 수축될 수 있지만 사람의 모발과 손톱은 죽은 후에는 자라지 않는다 (그림 1.1).

온도 변화

사망 후 정상적인 대사가 중지되면 체온은 낮아지기 시작하는데, 이를 *algor morti* (사후 체온 감소)라고 하며, 사실상 싸늘한 죽음(coldness of death)을 의미한다. 체온측정은 PMI를 결정하는 중요한 수단으로 사용되었으나, 현재 이 기법은 많은 단점이 있는 것으로 알려져 있다. 먼저 피부의 온도는 보통 죽은 후 빠르게 낮아지며, 입은 종종 열린 채로 있어 입 또는 겨드랑이에서 잰 체온은 정확한 중심체온이 되지 못한다. 따라서 중심체온은 길이가 긴 직장체온계(rectal thermometer)를 사용하여 측정해야한다. 그러나 직장온도계를 삽입하는 일은 종종 사체를 움직이고 옷을 벗겨야 하며, 죽기 전후에 항문성교(anal intercourse)가 일어난 사건에서는 증거를 수집하기 어렵게 할 수도 있다. 그러므로 외이도(external auditory canal)에서 체온을 측정할 수 있다는 가능성이 제기되었다 (Rutty, 2005). PMI를 통한 온도측정의 두 번째 주요 문제점은 사망시간의 체온이 37℃였다는 가정으로 시

표 1.1 죽은 후 시체의 온도 하강 속도에 영향을 미치는 요인들

온도하강속도를 촉진시키는 요인들

- 작은 체구
- 낮은 지방함량
- 팔다리가 뻗쳐있는 상태
- 팔다리의 절단
- 심각한 출혈
- 옷 부족
- 젖은 의복
- 강한 바람
- 낮은 주위온도
- 비, 우박
- 지속적으로 열이 전도되는 차갑고 습한 바닥 (예, 습한 점토)
- 찬물에서 놓인 사체
- 건조한 대기

온도하강속도를 지연시키는 요인들

- 커다란 체구
- 높은 지방함량
- 태아 자세 (노출 표면적이 감소됨)
- 옷–얇고 절연이 잘되는 층이 두껍고 절연이 잘되지 않는 재질보다 더 보온이 잘될 수 있기 때문에 옷의 특성은 중요하다.
- 절연덮개 (예, 담요, 쓰레기통, 종이 등)
- 통풍으로부터의 보호
- 따뜻한 미세기후 (예, 시신주변의 따뜻한 방열기)
- 높은 주위온도
- 절연물질 (예, 매트리스)
- 높은 습도

작하는데 있어서 온도하강 비율(rate of cooling)이 여러 가지 복잡한 요인들에 의해 좌우된다는 것이다. 실제로 체온은 더 오를 수도 있고 [예, 감염, 운동 또는 열사병(heat stroke) 때문에], 낮아질 수도 있다 [예, 저체온증(hypothermia) 또는 심한 출혈]. 더욱이 체온손실(temperature loss)율은 많은 요인들에 의해서 달라질 수 있다 (표 1.1). 예를 들어, 살찐 사람이 덥고 화창한 날씨에 차안에서 죽었다면 그 사체의 온도는 별로 낮아지지 않을 것이다; 실제로 그의 체온은 증가할 수도 있다.

체온과 사후 시간경과와 관련되어 여러 가지 법칙들이 제시되어 왔으나 대개의 경우에 너무 단순화되어 믿을만하지 못하다. Clauss Henβge는 체중과 환경온도를 설명하고 사례의 개별상황에 따라 적용되는 교정인자(corrective factor)를 고려하는 정교한 노모그램(nomogram) (역자주: 수치계산을 간단하고 능률적으로 하기 위해 사용되는 그래프)을 디자인하였다 (그림 1.2) (Henβge & Madea, 2004; Henβge 등, 2002). 노모그램(nomogram)은 보통 세 개의 축적선(scale)을 가지는 도표로 나타낸 계산도표(graphical calculator)이다. 이들 축적선 가운데 두 가지는 이미 알려진 수치

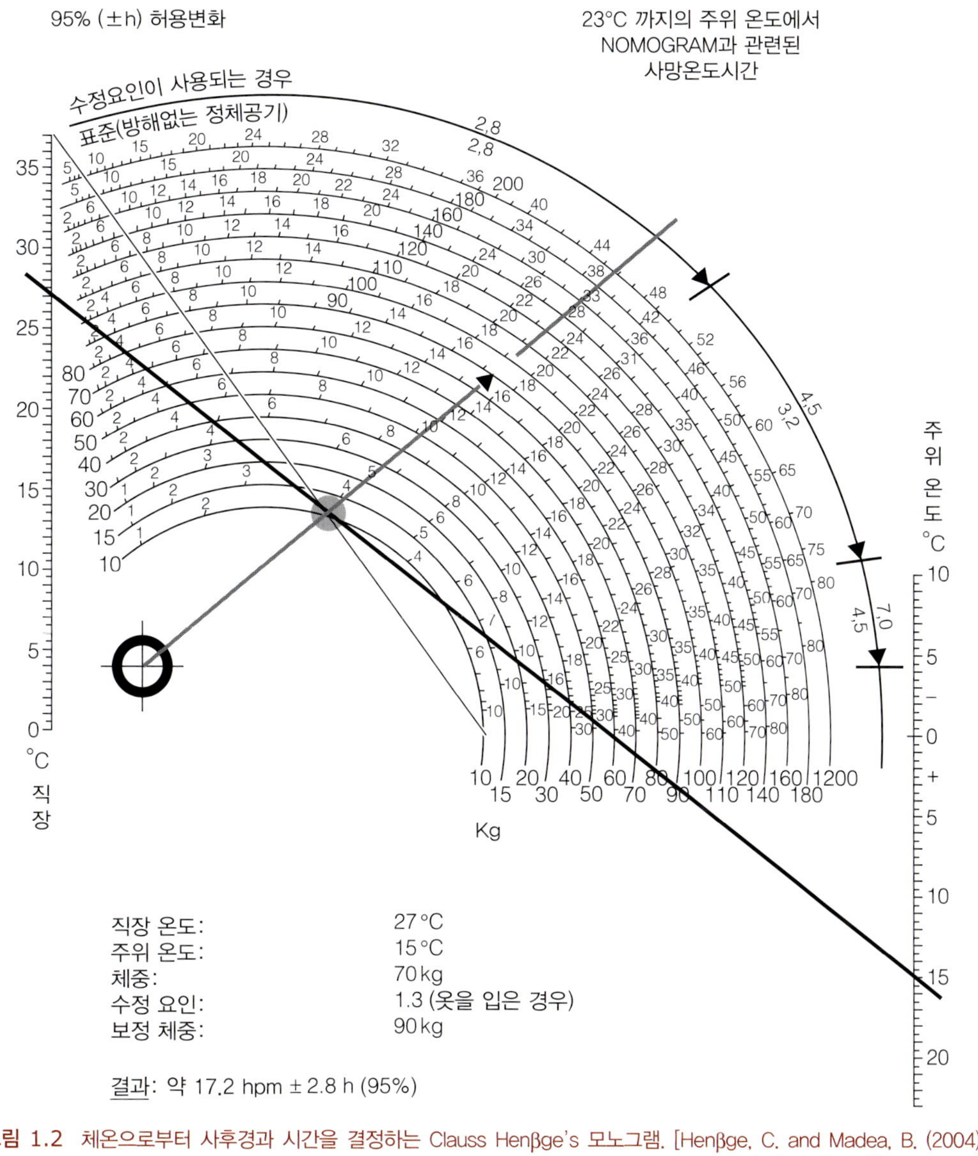

그림 1.2 체온으로부터 사후경과 시간을 결정하는 Clauss Henβge's 모노그램. [Henβge, C. and Madea, B. (2004) Estimation of time since death. Forensic Science International, **144**, 167–175 Elsevier의 승인 하에 게재.] 노모그램은 다음과 같이 수행된다. (a) 직장(rectal) 온도와 주변(ambient) 온도 간에 직선을 그린다. 따라서 여기에 기술된 사례에서는 27℃에서 15℃로 선을 긋는다. (b) '기준(standard)'은 정지된 대기에서 쭉뻗은 자세(extended position)로 누워있는 나체이며 그러므로 '보정요소(corrective factor)'는 이보다 다른 어떤 상황에 적용될 필요가 있다. 이들 요인들은 Henβge 등(2002)에 의해 열거된다. 이 예에서, 그 사체는 정지된 대기에서 3개의 얇고 건조한 옷을 입고 있는 것이 발견되었으므로 보정요소는 1.3이다. 사체의 무게는 이제 보정요소와 곱한다. 체중이 70 kg 이라면 70 × 1.3 = 91 kg이다. 노모그램은 10 단위로 반올림하므로 91 kg은 90 kg로 우수리를 잘라버린다. (c) 두 번째 직선은 노모그램의 왼편에 있는 원의 중앙에서 시작한 노모그램의 대각선과 (a)단계에서 직장 온도와 주변 온도 간의 교차점을 연결한다. 그 선은 바깥쪽에 있는 원을 만날 때까지 긋는다. (d) 단계(c)에서 그려진 선이 90 kg 반원(semicircle)과 만나는 곳이 사후 시간이다 (17.2 시간). 그 선이 바깥쪽 원과 만나는 곳은 95% 신뢰 한계를 읽을 수 있다 (2.8 시간). 그러므로 그 사람은 죽은지 17.2 + 2.8 시간이 경과한 것으로 판단된다 (95% CI).

(value)를 기록하고 (직장과 주변 환경온도) 세 번째 축적선을 통해서 그 결과를 읽어내는 방식이다 (시후 시간). 유감스럽게도 이 방법조차도 한계가 있다 - 예를 들어, 사체가 햇빛에 노출되었거나 사후에 움직였다고 믿어지는 이유가 있다면 신뢰성이 없게 된다. 후자의 상황에서 사체는 적어도 두 가지의 다른 환경에 노출되었으며, 따라서 두 가지 환경에 따른 상당히 다른 비율로 사체의 온도가 떨어지는데 시간이 걸린 것이다. 이것은 온도측정이 별로 의미가 없다는 것을 말하는 것은 아니지만, 가능한 복잡한 요인들이 될 수 있음을 알아야 한다.

체온은 대개 PMI의 생물학적 측정과 유사하게 '비율에 의한 방법(rate method)'으로 구분될 수 있다. 비율에 의한 방법(rate method)은 어떤 사건에서 사망시작과 종료시간동안 경과시간에 따라 변화하는 비율을 지속적으로 측정하는 것이다. 이와 관련된 실례로는 안구의 초자체액(硝子體液, vitreous humor) (역자주: 수정체의 뒤쪽에 있어 안구를 채우는 투명한 젤라틴상 물질)에서 칼륨 이온의 농도 증가, 사체경직(屍體硬直, rigor mortis)의 발달(development), 사체에서 구더기 성장 등이 있다. 비율에 의한 방법(rate method)은 PMI가 길어질수록 정확도는 떨어지는데, 이는 매우 다양한 생물적 및 무생물적 요인들에 의해 영향을 받는다는 것을 알 수 있지만, 그 방법의 한계가 인정됨에 따라 매우 유용할 수 있으며, 만일 몇 개의 다른 방법 간에 일치가 있다면 사망시간은 상당한 신뢰도를 가지고 예측할 수 있다. 더욱이 다른 어떤 증거도 없는 상태에서 어떤 하나의 표시는 전혀 없는 것보다 경찰수사에 더욱 유용하다. 사후경과시간을 결정하는 다른 방법에는 '병존법(concurrence method)'이 있으며 이 방법은 알려진 시간 또는 사망전후의 시간에 일어났던 일련의 사건들에 대하여 평가하는 것이다. 대표적인 병존(concurrence) 사건들로는 (예, 추락하거나 싸우면서) 희생자의 시계가 부서져 특정 시간에 멈추었거나 희생자가 적어도 어느 날 몇 시간까지 살아있었다는 것을 나타내는 핸드폰을 발견하는 것 등이 있다.

화학적 변화

산소부족 때문에 사후 세포는 호기성 조건에서 혐기적 조건으로 전환되어 특이한 대사물질이 증가되거나 감소되는 현상이 일어난다. 더욱이 세포막이 손상되면서 여러 가지 대사물질들은 조직 안으로 또는 조직주변으로 재분배된다. 이들 변화는 동시에 몸 전체에서 균일하게 일어나지 않는다. 예를 들어, 에너지대사는 안구초자체액(vitreous humor)에서보다 혈액에서 더 빠르게 멈춘다. 많은 연구원들은 사후 화학적 변화의 측정을 통하여 PMI를 추정하고자 하였다 (예, Vass 등, 2002). 유감스럽게도 화학적 측정과 기타 존재하는 기법들 간에 비교연구는 거의 이루어지지 않았다. 날짜가 기록되지 않은 현장데이터와 신뢰성이 부족한 연구는 잠재적으로 온도와 같은 환경적 요인들과 연령, 약물사용과 질병과 같은 생전(ante mortem) 요인들에 의해 정확도가 떨어질 수 있다 (Henβge & Madea, 2004; Madea & Musshoff, 2007). 신뢰성과 관련한 저자들 간의 현저한 차이점이 있음에도 불구하고 가장 흔히 사용되는 PMI의 화학적 측정은 안구초자체액(vitreous humor)에서 칼륨이온 농도를 결정하는 것이다 (2장).

혈액침하

보통 사망 후 20-120분 이내에 혈액침하(hypostasis) [시반(*livor mortis*) 또는 시체얼룩(post mortem lividity)이라고도 함]가 나타나는데, 이것은 모든 사체에서 발견될 수 있으나 관찰하기 어려울 수도 있다. 혈액침하는 사체 종속부의 정맥과 모세관에 침적된 혈액에 의해 야기되는 현상으로 피부의 색깔이 보라색이나 붉은 자주색으로 탈색된다. 혈장(blood plasma)도 신체말단에 침적되어 부종(oedema) [체액축적(fluid accumulation)]과 피부에 수포(blister)를 형성한다. 만일 사람이 반듯하게 누워있다면, 혈액침하는 등과 바닥에 접한 체표면에서 나타나게 되지만, 목을 매어죽었다면 그 사람의 손, 팔뚝, 하지에서 뚜렷하게 나타나게 될 것이다. 그것은 일련의 반점으로 시작되어 시간이 지남에 따라 확산되며 색깔이 진해진다. 초기에 혈액은 혈관에 남아있으며, 결국 혈액세포는 용혈되고 (분해 및 파괴), 그 색소는 주변 조직으로 확산되어, 황혈색소(sulphaemoglobin)로 변화하여 녹색으로 변색된다. 황혈색소는 술폰아미드(sulphonamide)와 같은 약물에 노출되면 형성될 수 있지만 정상 혈액에는 존재하지 않는다. 이것은 정상적 분해과정이 죽기 전에 유발되었거나 죽음을 유발한 행위에 의해 가정될 수 있다는 것을 알아야할 필요성을 강조한다.

혈액침하의 발생속도는 사체에 따라 다르며 순환계 질환과 같은 내재된 의학적 상태에 의해서도 영향을 받는다. 그 결과 혈액침하가가 시작되고 그 현상이 최대에 도달하였을 때에 대하여 발표된 관련 논문들에서 일부 차이가 있다. 실제로 혈액침하는 어린이, 중장년층, 또는 빈혈로 고통받는 사람들에서는 전혀 생기지 않을 수 있다. 일부 문헌에서는 준비자세(set position)를 갖춘 사체가 약 10-12시간이 경과하게 되면 혈액침하로 인한 변색이 확실해진다고 기술하였다 (그림 1.3). 더욱이 만일 사체가 그후 다른 위치로 움직여지게 되면 다른 곳에 변색부위가 형성된다. 그러므로 두 가

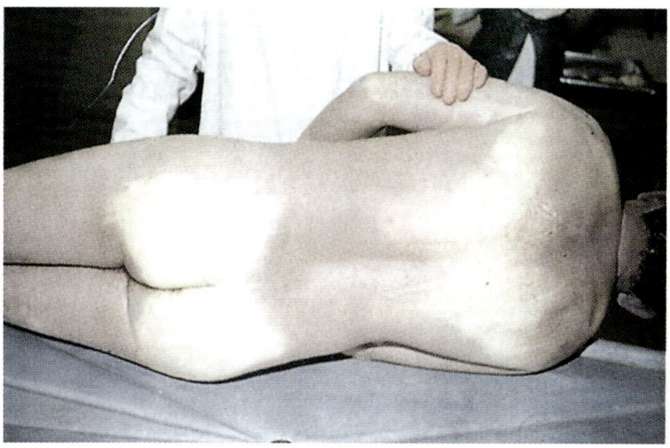

그림 1.3 반듯이 누운 사체에 생긴 혈액침하의 특징적인 패턴과 눌림으로 인한 창백(蒼白, pressure pallor) (역자주: 피부색이 하얗게 질리는 현상). 적색화(redding)현상은 정맥에서 혈액 침착으로 생겨난 것이며 창백한 부위(pale region)는 바닥에 대한 사체의 눌림으로 인한 혈관의 수축이 일어난 곳이다. [Shepherd, R. (2003) *Simpson's Forensic Medicine*, 12판 저작권 2003, Hodder Arnold 승인]

지 이상의 변색이 나타내는 특징적인 양상은 사체가 이동되었다는 것을 의미한다. 그러나 Saukko & Knight (2004)에 따르면, '확실하게 고정(fixation)'이 이루어지는데 걸리는 시간은 매우 다양하여, 모두에서 나타났다면 PMI의 신뢰할 수 있는 법정지표(forensic indicator) 또는 사후 이동(movement) 증거는 아니라는 것이다.

벨트와 브래지어 끈과 같이 꽉 끼는 옷에 의한 조임, 목주위의 끈(ligature), 손을 묶는데 사용된 로프, 또는 사체가 움직이지 않도록 하는 패인 모양(corrugation)의 표면 등은 혈관을 막아 그 부위가 그 주변부보다 창백하게 보이는데, 이것은 '눌림으로 인한 창백(pressure pallor)' 또는 '접촉에 의한 창백(contact pallor)'으로 알려져 있다. 멍(bruising)은 손상된 혈관에서 주변의 조직으로 혈액이 누출되어 응고가 일어나기 때문에 사체가 상하지 않았다면 생전(ante mortem) 멍과 혈액침하간의 식별이 가능하다. 빈면에 혈액침하에서는 혈액이 팽창된 혈관에 한정되어 시간이 경과하여 조직이 부패함에 따라 혈관으로부터 혈액이 나와서 두 가지 상황을 식별하는데 더욱 어렵게 한다.

초기에 혈액은 모세혈관에서 피브리노겐을 방출하기 때문에 초기에 사후 순환계에서 응고되기보다는 액체 상태를 유지한다. 이들 화학물질은 피브리노겐을 분해하여 응고를 막는다. 그러나 사망한 후 생긴 상처는 심장이 더 이상 뛰지 않아 혈압이 유지되지 않기 때문에 심하게 출혈되지 않는다. 그러므로 절단된 동맥으로부터 피는 살아있는 동안 상처에서 분출되는 것과 비교하여 중력에 의해서 조금씩 흘러나온다. 어떤 사람이 높은 건물에서 추락하여 바닥에서 발견되었을 때 생기는 일반적인 의문은 그가 바닥에 부딛쳤을 때 죽었는지 살았는지의 여부이다. 이것은 특히 추락이 우연 또는 자살로 해석될 수 있다면 심한 폭행이 가해져 생긴 상처를 추락에서 생긴 커다란 외상(外傷, trauma)으로 감추려는 시도가 살인자에 의해 가능하기 때문에 중요하다. 만일 희생자가 이미 죽었다면 몸체가 그 후 부딪친 시간에 살아있을 때보다 피를 덜 흘렸을 것이다. 더욱이 사람이 떨어지기 전에 피를 흘리고 있었다면, 몸체가 낙하하는 동안 피를 흘려 혈흔은 낙하지점 주변에서 발견될 것이다 (2장). 육상에서와는 달리 익사 또는 호수나 강에 버려진 사체의 사례에서는 상처로부터 상당량의 혈액이 흘러나올 수 있다. 사체는 초기에 가라앉은 후에 부패과정을 통해서 가스가 축적되어 얼굴이 아래를 향한 채 표면으로 떠오는 경향이 있다. 그 결과 혈액은 안면과 하부부위에서 울혈이 만들어지고 사후 이들 부위에 영향을 미친 상처는 많은 출혈이 있을 수 있다.

근육색조의 변화

사람의 근육은 사망 직후에 보통 축 늘어지고, 관절은 이완되어 키는 약 3 cm 정도 커진다. 더욱이 사체는 살아있을 당시에 취하였던 불편한 자세로도 발견될 수 있다. 일단 의식을 잃게 되면 서있던 사람은 어떤 노력도 할 틈도 없이 그대로 주저앉으며, 앉아있던 사람은 보통 앞으로 갑자기 쓰러져 도움이 없으면 바닥에 엎어진다. 결론적으로 그 사람이 아직 죽지 않았다 할지라도 생명에 지장을 초래할 만한 부상을 입을 수 있다. 죽는 순간에 근육이완으로 괄략근은 느슨하게 되고, 대소변이 나오거나 장의 내용물이 역류될 수 있다. 질식한 사망자로부터 불수의적으로 소변이 나올 수 있

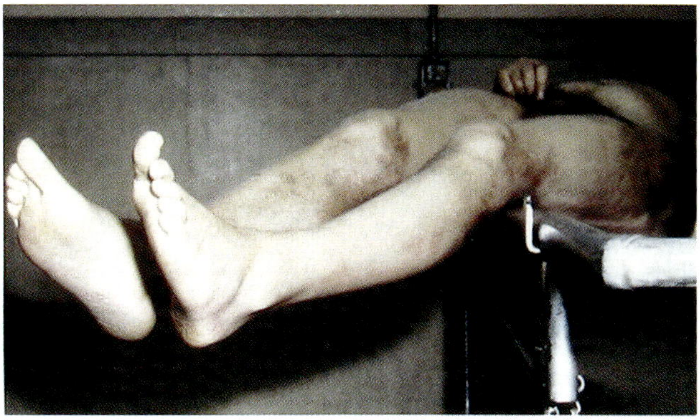

그림 1.4 다리 부분에서의 사체경직(*rigor mortis*). 다리가 어떻게 지지되지 않았음에도 불구하고 고정된 경직 상태(rigid position)를 취하는지 유념하라. [Saukko, P. and Knight, B. (2004) *Knight's Forensic Pathology*, 3판 저작권 2004, Hodder Arnold 승인]

으며, 이 현상은 사망시간에 자연적으로 일어날 수도 있다. 그러므로 만일 범죄행위가 수반되었다는 것을 나타내는 다른 증거가 없다면 그같은 여러 가지 발견들은 별로 의미가 없다. 대조적으로 어떤 사람이 혼수상태에 있을 때 방광에 있는 소변의 양은 보통 자극에 대하여 반응하지 않기 때문에 현저하게 증가할 수 있다. 그 결과 비정상적으로 팽창한 방광은 그 사람이 죽기 몇시간 동안 혼수상태(comatose)에 있었다는 것을 나타낸다.

사후 대략 3-4시간이 경과하면 근육과 팔다리가 경직되는 사체경직(*rigor mortis*)이 두드러지게 나타나며 몸 전체의 경직은 약 12시간까지 진행된다 (그림 1.4). 그러나 그 상태에서 경직된 팔다리는 강제로 당기게 되면 부러질 수 있다. 경직(rigor)은 얼굴의 작은 근육에서 보통 두드러지게 나타나며 죽기 전에 가장 많이 움직인다. 경직은 골격근과 평활근에 영향을 준다. 그것이 입모근(立毛筋, *arrector pili*) (역자주: 모낭의 결합조직 기저에 부착되어 있는 진피의 작은 근육)에 영향을 미칠 때 두피(scalp)와 체모가 서있는 결과로 나타날 수 있는데 이것은 마치 그 사람이 쇼크 상태에서 죽은 것처럼 보일 수 있다. 입모근(*arrector pili*)은 피부의 표면진피(superficial dermis)로부터 모낭(hair follicle) 쪽으로 뻗어있는 평활근이다. 보통 우리의 모발은 피부표면에서 각지게 나있으나 입모근(*arrector pili*)과의 접촉으로 자극을 받을 때, 예를 들어, 추위와 스트레스에 대한 신체 반응의 결과로서, 그 모발은 더욱 곧은 모양으로 당겨진다. 이것은 '소름(goose bumps)' 현상을 일으키기도 한다. 죽음에 뒤이어 따라오는 경직은 비슷한 모양을 나타낼 수 있다.

사체경직(*rigor mortis*)은 사후에 수반되는 근육세포에서 세포내의 칼슘이온 농도가 증가하여 일어나는데 이는 근형질세망(筋形細世網, sarcoplasmic reticulum) (역자주: 횡문근의 근형질 내에 있는 무과립성 세망의 특수형) 주변의 막과 세포표면에 구멍이 있어 칼슘이온이 근육세포의 세포질 안으로 농도구배에 따라 이동할 수 있다. 이러한 증가는 조절단백질인 트로포닌(troponin)과 트로

포미오신(tropomyosin)을 옆으로 이동시켜 근육 필라멘트인 액틴과 미오신이 교차결합하여 일어난다. 이것은 미오신 분자의 두부(head)가 죽기 전에 이미 ATP와 충분히 결합되어 있기 때문에 가능하다. 그러나 일단 결합하면 액틴과 미오신은 이 과정이 ATP를 필요로 하기 때문에 서로 떨어지지 않으며, 이것은 더 이상 형성되지 않는다. 이같이 액틴과 미오신 필라멘트는 고정된 교차결합(immobilized cross bridge)(역자주: 근육의 미오신필라멘트에서 측방향으로 나와 액틴필라멘트상의 활성부분과 결합하는 돌기)에 의해 서로 연결된 채 존재하여 결국 죽은 근육이 경직된 상태로 된다. 그후 사체경직은 단백질이 분해되기 시작함에 따라 진정되며 약 36시간 후에 사라진다. 사체경직의 진전속도와 그 지속기간은 초기 개시 시점의 주변온도에 크게 영향을 받으며, 주변 온도가 높은 경우에는 지속기간이 짧다. 대조적으로 시작은 낮은 온도에서 지연되며 4℃로 일정하게 유지되는 경우에 적이도 사후 16일 동안 지연되며 28일까지 여전히 부분적인 경직이 감지된다 (Varetto & Curto, 2004). 어린이들은 어른에서보다 더 빨리 사체경직으로 진전되는 경향이 있지만, 사인이 질식(asphyxiation)이나 일산화탄소 중독 때문에서 시작된 경직은 지연된다고 알려져 있다. 그러므로 사체경직의 범위와 정도는 특히 PMI의 정확한 측정에 이용될 수 없다.

열경직(heat stiffening)은 사체경직과 전혀 다르며 사체가 매우 뜨거운 열에 노출되었을 때 일어난다. 그것은 사체가 '투사형 자세(pugilistic posture)'로 알려진 모습을 가지도록 하며 (5장), 심한 화상의 경우에 명백한 증거로서 제시된다. 매우 낮은 온도에 노출되어도 사체경직은 일어날 수 있으나 시작되는 것을 완전히 막을 수 있다. 이 사례에서 사체가 따뜻해지면 이완되어 그 후 사체경직이 일어나게 된다. 이 방법은 사체를 추후 어느 시점에서 처리하기 전에 사후 즉시 냉동고에 희생자를 넣어 경찰수사를 혼돈에 빠뜨릴 수 있다. 냉동된 고기와 신선한 고기를 구별하는 방법들은 식품과학 분야의 많은 문헌들에서 보고된 바 있으나, 사람조직에서는 거의 알려진 바가 없다. Miras 등 (2001)은 보다 많은 짧은 사슬을 가지는 3-hydroxyl-CoA dehydrogenase에 의해 이미 냉동된 근육조직을 식별할 수 있다는 것을 제시하였으나, 이것이 실제 임상적용에서 얼마나 효과적인지는 분명하지 않으며 아마도 몇 시간의 해동기간 동안 사체에서 드러나는 사실에 의존될 것이다.

사체경직과는 달리, '사후경직(cadaveric rigidity)' [긴장성 사후강직(cadaveric spasm)'이라고도 함]은 사후 즉시 굳어지며, Shepherd (2003)는 이를 '법의학적 희소성(forensic rarity)'이라 설명하였다. 그것은 사체의 일부 또는 전체가 영향을 받을 수 있으며 그가 죽기 바로 직전에 받았던 감정적이며 육체적으로 극도의 스트레스를 받은 사람들과 연관되었다고 말한다. 그러나 사람들은 이것이 대부분의 살인사건의 희생자들과 고통스런 의학적 증상으로 많은 죽은 사람들을 포함하며, 따라서 거기에는 더 빈번히 발견되지 않는 몇가지 다른 이유가 있다는 것이 틀림없다고 생각하였다. 그럼에도 불구하고 거기에는 공격하는 사람의 머리카락을 꽉 움켜쥐거나 물에 빠져서 스스로 헤엄쳐 나오기 위한 노력으로서 물체를 잡는 등의 마지막 행동들과 같은 수사에 유용한 단서들이 제공될 수 있다 (그림 1.5). 총으로 자살한 사람들은 총을 꽉 잡은 채로 발견되어 다른 사람이 사체를 정리하기 어렵게 한다. 그러나 이 방법으로 자살한 대부분의 사람들이 이 특성을 나타낸다는 것을 암시하는 증거는 없다.

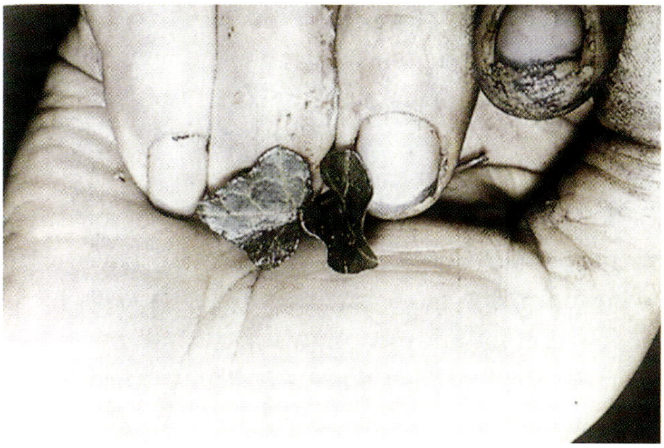

그림 1.5 사후경직(cadaveric rigidity). 이 사람은 물에 빠지기 전에 풀을 움켜쥐고 있었다. [Shepherd, R. (2003) *Simpson's Forensic Medicine*, 12판 저작권 2003, Hodder Arnold 승인]

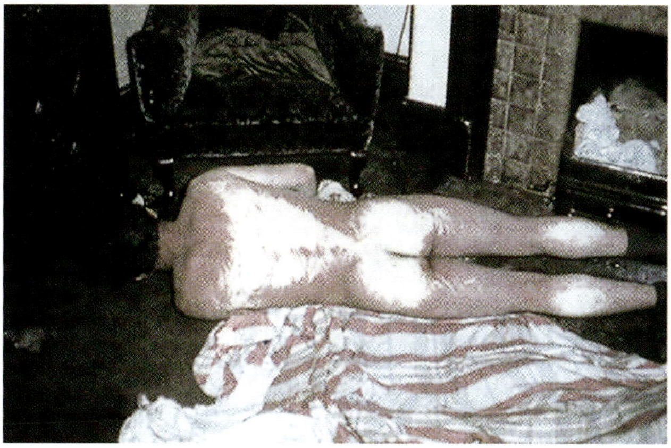

그림 1.6 카르복시헤모글로빈(carboxyhemoglobin)의 생성이 야기된 일산화탄소 중독으로 일어난 선홍색의 혈액침하. [Shepherd, R. (2003) *Simpson's Forensic Medicine*, 12판. 저작권 2003, Hodder Arnold 승인]

중독 징후

사망원인은 종종 정상 피부색이 눈에 띄게 변화되는 결과를 가져오기도 한다. 예를 들어, 일산화탄소에 중독된 사체는 사망한 후 몇 시간까지 발견되지 않았더라도 색깔은 의존성 부위에 혈액이 침적되기 때문에 즉각적으로 명백하게 나타나지 않지만, 피부, 입술, 내부 신체기관이 선홍색/핑크색을 나타낸다 (그림 1.6). 일산화탄소는 많은 물질들이 연소되는 동안에 발생하며, 중독(poisoning)은 결함이 있는 가스보일러로부터 연기에 노출되거나 화재와 자동차 배기 연기를 흡입하여 자살한 사람들에서 일어나는 사고사의 일반적인 특성이다. 일산화탄소 중독(carbon monoxide poisoning)은 방화 (역자주: 자택 또는 타인의 주택, 빌딩, 구조물 등에 고의적으로 불을 지르는 범죄행위) 또는 화염이나 가스보일러의 연통이 누군가에 의해 고의로 막힌 곳에서 발생한 살인사건(homicide)의 원인이 될 수 있다. 일산화탄소는 헤모글로빈에 포함된 헴 분자에 대하여 산소보다 더욱 높은 친화력을 가지고 있어, 보다 낮은 대기농도에서 조차도 신속하게 결합될 수 있어 혈액의 산소 전달능력을 감소시킨다. 일산화탄소가 혈액에 있는 헤모글로빈이나 근육에 있는 미오글로빈과 결합하여 각각 카르복시헤모글로빈(carboxyhaemoglobin)과 카르복시미오글로빈(carboxymyoglobin)을 형성하여 핑크색을 띠게 한다. 일산화탄소 중독이 선홍색(cherry pink)을 띠지 않는 경우가 있는데 (Carson & Esslinger, 2001), 그것은 손바닥이나 입술 또는 혀의 안쪽과 같은 보다 밝은 부위에서 명백하지만 희생자의 피부가 검게 되었을 때 구별하기 어려울 수 있다. 일산화탄소 중독에 대한 민감성은 사람에 따라 차이가 크며, 나이, 크기, 일반적인 건강상태에 따라 다르다. 예를 들어, 어린이들은 호흡율이 높기 때문에 더욱 민감한 경향이 있다.

청산가리 중독(cyanide poisoning)도 일산화탄소에 의해 생기는 색변화보다 더 진하게 나타나며 피부를 선홍색으로 변화시킨다. 청산가리 섭취(cyanide ingestion)는 종종 자살과 타살(homicide)의 수단으로 사용되지만, 청산가리는 양모나 플라스틱과 같은 물질이 연소되는 동안 발생하는 연기에도 포함되어 있는 잠재적으로 치명적인 성분이며, 일산화탄소와 함께 다른 기작으로 작용하기 때문에 그 효과가 부가된다. 청산가리는 다양한 효소와 세포작용에 영향을 미치지만 cytochrome oxidase의 저해를 통해 일차적인 영향을 주어 산화적 인산화를 통한 ATP 생산을 저해한다. 세포가 산소를 이용하지 못하여 생겨나는 정맥혈은 호기적 대사를 통하여 산소화되어 선홍색으로 나타난다.

청산가리 중독은 피부, 손가락, 점막에 푸르스름한 색을 나타내는 청색증(cyanosis)도 일으킬 수 있는데, 이 용어는 화합물인 시안화물(cyanide)보다 청록색의 시안(cyan)에서 유래한다. 청색증은 국부성이고 더 광범위성이기도 하며 선홍색의 피부와 연관되어 발견되기도 한다. 그것은 혈액에서 산소량의 감소에 의해 야기되므로 탈산소화된 혈액은 조직, 혈관, 모세혈관에 정상의 밝고 붉은색의 산화된 혈액이 나타내는 색깔보다 진한 색을 띤다. 그러므로 청색증은 일산화탄소 중독, 심장마비, 교수형(hanging)에 의한 질식사(asphyxia)를 포함하여 조직으로 산소화된 혈액의 공급을 방해하는 여러 조건의 일반적인 증상이다. 청산가리는 신속하게 거의 순간적으로 사망에 이르게 것으로 유명하지만, 이것은 청산가리의 특성, 투여방법 [예, 기체 사이안산(hydrogen cyanide)에서 호흡, 고체형이나 액상형의 염의 섭취 또는 피부를 통한 액상형 또는 피부를 통한 흡수], 투여량 등에 따라 다르다. 치사량(lethal dose)이 투여된 후 몇분 또는 몇시간 이내에 사망할 수 있으며, 청색증에서 예상되는 바와 같이 장시간 호흡이 곤란해진다.

팽창기

창자에는 많은 세균이 존재하지만 사람이 사망하더라도 세균들은 동시에 죽지 않는다. 이들 미생물

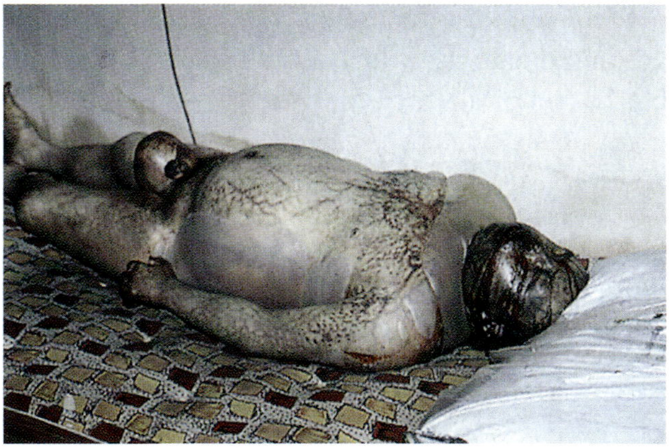

그림 1.7 부패의 팽창기 후기. 사체는 약 7일 되었으며 가스가 축적되어 크게 팽창되어있다. 피부의 탈색과 입과 코에서 흘러나오는 액체를 주목하라. [Shepherd, R. (2003) *Simpson's Forensic Medicine*, 12판. 저작권 2003, Hodder Arnold 승인]

은 창자의 죽은 세포를 분해하며, 특히 *Clostridia*와 장내세균과 같은 일부 세균들은 다른 신체부분으로 침입하기 시작한다. 동시에 신체에서는 리소솜 (소화효소를 포함하는 세포소기관)에서 분비되는 효소로 자신을 소화시켜 세포를 죽이며 위산과 같은 화학물질에 의해 죽은 세포와 조직은 자가융해(autolysis)된다. 예를 들어, 이자에는 많은 소화효소가 있어 매우 빠르게 분해된다. 자가융해는 어떤 질병의 결과로서 산사람에서 더욱 제한된 범주에서 일어나기도 한다.

부패하는 조직은 피부가 탈색되고 수포를 일으키는 푸른색 물질과 가스를 방출하며, 그 현상은 맹장(caecum) 위쪽의 복부에서부터 시작된다 (그림 1.7). 사체의 앞쪽 면이 부풀고, 혀는 돌출되며, 체액이 허파에서 입과 코로 나온다 (그림 1.8). 여기에는 세균의 대사최종산물로서 황화수소(hydrogen sulphite)와 머캅탄(mercaptans), 유기물을 함유한 황과 같은 기체들이 생산되어 지독한 냄새가 난다. 메탄 (냄새 없음)도 대량 생산되어 사체의 팽창에 기여한다. 이 단계는 영국의 봄과 여름의 경우 약 4–6일 정도가 경과한 후에 일어나며, 추운 겨울날씨에는 기간이 더 오래 걸린다. 가스가 많이 축적된 복부의 벽은 파열될 수 있는데, 이는 상처가 고의적 원인인지의 여부에 대한 관심을 가지게 한다. 1547년에 매장하기 위하여 윈저성(Winsor castle)으로 운구되었던 헨리8세의 시신은 크게 팽창되었으며, 그의 관은 밤새 폭발하여 아침에 일부 유해를 개들이 먹어버린 일이 발생하였다. 이 사건은 왕이 수도원을 해체시키는 결심을 하는 계기가 된 것으로 알려졌다.

잔사식생물

검정파리와 기타 잔사식생물(detritivores)은 피와 부패냄새에 의해 꼬여드는데 (그림 1.9), 그 냄새는 부패과정 중에 변하여 여러 가지 종류의 무척추 동물도 꼬여들게 한다. 그러므로 '방금 사망한 시체(fresh corpse)'에는 부패가 진행되는 동안 여러 종류의 잔사식생물들이 꼬여든다 (표 1.2). 검정파

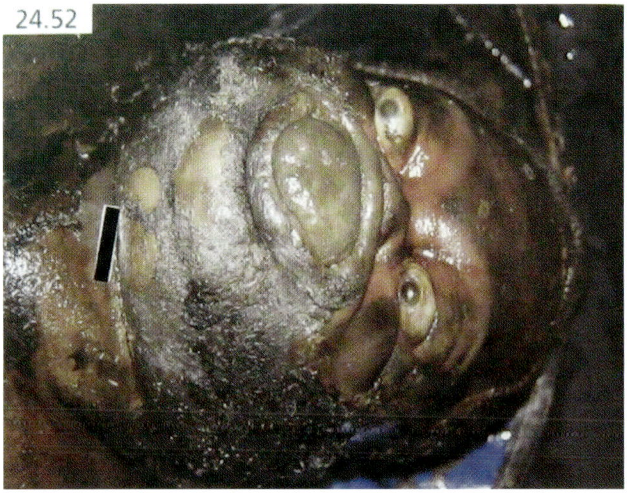

그림 1.8 부패의 팽창기 후기. 팽창되어 얼굴 특징을 인식하기 어렵다는 것을 주목하라. 내부 압력의 결과로서 혀와 눈알은 튀어나왔다. 이러한 현상은 정상적의 부패의 특성이며 질식의 암시로서 받아들여서는 안된다. [Dolinak, D 등, (2005) *Forensic Pathology Theory and Practice*. 저작권 © 2005, Elsevier Academic Press 승인]

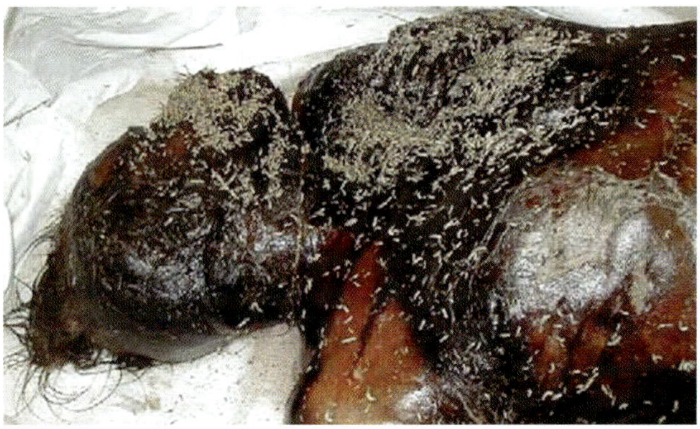

그림 1.9 시체에서 자라는 검정파리의 구더기. 성숙한 구더기가 어떻게 표면을 기어 다니며 피부의 탈색을 주목하라. [Klotzbach, H. 등, (2004) 필요한 정보는 도처에 있다 – 범죄현장에서 곤충에 대한 지식의 필요성을 기술한 사례보고서. *Agrawal's Internet Journal of Forensic Medicine and Toxicology*, 5, 19–21. 저작권 © 2004, Elsevier의 승인]

리는 죽은지 몇초 이내에 사체에 알을 낳지만, 부패의 일정 단계가 경과되거나, 사체가 건조되거나 미이라가 된 상태에서는 알을 낳지 않는다. 반면에 수시렁이(dermestid beetle)는 사체가 건조되어야 군집을 형성하기 시작한다 (세부 내용은 6장과 7장 참고).

부패

일부 학자들은 부패(putrefaction)를 몇 단계로 나누지만 그 구분은 확실하지 않다. 사체가 팽창기

표 1.2 부패가 일어나는 동안 곤충이 사체에 집락을 형성하는 순서. 부패단계는 차차 진행되며 곤충들은 개체의 환경에 따라 표에 언급된 것보다 더 빨리 도착하거나 떠난다. 세부 내용은 6장과 7장을 참조하라.

부패 단계	곤 충
초기	검정파리의 알, 일령(齡) 애벌레
	쉬파리 일령 애벌레
	송장벌레 성체
팽창기	검정파리의 알+일령(齡), 이령, 삼령 애벌레
	쉬파리 일령 이령, 삼령 애벌레
	송장벌레 성체와 애벌레
	풍뎅이붙이 성체와 애벌레
부패기	일단 시간이 경과된 부패에서는 검정파리 알은 발견되지 않음
	검정파리의 이령과 삼령 애벌레
	쉬파리의 이령과 삼령 애벌레
	번데기화를 위해 시신을 떠나는 검정파리와 쉬파리 애벌레
	풍뎅이붙이 성체와 애벌레
	배짧은 꽃등에(eristalid fly)의 애벌레 (액화구역)
	벼룩파리의 애벌레 (부패의 나중단계)
	치즈파리(piophilid fly)의 애벌레 (부패의 나중단계)
부패건조된 잔해형성기	검정파리의 애벌레는 발견되지 않음
	stratomyid 파리의 애벌레
	수시렁이(dermestid beetle)의 성체와 애벌레
	곡식좀나방(tineid moth)의 애벌레
	명나방(pyralid moth)의 애벌레

(bloat stage)에 진입하면, '적극적 부패(actively decaying)'가 진행되고 있다고 말하며, 이 기간 동안 사체의 연한 부위는 빠르게 자가융해(autolysis)되고, 미생물, 곤충, 기타 동물의 활성도 사라진다. 그 후 가스가 피부에서 빠져나가면서 사체는 그 형태가 바뀌게 된다. 이 시점에서 사체는 '경과된 부패(advanced decay)'의 단계로 들어가며, 사체가 미이라화 되지 않으면 피부의 상당부분이 소실된다. 비만인 사람은 평균 몸무게를 가지는 사람에 비하여 빠르게 부패하는데, 이는 '조직에 세균의 발생과 증식을 도와주는 영양이 풍부한 체액을 다량 함유'하기 때문이다 (Campobasso 등, 2001). 언뜻 보기에 지방은 다른 신체조직에 비하여 수분함량이 더 적기 때문에 놀랍게 나타나며, 따라서 비만인 사람들은 평균 수분함량을 가진 사람보다 낮다. 그러나 지방은 수분증발을 방지하는 '방수(waterproofing)' 역할을 하여 대사가 진행되는 동안에는 다량의 물이 나와서 사체가 건조되는 것을 방지한다.

시랍

시랍(屍蠟, adipocere, grave wax 또는 corpse wax)은 적당한 조건에서 부패되는 동안 생성되며, 이

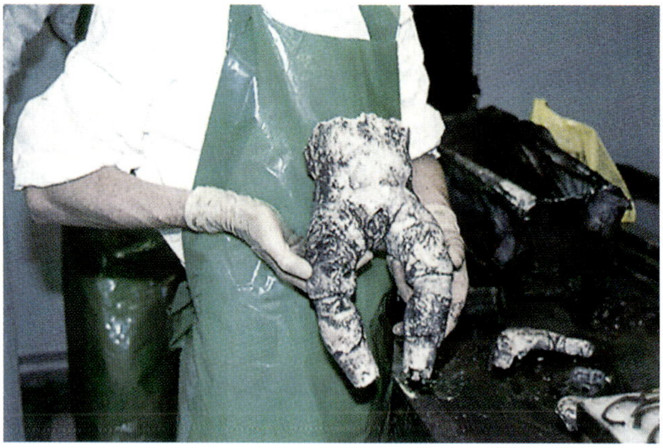

그림 1.10 시랍은 약 3년 동안 매장되었음에도 불구하고 어린이 사체에 보존되어있다. [Shepherd, R. (2003) *Simpson's Forensic Medicine*, 12판. 저작권 2003, Hodder Arnold 승인]

것은 부패의 추후 경과에 영향을 미칠 수 있다 (Forbes 등, 2004; Fiedler & Graw, 2003). 시랍은 흰색, 옅은 회색, 노란색을 띠며, 풀같이 푸석푸석한 경도를 가지는 지방질이다. 많은 시랍생성은 향후 사체의 분해를 저해하고 사체가 수년동안 보존되도록 한다 (그림 1.10). 그러므로 시랍의 생성은 관계 당국이 묘지를 재활용하지 못하게 하여 시립묘지에서는 골칫거리가 되고 있지만, 오랜 시간이 경과한 사체의 부검(剖檢, autopsy)을 하려는 법의과학자와 고생물학자들에는 매우 유용하다.

'시랍(adipocere)'은 단일 화합물이라기보다는 복합적인 화합물이며, 체지방(body lipid)이 분해되어 만들어진다. 사후 체지방 저장물의 대부분을 차지하는 트리글리세리드는 자가융해(autolysis)와 세균에 의해 분해되어 글리세롤과 자유지방산을 생산한다. 자유지방산은 포화 및 불포화 형태의 혼합물로 구성되어 있으나 시랍생성이 진행됨에 따라 포화형태가 더 우세하게 된다. 그 지방산은 주변의 pH를 낮추며 미생물 활성과 더 이상 부패되는 것을 막는다. 시랍은 시간이 경과함에 따라 특징적인 냄새를 내기 때문에 사체를 찾기 위해 시신수색견(cadaver dog)을 훈련시키는데 사용된다. 대량의 시랍형성은 사체 팽창을 일으키며, 그 결과 사체 표면에 의복의 패턴, 로프 또는 끈(ligature)으로 묶인 자국이 생기게 하지만, 절창(incised wound) 또는 자창(찔린 상처, puncture wound)은 상처부위를 막아서 확인이 어렵게 될 수 있다. 시랍생성은 사람 부패에만 한정되는 것은 아니며 (Forbes 등, 2005d), 사람과 동물의 유해가 서로 섞여있을 경우에도 생성될 수 있다는 것을 알아두어야 한다. 예를 들어, 동물의 사체는 종종 죽은 가축을 신속히 처리하는 방법을 찾는 농부에 의해 버려진 고장나거나 방치된 광산의 기계더미 아래에서도 발견된다. 살인자도 그러한 시설을 사용할 수 있다.

시랍형성은 민물, 해수, 토탄지(土炭地, peatbog), 얕고 깊은 무덤, 단단히 밀봉된 용기, 매장된 사체 등의 다양한 조건에서 회수된 사체로부터 보고되었다 (예, Evershed, 1992; Mellen 등, 1993). 일부 학자들은 따뜻한 상태에서 시랍생성이 촉진되지만, 10-12℃의 온도의 해수, 얼음 빙하에서 회수된 사체에서도 생성된다고 보고하였다 (Kahana 등, 1999; Ambach 등, 1992). Tyrol 지역에서 발견된 지 5300년 이상된 '아이스맨(Iceman)'은 부분적으로 생성된 시랍에 의해 보존되었다 (Sharp, 1997; Bereuter 등, 1997). 문헌에 의하면, 시랍생성에 걸리는 기간은 몇 주, 몇 달, 몇 년 등으로 다양하다. 명백하게 그 기간은 그 지역의 상황에 따라 크게 달라질 것이며 시랍생성에 PMI의 추정을 적용하는 일은 아직 가능하지 않다. 그러나 시랍은 사체에서 흘러나오기 때문에 토양에서 시랍의 존재는 시신이 특별한 지역에 유기되었다가 그 후 옮겨졌는지를 알아낼 수 있으며, 사체에 생성된 시랍의 범위가 사체가 죽은 이래 거기에 있었다면 주변토양과 잘 일치한다.

Forbes 등 (2005a,b,c)은 시랍의 생성을 촉진시키는 물리적 및 화학적 요인들에 대한 광범위한 일련의 실험을 수행하였다. 시랍은 토양이 습하고, 보통 토양의 정상균총을 제거하기 위하여 12시간동안 200℃에서 가열된 멸균토양이 제공된다면 모래와 진흙에 이르는 다양한 토양형에서 생성된다는 것을 알게 되었다. 땅속에 직접 매장된 사체는 관에 담겨진 사체와 비교하여 볼 때 더 빠르게 시랍이 생성되는 경향이 있다. 흥미롭게도 플라스틱 가방에 사체를 넣으면 시랍생성이 지연되지만, 사체가 옷을 입은 채 플라스틱 가방속에 있게 되면 시랍생성은 촉진된다. 그들은 이러한 현상이 글리세롤을 흡수하는 옷과 시랍이 생성되는 과정을 억제했을 다른 부패산물 때문일 것이라고 설명하였다. 폴리에스터 옷이 가장 효과적인 것으로 여겨지며, 이는 아마도 이 섬유의 수분유지능과 면섬유와 비교했을 때 부패에 대한 저항성이 있기 때문인 듯하다.

미이라화

미이라화(mummification)는 사체가 높은 열이나 냉기와 함께 건조한 상태에 노출되었을 때 일어나며, 특히 수분증발을 촉진하는 강한 바람이 있는 곳에서 잘 일어난다. 뜨거운 사하라와 추운 티벳 고원과 같은 사막에서 죽은 사람들에게서 보편적으로 볼 수 있다. 그것은 굴뚝에 벽돌을 돌려 쌓은 살인사건의 희생자 또는 잘 밀봉된 중앙난방식 방에서 죽은 사람들에서도 발견된다. 크기는 중요하며, 커다란 표면적 대 부피 비율 때문에 죽은 어린이는 성인보다 더 빠르게 수분을 소실한다. 갓 태어난 어린이는 활성을 가지는 장내 미생물 상(相)이 없어 수분이 빠르게 소실될 뿐만 아니라 미생물 분해가 조직의 주요 파괴원인이 되기 전에 탈수될 수 있다. 일단 사체가 미이라화 되면 건조한 환경에서 수백 년간 그대로 유지될 수 있으며 건조한 유기물을 섭식하는 곤충들이 쉽게 접근하지 못한다.

부패건조된 잔해형성기

피부와 부드러운 조직이 제거된 후, 사체는 경골격(硬骨格, hard skeleton)으로 변화되며, 건(腱, tendon), 인대(靭帶, ligament), 손톱, 모발 등과 같은 부분들은 잘 분해되지 않는다. 자궁, 전립선과 같은 기관들도 잘 부패되지 않으며, 만일 사체가 잘 밀봉된 관에서 보관되면 몇 달 동안 유지될 수

표 1.3 부패 단계와 각 단계의 특성 요약

부패 단계	특성
초기	시체는 식고 자가융해가 일어남. 혈액침하와 시체경직(*rigor mortis*)을 볼 수 있음.
팽창기	피부표면의 변색, 시체는 가스의 축적으로 부풀어 오름. 혀는 튀어나오며, 체액은 구멍으로 흘러나옴. 연조직의 가시적인 부패진행. 강렬한 미생물과 무척추동물의 활성으로 인한 신속한 부패
부패기	점진적인 피부와 연조직의 손상. 시체는 부패가스가 방출됨에 따라 수축됨. 무척추동물과 미생물활성 때문에 연조직은 일단 서서히 줄어들며 신체는 건조되기 시작함.
부패성 건조 잔존물 기	피부와 연조직은 손상됨. 부패가 보다 서서히 진행됨. 자궁/전립선, 건, 연골, 손톱, 제모의 섬신석인 소실. 골격은 환경과 생물학적 과정을 통해 탈구되기 시작함.

있다. 거기에는 미생물에 의해 분해될 수 있는 소량의 사체에서 유래하는 유기물이 여전히 남아있기 때문에 백골화된 사체에서는 썩는 냄새가 난다.

뼈도 속성작용(續成作用, diagenesis)이라고 하는 분해과정을 거치고, 화학적 조성과 현미경적 구조는 미생물의 분해와 환경노출의 결과에 의해 변한다. 뼈의 분해는 사후 곧 시작되며, 세균은 뼈의 구멍을 통하여 침입하여 그 안에 터널을 만든다 (Jans 등, 2004). 따라서 백골화가 진행되는 시간동안 이미 중요한 변화가 명백하게 이루어지며, 토양세균에 의한 분해과정은 중요한 것이라고 생각되지 않는다. 따라서 예상대로 복강(abdomenal cavity)으로부터 가장 가까운 곳에 위치하는 뼈들은 미생물 분해에서 가장 우선적으로 표적이 되는 경향이 있다. 그러나 이들 변화를 PMI의 추정에 사용하기에는 이르다. Lasczkowski 등 (2002)은 연골세포(chondrocyte cell) (콜라겐을 생산하는 연골세포)의 소실율이 사후 최초 몇 주 동안 PMI 측정에 사용될 수 있다는 것을 제시하였으나, 이 시도가 얼마나 믿을 수 있는지를 확인하기 위하여 더 많은 실험을 필요로 한다. 실제로 백골화된 유해의 나이를 측정하는 일은 형태학적 및 생화학적 특성을 통해서 대충 결정될 수 있다. 예를 들어, 뼈와 인대, 그리고 다른 연조직의 연관성은 그 유해가 5년이 채 안되었다는 것을 나타내며, 한편으로 뼈안에 혈색소가 존재한다는 것은 10년이 채 되지 않았다는 것을 나타낸다.

부패속도에 영향을 미치는 요인들

다른 무척추동물, 미생물, 개 또는 새 등의 척추동물의 활동과 함께, 사체에 검정파리 애벌레의 증가속도는 사체의 부패속도에 크게 영향을 미친다. 결론적으로 물리적 배제, 산소의 결핍, 고온 또는 저온과 같은 그들의 접근을 제한하거나 활성을 감소시키는 요인들은 부패속도를 매우 느리게 한다.

지리적 위치

미생물, 무척추동물, 척추동물성 잔사식생물(detritivore) 등의 개체군 풍부도와 종 조성은 지역에 따라 다양한 차이가 있으며, 이것은 사체의 위치, 증식, 분해속도 등에 영향을 준다. 부패는 덥고 습기가 많은 열대지역에서 매우 빠르게 진행되며, 춥거나 건조한 조건에서는 천천히 진행된다. 열대지역에서 사체에서는 24시간 이내에 구더기 떼가 관찰되지만 영국에서 이 단계에 도달되는데 여름에도 몇 일 걸린다. 고온이나 건조한 기후는 무척추동물과 곤충의 활동을 제한하여 부패속도는 감소한다.

연중 기간

사체는 습기가 있는 따뜻한 환경에서 매우 빠르게 부패한다. 그 결과 영국에서 부패는 여름 몇 달 동안 매우 빠르게 부패하고, 겨울에 매우 느리게 부패한다. 이것은 주로 미생물 부패에 대한 환경적 효과 때문이며, 주로 계절적 활성의 특징적인 패턴을 보여주는 무척추동물성 잔사식생물(detritivore)을 통해서 이루어진다.

도시는 따뜻한 미소기후(microclimate)를 제공하므로 일부 검정파리는 거기에서 겨울 내내 활동적이지만 주변구역에서는 활동적이지 못하다. 도시와 지방에서 일부 검정파리 성체는 가을에 다락방, 주차장, 창고 등의 건물 내로 들어와 겨울 내내 실내에 있으려 한다. 사체에서 그들 생물체가 출현하고 활동하기에 적당한 건물 내에 있다면, 한 겨울에도 사체에서 집단서식(colonization)이 이루어진다.

일광에 노출

일광에 노출효과는 사례에 따라 다르다. 만일 사체가 햇빛에 의해 따뜻해지면 세균의 부패는 촉진되지만, 습도가 낮고 강한 바람이 분다면 사체는 건조해져서 미이라화 하여 사체의 상당부분은 손상되지 않은 상태로 보존된다. Galloway 등 (1989)은 사람의 사체가 건조한 조건에서 어떻게 부패하는지에 대하여 상세히 기술한 바 있다.

일광에 노출된 사체에서 척추동물과 무척추동물성 잔사식생물(detritivore)을 볼 수 있고, 냄새도 맡을 수 있으며, 이것은 신속한 분해, 소비, 집단서식 등을 가져온다. 건조하고 자외선이 쬐이는 곳에서 알과 애벌레가 죽기 때문에 무척추동물은 햇빛에 노출된 사체에 알을 낳지 않으며 군집을 생성하지 않는다. 그러나 옷이나 기타 덮개 아래 부분에 낳은 알은 (그들이 접근하는데 너무 힘들지 않다면) 햇빛으로부터 보호를 받으며 더욱 습한 미소환경에 놓이게 될 것이다. 이것은 미생물과 구더기 생장을 용이하게 하여 이들을 둘러싸는 구역에서는 많은 것이 덮개 물질의 특성에 의존하지만 노출된 사체 부분에서보다 빠르게 부패할 수 있다.

시신포장 및 염습

시신수습자는 종종 다른 점에서 운반을 보다 용이하게 하고 추후에 일어날 수 있는 새로운 일들의 위험성을 줄이기 위해서 시신을 포장하거나 덮는 일을 한다. 금속 호일(foil)은 플라스틱 시트, 가방, 클링필름(cling film) (역자주: 찰싹 붙는 폴리에틸렌 막)과 같이 흔히 사용된다. 시신을 감싸는 대형 카페트는 무겁고 크기 때문에 다루기 매우 어렵다. 시신은 또한 자동차의 트렁크, 여행용 가방 또는 유사한 커다란 용기, 잠겨있는 방이나 벽돌로 둘러쌓인 곳에서도 발견된다. 많은 사체들이 마루바닥 아래에서 흔히 발견되는데, 이것은 보통 경찰이 은닉된 증거를 찾을 만한 곳으로 가장 먼저 생각하는 장소가운데 한 곳이다. 모든 이들 시나리오는 분해율이 각각 다르게 나타나지만 공통 요인은 덮개를 함으로서 산소, 척추동물, 무척추동물이 없는 곳이 가장 부패가 느리다는 것이다. 영하의 온도가 아니라면 시나리오에 상관없이 사체의 부패가 일어나며, 그 냄새는 다양한 형태와 크기의 잔사식생물(detrivores)이 꼬여들게 하여, 파리들은 보통 잠긴 자동차의 트렁크 안에서 발견되고, 여우들은 플라스틱 포장을 물어뜯고 구멍을 낼 것이다. 만일 잔사식생물(detrivores)의 접근이 어렵게 되면, 사체는 서서히 부패되지만 결국 시신이 발견되어만 알 수 있는 증거를 보존하는데 도움이 된다. 더욱이 살해도구와 다른 증거들이 시신과 함께 감춰지거나 땅에 묻는 일은 흔히 일어나는 일이다. 콘크리트 안에 사체를 넣는 일은 성공적인 은닉이라고 확신할 수 없으며 부패되는 냄새의 탐지가 가능하여, 어떤 사람이 실종되고 용의자가 콘크리트와 연관이 있다는 생각을 하기 시작하면, 그 문제는 오래가지 못한다 (Preuβ 등, 2006). 흥미롭게도 콘크리트의 조성분석 [암석기술학(petrography)이라 알려진 과정]을 통해서 콘크리트가 타설된 장소와 시간을 알 수 있을 뿐 만 아니라, 얼마나 오래되었는지 PMI도 추론할 수 있다. 예를 들어, 독특한 사례가 미국에서 일어났는데, 집에서 만든 콘크리트 석관(石棺) 내에 매장된 젊은 여성의 사체가 네바다 주에서 발견되었다 (Morel, 2004). 암석분석(petrographic analysis)은 콘크리트의 형태뿐 만 아니라 약 1년 6개월~2년 전에 만들어진 것조차도 식별하였다. 대조적으로 여성유해의 인류학적 분석(anthropologic analysis)을 통해서 2~7년 전에 동일한 지점에서의 사망시간을 알 수 있었다. 근처에서 발견된 살인무기일수 있는 콘크리트 압착용 칼과 석관(石棺, sarcophagus)과 연관이 있을 가능성도 제시되었다.

지하매장

매장된 시신은 지상에서보다 대략 4배가량 천천히 부패하며, 깊게 묻힐수록 더 천천히 부패한다 (Dent 등, 2004). 토양의 특성은 직접적으로 화학적 작용, 토양 생명체의 풍부도와 활성에 대한 그 효과 등을 통해 부패율에 영향을 미친다. 미생물의 밀도는 토양의 종류에 따라 매우 다양하지만, 계산해보면 일반적으로 상부 1 m에는 그램당 2×10^9이 존재하며, 1~8 m 깊이에서 그램당 10^8 정도이다 (Coleman 등, 2004). 진흙은 통기가 잘 되지 않으므로 산소농도가 낮아서 미생물 활성이 감소되어 부패율이 낮다. 산성도가 높은 토양에서 미생물의 활성은 감소되며, 낮은 pH는 연조직과 뼈를 녹인다. 고농도의 칼슘이 포함된 토양에서는 뼈의 화학적 분해가 감소되지만, 미생물 분해를 막지는 못한다. 얇게 덮은 토양은 검정파리가 사체에서 집단서식 하는 것을 막아서 부패율을 감소시킨다. 그러나 *Muscina stabulans*와 같은 일부 파리들은 토양표면에 알을 낳고 그 후 그 애벌레들은 사체로 접근하며, 관파리(coffin fly) (*Conicera tibialis*) 성체는 매우 작아서 시신이 있는 지하 1미터 이상 깊이의 토양에서 발견된다. 그러나 얕게 묻힌 사체는 개, 여우, 오소리 등에 의해 파헤져 질 수 있으며, 이렇게 되면 곧 부패율은 증가하여 사체가 분해될 확률이 높다. 시신은 종종 묻기 전에 포장을 봉인하는데, 이것은 밀폐된 정도 또는 잔사식생물(detritivores)을 배제할 수 있는 정도에 따라 부패율은 더욱 감소될 수 있다.

지상교살

사람은 폭발에 의해 날아가서 나무에 걸리거나, 자동차의 충돌로 튕겨지거나, 열차나 자동차에 치여 죽기도 하지만, 자살 또는 타살에 의한 교살(絞殺, hanging) [불법으로 사람을 죽게하는 린치(lynching)]로 지상에서 매달려 발견되기도 한다. 지상에서 교살된 시체는 지면에서 누어있는 것보다 더 천천히 부패할 것이다 (Wyss & Cherix, 2004). 이것은 아마도 사체가 공중에 매달려있을 때에는 습기가 적고 밝아서 파리가 알을 낳기 어렵기 때문일 것이다. 통기는 건조 상태를 더욱 증진시키고, 많은 구더기들이 기어 다니다가 떨어져 나가기도 하고 비에 씻겨나갈 수도 있게 한다.

수중매장

수장된 사체는 종종 대기 중에 노출되었을 때보다 더 천천히 부패된다고 한다. 이것은 아마도 온도가 낮기 때문이며, 깊이에 따라 감소하는데 이는 그 비율이 점차 낮아지는 온도와 산소 농도 때문이다. 사체는 민물에서 부패하는 것보다 해수에서 더 천천히 부패한다고 한다. 사실 해양환경에서 부패율에 대한 실험데이터는 거의 없으며 표면해수는 호수에서의 세균밀도와 유사하지만 (10^5~10^7/㎖와 비교하여 10^6/㎖), 퇴적토에서의 미생물 개체군은 생각보다 훨씬 많다 (Azam & Malfatti, 2007; Tranvik, 1997). 부패율은 또한 수서무척추동물과 척추동물 잔사식생물(detritivore)이 얼마나 있는 지에도 영향을 받는다.

수중에 매장된 사체들은 확실히 고정되지 않은 상태에서 가스가 생성되었을 때 보통 수면위로 떠오른다. 연못, 호수, 강 등의 표면에 떠오른 사체에는 검정파리 애벌레들이 집단서식 할 수 있으며, (물속에서 보다) 더 높은 온도와 산소농도에 노출됨에 따라 부패율이 증진된다. 검정파리는 해변으로 밀려온 사체에서 집단서식 할 수 있으나, 바다에서는 발견되지 않는다.

상처

사망당시 또는 사망 직후에 입은 상처(wounds)로 공기와 무척추동물이 몸 안으로 침입하여 부패속도를 빠르게 할 수 있다. 피 냄새는 또한 검정파리를 꼬여들게 한다. 그러나 출혈이 심하면 미생물은 혈관의 체액을 통해 더 이상 빨리 자랄 수 없기 때문에 사체나 일부 사체의 세균 집락화를 느리게 한다.

감염

이미 감염된 패혈증(septicaemia)이나 상처는 부패속도를 빠르게 할 수 있는데, 이는 세균들이 집락을 형성하여 사망하자마자 곧 사체를 분해시키기 때문이다.

화상

살인자는 종종 희생자의 몸체를 소각처분하려고 한다. 그러나 이를 위해서 고온이 필요하기 때문에 완전히 성공하지 못하는데, 사람의 유해는 일반적으로 2~3시간동안 1000℃ 이상에서 소각한 화장터의 재에서 여전히 확인가능하다. 일반적인 주택화재는 이보다 훨씬 낮은 온도에서 진행되며 비록 그 온도가 700℃를 넘을 지라도 상대적으로 짧은 기간동안 진행되며 그나마 천장주변에서 그러한 경향이 있다. 가연성 물질이 많이 있다하더라도 바닥의 온도는 166℃ 정도에 불과하다. 주택화재, 폭발, 교통과 비행기사고 등에 의한 희생자들도 종종 심하게 훼손된다. 보통 팔다리, 머리 같은 말단부위는 가장 심하게 영향을 받으며, 몸통(torso)은 신체부위 중에서 가장 나중에 소각된다. 체지방이 많은 신체는 가장 잘 소각되며, 화염상태에서 옷은 신체의 훼손정도와 관련이 있다. 때때로 사체를 타이어에 놓고 연료를 뿌려 태우기도 한다.

소각과 연관된 일부 요인들은 부패율을 감소시키는 반면에 다른 요인들에 의해 부패율이 촉진되기 때문에 일반화시키기는 어렵다. 예를 들어, 소각은 피부표면을 멸균시키며 그 하부 조직은 건조해져서 미생물과 검정파리 애벌레의 생장이 어려울 수 있지만 균열도 일어날 수 있어 영향을 덜 받는 보다 깊은 조직으로 침입할 수 있다. 마찬가지로 피부표면이 까맣게 탄화되었음에도 불구하고 내장의 미생물 균총에 영향을 줄만한 온도로 올라가지 않아 부패는 이곳에서 시작된다. 연구원들은 소각된 시신이 검정파리를 유인한다는 것을 알아냈으며, 다른 사람들은 그 사체에 알을 낳을 가능성이 줄어든다고 보고하였다 (Avila & Goff, 1998; Catts & Goff, 1992). 분명한 것은 소각의 정도와 환경에 따라 여러 가지가 달라진다는 것이다.

소각은 미생물과 구더기가 자라는데 영향을 미칠 수 있는 단백질, 탄수화물, 지방, 기타 유기물질들의 화학적 변화를 일으키지만, 법의학적 맥락에서 이에 대하여 보고된 내용은 알려진 것이 거의 없다. 그러나 도축전 예비검사 상태, 저장, 조리 등이 사람이 섭취하고자 하는 고기의 화학적 조성과 기호성(palatability)에 어떻게 영향을 미치는지에 대하여 많은 문헌들이 알려져 있다 (예, Varnums & Sutherland, 1995). 기본적으로 고기가 조리되면 지방이 녹게 되며, 지방은 분해 (예, 트리글리세리드는 글리세롤과 지방산으로 분해함)와 산화 (예, 지방산 사슬의 카르복실기는 산화됨)에 영향을 받게 된다. 지방산 산화는 조리된 고기의 냄새와 관련된 다양한 화합물을 생산하며, 다른 화합물들과 반응하여 고기의 맛에 기여하는 화합물을 생산한다. 40-50℃ 이상으로 가열하면 일부 단백질은 변성되고 (3차원적 형상이 변화됨), 가수분해되어 온도가 지속적으로 증가함에 따라 더 많은 단백질에 영향을 미친다. 변성(denaturation)은 근육단백질을 수축하게 하며 [따라서 열경직(heat stiffening)일 일으킴], 그 과정에서 근육세포의 원형질은 빠져나오게 된다. 다른 단백질도 변성되어 더욱 수축을 일으키고, 체액 함량이 줄어들며, 조직에서는 수분이 증발됨에 따라 건조해 진다. 열분해반응(pyrolytic reaction)은 온도가 증가함에 따라 일어난다 (열분해반응은 화합물이 한 가지 이상의 산물로 전환을 일으키는데 원인이 되는 것을 나타냄). 예를 들어, 콜라겐(collagen)은 젤라틴(gelatin)으로 전환된다. 단백질 분해는 아미노산의 농도를 증가시키고, 일부 아미노산들은 당(sugar)과 Maillard 반응으로 알려진 복잡하고 비효소적 반응을 일으키게 된다. 사람이 맛있다고 생각하는 것과 무척추동물 잔사식생물(detritivores)이 반응하는 맛이 같지 않을 수도 있다는 사실을 염두해 두어야 하지만, 향의 생성은 중요하다. 만일 사체가 오랫동안 가열되면 건조해지며, 온도가 충분히 높아지면 탄화되어 모든 유기물이 소실되어 검게 된다.

화학적 처리

살인자는 종종 부패가 빠르게 진행되도록 사체에 화학물질을 뿌려서 발각되지 않도록 하거나 단순히 있을 수 있는 물적 증거를 없애려고 한다. 사체에 석회를 뿌리면 신속하고 완전하게 소실된다고 생각한다. 사실상 이 방법은 사체의 보존에 실제적으로 기여할 수 있다. 석회[calcium oxide (CaO)]는 매우 높은 발열반응으로 물과 반응하여 부식성이 큰 소석회를 생성한다 (예, 많은 열이 발생함). 실제로 그 많은 열은 석회가 뿌려짐으로서 사체에 일부 피부손상이 생기지만, 온도가 증가하여 건조해진다. 건조해진 사체는 수년간 부패가 잘 되지 않은 채로 남아있을 수 있으며 뿌려진 부식성의 물질에 의해 잔사식생물(detritivore)에 의한 부패는 지연된다.

산욕조(酸浴槽, acid bath)에 사체를 담가두는 것은 모든 연조직 뿐 아니라 뼈도 분해하며, 그 분해속도와 효과는 조직에 포함된 수분함량에 영향을 받는다; 지방은 소수성이며 쉽게 물에 녹지 않으며, 이들은 주로 콜레스테롤과 칼슘으로 구성되어있다. 일부 플라스틱도 내성을 가진다.

사례연구: 산욕조(酸浴槽, acid bath) 살인사건

'산욕조(酸浴槽, acid bath) 살인자'라는 이름을 역사에 남긴 Jahn george Haigh는 1949년 Wanderworth 감옥에서 교수형에 처해졌다. 그는 그의 피해자들을 죽인 후에 황산이 가득 차있는 욕조에 집어넣었다. 여러 명의 피해자가 있었지만 그를 기소할 수 있게 해 준 대부분의 증거는 그의 마지막 피해자인 Durand-Deacon 부인의 죽음에서 얻어졌다. Durand-Deacon 부인이 실종된 후에 경찰이 그녀의 집을 조사했을 때 경찰은 많은 양의 체지방, 3개의 담석, 왼쪽발의 일부, 여러 개의 뼈조각, 손상되지 않은 틀이, 가방손잡이, 그리고 립스틱 통을 발견하였다. 벽에서 혈흔도 발견되었다. 그러나 그 시절에는 기술이 그것이 사람의 것이라는 것을 밝힐 수 있는 정도였다. Durand-Deacon 부인의 담당 치과의사는 그녀의 위아래 턱의 석고틀을 보관하고 있었다. 그래서 그 의사는 그 틀니의 출처를 확인해 줄 수 있었다. 왼쪽 발에 석고틀은 Durand-Deacon 부인의 신발에 완벽하게 맞았다. 그 발을 조사한 병리학자는 평생 피해자가 골관절염(osteroarthritis)을 앓고 있었음을 확인하였다. Durand-Deacon 부인이 하였던 어떤 것들이 문제를 해결하는 실마리를 제공하였다. 비록 Haigh의 다른 피해자들의 유해는 발견되지 않았지만 이것은 산욕조라도 사체를 처리하는 데는 한계가 있다는 것을 말해주는 것이다.

방부처리(防腐處理, embalming) (역자주: 부패를 막기 위하여 소독제 및 방부제로 시체를 처치하는 것)는 시체의 부패를 지연시키거나 방지하기 위해 화학물질을 처리하는 과정이다. 고대 이집트인들은 죽은 사람을 종교적 이유로 방부처리하여 완전히 부패되는 것을 막고자 하였다. 마찬가지로 레닌의 사체는 모스크바 무덤에서 공개하기 전에 방부처리를 하였으며 부패 방지를 위하여 지속적으로 모니터링 하였다. 오늘날 유럽과 미국에서 종교적으로나 정치적 목적으로 방부처리하지는 않지만, 사체를 일시적으로 보존하여 보기 흉하지 않도록, 그리고 매장 또는 화장할 때까지 사람들의 건강에 위험하지 않도록 하기 위하여 실시한다. 영국에서 사용되는 방부처리액에는 다양한 다른 화학물질이 포함되지만, 보통 2%의 포름알데히드로 사체를 처리한다. 이런 점에 있어서 법의학적 관점으로 볼 때 방부처리는 이후에 이루어지는 시체의 체액이나 조직에 대한 화학적 분석에 영향을 미칠 수 있다는 것이다. 분명히 방부처리가 되기 전에 미리 필요로 하는 샘플을 채취하는 것이 바람직하다. 그러나 이런 일이 항상 가능하거나, 제때에 그 필요성을 인식하지 못할 수 있다. 방부처리는 benzodiazepine의 양을 줄일 수 있다. 1997년 8월 31일에 교통사고로 Diana 왕비가 죽은 후 그녀의 시신에 대한 방부처리는 그녀의 연인인 Dodi Fayed의 아이를 임신을 했는지 여부를 확인하는 호르몬 분석을 어렵게 하였다. 물론 이것은 '은폐(cover-up)' 음모의 소산이었다. 또한 방부처리는 메탄올과 같이 간섭현상(artefact)을 일으킬 수 있어, 이것이 그 출처가 되는지를 확인하기 위해 방부

표 1.4 시신 부패 속도를 촉진시키거나 지연시키는 요소들

부패 촉진 요인	부패 감소 요인
산소공급이 제한되지 않음	산소공급이 제한됨
따뜻한 온도 (15–37℃)	차가운 온도 (<10℃ ; 부패는 영하에서 멈춤)
습한 공기	건조한 공기
무척추동물 잔사식생물 있음 (예, 검정파리 애벌레)	무척추동물 잔사식생물 없음
시체를 먹는 장수말벌, 개미, 기타 무척추동물 육식동물	잔사식생물을 먹은 장수말벌, 개미, 기타 무척추동물 육식동물
무척추동물이 보다 쉽게 내부 신체조직으로 접근가능한 상처	잔사식생물이 시신 모두 또는 일부에 접근할 수 없음
사체가 타서 생긴 피부 균열로 무척추동물과 산소가 내부 조직으로 보다 쉽게 접근토록 함	조직이 심한 화상으로 탄화되고 건조해짐
비만	
죽기전 패혈증 또는 구더기증으로 고통 받음	
사체가 노출된 바닥 환경	육상 또는 수중 매장 (깊이가 증가함에 따라 부패율은 감소됨)
토양 위에 놓인 사체	지상에 매달린 사체 [예, 교살(hanging)]
	시랍 형성, 미이라화, 방부처리

액 샘플을 확보해 놓는 것이 도움이 된다. 모든 화학적 분석이 방부처리에 의해 영향을 받는 것은 아니며, 모르핀과 스트리키니네(strychnine) (역자주: 일종의 신경 흥분제)의 경우에는 그 양은 변하지 않는다. 혈중 에탄올의 양은 줄어들 수 있어 추후 방부처리 분석을 어렵게 할 수 있지만, 생전(ante mortem) 농도의 믿을만한 추정은 안구에 분석을 방해하는 혼합물질이 주입되지 않았다면 적어도 최초 4일후에 안구 초자체액(vitreous humor)의 양을 측정을 통해서 이루어질 수 있다.

사람 잔해의 발견과 회수

발견

대부분의 살인사건(homicides)은 범인의 자백 또는 공공장소에서 발견되는 사체에서 기인하는 교란의 문제점들이 있어서 사체가 발견되면 곧바로 경찰의 주의가 모아지게 된다. 때때로 은닉하려고 하지만, 이러한 시도는 사람의 시신, 특히 성인의 경우에는 몸이 무겁고 운반이 어려워서 효과적이지 못하다. 그 결과, 사체는 보통 그들이 쓰러진 곳에서 인근 또는 길에서 덤불 가까운 쪽으로 끌어다 놓는데, 아마도 자동차의 트렁크에서 옮겨져서, 그들은 종종 개와 함께 산보하거나 뛰어노는 어

린이들에 의해 우연히 발견되기도 한다. 유해가 매장된 곳의 묘지는 보통 비교적 얕으며 살인사건이 발생한 곳의 인근에 위치한다.

국제적 수색(international search)이 이루어지는 곳은 이것이 세심하고 체계적인 방식으로 수행되는 것이 필수적이다 – 흔히 그 구역은 격자모양으로 구분하며, 격자의 한 구획은 한번에 수색해야 한다. 물리적으로 한 지방의 일대를 수색하는 일은 어렵고, 많은 인력이 필요하며, 시간이 많이 소요되기 때문에 비용이 많이 든다. 수색(search)을 신속히 하기 위한 다양한 방법들이 있다. 개는 매우 발달된 후각을 가지고 있어, 경찰은 사체가 있는 곳을 찾기 위해서 특별히 잘 훈련된 시신수색견(cadaver dog)을 활용한다 – 미국 연구원들은 시신수색견이 지표와 대기에 습기가 있고 4–16℃의 적어도 8 km/hr의 풍속이 있는 곳에서 가장 잘 활동한다고 보고한다. 그 개들은 수년 동안 수중에 매몰되거나 가라앉아있는 사체도 발견할 수 있다.

항공사진술(aerial photography)은 식물성장 패턴으로부터 갈아엎은 토양과 위치의 변화를 알아낼 수 있으며, 반면에 적외선 카메라는 부패가 시작됨에 따라 사체에서 방출되는 열을 탐시하게 된다. 묘지위치(grave site)는 'T자형'의 핸들이 있는 긴 금속 막대로 프로빙(probing) [역자주: 트랜지스터나 IC칩의 패드(pad)에 탐침을 꽂아 탐색함]에 의해 탐지될 수 있으며, 묘지는 갈아엎은 흙으로 덮는 것이 특징으로 같은 양의 힘을 주었을 때 주변의 땅에서보다 훨씬 더 깊게 탐침자를 넣을 수 있다. 반면에 대개 약 30 cm 이상의 깊이가 되면 갈아엎지 않은 토양에서 탐침자 삽입은 점점 더 어려워진다. '연약지점(soft spot)'은 그곳에 묘지가 있을 수 있음을 나타내며, 발굴하기 전에 그 지역에서 추가적인 토양화학 시험을 수행할 수 있다. 이 방법은 흙이 자연적으로 뒤집어지지 않은 곳에서 가장 좋으며 경험을 필요로 한다. 또한 시간이 다소 오래 걸리며, 땅에 묻혀있는 물체가 손상되지 않은 상태라면 매우 조심해야 한다. 지상자기탐지기(ground magnetometer)는 상대적으로 단기간에 넓은 면적을 스캔하는데 사용될 수 있다. 그 장비는 하부 토양의 자기적 특성에서 미세한 차이를 식별하는데 사용될 수 있다. 사람의 몸체는 자기측정(magnetometry)에 의해 직접 발견될 수 없으나, 매장과정(burial process)에서 토양의 프로파일과 자기적 특성이 교란된다. 자기측정으로 금속 버클과 열쇠 같은 물체도 탐지할 수 있다. 그러나 그 방법은 토양에 충분한 산화철(iron oxide)이 포함되어 있어야 하며, 사체가 상부에 있거나 금속물질이 많이 포함된 폐기물매립지에 있다면 그 효율성은 떨어진다. 지하탐사레이더(ground penetrating radar, GPR)는 지면으로 전자펄스(electronic pulse)를 발사한 후, 그 펄스의 반송경로를 모니터링하는 방식으로 사용된다. 이것은 작업자가 물체의 위치와 모양, 그리고 빈 공간의 존재를 포함하는 하부 토양의 3차원적 지도를 만들 수 있게 해 준다 (사체가 관 또는 상자 속에 있으면 나타남). 그 장비는 값이 비싸지만, 평지에서 가장 잘 작동한다. 다른 기법들과 마찬가지로 그것은 절대 확실한 것은 아니며, 아무것도 없는 비밀무덤의 존재를 알려줄 수 있는 반면에, 있다고 알려져 있는 곳의 유해를 규명하는데 실패할 수도 있다. 사체를 수색하는데 사용되는 몇 가지 방법들에 대하여 간단하게 요약한 내용이 표 1.5에 제시되었으며, 유해의 발견과 회수에 대한 보다 상세한 내용들은 Dupras 등 (2006)에 의해 소개되었다.

회수

일단 사람의 유해가 발견되면 주변지역은 출입을 차단하고 사체주변에 텐트를 설치하여 증거 소멸을 방지하고 오염물이 유입되는 것을 차단해야한다. 전체 주변지역은 사진을 찍고 증거를 확보하기 위해 체계적으로 수색해야 한다. 범죄현장에서 볼 수 있는 맥주깡통으로부터 뼈에 이르기까지의 모든 것들이 증거가 될 수 있으므로, 주변 모든 물체들의 현장사진을 찍고, 그들의 위치를 기록하고 수집하며, 식별번호를 부여하고, 향후 분석을 위해 적절히 저장해야 한다. 매장된 사체를 회수하는 방법은 그 지역의 환경에 따라 결정된다. 엄격히 말해서, '발굴(exhumation)'이란 용어는 묘소 내에서 관(棺) 안에 법적으로 매장된 시신을 수습하는 것으로 제한되어야 하지만, 매장이 불법적으로 된 곳에서도 흔히 사용된다. 만일 사체가 합법적으로 매장되었다면, 사체를 회수하기 전에 먼저 관을 꺼내기 위하여 굴착기가 사용될 수 있으나, 사체가 불법으로 매장된 곳에서 가능하면 많은 증거를 회수하기 위해서, 그리고 유해에 손상이 일어나지 않도록 매우 신중한 방식으로 접근해야 한다. 모든 사례에서, 흙은 플라스틱과 나무로 만든 도구들을 사용하여 순차적으로 제거하고, 흙을 버리기 전에 증거확보를 위해 손으로 분리 선별한다. 홀 방식(hole method)에서는 사체의 윗부분과 주변에 있는 흙을 사체가 완전히 노출될 때까지 제거한다. 트렌치 방식(trench method)에서는 작업을 하고 증거를 수집할 공간을 확보하기 위해서 무덤 주변 3면에 대하여 60 cm 폭의 고랑(trench)을 판다. 고랑(trench)은 사체의 아래쪽으로 약 60 cm까지 파서, 사체 하부의 토양을 조사한다. '테이블 방식(table method)'에서는 위에서 언급한 바와 같이 고랑을 파는데 무덤의 3면이 아닌 4면을 모두 판다, 이 방법은 사체의 모든 면에서 접근이 용이하여 환경이 허락하는 곳에서 선호하는 방법이다. 일단 사체가 드러나게 되면 정황에 근거한 사체조사가 시작되어야 한다. 그 사체를 이동시키고자 한다면, 손과 다리는 손바닥과 발바닥, 또는 손톱 밑에 붙어있는 어떤 생물학적 또는 화학적 증거를 보존하기 위해서 깨끗한 플라스틱 가방에 넣어야 한다. 그 가방들은 또한 물리적 손상으로부터 피부를 보호해야 하는데, 부패 말기에는 피부가 벗겨지기 때문에, 만일 표피에 손상이 일어나면 피부에 있는 어떤 흔적들을 발견하기 어려워질 수 있다. 그 후 몸 전체 (여전히 옷을 입은 채로 있다면)를 청결한 (지퍼가 달린 고무 제품의) 시체운반용 가방에 넣어 시체안치소로 옮겨 부검을 할 수 있도록 해야 한다. 이것은 증거를 함께 모으고 오염가능성을 확실하게 줄인다. 만일 사체가 매장되어 백골화 되었다면 흰색 천으로 싸서 운구가 용이하도록 나무판자에 올려놓는다. 부패 말기에 있는 사체는 손상되기 쉬우며, 생전(ante mortem)에 있었던 상처와 착각할 수 있는 검시간섭현상(post mortem artefact)을 일으킬 수 있으므로, 그런 사체는 가급적 살살 조심스럽게 다루어야 한다.

건강과 안전은 증거를 조사할 때 범죄현장과 실험실에서 모두 우선적으로 고려해야할 사항이다. 시신으로부터 수거된 샘플을 다룰 때는 세심한 주의가 필요하다. 부패하는 사체에는 많은 세균과 진균류가 포함되어 있으며, 그들 중 일부는 병원성이며 항상 희생자가 전염병에 걸렸을 가능성도 고려해야 한다. 그 위험성은 사체의 조직의 범위를 벗어나 확대해석 될 수 있는데, 예를 들어, 탄저병 포자와 결핵균은 검정파리 구더기와 성체파리의 내장을 통해 해롭지 않은 채로 통과하여 감염가능성

표 1.5 사체를 수색하는 주요 방법의 장점과 단점의 요약

방법	장점	단점
육안탐색	인력만을 요함.	인력은 비쌈. 어떤 지역으로 이동하는 많은 사람들이 적절히 훈련되지 않으면 증거를 파괴할 수 있음.
시신수색견	신속함, 간단함, 저렴함, 비파괴적임, 오래된 시신과 매장시신을 탐색	기후에 영향을 받을 수 있음. 개는 한 가지 임무를 위해 가장 잘 훈련될 수 있음 (예, 마약 또는 시신이며, 두 가지 모두는 안됨).
항공사진술	비파괴적임, 인근 및 보다 넓은 지역의 전체 사진을 제공함. 그 지역의 데이터뱅크는 그 지역 변화를 돋보이게 하는데 이용될 수 있음.	비행에 많은 비용이 들며, 보통 카메라는 충분한 해상이 제공되지 않음. 판독을 위해 훈련된 요원이 필요함. 연중 다른 시간에 찍은 영상이 요구될 수 있음.
인공위성영상 + 스펙트럼분석	비파괴적임, 인근 및 보다 넓은 전체 지역의 사진을 제공함. 그 지역의 데이터뱅크는 그 지역 변화를 돋보이게 하는데 이용될 수 있음.	이라크에서 공동묘지가 스파이위성에 의해 식별되었더라도 작은 묘지를 식별은 불확실함. 세계 모든 지역에서 이용할 수 있는 적당한 영상은 없음.
적외선영상	비파괴적임, 신속함, 넓은 면적을 조사할 수 있음. 너무 깊지 않으면 매장된 사체를 확인할 수 있음.	가장 성공적이지만, 시신은 크게 부패되며 백골화된 상태에서 덜 효과적임. 장비는 고가이며, 바람에 영향을 받음.
자기측정	비파괴적임, 신속함, 넓은 면적을 조사할 수 있음. 장비를 지속적으로 이용가능함. 눈에서 작동가능.	간섭현상 (예, 토양에는 많은 금속물체가 포함됨)에 의한 손상 및 일부 토양에서는 효과 없음 [예, 호분층(胡粉層), 석회석, 사력층(砂礫層)]. 울퉁불퉁한 지형에서는 어려움.
지하탐사레이더 (GPR)	비파괴적임, 상대적으로 신속함, 넓은 면적을 조사할 수 있음. 눈 또는 수상에서 작동가능함.	값비쌈, 훈련된 조작자 필요, 보통 평탄한 지형이 요구됨.
탐침	간단함, 눈 또는 울퉁불퉁한 지형에서 작동가능함.	잠재적 파괴능 (예, 유골을 손상시킴), 느림, 경험이 필요로 함.
금속탐지기	간단함, 저렴함, 신속함, 비파괴적임, 실종자는 금속성 의료 임플란트가 있다면 가능성 있음.	금속성 물체만을 식별하고 제한된 깊이에서만 가능함.
식물조사	간단함, 저렴함, 비파괴적임, 전통적으로 항공 사진술과 관련되어 사용됨.	사람의 시신 또는 매장은 다른 동물사체 또는 지역의 토영교란에 따라 식물 개체군과 동일한 변화를 초래함. 경험있는 식물학자가 필요함.

있는 원인체가 될 수 있다. HIV와 C형 간염의 위험성 때문에 바늘과 같은 것을 취급하고 저장할 때는 특별한 주의가 필요하다. 불법적인 대마초 재배실은 건물 규정에 따라 제대로 갖추어지지 않아서, 위험한 전기 배선으로 인하여 화재위험이 있을 수 있다.

백골화 잔해물의 나이와 출처 결정

사람은 사망한 후 시간이 경과함에 따라 사망시간을 결정하기가 더욱 어려워진다. 건축공사 중에 발굴한 미식별 유골은 특히 더 어려운데, 이는 경찰이 시간을 내서 수사를 해야 할 필요가 있는지를 알아야 하고, 가능한 빨리 건물을 원래대로 복원해야 한다는 상업적 압박이 있기 때문이다. 심지어 유골에 의문사의 명백한 징후가 있다 하더라도 (예, 칼이 두개골에 꽂혀있는 경우), 경찰은 범인(가해자, perpetrator)이 사망한 지 70-75년 이상이 되었고, 희생자의 가족이 몇 세대가 경과한 경우의 범죄는 수사하지 않는다.

방사성탄소 연대측정법

우리 몸에는 매우 다양한 원소들이 존재하며, 환경에는 많은 동위원소로서 존재한다 - 즉, 그들 원소의 핵은 다른 중성자의 수를 제외하고 동일한 수의 양성자를 포함한다. 일부 동위원소는 불안정하여 아원소(subatomic) 입자의 소실을 통해 붕괴되어 다른 동위원소형태로 된다. 예를 들어, 탄소-^{14}C (^{14}C)는 베타(β) 입자의 소실을 통해서 질소-14로 분해된다. 반감기(half-life)로 측정되는 어떤 원소의 붕괴속도(decay rate)는 동위원소형태(isotopic form)의 불안정성에 의존되며, 1초 단위부터 수백만 년까지 다양하다. 불안정한 동위원소의 양, 특히 ^{14}C는 사람과 동물유해의 연대를 측정하는데 유용하다. 탄소-^{14}C는 5730년의 반감기를 가지며, 우주선(cosmic ray)이 있는 대기에서 질소의 상호작용에 의해 지속적으로 생성된 사실을 제외하고 수백만 년 전에 지구에서 사라졌다. 일단 형성되면, ^{14}C는 이산화탄소로 통합되며, 그 후 식물이 광합성을 할 때 유기분자로 동화된다. 식물에 동화된 ^{14}C는 초식동물의 체내로 들어가며, 그 후 모든 살아있는 생명체에서 지속적으로 순환된다. 그러나 일단 생명체가 죽어서 더 이상 새로운 ^{14}C가 유입되지 않으면, 체내에서 ^{14}C의 양은 서서히 감소하게 된다. 방사성붕괴속도(radioactive decay rate)는 일정하기 때문에 사체에 존재하는 ^{14}C의 농도는 생명체가 사망한 지 얼마나 경과하였는지를 알 수 있는 정보를 제공한다. 태양폭풍이나 인간 활동과 같이 대기에서 ^{14}C의 농도에 영향을 주는 많은 요인에서 기인하는 효과들은 보정을 통하여 허용치가 만들어져야만 한다 (예, 석탄과 기타 화석연료의 연소). 탄소-13 연대측정(carbon-14 dates)은 보통 '현재로부터 몇년전(years before present. BP)'으로 나타낸다. 1950년은 지상에서 대규모의 핵무기 시험이 시작된 해이며, 그로 인하여 대기 중에 ^{14}C의 농도가 크게 증가하였다. 탄소-14 연대측정법에서는 샘플의 특성을 통해서 발생한 실수, 수거방법, 사용방법 등을 고려하여 표준편차(standard deviation) (예, 526+/−40 BP)에 +와 −가 사용된다. 그러므로 어떤 사람이 죽은 정확한 연도를 분명히 말하는 것은 불가능하다. 더군다나 전통적인 ^{14}C 연대측정법은 지난 100−200년 이내에 죽은 사람의 골격의 정확한 나이를 말하기에는 불충분하다.

탄소동위원소(carbon isotope)는 보통 콜라겐으로부터 추출되며, 이는 다시 뼈로부터 추출된다. 이것은 뼈의 무기질 성분이 주로 탄산칼슘의 형태로 소량의 탄소만을 포함하기 때문이며, 매장된 시신에서 이것은 주변 토양과 이온교환에 의해 영향을 받을 수 있다.

폭탄곡선 방사성탄소 연대측정법

폭탄곡선 방사성탄소 연대측정법(bomb curve radiocarbon dating) [폭탄펄스 연대측정법(bomb pulse dating)이라고도 함]은 1950년대와 1960년대 동안 핵무기 시험에 따른 대기에서 C^{15}의 변화에 근거한다. 핵폭발은 대기에 C^{14} 농도증가를 일으키며, 시험이 중지되면 감소되는데, 이러한 현상을 '폭탄곡선(bomb curve)' 또는 '폭탄펄스(bomb pulse)'라고 한다. 이러한 양상은 모든 살아있는 생물체에서 반복된다. ^{14}C의 농도는 모든 조직에서 측정될 수 있으며, 그 농도는 그 조직 내에서의 탄소순환율을 반영한다. 대사적으로 뇌와 같은 활동적인 조직은 대기의 ^{14}C 농도를 반영하여 높은 농도를 가지지만, 뼈에서 콜라겐 함량과 같이 덜 활동적인 조직에서는 그 성분이 만들어진 년도를 반영하여 농도가 낮다. 따라서 대기 중의 폭탄곡선(bomb curve)에서 ^{14}C 농도와 관련하여 조직의 나이를 결정하는 것은 가능하다. 핵무기시험개시 전에 생성된 탄소순환율(low carbon turnover)이 낮은 조직은 ^{14}C의 낮은 농도를 나타내는 반면에, 그 후 생성된 것들은 높은 농도를 나타낸다.

그러므로 폭탄곡선 방사성탄소 연대측정법은 법의학 수사에 도움이 될 수 있다 (Ubelaker & Buchhoz, 2006). 사체로부터 회수된 어떤 조직에서 많은 양의 ^{14}C 농도가 검출되면 그 사람이 1950년 이후 어떤 시점에 살아있었다는 것을 알 수 있다. 그러므로 유해의 주변 환경에 대한 수사가 더욱 필요하게 된다. 정확한 ^{14}C의 농도는 조직이 생성될 때, 그리고 그 사람이 죽었지만 두 개의 양상(figure)이 수년간 불일치(discrepancy)할 때의 증거를 제공한다. 더군다나 조직에서 ^{14}C의 농도는 조직의 형태에서 뿐만 아니라 연령, 성장패턴, 식이, 건강, 질병 등에 의해 크게 영향을 받는다. 그러므로 그 농도는 골다공증의 증거가 있는지의 여부 등과 같은 다른 정보와 관련되어 고려되어야 한다. 치아로부터 어떤 사람의 나이를 결정하기 위한 폭탄곡선 방사성탄소 연대측정법은 4장에 기술되어있다.

안정 동위원소

탄소-14는 사람의 유해의 나이를 측정하기 위해서 사용될 수 있는 유일한 동위원소가 아니다. 예를 들어, 우리의 뼈에는 소량의 납-210 (^{210}pb)이 포함되어있으며, 식품과 대기에서 라돈-222로 흡입한다 (^{222}Ra; 이것은 ^{210}Pb로 붕괴됨). ^{210}Pb는 22.3년의 반감기를 가지기 때문에 그 농도는 ^{14}C

의 반감기보다 사후에 더 빠르게 감소하여, 법의학 연구에서 잠재적으로 매우 유익하게 사용된다 (Swift 등, 2001). 방사성 붕괴(radioactive decay)를 하지 않는 동위원소는 '안정' 하다고 말한다. 원소는 불안정 동위원소와 안정 동위원소의 두 가지 형태를 가질 수 있다 – 예를 들어, 탄소는 불안정 동위원소인 탄소-14와 안정 동위원소인 탄소-12 및 탄소-13으로 발견될 수 있다. 안정한 동위원소는 그들의 비율이 시료의 출처에 대한 독특한 특성을 제공하거나, 이전에 먹은 음식 또는 지리적 기원에 대한 암시를 제공하는 등 법의학 연구에서 많이 사용된다 (Anon, 2004a). 예를 들어, 스트론튬(strontium)은 4가지 안정 동위원소를 가지며 (스트론튬-84, -86, -87, -88), 그 원소들의 비율은 지리적 위치에 따라 다양하기 때문에 이들은 사람이나 동물이 살아있는 곳을 나타내는 '암호(signature)'로서 작용할 수 있다. 스트론튬은 우리의 식사를 통해서 몸으로 들어가 뼈와 치아에 남아있게 된다. 일단 생성되면, 치아를 만드는 조직은 낮은 대사 순환율을 나타내며, 스트론튬은 그 조직 내에 고정된다. 따라서 뼈에서 발견된 스트론튬 동위원소의 비율은 사람이 성장하는 환경을 반영하는 경향이 있다. 대조적으로 뼈들 간에는 재생율이 다양함에도 불구하고 생명을 통해 지속적으로 생성되는 새로운 조직과 함께 대사적으로 더욱 활성을 가진다. 그러므로 뼈에서 발견된 스트론튬 동위원소 비율들은 어떤 사람이 10년 전에 살았던 환경에서의 동위원소 비율을 반영한다. Beard & Johnson (2000)은 전쟁이 끝나고 20년이 지난 베드남에서 얕게 묻힌 무덤에서 서로 뒤엉킨 3명의 미군 병사들이 발견되었는데, 그들의 탈구된 일부 유골 잔해를 식별하기 위하여 스트론튬 동위원소 비율을 분석하였다. 3명의 군인들은 각각 미국의 다른 지역에서 성장하였으므로, 그들의 치아와 뼈의 스트론튬 동위원소의 비율을 비교하여 유해의 일부를 식별할 수 있었다. 그들은 죽기 전까지 오래 동안 베트남에 머무르지 않았기 때문에, 뼈 속의 스트론튬 농도가 음식과 물에 의해 영향을 받았다고 생각되지는 않았다. 비록 이러한 형태의 분석은 장래의 발전가능성을 제시함에도 불구하고 그 효율성은 다른 지리적 부분에서 동위원소 비율 분석의 데이터베이스 이용가능성에 의존되며 많은 복잡한 요인들에 잠재적으로 영향을 받는다. 사람들의 이동이 점점 활발해지며, 우리가 먹고 마시는 음식물은 우리가 살고 있는 다른 지역에서 유래함을 알아야 한다.

미래의 연구방향

사체, 특히 매장된 사체를 찾기 위해서는 더욱 효과적인 방법이 필요하다. 인공위성기술(satellite technology)이 제시되었지만 작은 개별 무덤을 찾기 위한 해상력은 상대적으로 낮으며, 그 비행경로는 그 지방 경찰서의 요구사항에 따라 바뀔 수 없다. GPR은 가능성이 높지만, 법의학 수사를 위한 야외 도구로서 널리 사용되기 위해서는 그 기술이 더 발전이 되어야 하고, 값도 보다 저렴해야 한다.

법의학 연구에서 폭탄곡선 방사성탄소 연대측정법을 사용에 대한 장래성은 오래전에 제시되었으나, 그의 이용가능성은 보편적이지 못하였다. 이것은 아마도 우리가 사람의 조직에서 ^{14}C 농도에 영향을 주는 요소들에 대한 자료부족과 생물학적 및 환경적 요인들이 사후에 이들이 어떻게 영향을 미치는가에 대하여 한정된 자료만을 가지고 있기 때문일 것이다. 마찬가지로, 법과학(forensic science)에서 안정동위원소의 사용에 관한 상당한 자료가 제공되지만, 국가 간에 표준화된 기법과 동위원소 분포의 데이터베이스 설정에 대한 동의가 필요하다.

연습문제

(1) 혈액침하(hypostasis)란 무엇인가?

(2) '타포노믹 과정(taphonomic process)'이라는 용어는 무엇을 의미하는가. 타포노믹 과정(taphonomic process)의 예를 두 가지만 들어라.

(3) 부패의 '팽창기(bloat stage)'는 왜 일어나는가?

(4) 시랍(adipocere)은 무엇이며, 그의 법의학적 관련성(forensic relevance)은 무엇인가?

(5) 갓 태어난 어린이들이 나이가 든 어린이와 성인에서보다 더 쉽게 미이라화되는 이유는 무엇인가?

(6) 매장된 사체가 지상에 있는 사체보다 더 천천히 부패하는 이유는 무엇인가?

(7) 교살체(絞殺體, hanging body)가 지상에 있는 것보다 더 천천히 부패하는 이유는 무엇인가?

(8) 겨울동안, 도시 중앙에 있는 사체가 변두리지역에 있는 사체가 더 빨리 부패하는 이유는 무엇 때문인가?

(9) 화상(burning)으로 죽은 사체에서 부패속도를 감소시키는 방법과 증가시키는 방법을 각각 한 가지씩 제시하라.

(10) 사체를 회수하는 '트렌치 방식(trench method)'과 '홀 방식(hole method)'의 차이를 비교 설명하라.

실습문제

제목

부패속도에 대한 냉동 효과

원리

살인자들은 종종 희생자의 시신을 처분하기 전에 냉장고에 보관한다. 냉동은 시신이 녹게 되면 조직에 손상을 일으키게 된다. 냉동되지 않은 시신에서 부패속도는 동일한가?

방법

사체나 조직은 다양한 시간동안 냉동될 수 있으며, 그 후 바닥 위나 아래에 놓고, 부패속도, 무척추동물 등에 의한 집단서식 속도 등을 대조구인 냉동된 사체와 비교한다. 꺼내놓은 냉동시신에 온도계를 올려놓고 시신의 표면온도가 주변온도와 비슷하게 될 때까지 알을 낳는지를 조사할 수 있다. 조직학적 변화도 자가용해가 시작되는 속도를 결정하기 위한 생화학적 활성을 따라 평가될 수 있다.

제목

부패속도에 대한 콘크리트 매몰의 효과

원리

사체는 종종 건물이나 교량의 콘크리트 구조물 안에 처리한다.

방법

옷을 입은 채로 또는 입지 않은 채로 사체 또는 조직은 콘크리트에 넣어져서 다양한 범위의 온도에 방치한다. 다양한 시간이 경과한 후에, 사체를 콘크리트로부터 회수하여, 콘크리트에 있지 않은 사체 대조구(control)와 부패 상태를 비교한다. 사체로부터 DNA를 추출하는 능력을 평가하고, 콘크리트 주변의 구조적 변화를 측정한다.

2 체액과 배설물

이 장의 개요

혈액세포와 혈액형
혈액 탐침방법
혈액 존재확인
혈흔 패턴분석
인공혈액
혈액의 사후독성학적 분석
타액과 정액
안구의 초자체액
법의학 지표로서 대변과 소변
미래의 연구방향
연습문제
실습문제

이 장의 목표

다른 형태의 혈액세포를 식별하고 피의 존재를 어떻게 검출할 수 있는지를 설명한다.

범죄 현장에서 범죄가 어떻게 일어났으며 희생자와 가해자 모두를 식별하는데 혈액의 침착과 조성이 어떻게 사용될 수 있는지를 설명한다.

범죄 현장에서 발견되는 타액, 정액, 소변, 대변이 어떻게 법의학 지표로서 사용될 수 있는지를 설명한다.

안구의 초자체액의 조성이 사후 경과시간과 주변 환경에 어떻게 정보를 제공하는지를 토론한다.

혈액세포와 혈액형

혈액(blood)은 전체적으로 몇 가지의 혈액세포(blood cell)를 포함하는 액체이다. 전통적으로 혈액에 대한 연구는 혈액학(haematology)에서 다루어지고, 혈청(serum)에 대한 연구 (특히, 혈액의 면역 요인)는 혈청학(serology)에서 다루어진다. 일반적으로 법과학(forensic science)은 이해하기 어

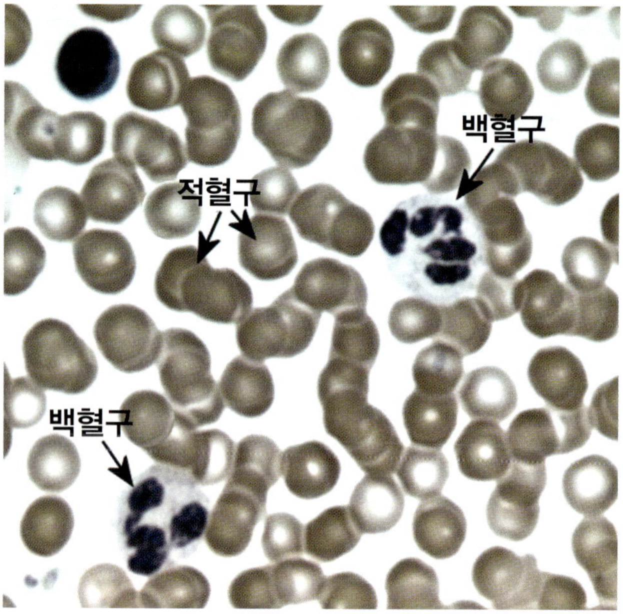

그림 2.1 성숙된 적혈구와 백혈구를 보여주는 헤마톡시린과 에오신으로 염색된 얇은 혈액필름 (화살표). 적혈구에서 핵이 없음을 주목하라.

려운 것들이 있으며, '법혈청학(forensic serology)'에서는 종종 혈청(serum)에 대한 연구뿐만 아니라 법의학적 목적을 위하여 혈액세포, 타액, 정액도 다루어진다.

성인의 혈액세포는 핵을 가지는 것과 핵을 가지지 않는 것으로 구분되며, 이들 두 가지 종류는 법의학 정보를 제공할 수 있다 (그림 2.1). 핵이 없는 세포는 적혈구(red blood cell, RBC) (erythrocyte로도 알려짐)와 혈소판(platelet)이다. 적혈구는 색소분자인 헤모글로빈을 포함하여 혈액이 빨간색을 나타내도록 하며, 산소와 이산화탄소를 전달하는 역할을 한다. 혈소판은 적혈구에 비하여 작으며, 적혈구와는 달리 혈소판은 아메바 유사운동을 할 수 있다. 즉, 혈소판은 단세포 생물체인 아메바와 유사한 방식으로 움직이며, 그 결과 종종 현미경으로 관찰하면 별모양으로 보인다. 혈소판은 응고기작을 담당하며, 혈관의 완전한 상태를 유지하는 화학적 성장요인을 가진다. 핵을 가지는 세포는 백혈구(white blood cell, WBC) (또는 leucocyte)이다. 백혈구에는 여러 종류가 있고, 모두가 아메바 유사운동을 할 수 있으며, 신체의 면역방어 기능을 수행한다. 모든 백혈구는 핵 뿐 만 아니라 세포의 에너지 생산에 관여하는 미토콘드리아도 가지고 있다. 그러므로 적혈구와는 달리, 백혈구는 핵과 미토콘드리아 DNA를 포함한다.

체내에 있는 모든 세포는 '항원(antigen)'이라는 분자들을 외부표면으로 운반한다. 이들 항원은 여권(passport)과 같은 역할을 하며, 적법한 신체의 일부로서 세포를 식별한다. 그 항원은 어떤 백혈구에서 분비되며 '출입국관리(immigration control)'의 역할을 하는 '항체(antibodies)'라고 하는 일군의 단백질에 의해 식별된다. 만일 세포의 표면에 적당한 항원이 없다면, 그것은 외부물질로 간주

표 2.1 ABO 혈액군 상호작용의 요약. 약어: Ag = 항원, Ab = 항체, RBC = 적혈구

	혈액형			
특징	A	B	AB	O
RBC상의 Ag	A	B	A와 B 모두	A도 B도 아님
혈장의 Ab	anti-B	anti-A	anti-A도 anti-B도 아님	anti-A와 anti-B 모두

되어 세포의 면역반응에 의해 파괴된다. 적혈구의 표면에 존재하는 항원은 그에 상응하는 적당한 혈액형이 수혈되지 않으면 수혈자의 몸에서 거부반응이 일어나 죽음에 이르게 되기 때문에 의학적 중요한 특성을 가진다. 적혈구에서 발견되는 가장 흔한 항원은 ABO 시스템으로 구성된 항원이다. ABO 시스템은 다음과 같이 작용한다: 개인의 적혈구는 class A 항원(A형) 만, class B 항원(B형) 만, class A와 B(AB형) 모두, class A도 class B도 모두 없는 항원(O형)을 가질 수 있다. A형인 사람들은 자신의 class A 항원을 허용하지만, B 항원에 대하여 항체를 생산하여 적혈구의 표면에 결합하여 그들 사이에 가교(bridge)를 형성한다. 이것은 적혈구가 응집(agglutinate)을 일으키는 원인이 되는데, 이 반응은 신속히 일어나므로 현미경으로 관찰할 수 있다. 비슷한 방식으로 B형인 사람은 class A 항원에 대한 항체를, AB형인 사람은 class A 또는 class B 항원들 어느 것에도 항체를 생산하지 않으며, O형인 사람은 class A와 class B 항원 모두에 대한 항체를 생산한다. 이들 상호작용은 표 2.1에 요약되어있다.

적혈구에서 다른 종류의 항원들이 발견되었는데, 그 가운데 가장 잘 알려진 것은 Rhesus (R) 인자이다 [또한 항원-D 및 응집원-D(agglutinogen-D)로도 알려짐]. Rhesus 인자는 그 항원이 Rhesus 원숭이를 통해서 처음으로 알려졌기 때문에 그렇게 불려진다. 그 항원을 가진 사람들은 Rhesus 양성 [Rh(+)]라고 말하며, 가지지 않은 사람들은 Rhesus 음성 [Rh(−)]라고 한다. 영국인구의 83%는 Rh(+)이며, 대부분이 혈액형 O (44%) 또는 A (42%)에 속한다. 우리는 사람들의 혈액형을 A형, B형, AB형, 또는 O형, 그리고 Rh(+) 또는 Rh(−)로 이야기 하지만, 실제로 모든 이들 특성은 보다 많은 세부조합으로 구분될 수 있다 (예, O1과 O2). 어떤 인종은 다른 종족에서보다 특정 혈액군에서 보다 높은 비율을 나타내는 경향이 있다 – 예를 들어, AB형은 유럽인들 (영국, 4%)에서보다 일본인 (10%)들에서 더욱 흔하다. 인종 출처(racial origin)에 대한 보다 세부적인 것들은 희귀 유전병 특성 또는 특별한 항원에 대한 증거를 발견하는데서 얻어질 수 있다. 예를 들어, 낫세포빈혈증(sick cell anaemia)은 거의 아프리카 혈통의 흑인들에서만 발견된다. 마찬가지로 서아프리카인들과 그들의 후손들 사이에서 매우 흔한 Duffy 항원(Duffy antigen) [표현형(phenotype) a-b-라 부름]이 있는데, 이 항원은 백인과 아시아인들에서는 거의 존재하지 않는다. 이들 두 가지 변이체는 말라리아를 방어하는 것으로 알려져 있는데, 이는 *Plasmodium* 기생체가 이들 특성을 발현하는 적혈구를 인지하고 침입하기 어렵게 하기 때문이다. 대조적으로 Kell 항원은 백인들 사이에서 주로 발견된다 (Reid &

Lomas-Franscis, 1996). 혈액형과 Rhesus 요소에 부가하여, 적혈구에서 발견되는 많은 효소들과 단백질도 다형태성(polymorphic)이다 – 즉, 그들은 한 가지 이상으로 존재한다. 결론적으로 어떤 개인이 O형 같은 일반적인 혈액형을 가지고 있다하더라도 이외의 모든 변수를 다 따져 본다면, 그런 조합을 가지고 있는 사람은 극히 적은 사람들 뿐 일 것이다. 만일 총 8가지 혈청학적 변수가 사용된다면, 일반적으로 관련이 없는 두 사람이 동일한 프로파일을 공유할 기회는 0.1과 0.001 사이에 있다고 추정된다 (예, 100 분의 1 및 1000 분의 1 사이). 이러한 추정은 일치가능성(match probability, *Pm*)이라 알려져 있다. 이것은 혈액형이 DNA 프로파일링처럼 정확하지 않지만, 일치가능성은 10^{-10} 정도로서 식별수단으로 제공될 수 있다는 것을 의미한다. 범죄현장에서 발견된 흔적과 어떤 사람의 혈액프로파일의 일치는 유죄로서의 가능성을 말할 수는 있지만 그 자체로서 죄를 입증하기는 불충분하다. 그러나 그것은 용의자를 배제하여 경찰이 더 유리한 입장에서 그 출처에 집중하도록 한다. 혈액형은 법의학 도구로서 몇 가지 별도의 약점을 가지고 있다. 먼저 DNA 프로파일링과 비교하여, 혈액형은 상대적으로 많은 양의 샘플을 필요로 하며, 따라서 단 한 방울의 피만 사용할 수 있는 곳에서는 사용이 제한된다. 혈청학적 마커는 빨리 분해되며, 그 결과 사체 또는 혈흔으로부터 얻어질 수 있는 정보의 양은 몇 일이 경과하면 감소한다. 그 방법은 오염된 세균이 분비한 효소에 의해 일어나는 간섭에 의해 더욱 믿기 어려운 결과를 가져온다. 간섭(interference)은 또한 폭행자와 희생자의 피가 섞였을 때 문제가 될 수 있으며 (예, 서로 싸우고 난 후), 만일 그들 가운데의 한사람이 수혈을 받았거나 (그들의 혈액프로파일이 일시적으로 변경될 수 있는 경우에), 또는 성폭행으로 희생자의 몸 안에 정액이 남아있는 경우에 문제가 될 수 있기 때문에 그 또는 그녀의 혈청학적 프로파일의 신뢰성이 떨어질 수 있다. 더욱이 수사에서 용의자의 혈액샘플이 요구되기도 한다. 이것은 침해적 의료행위(invasive medical procedure)로서 그들은 합법적으로 협조를 거절할 수 있다.

혈액 탐침방법

혈흔(血痕, bloodstain)은 생성된 방식 때문에, 또는 폭행자가 폭행을 저지르고 난 후 범죄현장을 깨끗이 정리하기 때문에 항상 분명하지 않다. 그러나 일단 피를 흘리게 되면 그 지점으로부터 모든 흔적을 제거하는 일은 매우 어렵다. 불가피하게 닦아내려는 시도했다는 것은 부엌이나 욕실을 중심으로 움직였다는 것을 의미하므로 혈흔을 찾기 위한 개시지점으로서 좋은 장소이다. 닦는 과정에서 혈액은 타일 또는 리놀륨(linoleum) (역자주: 마룻바닥에 까는 것) 바로 아래로 흐를 수 있거나 나무로 된 바닥재 틈으로 흐를 수 있다. 마찬가지로 만일 피묻은 손으로 수도꼭지를 잡았다면, 피는 나사 메커니즘(screw mechanism)에 의해 흐르게 된다. 따라서 피는 누군가 본 곳을 안다면 외관상으로 깨끗한 곳이라고 할지라도 검출될 수 있다. 감식요원은 숨겨지거나 보이지 않는 피의 존재를 식별하기 위해서 지시약을 사용한다. 많은 지시약들이 알려져 있으나 대부분은 산화제 (예, 과산화수소)에 의한 헤모글로빈의 산화에 근거를 둔 것이며, 그 후 산화물은 다른 화합물과 반응하여 색깔반응을 일으킨다. 이 시험들은 매우 민감할 수 있으나 양성반응은 단지 혈액의 존재를 나타내며, 입증하지는 못하기 때문에, 이 시험을 '추정시험(presumptive test)'이라고 한다. 더욱이 그들 모든 시험은 주변의 화학물질로부터 간섭을 받아서 산화제가 분해되거나 그로 인하여 직접 거짓 양성반응을 유도하는 시험시약과 반응한다. 거짓 양성(false positives)결과가 생기는 정도는 문헌에서 언급된 것과는 다소 차이가 있으며, 여러 가지 종류의 야채 (예, 감자, 양고추냉이, 붉은 양파)와 무기물질 [예, 황산제이철(ferric sulfate)]도 흔히 알려진 명백한 방해물질이다. 더욱이 미지의 얼룩(unknown stain)을 조사하기 바로 전에 그 시험이 잘 되는지 확인하기 위해서 항상 음성대조구(negative control) (예, 증류수 얼룩)와 양성대조구(positive control) (예, 마른 동물의 혈흔)에 대하여 실시해야 한다. 만일 이것이 잘 되지 않으면 그 후 그 결과에 대하여 이의가 제기될 수 있다.

루미놀

루미놀(luminol)은 1937년에 혈흔을 찾기 위하여 최초로 사용되었으며, 그것은 가장 효과적인 추정시험(presumptive test) 가운데 한가지이다. 그것은 뒤이은 DNA 분석을 방해하지 않는 부가적 장점이 있어, 의심되는 혈흔에 직접 분사될 수 있다 (Tobe 등, 2007a). 몇 가지 다른 추정시험 (예, Kastle-Meyer 시험)은 DNA를 분해시킬 수 있어서 그 시험들이 이용되는 경우에 의심되는 샘플을 여과지상에 묻혀 실행한다. 루미놀(luminol, 5-amino-2,3-dihydro-1,4-phthalazinedione)은 알칼리 용액을 만들기 위하여 탄산나트륨(sodium carbonate)과 혼합하고, 한편으로 산화제로 사용되는 붕산나트륨(sodium perborate) 용액 또는 과산화수소 용액을 준비한다. 사용하기 바로 전에 두 용액을 서로 섞어 의심되는 얼룩에 분사하여 루미놀 시험을 한다. 만일 헤모글로빈이 존재하면 산화제는 분해되어 매우 반응성이 있는 자유 산소라디칼을 형성한다. 이 자유라디칼들은 화학냉광반응(chemiluminescent reaction)을 통해서 루미놀을 3-aminophthalate로 전환시켜 희미한 빛에서 잘 볼 수 있는 희미한 푸른빛(faint bluish glow)으로서 나타난다 (그림 2.2). 루미놀은 매우 민감하여 세탁한 후 그 혈흔이 퍼져서 원래 패턴과 비슷하지 않더라도 기계로 세탁한 옷에 묻어있는 피를 검출할 수 있다. 따라서 그러한 혈흔을 해석할 때는 주의해야 한다. 또한 토양의 상부를 제거하고 루미놀을 분사하면 피가 흘려진 지 1년 정도까지 경과된 토양에 존재하는 피를 확인할 수 있다. 토양에 피가 흘려지고 그 후 혈흔이 존재하는 지역을 오가는 상태에서 몇 달이 경과했더라도 사람 또는 동물의 발자국이 남겨질 수 있으며 그 혈흔은 루미놀에 의해 양성으로 나타난다. 다른 증거가 없는 경우에 그 발자국이 흘린 피에 의해 생긴 것인지 아니면 그 후의 인위적인 것으로 보아야 하는지는 알 수 없다 (Adair 등, 2006). 발광(luminescence)은 오래 지속되지 않으므로, 어두운 상태를 필요로 하는 어떤 환경에서 실제적 어려움이 있을 수 있다. 또 다른 문제는 분해 또는 오염으로 인한 자연발광(autoluminescence)을 통해 생길 수 있으며, 루미놀 용액의 분사는 유사한 크기의 총상과 심한 구타에 의하여 안개와 유사한 혈흔인 냉광점(冷光點, luminescent spots)을 생성한다. 따라서 루미놀 분사는 그러한 혈흔이 존재할 것으로 생각되는 곳에는 사용하지 않는 것이 좋다.

그림 2.2 (추정되는) 혈액이 루미놀 처리를 통해서 보인다. 문질러진 흔적은 혈흔을 제거하기 위한 시도가 있었기 때문이다. 확정시험(confirmatory test)은 그 혈흔이 피 때문이며, 혈액이 사람의 것이라는 것을 입증하기 위하여 필요하다. [James, S.H. 등 (2005) *Principles of Bloodstain Pattern Analysis*, 저작권 © 2005, Taylor & Francis 인용]

Kastle–Meyer 시험

이 시험에서 얼룩이 있는 샘플은 여과지에 문지르고 한 방울의 에탄올로 처리하여 반응시킨다. 그 후 페놀프탈레인 (지시색) 한 방울을 첨가하고 뒤이어 과산화수소 용액 한 방울을 떨어뜨린다. 과산화수소가 첨가되기 전에 페놀프탈레인의 색깔이 변하면 이 시험은 음성으로 간주된다. 과산화수소는 헤모글로빈의 헴 분자와 반응하여 물과 자유 산소라디칼로 분해되며, 이들 라디칼은 그 후 페놀프탈레인과 반응하여 무색에서 핑크색으로 용액이 변한다. Kastle-Meyer 반응은 루미놀 시험보다 다소 민감도가 떨어지며 DNA 추출과정을 방해하기 때문에 얼룩 위에 직접 실행되어서는 안된다. 그러나 신속하고, 간단하며, 값이 저렴하며, 색깔 변화는 곧 분명하게 나타난다.

이산화티탄

의심되는 지역에 분사된 메탄올에 녹인 이산화티탄(titanium dioxide) 10% (w/v) 용액은 흰색 염료로서 어두운 표면에서 잘 보이지 않는 혈액을 확인하는데 특히 좋다. 유감스럽게도 그 분사액은 가연성이고 유독하여 범죄현장에서 사용하는데 특히 적합하지 않으며 일단 사용되면 그 잔여물질로 인하여 그 이후의 분석이 어렵게 될 수 있다. 알려진 바에 따르면 보다 안전한 물이 포함된 액제가 개발되었으나 상세한 내용들은 문헌상으로 이용가능하지 않다.

적외선영상

적외선영상(infrared imaging)은 화학물질을 사용하지 않고 표면에 드러나지 않은 혈흔(latent blood stain)을 확인할 수 있다. 면적 또는 물체는 760–1500 nm 범위의 파장을 탐지할 수 있는 카메라 또는 비디오 녹화를 사용하여 조사할 수 있다. 이 기법은 여전히 개발단계에 있으며, 배경 물질이 혈흔과 동일한 적외선 흡광도와 반사율 특성 (역자주: 입사광과 반사광의 에너지의 비)을 가진다면 결과를 기대하기 어렵지만 그렇지 않다면 고감도를 보여준다 (Lin 등, 2007).

혈액 존재 확인

피가 검출되었다고 하더라도, 그것이 사람 피라고 단정지을 수 없다. 집에서 기르는 애완동물들은 서로 싸우고 할퀴거나, 사람에서와 같이 서로에게 상처를 입혀서 가구와 옷에 혈흔을 남길 수 있다. 마찬가지로 부엌에서 생고기를 다룰 때, 조리대와 옷에 피가 묻는 일은 흔히 일어난다. 오소리 골리기(badger baiting) (역자주: 오소리를 통에 넣고 개로 하여금 덤벼들게 하는 장난)처럼 범죄수사를 할 때 또는 주거침입에 의한 살인이 벌어지는 동안 상처를 입거나 죽게 될 때 애완동물의 피를 특별히 찾는 일은 중요하다. 그 피가 사람에서 또는 동물에서 유래하는 것인지를 결정하기 위해서, 항인(抗人, anti-human) 항체와 혈액샘플에서 항원과 반응하는 침강소 시험(precipitin test) (역자주: 용해성 항원에 반응하여 불용성의 침전물로 변하게 하는 항체 형성 여부를 알아보는 시험)을 실시한다. 이들은 상업적으로 이용가능하며 토끼로부터 만들어진다. 혈액샘플과 항혈청(antisera) (anti-human 항체)은 아가젤(agar gel)에 구멍을 뚫은 웰(well)에 놓고 유리접시(glass dish) 또는 슬라이드 상에 도말한다. 그 샘플은 확산되어 아가(agar)를 통해서 다른 쪽으로 움직이며, 그 과정은 전류를 사용하여 빠르게 진행될 수 있다. 두 개의 샘플이 만나는 지점에 침강소선(沈降素線, precipitin line)이라는 흰색선이 형성되면, 이것은 혈액에 있는 항원과 토끼의 항혈청(rabbit antisera)체 간의 상호작용을 나타내며, 그 혈액은 사람의 것을 의미한다. 만일 침강소선(precipitin line)이 형성되지 않으면 그 혈액이 동물의 것으로 의심하게 되며, 그 후 동일한 방법으로 적당한 다른 동물의 혈청(sera)에 대하여 만들어진 항체를 사용하여 반복시험을 한다.

DNA에 근거한 기법들은 현재 사람과 non-human 혈액과 조직샘플을 식별하는데 이용될 수 있으며, 아마도 가까운 장래에 침강소 시험(precipitin test)을 대체하게 될 것이다. 예를 들어, Matsuda 등 (2004)은 사람의 미토콘드리아 *b* 유전자를 위한 프라이머를 이용하는 매우 특이한 PCR에 근거한 프로토콜에 대하여 기술하였다. 그들은 사람 DNA에서 PCR 과정에서 아가로스 전기영동 단계를 하고 난 뒤에 단일 밴드가 생성되지만, 다른 척추동물에서 유래하는 혈액은 어떠한 밴드도 생성되지 않는다는 것을 기술하였다.

혈흔 패턴분석

혈흔패턴분석(blood pattern analysis)은 법과학(forensic science)의 특수 분야인데 이는 수사에서 혈흔의 형태와 분포로부터 증거를 찾는 것이다. 조심스런 분석을 통해서 범죄가 실제로 저질러졌는지를 결정할 수 있으며, 그를 통해서 싸움이 어떻게 전개되었고 상처가 어떻게 생겼는지를 결정하는 것을 가능하게 한다. 법원의 소송절차에서 사용된 혈흔에 대한 가장 최초의 보고는 1514년에 Richard Hunne의 재판과 관련된 사건이다. 이 사건은 그가 이교도라는 죄명으로 중형을 언도받고 런던에 있는 Lollard's Tower [역자주: 롤라드(Lollard) - 14~15세기의 John Wycliffe파의 교도)에 갇혔으며, 조사를 받기도 전에 그는 감옥에서 목매어 죽은 채로 발견된데서 시작되었다. 이 사건으로 관계당국은 당혹스럽게 되었는데, 그는 이교도와 자살에 대해 13개의 항목이 즉시 추가기소 되었다. 자살은 1961년까지 잉글랜드와 웨일즈에서 자살에 의한 희생자의 사체가 신성한 땅에 매장될 수 없다는 의미에서 중대한 범죄였다. 그러나 그의 감방에서 혈흔이 발견되었으며, 그 혈흔과 의학적 증거를 검토한 결과는 Hunne의 목을 매기 전에 많은 양의 피를 흘렸다는 것이다. Richard Hunne은 살해되었다는 것을 하나님과 우리 모두의 양심을 통해 이렇게 해서 모두가 알게 되었다. 또한 우리는 Richard Hunne의 죽음에 대하여 무죄를 선고하였다 (Forbes, 1985).

혈흔의 타입

성인의 몸에는 5리터 정도의 혈액이 들어있다. 대략 30%의 혈액 (~1.5 리터)이 손실되면 보통 의식을 잃거나 무기력해 지지만, 40% (~2리터)가 손실되면 생명에 지장을 초래한다. 출혈이 내부 및 외부에서 일어나며 신체주변의 혈액량은 실제로 손실된 양을 반영하지 않는다는 것을 기억해야 한다. 동맥혈(arterial blood) (심장에서 허파로 가는 것을 제외한)은 산소량이 많아서 선홍색을 띠는 반면에, 정맥혈(venous blood)은 산소가 없기 때문에 검은 색을 나타낸다. 그러나 일단 피를 흘리게 되면, 피는 거무스름해지고, 약 3분 이내에 응고가 시작되며, 색깔로 그 피가 동맥혈인지 정맥혈인지를 구분하기가 어려워진다. DNA 부패정도에 대한 연구가 일부 가능성을 보여주었지만, 건조한 혈흔의 경과시간을 결정하는 신뢰할 만한 시험방법이 없다.

많은 책에서 혈흔(bloodstain)은 크기분포와 그 혈흔이 생성되는데 필요한 힘에 근거하여 각각 저점도, 중간점도, 고점도 비산흔(spatter)으로 구분한다. 간단하게 말해서 혈흔은 핏방울의 낙하(dripping), 구타(beating), 총상(shooting)에 의해 생길 수 있으며, 점도가 높을수록 혈흔의 크기는 작아진다. 그러나 이러한 접근은 규정짓기가 어렵기 때문에 문제가 있다. 예를 들어, 심한 구타와 어떤 총상은 비록 이들 두 가지 원인이 정상적으로 중간점도와 고점도로 각각 분류됨에도 불구하고 유사한 혈흔 크기를 생성할 수 있는데 반하여, 재채기 또는 기침과 같은 다른 기작들은 각각 중간점도와 고점도 정도의 동일한 크기 범주 내에서 혈흔을 생성할 수 있다. 아마도 가장 좋은 분류시스템은 James 등 (2005)에 의해 체계적으로 제시된 것으로, 수동형(passive), 비산형(spatter), 변형(altered) 등의 세 가지 주요 종류로 구분하였으며, 그 후 그들을 생성한 것 같은 기작에 근거하여 세분되었다.

수동형 혈흔(Passive stains): 이 혈흔은 다음과 같이 세분된다:

(a) *방울형(drops)*: 혈흔은 피가 중력에 의해 수동적으로 방울로 떨어질 때 만들어진다 (그림 2.3).

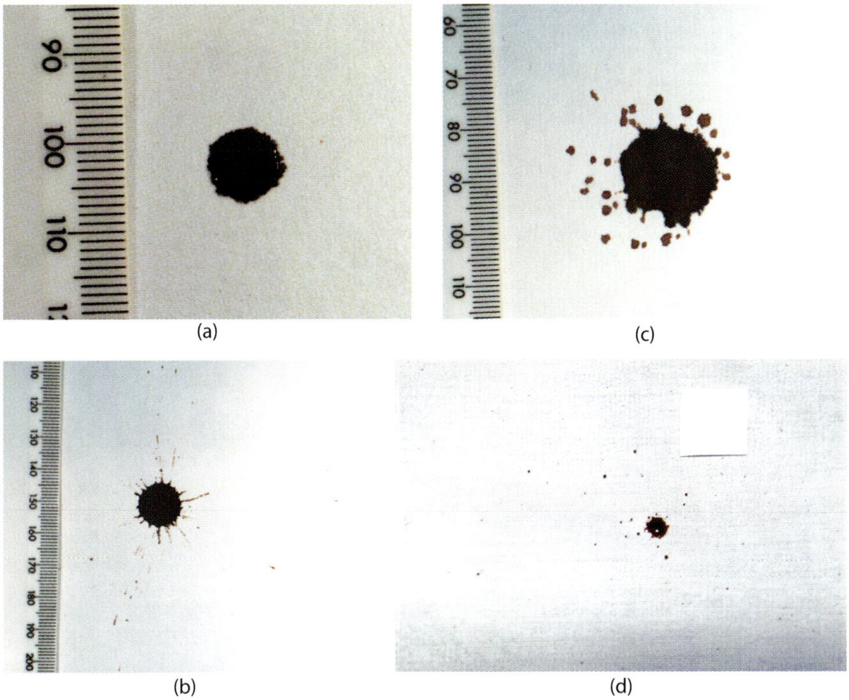

그림 2.3 단순히 피가 떨어졌을 경우에 비산 패턴(spatter pattern)에 영향을 미치는 요인들. (a) 매끈하고 단단한 표면(smooth hard surface) 위로 짧은 거리 (이 경우는 5 cm)에서 떨어진 핏방울은 구형의 혈흔을 생성하는 경향이 있다. scale = mm. (b) 보다 높은 곳 (이 경우는 100 cm)에서 떨어지는 핏방울은 강한 햇살형(sunburst-shaped) 혈흔을 형성한다 (scale = mm). (c) 아직 마르지 않은 혈흔위로 두 번째 핏방울이 떨어질 때, 그것은 위성형 비산(satellite spatter)이 형성된다 (scale = mm). (d) 핏방울이 충돌하는 표면의 질감은 그 결과 생기는 혈흔의 모양에 크게 영향을 미친다. 이 핏방울은 깨끗이 마른 옥양목 천 (역자주: (영) 캘리코, 옥양목; (미) 사라사, 날염 면포라고 하는 천의 종류) 조각위 10 cm에서 떨어져 즉시 흩어져 위성 비산을 형성한다. 평방눈금(square scale) = 20 mm.

이 혈흔은 따로따로 또는 여러 개로, 또는 끌린 자국에 의해 생성될 수 있으며, 이를 통해서 이동과 방향을 알 수 있다. 그러나 방향은 희생자가 서서히 움직였다면 결정하기가 어려울 수 있으며, 90°로 떨어진 핏방울은 다소 난형이 된다. 전형적인 상황은 몸에 상처가 났을 때 그 일이 일어났던 지점으로부터 가장 가까운 세면대까지 피를 똑똑 흘린 흔적을 남길 때이다.

(b) *유동형(flows)*: 유동형은 다량의 피를 흘릴 때 만들어진다. 이 형태는 사후 공격시간 또는 활동시간의 자세를 결정하는데 사용될 수 있다. 예를 들어, 어떤 사람이 가슴을 찔리면 서있는 동안 핏방울은 몸체의 아래 수직방향으로 향하게 될 것이다 (그림 2.4). 그러나 피는 어느 쪽이든 몸이 바닥을 향해 기울어져 있는 쪽으로 방향이 바뀌어 흐르게 될 것이다. 이와 마찬가지로 만일 죽은 후에 몸이 움직였다면 피가 흐른 자국이 여러 개가 나타날 것이다. 옷은 피가 흐르는 패턴을 복잡하게 만들기 때문에 피부에 아무것도 묻지 않았을 때 가장 분명하게 알 수 있다.

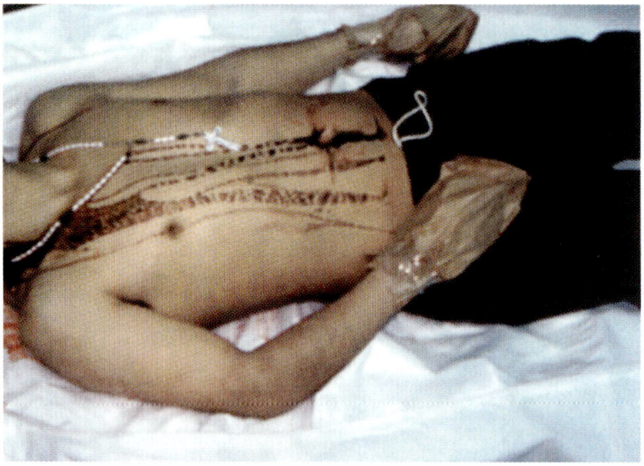

그림 2.4 경부손상(neck wound)으로 가슴과 복부 아래로 피가 흐르는 것은 이 사람이 상처를 입었을 때 서있었다는 것을 나타낸다. [James, S.H. 등. (2005) *Principles of Bloodstain Pattern Analysys*, 저작권 © 2005, Taylor & Francis 인용]

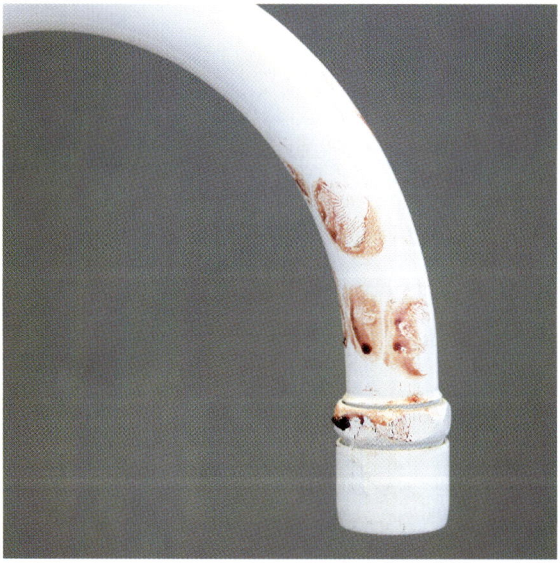

그림 2.5 수도꼭지에서 전달형 혈흔(transfer stain). 전달형 혈흔은 손가락/손/발/물체에 피가 많이 묻으면, 흡습성 표면에서도 묻어나는 경향이 있다.

(c) *전달형(transfer)*: 덜마른 피(wet blood)가 한 물체에서 다른 물체로 전달되었을 때 만들어진다. 예를 들어, 피 묻은 칼을 옷에 닦았을 때, 피 묻은 손은 문고리 또는 무기에 지문을 남기며 피를 밟고 다닌 사람은 족적을 남긴다.

(d) *다량(large volume)*: 사체주변에서 많은 양의 피가 고여서 그 아래로 스며들기 시작하는 것을

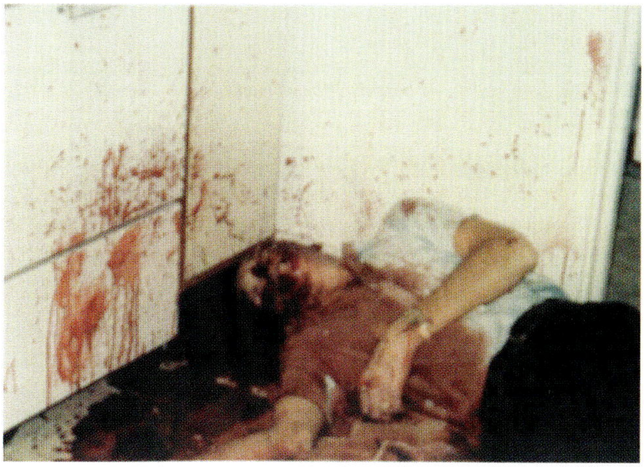

그림 2.6 이 남자는 뭉뚝한 물체로 심한하게 구타당하였다. 바닥의 피바다와 이 사람의 좌측어깨 위쪽 벽에 흉기에 의한 충격 비산혈과 덩어리 혈흔(cast-off stain)을 주목하라. [James, S.H. 등. (2005) *Principles of Bloodstain Pattern Analysis*, 저작권 © 2005, Taylor & Francis 인용]

발견할 수 있다 (그림 2.6). 다친 상처와 연관해서 양을 고려한다면 몸이 그 위치에 놓였던 시간을 알 수 있다. 폐결핵 또는 기타 다양한 질병으로 죽어가는 사람들은 그들이 죽기 전 또는 죽는 순간에 기침을 하거나 단시간에 많은 양의 피를 토할 수 있으며 (그림 2.7), 이것은 최초의 현장에서 의심스럽게 보이는 피바다에서 그 사람을 발견한 경우를 생각할 수 있다. 이러한 상황은 노숙자와 사회와 단절된 사람의 사망에서 일어날 수 있다.

비산형 혈흔(spatter stains): James 등 (2005)은 비산기작을 그 원인에 근거하여 이차기작(secondary mechanism), 충돌기작(impact mechanism), 방출기작(projection mechanism) 등의 세 가지 세부범주로 구분하였다:

(a) *이차기작(secondary mechanism)*은 초기 상처의 원인에 대하여 이차적인 것을 말한다. 예를 들어, 만일 피가 물기가 있는 얼룩에 떨어지면, 초기 혈흔의 모양이 변화가 일어나서 주변혈흔과 뒤범벅이 될 것이다 (그림 2.3c).

(b) *충돌기작(impact mechanism)*은 이 단어가 암시하듯이, 그 상처를 야기한 수단을 나타낸다. 권총, 예리한 또는 무딘 둔기에 의한 구타, 공구 등과 같은 별개의 범주(separate category)가 알려져 있지만, 거꾸로 추정해서 작업을 하고 단순히 혈흔의 증거만으로 원인을 밝혀내는 것은 쉬운 일이 아니다. 예를 들어, 총창(銃創, gunshot wound)으로 생긴 비산흔(bloodspatter)은 총기의 형태, 탄약의 종류, 총기에서 희생자까지의 거리, 옷의 착용여부 및 상처의 위치 등에 의해 영향을 받는다. 총창(gunshot wounds)은 종종 후방비산(back spatter) (예, 총기 쪽으로) (그림 2.8)과 전방비산(forward spatter) (예, 사체에서 발사체 방향으로)을 형성한다. 두 가지

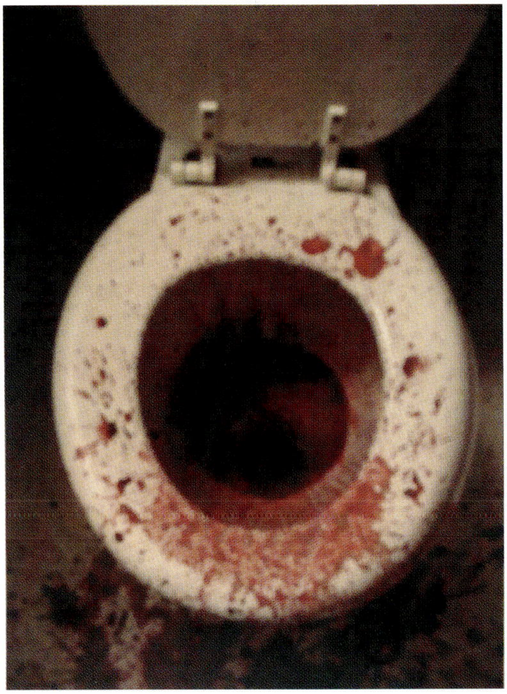

그림 2.7 폐암에 의한 출혈로 죽은 사람의 화장실에서 발견된 혈흔. 피에서 폐에서 나온 것을 나타내는 기포를 볼 수 있다. 더욱이 화장실 시트에 길게 뻗은 비산혈과 다량의 피가 거의 수직으로 떨어진 바닥에 피가 튄 것을 볼 수 있다. [James, S.H. 등. (2005) *Principles of Bloodstain Pattern Analysis*, 저작권 © 2005, Taylor & Francis 인용]

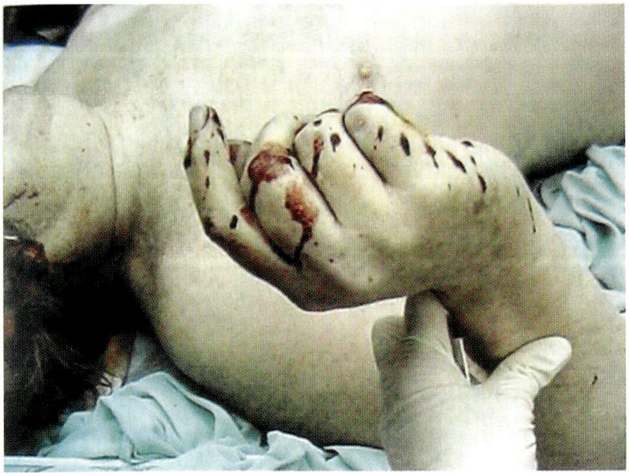

그림 2.8 권총으로 자살한 사람의 오른쪽 손에 있는 역비산흔(逆飛散痕, backspatter stain). [James, S.H. 등. (2005) *Principles of Bloodstain Pattern Analysis*, 저작권 © 2005, Taylor & Francis 인용]

모두의 경우에서 살점과 작은 뼈조각들이 떨어져 나간다. 그러므로 자살총상(sucidal gunshot injury)은 비산흔과 긴팔옷 소매안의 희생자 손에 탄흔 잔여물이 있는지에 의한 살인과 식별될 수 있다. 두 가지 모두가 없는데 그 총이 발사된 후에 희생자의 손에 있다면 의심의 대상이 된다. 그러나 Bernd 등 (2002)에 의한 실시된 9 mm Luger 총으로 소의 머리를 쏜 실험은 주목할 만한 가치가 있으며, Betz 등 (1995)에 의한 자살사건의 조사에서 역비산흔이 관찰되지 않은 것이 일반적인 사례로 알려졌다. 충돌속도가 증가함에 따라 핏방울의 크기는 감소되고 강력한 권총의 탄환은 직경이 1 mm 이하의 안개같은 작은 혈흔을 형성한다. 그렇게 작은 핏방울들은 빠른 속도로 충돌하여 형성되었더라도 멀리 튀지 않는다.

주먹, 발, 또는 철봉(鐵棒, iron bar)과 같은 무딘 둔기에 의한 구타로 매우 다양한 혈흔패턴이 생성될 수 있다. 구타가 오랫동안 잔혹하게 일어난 곳에서 일격에 이미 개방성 출혈성 부상(open bleeding wounds)을 입게 되고, 주변에는 많은 비산흔(blood spatter)이 형성된다 (그림 2.6). 극단적인 경우에 안개와 같은 아주 미세한 핏방울들이 권총에서 발사된 탄환에 의해 생기는 것과 비슷하게 형성될 수 있다. 많은 피를 흘리면서 피가 뿌려지는 것으로부터 폭행자 또는 가구들에 의해 주변의 수직표면상에 피가 뿌려지지 않은 깨끗한 구역이나 공간이 생기게 될 것이다. 그러한 피가 묻지 않은 공간은 폭행이 진행되는 동안 사람의 위치를 알아내는데 유용하다. 피를 많이 흘렸을 때 폭행자는 그들의 몸, 옷, 신발 등에 혈흔을 남겨두지 않을 것이다. 그것은 또한 폭행순간에 문이 열려있었는지 닫혀있었는지를 나타낼 수 있다. 예를 들어, 문이 열려있다면, 뿌려진 혈액(projected blood)은 문이 닫혀있을 때 잘 보이지 않는 경첩(hinge) 또는 문틀 부분에서 발견될 수 있다.

(c) *투사기작(projection mechanism)*은 분출패턴(spurt pattern), 재채기, 기침, 호흡에 의한 피의 방출(breathed blood), 덩어리 혈흔 등으로 구분된다.

동맥피(arterial blood)는 혈압이 높은 상태에서 흐르므로, 혈관이 절단되면 상당한 거리까지 분출된다. 더욱이 심장의 맥박으로 인하여 파열된 곳에서 계속 뿜어져 나와 특징적인 물결모양의 '동맥분출혈흔(aerial spurt stain)'을 생기게 한다. 대조적으로 정맥이 절단되었을 때 혈액은 보통 상대적으로 낮은 혈압으로 인하여 분출되기보다 오히려 스미어 나오게 된다. 그러나 동맥에 이 용어를 한정시키는 것은 어떤 환경에서 정맥이 절단되었을 때 파동형 혈흔(pulse-type stain)이 생겨나기 때문에 판독오류(interpretation error)를 일으킬 수 있다. 이것은 특히 정맥부족증후군(venous insufficiency syndrome)의 사례인데, 여기서 혈액이 하지(下肢)에 모여서 종종 정맥류(靜脈瘤, varicose vein)의 형성을 일으킨다. 정맥류는 정맥에서 피가 흘러나와 그 정맥 내 밸브로부터 생기는데, 이것은 정상적인 혈액의 흐름을 방해하여 고이게 함으로서 그 부위를 팽윤되게 한다. 피부에 인접한 정맥류는 쉽게 파열될 수 있다. 그러므로 그 결과 생기는 파동혈흔은 바닥과 수직면 하부에서 흔히 발견된다. 흔한 사인은 아니지만 정맥류로 고통을 받는 연로한 사람들은 정맥이 개방되어 많은

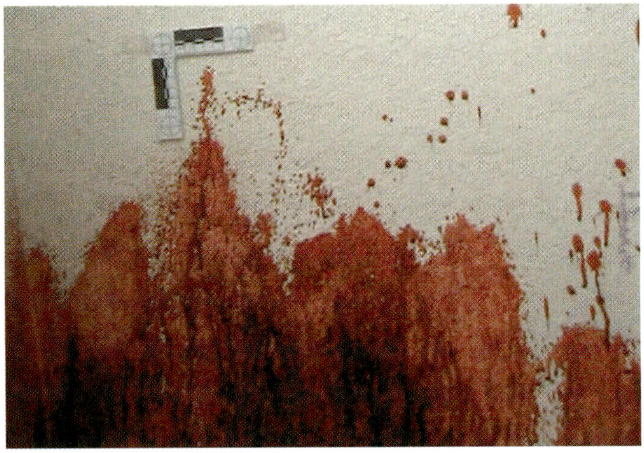

그림 2.9 이 혈흔은 희생자의 손목부분이 베였을 때 생긴다. 이것은 동맥출혈에 의해 일어나는 전형적인 물결모양의 패턴을 나타낸다. 동반된 분산혈에 의한 보다 작은 핏방울을 주목하라. [James, S.H. 등. (2005) *Principles of Bloodstain Pattern Analysis*, 저작권 © 2005, Taylor & Francis 인용]

양의 피가 흘러나와 비틀거릴 수 있으며, 그 부분에 자국이 생긴다.

기침과 재채기는 육안으로 볼 수 있는 작은 액적(液滴, droplet)과 현미경적 액적인 에어로졸로 구성된 비산혼합물을 옮기는 유속이 빠른 기류(氣流)를 생성한다. 가슴, 입 또는 코의 상처에서는 기침과 재채기를 통해 비슷한 크기의 핏방울이 형성된다. 이들 핏방울로부터 형성된 혈흔은 종종 흘린 점액을 오염시키며, 그로 인하여 예상되는 원점(probable origin)을 알 수 있다. 100 μm 이상의 핏방울은 멀리 날아가기 위한 무게와 운동에너지가 필요하지만 에어로졸형의 핏방울 (<100 μm)은 오랫동안 대기 중에 남아있을 수 있어, 이동거리는 어느 정도 국부적 기류에 영향을 받게 된다. 작은 핏방울은 어떤 사람이 피가 고여 있는 곳에서 얼굴을 아래로 향하고 숨을 쉴 때 생겨나올 수도 있다(예, 구타 또는 머리에 총상을 입은 후). 그러한 혈흔이 없다는 것은 그 사람이 머리를 바닥에 부딪친 시간에 이미 사망했을 수도 있다는 것을 나타낸다. 미세한 기포가 포함된 혈흔은 피가 오래 경과되었다는 것을 나타낸다 (그림 2.7).

덩어리 혈흔(cast off stain)은 휘두른 흉기 또는 돌출부(limb)로부터 분출된 혈액으로부터 유래한다 (그림 2.6). 예를 들어, 칼이 몸에서 바깥쪽과 위쪽으로 끌어당길 때 칼날에서 일련의 핏방울이 뿜어져 나오게 된다. 두 번째 그리고 그 후의 타격은 대부분 피가 튀는 원인이 된다. 도끼 또는 유사한 무거운 흉기는 아래로 내려찍는데 널리 사용되는 것들로서, 되돌려 위로 올려치게 되면 천장에 덩어리 혈흔패턴이 남게 된다. 많은 피가 묻은 흉기는 위쪽으로 휘두른 경우와 복귀타격(return stroke)이 가해진 경우에 덩어리 혈흔을 만든다. 일반적으로 궁형(arc)의 혈흔은 타격(stroke)된 말단부위에서 길어져 더욱 타원형(elliptical)으로 되며 타격 중심이 폭행자의 머리 상부에 있게 되면 더욱 원형이 된다. 만일 거기에 단 한명의 희생자가 있고 덩어리 혈흔(cast off bloodstain)이 여러 방에서 발견되었다면, 그것은 공격이 상당기간 진행되었으며 쫓고쫓기는 상황이었다는 것을 나타낸다. 그러

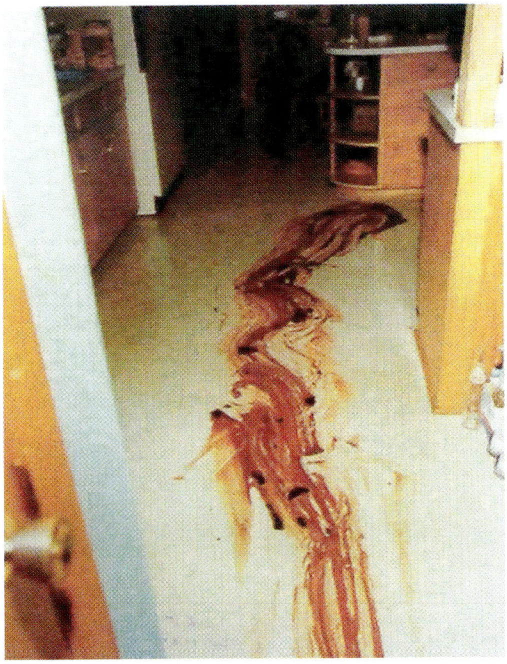

그림 2.10 바닥을 따라 피묻은 시체를 끄는 과정에서 생성된 묻은 혈흔 패턴. 묻은 혈흔 패턴에 핏덩어리가 있다는 것은 희생자가 상처를 입은 후 일정기간동안 움직이지 않았다는 것을 나타낸다. [James, S.H. 등. (2005) *Principles of Bloodstain Pattern Analysis*, 저작권 © 2005, Taylor & Francis 인용]

나 만일 방 하나에서만 덩어리 혈흔(cast off bloodstain)이 있었으나, 다른 방에서 수동형(passive) 또는 전달형(transfer) 혈흔들이 있었다면, 그것은 공격이 방 한곳에서 일어났으며, 그 후 그 희생자가 비틀거리며 돌아다녔거나, 다른 사람에 의해 다른 곳으로 끌려 옮겨졌을 가능성이 있다.

변형된 혈흔(Altered stains): 혈흔은 처음에 생성된 후에 시간이 지남에 따라 어떤 지점에서 변형될 수 있다. 공격이 진행되는 동안 피가 떨어진 곳에서 응고되기 시작하고 피흘린 사람의 피가 반대쪽으로 튀기는 일은 흔히 일어난다. 변형은 피가 건조하여 응고되면서, 옷에 흡수되거나, 닦아내려는 시도의 결과로서, 또는 혈흔을 통한 곤충의 이동 등에 의해서 일어날 수 있다. 혈액은 사망 후에 사체 내에 액상으로 있기도 하지만, 상처부위에 응고체가 형성되고 흘러나온 피는 덩어리가 된다. 그 결과, 심한 상처를 입은 몸체가 폭행이 일어난 후 몇시간 지난 후 끌어냈다면, 끌림패턴(drag pattern)에서 커다란 핏덩어리를 남기게 될 것이다 (그림 2.10). 그 같은 핏덩어리가 없다는 것은 사망 직후에 몸체를 신속하게 이동시켰다는 것을 나타낸다. 마찬가지로 혈흔을 없애려는 시도는 피를 흘린 몸체를 바닥에서 이동시키는 것과 같이 혈흔과 얼룩을 남기게 될 것이다. 혈흔패턴(pattern of blood smear)은 사람이나 피가 묻은 물체가 끌린 방향을 나타낼 수 있다: 그 자국은 보통 일련의 핏방울로부터 시작되며 그후 이 자국은 이동 방향을 나타내는 한 모서리 부분을 따라 지저분하게 생성된다. 예를 들어, 희생자가 가슴에 상처를 입은 채 발부분에 의해 끌려진다면, 초기지점은 머리의 이동 (특히 머리카락이 길다면)으로 지워질 수 있다. 그러나 이동방향은 명백하게 남아있을 것이다. 희생자의 몸체를 움직이고자 '생각하는 살인자(thinking murderer)'는 그들의 옷에 피가 묻지 않도록 하기 위해서 다리 부분을 끌어야겠다는 생각을 하게 된다. 만일 사체의 겨드랑이 아래를 잡고 끌게 되면, 초기 혈흔을 밟고 지나간 한두 개의 발뒤꿈치 자국이 남게 될 것이다.

혈흔 해석

수사의 초기 단계에는 범죄현장에서 의심되는 모든 혈흔들의 특징을 적어둔다. 여기에는 혈흔의 크기와 모양에 따라 각 혈흔의 정확한 위치와 혈흔이 묻어있는 재질 (옷, 플라스틱, 나무 등)의 특성이 포함되는데, 이 기록들은 사진과 서면보고서를 사용하여 만들어지며, 각 혈흔은 일부 증거를 얻기 위해서 사용되고 향후 평가 기준 항목으로 다룬다. 그 혈흔의 분포와 형태로부터 피가 어떻게 흘러나왔으며 상처가 어떻게 생겼는지 등을 결정할 수 있다. 예를 들어, 마루위에 생긴 커다란 원형의 핏방울 (직경 4 mm 이상)은 피가 천천히 떨어졌으며 희생자가 움직이지 않았거나 거의 움직이지 못했다는 것을 의미한다. 이것은 상처 또는 흉기에 의해 피가 수동적으로 떨어졌다는 것을 나타낸다. 이들 '수동형 혈흔(passive stains)'의 모양은 그 혈흔이 떨어진 곳까지의 거리를 나타내는데, 바닥 1~50 cm 위에서 수직으로 떨어지는 피는 다소 흩어진 가장자리를 가진 원형 핏방울을 형성하는 경향이 있는 반면에, 보다 높은 곳에서 떨어지는 피는 햇살처럼 모든 방향으로 빛을 방사하는 모양을 형성한다 (그림 2.3). 어떤 높이 이상에서는 피가 얼마나 멀리서 떨어졌는지 알기 어려운데, 이는 일단 핏방울이 최고속도에 이르게 되면 그 이상의 힘으로 충격을 가할 수 없기 때문이다. 커다란 핏방울일수록 작은 핏방울에 비하여 최종속도가 빨라지지만 그 속도로 떨어진 핏방울이 이동한 거리는 기류(air current)와 같은 국지적 요인들에 의해 영향을 받기 때문에 실험을 통해서 가장 잘 측정된다. 실제로 혈흔의 모양은 핏방울이 충돌한 표면의 특성에 크게 영향을 받는다 (그림 2.3). 예를 들어, 콘크리트 같은 재질의 표면에 떨어진 핏방울은 유리와 같이 매끄러운 표면에 떨어진 핏방울에 비하여 훨씬 더 변형된다. 그러므로 실험에 의해서 만들어진 혈흔패턴을 통해서 어떤 결과가 나타났는지 확인하는 것이 중요하다.

만일 강력범죄가 저질러졌을 때 한사람 이상이 있었다면, 거기에 있는 혈흔의 형태로부터 그들의 역할을 식별할 수 있다. 예를 들어, 총을 쏘거나 흉기를 휘두르는 사람은 그들의 옷에 비산흔(blood spatter stains)만 있지만, 심하게 피를 흘리는 시신을 옮긴 사람은 묻은 혈흔만을 가지게 된다. 용의자에서 혈흔이 없다는 것은 그들이 옷을 세탁하고 바꾸어 입을 시간이 있을 수 있기 때문에 반드시 결백을 나타내는 것이 아니다. 다른 가능성으로는 범죄를 저지르기 전에 옷을 벗었을 수 있고, 튄 피가 묻지 않도록 멀리 떨어져 있거나 어떤 방법으로 막았을 수도 있다.

출혈구역의 결정

많은 서적들에는 혈흔이 유래한 지점을 나타내기 위해 '원구역(area of origin)' 또는 '원점(point of origin)'이라는 용어를 사용하지만, '출혈이 여기에서 시작되었다'는 것을 명확히 나타내기 위해서 '출혈구역(area of haemorrhage)'이라는 용어가 더 적절하다. 출혈구역을 정하는 일은 상당히 어려우며 물리학 지식과 많은 실제 경험에 의존된다. 그러므로 복잡한 사건들에서 다른 사람의 해석을 반박하는 일은 분석가들에게 특별한 것이 아니다.

출혈구역과 공격당했을 때 그 사람의 위치를 결정하는 방법으로는 관찰(observation), 삼각법(trigonometry), 줄(stringing), 그래픽(graphics), 컴퓨터프로그램(computer programmes) 등의 5가지 방법이 있다.

관찰

범죄현장의 단순 관찰(observation)은 대부분의 법의학 수사가 요구하는 수치로 나타낸 자료를 제공할 수 없으나, 종종 시간이 걸리는 분석을 하지 않고도 대략적인 출혈크기/원점(原點, origin)을 알 수 있다. 예들 들어, 만일 1.8미터 높이의 벽에서 흡인혈흔(aspirated bloodstain)의 패턴이 발견되었다면, 이것은 희생자가 똑바로 서있었으며, 그러한 작은 핏방울들이 매우 짧은 거리로 비산되었기 때문에 그 혈흔이 벽에 매우 가까이 있었음을 나타낸다.

삼각법

혈액 한 방울이 떨어졌을 때, 이는 표면장력에 의해 뭉치려 하며, 마치 탄력있는 피부처럼 작용한다. 표면장력(surface tension)은 액체 표면의 분자들 간의 응집력(cohesive force)에 의해 일어나며 가능한 가장 작은 구역으로 그 핏방울을 끌어당김으로서 생긴다. 그 결과 핏방울은 표면장력보다 더 커다란 힘에 영향을 받지 않으면 떨어지지 않을 것이며, 일단 날아가게 되면 그 핏방울은 다른 물체와 접촉할 때까지 (부서지거나 눈물방울 형태를 형성하기 보다는) 구형을 유지하려고 할 것이다. 구형에 대한 이러한 가정은 튈 때와 고체물질과 접촉할 때와 같은 핏방울의 움직임에 있어서 매우 중요하다.

핏방울이 매끄럽고 깨끗한 평면에 90°로 부딪치면, 그것은 핏방울과 대략 동일한 크기를 가지는 난형(oval shape)을 형성할 것이며, 스파인(spine)의 수는 충돌했을 때의 속도와 부딪친 표면의 특성에 의존될 것이다. 그러나 만일 그 핏방울이 각이 있는 표면에 부딪쳤다면 타원(ellipse)을 형성하며 그 길이는 원래 핏방울의 직경과 표면에 부딪친 각도에 따라 달라지게 될 것이다. 기본적으로 충돌각(impact angle)이 감소하면 타원의 길이는 증가하는데, 예를 들어, 15°로 부딛친 핏방울은 45°로 부딛친 핏방울보다 더 긴 타원을 생성한다 (그림 2.11). 그 타원은 완벽하게 대칭이 되지 않으며, 좁은 말단과 뾰족한 끝이 형성된 곳에는 핏방울의 이동 방향과 추진된 힘의 방향을 나타낸다. 타원형은 충돌각에 따라 달라지기 때문에, 이 각은 기본 삼각법(trigonometry)으로 계산할 수 있다 (그림 2.12 및 2.13).

각 θ = 충돌각 (θ = 그리스 심볼 'theta')

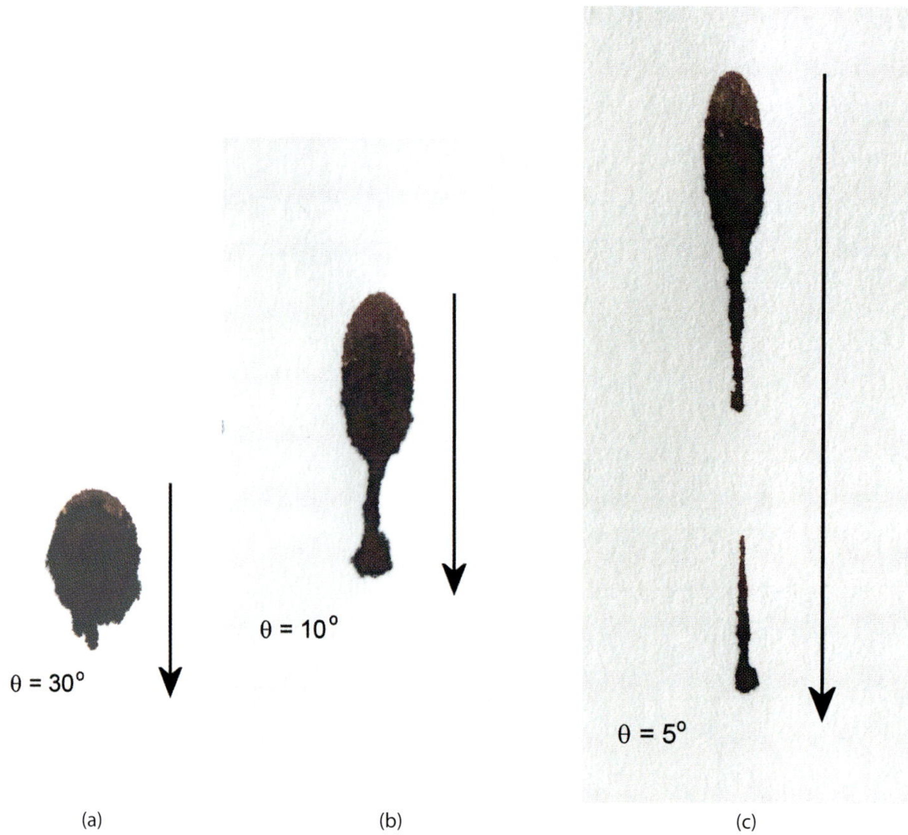

그림 2.11 흰색카드에 형성된 혈흔 모양에서 충돌각(θ)의 영향. 매끈하고 단단한 표면에 떨어진 핏방울에서, 충돌각이 작아짐에 따라 타원의 길이는 증가한다. 낮은 충돌각에서, 핏방울은 충돌로 흐트러져서 두 개 이상의 분리된 혈흔을 형성하기도 한다. 만일 충돌표면이 거칠다면, 핏방울이 충돌에 흐트러질 수 있는 기회는 증가한다.

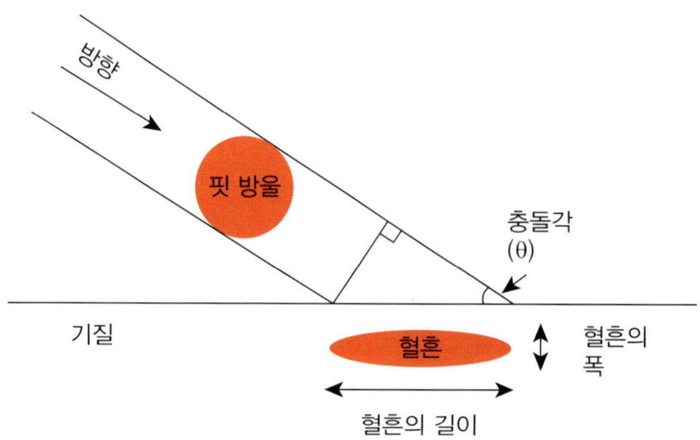

그림 2.12 타원 혈흔이 충돌각과 어떤 관계가 있는지를 보여주는 모식도.

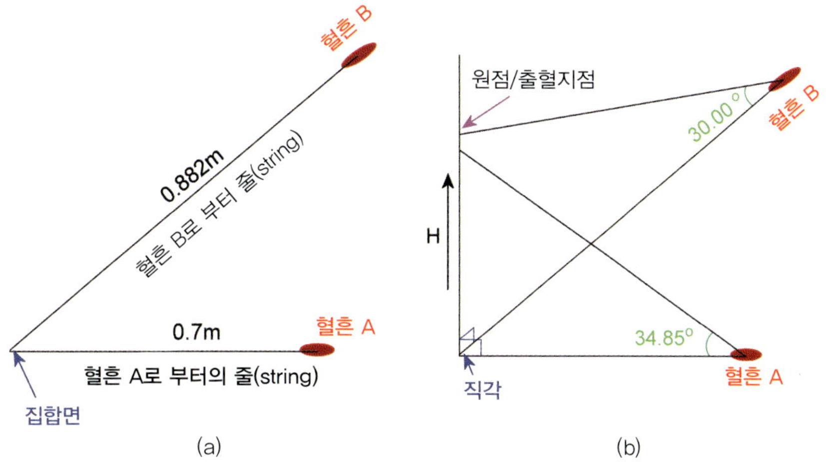

그림 2.13 집합면과 개시구역/출혈구역이 어떻게 삼각법(trigonometry)을 사용하여 결정될 수 있는지를 보여주는 모식도. 세부내용은 본문을 참조하라.

$$\text{Sine 각 } \theta = \frac{\text{얼룩의 폭}}{\text{얼룩의 길이}}$$

$$\text{그러므로 } \theta = \text{Sine}^{-1}\frac{\text{얼룩의 폭}}{\text{얼룩의 길이}}$$

만일 혈흔 A의 폭이 4 mm이고, 길이가 7 mm라면, 그 계산은 다음과 같다.

$$\theta = \text{Sine}^{-1}\ (4/7)$$

$$\theta = \text{Sine}^{-1}\ (0.5714) = 34.85°$$

그러나 이 한 계산으로 출혈지점(point of haemorrhage)을 결정하는 것은 불가능하여 적어도 한 개의 다른 혈흔으로부터 측정할 필요가 있다. 따라서 두 번째 혈흔 B가 혈흔 A 쪽에 존재하고 그것의 폭이 5 mm이고 길이가 10 mm라고 가정하였을 때, 그 계산은 다음과 같다:

$$\theta = \text{Sine}^{-1}\ (5/10)$$

$$\theta = \text{Sine}^{-1}\ (0.5000) = 30.00°$$

두 개의 혈흔이 한 범행에 의한 것이라고 생각했을 때, 이 두 혈흔이 만나는 지점을 계산해 낼 수 있다. 이렇게 해서 과다출혈이 있는 곳에서부터 혈흔의 거리를 계산할 수 있다. 이것은 선 [때로는 줄(string)이라 부름]을 혈흔의 긴축의 중심을 통과하도록 그림으로 만들어진다. 그리고 이 두 개의 선이 만나는 곳이 집합면(area of convergence)이다 (그림 2.13a). 이제 두 출혈의 중심간의 거리와 집합면과의 거리가 측정될 수 있다. 이 경우 혈흔 A와 집합면과의 거리가 0.70 m이고, 혈흔 B와의 거리가 0.882 m라고 가정하자 (더 큰 핏방울이 작은 핏방울보다 더 멀리 가는 경향이 있음).

우리가 H라고 부르는 하나의 선이 집합면으로부터 90°로 그려져서 두 개의 직각삼각형을 만들고 있다: 하나는 혈흔 A로부터 만들어졌고, 다른 하나는 혈흔 B로부터 만들어졌다. 그리고 이 두 삼각형은 H를 한 변으로 공유하고 있다 (그림 2.13b). 이것은 혈점 A(bloodspot A)로부터 34.85°의 각을 가지는 선에 의해 나타나고, 다른 하나는 혈점 B로부터 30.00°의 각을 가지는 선으로 나타나며, H 선과 만나는 두 개의 지점이 출혈구역(area of hemmorrhage)이 될 것이다. 이것도 다음과 같이 계산될 수 있다:

혈흔 A에서

$$H = \text{Tangent } 34.85° \times 0.70 = 0.487 \text{ 미터}$$

혈흔 B에서

$$H = \text{Tangent } 30.00° \times 0.882 = 0.509 \text{ 미터}$$

두 개의 H 값이 동일하지 않음을 유념하라. 이것은 실제생활에서 많은 애매함이 존재하기 때문이며, 특히 그중에서도 핏방울이 직선보다 포물선 비행경로로 튀기 때문에 더 멀리 핏방울이 튀게 되면 더욱더 포물선(parabolic arc)임을 가정하게 된다. 더욱이 우리가 어떤 것에 의해 부딪혔을 때, 우리 몸은 움직이며, 심각한 상처로 출혈이 될 때 한 지점에서 피를 한 방울만 흘리지 않는다 (그림 2.9). 따라서 3차원 공간에서 어떤 2개 지점에서 피의 출처는 비록 그들이 동일한 사건에서 초래한 것이라 할지라도 정확히 동일하지 않을 수 있다. 그 결과, 일부 연구원들은 이들 위치를 정확하게 설정할 수 없기 때문에 '집합점(point of convergence)' 또는 '원점/출혈지점(point of origin/haemorrhage)'보다 '집합면(area of convergence)'과 '원구역/출혈구역(area of origin/haemorrhage)'이라는 용어를 사용한다. 정밀도는 사용하고자 하는 혈흔의 신중한 선별에 의해 증가될 수 있는데, 가장 적은 충돌각을 가진 것들이 가장 높은 정밀도를 제공하는 것으로 생각되며 (Willis 등, 2001), 최소한의 혈흔이 정해지지 않는 한, 보다 적당한 여러 개의 혈흔이 이용가능하다면 두 개 또는 세 개 이상을 사용할 수 있다. 몇몇 연구원들은 핏방울의 튄 경로를 보다 실제적인 근거를 제공하는 출혈구역(area of haemorrhage)을 결정하기 위한 더욱 복잡한 방정식을 개발하였으나 (예, Knock & Davison, 2007), 이들은 실험단계에 머물러있다. 절대정밀도(absolute accuracy)는 수사관이 종종 어떤 피 흘린 사람의 일반적 위치를 알기 위해서 항상 필요한 것이 아니다. 예를 들어, 만일 어떤 용의자가 정당방위였다고 주장하였으나 혈흔이 머리에 가해진 치명적인 상처에서 흘린 피에 의해 생긴 것이라는 것을 보여주고 공격을 당했을 때 머리의 위치가 바닥에서부터 14 cm 정도의 높이였다면 그 피해자는 그때 이미 바닥에 있었다는 증거이다. 그러므로 위협이 되었을 가능성은 거의 없는 것이다.

Stringing

분석에 사용되는 모든 혈흔에는 라벨을 붙이고 측정한 후, 그 현장은 카메라로 녹화하며, 축적

(scale)은 방향표시(directional indicator)를 따라 각 사진에 포함시킨다. 수평면(horizontal surface)에서 방향표시는 콤파스의 점 형태를 표시하며, 윗면/아랫면 또는 천장/바닥을 적당하게 표시한다. 수직면(vertical surface)에서 위/아래(up/down)를 나타내는 화살표가 필요하며, 그 화살표는 90° 수직으로 아래쪽을 향해 그려져야 한다 [예, '측연선(測鉛線, plumb line) (역자주: 수직인지 살피거나 수심을 잴 때 따위에 쓰는 한 끝에 금속제 추를 단 줄) 처럼]. 다른 방안으로 수준기(spirit level)는 그 혈흔아래 '수평선(level line)'을 그리는데 사용될 수 있다. 이것으로 발견된 표면과 연관된 혈흔의 배치를 구성할 수 있다. 그 다음 고무끈 (또는 줄)을 각 혈흔의 중앙을 통하도록 놓고 피가 튀어온 방향으로 거꾸로 놓는다. 각각의 줄의 양끝을 고정시키면 줄이 겹쳐지는 곳이 집합점이 된다. 각 혈흔의 앞쪽언저리(leading edge)로부터 집합면(area of convergence)까지의 거리는 그 후 기록된다. 혈흔이 수직면 상에 존재한다고 가정하고, 이 사례에서 수평선(level line)을 쳐야 하고, 그래서 집합면(area of convergence)으로 뻗은 탄성코드(elastic cord)를 가로질러 자른다. 측연선(plumb line)과 개별코드(individual cord) 사이에 형성된 각을 각도기(protractor)로 측정하여 기록하는데, 이 각을 '비행각 방향(direction of flight angle)'이라 한다. 수직면(vertical surface)과 출혈이 발생한 곳으로부터의 거리를 알아내기 위해 막대기나 이와 유사한 물체를 고정시킨다. 그러면 집합면으로부터 구역/원구역(the area of haemorrhage/origin)을 계산하기 위해서 90°를 이루게 된다 (그림 2.14).

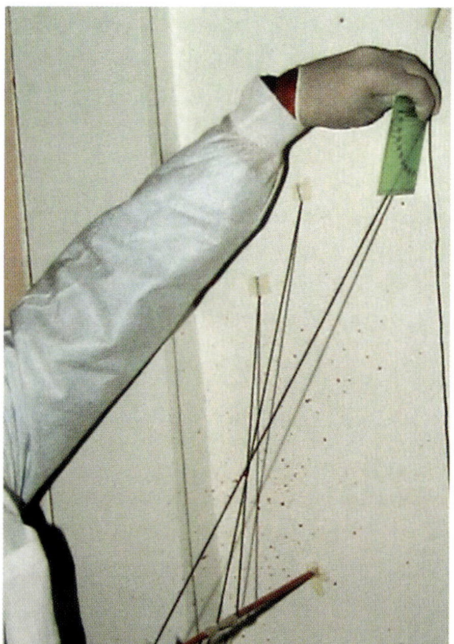

그림 2.14 'stringing'을 사용하는 혈흔패턴분석. [James, S.H. 등. (2005) *Principles of Bloodstain Pattern Analysis*, 저작권 © 2005, Taylor & Francis 인용]

위에 기술된 바와 같이 충돌각(impact angle)에 의해 각 혈흔의 크기를 결정할 수 있으며, 표면에서 이 각도로 된 코드(cord)는 스틱(stick)으로 거슬러 올라간다 (각도기 사용으로 측정하는 것처럼). 코드(cord) [역자주: 줄(string)보다 굵고, 로프(rope)보다 가는 것]와 스틱(stick)이 교차하는 곳이 출혈구역(area of haemorrhage)이다. 당연히 이 모든 작업은 시간이 오래 걸린다. 특히 기록을 해야 할 여러 개의 별개의 사건들이 있는 경우와 축 처지는 고무질의 성향은 어려움을 더하게 한다.

그래픽

충돌각(impact angle)과 집합면(area of convergence)까지 거리는 각 혈흔에 대하여 삼각법(trigonometry method)에서 기술된 방법으로 계산된다. 이 정보는 그 후 X-Y 그래프 상에 그려지는데, 집합면까지 거리는 X 축이며, Y 축은 출혈구역/원점까지의 거리를 나타낸다. 예를 들어, 다음과 같은 특징을 가진 4개의 혈흔이 있다고 가정하자.

	집합면까지의 거리 (cm)	충돌각
혈흔 A	72.4	50.9°
혈흔 B	99.0	41.6°
혈흔 C	128.0	35.8°
혈흔 D	160.0	30.0°

그림 2.15에서 볼 수 있는 것처럼, 각 혈흔에서 Y 축으로 적절한 각도로 선을 그어서 집합면의 각면 위/아래/까지의 거리와 같이 그들이 만난점은 출혈구역을 나타낸다.

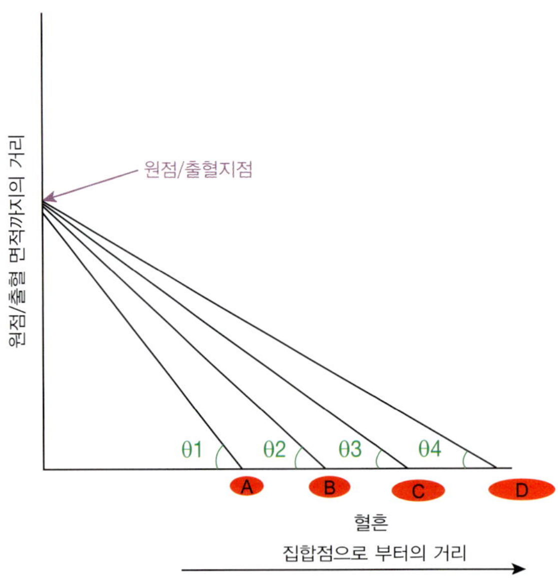

그림 2.15 그래픽 방법을 사용한 개시구역/출혈구역의 결정. 세부내용은 본문을 참조하라.

컴퓨터프로그램

혈흔분포를 분석하기 위한 컴퓨터프로그램 (예, Hemospat®, BackTrack®)의 사용은 stringing과 같은 수동처리절차(manual procedure)를 빠르게 대체하고 있다. 이들 프로그램은 신속한 분석을 가능하게 할 뿐만 아니라, 또한 개개의 측정(individual measurement)과 연관된 오차의 수치추정(numerical estimate)을 제공한다. 이것은 녹화자료를 더욱 과학적으로 정확하며, 사건의 재구성을 보다 쉽게 이해토록하고, 또한 법정에서 수반되는 증거제시를 용이하게 한다.

범죄현장은 눈금이 새겨져있는 디지털카메라와 방향지시기와 함께 각각의 사진 속에 찍혀있는 자를 사용하여 기록된다. 이상적으로 말하자면, 이것은 혈흔이 수직 상에 존재한다면 콤파스의 중심점과 상하에 나타나야 한다. 일부 프로그램에서 체크보드(chequerboard) 같은 보정패턴(calibrated pattern)이 포함되어있다면 그 사진들이 위에서 찍은 사진이라 하더라도 컴퓨터로 수정할 수 있다. 몇 개의 혈흔의 분석을 하고난 후, 컴퓨터는 원구역(area of rigin)을 식별하기 위한 선(lines)을 생성하고, 2차원 또는 3차원에서 이것을 설명할 수 있다.

최근 컴퓨터프로그램은 범죄현장에 대한 많은 사진을 필요로 하는데, 이는 측정을 용이하게 하는 충분한 해상을 가지는 혈흔을 보여주고 보다 폭넓은 현장을 나타내도록 하기 위하여 단지 한두 장의 사진으로는 해석하기가 불가능하기 때문이다. 그러므로 3차원으로 방 전체와 그곳의 내용물들을 신속하게 지도화 시킬 수 있는 3차원 레이저스캐너(three-dimensional laser scanner)의 사용을 발전시키는 것이 관심의 대상이 되고 있다 (www.DelftTech.com). 그 후 그 컴퓨터는 그 방안서 발견된 혈흔의 모양이 난형인지 타원형인지를 식별하고, 위에 기술한 바와 같이 분석하기 위하여 디지털 패턴분석(digital pattern analysis)에 사용된다. 이것은 현재의 사건에서보다 더 빨리 혈흔 증거에 대한 범죄현장을 기록할 수 있도록 한다. 컴퓨터분석 소프트웨어(computer analysis software)는 특히 복잡한 상황에서도 사용될 수 있으며 두 개 이상의 혈액패턴을 중복시킬 수 있다. 예를 들어, 구타가 신속하게 연속적으로 가해졌다거나, 또는 충돌이 동일지역에서 이리저리 옮겨 다니면서 일어났다면 이것은 특별한 일이 아니다. 퍼지클러스터 분석(fuzzy cluster analysis)과 같은 통계적 기법의 사용을 통해서 한 번의 구타 또는 또 다른 구타에서 생긴 개개의 혈흔에 대한 개연성을 추정할 수 있다.

사례연구: 활과 화살에 의한 저격, Peter Rattya 사건

2005년 1월 15일 Peter Rattya와 여러 사람들이 호주 멜버른에 있는 기숙사 뒷마당에서 술을 마시며 대마(大麻, cannabis)를 피우고 있었다. 얼마 후 Rattya와 또 한사람 Amer Alihromic을 제외한 모든 사람들은 흩어졌고 두 사람은 종교에 대하여 논쟁을 하였다. 그날 저녁 Alihromic은 화살이 가슴을 관통하고 손에 칼을 움켜쥔 채 치명적인 상태로 발견되었으며, Rattya는 칼로 다리를 다친 상태였다. Rattya는 처음에는 Alihromic의 죽음은 사고였으며 (추정하기를 그 화살은 그냥 발사되었음), 정당방위라고 주장하였다. 이런 상황에서 흔히 있는 일이듯이 수사의 초반에는 그의 주장을 부정하거나 확인해주려는 증인이 없었다.

어떤 혈흔이 누구의 것인가를 확인하기 위해 DNA 분석과 함께 진행된 기숙사의 뒷마당의 혈흔패턴분석은 이 사건이 아주 다르게 전개되었음을 말해주었다. 우선 혈흔패턴은 그가 화살을 맞을 때 엎드려 있었다는 것을 보여주었다. 사실 한 증인이 (결국 몇 사람이 증언을 하기로 하였음) 나중에 증언하기를 Alihromic은 2 미터의 거리에서 화살을 맞았을 때 살려달라면서 바닥에 누어 있었다고 했다. 부검에 의하면 화살이 명치(solar plexus)로 들어가서 간을 뚫고 허파에 구멍을 낸 것이 치명적인 출혈의 원인인 것으로 밝혀졌다. 피해자는 누어있었고, 활을 쏜 사람으로부터 어떤 각도를 이루어 떨어져있지 않았다면 화살이 그런 삼각궤도를 이룬다는 것은 어려운 일이다. 떨어진 핏방울 자국은 Alihromic이 화살을 맞은 후 비틀거리며 집쪽으로 가다가 그가 발견된 지점에서 쓰러진 것임을 말해준다. 그러는 동안 Rattya는 집안으로 들어갔고, 증인 중 한명으로 하여금 칼로 자신의 다리를 찌르도록 강요하였다. 이렇게 함으로서 그가 정당방위인 것처럼 보이게 하려 했던 것이다. 그 다음 그는 자신을 찌르게 한 그 사람으로 하여금 밖으로 나가 Alihromic의 손에 칼을 쥐워 주고 활은 Rattya의 방에 도로 갖다 놓게 하였다. 그러나 이것은 싸움의 현장에서 꽤 떨어진 집안에서 Rattya의 피가 발견되었다는 것을 의미하였다. Rattya가 밖으로 나가서 Alihromic의 옆에 서서 그의 피가 시체에서 발견되도록 하였지만 피가 떨어진 형태가 움직이지 않는 사물위에 무저항적으로 떨어진 피의 형태이지 심한 몸싸움의 흔적이라고 보기는 어려웠다.

재판에서 (정신적인 문제를 가지고 있던) Rattya는 Alihromic이 '악마/하이에나 같은 소리'를 내는 것에 점점 화를 내기 시작하는 것이 밝혀졌다. 그래서 그는 그의 방으로 가서 벽에 걸어두었던 활과 화살을 내려서 밖으로 나가 가까운 거리에서 아무런 무장도 하고 있지 않던 Alihromic을 쐈다. 그래서 Rattya는 실내로 들어가서 그곳에 있던 사람들에게 그가 시키는 대로 하게하였고, 조용히 하도록 하였다. 또한 그는 그들에게 응급서비스에 전화하여 자기가 칼에 찔렸다고 알리도록 하였으나 Alihromic에 대한 언급은 없었다. Rattya는 오랫동안의 폭력범죄를 저지른 경험이 있었으며 사람들은 그를 두려워하였다. 그러나 일단 그가 저지른 일에 대한 명백한 증거가 밝혀지자 그들은 조사에 협조하기 시작하였다. 결국 Rattya는 살인죄로 감옥에 들어가게 되었다.

사례연구: 폭행중 또는 폭행이 일어난 후 혈흔이 묻어있는가? Sion Jenkins 사건

1997년 2월 15일 13세의 Billie-Jo Jenkins가 East Sussex Hastings에 있는 그녀의 집 밖에서 18 인치의 철제 텐트못(peg)에 맞아죽었다. 첫 번째 재판에서 그녀의 수양아버지인 Sion Jenkins 씨가 그녀를 살해한 혐의로 종신형을 선고 받았다. 그러나 Jenkins씨는 계속해서 자신의 결백을 주장하였으며, 이 사건은 재심 (2005년 4월 7월)에서 알려지게 된 많은 모순점을 가지고 있었다. 검찰은 Jenkins씨의 옷에서 158개의 미세한 혈흔이 퍼져있는 것을 발견하였으며, 만족할 만한 설명이 되지는 못하였지만, 그가 그의 수양딸을 텐트못으로 공격한 후 알리바이를 성립시키기 위하여 그의 다른 딸들과 함께 불필요한 쇼핑을 갔다는 것을 주장하였다. 이와 반대로 피고측은 Jenkins씨가 쇼핑을 나간 동안 Bilie-Jo가 모르는 침입자에 의해 공격당했으며 Jenkins씨가 돌아오기 전에 그 침입자가 도망쳤다고 주장하였다. 이 시나리오에서 핏방울로 보이는 흔적은 그가 그녀를 돕기 위해 돌아왔을 때 Billie-Jo의 기도에서 Jenkins씨의 옷으로 뿜어져 나온 것이라는 것이다.

이 논쟁에서 우선 지적되는 한 가지는 만약 Jenkins씨가 진짜 범인이라면 왜 미세한 핏자국만이 그의 옷에 묻어 있는가이다. Billie-Jo는 무거운 철제 물체로 광란적으로 8번 이상 공격당했으며 주변은 피로 덮혀 있었다. 돼지머리를 사용하여 머리에 피가 덮히도록 때려서 공격을 재현해 본 결과, 공격한 팔은 항상 혈흔으로 덮혔다. 그러나 오른쪽 손잡이인 Jenkins씨는 그의 오른팔에 불과 3개의 미세한 핏방울 흔적만이 있을 뿐이었다. 검찰은 이러한 문제는 중요한 것이 아니라고 설명하였으며, 가장 최근의 재판에서 검찰은 Jenkins씨의 바지에 있던 3개의 핏자국에서 사람의 살로 추정되는 흰색물체를 찾아냈다고 주장하였다. 이것은 Jenkins씨에게 피뿐만 아니라 살까지 튀었다는 증거이며, 그가 공격한 사람임을 암시해주는 것이었다. 그러나 공격의 잔인성으로 보아 살조각이 Billie-Jo의 몸과 옷에도 있었을 수도 있으므로, 이것들이 나중에 그녀를 붙잡은 누군가에게 자연스럽게 옮겨질 수도 있다는 것도 고려해 볼만하였다.

첫 번째 재판에서 검찰에 의해 소환된 법의학자들은 Jenkins씨에 의해 주장된 내용에서는 그가 쇼핑에서 돌아올 때 쯤 Billie-Jo가 죽었을 것이며, 따라서 피가 그에게 튀었을 가능성이 없다고 주장하였다. 만일 어떤 사람의 목이 잘렸다면 언제 숨을 멈추었는지에 대해 별의심의 여지가 없지만, 머리를 다친 경우라면 그것이 Billie-Jo가 당한 공격이 무시무시한 정도일지라도 추측성 문제로 남게 될 것이다. 놀랍지 않게, 의료전문가들이 이점에 대해 의견의 일치를 보는데 실패하였다. 피고측은 Jenkins씨가 사건현장에 도착하였을 때 잠깐 동안 Billie-Jo가 살아있었다고 주장하였다. Billie-Jo의 폐에 대한 조직학적 검사도 이 사건에 대한 Jenkins씨의 주장을 뒷받침해주고 있다. 이 검사에서 그녀의 폐에 간질성 기종(interstitial emphysema)이 있다는 증거를 보여주었으며, 또한 Billie-Jo가 공격을 당한 후 적어도 20분 동안은 살아있었다는 것을 나타내었다. 간질성 기종은 공기가 찢어진 틈이나 다른 상처를 통하여 폐의 결합조직으로 빠져나가는 상태를 말하는 것이다. 이것은 기도가 막혔거나 (Billie-Jo 사건에서 피고측에서 주장하였듯이) 아니면 가슴에 구멍이 뚫리는 상처를 입었을 때 흔하게 일어나는 현상이다. 사후검사 초기단계에서 내무부와 병리학자왕립대학(the Home Office and the Royal College of Pathologist)이 제공한 지침서에서 권장하고 있었음에도 불구하고, 폐에 대한 조직학적 검사가 이루어지지 않았다는 것은 매우 유감스러운 일이었다. 피고측은 변론을 계속해서 이어갔으며, Jenkins씨가 Billie-Jo를 보았을 때 그는 그녀에게 달려가서 그녀의 몸에 손을 대었으며 – 이 약간의 움직임은 머리상처에서 나오는 피로인해 그녀의 후두에 생긴 덩어리를 제거하기에 충분하였다. 이 덩어리 때문에 Billie-Jo의 폐에 있던 공기가 압력을 받았을 것이다. 이 덩어리의 제거과정에서, 그 압력이 미세한 핏방울 입자와 함께 공기를 그녀의 폐에서 빠져나가게 밀어냈을 것이다. 그래서 그녀의 입 주변에 있던 사람들이 누구든지 잘 보이지 않는 작은 피의 파편으로 덮혔을 것이다. 이러한 주장을 뒷받침할 만한 사항들이 재심에서 밝혀졌으며, 재심 때 처음으로 반대심문을 받아들이기로 한 검찰이 소환한 법의학자들은 Billie-Jo가 Jenkins씨에게 핏방울을 방출했을 상당한 가능성이 있다고 했다. 그의 옷과 몸에 광범위한 혈흔이 없는 것은 그가 Billie-Jo를 죽인 후 닦아냈기 때문이라는 가능성은 언제나 있었다. 그러나 피고측 변호인에 따르면 이러한 가능성에서 보았을 때 시간적인 문제와 증언에 의하면 Jenkins 씨가 Billie-Jo에게 화가 나서 그녀를 죽인 후, 자기 자신을 닦아내는데 3분정도가 소요되었을 것으로 본다. 그는 진정해야할 필요가 있었고 그가 지나치게 흥분되어있었다는 것을 다른 딸들이 알지 못하게 하면서 쇼핑에 데리고 나갔을 것이라는 것이다.

이 사건의 많은 불확실성에 더하여 2005년에 Jenkins씨를 대리하여온 왕실 변호사는 중요한 증거들이 사라져 버렸다고 주장하였다. 예를 들면, 앞으로의 분석을 위해 남아있던 약 40개의 핏자국과 병원해서 보관 중이던 Billie-Jo의 허파조직 샘플이 분실된 것으로 밝혀졌다고 하였다. 이 사건과 관련하여 Jenkins씨의 다른 가족들의 증언이 추가되지 않은 것과 같은 조금 더 이상한 점들이 있다는 것이다. 또다른 이상한 점은 Billie-Jo의 왼쪽 콧구멍 속에서 깊게 박혀있는 검정색 비닐쓰레기 봉지조각이 발견되었다는 것이다. 누구에게나 'Mr X'는 그 동네에 살고 있었던 정신분열 편집증 환자(paranoid schizophrenic)로 알려져 있으며, 경찰도 자신의 입과 코에 비닐백을 쑤셔넣는 것을 목격하였었다. 결국 2번째 재판 끝에 배심원들은 판결을 내리지 못하고 해산되었다. Billie-Jo Jenkins 사건에 대해 좀더 많은 정보는 피고에 대하여 왜곡된 것이긴 하지만 www.inocent.org.uk/cases/sionjenkins/에서 찾아볼 수 있다. Sion Jenkins 사건은 법의학 조사에서 증거가 얼마나 혼돈스럽고 얼마나 뒤죽박죽 될 수 있는가를 어느 정도 자세하게 보여준다. 그리고 전문가들이 같은 자료를 분석하는데 있어서 완전히 다른 결론을 내리는 경우가 얼마나 흔히 있는가를 보여준다.

인공혈액

혈흔분석으로부터 도출된 결론이 분명하지 않거나 논란의 여지가 있는 곳에 대하여 그 후 실험을 통하여 입증하는 것은 좋은 생각이다. 이상적인 시험재료로는 명백하게 사람의 혈액이며, 사람의 피가 없는 경우에는 말이나 돼지의 피를 사용한다. 그러나 진짜 혈액으로 실험하는 것은 건강과 안전상의 문제가 제기되며, 입증 또는 훈련 목적을 위해서는 필요하지 않다. Millington (2004)은 다양한 인공혈액에 대한 훌륭한 논문을 발표하였으며 그 가운데 한 가지 조성이 표 2.2에 제시되었다.

모든 성분을 연한 농도로 완전히 혼합하여 제조한 인공혈액은 실온에서 저장될 수 있다. Millington의 자료는 실온에서 사용된 '혈액'에 근거하는데, 사용된 피의 성질에 개의하지 않고 많은 다른 실험실 연구에서 이와 같이 하는 것이 사실이다. 온도는 점도에 영향을 줄 것이며, 얻어진 결과에도 영향을 줄 수 있는지를 알아내는 것은 흥미로운 일일 것이다.

표 2.2 인공혈액의 조성 (Millington 2004)

고순도 베이킹파우더가 첨가된 밀가루	13 g
염화나트륨	1 g
글리세롤	1 mℓ
딸기 당 시럽	1 mℓ
진홍색 식용색소	1 mℓ
증류수	183 mℓ

혈액의 사후독성분석

대부분의 독성연구에는 혈액샘플 분석을 수반하지만 사후혈액(post mortem blood) 채취와 분석은 공여자가 살아있을 때 보다 훨씬 더 어렵다 (Skopp, 2004). 일단 사람이 죽으면 혈액순환은 멈추게 되고 의존성 부위에는 혈액이 침적되어 화학적 및 미생물적 부패가 시작된다. 그 결과, 많은 종류의 마약들은 체내에서 재분포되어 특별한 부위에서 마약의 농도는 증가, 감소, 또는 죽은 시점과 거의 동일하게 될 수 있다. 마약은 종류에 따라 다르게 작용하며, 사람에 따라 각자 행동에서도 차이가 있는 반면에, 사후(post mortem) 환경과 사후 경과시간도 중요한 요인으로 작용한다. 예를 들어, 마약중독자들에서 종종 그들이 선택한 마약의 종류에 대한 내성이 나타나는 반면에 그들이 죽으면 이를 측정할 방법이 없다. 따라서 다른 점에서 보면 건강한 마약중독자들은 마약을 하지 않은 사람들에 비해 그들의 몸에서 상당히 고농도의 마약이 포함될 있다. 마찬가지로 사후(post mortem) 변화는 혈액 내 마약농도가 다른 부위와 비교하여 현저히 다를 수 있으며, 얼마나 많은 부위를 표본으로 해야하는지, 또는 이 표본들의 최고, 최저, 그리고 평균치를 계산하는데 사용해야하는지에 대한 의견의 일치를 거의 보지 못하고 있다. 예를 들어, 만일 어떤 마약 (예, 모르핀)이 재분포되는 경향이 있다면 그 농도는 모세혈관에서 채취한 혈액에서 보다 심방(heart's chamber) 내에서 채취된 혈액 또는 위심낭(圍心囊, pericardial sack) 주변에서 채취된 혈액에서 상당히 높은 경향이 있으므로, 보통 좌측과 우측의 대퇴정맥(femoral veins)에서 채취된다. 미생물 발효는 알코올을 생성하기 때문에, 사망 전 알코올 섭취라는 그릇된 예측이 가능할 수 있게 한다. 보통 사망 후 3-10일 까지 미생물에 의해서 에탄올이 생산되지 않더라도 그것은 아마도 미생물 생장을 촉진하는 조건하에서 조만간 일어날 수 있다 (9장 및 10장 참조). 그런 일은 절대 없겠지만, 사후(post mortem) 독성분석에 무의미하다고 생각되는 것에 대하여는 어떤 것도 채취해서는 안되며, 주변 환경에 따른 적절한 주의수준을 지켜야 한다.

타액과 정액

타액과 정액의 특성

타액과 정액은 외분비선(exocrine gland)의 산물이다 – 즉, 그들은 관을 통해 몸의 밖으로 방출되는 분비물로서, 두 가지 모두는 유용한 법의학 증거를 제공할 수 있다. 타액은 약알칼리성 분비물이며 침샘에서 계속적으로 생성되어 입안으로 분비된다. 타액은 녹말 분해를 개시하는 효소인 타액 아밀라제를 포함하지만, 탄수화물의 소화에는 중요한 역할을 하지 못한다. 부가하여 타액에는 또한 라이소자임(lysozyme)과 같은 다른 종류의 효소들, 일부 염과 뮤신(mucin) 등을 포함한다. 타액자국의 존재는 아밀라제 활성을 검출함으로서 입증될 수 있다. 이것은 ELISA(enzyme linked immunosorbent assay)와 같이 가장 특이한 분석법으로 수행되는데, 타액 아밀라제, 췌장 아밀라제, 세균 아밀라제 등의 다른 아밀라제들의 식별이 가능하다. 타액은 교흔(bite marks)에 남아있을 수 있기 때문에 법의학적으로 중요하다. 더욱이 많은 종류의 마약 (특히 스포츠에서 불법으로 사용되는 마약)은 타액에서 검출될 수 있다; 구강면봉(mouth swab)은 DNA를 채취하는데 사용될 수 있으며, 그로 인하여 DNA 시험을 하기 위해서 용의자의 혈액을 채취할 필요가 없다.

정액(精液, semen)은 정낭(精囊, seminal vesicle), 세정관(細精管, seminiferous tubules), 전립선(前立腺, prostate gland), 요도구선(尿道球腺, bulbourethral gland)의 복합 분비물로서 생산되는 젤라틴성 액체이다. 일반적으로 사정된 정액은 1.5–5 ㎖ 정도이며 40만–250만 마리의 정자를 포함한다. 정액에는 정자와 함께 에너지원으로서 과당(fructose), 구연산, 다양한 단백질을 포함한다. 정액분석(semen analysis)은 보통 강간과 성폭행 사례에서 중요한 실마리를 제공한다.

정액은 죽은 후에 사정될 수 있다. 이것은 음낭(陰囊, scrotum)의 *dartos* 근육에서 발달된 시체경직(rigor mortis)의 결과로서 일어난다. 다토스(*Dartos*) 근육은 두 개의 정소를 구분하는 격막(septum)에서 발견되는 평활근섬유(smooth muscle fibre)로 구성된다. *Dartos* 근육의 수축은 음낭을 둘러싸는 피부의 주름과 고환이 위를 향함으로서 일어난다. 더욱이 강직(rigor)은 정낭과 전립선에서 발견되는 근섬유(筋纖維, muscle fiber)에서도 발달될 수 있으며, 모든 이들 근육의 수축으로 정액이 분비될 수 있다. 따라서 정액의 발견이 성행위에 의한 것으로 추측해서는 안된다 (Shepherd, 2003). 예를 들어, 어떤 사람의 성기가 노출되고 정액 분비물의 증거를 남긴 채, 공중화장실에서 죽은 상태로 발견되었다면, 그것은 성행위가 저질러지는 동안 그가 죽었거나 살해당했다고 추측해서는 안된다.

타액과 정액의 존재 입증

타액과 정액은 자외선에서 형광을 낸다. 형광은 물질이 자외선을 흡수할 때 발생하고, 보다 긴 파장의 자외선이나 가시광선에서 재방출 된다. 사체나 옷에서 관찰된 형광점(fluorescing spots)은 향후 추출과 확인분석(confirmatory analysis)을 위해 지워지지 않는 마커로 둥글게 표시한다. 형광

(fluorescence)은 소변, 일부 각성제, 발포성 과일음료에 사용된 식용색소를 포함하는 많은 물질들이 자외선 하에서 형광을 나타내는 지표이다.

시판되는 정액 검출키트는 그들의 '배우자 또는 동거애인(significant-other) (역자주: 부모 · 동료 등 개인의 행동 · 자존심에 큰 영향을 갖는 사람)'이 그들을 속이고 바람을 피운다고 의심되는 배우자와 파트너를 위해 인터넷으로 이용가능하다. 이들은 보통 얼룩이 있는 옷에서 효소인 산성 포스파타제(acid phosphatase)를 탐지하고, 양성반응은 부적절한 성적행위에 의해서만 설명될 수 있다는 가정 하에 따른다. 산성 포스파타제(acid phosphatase)는 매우 흔한 효소이며 그 시험이 정액의 존재를 입증하는 것보다 있을 수 있음을 나타낸다는 사실을 알아두어야 한다. 시간이 더 많이 소요되는 다른 방법에는 정자를 확인하는 방법이 있다. 검출빈도가 시간이 흐름에 따라 빠르게 감소되지만, 이들은 성교 후 5일까지 질에서 발견될 수 있다 (Willott & Allard, 1982). 사람의 정자는 매우 작으며, 곧 꼬리는 잃게 되어, 민감한 세포학적 시험이 요구된다. 가장 효과적인 방법은 염료인 nuclear fast red와 picroindigocarmine을 사용하는 'Christmas tree test'이며, 정자는 각각 붉은색과 녹색으로 염색된다 (Allery 등, 2001). 정액에 대한 더욱 민감한 분별시험(discriminative test), 이를테면 보통 전립선암의 진단에 사용되는 전립선 특이항원(prostate specific antigen, PSA)을 검출하는 시험법이 제안되었다 (Maher 등, 2002).

법의학 지표로서 타액과 정액

타액 또는 정액 샘플로부터 개인을 식별하는 것은 혈청학적 또는 DNA 프로파일링에 의존한다. 인구의 약 75-85%는 '분비형(分泌型, secretors) (역자주: 타액, 정액, 위액 등을 분비하는 개체)'이라고 불려진다. 말하자면 그들의 체액은 같거나 비슷한 항원, 항체, 그리고 혈청 (혈액세포 자체는 아니지만 일반적으로 혈관속에 있는)에서 발견되는 효소의 프로파일을 포함하고 있다. 그러므로 이것은 이론적으로 말(say), 교흔(咬痕, bite mark), 침(spit), 또는 정액의 혈청학적 프로파일링을 통해서 폭행자를 식별할 수 있게 한다. 그러나 혈액의 혈청학적 프로파일은 항상 체액의 프로파일과 일치하는 것은 아니며 이것은 이 시도의 효율성을 감소시킨다. DNA 프로파일링은 더욱 확실한 식별방법이지만, 이 기법조차도 한계가 있다. 예를 들어, 영국에서 강간범은 현재 정액의 DNA 프로파일링 확인으로 체포된다는 것을 알고 있으며 살정제(spermicidal)가 처리된 콘돔을 사용하는 것은 이상한 일이 아니다. 그러한 콘돔 사용은 성폭행이 일어났을 때 (만일 발견된다면) 실마리를 제공한다는 것이 제기되었다. 실험을 통해서 살정제가 처리된 콘돔 내의 살아있는 정자는 3일 경과 후에 약 40%에서 6%로 점차적으로 감소되는 것이 알려졌다 (Gosline, 2005). 용의자가 콘돔을 끼고 성교를 하였는지 또는 그 사건이 일어난 시점에 대한 논쟁에서 이 측정은 유용하다. 이러한 흥미로운 발견에도 불구하고, 콘돔 안에서 정자의 생존력이 온도, 빛, 그리고 기타 환경적 조건들에 어떻게 영향을 받는지에 대하여 더 많은 연구를 필요로 한다. 더욱이 일부 강간범이 사정에 실패했거나 또는 정관절제술(vasectomy)을 받았거나 어떤 의학적 증상으로부터 고통을 받고 있다면 그들의 정액에는 정자가 없다 [무정자증(azoospermia)]. 대략 2% 정도의 법의학적 정액샘플에는 정자가 없으며, 정자가 상대적으로 적을지라도 이런 상황은 잉글랜드와 웨일즈에서 매년 약 80건 정도가 일어나는 것으로 추정된다 (Murray 등, 2007). 희생자의 옷에서 기소된 사람의 정액의 발견이 성적 친밀감을 나타내는 아주 명백하고 불리한 증거가 될지라도 다른 방법으로 설명이 가능할 수 있다. 2007년 1월에 Maria Marchese는 정신과 의사인 Falkowski 박사에 대하여 오랜기간 동안 증오의 공세를 퍼부은 후 런던의 Southwark 순회형사법원(crown court)에서 9년을 언도받고 구치소에 수감되었다. Marchese 여사는 Falkowski 박사를 홀려서, 그의 약혼자와 헤어지게 하려는 시도를 하였다. 그녀는 Falkowski 박사에 대하여 폭행과 살인 위협을 포함한 많은 행위들이 있었으며, 그의 쓰레기통에서 사용된 콘돔을 찾아내어 그녀의 속옷에 정액을 묻혀서 그를 강간 혐의로 기소되도록 하였다. 결론적으로 Falkowski 박사는 의사자격이 일시정지 되었으며 범죄혐의자로 고발되어 18개월이 지나도록 결백함이 입증되지 않았다.

레이저 미세절단

강간과 성폭행 사례에서 정액샘플은 보통 희생자의 상피세포 또는 혈액으로 오염되어 결국 DNA가 오염된다. 특히 두 가지가 섞여 있거나 성폭행자의 DNA가 매우 적은 량이라면 혼합된 샘플의 DNA 분석은 어렵게 된다. 정자는 상피세포를 파괴하고 정자의 원래 그대로 남게하는 선택분해(preferential lysis) 기법으로 다른 세포와 구분될 수 있다. 그러므로 희생자의 DNA는 용액성분으로 씻을 수 있는 반면에, 성폭행자의 DNA는 정자 내에 남아서 별도로 분석될 수 있다. 불행히도 이 기법은 항상 효과적인 것은 아니며 특히 희생자의 상피세포가 많다면 오염문제가 있을 수 있다. 반면에 그 기법은 성폭행자의 DNA를 회수하는 과정에서 크게 줄어들 위험성이 있어서 정자가 거의 없는 곳에서는 적절하지 않다. 이 문제를 해결하기 위하여 최근에 개발된 방법은 레이저 미세절단 분리(laser microdissection separation) (예, CellCut Plus® and SmartCut Plus®)라는 기법을 사용하는 것이다. 그 샘플을 특수막으로 차폐한 검경대(microscopic stage) 위에 올려놓고 오염을 막기 위하여 유리 슬라이드로 덮는다. 그 후 현미경 작업은 컴퓨터 스크린을 통해 관심의 대상이 되는 개인의 세포 또는 세포군들을 식별하며 컴퓨터 대조구를 사용하여 이들 주변을 그린다. 1 μm의 빔(beam) 크기를 가지는 매우 정밀한 레이저를 이용하여 그 형태로 잘라내어, 자동적으로 수집관에 전달되어 DNA 분석에 사용될 수 있다. 따라서 적당한 세포들이 선택되었는지를 육안으로 확인하게 되며, 좋은 개시 재료를 가지고 불과 10개 정도의 정자로부터 STR 타입을 밝히기 위해 충분한 DNA를 분리할 수 있다 (Di Martino 등, 2004a). 특히 PCR 과정의 민감성의 한계 때문에 많은 정자가 있다면 사용을 추천하고 (예, 150-200), 또한 일부 정자에서는 분해된 DNA를 포함하므로 전체 DNA 프로파일을 얻을 가능성이 줄어들게 될 것이다. 그것은 한명 이상의 남자가 성폭행을 저지를 수도 있으므로 많은 정자가 그 DNA 프로파일이 대표하는 것임을 확실히 하기 위해서 분석할 필요가 있다. 그 샘플은 그 세포의 구별을 용이하기 위해 염색할 수 있으며, 커버슬립을 제거하여 오래된 슬라이드 표본으로부터 세포를 얻을 수도 있다.

레이저 미세절단(laser microdissection)은 또한 모발 샘플로부터 DNA 분석을 위한 재료를 추출하는데 사용될 수 있으며 (4장), 범죄현장에서 법의학적 자료를 수집하는데 사용된 접착테이프도 DNA를 얻기 위한 재료로서 조사할 수 있다고 제시되어왔다. 미생물 오염은 조직표본을 만들 수 있을 정도의 부패가 진전되어 미생물이 없거나 소량 존재하는 부분을 도려내는 상황에서 DNA 분석을 어렵게 할 수 있다.

정자(spermatozoa)는 꼬리를 상실했을지라도 비교적 확인하기 쉽지만, 위에서 언급한 바와 같이 어떤 경우에는 정자가 존재하지 않거나 매우 찾기 어려울 수 있다. 다행히도 정액은 정자와 함께 다른 세포들도 포함하며, 비록 남성세포와 여성세포를 형태학적으로 식별하기 어려움에도 불구하고, 이들 세포는 Vysis X-Y-probe 키트로 형광현장혼성화법(fluorescence *in situ* hybridization)을 사용하여 식별될 수 있다 (Murray 등, 2007). 그 키트는 Y 염색체를 혼성화하는 SpectrumGreen^{TM}이 표지된 Y 염색체 탐침자(probe)와 X 염색체를 혼성화하는 SpectrumOrange^{TM}이 표지된 X 염색체 탐침자를 포함한다. 혼성화가 끝나고 나면, 남성세포는 각각 한 개의 녹색과 적색 신호를 나타내며, 남성세포는 두 개의 적색 신호를 나타낸다. 이들 세포는 그후 레이저 미세절단과 분석된 DNA에 의해 분리될 수 있다.

안구초자체액

안구초자체액(vitreous humor)이라는 용어는 초자방(硝子房, vitreous chamber) (역자주: 전방은 수정체와 모양체, 후방은 안구의 후벽에 의해 경계되어있는 초자체액을 함유한 안구의 공간) 내 렌즈 뒷쪽에 위치한 투명한 젤라틴성 물질을 가리킨다. 이것은 안구의 형태를 유지하고 내재된 혈관맥락층(血管脈絡層, vascular choroid layer)과 망막홍조(retina flush)의 빛 수용세포를 가지고 있다. 이것은 망막이 매끈한 빛수용면(smooth light receptive surface)을 확실하게 제공하도록 한다. 안구초자체액은 배아(embryonic)가 발달하는 동안 형성되며, 안구의 수양액(水樣液, aqueous humor)과는 달리, 성인에서는 대체되지 않는다. 안구초자체액에는 보통 미생물이 없으며 일련의 질긴 막에 의해 몸체의 다른 부분과 분리되어서 주변조직과 비교하여 더욱 천천히 부패되는 경향이 있다. 이것은 대사적으로 분리되고 활성이 없다는 것을 말하는 것이 아니다: 마약과 대사물질은 몸체에서 체액으로 들어가며 그것은 식세포를 가지고 있어 잔해물(debris)과 감염 미생물을 제거한다.

사후 경과시간의 예측

사망후 안구초자체액(vitreous humor)의 칼륨 농도는 증가한다. 세포들이 주변의 세포외 체액보다 높은 칼륨이온 농도를 나타내기 때문에 이 현상이 예견되지만, 세포가 살아있는 동안, 다른 이온의 농도에서와 같이, 이 불균형은 선택적 막투과성과 이온펌프의 조합에 의해 유지된다. 세포가 죽으면 그 막은 손상되어 새기 시작하며 이온펌프가 멈추고 이온들은 전기화학적 구배(electrochemical gradient)가 낮게 확산된다. 그 결과 안구초자체액의 칼륨의 농도는 증가한다. 많은 연구원들은 칼륨이온농도와 PMI 간의 상관관계를 설명하기 위해서 선형회귀분석(linear regression analysis)을 사용하는데, 여기에서 종속변수(dependent variable)로서 칼륨이온농도와 독립변수(independent variable)로서 PMI를 나타낸다. 이것은 직관적인 감각을 불러일으키는데, 이는 이 독립변수가 고정되어야 하는 것이기 때문이다. Munoz 등 (2001)은 칼륨이온 농도가 독립변수(independent variable)로서 사용된다면 보다 정확도가 높게 나타날 수 있으나, Madea & Rödig (2006)는 이것이 통계학으로 개선되었다 하더라도, 실제수치보다 낮다는 것을 알아냈다. Madea & Rödig (2006)은 보다 나은 정확도가 LOESS 방법이라 부르는 국소회귀(local regression) 형을 사용하여 얻어질 수 있음을 주장하였다 – 이것은 SAS/STAT® 소프트웨어 패키지(software package)에서의 방법으로, 곡선의 회귀표면(regression surface)을 위한 적절한 매개변수형태(parametric form)를 알지 못하는 곳에서 유익하며, 거기는 데이터 세트(data set) (역자주: 데이터 처리상 1단위로 취급되는 일련의 기록)의 이상 수치가 존재한다. 그럼에도 불구하고, PMI가 회귀모델(regression model)로 알려진 492건의 사례로부터 칼륨농도를 비교하였을 때, 단지 31%만이 정확한 범위 내에 들어가는 것을 알았으며 대다수 나머지들의 PMI는 높게 나타났다. 일반적으로 문헌에는 안구초자체액(vitreous humor)의 칼륨이온 농도에 의한 PMI의 예측은 사후 최초 24시간이 가장 정확한 것으로 기록되어 있다. 그 기법은 화재로 소각된 사체에 특히 유용하다. 소각(burning)은 시체경직(rigor mortis)의 진행과 초기 사후기간(post mortem period) 동안 PMI를 결정하는 대부분의 다른 생리적 수단을 방해한다. 대부분의 연구에서 사후 칼륨이온 축적률은 두 눈 간에 거의 차이가 없음을 보여주었다.

안구초자체액에는 hypoxanthine, 젖산, 크레아틴, 요소의 농도변화도 있으며, 한가지 이상의 이들 물질과 칼륨의 취합분석(combining assay)을 통해서 보다 오랫동안 PMI 측정의 정확성을 개선시킬 수 있다. 그러나 안구초자체액을 추출하는 것이 수월하고, 그 이온들과 대사물질들은 신속하게 간단히 분석될 수 있지만, 거기에는 이들 측정이 광범위하게 사용되기 전에 해결되어야하는 문제들이 많이 있다. 우선 살아있는 동안 그 성분들의 농도가 개인들 간에 얼마나 다양한지, 또는 나이와 질병에 얼마나 영향을 받는지에 대한 연구는 거의 없다. 확실히 칼륨이온 농도가 죽기 전에 이미 고농도 또는 저농도였다면 이것은 향후 PMI의 결정에 영향을 미친다. 마찬가지로 거기에는 표준화된 프로토콜이 없으며, 이들은 샘플의 저장, 취급, 가공 등이 사용된 분석기법에 따라, 그 결과에 영향을 미칠 수 있기 때문에 중요하다 (Madea & Musshoff, 2007).

유아돌연사증후군

안구초자체액에서 hypoxanthine 농도는 유아돌연사증후군(sudden infant death syndrome, SIDS) 환자에서 증가하는데, 외관상 건강한 아기가 잠든 사이에 죽게 되는 증후군으로 지금까지 원인불명으로 알려져 있다. 이들 상황에서의 죽음은 범죄에 의한 것일 수 있다는 우려가 항상 제기된다.

Hypoxanthine은 저산소 조건(hypoxic condition) 하에서 생성되는데, 예를 들어, 산소공급이 제한되면 죽은 후에 그 화합물의 농도는 증가된다. SIDS를 앓던 아기의 사망 시점을 정확하게 알 수 없지만, hypoxanthine 농도의 증가는 정상적인 부패과정에서 예상되는 농도보다 높다. 여기에는 감염이 수반될 수 있으며, hypoxanthine 농도는 감염으로 죽어가는 아기에서와 유사하지만, 갑자기 그리고 폭력적으로 죽은 아이에서보다 현저하게 높다 (Vege 등, 1994; Rognum 등, 1991). 그러나 많은 사람들은 SIDS가 다양한 증세와 환경의 공통적인 종료점(end point)을 나타낸다고 믿는다.

사후 독성학

많은 종류의 마약 [예, 모르핀, 다이아제팜(diazepam) (역자주: 진정제의 일종), 코카인]들은 안구초자체액(vitreous humor)에서 검출될 수 있으며, 몸의 다른 부위에서 초자체액이 분리된다는 것은 몸 도처에서 일어나는 화학적 및 미생물학적 부패과정에 덜 민감하다는 것을 의미한다 (Leikin & Watson, 2003; Skopp, 2004). 예를 들어, Pragst 등 (1999)은 비록 혈액에서 발견되지 않을 정도라 하더라도, 헤로인의 과용으로 죽어가는 사람의 안구초자체액에서 6-acetlymorphine (헤로인의 대사물질)을 검출할 수 있었다. 마찬가지로 안구초자체액은 종종 미생물에 의한 에탄올 생산에서 혈액보다 오염에 덜 민감하기 때문에 에탄올 분석을 위하여 표본추출된다. 그러나 대부분의 마약에서 안구초자체액에 있는 마약의 사후(post mortem) 농도와 혈류에서 마약의 생전(ante-mortem) 농도 간의 상관관계에 대한 정보에는 한계가 있다.

법의학 지표로서 대변과 소변

대변과 소변은 종종 범인이 희생자의 몸체 또는 소유물을 더럽히고자하여 범죄현장에서 종종 발견된다. 대신에 폭행이 진행되는 동안 폭행자와 희생자 모두는 심한 스트레스와 두려움으로 무의식중에 배변 또는 배뇨를 경험할 수 있다. 대변과 소변은 또한 일을 보고 변기의 물을 내리지 않은 화장실과 죽은 범죄희생자의 사체에서 찾을 수 있다. 대변에는 많은 것들이 숨겨져 있다. 대변을 통해서 섭취한 음식물, 건강, 살고 있는 곳, DNA로부터 우리가 누구인지를 알 수 있다. 그러므로 대변은 잠재적으로 매우 유용한 법의학적 지표이며 의문사 사건으로 보일 때는 언제나 수집되어야 한다. 대변의 또 다른 강점은 만일 그것이 마르거나 매우 추운 곳에 있게 되면 배설된 후 수 백년이 지나도 증거를 제공할 수 있다.

건강

대변의 형태, 질감, 색깔, 냄새 등은 모두 사람의 건강에 영향에 따라 달라지며, 따라서 대변을 본 사람의 건강상태를 나타낼 수 있다. 예를 들면, 대변분석을 통해서 기생충의 알과 피낭의 존재를 알 수

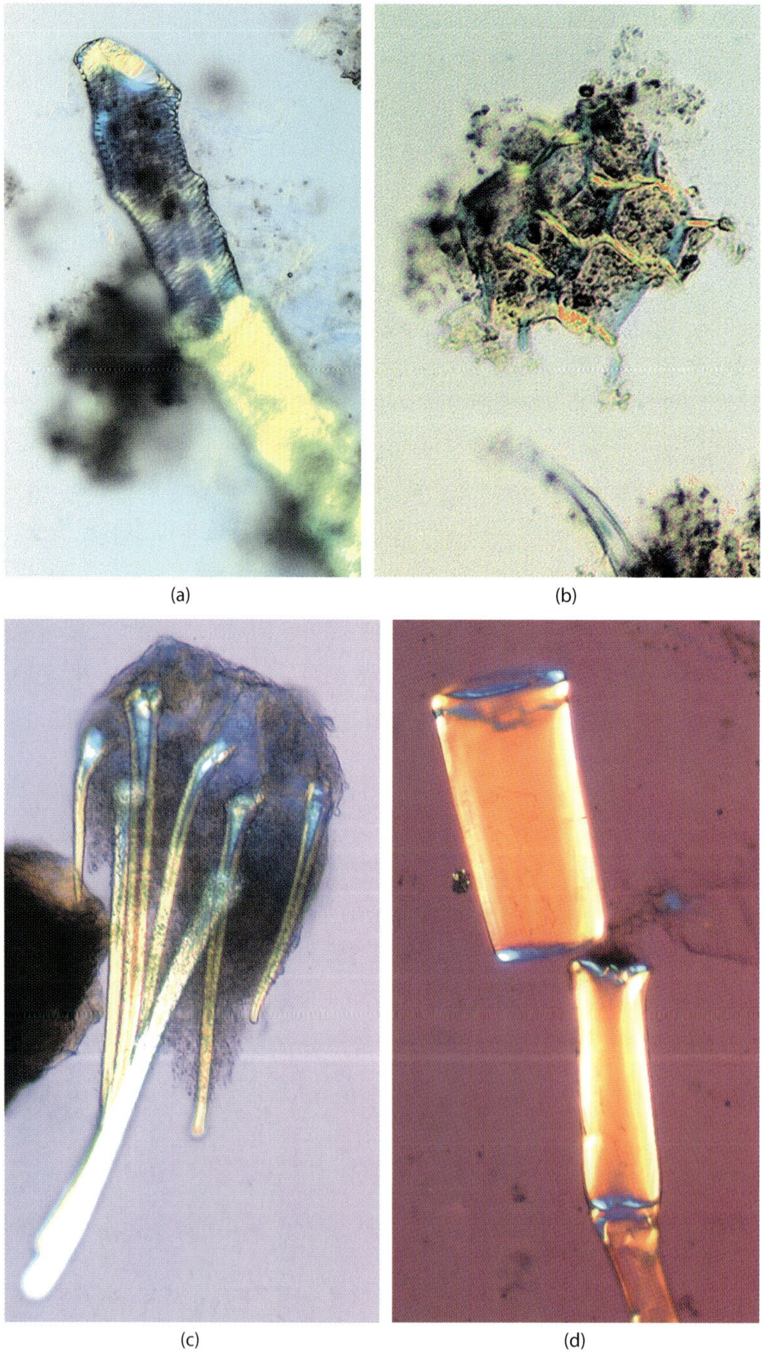

(a) (b) (c) (d)

그림 2.16 사람의 대변에 존재하는 식별가능한 식물질. 목질부, 식물의 세포벽, 골편(spicule) (역자주: 동물의 체내나 체표에 있는 탄산칼슘 또는 규산질을 주성분으로 하는 미소편의 총칭) 등은 종종 대변에서 발견되며, 섭취한 음식물의 종류를 결정하는데 사용될 수 있다. 대변은 또한 다이어트의 일부 (예, 꿀) 또는 흡입된 꽃가루와 다른 유기미세화석(palynomorph)도 포함한다.

있으며, 방문했던 나라들에 대한 정보를 얻을 수 있다. 대변분석은 내재된 건강상태도 제공할 수 있다 [예, 잠혈(occult blood)의 존재를 나타냄].

음식물

섬유소(cellulose)는 인체에서 소화되지 않기 때문에 많은 양의 식물질(plant material)은 내장을 통과한 대변에서 식별될 수 있다. 식물세포와 더불어 종종 곡류, 씨앗, 식물의 잎 · 줄기 표면에 난 모용(毛茸, plant hair), 목부(xylem)도 발견되며, 꽃가루도 음식물 (예, 꿀)로서 섭취하거나 호흡을 통해서 체내로 유입된다 (그림 2.16). 그러므로 어떤 사람이 무엇을 먹었는지를 알 수 있으며, 그를 통해서 먹은 장소와 최근에 살았던 지역에 대한 정보도 얻을 수 있다. 근육세포 조각과 같은 동물질, 뼈조각, 털 등도 대변으로부터 찾아낼 수 있으며, 섭취한 음식물을 식별하는데 사용될 수 있다. 섭취한 동물은 특별한 미오글로빈 (근육단백질)의 분석으로 식별될 수 있다. 무기질 (예, 석영조각 또는 점토광물)은 종종 음식에 묻은 물질, 호흡을 통해서 흡입한 먼지, 복용했던 약 등은 대변에서 흔히 발견된다. 이것은 잠재적인 지리적 지표로서 사용될 수 있다.

사례연구: 동종포식(同種捕食, cannibalism)을 나타내는 증거

미국 남서부 지역에서 1000년 이상 Anasazi 문화가 번성하였다. 그러나 이상하게도 AD 1200년쯤 사라져 버렸다. 몰락한 이유에 대한 여러 가지 원인이 제시되었는데, 가장 논쟁의 여지가 있는 원인중의 하나는 사람을 잡아먹는 풍습과 연관되어 있는 것이다 (graves 등, 2002; Turner and Turner, 1999). 이 이론이 가장 논쟁의 여지가 있는 이유는 Anasazi 인들은 사냥과 생계를 위한 농업을 하면서 살아남은 평화스러운 사람들이었다는 명성을 가지고 있다. 그러므로 그들은 훨씬 더 남쪽 멕시코에 있던 공격적인 Toltecs 인들과는 확연히 달랐다. Toltecs 인들은 그들의 신을 위해 인간을 제물로 삼았으며, 아마도 사람을 잡아먹는 습관에 빠져있는 듯 했다. 이 이론은 Anasazi 거주지 안에서 관절이 분리된 인간의 뼈가 발견됨으로서 제기되었다. 이 뼈에는 살점을 벗겨냈다는 것을 나타내는 잘린 자국과 뼈들을 요리했던 흔적이 있었다. 살이 벗겨진 뼈를 발견됐다는 것이 동종포식(同種捕食, cannibalism) (역자주: 동물이 동종의 다른 개체를 잡아먹는 것)의 풍습이나 살인행위의 증거가 될 수는 없는데, 이는 세계도처의 몇몇 문화의 장례식에서 정상절차로서 죽은 사람의 살을 벗기고 익혔다는 기록이 있기 때문이다. 좀더 결정적인 증거를 찾을 수 있는 기회가 생겼다. 고고학 조사를 하는 과정에서 주거지 내의 화로안의 재속에서 완벽하게 보존된 인간의 대변이 발견되었으며, 그 거처에는 적어도 4명의 어른과 1명의 십대의 살해된 유해가 있었다. 대변이 타지 않았다는 것은 불이 꺼지고 재가 식은 후에 배변(排便)하였다는 것을 의미한다. 건조 상태였기 때문에 법의학적 증거가 보존되었고 뼈에서 살을 잘라내기 위해 사용되었을 것 같은 날카로운 돌에서 인간의 피의 일부를 아직 확인할 수 있었다. 발견된 대변에서 사람의 미오글로빈에 대한 특정한 면역학적 시험이 실시되었고, 양성임이 밝혀졌고, 거처에서 발견된 냄비 파편에서도 같은 결과가 나왔다 (Marler 등, 2000). 미오글로빈은 오직 근육에만 존재하므로, 대변에 이것이 존재한다는 것은 인육을 먹었다는 것을 의미한다. 현재의 대변샘플 검사에서도 기증자의 시험에서 혈액 양성이고, 변기에 피가 보인다 하더라도 일반적인 대변에서는 사람 미오글로빈이 존재하지 않는다. 고고학적 샘플에 의한 좀더 상세한 분석에서 식물의 잔존이 없다는 것이 밝혀졌으며, 이것은 그 시대에 사람들이 살았던 그 지역에서는 굉장히 이상한 점이다. 그러므로 이 대변은 Anasazi는 죽임을 당했을 뿐 아니라 그후 요리하여 먹혔다는 강력한 증거를 제공하는 것이었다.

오늘날 때때로 살인과 관련된 동종포식이 종종 일어나며, 이런 일은 대부분 심리학적으로 미친 사람들이 연루되어있다. 아주 악명 높았던 사건 중의 하나는 독일의 Armin Meiwes 사건이다. 2001년 Meiwes는 인터넷에 누구든지 죽임을 당하고 먹혀지고 싶은 사람은 연락하라고 광고를 냈다. 놀랍게도 몇 사람이 연락을 하였고 그들은 Meiwes를 만났을 때 공포심이 있었으나 해를 입지는 않았다. 그러나 한 남자가 죽임을 당하기전 그의 생식기를 자르는데 동의하였다. Meiwes와 그의 희생자는 생식기를 날것으로 먹으려 하였으나, 너무 질기다고 생각하여 Meiwes는 그것을 익혔다. 그는 훌륭한 요리사가 아니었기 때문에 그 생식기는 너무나 타서 먹을 수 없게 되었다. 그래서 Meiwes는 책을 읽으면서 쉬었고, 그동안 그를 욕조 안에서 피를 흘려 죽을 때까지 내버려 두었다. 그러나 2시간 후에도 살아있자 Meiwes는 그를 칼로 여러번 찔러서 죽였다. 이 사실은 Meiwes가 모든 과정을 비디오로 찍어놓았기 때문에 알려지게 되었다. Meiwes는 그의 시신을 작게 잘라서 냉동고에 보관해 두고, 그 일부를 몇 달간에 걸쳐 먹었다. Meiwes는 2002년 새로운 피해자를 찾기 위해 광고를 내기 시작하였을 즈음에 체포되었다. 처음에 그는 인간도살죄로 기소되었으나, 그후 재심에서 그는 살인으로 유죄판결을 받았으며 종신형을 선고받았다. 감옥에 있는 동안, Meiwes는 채식주의자가 되었다고 알려졌다.

이 이야기는 사람이 다른 사람에게 무엇을 하고 싶어하고, 또 무엇을 했는지에 대해 결코 놀라지 말아야 한다는 것을 보여주기 위해 소개하였다. 만약 Meiwes가 사려깊게 비디오로 기록해 놓지 않았다면 이 사건은 범행현장을 재구성하기 위해 단계마다 다른 형태의 법의학적 증거가 사용되었을 다양한 단계를 규명하기 위한 연습으로도 사용될 수 있다.

대변으로부터 DNA의 추출

대변에는 일반적인 DNA 추출 및 분석기법을 방해하는 물질이 포함되어있기 때문에 거기에서 사람 DNA를 회수하기는 어렵다 (Hopwood 등, 1996). 예를 들면, 사람 DNA는 다량의 세균 DNA와 구분되어야 할 필요가 있으며, DNA 증폭과정은 담즙산염과 식물다당류에 의해 저해될 수 있다 (Lantz 등, 1997). 그러나 대변으로부터 DNA를 추출하는 키트인 QIAGEN QIAamp® Stool Mini Kin Kit는 현재 시판되어 이용가능하며, 매우 효과적이라고 알려져 있다 (Vandenberg & van Oorschot, 2002; Johnson 등, 2005).

1995년에 66세의 과부인 Monica Jepson의 살인자는 그녀가 머물던 Birmingham 시의 요양원에서 숨겨진 몇 가지 단서가 남겼다. 경찰이 했던 일이라고는 고작 지문 채취 정도였으며 약간의 대변이 요양원 화재비상구에서 발견되었다. 그때 DNA 프로파일링 기법은 초보단계에 있었다. 2001년까지 그 기법들이 개선되어 전체 프로파일이 얻어졌다. 이것은 그후 국가 DNA 데이터베이스©와 비교하여 John Cook의 것과 일치한다는 것이 밝혀졌다. 그의 DNA는 과거에 저질렀던 범죄로 인하여 보관되었던 데이터베이스를 바탕으로 문제점을 해결을 위해 제시된 그의 지문은 범죄현장에 남겨졌던 지문과 일치함을 알게 되었다. 그는 결국 살인죄로 고발되어 감옥에서 종신형을 언도받았다.

소변과 소변자국(urine stain)에서 DNA를 추출할 수 있지만, 어떤 사람이 신장 또는 배설계에 감염이 없다면, 정상적인 소변에는 많은 세포가 포함되어있지 않다. 남자보다 여자의 소변에서 더 많은 상피세포가 떨어져 나오고 또한 월경주기 동안 소변에 혈액세포가 포함될 수 있기 때문에 완전한 DNA 프로파일을 얻는 것이 보다 용이하다 (Prinz 등, 1993; Nakazono 등, 2005).

마약과 독소

독소 뿐 만 아니라, 마약이나 그 대사물질들이 대변에서 발견될 수 있지만 (예, 코카인의 대사물질),

표 2.3 체액과 폐기물로부터 얻을 수 있는 법의학 정보의 요약

시료	법의학 정보	시험
혈액, 혈청학적 마커	식별	혈액형 Rhesus 요소 효소 다형성
혈액, 분자적 마커	식별	DNA 프로파일링
혈액, 화학	중독	특별한 시험 (예, carboxyhaemoglobin)
	마약사용	특별한 시험 (예, 헤로인 대사물질)
혈액, 감염	이전의 여행	특별한 시험 [예, 말라리아, 리슈만편모충증 (leishmaniasis)]
	감염원 (무분별하게 또는 고의로 확산되었다면)	특별한 시험 (예, HIV, 간염)
혈흔	폭행 중 일어난 일	혈흔 패턴분석
	폭행자와 피해자/장소의 연계	혈흔 패턴분석+DNA
타액과 정액	식별	
	폭행자와 피해자/장소의 연계	DNA 프로파일링
대변과 소변	식별	DNA 프로파일링
	폭행자와 피해자/장소의 연계	DNA 프로파일링
	이전의 식사 (사람과 장소의 연계)	대변에서 소화되지 않은 음식물
	중독	독소 또는 그 대사물질에 대한 특별한 검사
	마약사용	마약 또는 그 대사물질에 대한 특별한 시험 (예, 모르핀, EPO)

대체 체액(alternative fluid) 또는 조직이 이용되었다면, 보통은 분석되지 않는다. 이것은 대변이 화학적으로나 물리적으로 매우 복잡하고 많은 세포를 포함하고 있기 때문이다. 더욱이 마약 등의 미생물학적 분해 및 변화는 매우 그러하다. 반면에 소변에는 일반적으로 낮은 단백질과 지질 함량과 관련되어 세포가 거의 없어 마약과 그 대사물질을 간단하게 검출할 수 있다. 그러므로 소변분석(urine analysis)은 마약의 사용이나 중독이 어떤 사람의 사망 요인으로 가능성이 있다고 생각되는 곳에서 흔히 실시되었다. 그러나 소변의 사후(post mortem) 농도와 혈액에서 생전(ante mortem) 농도의 관계를 설명하기는 어려우며, 심지어 고농도가 치명적 과다복용과 같다는 것을 의미하지 않을 수 있다. 반면에 만일 사람이 곧 죽는다면 그 마약/독소는 아마도 시간상 방광에 도달하지 못할 것이다. 생전(ante mortem)의 대사장애 또는 사후(post mortem) 부패 때문에 소변에서 고농도의 단백질, 젖산, 효소인 lactate dehydrogenase 등은 bensodiazepine과 모르핀과 같은 마약에 대한 면역활성(immunoassay)을 방해하여 잘못된 양성(false positive)으로 나타날 수 있다는 것을 염두해 두어야 한다. 그러므로 시험을 방해하는 이들과 같은 물질의 존재여부를 점검하는 것이 중요하다.

Zuccato 등 (2005)에 의해 수행된 연구에는 폐수에서 코카인과 그 마약의 주요 대사물질의 검출 가능성에 대한 흥미있는 내용이 기술되어있다. 그 후 그들은 그 결과를 바탕으로 4개의 이탈리아 도시의 하수시스템을 통해 흐르는 마약의 양을 추산하였다. 그 결과는 마약사용에 대하여 정부에서 믿고 있던 예상치를 크게 넘는 수치라는 것을 보여주었다. 예를 들어, 그들은 Po 강 주변에 사는 5백만 인구가 매일 약 20십만 라인(line) (역자주: 1라인은 코카인 1회분량)의 코카인을 소비하는 것으로 추산하였다. 유사한 접근법으로 하수관에서 마약 농도를 분석하여 집, 나이트클럽, 또는 감옥에서 마약사용을 은밀하게 모니터링하는데 사용될 수 있다.

미래의 연구방향

혈흔의 경과시간을 추정하는데 있어서 신뢰할 만한 방법을 개발할 필요가 있다. 이것이 다양한 생물학적 그리고 환경적 요인들에 의해 영향을 받을 것 같아 보이지만, DNA 분해율의 추정을 통해서 성취될 수 있다.

비산흔 패턴(blood spatter pattern)의 분석과 판독은 빨라지고, 희망컨대 자동화된 스캐닝과 컴퓨터 기법들의 사용증가로 개선될 것이다. 만일 범죄현장에서 비산흔 패턴이 컴퓨터 파일로서 확실하게 기록될 수 있다면 그것은 전국에 있는 전문가들에게 자료와 의견을 보내기가 쉽게 될 것이다. 이것이 이미 사진용 증거의 사용을 통해서 수행되었다 하더라도 컴퓨터 기술은 사람들에게 3차원으로 장면을 기록할 것이며, 따라서 보다 정확한 현장감을 느낄 수 있도록 해준다. 이 증거는 또한 사례가 법정에서 제출되었을 때 배심원에게도 제출될 수 있다.

연습문제

(1) 개인을 식별하기 위한 적혈구 항원의 사용과 한계성을 간단히 설명하라.

(2) 혈액의 '추정시험(presumptive test)'은 무슨 뜻인가?

(3) 혈액의 세 가지 추정시험과 그 시험을 사용하고자하는 곳의 환경에 대하여 기술하라.

(4) 혈흔과 관련하여, 덩어리 혈흔(cast off stain), 충격에 의한 비산흔, 전달형 혈흔(transfer stain)의 외형과 원인을 식별하라.

(5) PMI를 결정하는데 도움이 되는 안구초자체액(vitreous humor)의 분석은 어떻게 하는가?

(6) 레이저 미세절단(laser microdissection)이란 무엇이며, 이것이 법과학에서 유용한 기법인지에 대하여 설명하라.

(7) 무정자증(無精子症, azoospermia)이란 무엇이며, 강간혐의자로 수사해야하는데 있어서의 관련성은 무엇인가?

(8) 소변 샘플에서 마약 대사물질 검출이 되지 않는 것이 어떤 사람이 마약의 과다복용으로 죽게되는 가능성을 배제하지 않는 이유는 무엇인가?

(9) 대변에서 사람 DNA를 추출하기 어려운 이유는 무엇인가?

(10) 어떤 사람이 고래 고기를 먹었는지를 단정하기위한 가능한 방법은 무엇인가?

실습문제

제목

곤충에 의한 혈흔패턴의 변형

원리

곤충은 혈흔을 기어 다니면서 혈흔 패턴을 바꿀 수 있으며, 그 때문에 혈흔을 묻히거나 다리나 몸에 묻어있는 혈액을 옮긴다. 파리는 종종 피를 먹으며 내뱉는 습성 때문에 방에서 멀리 떨어진 부분으로 혈점을 옮길 수 있다. 곤충이 변형시킨 혈흔 또는 전달된 혈흔은 상처에 의한 출혈 또는 흉기에 의한 부상에 의한 혈흔 인지가 식별될 필요가 있다.

방법

사육장 안에 있는 다른 종류의 곤충들에게 혈액을 제공한다. 그 사육실은 다른 하층(下層)으로 덮는다 [예, 다른 질감(texture)의 흰색카드]. 한쪽은 다른 종류의 파리들 간에 내뱉는 패턴을 비교한다 (예, 검정파리 [*Calliphora* 종]와 집파리 [*Musca* 종]). 다른 쪽은 내뱉어서 생성된 혈흔이 만들어지는데 걸리는 시간, 파리밀도의 영향, 주어진 시간에 형성된 내뱉은 점의 수, 암컷과 수컷 파리간의 차이점 등을 비교한다. 수컷과 암컷 파리에게 설탕 용액과 혈액을 준다. 암컷파리는 알을 낳기 위해 단백질 먹이가 필요하며, 따라서 더 많은 혈액 내뱉기를 통해서 점들이 만들어지게 된다.

제목

혈액을 검출하기 위한 능력에서 토양 타입의 영향

방법

혈액에 노출된 후 몇 달이 경과된 토양에서 혈액검출이 가능하다는 연구결과들이 발표되었다. 이 같은 능력은 하부토양(underlying soil)의 화학적 및 생물학적 (예, 미생물 풍부도와 다양성) 특성에 의해 영향을 받기 쉽다.

원리

정육점 또는 도살장에서 구한 일정량의 혈액을 토양 [예, 이탄(peaty), 모래(sandy), 식양토(clay loam) 등] 또는 단단한 표층 [예, 타맥(tarmac) (역자주: 포장용 아스팔트 응고제; 상표명) 또는 콘크리트]에 뿌린다. 세트패턴(set pattern)을 생성하기 위한 스텐실 인쇄법(stencil) 또는 유사한 방법을 사용하면 탐침가능한 구역에서 어떤 변화가 일어나는지를 모니터링하는데 도움이 될 것이다. 일련의 기간 동안에, 혈액의 존재는 루미놀 또는 다른 추정시험(presumptive test)을 통해서 모니터링 된다. 원래의 혈흔(original stain)으로부터 전달형 혈흔(transfer stain)은 경과된 시간에 따라 다양하게 형성되며, 그 부근을 밟고 다니는 실험을 통해서 수행할 수 있다. 혈흔이 있는 구역에서 미생물 풍부도(microbial abundance)와 다양성(diversity)에서의 변화도 모니터링 될 수 있고 (10장 참고), 주변의 혈흔이 존재하지 않는 구역과 비교될 수 있다. 혈흔이 존재하는 구역에서 파리의 꼬임은 그 위로 수집덫을 설치하여 모니터링 할 수 있다.

3 분자 생물학

이 장의 개요

DNA 구조
DNA 시료 채취
DNA 프로파일링
중합효소연쇄반응
단연쇄반복 표지
단일 뉴클레오티드 다형성 표지
인종 결정
물리적 외형 결정
개인 특성 결정
이동성 요소 삽입 다형성
미토콘드리아 DNA
RNA
DNA 데이터베이스
미래 연구방향
연습문제
실습문제

> **이 장의 목표**
>
> 'DNA 프로파일링(DNA profiling)'이라는 용어의 의미를 설명하고, 수행될 수 있는가라는 점에서 현재 이용이 가능한 다른 방법들을 평가한다.
>
> 성과 개인의 특성을 결정하기 위해서 DNA를 기반으로 하는 여러 다른 방법들의 이점과 한계점을 평가한다.
>
> 시민의 자유를 침해하지 않으면서 어떻게 효과적으로 국가 DNA 데이터베이스를 발전시킬 수 있는지 논의한다.

DNA 구조

DNA는 문자적으로 우리를 형성하는 정보를 담고 있는 '생명 물질(the stuff of life)'이다. 사실 일부 생물학자들은 어떤 생명체가 존재하는 유일한 이유는 DNA를 복제해서 다음 세대에서 생존하도

Essential Forensic Biology, Second Edition Alan Gunn

록 해주는 것이라고 말하기도 한다. 이것은 세포의 핵 및 미토콘드리아 안에서 발견된다. 따라서 성숙한 적혈구와 같이 이 소기관들을 보유하지 않도록 특화된 어떤 세포들을 제외하고는 신체의 모든 세포들은 DNA를 갖고 있다. 더욱이 이형세포질성(異形細胞質性, heteroplasmy) (역자주: 서로 다른 유전적 구성을 가진 미토콘드리아가 세포나 유기체 내에 존재하는 것)이 일어나는 경우를 제외하고 DNA는 모든 세포에서 동일하고, 한 개인에서 평생 동안 변하지 않으며, 일란성 쌍둥이를 제외하고는 각 개인별로 유일하다. DNA는 아데닌(adenine), 티민(thymine), 시토신(cytosine), 구아닌(guanine)이라는 4 종류의 뉴클레오티드(nucleotide)와 인, 그리고 당 분자로 구성되어있다. 핵의 DNA는 비틀어진 사다리 모양의 이중 나선(double helix)을 형성하는데, 당과 인 분자가 교대로 존재하는 철로에 뉴클레오티드들이 이 철로를 연결하는 침목의 역할을 한다. 아데닌은 언제나 티민과 연결되고 시토신은 항상 구아닌과 연결된다.

핵 내에서 DNA는 염색체(chromosome)라고 불리는 구조 내에서 발견된다. 인간세포는 모양과 크기가 다양한 23쌍의 염색체를 보유하고 있다. 이들 중에서 22쌍은 '상염색체(autosomal chromosome)'라고 하는데, 이것들이 신체의 발생 (체형, 머리색 등)을 결정하는 정보를 가지고 있다. 염색체의 나머지 한 쌍은 X와 Y인 '성염색체(sex chromosome)'로서 내부와 외부의 생식기관의 발생을 조절한다. 각 염색체는 단단하게 꼬인 나선 DNA로 되어있다. 각 DNA 가닥은 유전자(gene)라는 작은 단위들로 나누어져 있고, 각 유전자가 가닥 위에서 차지하는 특정한 위치를 '좌위(locus, 복수는 loci)'라고 부른다. 세포 내의 전체 유전정보를 '유전체(genome)'라고 한다. 약 35,000-40,000개의 유전자들이 존재하며, 차이가 크기는 하지만, 각 유전자들은 약 3,000 뉴클레오티드로 구성되어 있다. 이 유전자들이 머리와 눈의 색깔, 음식을 소화하는 효소들, 모든 유전되는 특성들을 결정하는 단백질들을 암호화한다. 놀랍게도 유전체의 아주 작은 부분만 어떤 것을 암호화하고 이 암호화 부위사이에는 비암호화(non-coding) 부위라는 다양성을 크게 보이는 반복적이고 긴 지역이 놓여 있다. 각 유전자는 염색체 쌍의 각각에 존재하는 '대립형질(allele)'이라고 하는 두 가지 형태로 존재한다. DNA 프로파일이 단지 한 가지 대립형질만 탐지한다면 이는 부모로부터 같은 대립형질을 물려받은 것으로 해석된다. 만일 3가지 이상의 대립형질이 존재한다면 이는 DNA 시료가 두 사람 이상으로부터 얻어진 것이라는 의미이다. 미토콘드리아 DNA(mitochondrial DNA)는 핵 DNA(nuclear DNA)와 약간 다르게 배열되어있는데 이는 차후에 독립적으로 다루어질 것이다.

핵 DNA에 있는 뉴클레오티드의 서열은 각 개인에 따라서는 독특하고 각 남녀 간의 전신의 모든 세포들에서는 동일하기 때문에 신원확인을 위한 '바코드(bar-code)'로 일컬어진다. 전체 인간유전체의 서열이 결정되었지만 각 개인을 확인하기 모든 서열을 다 알 필요는 없다. 사실 우리 각자 DNA의 대부분은 실제적으로는 동일하므로, 전체 서열을 분석한다는 것은 의미가 없다. 대신에 법의학자들은 유전체 중에서 큰 변이를 보이는 부분에 주목한다. 인간의 핵 DNA와 미토콘드리아 DNA에서 일어나는 변이의 원인들이 그림 3.1에 요약이 되어있으며, 법의학에서 DNA 분석을 위한 포괄적인 지침이 Butler(2005)에 의해서 제공되었다.

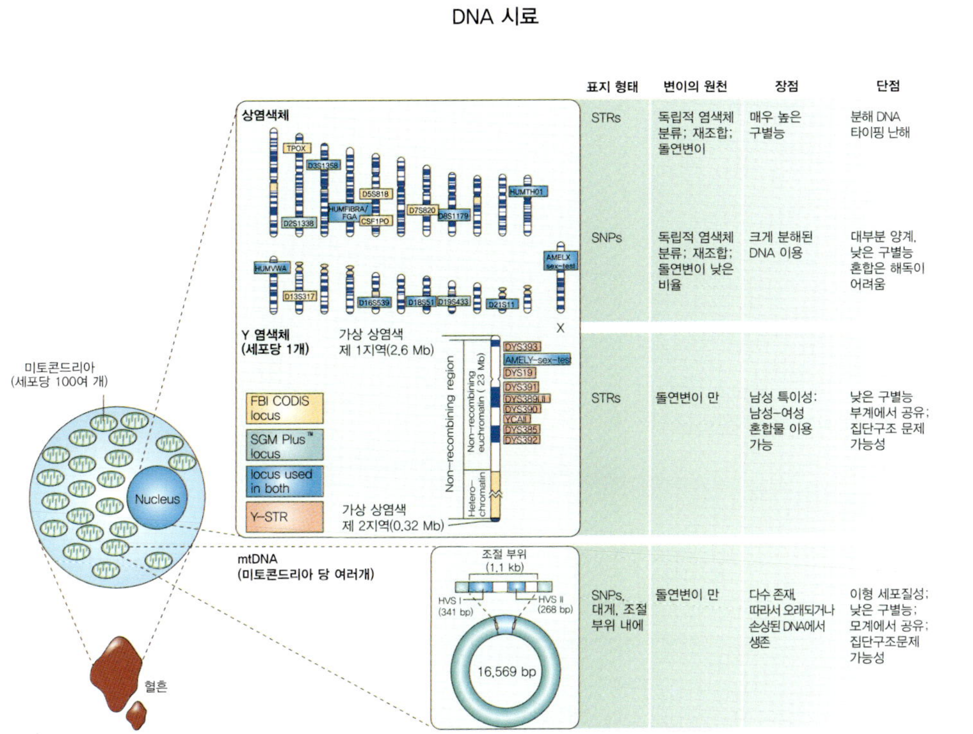

그림 3.1 인간 핵 및 미토콘드리아 DNA의 원천. 더 자세한 것은 본문에 제공되어있다. 약어: STR = short tandem repeat (단연쇄반복); Y-STR = Y 염색체에서 발생하는 단연쇄반복; SNP – single nucleotide polymorphism (단일 뉴클레오티드 다형성); FBI CODIS= US Federal Bureau of Investigation Combined DNA Index System; HVS = hypervariable site (다변성 부위); Mb = megabase; mt = mitochondrial DNA (미토콘드리아 DNA); SGM = second generation multiplex. (Macmillan Publishers Ltd Jobling, M. A. and Gill, P. (2006) *Encoded Evidence DNA in Forensic Analysis*, 저작권 2004 승인)

DNA 시료 채취

실제적으로 우리의 모든 세포들은 DNA를 가지고 있고, 예를 들어서 코를 풀거나, 양치를 하거나, 머리를 빗거나 우리는 항상 세포를 잃고 있기 때문에 다양한 원천부터들로 DNA를 분리할 수 있다 (표 3.1). 사실 범죄현장 조사자는 쉽게 DNA 흔적을 남길 수 있기 때문에, 현장의 오염을 막기 위해서는 반드시 마스크를 하고, 일회용 겉옷과 덧신발을 사용해야 한다. DNA 오염(DNA contamination)은 또한 영안실 도구들에 의해서도 일어나기 때문에 (Rutty 등, 2000) 신체로부터의 시료는 이것이 옮겨오기 전에 취하는 것이 선호되고 있다. 유사하게 모든 DNA 시료들은 수집되는 그 순간부터 오염을 방지하기 위해서 별로로 보관되어야 할 필요가 있다. 예를 들어, 희생자와 용의자로부터 시료들이 같은 용기에 담겨 운송되거나 (다른 백에 들어있을 지라도), 동시에 진행된다면 교차 오염의 가능성이 있다. 특히 low copy number STR 같은 기술에 의해서 DNA 분석의 민감도가 증가함에 따라 수집, 보관, 진행시에 오염의 위험이 증가하고, 결과들은 주의해서 분석되어야 한다 (추후 참고).

표 3.1 법의학 분석을 위해 가능한 인간 DNA의 원천

체액: 혈액, 정액, 타액, 소변, 분변, 구토물
조직: 피부, 뼈, 털, 기관들, 손톱
지문
무기류
교상(bites)
씹다버린 껌
입에 보관했다 뱉은 마약 포장
담배꽁초
손수건 및 버린 티슈
사용한 봉투 및 우표
(나이프, 포크, 스푼 등) 식탁용 날붙이
이용한 컵, 머그, 병이나 캔 음료수
의복
머리빗
칫솔
신발 및 다른 신발류
반창고
사용한 주사기

예를 들어, 어떤 사람이 하룻밤 잔 침대보에서조차도 DNA가 분리될 수 있다 (Petricevic 등, 2006). 이는 남녀가 한 침대에서 잤지만 함께 자지는 않았다는 것을 증명할 수 있다는 의미이다.

액체 및 조직 시료의 수집, 운송 및 보관은 종종 문제가 될 수 있지만, 이는 Whatman International Ltd.에서 생산되고 상업적으로 구매가 가능한 FTA® 카드를 이용하는 것으로 해결할 수 있다. 이 카드는 시료 속의 어떤 세포라도 용해를 해서 방출되는 DNA와 RNA를 고정하고 안정화시키는 화학물질을 함유하고 있다. 또한 이 카드는 DNA와 RNA를 보존하는 화학물질도 포함하고 있음으로 시료를 상온에서 오랫동안 보관할 수 있도록 한다. 이 카드를 침이나 정액 같은 액체에 압착하거나 액체를 이 카드에 떨어뜨릴 수 있다. 조직 시료와 응고된 혈액을 카드에 으깰 수도 있다. 분석이 필요할 때에는 DNA나 RNA를 수월하게 추출할 수 있다 (Smith & Burgoyne, 2004).

영국의 2004년 인체조직법(2004 Human Tissue Act)에 따르면 범죄를 예방, 탐지하거나 또는 의료진단을 빠르게 하기 위한 것 등의 특정 조건하에서 어떤 사람의 동의가 없이 DNA 시료를 취하는 것은 불법이라는 것은 분명히 하였다. 따라서 어떤 남자가 자신이 정말 친아버지인지를 조사하기 위해서 자기 자식들의 DNA를 은밀하게 조사하는 것은 불법이다.

DNA 프로파일링

개인의 DNA 서열을 결정하는 것을 'DNA 프로파일링(DNA profiling)' 또는 'DNA 타이핑(DNA typing)'이라고 하며, 간혹 'DNA 지문법(DNA fingerprinting)'이라는 용어도 쓰이지만 사실 적절

한 것이 아니다. 이는 법정이나 과학계에서 지문(fingerprint)을 하나 밖에 없는 확인 수단으로 받아들였기 때문이다. 예를 들어, 일란성 쌍둥이는 동일한 DNA 프로파일을 갖지만 동일한 지문을 갖지는 않는다. 결과적으로 법정에서 DNA에 기반을 둔 증거를 제시하는 전문가는 두 시료가 일치한다 또는 일치하지 않는다고 말하기 보다는 일치할 확률에 대해서 말하게 된다. 범죄를 저지르는 악마와 같은 쌍둥이 형제의 가능성은 픽션의 영역에만 존재하는 것이 아니다. 범죄 현장에서 채취한 DNA가 두 형제 중 한사람에게서 유래할 가능성이 있는 경우가 영국과 미국에서 여러 건이 발생하였다. 이런 경우에 지문 또는 쌍둥이 중 한 명은 그 당시에 수감 중이었다는 등 다른 증거에 의해서 해결될 수 있다. 그러나 이런 증거가 없고, 쌍둥이 모두 경찰에 비협조적이라면 경찰에서 해결하기가 매우 어려운 상황에 직면하게 된다. 이는 쌍둥이의 일치가 일어난 곳의 기록을 지키기 위해서 DNA 데이터를 업데이트할 필요가 있음을 의미한다.

용의자의 DNA가 증거와 일치하지 않는다면, '배제(exclusion)' 되었다고 말한다. 이는 유용한 결과인데, 다른 증거들과 연계하여 경찰이 혐의자 명단에서 용의자를 빼거나 유죄판결을 받은 사람이 결백을 증명할 수 있기 때문이다. 오염이나 DNA 파손 등 어떤 이유로 DNA 프로파일의 해독에 실패한다면, 결과는 확정에 이르지 못한다 [비확정적(inconclusive)]. 이는 용의자를 혐의에서 배제하거나 아니면 혐의와 관련이 있다는 것을 확증하기 위해서는 다른 증거를 찾아야 한다는 의미이다. 프로파일이 맞으면 용의자의 프로파일은 '포함(an inclusion)'이라고 하고, 일치의 중요도가 '임의 일치확률(random match probability, *Pm*)'을 정량하는 방법으로 계산되어야 한다. 이것은 상관이 없는 두 사람이 동일한 DNA 프로파일을 공유할 가능성을 추산하는 통계적인 조사이다. 표지들이 연관되어있지 않고 (즉, 상염색체의 STR들 – 추후 참고), 따라서 독립적으로 유전되면, *Pm*은 동일한 집단 내의 개인의 대립형질 빈도수들을 곱해주는 것에 의해서 추산할 수 있다 (Jobling & Gill, 2004). 결과적으로 더 많은 좌위들이 분석되어지고 각각 좌위들의 다양성이 더 커질수록 *Pm* 값이 더 작아지고 두 프로파일이 동일한 사람으로부터 유래할 확률은 커질 것이다.

DNA에 기반을 증거들의 변별력이 매우 큼에도 불구하고, 다른 동반되는 증거들이 없다면, 어떤 사람이 특정 범죄에 책임이 있다는 증거로서 법정에서 받아들여질 가능성은 거의 없다. *Pm* 값은 참작될 필요가 있는 여러 요인들에 의해 절충될 수 있다. 첫째, DNA가 분해되기 시작했다면 모든 좌위를 설명하는 전체 프로파일을 얻을 수 없다. 둘째, 범죄 피해자와 용의자가 가깝게 연관되어있을 수 있어서 대립형질들을 공유한다 (많은 중대한 범죄들이 희생자와 친척 관계에 있는 사람들에 의해서 행해짐). 유사하게 그들 모두 근친결혼 비율이 매우 높은 것으로 특징이 지워지는 소집단으로부터 왔을 수 있다. 자연사를 하였든지 인간에 의한 재해로 사망했든지 매우 가까운 연관된 사람들에 의해서 남겨진 것들을 구별하는 것은 때때로 동일한 이유로 문제가 될 수도 있다 (Kracum 등, 2007).

검사의 오류 및 변호사의 오류

오류(fallacy)는 누군가가 오해 또는 사실들의 잘못된 제시에 기반을 둔 추론에 의해서 일어나고, 따라서 주어진 논쟁은 효력이 없는 결과를 나타낸다. '검사의 오류(prosecutor's fallacy)' 및 '변호사의 오류(defence attorney)'라는 용어는 Thomson과 Schumann(1987)에 의해서 만들어진 것으로 법정에서 통계적 증거의 부절적하게 제시하는 것과 관련이 있다. 용어는 자주 미국 문학에서 사용되었고, 이 용어들은 숫자 자료가 포함된 어떤 종류의 증거 제시와 관련이 있지만, 분자적 증거의 제시에 특별히 전용되었다. 검사의 오류는 단지 관련증거(associative evidence)만을 기반으로 하여 용의자의 범행을 증명하려고 시도할 때에 발생한다. 관련증거(associative evidence)는 두 개 이상의 출처(source)로부터 온 물질이 일치하는 것을 포함한다. 예를 들어, 용의자로부터 얻어진 섬유와 피해자에게서 발견된 섬유, 정액 시료와 용의자로부터의 DNA 프로파일 또는 신발과 범죄 현장에서 발견된 토양 시료와 같은 것들이다. 예를 들어, 용의자의 DNA 프로파일과 절도 후에 창턱에서 발견된 혈흔에서 수거된 DNA 프로파일이 일치한다고 가정하자. '창턱에서 수거된 DNA 프로파일은 용의자가 무죄일 가능성이 백만 분의 일인 것을 의미한다'라는 검찰의 주장은 정확하지 않을 수 있다. 이는 검사가 용의자는 죄를 지었다고 가정을 하고 모든 다른 증거들을 무시했기 때문에 잘못이다. 예를 들어, 용의자가 사건 발생 당시에 병원에서 심장 수술을 받는 중이였을 수도 있다. 용의자가 범죄를 저질렀을 기회가 있다고 가정할 때조차도, 검사는 만일 용의자가 죄가 없다면 DNA 프로파일들이 일치하는 것을 발견할 가능성이 매우 낮고, 용의자가 무죄일 가능성 또한 매우 낮다고 가정한다.

변호사의 오류는 검사의 오류의 거울상으로 관련증거(associative evidence)는 연관이 없다고 가정한다. 예를 들어, 변호사는 특정 DNA 프로파일의 빈도가 백만분의 일이라면 영국 인구가 6백만 명임으로 범죄를 저질렀을 사람이 용의자 이외에도 다른 사람들이 최소 59명이 있다는 논쟁을 시도할 수 있다. 이는 60명 모두가 범죄 현장에서 발견된 DNA 프로파일을 남길 가능성을 똑같이 가지고 있다고 가정한다. 이는 분명하게 불가능한데, 59명의 다른 사람들이 일부는 아기들이고, 일부는 장애인이거나, 양로원에 있거나 또는 범죄 현장에서 수십 마일 떨어져 있을 수도 있기 때문이다.

현재 STR DNA 프로파일링 기술은 (추후 참고) 매우 낮은 *Pm* 값을 결과로 얻을 수 있음으로 무작위적으로 선택된 한 사람이 특정한 프로파일을 가질 수 있는 통계학적 확률이 극도로, 10^{-10}이 가능할 정도로 낮을 것이다. 이는 검사의 오류를 빠지기 쉬운 함정이 되도록 만들 수 있다. 또한 누구나 예상하는 것과는 반대로, 일치하거나 거의 일치하는 DNA 프로파일이 비교적 작은 양의 DNA 데이터베이스로부터도 보고되었다. DNA 프로파일의 통계적 분석의 다른 측면들과 함께 어떻게 이런 일이 일어나는가 하는 이유는 Weir(2007)에서 찾아 볼 수 있다.

DNA 프로파일링의 법의학적 응용

성폭행이나 살인과 같은 중대한 범죄에서 피해자와 가해자들을 확인하기 위한 DNA 프로파일링(DNA profiling)의 이용은 방송 매체에서 가장 큰 관심을 얻겠지만, 이 기술들은 강도, 차량절도, 혐오메일을 보낸 발신자의 확인, 독이 든 펜 레터와 같은 경범죄(minor crime) 등에서도 이용되고 있다. 사실 국립 DNA 데이터베이스(National DNA Database, NDNAD)를 설립하려는 근본 목적은 소위 볼륨범죄(volume crime)라고 하는 범죄를 신속히 해결하기 위한 것이다. DNA 프로파일링은 친부(paternity)를 확인하는데 이용될 수 있는데, 특히 비자와 망명을 주장하는 사람들 사이에서 가족 관계를 정립할 때 종종 이용되는데, 후자의 경우에는 극도로 주의를 기울이며 수행해야 할 필요성이 있다 (Karlsson 등, 2007). DNA 프로파일링은 누가 교통사고 시에 운전자였는가 하는 논쟁이 일어난 보험회사의 사기행위 조사에서도 이용될 수 있다. 예를 들어, 한 차량에 교통사고 일어났고 에어백이 터졌을 때, 이는 커다란 충격을 주는데, 사고의 충격과 함께 에어백이 타액, 콧물, 구토물, 드물게는 혈액으로 오염된다는 의미이다. 결론적으로 백으로부터 얻어진 DNA 프로파일은 사고 시에 누가 운전석에 앉아 있었냐는 것을 설명해 준다. 유사하게 음식이 혈액이나 체액에 의해서 오염되었다는 주장이 있을 때에 이것들이 고소인으로부터 유래했다는 것을 증명해야 하는 것은 희귀한 경우가 아니다. 공장이나 주방에서 조리 중인 음식이 타액, 소변 및 다른 체액에 의해서 의도적으로 오염된 것에 대한 책임이 병에 걸린 직원에 있다는 것도 DNA 프로파일링에 의해서 확인될 수 있다.

DNA 프로파일링은 인간 희생자가 있는 범죄를 해결하는 것에만 한정된 것이 아닌데, Lorenzini(2005)는 불법 포획의 경우를 해결하기 위해서 이용된 흥미로운 경우와 관련이 있다. 불법 사냥꾼이 이탈리아 국립공원(Italian National Park)에서 멧돼지를 올가미로 잡아서, 칼로 죽여, 사체를 덤불 밑에 숨겨서 어두워진 후에 가져가려고 하였다. 사냥꾼이 떠난 사이에 자연보호책임자(conservation officer)가 이를 발견하고 사냥꾼이 돌아올 때 체포를 하려고 하였다. 그러나 사냥꾼은 멧돼지는 발견 당시에 이미 죽어 있었다고 주장하였고, 멧돼지는 압류하였지만 그를 보내줄 수밖에 없었다. 멧돼지의 사후 부검으로 멧돼지가 살아있는 동안에 자상(刺傷, knife wound)이 가해졌다는 것을 알게 되었고, 사냥꾼의 집을 수색한 결과 혈흔이 있는 수제 칼을 찾아냈다. DNA 분석은 혈액이 집돼지가 아닌 야생 멧돼지에서 유래하였으며, 죽은 멧돼지의 DNA와 일치한다는 것을 의미하였다. 결과적으로 용의자는 동물 학대와 불법 포획으로 기소되었다.

TV 드라마와 법의학을 특집으로 한 다큐멘터리의 인기는 일반 대중에 법의학 조사에 대한 비현실적인 기대를 불러일으킬 수 있다는 걱정을 야기한다. 특히 실제로는 조사가 빠르지 않고 또한 틀리기 쉽다. 더욱이 DNA가 아주 심하게 분해되었다면 전체 프로파일을 얻는 것이 불가능하거나 아니면 프로파일을 전혀 얻지 못할 수도 있다. 또한 범죄자들이 주의하고 탐색을 피하는 방법을 배울 것이라는 걱정도 있다. 그러나 우리는 계속해서 피부 세포와 머리카락을 떨어뜨리고, 몸을 완전히 감싸는 옷과 마스크를 하지 않음으로 (이것이 더 주의를 끌고 빨리 움직이지도 못하게 할 것임), 어디를 가나 DNA 증거를 남기지 않는 것은 어려운 일이다. 더욱이 강력하거나 격렬한 활동은 불가피하게 누군가의 DNA를 그 지역에 흘리게 하는 결과를 가져 온다. 분자적 증거를 이용하는 것에 대한 대중의 신뢰를 유지하는 것은 매우 중요한 일이고, 지지자와 기술에 대해서 비판적인 사람들 모두가 분별력의 조화를 유지하는 것이 필수적이다. 다음에는 일반적으로 이용되는 분자 기술들 중에 몇몇을 간단하게 논의할 것인데, 이 기술들의 이점과 한계가 표 3.5에 요약되어 있다.

사례연구: Colin Pitchfork의 확인

법의학 조사에서 DNA 프로파일링의 최초이자 가장 유명한 사례는 1988년에 Leicestershire의 Narborough 시에 살던 두 소녀에 대한 성폭행과 살인으로 종신형을 선고받은 Colin Pitchfork에 관한 것이다. 첫 번째 소녀는 1983년에 성폭행을 당하고 살해되었고, 그녀의 몸에서 채취된 정액 시료는 범죄자의 혈액형이 A형이었으며, 효소 프로파일은 남성 집단의 단지 10%에서만 공유하는 것이라는 것을 알게 했다. 그러나 그 외의 다른 단서가 없어 조사는 더 이상 진행되지 못하였다. 1986년에 다른 소녀가 같은 지역에서 성폭행을 당하고 살해되었고, 정액 시료는 같은 특징을 보여주었다. 이 발견으로 경찰은 두 살인 사건 모두 그 근처에 사는 동일한 남자에 의해 행해진 것이라고 확신하였다. 결과적으로 지역에 사는 남자인 Richard Buckland가 체포되었고, 두 번째 소녀에 대한 살인은 자백하였지만, 첫 번째 소녀의 죽음에 관해서는 모든 것을 부인하였다. 경찰은 진범을 체포했다고 확신했고 Leicestershire University의 Alec Jeffries 박사에게 DNA 프로파일을 만들 수 있는 방법을 개발하는 것에 대해서 도움을 요청하였다. Jeffries 박사의 발견은 두 소녀 모두 성폭행을 당하고 살해되었지만, Richard Buckland에 의해서 일어날 수는 없다는 것을 말해 주었다. 이것은 용의자가 범죄를 고백하더라고 주의해야 할 필요가 있다는 것을 강조한다.

가장 유력한 용의자의 혐의가 풀리면서 (최초의 DNA 프로파일링과 함께) 경찰은 세계 최초로 그 지역 모든 남자의 DNA mass intelligence screening을 수행했는데, 5000명 모두에게 혈액 시료나 타액 시료를 제출하도록 요구했다. 이 중에서 살인자와 같은 혈액형과 동일한 효소 패턴을 갖는 것들만 DNA 프로파일링 검사를 하였다. 이것은 상당히 방대한 작업이었다. 프로파일링 기술이 오늘날에 비해서 더 오랜 시간이 결렸기 때문에 6개월이 걸려서 마무리 할 수 있었다. 최후 순간에 이 작업은 아무런 결과를 얻지 못한 채 되돌아왔는데, 어떤 프로파일도 살인자의 것과 일치하지 않았다. 그 후 1년 동안 그 사건은 소강상태로 있었는데, 한 여성이 어떤 남자가 자신이 친구인 Colin Pitchfork를 대신해서 DNA 시료를 제출했다고 이야기하는 것을 우연히 들었다고 보고하였다. 그 지역에서 빵을 굽는 자였던 Colin Pitchfork는 체포가 되었고 그의 DNA 프로파일은 살해된 두 소녀들에서 수거된 정액의 것과 일치하는 것으로 밝혀졌다.

중합효소연쇄반응

1983년에 Kary Mullins는 중합효소연쇄반응(polymerase chain reaction)을 발명하였고, 그 이후에 분자생물학에서 가장 강력한 기술의 하나가 되었다. 이는 주변 지역에는 영향을 주지 않으면서 DNA 분자의 특정 서열을 분리하고 증폭하도록 하는 효소반응이다. 이 기술은 DNA 시료가 자주 질적, 양적으로 제한적인 법의학 작업에 매우 유용하다. 예를 들어, PCR은 봉투, 우표, 음료수 캔, 담배꽁초 등의 타액으로부터 DNA를 확인하는데 사용되어왔다 (Withrow 등, 2003). 이 기술은 또한 민감하고 빠르다는 이점이 있다. 그러나 PCR은 긴 DNA 가닥의 분석에는 적합하지 않아서, 수천 개의 염기들을 갖는 가닥에 대한 제한절편길이다형성(Restriction Fragment Length Polymorphism,

표 3.2 중합효소연쇄반응(PCR)에 관련된 반응 요약

(a) DNA 나선을 2개의 독립된 선으로 분리하고 DNA의 변성을 위해서 시료를 94-97℃에 배양하라.
(b) 온도를 50-60℃로 낮추어서 프라이머들이 DNA에 '냉각(anneal)'되어 결합하도록 하라.
(c) 온도를 70-72℃로 올리면, 이에 DNA 주형을 인식하는 프라이머들을 이용하여 *Tag* DNA polymerase가 '중합(polymerization)'을 시작하고, 구성요소인 뉴클레오티드 아데닌, 구아닌, 시토신 및 티민을 이용하여 주형의 상보성 복사본을 생산한다.
(d) 변성, 냉각 및 중합의 연속된 과정을 반복하여, 단시간 내에 원래 서열을 수천 혹은 수백만 배로 '증폭(amplified)'되게 하라.
(e) 증폭 단계 후에, PCR 산물 [종종 '앰플리콘(amplicon)'이라고 부름]을 길이에 따라서 분리된다. 과거에는 평판 겔 전기영동(flat bed gel electrophoresis)를 이용하였지만, 더 빠르고 자동화가 가능한 모세관 전기영동(capillary electrophoresis)에 의해서 대체되고 있다. 여러 개의 다른 서열을 동시에 조사하는 'multiplemixing' 과정이 일반적이다. 이는 겹쳐지지 않는 대립인자(allele)의 크기 범위로 프라이머를 디자인하는 것으로 성취가 된다 (그림 3.4).

RFLP) 분석에는 사용할 수 없다.

DNA 분자에서 한 지역이 조사할 가치가 있는 것으로 결정이 되면, 그 주변 서열을 알아내어 서열의 시작과 끝을 확인하기 위한 PCR 프라이머를 디자인한다. 프라이머(primer)는 조사할 DNA 시료의 상보성 서열에 결합하거나 혼성화가 되는 짧은 DNA 서열로 구성되어있다. 프라이머가 디자인된 후의 PCR 과정은 표 3.2에 기술된 것처럼 수행되어진다.

Taq DNA 중합효소는 고온성 세균(thermophilic bacteria)인 *Thermus aquaticus*에서 발견되었기 때문에 붙여진 이름이다. 이 효소는 열에 안정적이기 때문에, 초기 PCR에 사용되었던 *E. coli*에서 유래한 DNA 중합효소를 대체하였다. 이 효소는 PCR 과정 중의 변성(denaturation) 부분에서 피해를 받지 않기 때문에 변성 과정 후에 매 번 신선한 효소를 넣어 줄 필요가 없다. 결론적으로 과정의 초기에 여분의 *Taq* DNA 중합효소, 프라이머, 뉴클레오티드를 더해주고 냉각 온도(annealing temperature)를 조절해주는 것이 반응의 특이성(specificity)을 조절해 준다.

프라이머들은 다른 색의 형광 염료로 표지가 됨으로, 전기영동 후에는 PCR 산물들이 특정한 방출(emission) 파장의 형광을 방출시키는 레이저 빔에 노출하는 것에 의해서 탐지될 수 있고, 이것은 기록 CCD 카메라에 감지된다. 결과는 'electropherogram'이라고 하는 흔적으로 인쇄된다 (그림 3.5). 때때로 기계가 색을 잘못 인식하면 (예, 노란색을 푸른색으로 실수하는 것) 잘못된 피크를 만들어 내는데, 이를 'bleed through' 또는 'pull up' 현상이라고 한다. 이는 색의 스펙트럼에 걸쳐서 electropherogram을 주의 깊게 분석하면 인지할 수 있다. 다른 오류(error)의 가능성이 있는 출처(source)는 'stutter peak (역자주: 신호의 진폭이 갑자기 변할 때 발생하는 피크)'로서 진짜 피크(peak)의 바로 앞이나 뒤에서 일어난다. Sutter peak는 쉽게 확인이 되고, 시료가 한 사람으로부터 유래한 때에는 해독으로부터 제외되지만, 여러 DNA가 혼합되어 있다면 진짜 피크(peak)를 구별하는 것은 어렵다. 또한 무작위적인 플래시(flash)가 공기 방울, 오염물질 및 다른 간섭물질에 의해서

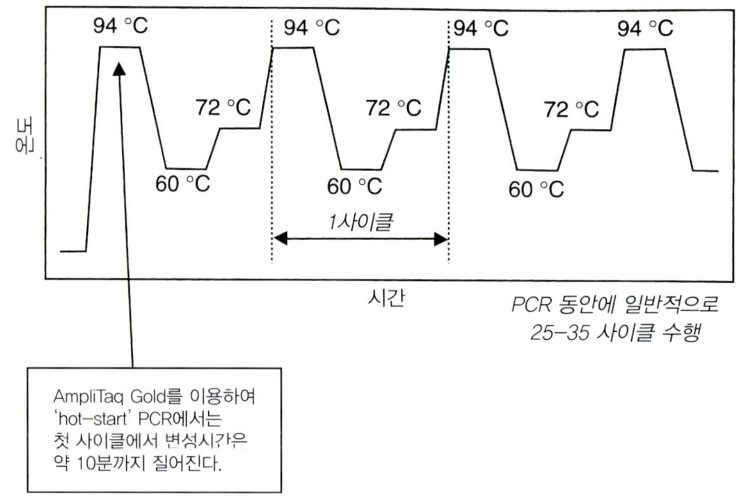

그림 3.2 PCR thermal cycling 과정을 나타내는 도해. 각 사이클은 약 5분 정도 걸리고, 전체 과정은 약 3시간 지속된다. (Butler, J. M. (2005) 승인 하에 게재, *Forensic DNA Typing*, 2nd edn, 저작권 Elsevier (2005)

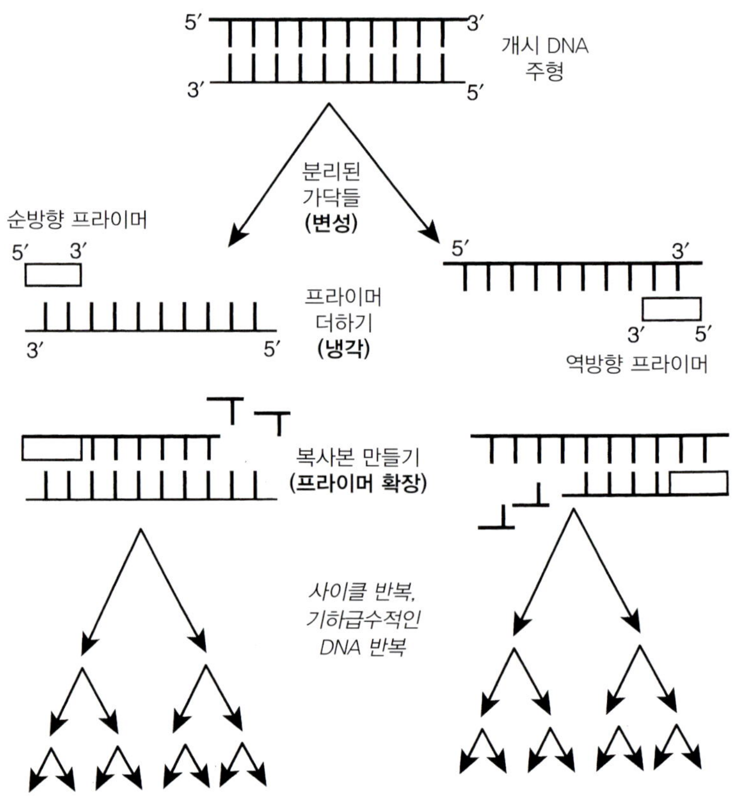

그림 3.3 PCR 과정에서 증폭을 나타내는 도해. (Butler, J. M. (2005) *Forensic DNA Typing*, 2nd edn, 저작권 Elsevier (2005) 승인 하에 게재)

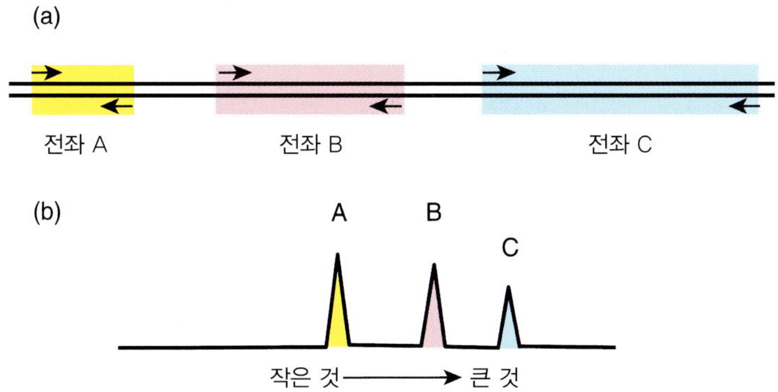

그림 3.4 다중 PCR 과정을 표현하는 도해. (a) 화살은 3개의 다른 전좌, Locus A, Locus B 및 Locus C를 증폭하기 위해 도안된 3 세트의 프라이머를 나타낸다. (b) 3개의 전좌는 다른 크기이고 크기 분리로 쉽게 확인될 수 있다. (Butler, J. M. (2005) *Forensic DNA Typing*. 2nd edn. 저작권 Elsevier. 2005 승인 하에 게재)

일어날 수 있는데, 따라서 이것들이 낮은 피크들을 가리거나 또는 그 자체가 피크로서 잘못 인식되는 배경(backgroud) '노이즈(noise)'가 나타난다. 이것은 같은 장소에 정확하게 두 번 일어날 가능성이 거의 없기 때문에 시료를 다시 조사하면 대개 '가짜 피크(false peak)'를 확인할 수 있다. 놀랍게도 전체적으로 인정되는, 배경(background)과 진짜 피크를 구별하기 위해 받아들여지는 낮은 한계(limit)에 관한 가이드라인은 없다.

Quantitative (real time) PCR

PCR 공정을 기반으로 하는 이 기술은 목표 DNA의 정량 및 증폭을 위하여 설계되어 있다. 정량을 위한 가장 일반적인 방법 두 가지는 DNA가 만들어지는 PCR 과정 중에 삽입되는 형광 염료 (예, SYBR® Green)와 TaqMan® assay이다 (그림 3.6). 삽입 assay에서 SYBR® Green은 이중나선 DNA에 결합하여 형광을 증진시킴으로, 증폭되는 것이 많아질수록 더 높은 형광이 탐지된다. 염료는 어떤 이중나선 DNA 분자에도 결합하기 때문에 삽입 기술은 비특이적이다 (예, DNA 분자들을 구별하지는 않음). TaqMan® assay에서는 PCR 프라이머들 사이의 DNA 내에 위치하는 지역에 특이적으로 결합하는 올리고뉴클레오티드 탐침자(TaqMan® probe)가 첨가된다. 탐침자는 'reporter' 염료가 5′에 결합되어 있고, '소광제(quencher)(역자주: 들뜬 상태로 형광을 내는 시료에 첨가하여 활성을 잃게 만드는 물질)' 염료는 3′에 연결되어있다. 높은 에너지를 갖는 염료 (reporter 염료)가 낮은 에너지를 갖는 염료 (quencher 염료)에 매우 가까이 있을 경우에는 높은 에너지 염료에서 낮은 에너지 염료로 에너지가 이동하며, 이것은 완전한 탐침자에서 일어나는 결과로서 reporter 염료의 형광이 매우 낮거나 또는 아주 감지되지 않는다. TaqMan® probe가 결합되어있는 주형을 Taq DNA 중합효소가 복제하는 PCR 과정에서는, 5′-nuclease 활성을 갖는 효소가 탐침자를 절단하여 reporter

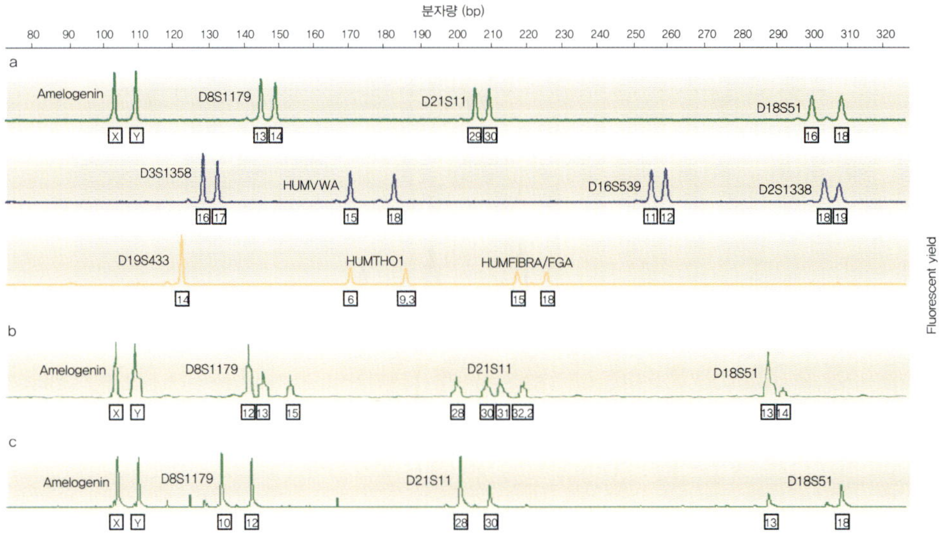

그림 3.5 상염색체 STR 프로파일의 electropherogram들. (a) 한 남성의 SGM Plus 프로파일 (amelogenin 전좌를 위한 2개의 피크를 주목하라). 프로파일은 4색 형광 체계의 초록색, 푸른색 및 노란색의 채널로 전개된다. 붉은색 채널은 크기 표지로 이용되며 여기서는 보이지 않는다. 대부분의 STR 전좌는 이형접합이고 (즉 2개의 피크가 있음) 대립형질은 동등하게 일치한다 (즉 피크가 같은 크기임). 각 피크 아래의 수는 반복단위에서 각 대립형질의 크기를 의미한다. (b) 혼합된 시료의 SGM Plus 프로파일. 초록색 채널만 나타냈다. 시료는 D8S1179에서 3개의, D21S11에서는 4개의 대립형질들이 존재함으로 분명히 혼합된 것이다. 혼합된 것들 중 적은 요소들은 '배경(background)' 이상으로 존재할 때만 확인이 된다. Amelogenin 피크들이 거의 같은 크기임으로 이는 두 남성 DNA의 혼합물이라는 의미이다. 만일 혼합물이 한 남성과 한 여성에게서 왔다면, X amelogenin 피크가 Y 피크보다 더 높은 것이다. (c) low copy number 검사의 뒤를 잇는 STR 프로파일의 일부. 이 과정은 일부 전좌에서 이형접합 불균형을 일으킬 수 있다. 예로 D21S11 및 D18S51에서 피크 높이의 차이를 주목하라. 추계학적 효과 (본문 참고)에 의해서 동일한 시료의 어떤 두 개의 증폭도 동일하게 행동하지 않고, 따라서 반복 LCN PCR 증폭이 반드시 수행되어야 하고, 두 가지 electropherogram들에 존재하는 이 대립형질들만을 기록해야만 한다. (Macmillan Publishers Ltd Jobling, M. A. and Gill, P. (2006) *Encoded Evidence DNA in Forensic Analysis*, 저작권 2004 승인)

염료와 quencher 염료를 분리시킨다. 따라서 reporter 염료의 형광은 증가하고 quencher 염료의 형광은 감소한다. 이 방법은 매우 민감해서 DNA 서열 수준이 2배 증가한 것도 탐지할 수 있다. 이 방법은 맞추어 설계한 프라이머들을 사용되기 때문에 삽입 방법에 비해서 훨씬 더 특이적지만, 두 방법 모두 PCR 과정에서 각 사이클마다 DNA가 증가하고 이는 형광의 증가로 측정이 된다. 따라서 DNA 산물은 '실시간(real time)'에 축적되는 것이 '정량적'이 됨으로 'real time'; 또는 'quantitative' PCR이라는 용어가 이용된다 (qPCR, RT-PCT 및 QRT-PCR을 포함하여 다양한 약어들이 사용됨). 충분한 DNA가 생산되면 서열 분석이나 Southern blot에 이용될 수 있다.

qPCR의 가장 중요한 특징 중 하나는 분석자가 적절한 TaqMan® probe를 선택하는 것에 따라서 STR 분석을 수행 중에 존재하는 특이적인 유전체의 양이 충분한가를 결정할 수 있다는 것이다 (아래 참고). STR 분석은 현재 DNA 프로파일링의 초석이지만 많은 법의학 시료들이 시료 내의 낮은 DNA 수준 때문에 프로파일을 생산하지 못하거나 또는 분해 중인 DNA 때문에 부분적인 프로파일

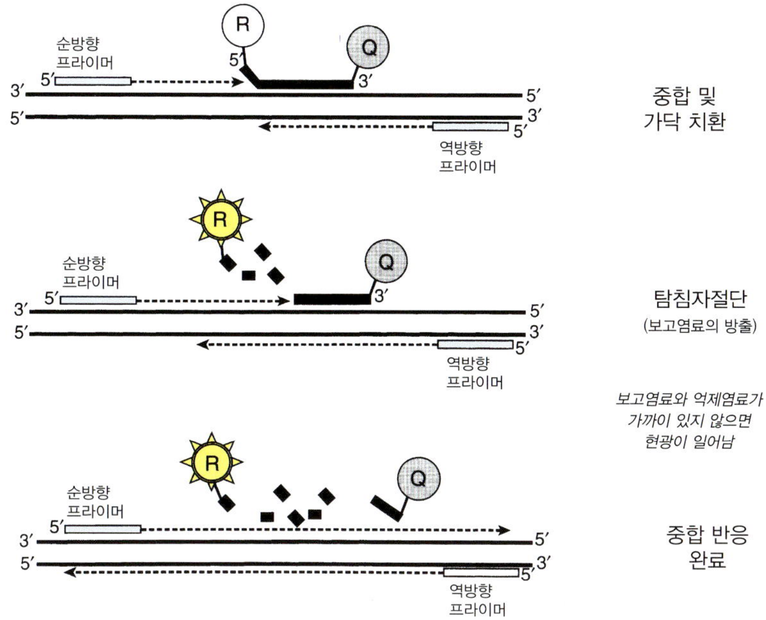

그림 3.6 TaqMan® assay를 나타내는 도해. (Butler, J. M. (2005) 승인 하에 게재, *Forensic DNA Typing*, 2nd edn. 저작권 Elsevier (2005).

만을 생산하고 있다. 재료와 비싼 시약의 낭비를 피하기 위해서 분석을 시작하기 전에 STR 분석을 위한 시료의 적합성을 아는 것이 유용하다. Swango 등 (2006)은 이 문제를 해결하는 비교적 간단한 방법을 기술하였다. 그들은 길이가 69 염기쌍의 비교적 짧은 것과 170-190 염기쌍의 긴 STR 증폭 목표물에 spontaneous qPCR을 수행하며, 튜브에 따른 변이, PCR의 방해 등을 설명하기 위한 시료 데이터의 규격화(normalization)를 설정하기 위한 내부 대조구(control)를 도입하는 방법으로 이를 수행하였다. 예상했듯이 더 긴 목표물에서 산출된 것이 시료가 STR 프로파일을 생성하기 위해서 충분히 증폭될 만한 DNA를 포함하고 있는가에 대한 최적의 예시를 주는 반면에 3가지 목표물의 비율은 시료 내의 DNA 품질에 대한 예시를 준다.

단연쇄반복 표지

단연쇄반복(short tandem repeat, STR)은 부수체(microsatellite) 또는 단순서열반복(simple sequence repeat, SSR)으로도 불리는데, 인간 유전체 비암호화 지역에서 3-7 염기쌍이 3-15회 반복되는 [연쇄반복(tandem repeat)] 단위를 갖는 400 염기쌍 이하(short)를 포함하는 매우 짧은 길이이다. STR 서열 또는 '표지(marker)'들은 단순(simple), 혼합(compound) 및 복합(complex)의 3 영역으로 나누어 질 수 있다. 단순 STR(simple STR)은 반복이 동일한 길이와 서열 단위를 갖는 것이다. 혼합 STR(compound STR)은 2개 이상의 이웃한 단순 반복으로 구성이 되어있는 반면에, 복합 STR(complex STR)은 여러 개의 다른 단위 길이와 다양한 간섭 서열로 된 반복 구간들을 갖는다. STR은 22개의 상염색체 및 X와 Y 염색체에 모두 존재한다. STR은 개인에 따라 크게 다른데, 이 다양성은 돌연변이, 독립적인 염색체 변이 및 재조합의 효과로 얻어진 결과이다. 그러나 Y 염색체의 STR은 다른 염색체에 비해서 덜 다양한데, 이는 재조합이 일어나지 않기 때문이다. 결론적으로 Y 염색체의 STR 다양성은 완전히 돌연변이에 의한 결과이다.

유전자 지도 작성(genetic mapping)에 적절한 2000 개 이상의 STR 마커가 있지만, 이 중 몇 개만 법의학 DNA 프로파일링에 일반적으로 사용된다. 영국의 과학수사연구소(Forensic Science Service, FSS)는 현재 10개의 상염색체 표지를 이용하는 SGM plus^{TM} 체계(SGM+)를 사용하는 반면에 미국은 13개의 표지를 이용한다. 이후에 DNA 프로파일은 컴퓨터 데이터베이스에 보관된다. 영국에서의 컴퓨터 데이터베이스는 NADAD이고 미국에서는 통합 DNA 인덱스시스템(Combined DNA Index System, CODIS)이다. 표준화된 표지와 컴퓨터 체계의 이용은 용의자, 유죄 판결을 받은 가해자, 미해결 범죄 및 행방불명자의 DNA 프로파일을 신속하게 비교한다. 2가지 DNA 시료의 10가지 (미국은 13가지) 모든 STR 좌위가 동일한 길이를 갖는 것으로 밝혀지면, 이는 동일한 사람으로부터 유래했다는 강력한 증거가 된다. 이 좌위들을 조사할 수 있는 상업적인 조사 키트가 있으며, 이 키트는 성별을 결정할 수 있는 amelogenin 좌위에 대한 표지도 포함하고 있다. Amelogenin은 발생중인 치아의 구성과 에나멜 생광물화(biomineralization)에 관여하는 물질이다. 인간에서 이 유전자는 모두 성염색체에서 발현되는데, Y 염색체에 비해서 X 염색체에서는 6 염기쌍이 짧다. 결과적으로 PCR과 전기영동 후에 남성은 혼합된 (XY) 두 피크 (또는 밴드)의 발현을 보이는 (그림 3.5a) 반면에, 여성은 동일한 (XX) 하나의 피크의 발현을 보인다. 이 조사는 완전히 정확한 것은 아니고 만일 Y 염색체 amelogenin 유전자에 결실(deletion)이 있다면 문제가 생긴다 – Malay 및 Indian 집단 등의 인종에서는 중요하게 고려해야 한다 (Chang 등, 2003).

DNA 프로파일 보고서는 표 3.3에 예시한 ProfilePlus^{TM} 체계를 이용하여 얻어진 대립형질들과 가설적인 표본의 형태를 취하게 된다. 번호들은 각 유전자 좌위들의 대립형질 위치와 관련이 있다. 예를 들어, 용의자 1에서 D3S1358 유전자는 이형(heterozygous)이고 15와 16번 대립형질이 발현되는 반면에, 용의자 2는 동형(homozygous)이고 16번 대립형질이 두 염색체 모두에서 발현된다. 용의자 1과 2는 정액 흔적으로부터 알려진 것과 다른 프로파일을 갖기 때문에 '배제(exclusion)'로 분류되는 반면에, 용의자 3의 프로파일은 흔적과 동일한 것으로 밝혀지고 '포함(inclusion)'으로 분류된다. 표본 집단을 참고로 하여서 좌위의 배합이 집단에서 일어날 수 있는 통계적 빈도가 계산된다. 예를 들어, VWA 좌위에서 8%의 영국 남자가 15번 대립형질을 발현하고, 21.6%가 16번 대립형질을 발현한다면, 이 대립형질 쌍의 빈도는 $2 \times 0.08 \times 0.216 = 0.0346$ 또는 영국 남성 집단에서 3.46%가 된다. 모든 좌위의 빈도가 함께 더해지면 전체 DNA 프로파일을 위해 측정된 빈도는 매우 낮을 것이다 – 아마도 수억 분의 1이거나 그 이하일 것이다. 분명히 대립형질 빈도를 산출하기 위해서 사

표 3.3 정액 흔적 및 3명의 용의자 정액의 가설적인 DNA 프로파일을 보여주는 대립인자 표. Amel = 성별을 위한 amelogenin 검사

	대립인자 전좌 (allele loci)									
	D3S3158	VWA	FGA	D8S1179	D21S11	D18S51	D5S818	D13S317	D7S820	Amel
흔적	16,18	16,16	19,25	13,14	29,30	17,17	11,11	10,11	9,10	XY
용의자 1	115,16	16,16	19,25	13,14	29,30	14,17	11,11	10,11	9,10	XY
용의자 2	216,16	15,16	21,23	14,14	27,28	17,17	10,11	8,9	8,9	XY
용의자 3	316,18	16,16	19,25	13,14	29,30	17,17	11,11	10,11	9,10	XY

용된 시료 집단에 달려있고, 이것을 받아들이도록 수정을 할 필요할 것이다. 예를 들어, 어떤 대립형질의 조합은 가까운 친척, 적은 집단, 부차집단(sub-population), 또는 한 민족 집단 사이에서는 매우 흔하지만 큰 집단에서는 매우 희귀할 수도 있다. 결론적으로 어떤 DNA 프로파일 특징의 빈도는 국가 평균만큼 매우 낮을 수 있지만, 가족 구성원 또는 인종 집단에서는 흔할 수 있다.

STR 분석은 RFLP에서 요구되는 것보다 훨씬 짧은 서열 확인에 의존하기 때문에 DNA 분해와 관련된 문제들에 덜 취약하다. 따라서 STR 분석은 오래된 체액의 흔적 또는 부패의 마지막 단계에 있는 시체에 RFLP 분석보다도 효과적일 수 있다. 그러나 DNA 분해는 아직도 분석을 어렵게 만든다. 예를 들어, 피크의 높이를 작아지도록 만들어서 배경의 '노이즈(noise)'와 구별하는 것을 어렵게 할 수 있다. 사실 어떤 피크들은 완전히 사라지는 반면에 나머지는 남아 있어서 부정확한 프로파일을 만들 수 있다. DNA 분해의 증거는 서열의 길이가 늘어남에 따라서 피크의 높이가 순차적으로 줄어드는 것에 의해서 나타날 수 있는데, 이것은 서열이 더 길어지면 분해의 영향에 더 취약하기 때문이다. 만일 프로파일이 2명 이상의 DNA를 포함하고 있다면, 두 종류 이상의 DNA는 같은 속도로 분해되지 않거나 동일한 방법으로 분해되지 않을 수도 있기 때문에 이 문제가 더 악화될 수 있다. 만일 대립형질 쌍 중 하나가 기록이 되지 않으면, 이를 '대립형질 드롭아웃(allele dropout)'이라고 한다. 결론적으로 이형의 개인이 하나 이상의 유전자 좌위에서 동형으로 나타날 수 있다. 유사하게 추가 대립형질이 관찰될 수 있는데, 이를 '대립형질 드롭인(drop-in)'이라고 한다. 대립형질 드롭인은 오염의 결과로서 독립적으로 반복된 PCR 반응에서 대립형질이 나타나지 않는 것으로 분명해 진다.

STR 표지들이 짧다는 의미는 단지 적은 양의 DNA만 필요하다는 것이다. (그러나 양이 너무 적으면 문제가 될 수도 있음 – 위 참고). 표지 서열들은 쉽게 PCR을 이용하여 증폭이 되고, 또한 표지가 짧은 것은 차별적인 증폭에서 위험성을 감소시킨다. PCR 증폭은 비선형(non-linear)으로 일어나기 때문에 재생성이 쓸데없는 불순물에 의해서 영향을 받는데, 서열이 짧을수록 이런 위험성이 줄어든다. 가능하면 순방향 프라이머(forward primer)와 역방향 프라이머(reverse primer)가 STR에 가까운 것이 STR 복제물(replicon)의 길이를 더 줄일 수 있다. 이를 미니STR 분석(miniSTR analysis)이라고 부른다. Butler 등 (2003)은 13개 CODIS STR 좌위들과 상업적 STR 키트에서 이용되는 좌위들에서 크기를 최소로 줄이는 미니STR 프라이머(miniSTR primers) 세트를 생산하였다. 이 접근법은 대립형질 드롭아웃으로 긴 STR 대립형질의 민감도가 떨어지는 전통적인 STR 분석에 문제가 있는 경우에 유용하다 (Schumm 등, 2004).

사례연구: 유산된 융모막 융모로부터 부계(paternity)의 결정

부계 조사는 어린이가 태어나거나 태어나기 전이라도 잘 발생 중에 있으면 문제가 되지 않는다; 그러나 임신 초기의 유산된 물질만이 있다면 어려워진다. 이는 모계 DNA가 태아의 DNA보다 너무나 많아서 PCR 분석에서 우선적으로 복제되기 때문이다. Robino 등 (2006)은 이 문제를 성공적으로 극복하는 흥미로운 사례를 기술하였다. 사례는 정신적 육체적으로 장애를 갖는 21세의 여성이 질출혈(vaginal bleeding)로 병원 응급실에 옮겨지는 것에서 시작한다. 여성은 커다란 혈액 덩어리를 방출하였는데, 이어진 조직학 조사에서 여기에는 융모막 융모(chorionic villi)가 존재하는 것으로 나타났는데, 이는 임신 초기에 유산을 했다는 것을 의미하는 것이다. 융모막은 배아(embryo)에 의해서 형성된 외부의 배아 조직막으로 나중에는 태반의 주요한 부분이 된다. 융모막이 발생함에 따라서 융모막 융모라는 손가락 모양의 돌기가 형성되어 여성의 기저탈락막(*decidua basalis*) [자궁내막(endometrium)의 한 부분으로 출생 후 떨어져 나감]에서 자란다. 여성은 정신적으로 성관계에 동의하는 것이 불가능했음으로 성폭행의 결과로서 임신한 것이 분명하였다. 따라서 범죄 조사가 시작되었다. 그녀의 상태로 볼 때에 누가 성폭행을 했는지 알려줄 수 없었음으로, 위에서 요약되어있는 이유들 때문에 기존의 표준화된 프로토콜을 이용할 수는 없었지만, 피의자는 DNA 분석을 통해서만 확인할 수 있었다. 저자들은 레이저 미세절개술(laser microdissection) (2장 참고)을 사용하여 주변 조직들을 포함하지 않도록 태아의 융모막 융모로부터 조직을 분리해냈고 대조구(control) 시료로 이용하기 위해서 여성의 혈액을 채취하였다. 모든 시료들은 15개의 좌위와 성별 결정을 위한 amelogenin 좌위에 대해서 STR 분석이 수행되었다. 결과 (표 3.4)에 따르면 태아는 여자이며 그 프로파일이 여성과는 충분히 다르므로 태아의 조직이 성공적으로 분리되었다는 것을 의미하였고, 여성과 각 좌위에서 1개의 대립형질을 공유하였음으로 여성이 친모임을 의미하였다. 더욱이 태아의 8 좌위가 동형으로 나타났는데, 이는 여성이 유전적으로 매우 가까운 사람에게 성폭행을 당했다는 의미였다. 결과적으로 여성의 남자형제, 아버지, 외할아버지 및 친할아버지의 혈액 시료를 가지고 동일한 STR 분석을 수행하였다. 결과를 보면 여성의 아버지와 할아버지들의 대립형질들은 충분한 불일치를 보였음으로 피의자 가능성에서 배제되었다. 그러나 남자형제는 태아의 STR 프로파일의 15개 좌위의 각각에 정확한 일치를 보였음으로 그가 책임이 있을 확률이 매우 높다고 판단되었다.

Y-단연쇄반복 표지들 (Y-short tandem repeat markers)

200개 이상의 STR 표지들이 인간 Y 염색체 상에서 확인되었다. 이 표지들 중에서 9-11개 사이가 법의학 일반적으로 이용되며, 이것들 중에서 최소 6개에 대해서 상업적 키트의 이용이 가능하다 (Sinha 등, 2003). 이것들은 여성과 남성의 DNA가 혼합되어 있어서 이를 분리하는 것이 어려운 성폭행과 성추행의 경우에 특별히 유용하다. 기존의 STR 분석과는 다르게 Y-STR 분석(Y-STR analysis)에서는 각 STR 형태를 위해서 하나의 피크(밴드)만 존재하는데 이는 남성의 DNA로부터만 유래할 수 있다. 집단 성폭행과 같은 경우에는 가담한 남성의 수에 따라서 여러 개의 피크가 발견될 것이다. 여러 개의 Y-STR 좌위들을 동시에 탐지하는 것은 DNA를 더 사용하지 않고도 추가로 여러 가지 유전적 정보들을 생산해 낸다 (Tun 등, 1999). Y-STR 분석의 다른 이점은 의학적 이유나 정관수술 등의 이유로 정자를 생산하지 못하는 남성에 의한 성폭행의 경우에도 DNA 프로파일이 가능하다는 것이다. 이런 상황에서 정액이 없다는 것은 남성 상염색체 DNA만 극히 소량으로 존재하

표 3.4 유산된 융모막 융모로부터 부계의 결정 연구 사례: 여성의 STR 프로파일, 태아와 그녀의 남성 친척들. 태아에서 8개의 상동 전좌를 주목하라 – 이는 매우 높은 것이고 근친상간을 의미한다. 표는 Robin 등, 2006으로부터 재작성되었다.

전좌	여성	태아	남자형제	아버지	할아버지	외할아버지
D8S1179	15	15	15	13,15	13,15	10, 13
D21S11	28,29	29,30	30	29,30	27,29	28,31,2
D7S820	10	10	10,12	8,10	8	10,12
CSF1PO	11,12	11	10,11	11	11	10,12
D3S1358	15	15	15	15	15,16	10,12
TH01	8,9	8	8,9	9	6,9	6,8
D13S317	11,12	12	12,13	11,13	9,11	12
D16S539	9,11	9,14	9,14	11,14	11	9,12
D2S1338	17,20	17,18	18,20	20	20,24	18,20
D19S433	16,16,2	14,16,2	14,16,2	14,16	12,14	13,15
vWA	14,17	17	17,18	14,18	14,17	17,19
TPOX	8,9	8,11	8,11	8,9	9,10	8,11
D18S51	10,22	10,15	10,15	15,22	14,15	13,14
Amelogenin	X,X	X,X	X,Y	X,Y	X,Y	X,Y
D5S818	13	13	13	13	11,13	13
FGA	20,24	20,21	20,21	20,21	21	21,23

고 여성의 상염색체 DNA가 이를 압도한다는 의미이다. 특별히 Y 염색체의 STR 표지들만을 목표로 함으로서 존재하는 극미량의 남성 DNA만 탐지할 수 있다.

Y-STR 표지(Y-STR markers)는 상염색체의 STR 표지들보다 변이가 적게 나타나기 때문에 변별력이 낮고, 돌연변이가 일어나지 않았다면 아들, 아버지, 형제 등 모든 남성 친족들은 동일한 프로파일을 갖는다. 용의자가 근친(inbred) 집단 또는 범죄가 가족으로부터 온 경우에는 이것을 증거로 판단할 때에 반드시 참작되어야 하며 큰 문제가 될 수도 있다. 그러나 다른 DNA 프로파일링 기술과 마찬가지로, 피의자를 확인하는 것만큼 용의자에서 배제하도록 하는 것도 그 가치가 매우 크다.

Low copy number STR 분석

전통적인 STR 다중 분석(STR multiplex analysis)은 질 좋은 DNA가 최소 1 ng (nanogramme = 10^{-9} g)이 존재해야 잘 수행되며, 완전한 PCR 프로파일을 위한 재료를 충분하게 생산하려면 최소 28 사이클의 PCR이 필요하다. 그러나 많은 법의학 시료들은 이보다 훨씬 적은 양의 DNA를 포함하고 있으며 DNA가 분해되어 있는 상황임으로 다른 접근법이 요구된다 (예, Irwin 등, 2007). Low copy number STR 분석(LCN-STR)은 100 pg (예, <0.1 ng; picogramme = 10^{-12} g) 이하의 DNA

가 있을 경우에 수행되고 (Gill, 2001a) 아주 작은 양의 DNA가 존재함에도 불구하고 완전한 STR 프로파일을 생산해 낸다. 일부 연구자들은 LCN-STR을 시료 내에 존재하는 DNA의 양의 관점에서 정의하는 것은 적절하지 않으며, 일반적인 기술을 이용하면 추계학적인 역치(stochastic threshold) 이하 (예, 피크나 밴드의 해석을 신뢰할 수 없는 낮은 지점)에서 발생하는 결과의 분석을 위해 채택된 하나의 접근법으로 바라보는 것을 선호한다. LCN-STR을 사용하면 한 개의 세포 DNA에서 완전한 프로파일을 얻을 수 있다. LCN-STR은 60 사이클의 PCR을 이용하기도 하며 매우 민감성이 큰 기술이지만 결과는 특히 2명이 이상의 DNA가 섞여 있을 경우에는 아주 주의 깊게 해석되어야 한다. 예를 들어, 처음에 시작할 DNA의 양이 아주 적은 경우에, 제2의 다른 실험실에서 확인 실험을 수행하기에 재료가 충분하지 못할 수도 있다. 다른 문제는 '추계학적 변동(stochastic fluctuation)'으로 이 경우에는 매우 적은 양의 시작 재료와 복제의 수 때문에 확장되어지는 무작위적 사건을 통해서 일어날 수 있다. 예를 들어, 특정한 이형 좌위에서 발견되는 두 대립형질의 복제가 동일하게 일어나지 않으므로 대립형질의 드롭아웃이 일어날 수 있어서 (그림 3.5c) 이를 동형처럼 보이도록 만들 수 있다. 유사하게 시작 물질이 매우 적은 양인 경우에 증폭이 무작위적인 기회에 일어나거나 또는 적은 오염에도 확대가 될 수 있어서 대립형질 드롭인의 결과로 나타날 수도 있다는 의미이다. 또한 커다란 stutter 피크들이 형성될 수 있어서 이것들이 대립형질 피크로 잘못 인식될 수도 있다. Gill(2001a) 및 Gill 등 (2000)은 LCN-STR에 연관된 문제들과 어떻게 이 기술이 신뢰할 수 있는 결과를 제공하도록 이용될 수 있는지에 대해서 잘 기술하였다.

매우 낮은 양으로 탐지되는 DNA가 갖는 의미는 법정 절차 동안에 격렬한 논쟁에 빠지기 쉽다. 예를 들어, 범죄 현장에 발견된 신문이나 포장은 생산, 수송, 보관, 판매 과정에서 그 물건을 다룬 여러 사람의 프로파일을 보여줄 수 있다. 유사하게 어떤 사람은 다른 사람보다 더 많은 DNA를 흘리게 되고 (Phipps & Petricevic, 2007; Lowe 등, 2002), 이들의 DNA는 그들 자신이 전혀 건드리지 않은 물건에 전달될 수 있는데 (예, 악수를 통해서), 이는 이차 전달(secondary transfer)로 알려져 있다. 사실 그 물건을 다룬 마지막 사람이 가장 강한 DNA 프로파일을 생성하도록 하는 사람이 아닐 수 있다. 이는 분석을 어렵게 할뿐만 아니라 범죄 현장과는 아무 관련이 없지만 전과가 있는 (또는 DNA 데이터베이스 상에 있는) 어떤 사람을 체포하게 할 수도 있다. 반대로 범죄에 책임이 있는 사람이 범죄 현장에서 회수된 매우 적은 양의 DNA는 오염되거나 경찰이나 어떤 사람이 그들을 범인으로 몰기 원해서 고의적으로 가져다 놓은 것이라고 주장할 수도 있다. 따라서 보통의 경우에 성공적인 처벌은 LCN-STR 과정을 통해서 매우 적은 양의 DNA를 발견하는 것보다는 다른 추가 증거들에 의존한다.

DNAboost™

DNAboost™는 과학수사연구소(Forensic Science Service, FSS)에서 개발한 컴퓨터 소프트웨어

기술로서 너무 어려워서 기존의 과정으로는 해석할 수 없는, 혼합되거나 분해된 DNA 프로파일을 분석하는데 사용한다. DNA 서열 결정 이후에 소프트웨어가 가능성이 있는 프로파일을 생성해 내고 이를 NADAD의 개인 프로파일들과 비교한다. 이 기술을 처음 쓸 당시에는 시험 삼아 해보는 것으로 다소 논쟁의 소지가 있었다.

가족 찾기 (Familial searching)

NADAD의 규모가 어느 때보다도 확장되었음에도 불구하고 범죄 현장에서 수집하는 많은 DNA 프로파일과 일치하는 것을 찾는데는 실패한다. 그러나 유전적으로 연관이 있는 사람들은 유사한 DNA 프로파일을 공유하고, 유사도(degree of similarity)는 연관이 얼마나 가까운가를 반영한다 (예, 표 3.4). 따라서 유사성의 탐색을 '데이터베이스의 모든 기록을 비교하라'에서 '프로파일의 특징, 인종 및 거주지를 기반으로 해서 특정한 집합을 비교하라'로 좁혀주는 것에 의해서 때때로 연관된 가족을 찾을 수 있다. 이것은 다음의 광범위한 사회적 가정(assumption)에 기반을 둔다:

(1) 사소한 도둑질이거나 살인이거나 대부분의 범죄는 그 지역에 살거나 그 지역을 잘 아는 사람에 의해서 행해진다. 따라서 일치하는 것이 NADAD에서 찾아지지 않는다면, 탐색은 적절한 연령대 등, 근처에 사는 사람들에 집중되어야 한다.

(2) 범죄 행동은 종종 가족력이 있고, 범죄를 저지르는 사람들 사이에서 자란 어린이는 법을 어기지 않는 가족에 의해서 키워진 것 보다 법을 더 어기는 경향이 있다. 따라서 X라는 사람은 NADAD 상에 없을지라도 그의 형제는 있을 수 있다.

(3) 기록된 범죄의 대부분은 사회경제적으로 가난한 조건에서 사는 사람들에 의해서 행해지고, 이들은 자신들이 태어난 장소에서 가까이 사는 경향이 있다. 예를 들어, 범죄를 저지르는 많은 갱(gang)들은 매우 지역적으로, 그들의 영역은 태어난 자란 곳을 기반으로 하며 일부 단원들은 서로 친족 간일 수 있다.

말할 필요도 없이, 이것은 포괄적이며 일반적이지만 다른 단서가 없다면 조사를 시작할 선을 제공할 수 있다. 한 가족이 관련된 가능성이 입증되면, NADAD에 없는 가족의 일원에게는 DNA를 제출하도록 요구하고 이를 통해서 피의자를 확인 할 수 있을 것이다. 당연히 이런 접근법은 논쟁을 일으키는데, 이는 부당하게 자신들이 지목되었다고 느끼거나 또는 이것이 NADAD에 자신들의 DNA를 넣기 위한 구실이라고 느끼는 가족/사회는 경찰에 대한 신뢰가 거의 없기 때문이다. 또한 만일 이전에는 알지 못했던 친부를 밝히거나 또는 친부가 아닌 것으로 밝혀지는 경우에는 가족 간에 심각한 문제를 일으킨다. 범죄 현장 근처에 사는 모든 사람들의 DNA 시료를 요구하는 것은 더 큰 논쟁을 불러일으킬 수 있으며, 또한 방대하고, 비용과 시간이 많이 드는 것일 수 있다.

사례연구: Lynette White 살인 사건

1988년 2월 14일 이른 시간에, 20세 창녀였던 Lynette White가 Cardiff 부두의 홍등가에 있는 그녀의 아파트에서 잔인하게 살해되었다. 목이 잘렸고, 손목과 얼굴이 난도질당했으며, 특히 가슴 주위를 50여회 이상 찔렸다. 범죄현장에는 성폭행의 모든 증거들이 있었고, 많은 방송 보도와 경찰의 조사가 이루어졌다 (이 둘은 항상 연결이 되어있음). Lynette가 살해당한 장소와 시간은 의문이 없었는데, 혈흔은 그녀가 발견된 곳에서 살해되었고, 공격 당시 파손된 그녀의 시계는 1시 45분에서 1시 50분 사이에 발생했다는 것을 의미하였다. [동시발생 증거(concurrence evidence)]. 더욱이 벽과 Lynette 옷에 있는 흔적은 Lynette 이외의 혈액을 포함하고 있었다. 공격자가 부상을 입는 것은 흔한 일이다 (5장 참고). 그 당시의 DNA 프로파일링은 아직까지 초기 상태였고 따라서 대부분의 분석은 혈청학(serology)에 기반을 두었다. 분석들은 혈액이 다섯 가지 혈액형 특성의 희귀한 조합을 가진 한 남자에서 유래했다는 것을 의미하였다. 공격이 있던 시간에 부두 지역에 있던 목격자들은 슬픔에 잠긴 듯이 행동하며 혈흔이 있는 옷을 입은 백인 남성을 보았다고 진술했다. 이들의 설명으로부터 인쇄된 기사에서 Mr. X로만 알려진 소아성애자(paedophile)로 알려진 한 명을 확인하였다. 그는 DNA 프로파일이 그를 배제할 때까지 중요한 용의자로 남아있었다. 중요한 용의자의 결백이 증명되자 경찰은 결과가 너무 절실하였다. 그들은 포주인 Stephen Miller로 하여금 자백을 하도록 협박하고, 다른 자들도 연계된 것처럼 하도록 하였다. 그 당시 Miller는 26세였지만 IQ는 75였고 정신연령은 11세로서 설득에 약한(vulnerable) 것으로 기술되어있다. 그는 몰랐지만, 그가 Lynette를 죽였다는 것을 불가능하도록 하는 물리적인 알리바이가 있었으므로, 경찰은 이를 알고 있었지만 고려하지 않기로 하였다. 경찰은 또한 살인이 있던 시간에 배에서 작업을 하고 있던 Yusef Abdullahi, Tony Paris, 그리고 두 사람을 더 고발하였다. 이들에 대한 주요한 증거는 Miller의 자백과 Lynette의 친구였던 두 창녀들이 다섯 남자가 그녀를 죽이는 것을 보았다는 진술이 있었다-이들이 이런 정보를 자발적으로 제공하는데 까지 경찰이 48시간을 구금했다는 소문에 있지만. 재판은 사건이 발생한지 후에 2년이 걸렸고 법의학적 증거의 일부로 제시된 것들에 잘못이 있었다. Miller, Abdullahi, Paris는 살인죄로 밝혀져 종신형을 살게 되었고 나머지 2명은 석방되었다. 그 후에 'Cardiff Three'로 불리게 되었던 이들의 유죄 판결은 취소되었고 경찰은 재조사를 시작해야 했다. 그 후에 DNA 분석을 위한 새로운 방법들이 발전하였고 보관된 물질들을 재분석하였지만 이용이 가능한 프로파일의 생산에는 실패하였다.

1999년 6월에 이 사례는 재조사가 시작되었고, Angela Gallop 박사가 수장으로 있으며 독립적으로 운영되는 사설 법의과학 실험실인 Forensic Alliance에 임무가 주어졌다. 이때까지 분석을 위한 혈액은 거의 남아있지 않았다. 다행히도 Lynette의 신체 옆에서 수거한 혈흔이 남아있는 셀로판 담배 포장 조각을 찾았고, 이는 그녀의 것과는 다른 프로파일을 갖는 작은 얼룩을 가지고 있었다. 이는 이 혈액이 살인자의 것이라는 증거로 충분하지 못했으며 이것이 살인과 연관이 있다는 것을 의미하기 위해서는 아파트의 다른 장소에서 동일한 프로파일을 발견해야할 필요가 있었다. 살인자는 빌딩의 복도를 따라서 피가 묻은 손자국을 남기며 떠났지만, 보관되어있던 벽지 조각으로는 유용한 DNA 프로파일을 생성하는데 실패하였는데, 아마도 지문 감식을 위한 스프레이가 DNA를 분해했기 때문일 것이다 (2장). Lynette가 살해된 지 10년이 지났고 그녀의 아파트는 청소가 되고 두 번이나 새로 장식이 되어졌음으로 범죄 현장으로부터 증거를 얻는 것은 요원해 보였다. 그럼에도 불구하고 2003년에 아파트에 대하여 재조사가 진행되었으며, 앞문과 그녀의 신체가 발견된 곳과 가까운 벽 아랫부분의 널빤지(skirting board)에서 페인트 막을 조심스럽게 벗겼다. 작은 혈액의 흔적들이 발견되었고 이것들은 Lynette와 셀로판지에 있던 혈액에서 발견된 남자의 프로파일들을 모두 가지고 있었다. Lynette는 살해되기 전에 단지 일주일 동안만 아파트를 사용했기 때문에 다른 날짜에 그녀의 프로파일이 다른 사람의 것 위에 겹쳐질 확률은 아주 낮았다. 사진학적 기록과 어떻게 혈흔이 형성되었는가에 대한 지식은 (2장) 조사자들이 연구에 집중하도록 도왔다. 예를 들어, 많은 상처들이 Lynette가 마루에 누워있는 동안에 생겼고, 격앙된 상태의 공격은 수많은 덩어리 혈흔들이 벽 아랫부분의 널빤지 상에 뿌려지고 그 아래로 스며들었다는 것을 의미하였다. 디욱이 가해자는 피를 뒤집어썼으며, 그 자신도 상처를 입었을 것이고, 현장에서 도망칠 때에 Lynette의 혈액과 함께 그 자신과 혈액 흔적을 문의 벽에 남겼을 것이다. Lynette의 옷이 재조사되었고, 다른 곳과 동일한 남자의 프로파일을 갖는 혈흔이 발견되었다. 따라서 연관 관계가 성립되었고-용의자의 혈액은 Lynette의 옷과 시체 근처에서 수거가 되었고, 그녀의 피와 섞여있었다: 그는 Lynette가 살해당한 시간에 그녀의 위에서와 주변에서 피를 흘린 것이 틀림없었다.

원래 범죄 혐의가 부과되었던 사람들과 DNA 시료를 제출했던 '목격자'들은 모두 조사로부터 즉시 배제되었다. 용의자의 DNA 프로파일은 NDNAD로 보내졌으나 일치된 것을 찾을 수 없었다. 따라서 특정한 용의자의 DNA 프로파일을 Cardiff 지역에 살고 있는 남자들과 비교하는 것으로 제한되었다. 프로파일의 가장 흔하지 않은 요소(component)들을 비교함으로서 후보군 이름이 600명으로 줄어들었다. 프로파일 내의 흔한 요소들을 비교하는 것에 의해서 목록은 70명으로 줄었고, 궁극적으로 한 명이 프로파일이 용의자의 것과 유사하였다. 이 사람은 10대로서 살인사건 당시에는 태어나지도 않았지만 살인자와 친족 관계에 있을 가능성이 충분히 있었다. 따라서 경찰은 소년의 모든 친척들의 DNA를 수거하였고 마침내 그의 사촌인 Jeffery Gafoor가 용의자와 동일한 프로파일을 갖는 것으로 밝혀졌다. 그는 바로 체포되었고 처음에 성관계를 위해서 ￡를 주었지만 아파트에 도착한 후에 마음이 바뀌어서 돈을 돌려줄 것을 요구하였다고 인정하였는데, 이것이 논쟁을 불러일으켰고 Gafoor는 칼을 꺼냈으며, 그의 말에 따르면 '상실했다'고 하였다. 그는 2003년에 종신형으로 감옥에 갔다. 이 사건은 얼마나 재판이 잘못 진행될 수 있는 가를 보여주었으며, 어떻게 DNA 증거가 사건 발생 수년 후에도 다시 얻어질 수 있으며, 사람들의 DNA가 NDNAD 상에 존재하지 않을지라도 어떻게 어떤 사람을 확인할 수 있는가를 보여주었다.

사례연구: Michael Little의 과실치사

Michael Little는 포드자동차사에서 대형트럭(lorry) 운전사로 근무하였는데, 2003년 3월 21일 오전 12시 30분에 M13 고속도로를 따라서 운전하던 중에 길 건너편의 인도교에서 날아든 벽돌에 차의 앞 유리창이 산산조각으로 깨지는 사건이 발생하였다. 벽돌이 Little씨의 가슴에 맞았지만 그는 트럭을 길가에 대고 엔진을 끈 후 결국 심장마비로 사망하였다.

교량이 영국 Surrey의 Camberley와 Firmly 간에 연결되고 있고 지역사람들이 밤 외출 에 자주 이용하기 때문에 경찰은 이 지역사람 누군가가 벽돌을 던졌을 것이라고 믿었다. 벽돌의 법의학적 분석은 Little씨와 신원미상의 남자의 혼합된 DNA 프로파일을 갖는 혈흔이 있음을 보여주었다. 신원미상의 남자 DNA는 소량이었음으로 low copy number DNA 분석을 이용하여 분석되어 부분적인 DNA 프로파일을 얻어냈다. 이 부분적 프로파일은 Firmly에서 파손된 차에서 수거된 DNA와 완전히 일치하였다. 이른 저녁에 누군가가 유리창을 부수고 철사를 이용해 시동을 걸어 차를 훔치려고 시도하였다. 이 도둑의 이 시도는 실패하여 차를 울타리에 밀어 놓고 버려두었다. 그러나 유리창을 깨는 중에 도둑은 손을 다쳐서 차량에 혈흔을 남겨 두었다. 도둑은 애인이 있었으며 음주 후에 집으로 돌아가는 길에 차를 훔치려고 시도한 것으로 드러났다. 차를 훔치려다 실패한 것에 실망하여 집에 가는 길에 각각 벽돌을 집어 들었고, 결국에는 이 벽돌들을 교량에서 내던졌다. Little씨를 때린 벽돌과 차로부터 수거된 DNA 프로파일은 어떤 NDNAD의 것과도 일치하지 않았지만, 범죄의 성격과 DNA 프로파일의 특성으로부터 경찰은 그 지역에 사는 35세 이하의 백인 남성을 찾아야 한다고 믿게 되었다. 따라서 이 기준에 맞고 자발적으로 기증할 남자들의 DNA를 요청해서 350명을 분석하였지만 답을 얻을 수 없었다. 따라서 Surrey/Hampshire 지역에 사는 사람들을 대상으로 기준을 제한해서 신원미상의 남자 DNA의 프로파일과 공통적인 특징을 공유하는지에 대해서 NDNAD 상의 가족 조사가 이루어졌다. 이 조사는 25명의 이름을 산출해냈지만 그 중에서 한 명이 신원미상의 남자와 프로파일의 20가지 중에서 16가지가 일치했고, 이는 친족 관계임을 의미했다. 이는 20세의 Craig Harman을 확인하도록 했고, 그는 2003년 10월 30일에 체포되었다. Harman은 처음에는 고의적 살인, 차량 절도 미수와 두 개의 벽돌 절도죄로 고소되었다. 궁극적으로 살인으로 6년을 언도받았다. Little과 Harman 사이에 직접적인 접촉이 없었기 때문에 이 사건은 흔하지 않는 경우가 된다.

단일 뉴클레오티드 다형성 표지

단일 뉴클레오티드 다형성(single nucleotide polymorphism, SNP) 표지는 1개의 염기 단위가 다른 것에서 생겨나며 (그림 3.7) 유전자 변이(genetic variation)에서 가장 흔한 것이다. 이것들은 X와 Y 염색체를 포함하여 전체 유전체에서 발견된다. 모두 그 자신의 독특한 SNP 패턴을 가지고 있으며, 이는 개인을 확인하는 수단을 제공한다. 미니서열분석(mini-sequencing)이라는 기술을 이용하여 주어진 SNP의 염기를 분석할 수 있으며, 다른 좌위들의 여러 위치에 있는 염기들이 알려지면 이것을 이용하여 STR 프로파일과 유사한 프로파일을 만들 수 있다. 각 SNP의 대립형질 빈도를 이용하여 두 사람이 동일한 SNP 프로파일을 공유하는 가능성을 측정할 수 있다. 각 위치에서 대립형질의 최대 수는 단지 4 (A, C, G 또는 T)이기 때문에 STR에 기반을 둔 프로파일링과 똑같은 판별력을 갖기 위해서는 50-100 SNP들을 조사할 필요가 있다. 그러나 마이크로어레이 혼성화(microarray

T T G A C G T
A A C T G C A

T T A A C G T
A A T T G C A

그림 3.7 단일 뉴클레오티드 다형성을 나타내는 도해.

hybridizatiion)라는 기법을 이용하여 많은 SNP 좌위들을 동시에 조사함으로 긴 시간이 걸리지 않는다. STR과 비교하여 보면, SNP가 안정하다는 것은 이것이 세대 간에 변할 가능성이 적다는 의미이고, 종종 부계 확인에 이용된다. 그러나 Amorim & Periera(2005)에 의한 통계 시뮬레이션 연구는 SNP 분석에만 의존하는 것은 결론에 이르지 못하는 결과들을 STR 분석에 비교하여 더 많이 도출할 수도 있다는 것을 보여주었다.

SNP 분석(SNP analysis)은 아주 적은 양의 시료만 필요하고 절편의 크기가 STR 분석을 위해 필요한 것보다도 더 작아도 가능하기 때문에 DNA가 심하게 분해가 된 후에도 정보를 제공할 수 있다. 그러나 혼합된 DNA에서는 어떤 SNP가 어떤 사람에게 속하는지를 구별하는 것이 어렵기 때문에 그 효과가 상쇄된다. 더욱이 어떤 상항에서는 정량적 분석이 필요한데 현재 일부 SNP 분석에서는 이것이 불가능하다. 혼합된 DNA가 한명의 남자와 한명의 여자로부터 온 것이라면 이것은 문제가 덜 되는데, 이는 Y-연관 SNP들이 단지 남성으로부터만 유래하기 때문이다. 그러나 2명이상의 남성이 DNA 시료에 있거나 동성 (즉 남성 간 성폭행)이라면 분리가 어려울 것이다. 이 문제를 해결하는 가능한 방법은 삼중 대립형질 SNP(tri-allelic SNP)를 확인해야 하지만 (Phillips 등, 2004), Brookes(1999)에 따르면 이것들은 거의 존재하지 않는다고 볼 정도로 '희귀'하다.

인종의 결정

인종(ethnicity)에 따라서 어떤 대립형질의 빈도가 높거나 또는 낮거나 하지만 모든 인종 그룹은 현재 STR Plus 프로파일(STR Plus profile)에 이용되는 동일한 대립형질을 공유한다. 그들의 STRplus^{TM} 프로파일로부터 한 사람의 조상에 대한 가설적인 추론을 만들 수는 있지만 (Lowe 등, 2001,) 이 목적에는 특히 그리 신뢰가 가는 기술은 아니다.

SNP들은 인종의 기원을 결정하는데 STR보다 훨씬 큰 가능성을 보여주며 (Kidd 등, 2006), 상업적으로 이용 가능한 조사인 DNAWitness ^{TM}가 이미 존재한다. DNAWitness ^{TM}는 DNA 시료에서 유럽인, 동아시아인, 미국 인디언 및 사하라 남쪽(sub-Saharan) 아프리카인의 BioGeographical Ancestry (BGA)의 확률을 결정하기 위해서 178개의 SNP를 이용한다 (www.dnaprint.com). 이 조사는 이들 지역에서 수집된 참고(reference) DNA 시료들을 이용하는데, 모르는 시료를 이들과 대비하여 '최우추정법(maximum likelihood estimation)'이라고 불리는 통계 과정을 통하여 검색한다. 유럽인들에게는 이상하지만 BGA 목록에 '아메리카 원주민(Native American)'이 포함된 것은 이 검사법이 미국 가계도 시장에 눈을 맞추고 개발되었고, 많은 미국인들이 미국 인디언 혈통을 '증명(proof)'하기를 원할 것이기 때문이다. 이 기술은 그 자체의 한계점이 있으며 우리 사회의 이동과 국제결혼(intermarriage)의 빈도가 증가하는 것에 의해서 복잡하게 된다. 그러나 목격자의 진술조차도 믿을 수 없을 수도 있기 때문에 이 기술은 피의자를 찾으려고 시도할 때에 유용할 수 있다. 사실 법의학 논문들에는 목격자가 확인한 것의 약 50%가 틀렸다고 자주 기술되어있다. 이것의 고전적인 예는 Derek Todd Lee의 경우로서 2003년 미국 Louisiana 주에서 7명의 여성을 성폭행하고 살해한 것에 대해서 유죄로 판명되었다. 경찰의 범죄 현장으로부터 범인의 DNA의 기록을 가지고 있었지만 이는 FBI의 CODIS 데이터베이스에 보관된 어떤 것과도 일치하지를 않았다. 더욱이 CODIS 데이트베이스에 이용된 DNA 검사는 인종적 기원에 대해서 어떤 정보도 주지를 않았다. 따라서 경찰은 목격자의 설명에 의존하였고, 이는 범인이 백인 남성이라고 지목하였다. 따라서 DNAWitness ™을 이용하여 계속된 검사에서 범인의 프로파일은 85%가 사하라 남쪽 아프리카인과 15%의 미국 인디언 BGA로 나타났을 때에 놀라움으로 다가왔다. 이 정보에 의해서 경찰은 조사를 확대하였다. 2개월 후에 경찰은 Derek Todd Lee를 체포하였으며 그의 유전적 배경은 SNP 프로파일에 나타난 것과 일치하였고, 그의 STR 프로파일은 범죄 현장의 것과 일치하는 것을 증명하였다 (www.dnaprint.com).

물리적 외형 결정

용의자의 목록을 좁혀 가는 것은 범죄 조사의 중요한 부분이다. 목격자 진술은 이런 면에서 매우 중요하지만 언제나 가능한 것이 아니고, 완전히 신뢰할 수 없다는 것은 주지의 사실이다. 만일 범죄 현장으로부터 완전한 DNA 프로파일이 얻어지고 이미 NDNAD에 있는 것과 완전한 일치를 보인다면 경찰은 누구를 찾아야 할지를 정확히 알게 되지만, 일치하는 것이 없다면 유일한 정보는 용의자가 남성 또는 여성이라는 것뿐일 수 있다. 때때로 표현형의 발현으로 의미되는 우리의 피부 및 머리색, 홍채색소침착(iris pigmentation), 키, 턱 모양과 같은 물리적인 특징들은 많은 유전자들 간의 상호작용 결과로서 종종 나이, 환경, 질병, 음식의 영향을 받기도 한다. 상호작용의 복잡성 때문에 물리적인 외형의 측면에서 믿을만한 검사는 거의 없는 편이고, 피부색이 인종을 의미할 수 있겠지만 이것도 신중하게 수행될 필요가 있다 (Parra 등, 2004).

표현형의 발현에 관한 대부분의 법의학 연구는 매우 복잡한 현상으로 서로 상호작용을 하고 다양한 효과를 갖는 120개 이상의 유전자들에 의해서 영향을 받지만 색소침착(pigmentation)에 집중되어있다 (Tully, 2007). Melanocortin 1 receptor (MCR1) 유전자는 Caucasian 개개인에서 상당한 변이성을 보이며, 자세히 연구되어 왔다. MCR1은 주로 멜라닌형성세포(melanocyte)의 표면에서 발견되며 eumelanin (검은색-갈색) 및 pheomelanin (붉은색-노란색) 색소의 생산을 조절한다. 붉은 머리색을 갖는 사람은 다형성 MCR1을 발현하는데, 이는 멜라닌형성세포가 eumelanin을 합성하는 것을 감소하게 하고 pheomelanin 생성을 증가시키는 능력이 있다. 결과적으로 멜라닌형성세포가 일차적으로 pheomelanin을 생산하고 그 개인은 붉은 머리와 창백하고 주근깨가 많은 피부를 갖는 경향이 있다. Branicki 등 (2007)은 MCR1 유전자 내에서 법의학적으로 유용한 SNP를 확인했는데, 이는 붉은 머리색의 미묘한 차이를 알아낼 수도 없고 아일랜드 색깔(irish colour)을 예측하는데, MCR1 유전자 분석을 이용할 수는 없을지라도 붉은 머리색을 가진 것을 예측하는데 이용될 수 있다. SNP 분석에 기반을 둔 아일랜드 색상(irish coloration)을 위한 상업적인 검사(Retinome™)가 DNAPrint™ Genomics로부터 사용가능한데, 보고에 따르면 어떤 개인이 대부분이 유럽계 혈통일 경우에 정확도가 90% 이상이다. 이런 정보는 아마도 제한적으로만 유용할 것으로 보이는데, 이는 용의자가 머리를 염색하거나 가발을 쓰고 아일랜드 색상으로 위장하기 위해서 렌즈를 착용하여 적발될 가능성을 줄일 수 있기 때문이다.

특정한 물리적 특징의 흔적에 대해서 믿을 수 있는 증거를 제공하는 이외에도 어떤 방법이든지 전형적인 범죄 조사에서 유용하기 위해서는 최소량의 시료를 필요로 하고, 빠르게 결과를 얻어야 하고, 가격이 저렴해야 한다. 현재 대부분의 기술들은 연속적으로, 즉 한 번에 하나씩 수행됨으로 매우 느리다. 키와 몸무게 같은 특성들은 예측하는 것이 특히 어려운데, 이는 음식과 같은 복잡한 환경적 요인에 기인하기 때문이다. 예를 들어, 일본인의 평균키는 1957년에서 1977년 사이에 남자는 4.3 cm, 여자는 2.7 cm가 증가하였다. 음식이 개선되고 건강관리가 제공된 다른 집단에서도 유사한 증가를 볼 수 있다. 예측 검사가 실용적이 되기 위해서는 어떤 특징을 좁은 영역 내에서 예측할 필요가 있다. 예를 들어, 용의자는 키가 1.65에서 1,85 미터이고 몸무게는 65-90 kg의 남자라고 예측하면 잉글랜드와 웨일즈의 대부분의 남자들이 이 범주에 해당된다.

개인 특성(personality trait)의 결정

한 개인이 범죄 성향(criminal tendency)을 갖느냐 아니냐를 결정하는 인자들은 매우 복잡하여 이 책의 범위를 넘어서는 것이다. 그러나 인생의 경험과 결합하여 발현된 어떤 유전적 특징이 한 개인의 특정한 행동 양상을 증가하도록 한다는 것은 점점 더 분명해지고 있다. 예를 들어, 뇌에 소량의 monoamine oxidase A를 갖도록 하는 특정한 대립형질 조합을 발현하고 어릴 때에 학대를 받은 남성은 사춘기 및 성인일 때에 그렇지 않은 사람들에 비해서 더 폭력적이다 (Bernet 등, 2007). 유사하게 뇌의 5-hydroxytryptamine (serotonin) transporter를 암호화하는 특정한 대립형질을 갖고 스트레스를 많이 경험한 남자는 다른 대립형질의 조합을 갖는 사람에 비해서 더 우울증에 잘 걸리고 자살을 하려는 경향이 있다. 이 두 경우 모두 유전형과 인생 경험의 결합이 특정한 행동을 일어나도록 했었다는 것이고, 이런 행동이 일어날 것이라는 의미는 아니라는 것을 주의하라.

이동성 요소 삽입 다형성

DNA로부터 인종 특징을 확인하기 위해서 SNP를 대신할 방법은 짧은 집단 반복요소(short

interspersed element, SINE)에 기반을 둔 이동성 요소(mobile element) 삽입 다형성을 분석하는 것이다. 이중 가장 흔한 종류는 소위 *Alu* element로서 길이가 약 300개의 뉴클레오티드이다. 대부분의 *Alu* 좌위는 특정한 좌위에 고정이 되어있는데 일부 subfamily들은 삽입 여부에 따라서 다형성을 갖고 있으며 집단간 유전적인 관계를 결정하는데 이용될 수 있다 (Watkins 등, 2003). Ray 등 (2005)는 100개의 *Alu* 삽입 다형성(*Alu* insertion polymorphisms)을 이용하여 블라인드(blind) 연구를 수행했고 18명의 개개인들을 아프리카인, 아시아인, 인도인 또는 유럽인 자손으로 정확하게 판단할 수 있었다. SINE 분석은 실험실의 표준 PCR 장비가 필요하지만 수동장치를 사용한다면 많은 시간을 소비한다는 단점이 있다. 긍정적인 면으로는 SNP와는 다르게 *Alu* 삽입은 역돌연변이의 위험이 없다는 것으로 가장 신뢰할 만한 것들이 분석이 되면 이후에는 더 적은 수의 삽입만을 분석해도 된다는 것이다. 더욱이 *Alu* 삽입 분석으로는 성별(gender)도 확인될 수 있고 (Hedges 등, 2003) 따라서 이것은 Y 염색체의 amelogenin 유전자가 손실되었다고 생각되는 경우에 유용한 방법이 될 수 있다.

표 3.5 법의학 DNA 프로파일링에 가장 자주 이용되는 방법들의 장점과 단점

유전자 표지	장점	단점
상염색체 STR	작은 시료 크기. 약간의 DNA 손상은 문제가 안됨. 우수한 구별능.	DNA가 크게 손상된 경우에 구별능이 크게 줄어듦.
상염색체 SNP	극히 적은 시료 크기. 크게 손상된 DNA도 구별이 가능함. 조상 검사가 가능함.	STR보다 구별능이 더 낮음. 혼합된 DNA 프로파일을 구별하는 능력이 STR보다 낮음.
Y-연관 STR	남성특이성으로 성별이 혼합된 DNA 시료에 유용함. 작은 시료 크기. 약간의 DNA 손상은 문제가 안됨.	낮은 구별능, 특히 남성 친족들 중에서. DNA가 크게 손상된 경우에 구별능이 크게 줄어듦.
Y-연관 SNP	남성특이성으로 성별이 혼합된 DNA 시료에 유용함. 매우 적은 시료 크기. 약간의 DNA 손상은 문제가 안됨.	낮은 구별능. 만일 DNA 2인 이상에서 오면 구별이 어려움.
SINE	성별 구별이 대립인자 결여에 의해서 영향을 받지 않음. 인종 기원 검사가 가능함.	효과를 확정하기 위한 연구의 수가 제한적임.
미토콘드리아 DNA	매우 적은 시료 크기. 크게 손상된 DNA에서 효과적임. 이형세포질성이 확인을 용이하게 할 수 있음.	STR보다 구별능이 더 낮음. 만일 개인이 모계와 연관이 있으면 더 낮은 구별능. 이형세포질성이 정확한 확인을 막을 수 있음.

미토콘드리아 DNA

미토콘드리아는 세포 내 소기관으로 세포가 생존하는데 필요한 에너지의 90%를 생산한다. 인간 세포에서 발견되는 미토콘드리아의 수는 에너지 필요성에 따라서 결정되는데 성숙한 적혈구의 0개에서부터 근육세포의 1000개 이상까지 다양하다. 이것들은 세균에서 유래했다고 생각되는데, 수백만년 전에 원시 또는 초기 진핵세포와 공생 관계로부터 진화했다고 본다. 시간이 흘러감에 따라서 공생은 고착화가 되었고 오늘날까지 전통을 반영하여 미토콘드리아는 세포핵에서 발견되는 것과 구별되는 자신만의 세균 리보솜과 DNA (mtDNA)를 보유하게 되었다. 각 미토콘드리아는 mtDNA 유전체를 2-10 카피(copy) 정도 가지고 있다. mtDNA의 유전은 핵의 DNA와는 다르게 완전히 모계(maternal side)로부터만 일어난다. 이는 수정 시에 정자(spermatozoon)의 일부인 머리 부분만 난자로 들어가기 때문이다. 대개 정자의 꼬리와 약간의 미토콘드리아를 포함하는 중간 부분은 머리가 난자의 위란강 (perivitelline space)으로 들어 갈 때 잘려 나간다. 가끔 중간 부분에 있던 미토콘드리아가 융합에 끼어들어가는 수 있지만 난자에 의해서 파괴되어 버린다 (Manfredi 등, 1997). 결론적으로 발생 중인 배아에 있는 mtDNA는 난자에서만 유래한 것이고 따라서 에너지는 모두 여성의 것에서 만들어진다.

인간 mtDNA는 16569 염기쌍으로 구성된 원형 DNA 분자로서 2개의 리보솜 RNA, 22개의 tRNA와 13개의 단백질을 암호화하는 37개의 유전자를 갖는다. 핵 DNA와는 다르게 미토콘드리아 유전체는 매우 조밀하여 DNA의 약 93%가 암호화 서열로 되어있다. 나머지 비암호화 서열은 조절(control) 지역 또는 전치(轉置, displacement) 고리(D-loop)라고 부른다. D-loop 지역은 약 1100개의 염기쌍으로 구성되었는데 암호화 지역보다 높은 돌연변이 비율을 보이고, 핵 DNA의 돌연변이보다는 약 5-10배 더 높게 나타난다. 돌연변이는 치환(substitution)으로 일어나서 한 뉴클레오티드가 다른 것으로 바뀌며, 고리 지역의 길이는 변화가 없다. mtDNA의 돌연변이는 미토콘드리아에서 산화적 인산화 반응에 의해 에너지를 생산하는 동안에 높은 농도로 발생하는 돌연변이원인 자유 산소 래디컬(free oxygen radical)에 의한 결과이다. 핵 DNA에서 발견되는 것과는 다르게 mtDNA에는 수리 기능이 없기 때문에 이 치환들은 보존된다. 이 돌연변이들은 아주 가깝게 연관된 개개인들 사이에서도 서열이 다르게 나타나며, D-loop 지역의 분석은 효과적인 확인 방법이 된다 (Budowle 등, 1999). mt DNA는 모계로부터만 유전되기 때문에 이는 또한 직계 유전 라인을 추적하게 한다. 더욱이 핵 DNA의 유전과는 다르게 재조합에 기인한 복잡성이 존재하지 않는다.

D-loop는 각각 약 610 염기쌍을 갖는 두 지역으로 나누어지는데, 다변 지역(hypervariable region) 1 (HV1) 및 다변 지역 2 (HV2)로 알려져 있다. 이들 두 지역 말단에 염기쌍이 맞도록 고안된 특이적 프라이머를 이용한 PCR 증폭을 통해서 mtDNA 분석이 주로 수행된다. 이후에는 DNA 서열분석을 한다. 높은 치환 때문에 이 짧은 지역을 분석해서 매우 가깝게 연관된 서열 사이의 차이를 알아내는 것이 가능하다. 연관이 없는 개인끼리에서 mtDNA는 약 1-2.3%의 변이가 있는 것으로

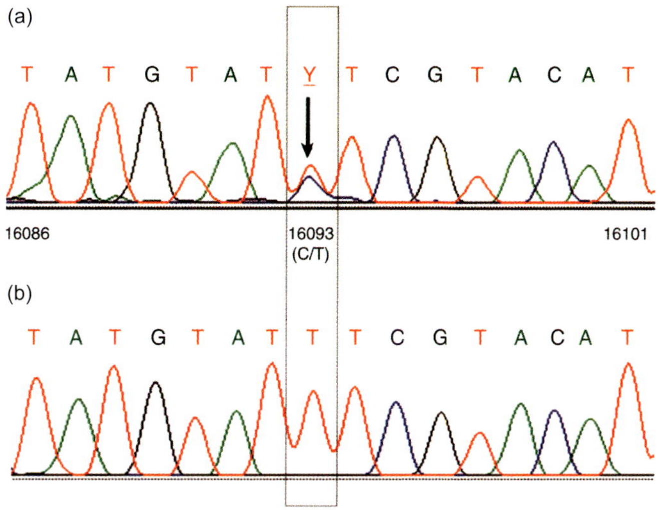

그림 3.8 16093 위치에 (a) 이형세포질성(heteroplamsy) 및 (b) 이형세포질성(homoplasmy)을 나타내는 도해. (a)에서는 뉴클레오티드 시토신(C) 및 티민(T)이 그 위치에 존재하지만 (b)에서는 단지 티민만 발견된다. (Butler, J. M. (2005) 승인하에 게재, *Forensic DNA Typing*, 2nd edn. 저작권 Elsevier (2005)

판단되며 (Inman & Rudin, 1997), mtDNA 서열이 STR DNA 프로파일링만큼의 판별력은 없을지라도 STR DNA 분석이 실패한 경우에 효과적인 것으로 증명되었다.

한 사람이 가지는 모든 미토콘드리아의 mtDNA 서열은 일반적으로 동일한데, 이를 이형세포질성(homoplasmy)이라고 한다. 그러나 어떤 사람에게는 염기 서열의 차이가 한두 장소에서 발견된다. 이는 '이형세포질성(heteroplasmy)'이라고 알려졌고 법의학 조사에 매우 중대한 영향을 줄 수 있다 (Lo 등, 2005). 이형세포질성은 매우 희귀하다고 생각되었지만 현재는 인구의 10–20%에서 발생한다고 믿어지고 있다 (Gibbons, 1998). 이를 더 어렵게 하는 것은 이형세포질성이 신체의 모든 조직에서 동일하게 발현될 필요가 없는 것으로 보인다는 것이다. 예를 들어, 한 개인으로부터 온 두 가닥의 머리칼에서 이형세포질성을 나타내는 염기쌍이 다른 비율을 보이고, 이는 일치보다는 배제(exclusion)라는 결과로 나타날 수도 있다 (Linch 등, 2001). 이는 이형세포질성이 높은 돌연변이율의 결과이거나, 또는 생식세포로부터의 유전 또는 체세포 분열 및 mtDNA 복제로부터의 유전에 따른 결과일 수 있기 때문이다.

법의학에서 mtDNA 분석은 핵 DNA가 거의 없는 시료 – 예, 지문 또는 머리칼(hair shaft) – 또는 DNA가 부패나 연소에 의해서 분해된 장소에서 가장 자주 이용된다 (Bender 등, 2000). 한 개의 세포에도 수많은 미토콘드리아가 있고 각 미토콘드리아는 여러 개의 미토콘드리아 유전체를 가지고 있기 때문에 핵 DNA보다 mtDNA를 더 추출할 수 있다. 법의학 연구에서 가장 흔하게 이용되는 상피세포는 약 5000 분자의 mtDNA를 보유하고 있다 (Bogenhagen & Clayton, 1974). 그러나 미토콘드리아 DNA 분석은 많은 문제로 어려움을 겪는다. 예를 들어, 모든 모계 연관된 개개인은 동일한 mtDNA 서열을 보유함으로 상염색체 STR 분석에 비교하여 판별력이 제한적이다. 이형세포질성(heteroplasmy)은 상황에 따라서 문제가 되거나 또는 유용한 특징으로 고려될 수 있다. 이것은 혼합된 서열이 DNA 프로파일에 두 명이상의 사람들이 있다는 것을 예상하도록 하기 때문에 문제를 야기할 수 있다. 시료와 용의자의 mtDNA 프로파일 간에 단지 한 개의 염기가 다른 것은 일치와 배제를 증명하는데 불충분한 것으로 고려되지만 두 개 이상의 차이는 배제를 위한 기반이 된다. 반면에 이형세포질성은 용의자가 시료와 동일한 이형세포질성 특징을 발현한다는 것을 확인할 수 있는 특성을 제공한다.

STR 분석과 같이 길이의 차이를 결정하는 것과 비교해서 mtDNA 분석과 관련된 다른 공통적인 문제점은 서열 간의 차이를 탐지하는데 시간이 많이 걸리고 비싸다는 것이다. 더욱이 mtDNA 서열의 희귀성(rarity)은 실험적 연구를 통해서 결정되어야만 되며, 그 결과는 다른 분석들 것만큼 통계적으로 믿을만하지 못하다. 마지막으로 1개의 세포 당 많은 카피 수 때문에 mtDNA 서열과 관련된 오염 또는 교차오염의 위험성이 항상 존재한다.

사례연구: 황제 니콜라스 2세 유해의 확인

러시아 혁명이 끝을 향하던 1918년 7월 16일~17일 밤에 황제 니콜라스 2세(Tsar Nicholas II)와 그의 가족들은 총살을 당했고 그들의 시체는 유기되었다. 총살 후에 여러 해동안 그들의 시체는 도살되어, 황산이 뿌려졌으며, 불에 태워져 인근의 탄광 갱도에 버려졌다고 믿어졌다. 그러나 가족의 여러 구성원들이 탈출을 했다는 소문도 있었고 그들의 운명은 미스터리로 남았다. 소련의 붕괴 후에 지난 비밀 보고서가 공개되었으며 시체들이 갱도에 버려졌지만 나중에 다시 회수되어 Yekaterinberg 시에서 약 12 마일 남쪽에 있는 웅덩이에 묻혀 숨겨졌다는 것이 밝혀졌다. 1991년에 웅덩이의 위치가 알려지고 5명의 여성과 4명의 남성을 포함하는 유골이 그 곳으로부터 회수되었다. 이들은 황제, 왕후인 Tsarina Alexandria와 3명의 딸들일 것이라고 믿어졌다. Alexi 왕자와 Maria 공주의 유골들은 없는 것으로 나타났다. 이는 가족들이 총살당한 후에 2구의 시체는 불태워졌다는 비밀보고서의 내용과 일치하였다. 그러나 유해가 모든 황실 가족을 포함하고 있는지를 결정할 필요가 있었다.

STR 및 mtDNA 조사는 무덤에 한 가족이 있다는 것을 보여주었다: 다른 시체들은 3명의 시종과 주치의였다. mtDNA의 분석은 Tsarina 및 자녀들 유해와 Philip 왕자, Edinburgh 공작의 미토콘드리아 D-loop 지역에서 조사된 740개의 뉴클레오티드가 모두 일치하는 것을 보여주었다. Philip 왕자의 할머니는 Tsarina의 자매로서 그는 Tsarina와 동일한 mtDNA 프로파일을 물려받았고, Tsarina의 자녀들도 당연히 같은 프로파일을 가졌을 것이다. 황제의 것으로 생각되어진 유골의 미토콘드리아 DNA 분석은 더 복잡하지만 더 흥미로웠다. 이 유해와 두 명의 모계 친척들과의 프로파일이 16169번 위치를 제외하고 일치하였다. 이 위치에서 유골에서는 시토신(C) 뉴클레오티드가 발현되었지만 친척에서는 티민(T)이 발현되었다. 유골의 클로닝 실험은 이 위치에서만 유일하게 차이를 보이는 mtDNA의 혼합물이 존재하는 것을 보여주었는데, C형이 mtDNA

의 70%를 이뤘다. 이는 황제가 이형세포질성(heteroplasmy)을 갖는다는 것을 의미한다 (Gill 등, 1994).

이 결과들은 유골이 황제의 것이라는 확률이 98.5%였음을 의미하였지만, 일부 서열의 배경 효과나 시료의 수거, 보관 또는 분석 중에 오염이 있을 수도 있다고 지적하는 논평가들에게 이 정도로는 충분하지 않았다. 러시아 정교회(Russia Orthodox Church)는 황제를 성인으로 공표를 하였고, 이는 숭배와 순례의 대상이 될 수도 있었기 때문에 유해의 분명한 확인이 필요하였다. 마침내 황제의 형제로서 1899년 결핵으로 사망한 Georgij Romanov 대공(大公)의 관을 열어 보는 허가가 떨어졌을 때에 이 미스터리는 해결이 되었다. 공작의 유골 미토콘드리아 DNA 분석은 황제의 것이라고 여겨졌던 유골의 mtDNA 프로파일과 16169 위치의 C 및 T 이형세포질성(heteroplasmy)을 포함하여 완전히 일치하는 것을 보여주었다. 이는 이형세포질성이 인간의 신속한 확인에 이용된 첫 번째 예가 된다. 유골의 형태 연구와 모든 다른 DNA 연구 결과들을 종합하면 유해가 진짜일 가능성은 1억 승을 초과하였다 (Ivanov 등, 1996).

RNA

리보핵산(ribonucleic acid, RNA)은 화학적으로 DNA와 유사하지만 단선의 분자이고 데옥시리보스(deoxyribose) 대신에 골격(backbone)에 리보스(ribose)를 당으로 갖고 티민 대신에 우라실(uracil)이 삽입되어있다. 모든 진핵생물과 같이 인간도 3종류의 RNA를 가지고 있으며, 각각은 DNA에 암호화된 정보를 따라서 전사(transcription)라 불리는 과정을 거쳐서 생산된다. 각 RNA들 특이적 기능들이 갖는다:

- 전령 RNA(messenger RNA, mRNA)는 DNA 분자 상의 유전자로부터 특정한 단백질을 만드는 정보를 rRNA까지 가지고 간다.

- 리보솜 RNA(ribosomal RNA, rRNA)는 이름이 의미하듯이 세포질에 위치하는 리보솜(ribosome)이라는 소기관에서 발견된다. 번역(translation) 동안에 rRNA는 운반 RNA(transfer RNA)에 결합하여, 단백질을 만들기 위해 아미노산 간의 펩티드 결합의 형성을 촉매한다.

- 운반 RNA(transfer RNA, tRNA) 분자는 단백질을 합성하는 동안에 특정한 아미노산을 rRNA에 수송하고 mRNA 상에 올바른 방향으로 그것들을 배치한다.

정상적인 세포의 기능이 기본적으로 중요함에도 불구하고 RNA는 법의학 정보로서는 거의 이용되지 않는다 (Bauer, 2007). 이는 사망 이후에 시체 자체 효소와 미생물들에 의해서 빠르게 분해되는 불안정한 분자로 여겨지기 때문이다. 그러나 RNA 분해 속도는 부분적으로는 장소에 따라 다르고, 분해 정도(extent)가 사후 첫 몇 시간동안 또는 며칠 동안은 PMI의 표지로 이용될 수 있다

(Bauer 등, 2003). 현재 이 연구는 초기 단계에 머물러 있으며, 어떻게 사망 원인, 원인이 되는 질병 및 사후의 환경 조건 등에 따르는 복잡한 요소들이 정확도에 영향을 미치는지는 불분명하다. 마찬가지로 RNA 분해는 혈액과 다른 흔적들이 얼마나 오래되었는가를 결정하도록 할 수도 있지만, 실제 상황에서 이것이 얼마나 효과적인지를 확인하기 위해서는 연구가 더 필요하다. RNA는 체액의 출처 확인에도 이용될 수 있다. 특히 이것은 조사자가 월경 혈액과 상처로부터 나온 혈액을 구분하기 원할 경우와 관련된다: 이것은 학대/성폭행으로 추정되고 혈액이 옷과 침대에서 발견된 경우에 일어난다. 이런 경우들은 추정되는 학대가 가족 간에 일어날 때에 특히 문제가 많은데, 아버지의 DNA가 딸의 새털을 넣은 이불이나 속옷에 존재하는 것이 중요한 의미가 없기 때문이다. 모든 세포가 동일한 DNA를 보유하지만 기능에 따라서 다른 단백질을 생산하기 때문에 다른 mRNA 프로파일을 발현한다. 월경 혈액(menstrual blood)에서는 matrix metalloproteinase 7 및 matrix metalloproteinase 10 효소들이 효과적인 표지로 증명되었다 (Juusola & Ballantyne, 2007). 이 효소들은 월경기에 발현되고 세포외 기질(extracellular matrix)의 인자(component)들을 분해하는 역할을 한다. 이 분해는 정상적인 자궁 내막의 재구성 과정의 일부로서 일어나고, 이 효소들은 초기와 중기의 분비 시기에는 존재하지 않는다. 개인 간의 차이와 건강 요소들이 이런 조사에 영향을 줌으로 그 결과는 항상 주의 깊게 분석돼야 한다는 것을 기억해야 한다. 예를 들어, matrix metalloproteinase 7을 포함해서 matrix metalloproteinase들은 일부 암세포에서 과발현된다.

DNA 데이터베이스

국립 DNA 데이터베이스(The National DNA Database®, NDNAD)는 영국형사법원심의회(Royal Commission on Criminal Justice)의 1993년 권고에 따라서 1995년 4월에 설립되었다. 스코틀랜드와 북아일랜드는 자체적으로 DNA 데이터베이스를 가지고 있으며, 체포되는 모든 사람의 프로파일을 NDNAD로 보낸다. NDNAD는 내무부(Home Office), 경찰간부협회(Association of Chief Police Officers) 및 경찰당국협회와 인간유전학위원회(Association of Police Authorities와 Human Genetics Commission)에서 초대된 대표자들과 연합으로 운영된다. 세계 최초로 설립된 국가 DNA 데이터베이스로서, 2007년에 4백만 개 이상의 프로파일링을 가지고 있었다 (표 3.6). 다른 이름을 사용하는 동일인 등을 이유로 해서 이중에 10-13%의 프로파일들이 중복된 것으로 생각되는데, 이는 영국 인구의 약 6%에 해당한다. FBI의 DNA 데이터베이스 CODIS는 수적으로는 더 많은 DNA 프로파일을 가지고 있지만, 미국 인구의 약 0.5%만이 포함된다. NDNAD는 내무부(Home Office)와 과학수사연구소(Forensic Science Service, FSS) 간의 계약에 따라서 FSS에 의해 운영되는데, FSS가 데이터베이스에 프로파일을 올리고, 프로파일 검색과 일치되는 것을 조사하고, 경찰에 이를 보고하는 기관이다.

NDNAD의 규모와 이용되고 운용되는 방식들은 Sir Bob Hepple QC 회장 산하의 넛필드 생명윤리위원회(Nuffield Council on Bioethics)에 의해서 만들어진 보고서 (2007)에서 포괄적으로 검토

표 3.6 NDNAD에 2008년도에 보관된 개인의 정보

(1) 성명, 성별, 출생일 및 체포 경찰에 의해서 묘사된 인종적 외모 – 후자의 정보는 진실성이 의심스러울 수 있다.
(2) 이용된 DNA 시료의 형태 (예, 구강 면봉채취, 혈액, 머리카락, 정액)
(3) 사용된 DNA 검사 종류 (예, STRplus™)
(4) DNA 프로파일: STRplus™의 경우에는 이것은 20개의 2 자리 숫자 열(string) 및 amelogenin 성별 표시
(5) 시료를 채집한 경찰에 대한 자료
(6) 체포 소환장 번호(arrest summons number): 이는 범죄 기록 및 경찰지능정보(police intelligence information)가 저장되어있는 국립경찰컴퓨터(National Police Computer)에 연결해 준다.
(7) 기록을 확인하고 보관된 DNA 시료에 연결해 주는 유일한 바코드(bar code)

되었던 중대한 윤리적 문제를 야기하고 있지만, 대부분이 풀리지 않고 있다. 일부는 다음과 같다:

(1) NDNAD는 연령, 성별에 관계없이 모든 사람의 DNA 데이터를 유지하고 있어야 하는가? 아니면 특정한 개인으로 제한되어야 하는가?

(2) DNA 데이터는 영원히 유지되어야 하는가 아니면 특정한 기간인가? 후자라면 얼마나 오랫동안인가?

(3) DNA 데이터는 예를 들면 컴퓨터 파일로 저장된 STR 프로파일로만 제한되어야 하는가? 아니면 차후에 더 분석되는 것이 허용되도록 DNA 시료를 보관해야 하는가?

(4) 누가 DNA 데이터에 접근할 수 있어야 하는가?

누가 반드시 NDNAD에 존재해야 하는가?

잉글랜드와 웨일즈에서 경찰은 기록이 남는 범죄(recordable offence)를 저지른 것으로 의심되어 체포된 사람들로부터 일상적으로 DNA 시료를 채취한다. [내무부(Home Office)가 미래에는 기록이 남는 범죄(recordable)와 기록이 남지 않는 범죄(non-recordable offence)의 차별을 철폐할 것은 제안하였지만, 현재 기록이 남는 범죄로서 유죄가 발견되면 구류 판결(custodial sentence)이 부과된다.] 이는 그 사람이 나중에 유죄가 확정되거나 아니거나 또는 그 사람의 DNA가 범죄에 관련이 있거나 없거나에 상관이 없이 일어난다. 예를 들어, 가로등 기둥에 방뇨를 하거나 경찰에 미리 통지하지 않고 하원협의회(House of Commission) 앞에서 제물낚시(fly fishing)에 반대하는 일인 시위를 하는 것은 체포되어 지문이 채집되고 DNA가 수집되는 충분한 이유가 된다. 유사하게 한 개인이 단순히 소란행위(nuisance)의 일으킨 사람의 옆에 있었다는 이유로 단체로(*en masse*) 체포될 수 있다 (예, 축구 경기 후에 또는 데모 현장에서). 유죄가 확정되지 않지만, 그들의 DNA는 채집되고 NDNAD에 입력된다. 범죄 피해자들 및 검색을 연습하는 동안에 자발적으로 DNA 시료를 제출한

사람들 또한 자신들의 DNA가 NDNAD에 들어간 것을 알게 된다. 자발적인 공여자들은 그들의 DNA가 특정한 조사에만 이용되도록 요청할 권리가 있지만 많은 사람들이 동의서를 혼동하여서 그들의 DNA가 NDNAD에 들어가는 것에 동의하는 것으로 끝이 나고, 이런 경우에는 나중에 그 정보를 다시는 취소하지 못하게 된다: DNA 프로파일은 그것을 분석하기 위해 수집한 경찰의 소유로 여겨진다.

어느 사회에서나 존재하는 편견 때문에 특정한 사회집단, 특히 젊은 흑인 남성들이 NDNAD에 과도하게 존재하고 이는 인종차별 주장을 불러일으킨다. 한 평가에서는 이런 추세로 지속되면 2010년에는 흑인 남성의 50%가 그들의 세부 사항을 NDNAD에 보관하게 되는 비해서 15% 보다 적은 백인 남성 것이 보관될 것이라고 주장한다. 일부 논평가들 (예, Sedley, 2005)은 이 문제를 피하는 최선의 방법은 국가신분확인체계의 일부로서 모든 사람에게 의무적으로 그들의 DNA를 NDNAD에 올리도록 하는 것이라고 주장한다. 여기에는 '네가 잘못한 것이 없다면 아무 것도 두려워할 필요가 없다'라는 주장이 동반된다. 이는 사법제도에 대해서 다소 순진하게 이해한다는 의미인데, 종종 아무 죄가 없는 사람이 저지르지도 않은 범죄로 기소되며, 그의 DNA 프로파일이 테러리스트의 폭탄 공장에서 수거된 부분적인 프로파일과 유사하다는 것 때문에 경찰 조사의 대상이 되는 것은 매우 큰 스트레스를 주는 경험이 되고, 기소되지 않더라도 가족 와해와 재정적 손실을 야기할 수 있기 때문이다. 더욱이 '잘못'으로 인식되는 것은 시대에 따라 변화하는데, 우리는 이 사회가 어떻게 변할지 예측할 수 없다. 예를 들어, 영국에서 얼마 전까지만 해도 동성애는 범죄행위였고, 부인이 자신을 성폭행했다고 남편을 재판받게 하는 것은 불가능했으며, 여우 사냥은 인기가 있는 국가 경기였고, 비행기에서 흡연이 허락되었다.

NDNAD의 범위를 확장하는 것에 반대하는데 자주 쓰이는 다른 논쟁은 이것이 개인과 국가 사이의 기본적인 관계를 변형시킨다는 것이다. 시작할 때의 NDNAD의 목적은 범죄 집단을 모니터링하기 위한 것이었지만 현재는 데이터베이스에 있는 대다수가 유죄를 받지 않았거나 경범죄로 처벌을 받았지만 다시는 범죄를 일으키지 않을 것 같은 사람들이다. 따라서 현재는 과거에 어떤 일을 저지른 개인 (또는 이들과 관련이 있는 사람들)이 미래에도 어떤 일을 저지를 가능성이 있다는 원칙하에서 DNA 시료를 수집한다. 그러므로 개인은 '집단 속의 보통 사람(an ordinary member of the public)'에서 '범죄가능한 자(potential criminal)'로 바뀌었다. 어떤 사람들은 이를 편집증으로 치부해버리며, 어떤 개인이 경미한 범죄를 저지른 결과로 입력이 되었던 NDNAD 데이터의 도움을 받아 해결된 여러 건의 살인 사건 조사를 강조한다.

NDNAD가 많은 범죄를 해결하였다는 것은 의심할 여지가 없고, 흉악한 범죄를 해결하는데 아주 중요하다는 것이 증명되었다. 그러나 NDNAD의 용량은 계속 증가되지만 범죄의 해결에 공헌을 하는 DNA 프로파일링의 수는 대략 비슷하다. 실제로 내무부(Home Office) 평가는 NDNAD에 있는 사람의 수보다는 범죄 현장에서 얻어진 DNA 프로파일의 수가 범죄를 해결하는데 더 중요하다는 것을 보여준다. 이는 대부분의 범죄는 적은 수의 사람들에 의해서 저질러진다는 이미 잘 알려진 사실로 다시 돌아가도록 하는데, 이들은 경찰이 이미 잘 알고 있다.

정보는 얼마나 오랫동안 NDNAD에 보관되어야 하는가?

범죄 현장으로부터의 생물학적 정보는 미래에 분석을 하려면 오랫동안 보관되어야만 한다. 그러나 개인의 데이터 보관은 다른 문제이다. 현재 잉글랜드와 웨일즈에서는 사탕 한 봉지를 훔치다 잡힌 13세 소녀와 42세 연쇄 성폭행범의 기록이 NDNAD에 같은 기간, 즉 평생 동안 보관된다. 범죄의 구별없이 이렇게 하는 것은 염려되는 사항인데, 어린애들이 나중에는 후회할 이런 짓을 하는 것은 희귀한 경우가 아니며, 모든 개인의 경미한 위법 행위에 대한 모든 기록을 평생 동안 보관하는 것은 슬픈 일이다. 만일 모든 사람이 NDNAD에 있다면, 자동적으로 평생을 있어야만 하고, 따라서 회원으로서의 오점을 벗게 되며, 실질적으로 데이터베이스에 없다면 도리어 의심을 받을 것이다. 더욱이 경미한 범죄를 저지른 사람이 더 나쁜 범죄를 저지르고, NDNAD의 존재는 잔류물의 확인을 도울 것이라는 주장이 있다. 그러나 DNA 시료는 상업적 회사들에 보관이 되어있고 수백만 개의 시료를 보관하는 연간 비용이 막대하다는 것을 염두에 두어야만 한다. 유럽인권재판소(The European Court of Human Rights)는 영국에서 죄가 없는 사람의 DNA 시료를 보관하는 것은 불법이라고 결정하였지만 (2008년 12월 4일), 경찰은 '범죄와의 전쟁(fight against crime)'에서 필수적인 원천으로 생각하는 것을 잃는 것에 분개하고 있다.

어떤 형태의 DNA 정보가 보관되어야 하는가?

DNA 데이터베이스를 반대하는 사람들은 정보가 암 또는 퇴행성 질환에 걸릴 위험성과 같은 개인의 특성을 확인하는데 이용되고, 이를 고용주나 보험회사와 같은 제3자가 이용할 수도 있다고 주장한다. FSS는 상업 단체로 기능을 할 것으로 예상되고, 그 서비스를 경찰과 상업적 고객 모두에게 판매하려고 한다. 인체조직법(Human Tissue Act)이 특별한 경우를 제외하고는 합의가 없이 DNA 데이터가 공개되는 것을 감시할 것으로 생각되지만, 그래도 FSS는 이 대부분을 중요한 자산으로 만들어야 하는 압박감을 가지고 있다. 현재의 STRplus™ DNA 프로파일은 개인의 특성에 대한 의미있는 정보를 제공하지 못한다. 그러나 전체 유전체가 보관되고 미래에, 예를 들어, SNP 프로파일링을 이용해서 분석이 된다면, 수년 내에 개인의 외모, 특성, 정신병과 질병들에 대한 감수성에 대해서 상당하게 결정하는 것이 완전히 실현 가능할 것이다. 그러므로 개인에 대한 STRplus™ 프로파일이 생성되면, 즉시 DNA 시료들은 파괴되어야 하는데, 이는 경찰이 추가적인 DNA 증거가 필요한 경우가 발생하면 이것들은 나중에 언제든지 다시 수집될 수 있기 때문이다.

NDNAD에 저장된 데이터에 누가 접근할 수 있도록 해야 하는가?

NDNAD의 정보에 접근하는 것은 영국과 외국의 수많은 공적 기관들에 유익이 될 것이고, 범죄가 저질러지거나 또는 미래에 저질러질 수 있는 어떤 상황에서 정보를 이용하는 것이 용이하게 되어야만 한다. 예를 들어, 인신매매, 마약밀수, 국제 테러리즘 등에 대해서는 국가와 정보기관들 간의 더 많은 협조가 모두에게 이익이 될 수 있다. 그러나 더 많은 사람들이 정보에 접근할 수 있으면 더 많은 실수와 오용이 일어날 기회가 많아진다. 현재 NDNAD에 접근이 가능한 사람들의 수는 주의 깊게 통제가 되지만 미래에는 이것을 보장할 수 없다. 특히 이동용 장치를 디자인하는 분명한 개발 목적은 경찰이 범죄 현장이나 개인으로부터 DNA 프로파일을 생성하고 직접적인 비교를 위해서 NDNAD에 자료들을 갱신하는 것이 가능하도록 하는 것이다. 이는 더 많은 사람들이 접근 허가를 얻도록 할 것이고, 결국에는 증거를 조작하고, 불법적으로 다운로드하고, 또는 보관된 정보를 손상하는 것을 용이하게 할 수 있다. 예를 들어, 목격자 보호 체계에 있는 사람들에게 때때로 새로운 이름과 신분이 주어지지만 새로운 DNA 프로파일이 제공될 수는 없다.

미래 연구방향

인간 유전체에 대한 이해가 커지고 시험 기술이 정밀해짐에 따라서 의심할 여지가 없이 더 적은 양의 DNA에서 점점 더 많은 정보를 추출해 낼 것이다. 사실 현재 그렇게 적은 양의 DNA에서 정보를 얻는 것이 가능하고, 오염이나 2차 전달에 의한 문제점은 실질적으로 중대한 이슈이다. 최소한 10년 동안에 DNA 칩(DNA chip) 기술의 도래는 법의학의 혁명을 약속하였다. 이 방법은 실리콘, 유리 또는 폴리프로필렌 표면 위에 결합된 많은 DNA 탐침자의 어레이(array)를 이용한다. 종종 'Lab-on-a-chip (역자주: 최미세 회로의 반도체 기술과 나노기술, 생명공학기술 등의 집적으로 손톱만한 크기의 칩에서 실험실에서 할 수 있는 연구를 가능하게 만든 장치)'이라 불리는 이것은 신용카드 정도의 크기인데, 시료로부터 DNA를 추출하여 특정한 서열을 증폭하고 분석하여서 DNA 프로파일을 제공할 수 있도록 한다 (Fedrigo & Naylor, 2004; Wang, 2000). 이론적으로는 이런 장치는 범죄 현장에서 이용될 수 있고, 프로파일을 국가 데이터베이스에 있는 사람들과 비교하여 즉시 확인할 수 있다. 그러나 본질적으로 이것은 실행하는데 매우 큰 어려움이 존재한다.

NDNAD의 확장은 윤리적 및 법적 이슈들을 야기하고 일반 대중이 법과 질서에 책임을 지고 있는 당국에 대한 신뢰를 유지하고 있는지를 고심해 봐야만 한다. 잉글랜드와 웨일즈에서 범죄 현장에서 시료를 수집하는 것 보다는 대중으로부터 DNA 시료의 수집하는 것은 그 자체가 끝나가는 것처럼 보인다 (어떤 평가는 20%보다 적은 범죄 현장만이 법의학적으로 조사된다는 것으로 시사함). 법의학 정보의 제공에 더해서 관련된 분자생물학의 발전이 필요하다. 분자 과학은 복잡한 주제이고, 약어들과 난해한 용어들은 커다란 부담을 준다. 결과적으로 배심원들이 그들 앞에 놓여진 '증거(evidence)'의 강점과 약점을 진정으로 이해하는 것이 어려울 수도 있다. 동일한 일이 많은 검찰과 변호인들에게도 있을 수 있는데, 프로파일의 본질 또는 시료의 수집과 과정에 대해서는 질문을 하지 않고, 세상의 모든 사람이 범죄를 저지를 수 있다는 것을 기반으로 확률을 계산하는 것이 적절한가에 대해서는 의문을 갖지 않으면서 과학에 의해 눈이 멀고 'DNA 시료가 다른 사람으로부터 올 가능성은 160억분의 1'이라는 것 같은 진술에 현혹이 된다. 그러므로 DNA에 기반을 둔 증거들의 강점과 약점이 모두 분명하도록 표준화되고 명료한 방법으로 법정에 제시하는 것을 가능하게 하는 장치를 개발할 필요가 있다. 대중에게 TV와 영화에서 묘사되는 법의학은 실제와 전혀 다르며 어떤 범죄 현장으로부터 완벽한 DNA 프로파일을 끄집어내는 것이 언제나 가능한 것은 아니라는 것을 교육시킬 필요가 있다.

DNA 데이터베이스가 여러 성폭행범과 살인범을 체포하도록 하였지만, 폭력의 피해자들 대부분은 그들을 공격한 자들을 알고 있으며 범죄는 갑작스럽고 계획되지 않은 분노의 결과이거나 즉흥적이고, 음주나 마약에 또는 두 가지 모두에 의해서 촉발된다는 것을 기억할 필요가 있다. 범죄 영화 구성에서 주요한 역할인 지능이 매우 높고 카리스마가 있는 연쇄살인범은 다행스럽게도 극도로 희귀한 경우이다. 대부분의 강력 범죄는 사회의 덜 풍요로운 지역에 사는 제대로 교육을 받지 못한 사람들에 의해서 저질러지고, 피해자들도 동일한 배경으로부터 온다. 이런 범죄들은 대개 경찰의 표준화된 과정들에 의해서 해결된다. 사실 모든 기술의 진보에도 불구하고, 안타깝게도 성폭행과 성폭력이 성공적으로 처벌되는 경우는 거의 없다. 따라서 대부분의 범죄 해결은 더 정밀한 기술에 의지하는 것이 아니고 효과적인 경찰 업무와 연계된 이미 존재하는 기술들의 적절한 이용에 의지하는 것이다.

연습문제

(1) 당신이 범죄현장에서 발견할 수 있는 10종류의 일반적인 DNA 원천 목록을 작성하라.

(2) DNA 프로파일링 결과에 관련하여, '포함(an inclusion)', '배제(an exclusion)' 및 '비확정적(an inconclusive)'을 구별하라.

(3) Amelogenin 유전자 검사의 목적과 또한 이 검사의 한계도 설명하라.

(4) 확인을 위한 Y-STR 표지의 가치와 제한점을 설명하라.

(5) STR과 SNP의 차이를 설명하고 확인을 목적으로 하는 경우에 이 기술들의 이점과 제한점을 설명하라.

(6) 미토콘드리아 DNA와 관련하여, '이형세포질성(heteroplasmy)'이라는 용어의 의미를 설명하고, 확인을 목적으로 하는 경우에 이것이 문제점과 이점이 모두 될 수 있는지를 설명하라.

(7) '가족 찾기(familial searching)'의 유전적 기반은 무엇인가?

(8) 어떻게 인종이 DNA 프로파일로부터 유추되는지 설명하라.

(9) Low copy number STR 프로파일링의 가치는 무엇이며 이것으로부터 얻어진 결과들은 왜 주의를 가지고 처리되어야 하는가?

(10) 공통의 DNA 데이터베이스 개발에 찬성하는 2가지 주장과 반대하는 2가지 주장을 설명하라.

실습문제

제목

혈흔에서 DNA 분해 속도에 영향을 주는 환경 인자들

원리

DNA 분해 정도는 인간의 조직들이 죽은 후의 시간을 반영한다고 알려져 있다. 그 크기와 복잡성 때문에 조직들은 이런 관계를 조사하는데 이상적인 후보는 아니다. 이와 비교하면 혈흔은 더 단순하고, 다루기가 더 쉽다. 어떤 사람이 얼마나 오래 전에 죽었는지를 결정하기 위해서 사용가능한 방법들은 많지만, 혈흔이 얼마나 오래되었는지 알아내는 신뢰할만한 방법은 없다.

방법

신선한 혈액을 도살장에서 채집하여 다른 표면들에 다양한 크기의 혈흔을 준비하는데 이용한다. 혈흔들은 다른 환경 조건하에 놓여지고 (예, 저온 및 고온 암흑과 빛, 높고 낮은 습도) 다양한 시간의 간격으로 발생된 DNA 분해량을 STR, Y-linked STR, mtDNA, SNP 및 mRNA 같은 다른 표지 체계들을 이용하여 결정한다.

제목

DNA 2차 전달에서 연령과 성별의 영향

원리

연령과 성별은 지문 정보에 영향을 주는 것으로 알려져 있고, 이것이 일상적인 접촉에서 사람과 사물 간에 DNA 전달의 영역에도 또한 반영되는지를 아는 것은 유용하다.

방법

이 과제는 윤리적 승인(ethical approval)이 필요하다. 남녀 자원자, 유전적으로 연관이 되어있지 않은 것을 더 선호하고, 어린애부터 노인들까지 악수를 하도록 요청되고 그 후 다양한 시간대에 플라스틱 막대와 같은 균일하고 불활성인 물체 (예, 멸균된 대걸레 손잡이 또는 솔 손잡이)를 붙잡도록 한다. 실험 시작 시, 악수 후에, 플라스틱 막대를 잡은 후에 각 개인으로부터 면봉으로 표본이 채집되고 DNA 프로파일링이 수행된다. 이 방법은 손씻기, 육체적인 행동 (예, 초기에 피부 표면을 느슨하게 하기 위해서 플라스틱 막대에 비기기) 및 DNA가 전달되는 물체의 성질 등 다양하게 변화를 주는 경우들을 포함할 수 있다.

4 인체 조직

이 장의 개요

이 장의 목표

다른 형태의 혈액세포를 식별하고 피의 존재를 어떻게 검출할 수 있는지를 설명한다.

범죄 현장에서 범죄가 어떻게 일어났으며 희생자와 가해자 모두를 식별하는데 혈액의 침착과 조성이 어떻게 사용될 수 있는지를 설명한다.

범죄 현장에서 발견되는 타액, 정액, 소변, 대변이 어떻게 법의학 지표로서 사용될 수 있는지를 설명한다.

안구의 초자체액의 조성이 사후 경과시간과 주변 환경에 어떻게 정보를 제공하는지를 토론한다.

신체 외부 표면

피부

피부(skin)는 신체 전체 표면을 덮고 있으며 무게와 면적의 관점에서 가장 큰 기관(organ)이다. 피부는 눈꺼풀의 경우에 0.5 mm, 발뒤축의 경우에 4 mm 이상으로 그 두께도 다양하다. 피부 표면의 반복적인 마모는 굳은살(callus)을 만드는데, 이는 손톱의 상태와 함께 어떤 사람의 직업 및 활동에 대한 표시가 된다. 예를 들면, 손으로 일을 하는 노동자의 손바닥과 손가락에는 두꺼운 굳은살이 발달하고 손톱이 잘라지고 마모되어있다. 반대로 음악가는 굳은살이 특별히 어떤 부분에 존재하는데 현

Essential Forensic Biology, Second Edition Alan Gunn

악기 연주자는 뜯는(plucking) 것을 용이하게 하기 위해서 어떤 특정 손톱을 기른다. 바이올린 연주자는 대개 왼손의 두 번째 세 번째 손가락의 지관절(phalangeal joint) 근처 위에 등 쪽 표면에 굳은살이 발달하는데, 이 굳은살은 'Garrod's pads'라는 그 자체의 이름이 있다. 유사하게 관악기 연주자는 윗입술의 중간 부분에 굳은살이 발달한다.

구조적으로 피부는 표피(outer epidermis)와 두꺼운 진피(inner epidermis)의 두 지역으로 나누어진다. 표피는 자주 각화성 중층 편평 상피(keratinized stratified squamous epithelium)로 묘사되는 여러 세포층으로 구성되어있다. 이것은 섬유성 단백질인 케라틴을 포함하는 세포들이 벽돌처럼(stratified) 평평하게(squamous) 쌓인 모양으로 둘러싼 외부층(epithelium)을 형성한다는 의미이다. 표피의 안쪽은 가늘고 긴 돌기를 갖는 둥근 세포인 멜라닌세포(melanocyte)로서 멜라닌색소를 가지고 있어 피부색을 결정한다. 멜라닌세포를 과도하게 포함하는 둥글고 납작하거나 솟아오른 부위에는 반점(nevus) 또는 모반(mole)이 형성된다. 이것들의 분포는 신원확인에 도움을 줄 수 있다. 표피층 아래에는 대부분 결합조직으로 구성된 진피(dermis)가 놓여 있으며 또한 혈관, 신경 말단, 선(gland) 및 모낭을 포함한다.

문신과 흉터

여성에게는 좀 덜 하지만 남성은 수천 년 동안 문신(타투, tattoo)으로 그들 자신을 장식해 왔다. 그러나 현대 서구 사회에서는 최근까지 이것들은 선원과 같은 특정한 남성 단체나 직업에 한정되었었다 (Sperry, 1991). 오늘날에는 모든 연령대의 많은 남녀 모두가 문신을 가지고 있다. 문신은 부패 과정에서 피부가 없어질 때까지 눈에 보이며, 신원 확인을 위한 특징들을 제공하기도 한다 (그림 4.1). 문신은 사람이 심각한 화상을 입은 후에도 볼 수 있으며 폭발과 화재로 사망한 사람들의 확인에 유용한 것으로 증명되었다. 문신이 부패 과정에서 불명확하게 되면 3% 과산화수소수를 처리하면 다시 볼 수 있다 (Haglund & Sperry, 1993). 문신이 회복 불가능하게 사라졌어도 그 존재는 가까운 림프절 안에 색소를 찾는 방법을 통해서 예측할 수 있다 (Hellerich, 1992). 대개 신체 외부에서 발견되지만 어떤 사람들은 입술 안쪽이나 잇몸에 문신을 하기도 한다. 문신은 관계, 생활 방식 선호도, 정신 상태, 군인 복무, 마약을 사용하는 것을 덮기 위한 방법 또는 갱 일원 등을 암시할 수 있다 (Mallon & Russell, 1999). 예를 들어, 여우가 그의 척추를 따라서 달리다가 항문에서 사라지는 것을 그린 사람은 동성애자이고 외향적인 행동을 할 가능성이 있으며, 각 손가락에 4개의 점을 가진 여자는 레즈비언일 수 있다. 마약 중독자의 문신은 'born to lose' 같은 운명을 예언하는 것을 자주 포함하고 있는 반면에 여성 매춘부의 대부분은 'to hell with housework (집안일이 어찌되든 말든)' 및 'pay as you enter (역자주: 입장 · 승차 시에 요금을 내는 방식)' 같은 더 편한 마음으로 즐기게 하는 것들이 적절한 위치에 새겨져 있다. 이름은 관계를 알 수 있는 좋은 의미가 아닌데 문신은 사랑의 대상이 멀어진 후에도 오랫동안 남아있을 수 있기 때문이다. 범죄 집단 일원들, 특히 일본의 야쿠자,

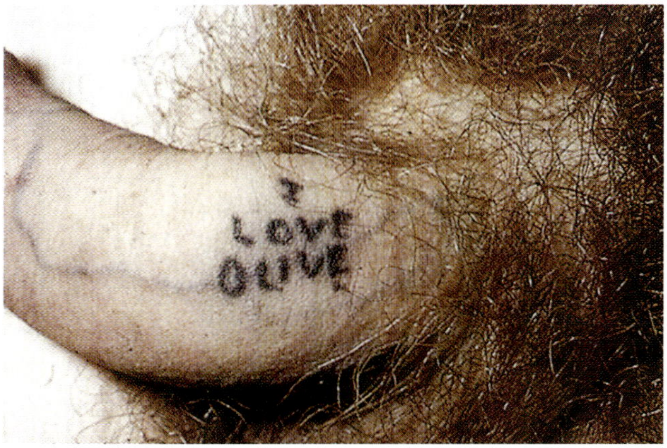

그림 4.1 문신은 가장 가능하지 않을 것 같은 부위에서 발견될 수 있다. 이런 흔하지 않는 문신은 확인에 더 유용할 수 있다. (Shepherd, R. (2003) *Simpson's Forensic Medicine*, 12th edn. 저작권 2003, Hodder Arnold, London 승인)

러시아의 마피아 및 남아프리카의 'numbers gang'들에서 광범위하고 정성을 들인 문신을 가지고 있다. Riley (2006)은 미국인 갱들에 의해서 이용되는 문신들과 어떻게 길거리 갱들의 문신과 감옥 갱들의 것을 구별할 수 있는지에 대한 흥미로운 안내서를 제공하였다. 러시아 마피아, 특히 *vorovskoi mir* (세상의 도둑들)는 범죄 집단 안에서 문신을 가진 자들의 서열, 과거의 범죄들, 수감되었던 감옥들을 표시하는 코드로서 문신을 이용한다고 알려져 있다. 그러나 Galeotti (2008)에 따르면 '오랜 전통의(old style)' 범죄 두목들은 의식과 문신을 없애는 *avtoritety* (authorities)에 의해서 대체되어가는 중이다.

현재 문신은 인기가 있기 때문에 그 중요성을 이해해 보고자 할 때에 열린 마음을 갖는 것이 중요하다. 이는 문신이 현실보다는 그 사람의 환상(fantasy)이나 또는 만취 상태에서의 '좋은 생각(good idea)'의 결과를 나타낼 수도 있기 때문이다. 그러나 정말로 갱의 일원이 아니라면 문신을 자랑하는 것은 매우 무모한 것으로 경찰에 관심 대상이 되거나 갱의 분노를 일으킬 위험성이 있기 때문이다.

영원한 흉터(scar) 조직은 그 조직에 회복이 불가능한 부상을 입을 때에 형성되며 콜라겐 섬유가 침착하고, 부분적인 변형이 있으며, 혈액 공급이 줄어드는 특징이 있다. 흉터 조직은 피부의 표면 위에만 아니라 내부 장기와 조직에도 형성되는데, 이 흉터가 사고의 결과인지 수술 결과에 의한 것인지에 상관없이 그 존재는 개인의 확인과 과거의 사건을 유추하는데 유용하다. 그러나 흉터는 결정적인 확인을 제공할 정도로 특징적인 경우가 흔하지는 않다. 치유 과정의 효율성은 상처의 상태, 신체 부위, 건강 상태 및 연령과 같은 많은 인자들에 의해서 영향을 받는다. 흥미롭게도 임신 초기에 생긴 상처는 빠르고 깨끗하게 치유된다. 치유가 되었거나 부분적으로 치유된 자상(cut)이 널려있는 것은 자기혐오(self-harm)의 일반적인 특징이다. 이런 상처는 옷으로 가려져 있고 희생자가 언제나 닿을 수 있는 위치로 제한되어있지만, 신체의 어느 곳에나 있을 수 있다.

지문

표피(epidermis)에서 가장 깊은 층은 기저층(basal layer)이다. 1920년대에 Kristine Bonnevie (Norway의 최초 여교수)는 인간 배아가 10일 정도 발생할 때에 손가락 끝의 기저층이 이를 둘러싼 바깥 부분의 표피층과 안쪽의 피부층들보다 더 빨리 자란다고 제안하였다. 이는 기저층이 압력을 받아 연속된 주름을 이루고, 안쪽으로 배치되어 표면에 '마찰을 갖는 등고선 모양의 피부(friction ridge skin)'로 나타나는 결과를 가져온다. 유사한 피부가 손바닥, 발바닥, 발가락의 아래 부분에서 발견된다. 형성된 루프(loop), 소용돌이(whorl) 및 아치(arch)의 형태는 각 사람에 따라서 독특하다. 마찰에 의한 피부 형성에 대한 가설은 결정적으로 증명되지는 않았지만, 컴퓨터 모델링 연구는 이에 대하여 강하게 뒷받침 한다.

지문(fingerprint)이 형성되는 정확한 기작이 무엇인지에는 상관없이 우리가 태어나면 이미 평생 동안 동일하게 남아있는 독특한 자신만의 지문 형태를 보유하게 된다. 우리가 성장함에 따라서 지문의 등고선 모양은 변하지 않고 점점 더 멀어지기만 한다. 사실 신장과 등고선의 폭 사이에는 상관관계가 있다. 경미한 자상(cut), 화상, 또는 타박상은 등고선 모양의 일시적인 변형을 일으키고, 치유가 된 후에는 정상적인 지문 형태가 회복된다. 심한 화상과 같은 깊은 상처는 영구한 흉터 조직을 형성하게 하고 이것은 또한 확인을 위한 좋은 특징이다. 성형 수술로 지문 형태를 지울 수는 없는데, 제거를 효과적으로 하려면 그 사람이 효과적으로 손을 사용하지 못할 정도로 많은 조직을 제거해야 하기 때문이다. 그러나 벽돌 쌓는 사람, 시멘트 노동자, 마찰이 큰 물체로 일하는 사람들은 마찰을 주는 등고선 표면이 닳아서 선명한 지문을 남지지 못할 수도 있다. 범죄자들이 범행 전에 손가락 표면을 손톱 바니쉬(vanish)로 코팅해서 지문을 남기는 위험성을 줄이려는 시도를 한다는 말이 있었다. 개인의 특성을 지문과의 연관지으려는 수많은 시도가 있었지만, 그 신뢰도는 제한적이다. 예를 들어, Acree (1999) 및 Gungadin (2007)은 모두 남성의 지문 등고선 밀도가 여성보다 더 낮은 경향이 있다는 것을 발견했지만, 그들의 '한계점(cut off)'이 달랐다: Acree는 25 mm^2 당 ≤11 등고선 형태 밀도는 남자에게 속하는 반면에 ≥12 이상의 밀도는 여자에게 속한다는 것을 발견하였다. 반면에 Gungadin의 수치는 25 mm^2 당 ≤14 등고선은 남성이고 ≥14 등고선은 여성이었다. 이것이 남성과 여성 사이의 신장 차이와 어떤 관련이 있는지는 알 수 없다.

지문의 형태

지문 연구는 지문검사법(dactyloscopy)으로 알려져 있다. 이것은 법의학 도구로 19세기부터 이용되었고, 이미 1906년에 영국에서 단지 지문 증거만으로 유죄 판결이 확정되었다. 일란성 쌍둥이조차도 동일한 지문을 갖지는 않음으로 법정에서는 이를 독특한 확인 특성으로 받아들인다. 이는 지문을 이상적인 법의학 검사로 만들었다. 지문은 자주 범죄현장에서 발견되며 (제거하거나 처음부터 만들지 않으려는 주의깊은 노력이 없는 경우 이외에는), 빠르고 쉽고 싸게 채취되고, 과정이 진행되고, 분석될 수 있다. 그리고 매우 신뢰성 있는 결과를 제공한다.

지문은 일반적으로 플라스틱(plastic), 표시(visible), 잠재(latent) 지문 등의 3가지 유형으로 나누어진다 (그림 4.2). 플라스틱 지문(plastic fingerprint)은 어떤 사람이 비누나 굳지 않은 퍼티(putty)와 같은 부드럽거나 반고체 물질을 만졌을 때에 형성되는 것이다. 등고선의 얕은 3차원적 기록이 남는데, 물체와 환경에 따라서 일시적이거나 오랫동안 유지가 된다. 예를 들어, 플라스틱 지문(plastic fingerprint)은 메소포타미아 도시인 Ur의 유적에서 수거된 2500년 전의 토기 문양에서 확인할 수 있다. 표시 지문(visible fingerprint) (역자주: 육안으로 식별이 가능한 지문)은 이름이 의미하듯이 더 처리할 필요가 없이 볼 수 있는 것이다. 이는 대비되는 표면에 땀과 피부의 선(gland)에서 분비되는 기름기가 함께 침착되어 지문을 볼 수 있게 만든 것이다. 다른 경우에는 손이 혈액, 잉크, 또는 엔진오일과 같은 다른 물질에 덮여 있을 때에 대비되는 표면에 눌려서 형성되는 것이다. 잠재 지문(latent fingerprint)은 보이기 위해서는 어떤 방식으로 증진되어야 하는 것이다. 땀과 신체 기름기는 무색이기 때문에 대비되는 표면이 아닌 경우에는 쉽게 보이지 않는다. 물체를 만지기 전에 손을 씻는 것은 잠재 지문(latent fingerprint)의 질을 감소시키는데, 이는 땀과 기름기가 제거되기 때문이다. 유사하게 어린이들은 쉽게 사라지는 낮은 질의 지문을 남기는데 어른처럼 기름기를 많이 분비하지 않기 때문이다. 잠재 지문(latent fingerprint)은 미세한 먼지와 같은 물질을 한 층 제거한 결과일 수 있으며, 이는 '음각흔(陰刻痕, negative impression)'을 남긴다.

지문의 특성

지문은 루프(loop), 아치(arch) 및 소용돌이(whorl)의 구별되는 형태에 따라서 분류할 수 있다 (그림 4.3). 그러나 지문을 확인하는 것은 쉽지가 않으며, 두 세트의 지문을 3단계 과정을 통하여 특유의 특징과 서로의 공간 관계의 관점에서 비교하는 데 의존되며; (1) 마찰 등고선의 전체 형태가 일치, (ii) 등고선들의 특유한 특징이 일치, (iii) 땀구멍의 수와 분포와 등고선 각각의 3차원적 모양과 같은 특유의 특징들이 일치 등이 있다. 두 세트의 지문 간에 얼마나 유사해야지 '일치(match)' 하는 것으로 고려하는가에 대한 합의는 없다. 영국에서는 오랫동안 최소 16가지의 일치가 요구되었고, 프랑스는 17가지, 미국은 각 주에 따라서 각각 기준이 정해져 있다. 시간이 흐름에 따라서 어떤 숫자로 된 표준화를 위한 과학적 통계적 기반이 없다는 것이 받아들여졌고, 2001년에 영국에서는 '객관적 기준(objective criteria)'을 포함된 수치가 아닌(non-numerical) 접근을 채택했다. 컴퓨터 프로그램이 일치 조사 과정을 빠르게 하고, 잉글랜드와 웨일즈의 경찰은 IDENT1이라 불리는 생체측정 데이터베이스(biometric database)를 이용하는데, 이는 국립자동지문식별시스템(National Automated Fingerprint Identification System, NAFIS)을 대신한다. 2007년에 IDENT1은 7백만 명 이상의 열 손가락 지문, 286만 개의 손바닥 지문 및 범죄 현장에서 얻어진 150만 개 이상의 확인되지 않은 표지를 보유하고 있다. 미국에서는 FBI가 통합자동지문인식시스템(Integrated Automated Fingerprint Identification System, IAFIS)이라고 불리는 비슷한 시스템을 운용하고 보유지문은 7천5백만 이상에 접근한다.

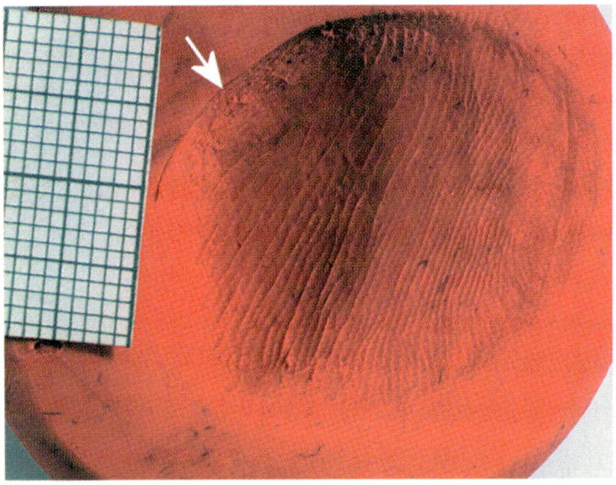

(a)

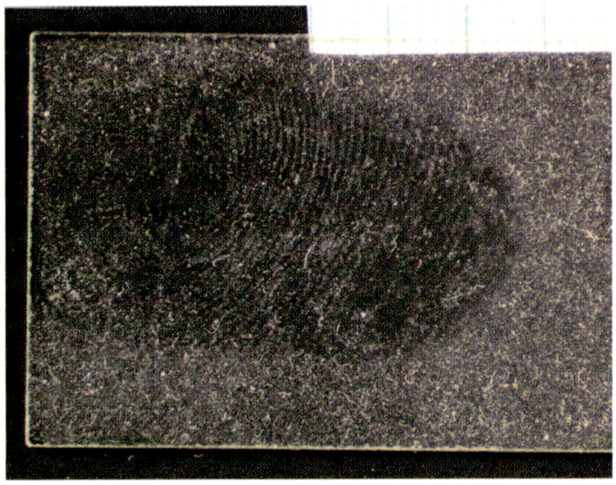

(b)

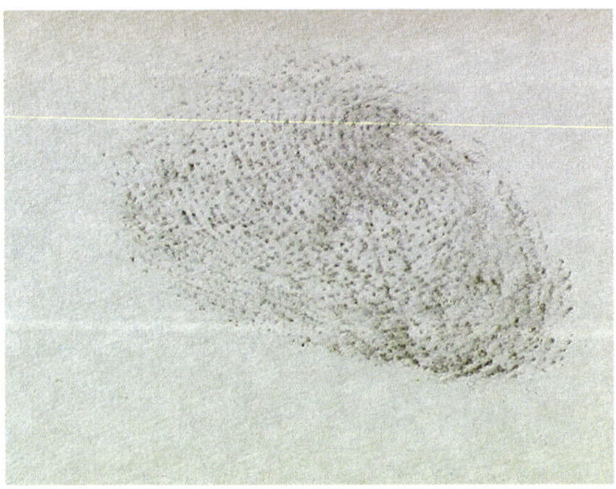

(c)

그림 4.2 지문의 다른 형태. (a) 세공용점토(Plasticine)에 남겨진 지문. 손톱 흔적을 주목하라–화살표. 각 정사각형 = 1 mm^2. (b) 먼지가 묻은 유리잔에 표시 지문. 각 정사각형 = 1 mm^2. (c) ninhydrin 스프레이를 이용하여 볼 수 있게 된 흰 종이 위의 잠재 지문.

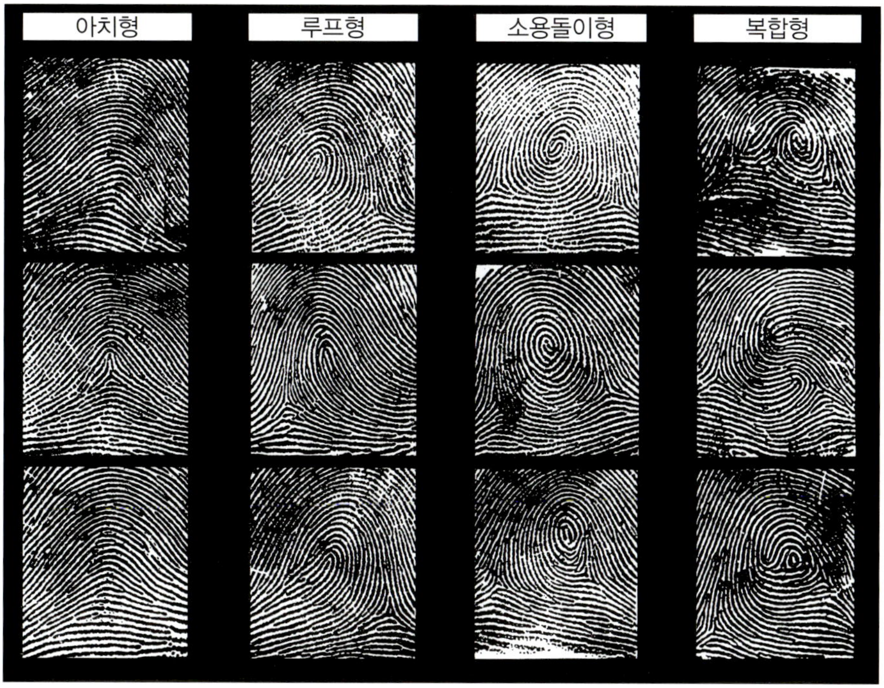

그림 4.3 아치형, 루프형 및 소용돌이형 간의 차이를 보여주는 지문의 특징들. 복합형은 명칭이 의미하듯이 2개 이상의 특징이 존재한다. (Howe, 1950 인용)

살아있는 자와 죽은 자로부터의 지문채취

2003에 도입된 형사재판법(Criminal Justice Act)의 변경된 것에 따르면 잉글랜드와 웨일즈에서는 경찰관이 체포하고 경찰서에 구금된 어떤 사람의 DNA와 지문 모두를 채취할 수 있다. 이전에는 이것이 범죄로 기소된 후에만 행해졌었다. 지문은 전통적으로는 사람의 손가락을 얇은 층의 인쇄 잉크에 담근 후 지문 카드에 손가락을 누르는 것으로 채취되었다. 각 손가락이 따로 기록되었으며 과정에 시간이 많이 결렸다. 오늘날에는 지문을 'LIVESCAN' 디지털 지문채취 콘솔을 이용한 전자 장비에 의해서 채취하며, '제공자(donor)'는 손을 유리판위에 올려놓고 지문들은 전자적으로 기록된다. 디지털 영상은 즉시 IDENT1으로 입력된다. 결과적으로 짧은 시간 내에 그 사람이 자신의 신원에 대해서 거짓말을 하는지, 또는 범죄 현장에서 수거한 지문이 데이터베이스에 이미 있는 어떤 사람의 것과 닮았는지 점검할 수 있다. 그러나 컴퓨터 프로그램의 중요한 목적은 탐색을 빠르게 하는 것이다. 일치의 최종 확인은 언제나 지문 검사관에 의한 지문의 물리적 관찰에 의존한다.

지문은 신원을 모르는 시체의 확실한 확인 수단으로 쓰이는데, 신선할 때에는 살아있는 사람과 동일한 방법으로 지문을 채취할 수 있다. 그러나 시체가 부패하기 시작하면 이 작업은 점점 더 어려워진다 (Kahana, 2001). 예를 들어, 시간이 흐름에 따라서 피부는 주름이 잡히고, 특히 액체가 침출

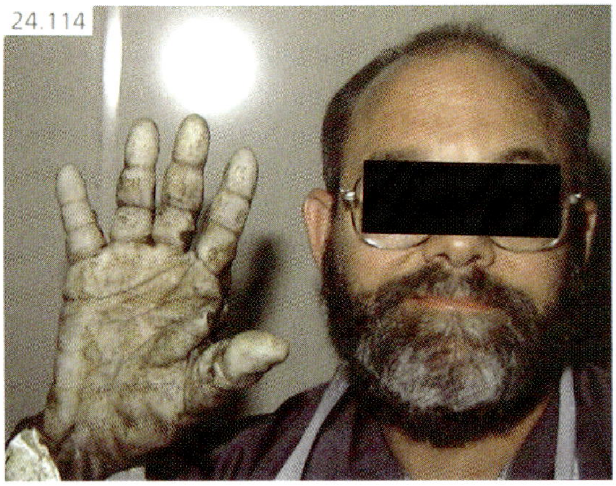

그림 4.4 부패 중에 피부의 외각 층이 벗겨지는 것은 흔한 일이다. 이런 일이 손에 일어나면 'degloving'이라고 한다. 이것들로부터 지문을 얻기 위해서 손가락이나 손 전체를 주형 스킨에 넣는 것이 가능하다. (Dolinak, D. 등 (2005) *Forensic Pathology Theory and Practice*. 저작권© 2005, Elsevier Academic Press 승인)

되는 동안에 수분 또는 습기에 노출이 되고 곰팡이의 균사가 잉크가 결합하는 것을 막아서 스캐닝을 간섭할 수 있다. 표피층이 진피로부터 떨어지게 되면 (물에서 발견된 시체에서 자주 일어남), 그 손가락이나 손 전체를 거푸집 안으로 넣어서 지문을 만드는 것이 가능하다 (그림 4.4). 미이라화가 되거나 화상에 의해서 피부가 수축되고, 주름이 잡히고, 건조되며, 극단의 경우에는 지문을 채취하는 것이 불가능하게 된다 (그림 1.1). 후자의 경우 손가락들에서 그리스(grease), 먼지 및 탄소 입자들을 깨끗하게 하고, 거푸집을 만들기 위해서 액체 라텍스로 덧입히고, 이를 손가락 모양의 지지대 위에 놓도록 해서 거푸집에서 지문을 수동을 채취하거나 스캔할 수 있다 (Porta 등, 2007). 이 접근법은 기록을 영구히 제공한다는 이점이 있고, 원한다면 주사전자현미경으로 조사될 수도 있다. 어떤 자세한 부분이 사라지거나, 또는 인공적인 부분이 생기는지를 광범위하게 결정하기 위해서 전통적인 지문과 라텍스 지문의 비교 연구가 필요한 것으로 보이며, 라텍스 지문이 부풀거나 부패 중인 시체로부터 얻는 것이 가능한지를 알아내는 것도 흥미로워 보인다. 후자의 경우, 손가락에 주름을 분명하게 하기 위해서는 초기에는 한 시간 동안 수영을 하거나 오래도록 더운물에 목욕을 한 자원자의 지문 채취법으로 조사될 수 있다.

지문의 탐색

지문을 찾는 것은 전문가의 기술이며, 적절한 방법을 선택하지 않으면 지문이 쉽게 손상되거나 사라지기 때문에 극도의 주의를 가지고 수행되어야 한다. 표시 지문(visible fingerprint) 또는 잠재 지문(latent fingerprint)에 상관없이, 모든 지문은 각각 유일한 코드가 주어지고 장소를 기록할 필요가 있다. 시작과 함께, 현장이나 물체 위로 강한 빛을 지나가도록 하는 방법에 의해서 모든 표시 지문(visible fingerprint)들의 위치를 확인해야 한다. 빛의 각도는 지문을 '두드러지게(stand out)' 하기 위해서 변경되어야 한다. 때때로 단순하게 다른 빛의 조건들 하에서 보는 것으로 잠재 지문들을 보이도록 할 수 있는데, 사각(oblique)의 빛은 종종 효과적이다. 자외선 파장으로 조율된 레이저의 이용도 제안되었다 (Akiba 등, 2007). 그러나 대개 특별한 지문 가루나 스프레이의 사용이 필요하며, 지문의 성질에 따라서 어떤 것을 이용할 것인가 결정하고, 사용되는 물질은 조사자의 개인적 취향에 따른다. 가루는 지문의 수분이나 기름기에 흡착되는데, 플라스틱이나 유리와 같은 비흡착성 표면에 사용하고, 그 위에 솔질을 하는 경향이 있다 (Sodhi & Kaur, 2001). 이것들은 주로 두 가지 구성재를 가지고 있다. 전분과 같은 접착제 및 이 접착제 위에 흡수되는 무기염이나 유기염료와 같은 착색제(colorant). 지문 솔에 transfer DNA가 묻을 가능성 때문에 솔은 '한 번(once only)' 만 사용하는 것이 이상적이다(van Oorschot 등, 2005). '자석(magnetic)' 가루는 가죽과 같은 가공된(textured) 표면에 유용하다. 이 가루들은 그 자체가 자성을 갖는 것은 아니지만 철을 가지고 있으며, 자석 막대기와 함께 이용된다. 자기력이 가루를 막대기에 붙도록 하고, 천천히 물체의 표면 위를 가로질러 끌려가게 된다. 지문의 성분들에 자석보다 강한 흡착력을 보이므로 입자들이 남게 되고 지문이 보이게 된다.

지문을 화학적으로 확인하는 다양한 방법들이 있으며, 표면에 따라서 다르게 선택되며, 또한 물체가 다른 법의학적 조사가 필요한가에 따라서 다르다. 어떤 조사는 다른 것을 방해할 수 있다. 가장 많이 사용되는 시약은 ninhydrin이다. 이는 땀에서 발견되는 아미노산들과 반응 (대개 alanine, aspartic acid, glycine, lysine, ornithine, serine)하여 분홍색에서 붉은 보라색 화합물을 형성한다. Ninhydrin 시약은 뿌리거나, 솔로 바르거나, 또는 담그기도 한다. 이 방법은 특히 종이, 나무 및 다른 구멍이 있는 표면에서 지문을 발견하는데 효과적이다. 이 과정은 온도가 50-70℃이고 상대습도가 60-80%인 곳에서 수행하는 것으로 지문의 발생을 빠르게 하는 것이 가능하다. 이는 지문 발생의 가속 닌히드린 방법(accelerated ninhydrin process)으로 알려져 있다.

Silver nitrate는 장식 및 총기 탄약통과 같은 놋쇠 물체의 표면뿐만 아니라 나무와 같은 구멍이 있는 표면의 잠재 지문(latent fingerprint)을 확인하는데 유용하다. Silver nitrate는 땀 속의 sodium chloride와 반응하여 silver chloride를 형성하는데, 이는 빛에 민감하며 자외선 하에서는 silver와 chlorine으로 분해된다. 결론적으로 지문은 회색이나 갈색 얼룩으로 볼 수 있게 되는데, 이는 시간이 흐름에 따라서 흐려진다. 불행하게도 silver nitrate는 어떤 sodium chloride와도 반응하여 지문을 불분명하게 한다. 결과적으로 바다에서 운행되는 요트의 놋쇠 장식에서는 탐색하기에 좋은 방법이 아니다. Iodine 연기는 잠재 지문(latent fingerprint)의 기름기 성분과 반응을 하여 갈색으로 보이도록 만든다. 그러나 iodine 지문은 불안정하고 즉시 사진을 찍어두거나, 어떤 방법들로 '고정(fixed)'해서 보존을 해야 한다.

잠재 지문(latent fingerprint)을 ethyl, 또는 methyl cyanoacrylate [강력순간접착제(superglue)] 증기에 노출하는 것은 하얀색의 침전을 형성하는 것을 통해서 지문을 보이도록 한다. 이후 지문은 형광염료를 더하거나, 또는 지문을 자외선으로 관찰하는 방법으로 개선된다. 이 방법은 간단하고 저렴하다는 것과 유리, 도자기 및 다른 구멍이 없는 표면의 지문에 가장 잘 적용된다는 이점이 있다. 이는 반드시 실온에서 기밀 용기 내에서 수행되어야 하는데, 이는 실험자를 증기로부터 보호하고 또한 약 80% 이상의 높은 습도의 유지를 보장해야 한다.

피가 묻은 손이나 발에 의해서 만들어진 지문들은 볼 수 있지만, 정확한 기록을 남기기 전에 자주 그것들을 처리하거나 개선해야 한다. 첫째 지문을 2% (w/v) sulphosalicylic acid로 고정하고, 이후에 0.5% w/v 2,2′-azino-di-[3-ethylbenzizolinesulphonate] diammonium salt (ABTS) 용액으로 덮어준다. ABTS 용액은 사용 직전에 과산화수소(hydrogen peroxide)를 산화제로 작용하도록 첨가한다. 혈액 속의 헤모글로빈은 과산화수소의 분해를 촉진하여 활성 산소 래디컬을 생산하고 (2장), 이는 ABTS를 초록색 화합물로 전환시킨다. 그 후에 지문을 세척하고 건조시켜 사진을 찍는다. 과거에는 혈액으로 된 지문을 개선시키기 위해서는 3,3-diaminobenzidine (DAB)을 자주 이용되었지만, 이는 발암물질로서 더 이상 사용하지 않는 것이 좋다. 반면에 ABTS의 민감도는 동일하지만 안전하다.

이 방법들에 더해서, 지문을 보이도록 만드는데 사용되는 화학물질들이 많이 알려져 있다. 어떤 경우에는 더 정확한 기록을 얻기 위해서 지문이 2가지 이상의 탐지 방법으로 조사되는 경우도 있다. 푸리에 변환 적외선(Fourier transform infrared, FTIR) 화학 이미징(chemical imaging)은 처리가 되지 않은 지문들이나 cyanoacrylate 훈증(fumin)과 같은 기술로 나타난 지문들로부터 얻어진 지문 이미지의 질을 개선시킬 방법으로의 가능성을 제시한다 (Tahtouh 등, 2007). 이미지들은 디지털화되어 픽셀(pixel)의 배열들로 수집되어지고 (디지털 카메라와 마찬가지임), FTIR 이미징은 모든 스펙트럼 파장에서 각 픽셀의 스펙트럼을 확인함으로서 화학물의 존재를 확인한다. 따라서 FTIR 이미징은 공간적인 정보 (즉 이미지) 데이터와 높은 해상도를 갖는 화학적 구성 위의 데이터를 융합한 것이다. 이 과정은 이 방법이 아니라면 지문의 등고선들을 구별하는 것이 매우 어려웠을 많은 무늬가 있는 지폐와 같은 표면 위의 지문 이미지를 제공할 수 있고, 또한 마약이나 폭약과 같이 법의학적으로 관심이 있는 화학물질의 존재를 지문 형태 내에서 확인하게 한다.

지문의 위치가 확인되고 보이게 되면 반드시 사진을 찍어야 한다. 그 후에 지문은 현장에 남겨 두거나, 아니면 떼어내어 그것이 발견된 물체와 따로 보관된다. 만일 그 물체에 그대로 보관하고자 한다면 지문은 반드시 투명 테이프, 바니쉬(vanish), 또는 락카(옻, lacquer)에 의해 보호되어야 한다. 지문을 떼어내는 몇 가지 방법이 있지만, 최선의 방법은 매우 부드러운 접착 표면을 갖는 특별한 지문 테이프를 이용하는 것이다. 테이프를 지문에 눌러주고 들어 올린 후에 '리프트 카드(lift card)'에 넣어서 납작하게 한다. 그 후에 지문은 다시 스캔을 하거나 다시 사진을 찍고 보관한다.

지문 분석의 문제점

모든 사람은 유일한 지문을 보유한다는 것이 일반적으로 받아드려지지만 (두 사람이 동일한 지문을 가질 기회는 640억 분의 1이라고 말함), 범죄 현장에서 발견된 지문과 용의자의 것이 같은 것임을 밝히는 것은 단순한 일이 아니다. 예를 들어, 지문이 퍼지거나 흐릿하게 형성되거나 엄지손가락 지문의 절반 같이 '부분 지문'이거나 여러 사람의 것들이 겹쳐지기도 한다. 더욱이 시간이 흐름에 따라서 지문은 다른 속도로 사라지는데, 그것들이 형성된 곳이 무엇으로 구성되었나, 무슨 물질인가, 및 환경 조건은 어떤가에 따라 다르다. 예를 들어, 잠재 지문(latent fingerprint) 내의 지방 요소들은 시간에 따라서 크게 변화할 수 있고 (Archer 등, 2001), 이는 지문을 보이도록 하는데 사용되는 증진제(enhancing agent)를 결정할 때에 반드시 염두에 두어야 한다. 지문은 높은 온도에 노출되면 파괴되거나 해독하는 것이 상당히 어려워질 수 있다. 이는 조사가가 테러분자에 의해 이용된 폭탄의 잔해를 조사할 때에 문제가 될 수 있다.

현재 지문이 얼마나 되었는지를 알기 위해서 일반적으로 받아들여지는 방법은 없다. 결과적으로 총에서 용의자의 지문이 발견된 것은 그것을 만졌다는 것이지 언제 만졌는지 알 수 있는 것은 아니다. 이것은 용의자가 살인을 언제 저질렀는지, 또는 그 방에는 있었지만 누군가가 무기를 들었다고 주장하는지, 범죄가 일어나기 전 후에 그 방을 방문하였는지를 증명하려 할 때에 중요할 수 있다.

디지털 기술의 이용이 지문을 기록, 보관 및 비교하는 속도를 빠르게 하지만, 문제점이 없는 것은 없고 실수를 피하기 위해서는 이를 올바르게 평가해야한다 (Cherry & Imwinkelried, 2006). 예를 들어, 스캔을 한 이미지의 해상도에 문제가 있을 수 있다. 가는 손가락은 굵은 손가락보다 흐린 이미지를 만드는 경향이 있는데, 이는 더 적은 수의 센서들에 접촉하므로 인치 당 500 픽셀(pixel per inch, ppi) 이하의 도트(dot)을 남기기 때문이다. 비교해보면 35 mm 흑백 법의학용 필름은 6000 ppi와 동일한 해상도를 갖는다. 1개에서 7개 사이의 도트를 이용해서 구별을 하려고 노력한다고 상상해보라. 도트의 수가 적을수록 해상도는 낮아지고, 도트가 단지 3개라면 불가능해진다. 명확하게 만일 자세한 부분이 잡히지 않는다면 유사점과 차이점이 있을 가능성이 있는 부분들을 빠트릴 수 있다. 따라서 이미지를 잡을 때는 가장 높은 감도를 갖도록 세팅을 해야 하고 데이터뱅크에 보관된 것들의 해상도를 아는 것이 필수적이다. 유사하게 만일 이미지가 컴퓨터에서 비교된다면, 컴퓨터 화면의 해상도와 세팅이 다른 점을 발견하는데 영향을 줄 수 있다. 또한 이미지가 채취 후에 어떤 방식으로 가공이 되었고 정확하게 색인이 되었는지를 알리는 것도 가치가 있다.

일부 국가에서 도입된 생체측정 여권(biometric passport) 및 신원확인 카드는 시민 자유권 단체(civil liberties group)의 염려를 불러 일으켰고 그 정보들의 오용에 대한 걱정이 있었다. 2008년 독일의 Chaos Computer Club은 German Interior Minister, Wolfgang Schaube의 지문을 유리잔으로부터 얻었다고 주장했다. 생체측정 데이터의 오용 가능성을 설명하기 위해서 그들은 인쇄된 지문의 이미지를 *Die Datenschleuder* 잡지에 게재하였다. 이미지는 접착제를 가지고 신축성이 있는 고무 필름 위에 재생되었고 이는 이 '지문'을 사용자자신들의 손가락에 붙일 수 있도록 하였다. 이 기술은 과거에 생체측정 판독기를 속이는데 성공적으로 이용되었었다. 이는 지문 인식에 사용되는 생체측정 판독기의 신뢰성에 대한 의문을 갖도록 하였다; 우리는 지문을 어떤 물체에 남기지 않을 수 없는데, 이는 제 3자가 아주 쉽게 얻어낼 수 있는 것이다. 이는 또한 은밀하게 지문의 복사본을 취하고 이를 범죄와 연관된 물체에 옮기는 방법으로 어떤 사람을 범죄자로 몰아넣을 수 있다는 의미이다. 경찰 조사 과정 이외에 그 사람의 동의없이 지문을 취하는 것은 범죄 행위라는 것을 알고 있어야 한다.

이런 어려움에도 불구하고, 대부분의 다른 법의학적 증거들과는 다르게 채취된 지문들이 두 지문들 사이의 숫자적인 일치 가능성으로 제시되는 경우는 거의 없다. 그것들이 일치하느냐 아니면 불일치하느냐로 받아들여진다. 사실 2006년에 6800명의 회원이 가입되어 있는 국제감식협회(International Association of Identification)의 1979년 결의안은 전문가가 'possible, probable, 또는 likely라고 지문확인을 증언하는 것은 부적절한 행동'이라고 명시하였다. 더한 문제점은 최종적으로 분석을 담당하는 사람들은 변함없이 뛰어난 전문가들이지만, 이들도 다른 모든 사람들처럼 잠재의식의 영향을 받는다는 것이다. 예를 들어, Itiel Dror 및 그의 동료들은 연속적으로 수행된 흥미로운 실험을 통해서 지문들이 제공되는 맥락에 따라서 전문가들이 지문 해석에서 어떻게 동요하는지를 설명하였다 (Dror 등, 2005, 2006). 예를 들어, 법정에서 이미 공표하였던 지문들에 대해서 전문가들이 알지 못하도록 동일한 지문들을 다른 맥락에서 제공하면 그 결정이 바뀐다는 것이다.

불일치가 일어나는 정도는 잘 모르지만 아주 적을 것이다. 그러나 불일치가 일어나면 피해자에게는 비극적인 결과가 된다. 여기에 실수가 일어난 경우에 대한 두 가지 사례연구를 보여줄 것이다. 이것은 이 기술을 버릴 정도의 의심은 아니지만 법의학 증거를 해독할 때에는 주의가 필요하고 사람들은 실수를 한다는 것을 기꺼이 인정해야 한다는 것을 보여준다.

사례연구: Brandon Mayfield가 Madrid 기차 폭파 사고에 참여한 것으로 오인

2004년 3월 11일에 여러 개의 폭탄이 스페인 Madrid의 기차들에서 폭발하였다. 이 폭파 사고는 190명의 사망과 훨씬 더 많은 수의 부상자들을 발생하게 했다. 초기에 스페인 정부는 자국 내의 Basque 테러 조직인 ETA를 비난하였지만, 즉시 모슬렘 극단주의자 소행으로 나타났다. 스페인 경찰은 기폭 장치 뚜껑이 들어있던 플라스틱 가방에서 지문 증거를 찾아냈고, 이를 Interpol Madrid를 통해서 FBI에 컴퓨터를 이용해서 보내서 그들의 데이터베이스에서 탐색을 할 수 있도록 하였다. 3명의 FBI 조사자와 외부의 검사자 모두 지문이 미국 변호사인 Brandon Mayfield의 것과 일치하는데 동의하였고, 그는 바로 체포되어 중요 참고인(material witness)으로 2주 동안을 감옥에서 지냈다. Mayfield는 이슬람으로 개종하였고, 이집트인 아내를 두고 있으며, 알카에다(al Qaida)와 아프가니스탄(Afghanistan)에서 미군과 싸우는 탈레반(Taliban)을 돕기 위해 모의한 것에 대해서 유죄를 인정한 어떤 사람을 변호하고 있다는 것이 상황을 더 악화시켰다. Mayfield가 체포된 직후에 스페인 경찰은 이의를 제기했지만, 미국 FBI의 반응은 방어적이었고, 부서장이 스페인에 파견되어서 Mayfield의 지문과 가방의 지문은 100% 정확히 일치가 된다는 것이 FBI의 견해라는 주장을 하였다. 스페인 경찰은 납득하지 못했고 결과적으로 지문이 더 잘 일치하는 알제리아인(Algerian) 남자를 체포했다. 그럼에도 불구하고 Mayfield는 감옥에 있었으며, 이 이야기가 일반에 공개될 때가 되어서야 풀려났다. 처음에는 컴퓨터 이미지가 너무 나빠서 실수가 생겼다고 주장했지만 나중에는 이것이 이유가 아니라는 것을 받아드렸다. 대신에 문제는 사건의 맥락에 의해서 결정을 하게 되고, 기꺼이 잘못을 인정하지 않고, 지문 그 자체를 보기 전에 서로 발견한 것이 무엇인지 미리 알고 있었던 조사관들 때문에 일어났다 (Stacey, 2004).

사례연구: Shirley Mckie 형사의 위증 혐의

Brandon Mayfield의 것과 유사한 경우가 1977년 스코틀랜드에서 발생했는데, Shirley Mckie 형사의 지문과 유사한 것이 시체 위에 있던 나무로 된 문틀에서 발견된 후에, 그녀가 불법적으로 살인 희생자의 집에 들어간 것으로 기소되었다. 그녀는 집에 들어간 것을 부인하였다. Mckie는 범죄에는 관련이 없지만 그녀가 그 집을 방문한 적이 없다는 서약이 거짓말이기 때문에 위증죄로 기소가 되었다. 결론적으로 그녀는 무죄로 증명되었지만 그녀는 경력에 큰 손상을 입었고, 그녀의 이름을 잊는데 다시 9년이 더 걸렸다. 스코틀랜드 범죄기록사무소(Scottish Criminal Records Office, SCRO)의 전문가들은 문틀과 McKie의 지문 간에 45개의 일치를 확인했다고 주장했지만 다른 전문가들은 그들의 발견에 매우 비판적 이었다. 예를 들어, 독립된 전문가들은 SCRO는 등고선 패턴을 위해서 나무 내에서의 윤각을 곡해하였고 일부 지점에서는 2번 표지를 하여서 일치되는 수를 증가시켰다고 주장했다. 그럼에도 불구하고 SCRO는 고집스럽게 원래 의견을 고수하였다. Mayfield 경우처럼, 문제점은 실질적인 조사 과정에서만 일어나는 것이 아니라 전문가들이 실수를 인정하지 않는데서 일어난다. 또한 DNA에 기반을 증거처럼, 전문가가 일치한다고 일단 선언을 하면, 현재 변해가는 중이기는 하지만 그 결론의 타당성에 문제를 제기하기 보다는 유죄라고 추정하는 경향이 있다.

순문 및 귀자국

신원확인의 목적으로 순문(脣文, lip print)을 이용하는 것은 종종 법의학 문학에서 나타나지만, 그것들의 각각의 특성을 입증하는 것에 대해서 발표된 연구는 없고, 확인을 위해서 받아들여지는 표준이나 방법 및 데이터베이스도 없는 것으로 보인다. 따라서 학생들에게는 조사해 볼만한 흥미로운 주제일 것이다. 현재 순문은 가장 가능성이 있는 DNA 원천으로 유용하며, 이로부터 더 정확한 신원을 확인할 수 있다. 귀자국(ear print)의 이용에 대해서는 논란이 많지만 더 많은 정보가 존재한다. 과학자들은 새로운 영어에 'earlogy'와 같은 우스꽝스럽고 불필요한 단어들은 추가하는데 거리낌이 없다. 귀자국은 어떤 사람이 범죄를 저지르기 전에 문이나 창문을 통해 들으려고 할 때에 범죄 현장에 남겨진다. 예를 들어, 1996년에 Fartown의 Huddersfield에서 절도를 하는 동안에 약하고 나이든 여성이 목졸려 살해당했다. 이어진 재판에서 1998년에 그 지역의 좀도둑이었던 Mark Dallagher가 살인죄로 기소되었다. 발목 부상으로 범죄를 저지르는 것을 어렵다고 하고 알리바이도 제공하며 무죄를 주장하였지만 유죄로 밝혀졌다. 이에는 범죄 현장의 유리창에서 발견된 것과 그의 귀자국이 정확하게 일치한다고 검찰을 위해서 진술한 전문가 목격자의 증언이 주요하였다. 이것은 그녀가 자고 있었으며 범죄의 순간에 '약물 치료 중(on medication)'이었다는 Dallagher의 알리바이를 받아들이지 않게 하였다. 더욱이 동료 죄수는 Mark Dallagher가 재판을 기다리는 동안에 그에게 고백하였다고 주장하였다. 그러나 다시 열린 재판은 2004년 2월에 종료되었는데, 범죄 현장에 발견된 귀자국에서 분리한 DNA가 그의 것이 아닌 것으로 알려지면서 그는 무죄로 밝혀졌고, 자국은 그 자체만을 가지고 확인하는 것의 신뢰성에 대해서 심각한 염려가 있었다. 예를 들어, Mark Dallagher의 귀자국을 처음에 비교할 때에 전문가 목격자들 중의 한 명은 둘은 '전혀 같지 않음(definitely not)'이라고 기록하였다 (www.forensic-evidence.com/site/ID/DNAdisputesEarID.html). 죄수의 '고백(confession)'도 또한 신뢰성이 없는 것으로 여겨져서 받아들여지지 않았다. 죄수들은 원하는 것을 얻거나 감형을 받기 위해서 당국자들이 듣기 원하는 이야기를 하기 때문에 감옥 정보원을 이용하는 것에 대한 논란이 언제나 있어 왔다. 다르게는 정보원이 이야기를 지어내도록 압력을 받거나, 단순하게 정직하지 않거나, 또는 악의적일 수도 있다.

확인을 위해서 귀자국을 이용하는 것은 어려운데, 이는 어떤 사람이 물체에 귀를 누르면 가해진 압력과 물체에 따라서 어느 정도는 형태가 변하기 때문이다. 결론적으로 동일한 사람의 자국이라도 어느 정도는 가변적이다. 자진하여 제공하려는 사람들에서 귀자국을 수집하는 경우에는 유리판 뒤에서 흘러나오는 소리를 듣도록 요구함으로서 이를 어느 정도는 극복할 수 있다. 이후에는 자국을 지문과 유사한 방법으로 회수할 수 있다. 그러므로 이 접근법은 범죄현장에 남겨진 귀자국과 유사한 상황이 될 것이다.

귀자국에 진짜로 각 개인을 독특하게 확인할만한 특징들이 있느냐를 알기 위한 충분한 연구나 데이터베이스는 없다. 그러나 이는 귀자국의 분석의 가치를 부인하게 하는 것은 아닌데, 이는 두 자국 사이의 일치에 근접함을 나타내는 수학적 지표가 범죄에 연관된 개인에 대한 조사를 계속할 가치가 있는지 여부를 결정하는데 충분할 수 있기 때문이다. 귀와 귀자국을 분석하기 위한 컴퓨터 체계에 대한 연구가 시작되었고, 유럽연합은 멜로드라마처럼 이름이 지어진 FearID (Forensic Ear Identification) 과제에 연구비를 지원하였다 (Alberink & Ruifrok, 2007). 일부 경찰은 이미 지문과 함께 귀자국을 채취해서 이를 중앙 컴퓨터 데이터베이스에 입력하기 시작하였다. 만일 귀에 구멍을 뚫었다면 이것이 부분적인 귀자국을 만드는 결과를 가져올 수도 있지만 이는 확인을 위한 특징을 더 제공하게 된다 (Abbas & Rutty, 2005; Swift & Rutty, 2003). 귀를 뚫는 것은 죽은 사람을 확인하는데 도움을 주는 특징일 수도 있다. 귀 장식이 없어지거나 도둑을 당했을지라도 형성된 흉터는 구멍이 뚫렸던 곳에 남아있을 것이다. 젊은 사람들 사이에 이해할 수는 없지만 인기 있는 것으로, 신체의 일부에 구멍을 뚫어 넣는 금속 고리와 장신구들 또한 젊은이들이 범죄 행위를 하거나, 또는 의심스러운 상황에서 그들의 신체가 발견되는 경우에 확인을 위한 특징을 제공한다. 귀의 특징을 관찰하는 것으로 CCTV (closed circuit TV) 기록에서 개인을 확인할 가능성에 대한 제안도 있었지만, 이는 모자, 후드, 터번, 히잡, 또는 긴머리 가발을 착용하는 것에 의해 방해받게 되며 따라서 그 효과는 제한적일 것이다.

망막과 홍채

망막(retina)과 홍채(iris) 검색은 개인의 확인에 더 많이 이용되고 있는데, 예를 들어, 수준 높은 보안체계를 갖는 공항이나 군대에 접근을 확인하는데 이용된다. 망막 검색은 눈을 통하여 낮은 강도

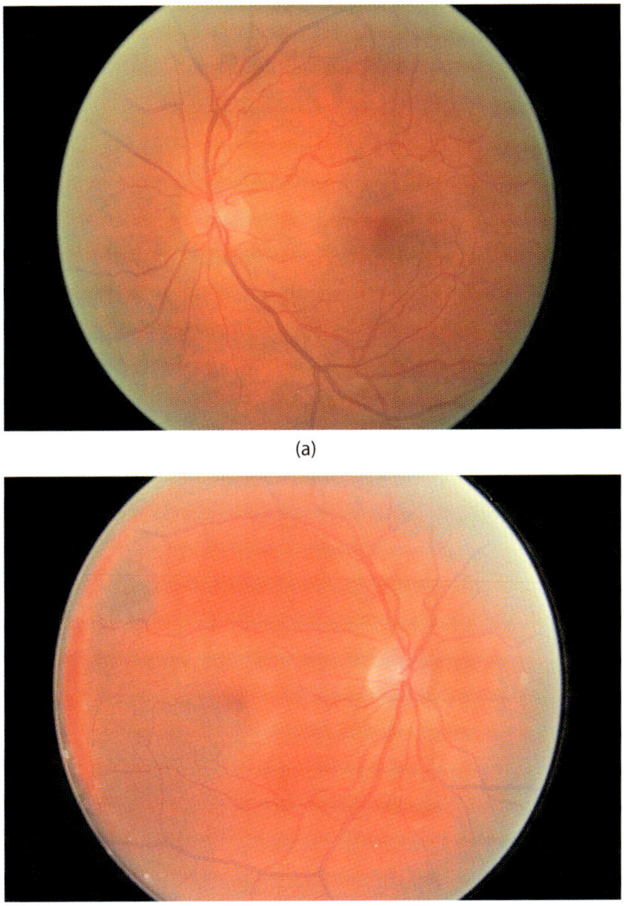

(a)

(b)

그림 4.5 혈관의 복잡한 네트워크를 보여주는 (a) 왼쪽 및 (b) 오른쪽 눈의 망막 표면.

의 적외선을 쪼이고 비디오카메라에 반사되는 빛을 채집해서 망막의 혈관 분포 지도를 그리는 것을 포함한다. 망막의 혈관은 보다 많은 적외선을 흡수함으로 주변 조직보다 두드러지게 보인다 (그림 4.5). 현재의 검색 기술에서는 단지 홍채의 일부분만이 이용되는데도 불구하고 홍채는 400개 이상의 구별이 가능한 특징들을 가지고 있는 것으로 여겨진다. 전체 형태와 색을 떠나서 이런 특징들의 분포는 조직 형성과 성장 동안에 무작위적으로 형성된다. 이 특징들의 분포는 알고리즘을 이용하여 결정되고 두 사람이 홍채 특징의 70% 이상을 공유할 가능성은 약 70억분의 1로 추정되었다 (Daugman, 2004; Daugman & Downing, 2001). 일란성 쌍둥이조차도 다른 홍채의 특징을 갖는다. 현재 홍채 검색 기술은 망막 검색 기술보다 빠르고, 이용자가 카메라로부터 1 미터까지 떨어지는 것을 허용한다는 추가적인 이점이 있다. 사망 후에 망막이나 홍채의 검색 특징이 어떻게 변하는지에 대해서 발표된 연구는 없지만, 망막은 사망 직후 떨어져서 접히는 경향이 있음으로 이 기술은 미확인 시체가 있는 경우에는 큰 도움이 되지 않을 것이다. 망막이 떨어지고 접히는 정도가 사후 시간을 측정하는데 이용될 수 있다는 제안이 있지만, 이에 대한 연구는 거의 없으며 온도나 죽음의 방식과 같은 많은 변수들에 의해서 영향을 받는다.

털

우리의 신체는 손바닥, 손가락 아래 부분, 발바닥 및 발가락 아래 부분의 표면 이외에는 털(hair)로 덮여있다. 털은 어디에서 자라느냐에 따라서 길이와 두께가 다양하지만 그 기본적인 구조는 동일하다. 털은 피부 위로 뻗은 모간(털줄기, hair shaft) 및 피부 안에 감싸여진 모근(털뿌리, hair root)의 두 부분으로 구성되어있다. 모간(hair shaft)은 케라틴 단백질을 대량으로 함유한 3층의 죽은 세포들로 형성되어있고 세포외 단백질들에 의해서 단단하게 결합되어있다. 케라틴은 부식에 저항성이 있고 단단한 분자이고 이를 소화시킬 수 있는 동물은 거의 없다. 결과적으로 털은 부드러운 신체 조직이 부패한 후에도 오랫동안 남아있다. 털의 가장 외각을 큐티클(cuticle)이라고 하는데 이 지역이 가장 케라틴화가 되어있으며 비늘과 같은 모양을 보인다 (그림 4.6). 검은색 털의 중간층은 색소 과립을 가지고 있는데, 회색이나 흰털에서는 그 수가 줄었거나 없다. 가는 털에는 없을 수도 있는 안쪽 층도 색소 과립을 가지고 있다. 모근은 피부의 진피 안에까지 확장되어있는데, 여기서 모낭(hair follicle)에 둘러싸여있고, 이것의 기저가 모구(hair bulb)이다. 모구 내에는 살아있는 생식세포(germinal cell)가 있는데 이것이 이미 존재하는 털의 지속적인 성장과 빠진 것을 대체하는 역할을 한다. 따라서 모낭이 붙어있는 털은 DNA를 제공하는 우수한 원천이다. 불행히도 잘 발달된 모낭을 갖는 털은 활발하게 자라는 것들로 [예, anagen phase (역자주: 모낭의 적극적인 성장 단계)] 몸 안에 세게 박혀 있어서 강제로 뽑아내지 않으면 떨어지지 않는다. 휴지기 털(telegenic hair)이라고 하는 오래된 털만 쉽게 빠지는데, 이 털은 DNA가 거의 없거나 심하게 분해가 된 DNA를 포함한 작은 모구를 가지고 있다. 더욱이 케라틴은 PCR 과정을 방해해서 DNA를 갖는 세포와 기타 털 부위를 분리하는 것이 중요하다. 이를 수행하는 한 가지 방법은 유용한 세포로부터 나머지 털을 분리하는데 레이저 미세절개(microdissection)를 이용하는 것이다 (2장) (Di Martino 등, 2004).

우리 몸의 모든 털은 계속 자라고 빠지기를 반복한다. 머리를 빗을 때처럼 빠지는 것은 자연적일 수도 있고 부드럽게 뽑아내는 것일 수도 있다. 옷, 베개 및 빗은 털을 찾는 좋은 장소이다. 털은 성행위와 같은 격렬한 신체 접촉을 통하여 사람들 사이에 옮겨질 수 있고, 격렬할수록 옮겨질 가능성은 더 높아진다. 따라서 성폭행의 경우에 공격자의 머리카락, 얼굴의 털 및 음모를 피해자의 몸에서 찾을 수 있다. 후자의 경우는 싸움 중에 일어나는데, 공격자와 피해자 모두 머리카락을 당기는 것이 일반적이다. 폭행이나 살인의 경우에 희생자의 몸이나 옷을 조사하는 것은 중요하고 희생자의 것과 다른 털의 위치도 중요하다. 머리카락을 현미경으로 조사하면 신원확인을 위한 특징을 제공할 수 있다. 예를 들어, 모간의 절단면은 그 형태를 나타내는데, 직모는 원형, 곱슬머리는 콩팥 모양, 웨이브

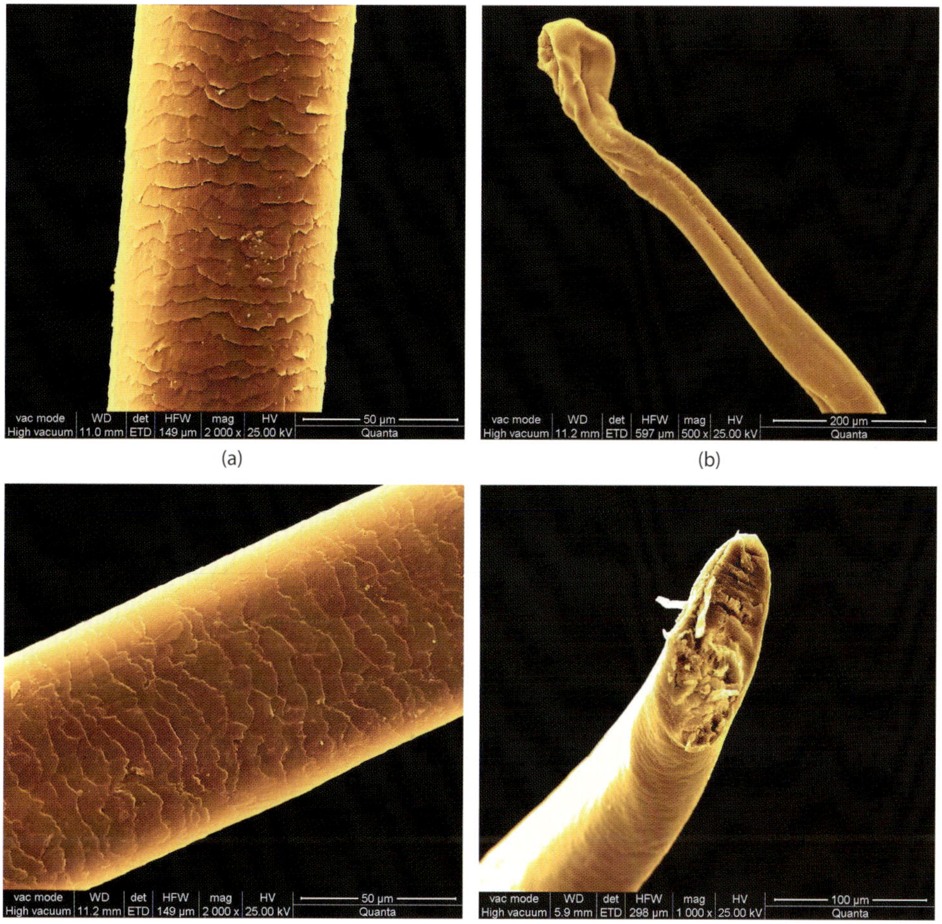

(a) (b) (c) (d)

그림 4.6 인간 털의 적외선 주사현미경 사진: (a) 비늘 패턴을 보여주는 머리카락, (b) 모구를 보여주는 모근까지 빠진 머리카락, (c) 비늘 패턴을 보여주는 음모, (d) 납작한 타원형 절단면을 보여주는 음모의 절단 부위.

머리는 계란 모형이다. 색소 또한 어떤 색인지를 알 수 있게 한다. 그러나 색은 염색약을 이용해서 바뀔 수 있고, 숙달된 미용사는 어떤 사람의 머리카락 길이와 모양을 빠르게 바꿀 수 있으며, 범인이 범죄를 저지르는 동안에 가발을 썼을 수도 있다. 따라서 범죄 현장에서 수거된 털은 어느 정도 증거를 제공하지만 더 신뢰가 가는 확인은 털로부터 추출한 DNA가 제공한다.

Ehleringer 등 (2008)은 미국의 음료수가 지역에 따라서 다른 산소와 수소의 동위원소 비율을 나타내며, 이발소들에서 수집된 머리카락들에서 이 '특징(signature)'들이 반복되는 것을 알아냈다. 이 기술은 도시를 확인할 정도로 민감도가 있지는 않지만 그 지역을 예측할 수는 있도록 하였다. 지역은 아마 그 머리카락이 자라는 동안에 그 사람이 살고 있던 곳이다. 어떤 사람이 전혀 다른 동위원소 특징을 갖는 지역으로 이사하면 얼마나 빠르게 비율이 변한지는 결정할 더 많은 연구가 필요하다.

털은 특히 기름이 있거나 혈액으로 오염이 되었다면 작은 입자들의 덫으로 작용한다. 결과적으로 토양과 무기입자뿐만 아니라 꽃가루 및 유기미세화석(palynomorph) (역자주: 크기 5–500 μm의 꽃가루, 곡물, 또는 단세포 유기체의 미세한 화석)들을 보유하게 된다 (9장). 만일 사람들이 땅위에서 싸운다거나 어떤 표면 위를 끌려간다면 털은 이런 물질들을 더 많이 취할 것이고, 이것들은 장소, 시간, 그 해의 어느 때인지를 알려주는 우수한 법의학적 지표가 될 것이다. 이것은 두 가지 예를 제시한 Wiltshire (2006a)에 의해서 자세히 논의되었다.

약물과 독의 침착(assimilation)

Methadone과 같은 약물(drug)이나 납과 비소와 같은 독(poison)은 털에 흡수되고 마지막 투여하고 오랜 시간이 경과한 후, 사망 후에 조차도 탐색이 될 수 있다. 반면에 대부분의 약물과 독은 살아있는 동안과 부패 과정에서 부드러운 조직이 사라지는 동안에는 신체에서 빠르게 제거된다. 털의 분석은 어떤 사람이 자발적으로 또는 의심하지 않고 약물을 취했는지 여부를 결정하는데 아주 중요하다 (Musshoff & Madea, 2007). 후자의 경우 '데이트 성폭행(date rape)'의 전형적인 경우로서, 피해자는 로히프놀(rohypnol®) (flunitrezepam), 또는 zolpidem 최면제를 가미한 음료를 마시고 무기력 상태가 되는데, 이 약물들은 추가로 기억력 상실을 일으키는 문제를 일으킨다 (Villain 등, 2004). 로히프놀, 7-aminoflunitrezepam의 분해 산물은 더 염기성으로 털 속의 멜라닌에 더 잘 결합하기 때문에 flunitrezepam 자체보다 더 탐지하기가 용이하며, 로히프놀을 일회 분량만을 취한지 한 달 후까지도 탐지될 수 있다 (Negrusz 등, 2001). 그러나 개인 간에 큰 차이가 있어서 로히프놀을 얼마만큼 언제 섭취하였지 판단하는 것은 불가능하기 때문에 음성 판정이 로히프놀을 취하지 않았다는 의미는 아니라는 것을 기억하는 것이 중요하다. 유사하게 일부 사람들은 로히프놀을 기분 전환용 마약(recreational drug)으로 사용하기 때문에, 털 내에 이것이 존재한다는 것이 약이 들어간 음료를 알지 못하고 마셨다는 의미는 아니다.

많은 약물의 경우 털의 분석이 어떻게 사망 시간에 순환 중이던 약물의 농도와 관련되어 있는지에 대해서 및 또한 환경으로부터 오염이 일어날 가능성에 대한 불확실성이 있다. 예를 들어, cannabinoid 잔류물들은 불법 약물의 사용 또는 공기 중에 노출되는 것에 의해서 발견될 수 있다. 결론적으로 최선의 방법에 대한 일치된 의견은 없지만 털 시료들은 분석 전에 오염원을 제거하는 것이 중요하다. 원래 물질과 비교하여 특별한 대사물질이 특정한 비율로 존재하는 것은 그 약물이 신체 내로 흡수되었다는 좋은 표지가 된다. 털색 또한 털이 화학물질을 흡수하는 효율을 정하는 중요한 요소이다. 예를 들어, 쥐 실험에서 흰털은 검은털보다 methadone을 덜 흡수하였다 (Green & Wilson, 1996). 말할 필요도 없이 염색, 탈색 같은 머리카락 처리와 진균의 성장, 햇빛이나 수분에 노출과 같은 사후에 일어난 일들 모두 어느 정도는 화학물질의 회수에 영향이 있다. 털은 비교적 일정한 속도로 자라기 때문에 (신체 부위와 연령에 따라서), 털의 길이에 따른 화학무질의 양은 언제 그것이 투여되었는지를 보여줄 수 있다.

사례연구: 비소(arsenic)가 King George 3세의 광기의 원인이었나?

King George 3세의 신체로부터 취해진 몇 가닥의 머리카락 분석은 그의 광기의 원인에 대한 새로운 조명을 하게 한다 (Cox 등, 2005). King George 3세는 1820년에 사망하였고 그 당시에는 유명한 사람의 머리카락을 작은 갑에 넣어서 보관하는 것이 유행이었다. 이 경우에는 머리카락이 봉투에 들어있었는데 최종적으로는 런던과학박물관(London Science Museum)으로 보내지게 되었다. 2004년에 분석되었을 때에 머리카락은 기본 독성을 나타내는 수준의 300배 이상으로 비소를 포함하고 있었다. 1970년대 이래에 King George의 광기는 포르피린증(porphyria 질병 증상) (역자주: 포르피린 또는 그 전구물질의 형성이나 배설의 현저한 증가를 특징으로 하는 포르피린 대사장애의 총칭)의 결과라고 일반적으로 믿어졌다. Porphyria는 헤모글로빈의 햄 구조를 생산하는데 관여하는 효소가 결핍되어 일어나는, 혈액 이상에 연관된 최소한 7 종류의 증상들을 묘사하던 용어이다. 이는 혈액 내에 포르피린(porphyrin)이라는 화학물질과 그 전구물질의 축적이 일어나게 한다. 대부분의 환자는 심각한 질병을 경험하지 못하지만 일부에서는 간질, 불안 및 정신적 혼란 증상을 갖는다. 남성보다는 여성에게서 효과가 더욱 심하지만, 비소가 급성 porphyria의 발작을 유발시키는 능력이 있음으로, 이것이 왜 King George가 갑작스럽고 심하게 고통을 받았는지를 설명해 준다. 그러나 그가 어떻게 그렇게 많은 양의 비소를 섭취했는지에 대한 의문이 생긴다. 머리카락의 길이에 따라서 분포된 비소는 이것이 표면에 오염된 것이거나 한 번만 독을 섭취한 것도 아니고 머리가 자라는 동안 내내 섭취했음을 의미한다. King George의 의료 기록은 비소를 함유한 피부연고를 사용했다고 언급하고 있지만, 이는 그의 머리카락에서 발견된 비소의 양을 설명하기에는 불충분하다. 유사하게 비소가 포함된 티끌 가루를 묻힌 반지를 끼는 것이 일반적인 유행이었다고는 것도 또한 적절한 설명이 아니다. 정답은 아마도 그가 정신적 혼란을 완화하기 위해서 구토용 tartar-antimony potassium tartrate와 같은 물약이 처방되었다는 것에 있다. 그 당시의 의사들은 출혈(bleeding), 장화(purging) 및 구토(vomiting)가 모든 질병 치료를 위한 것이라고 광적으로 믿었고, 그 이름이 제시하듯이 구토용 주석(tartar)은 구토를 일으키는데 사용되었다. 불행히도 안티몬(antimony)과 비소는 광물에 자주 함께 존재하고 그 당시에는 둘을 완전히 분리하는 것이 불가능했다. 결과적으로 King George의 '광기'를 치료하기 위한 의사들의 시도가 실질적으로는 상태를 더 나쁘게 만들었다.

폭약의 침착

세척 후에도 털에서 폭약의 흔적을 탐지하는 것은 가능하다 (Oxley 등, 2005). 여기에는 2005년 런던지하철(London Tube Train) 폭파에 이용된 TATP (triacetone triperoxide – 또한 acetone peroxide 및 'Mother of Satan'으로 알려진)와 같은 폭약도 포함된다. 대부분의 폭약들은 낮은 증기압(vapour pressure)을 가지고 있지만, 그래도 털에 흡착 또는 흡수 또는 둘 모두 된다. 그러나 폭약의 흔적은 손을 통한 오염이나 오염된 수건을 공유하는 것에 의해서도 흡수된다. 결과적으로 어떤 사람의 털에서 폭약의 흔적을 탐지하는 것이 그가 테러리스트의 활동에 참여했다는 증거가 되는 것은 아니다.

뼈

법적 소송으로 이어질 것으로 판단되는 범죄 사건과 연관된 골격의 잔류물을 연구하는 것은 법인류학(forensic anthropology) 또는 법골학(forensic osteology)이라고 부르고, 반면에 잔류물의 위치와 회수를 연구하는 것을 법고고학(forensic archeology)이라고 부른다. 말할 필요도 없이 두 학문에는 겹치는 부분이 많고, 모두 오랫동안 전통 인류학과 고고학 연구에 기반을 두고 발전한 상당한 양의 신체 지식에 기반을 두고 있다. 여기서는 단지 전체적 개요만을 제공할 것이고 더 자세한 것을 원하는 사람들은 Klepinger (2006)와 같은 전문가 교재를 찾아보라.

완전한 인간의 두개골 또는 큰 뼈들을 확인하는 것은 수월하지만, 작은 뼈들과 종자골(sesamoid bone)들을 다른 동물의 것들과 구별하는 것은 더 많은 기술을 필요로 한다. 이것은 특히 뼈들이 어린 아이로부터 유래한 것이라면 더욱 어려워지는데, 많은 것들이 어른의 것과 다른 형태적 특징들을 보이기 때문이다. 또한 골격들이 탈구되어있고 잔류물이 일부분만 발견되는 곳에서는 확인에 문제가 있을 수 있다. 결과적으로 나중에는 양이나 돼지의 것으로 밝혀지지만, 바닷가나 황야에 있는 뼈들에 의해서 경찰이 경계하는 것은 이상한 것이다. 유사하게 정원을 파거나 전원 지대를 산책하다가 인간의 뼈를 애완동물이나 야생동물의 것으로 묵살해 버림으로 그 후에 아무 일도 없을 수 있다. 종종 독특하게 생긴 나무나 돌도 뼈와 혼동될 수 있다 (그림 4.7). 뼈의 출처가 불분명하면 DNA를 추출하여 그것이 인간의 것인지 아닌지를 확인하는 것이 가능하지만, 실패하면 뼈의 미세구조에 대한

그림 4.7 자연물 과 인공물 모두 뼈로 오인하기가 쉽다. 이 나무 조각은 외형적으로는 커다란 대퇴골을 닮았다.

조직학적 분석이 요구될 수도 있다 (Hillier & Bell, 2007). 뼈의 해부학적 측정은 그것이 인간으로부터 유래했는지 뿐만 아니라 성별, 인종 및 사망 시의 연령에 대한 암시를 제공할 수 있다. 뼈는 사망 이후에 흐른 시간의 단서, 근저가 되는 질병, 사망 원인, 과거의 움직임 및 만일 DNA가 추출된다면 신원도 제시할 수 있다 (Byers & Myster, 2005).

인간 골격

성인 어른의 골격은 206가지의 뼈로 구성되지만, 어린들에게는 더 많이 있다. 이 차이점의 이유는 일부 뼈들은 성장해 감에 따라서 융합되어 버린다. 성인의 뼈는 구간 골격(axial skeleton) 및 부속 골격(appendicular bone)의 두 구획으로 나누어질 수 있다. 구간 골격은 두개골, 설골(hyoid bone), 귀의 뼈들, 척추 및 흉곽(thorax) 등으로 구성이 되어있다. 부속 골격은 견갑골, 상지 및 하지(upper and lower limbs), 골반대 등으로 구성이 되어있다. 대부분의 뼈는 신체의 왼손과 오른손 쪽에 쌍을 이루고 있다. 뼈들은 형태에 따라서 장골(long), 단골(short), 편평골(flat), 불규칙골(irregular), 종자골(sesamoid) 등의 5가지로 분류된다. 장골(long bone)은 허벅지의 대퇴골(femur) 같은 것들이다. 이 뼈들은 폭보다 더 길고, 길이에 따라서 무게가 더 균등하게 분포되도록 하기 위한 형태로 대개는 약간 휘어있다. 단골(short bone)은 대개 폭과 길이가 비슷한데 손목에서 발견되는 팔목뼈(carpal bone)의 대부분이 전형적인 예이다. 이름이 의미하듯이 편평골(flat bone)은 납작하고 판처럼 생겼다. 이것들은 치밀골(compact bone)이 거의 수평인 두 층들로 구성이 되어있고 예로는 두개골, 흉골(breast bone) 및 늑골(rib)을 포함한다. 이 뼈들은 밑에 있는 부드러운 조직들을 보호하고 근육의 연결을 위한 광범위한 부분을 제공한다. 불규칙골(irregular bone)은 척추(vertebral column) 뼈들과 안면골(facial bone)의 일부들이다. 종자골(sesamoid bone)은 참깨 씨와 닮은 모양으로부터 그 이름을 얻었다. 이 뼈들은 커다란 압박과 긴장을 견디는 건(腱, tendon) 안에서 발견되고, 이들을 과도한 마모로부터 보호한다. 대부분의 종자골은 손바닥에 존재하는 것들처럼 그 크기가 몇 밀리미터이고, 개인에 따라서 그 수가 다양하다. 이런 일반화에 예외적인 것이 두 개의 슬개골(patellae) 또는 무릎뼈(kneecap)이다. 작은 봉합골(sutural bone)이 일부 두개골(cranial bone)의 봉합에서 발견되고, 그 수는 개인에 따라서 상당히 다르고 완전히 없는 경우도 있다.

각각의 뼈를 확인하는 능력은 오로지 풍부한 실제 경험으로부터 나오며, 대부분 길고 복잡한 이름을 갖는 해부학적 특징에 의해서 도움을 받는 것은 아니다. 그러나 골격이 탈구되었거나 잔류물이 함께 섞여있다면 (공동매장지와 같은 곳에서) 필수적이다. 예를 들어, 3개의 경골(tibiae)이 존재하는 것은 2명이 있었다는 것을 의미한다. 그 곳에 하나의 우경골과 2개의 좌경골이 있다면 그곳에 2 또는 3명의 사람이 있었다는 것이다. 2개의 좌경골 모두가 우경골보다 현저하게 짧다면 단지 2명만 있었을 가능성이 있는데, 이는 피해자 중 한명이 기형적인 다리를 가지고 있었을 수 있기 때문이며, 마모 형태를 더 자세히 분석하면 이를 받아들이거나 거부할 수 있다.

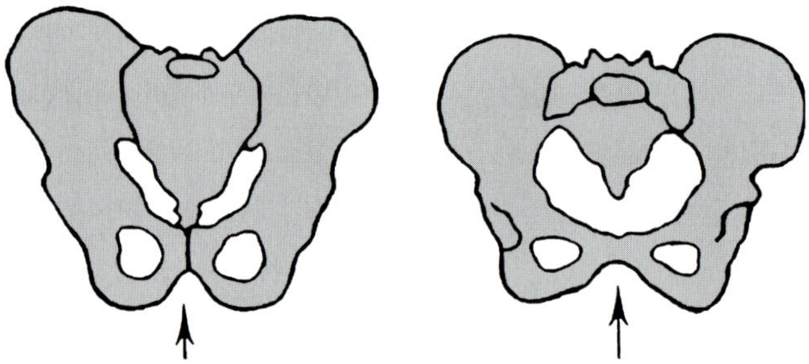

그림 4.8 성인 남성과 여성의 골반을 나타내는 도해. 몇 가지 형태학적 차이가 있지만 가장 분명한 것은 상부 치골궁(화살표)이 여성보다 (U자 형태) 남성에서 (V자 형태) 훨씬 좁다는 것이다. (Saukko, P. and Knight, B. (2004) *Knight's Forensic Pathology*, 3rd edn. 저작권 2004, Hodder Arnold 승인)

성별 확인

부패 초기인 신체의 성별 확인은 생식기(genitalia)와 2차 성적 특징 (예, 안면의 털)이 존재하기 때문에 거의 문제가 되지 않는다. 성전환 수술을 한 사람이나 남녀양성자(hermaphrodite)로 태어난 사람들은 더 어려울 수 있지만 DNA 검사 (3장)로 대개는 이 문제가 해결된다. 만일 골격 증거만이 남아있더라도 어른의 경우에는 정확도가 높은 성별 확인이 가능하지만, 어린이는 훨씬 더 어렵다 (Duric 등, 2005). 가장 도움을 주는 지표는 남녀 간에 다른 점을 많이 가지는 골반(pelvis)이다 (그림 4.8). 예를 들어, 상부 치골궁(上部恥骨弓, sub pubic arch)이라고 불리는 골반 부분이 여성의 경우에는 뒤집힌 'U자 모양'이지만 남성의 경우는 뒤집힌 'V자 모양'이고 그 외에도 다른 점이 있다. 두개골, 장골 및 흉골(sternum)의 크기에도 성별에 따른 차이가 있다. 이런 뼈들의 일부는 단독으로는 정확한 성별 확인을 제공하지는 못하지만 2가지 이상의 다른 뼈와 함께 이용되면 [또한 그 집단에서 성적인 이형태성(sexual dimorphism) 표지가 알져졌다면] 정확도가 95%까지 올라갈 수 있다.

인종 확인

'인종(race)' 및 '인종적 특성(racial characteristics)'이라는 용어는 자주 감정이 이입된 논쟁을 일으키고 (Bamshad 등, 2004), 일부 연구자는 민족성(ethnicity)라는 용어를 선호하는데, 이는 언어, 종교 및 사회 요소와 같은 다양성을 포함하고 있기 때문이다. '순수 인종(pure human race)'과 같은 것은 없으며, Brace (1995)와 같은 많은 인류학자들은 분리된 집단(discrete population)들보다는 형질의 연속변이(clines of traits)라는 관점에서 인간다양성(human variation)으로 보는 것이 더욱 도움이 되는 것으로 생각하고 있다. 이 '인종'이 법의학과 의학 서적에서 일반적으로 쓰임에도 불구하고 그 한계점을 인식하는 것이 확인 과정에서 유용한 개념이 될 수 있다. 예를 들어, 법의학 서적에서는 '백인(white)'과 '흑인(black)'이라는 용어는 대개 유럽에서 온 미국인과 아프리카에서 온 후손들 간의 차이와 관련이 있다. 그러나 이것들은 맥락에 의존하기 때문에 이상의 어떤 의미는 없다: 아무도 순수 백인이거나 순수 흑인은 아니고 어느 나라/사회에서는 백인으로 고려되는 사람도 다른 곳에서는 흑인으로 고려될 수도 있고, 그 반대의 경우도 있다. 얼마나 많은 인종적 범주가 있는가는 일치된 의견이 없지만, 'Caucasian', 'Negro' 및 'Mongoloid'라는 용어가 일반적으로 이용된다. (유사하게 민족적 기준을 나누는 동의도 없음). 'Caucasian'이라는 용어는 처음에는 독일인 학자인 Johan Blumenbach에 의해서 1775년에 만들어졌다. 그는 Caucasian, Mongolian, Ethiopian, Native (North and South) American 및 Malay의 다섯 가지로 구별되는 인종을 인정하였다. 그는 Caucasus 지방이 가장 아름다운 인종을 생산한다고 생각했기 때문에 Caucasian이라는 용어를 선택하였다. 그는 또한 모든 인류는 Caucasus 지방에서 기원하였으며, 그 후의 모든 인종들은 그들로부터 유래했다고 생각하였다. 대부분의 과학자들은 인류가 아프리카에서 유래했다고 믿지만, Georgia 주의 Dminisi 시에 가까운 곳에서 2007년에 잠정적 연대측정으로 1.7-1.8백만 년 된 초기 인간과 유사한 잔류물이 발견된 것을 보면 인간 기원에 대한 Blumenbach의 생각이 완전히 비현실적인 것은 아니었다.

어떤 두개골을 Caucasian, Negro, Mongoloid의 넓은 범주에 넣은 것은 가능하지만 더 자세한 구분은 대개 불가능하다 (그림 4.9). 형태적 차이 중에서 하악골(mandible)의 모양 및 콧구멍(nasal opening)의 크기가 있으며, 후자의 경우 Caucasian이 Negro보다 좁고 높은 경향이 있다. Krigman & Iscan (1986)은 인종 확인을 위한 하악골 측정값에 대해 이의를 제기했지만, Buck & Vidarsdottir

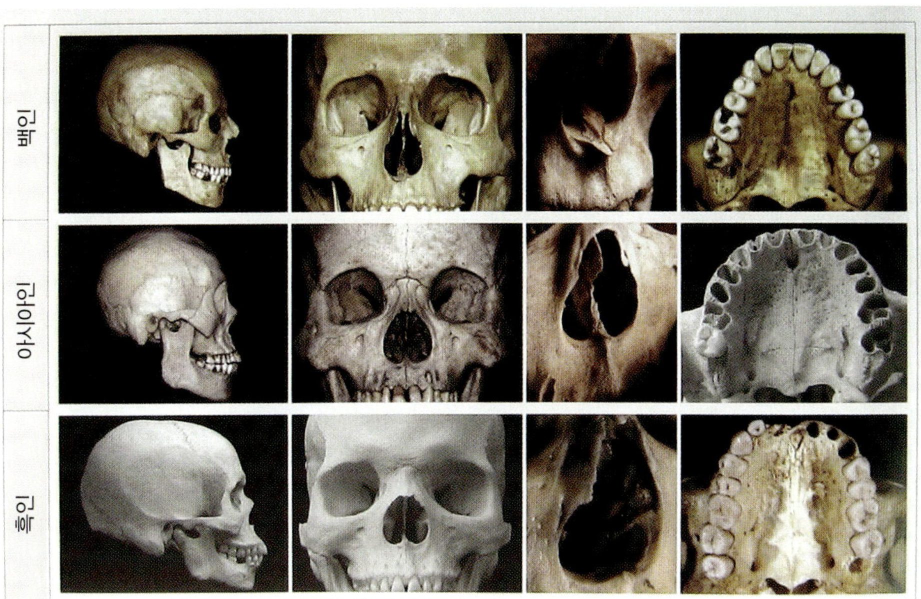

그림 4.9 성인의 두개골은 대개 3 인종 범주의 하나로 묘사될 수 있다: Caucasian (혹은 백인), Negro (혹은 흑인), Mongoloid (혹은 아시안). 자세히 구별되는 특징은 본문을 보라. (Dolinak, D. 등 (2005) *Forensic Pathology Theory and Practice*. 저작권© 2005, Elsevier Academic Press 승인)

(2004)는 성장이 거의 끝나가는(sub-adult) 사람을 확인하기 위해서 컴퓨터에 기반을 둔 하악골의 기하학적 형태 분석 방법을 이용하였는데 70% 이상의 정확도를 보였다. 이는 특히 가치가 있는데 어른이 되기까지는 성장이 일정하게 일어나지 않기 때문에 서로 서로에 대해서 해부학적 특징이 많이 변하기 때문이다. 결과적으로 인종에 과한 대부분의 연구는 성인 골격을 가지고 수행되었다. 그러나 70% 정확도라는 것은 10개 중 3개는 틀리게 확인된다는 것임을 강조할 필요가 있다. 더욱이 Caucasian/Negro 개인 간의 형태적 차이에 대한 대부분의 연구는 미국의 연구에 기반을 두고 있음으로 그 나라에 있는 주요 집단들과 연관이 있으며, 반드시 다른 곳에도 적용할 수 있다는 것은 아니다.

신장 결정

신장(stature)은 똑바로 서있는 자세에서 사람의 타고난 키를 의미하는데, 확인 과정에서는 분명히 중요하게 고려되어야 한다. 단순한 측정처럼 보일지라도, 어떤 사람이 살아있는 동안에도 어려움을 주지만 죽은 후에는 더 어려워진다 (Bidmos, 2005). 신장은 척추골에 가해지는 부하가 다르기 때문에 하루에도 수시로 변화하며, 측정할 때마다 흔하게 오차가 발생한다. 만일 이용 가능한 기록이 관계가 있는 그 개인에 의해서 만들어진 것이라면 의심을 가지고 취급되어야 한다. 특히 남자는 키를 과장하는 경향이 있다. 더욱이 나이가 먹어감에 따라서 뼈들이 축소하는 경향이 있고 우리의 신장은 변한다. 결과적으로 성인인 경우에 신장은 일정하지 않고 시간에 따라서 지속적으로 변화한다. 신체가 골격만 남게 되면, 신장을 결정한다는 것이 뼈들을 벤치에 누이고 키에 기여하는 뼈들의 길이를 측정하는 것 같이 단순한 일이 아니다. 이것은 살아있는 동안에 뼈들이 서로서로 연관되어 배치되어 있던 그 방법이 아닐 것이며, 관절의 연골은 모두 없어졌을 것이다. 더 큰 문제는 일부 뼈들이 분실되었을 때에 일어난다. 그럼에도 불구하고 최소한 1개의 장골-대퇴골(femur), 하퇴골(tibia), 또는 상완골(humerus)이 주어진다면, 상당히 정확하게 신장을 측정하는 것이 가능하다. 장골의 길이는 키에 비례함으로, 표 또는 회귀방정식(regression equation)을 참고하면 키의 추정치를 얻을 수 있다 (Trotter, 1970). 이 접근법의 정확성은 측정이 가능한 장골의 수에 따라서 분명히 증가하고, 성별과 집단에 대한 허용치가 만들어져야 되며, 어떤 추정치든지 95%의 신뢰 구간을 의미한다는 것이 동반되어야 한다.

연령 결정

모든 부드러운 조직이 부패되면 어떤 사람의 사망 시점의 연령을 추정하기 위해서는 치아와 골격의 특징을 모두 종합적으로 이용한다. 이런 특징들은 특별하게 정확하지 않고, 그 사람이 나이가 들어감에 따라서 점점 정확도가 떨어진다. 골격의 발달이라는 관점에서 잔류물은 대개 주산기(perinatal) [태아기(foetal)], 신생아기(neonatal), 유아기(infant), 어린이 초기(young child), 어린이 말기(late child), 청소년기(adolescence), 젊은 성인(young adult), 및 노인(older adult) 등의 여덟 그룹 중 하나의 범주로 분류가 된다. '주사기(perinatal)'란 용어는 태어나지 않은 아기를 의미하고, 그들의 나이는 경추(cervical) 흉추(thoracic) 및 요추(lumbar) 골을 측정함으로서 비교적 정확하게 결정할 수 있다 (Kosa & Castellana, 2005). 태아는 외부 환경으로부터 보호를 받고, 음식이 부족해도 성장은 어머니의 것을 이용하기 때문에, 태어나지 않은 아이의 발생은 규칙적이고 예측이 가능한 속도로 진행된다. 신생아(neonate)는 태어났지만 아직 치아가 나지 않은 아기들이다. 이 시기에는 아기는 매우 작은 뼈를 가지고 있고 이 중 많은 것들, 예를 들어, 골반 및 두개골의 뼈들은 아직 함께 연결되지 않았다. 그러나 이런 일이 일어나는 속도는 개인에 따라서 변이가 아주 많다. 유아기(infant) 동안에 치아가 나오기 시작하고 이는 어린이의 나이를 상당히 정확하게 의미하는 지표이다. 다시 한 번 개인에 따라서 언제 얼마나 빠르게 이 과정이 진행되는지에 대해서는 커다란 변이가 있기는 하지만, 뼈들도 단단해지기 시작한다. 어린이 말기에는 더 많은 뼈들이 단단해지기 시작하고 영구치가 올라온다.

청소년기에는 장골들의 길이가 빠르게 자란다. 이는 골단판(epiphyseal plate)이라고 부르는 뼈 부분에 있는 연골세포(chondrocyte)의 활동에 의해서 일어난다. 연골세포는 분열하여 연골(cartilage) 층을 형성하는데, 이것이 골단판이 더 넓어지는 원인이 되어서 뼈가 길어지게 된다. 연골이 형성되어감에 따라서, 양쪽에 있던 연골세포는 죽어가고, 이 자리를 조골세포(osteoblast)라는 다른 형태의 세포가 차지한다. 조골세포는 연골을 뼈로 전환시키고, 따라서 골간(bone shaft)은 자라게 된다. 청소년기 끝에서는 골단판의 연골이 뼈 조직에 의해서 완전히 대체되는데, 이것이 골단판 폐쇄 과정으로 알려져 있다. 한 번 폐쇄가 완료되면, 물론 환경에 따라서 변화가 있을 수는 있겠지만 더 이상의 뼈의 신장은 불가능하다. 골단판의 수는 뼈에 따라서 다르고 그것들의 폐쇄 시기도 다른 형태의 뼈 내에서와 뼈들 사이에도 다양하다 (그림 4.10). 그러므로 골격 내의 골단판 폐쇄를 기준으로 하여 연령을 상당히 정확하게 추정하는 것이 가능하다. 예를 들어, 남자의 쇄골(clavicle) [빗장뼈(collarbone)]에서 뼈의 견봉단(acromial end) [즉 견갑골(scapula) 옆]에 있는 골단판의 폐쇄는 19-20세에 일어난다. 그러나 흉골단(sternal end) [즉 흉골(breastbone) 옆]에 있는 골단판은 25-28세까지 폐쇄가 일어나지 않는다 (Krogman & Iscan, 1986). 사춘기 동안에 성호르몬의 수치가 판의 폐쇄시기에 크게 영향을 미친다. 결론적으로 골격의 특징으로부터 연령을 추정할 때에는 성별을 고려해야만 하며, 폐쇄는 대개 남자보다는 여자에게서 더 어린 나이에 일어나는데, 일반적으로 더 일찍 성숙하기 때문이다.

청소년기 후에는 골격 잔류물로부터 연령을 추정하는 것에 더 문제가 많다. 한 가지 방법은 두개골에서 봉합(cranial suture) 정도를 관찰하는 것으로 판들이 융합됨에 따라 봉합이 점점 더 구별되지 않는다. 많은 법의학 교재들은 두개골 내의 두개기부 봉합(basilar suture) [설상골-후두골 연골결합(sphenoid-occipital synchondrosis)]을 젊은 성인기의 지표로 언급한다 (그림 4.11). 융합은 18세에서 25세 사이에 완성이 되는 것으로 말을 하지만, 이것의 위치가 생존 시나 죽은 후에나 모두 관찰하기 매우 어려운 곳이고, 일부 연구자들은 많은 사람들에서 융합이 더 이른 시기에 일어날 것으로 믿고 있다. 다른 시도는 갈비뼈(rib bone)의 모양 및 갈비뼈를 흉골에 연결하는 연골의 점식(pitting)

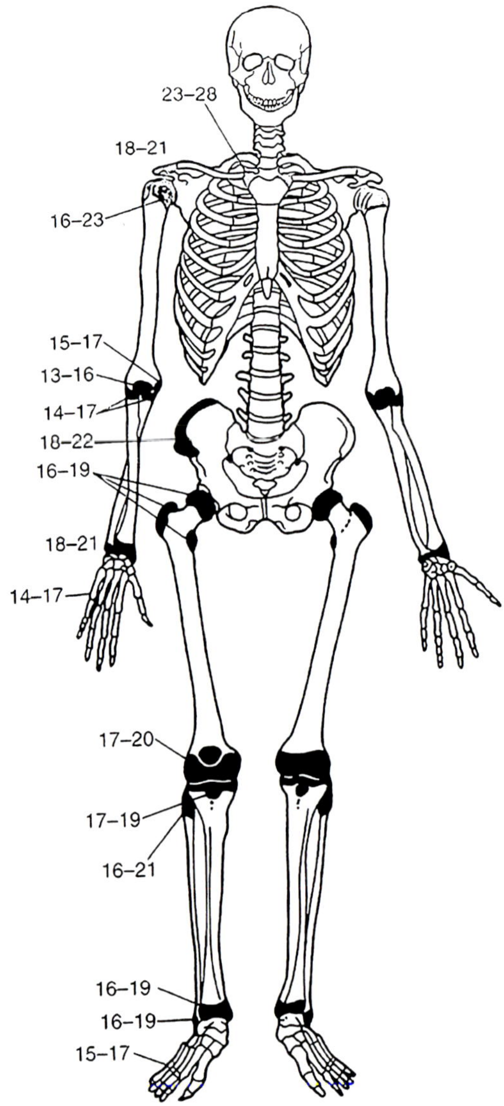

그림 4.10 남성에서 골단 연합이 발생하는 연령을 보여주는 인간 골격을 나타내는 도해. 법의학과 중요하게 연관된 부위만을 보여주었고 많은 경우에 여성의 연령은 약간 다르다. (Saukko, P. and Knight, B. (2004) *Knight's Forensic Pathology*, 3rd edn. 저작권 2004, Hodder Arnold 승인)

정도를 관찰하는 것이다 (Kunos, 등, 1999; Iscan 등, 1984). 처음에는 갈비뼈의 말단이 평평하고 연골은 매끈하지만 나이를 먹어감에 따라서 갈비뼈의 말단은 헤지고 연골은 침식된다. 이 접근법의 신뢰도에 의문이 제기되었고 (Schmitt & Murail, 2004) 갈비간(rib shaft)은 그 자체가 무르고(frail), 이것들은 시체가 노출된 위치거나 산성 토양에 남겨진다면 연골과 함께 빠르게 부패한다. 다른 방법들에는 치골결합(pubic symphysis)에서의 변화를 평가하는 것과 장골(ileum) [척추 아래 부분

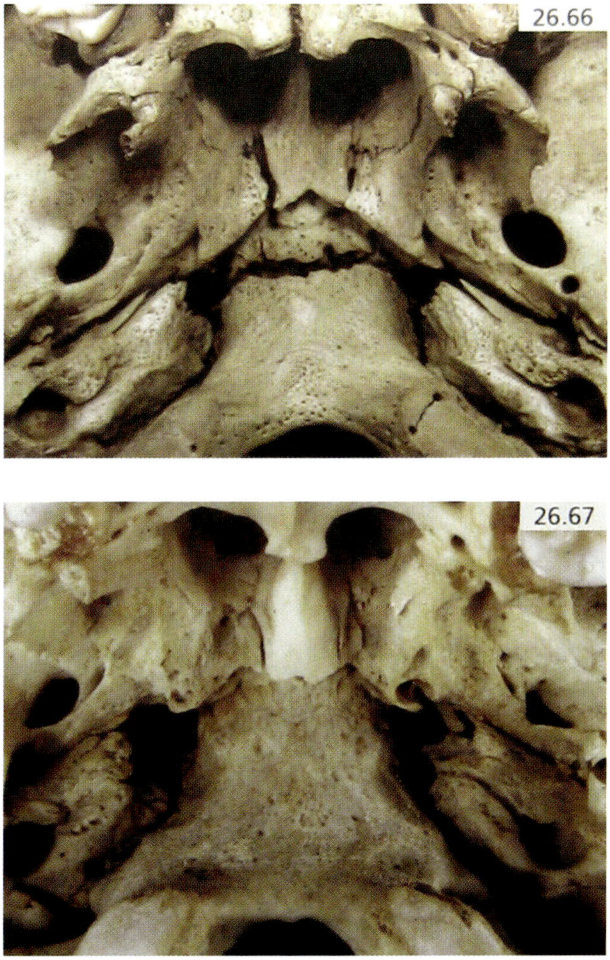

그림 4.11 두개골 내의 두개기부 봉합 (설상골-후두골 연골결합)으로 연령을 알 수 있다. (a) 어른이 되기 전, 설상골과 후두골이 연골판에 의해서 분명하게 분리되어있다. (b) 성인에서는 설상골과 후두골이 봉합되어있다. (Dolinak, D. 등 (2005) *Forensic Pathology Theory and Practice*. 저작권© 2005, Elsevier Academic Press 승인)

(sacro-iliac joint)]에서 귀모양의(auricular) 표면을 평가하는 것이 있다. 불행히도 이 방법들은 모두 한계가 있다. 치골 결합은 매우 약해서 손상을 받기가 쉽고 부패가 잘되며, 남성보다 여성에서는 덜 신뢰가 가는 지표이다 (Klepinger, 2006). 장골(ileum)에서 귀모양의 표면은 강한 구조이지만 연령을 추정하는데 특별나게 정확한 방법을 제시하지는 않으며, 50세 이상에서는 관절의 지속적인 경화(stiffening) 및 융합(fusion) [관절유착증(ankylosis)]이 그 유용성을 감소시킨다. 관절염과 골다공증과 같은 연령과 관련된 퇴행성 질환이 연령에 대해서 대략적인 추정을 하게 하지만 발생과 진행이 개인에 따라서 너무 다르며, 어린이도 관절염으로 고생할 수 있다. 청소년 특발성 관절염(juvenile idiopathic arthritis)은 성인의 관절염과 다르지만 관절을 손상시킨다.

안면복원

두개골의 특징들로부터 안면복원(facial reconstruction)하는 것은, 컴퓨터의 도움을 받는 기술들이 더 정밀하며, 빠르고 저렴한 이점도 가지고 있고, 최종 이미지를 관련이 있는 부서에 더 수월하게 전달할 수 있지만, 일반적으로는 두개골 주형에 모델링 점토(modelling clay)를 넣어서 만드는 수공으로 수행된다 (De Greef & Willems, 2005; Wilkinson, 2004; Vanezis 등, 2000). 안면복원 과정에는 해부학적 방법 및 tissue depth method의 두 가지 기본적인 접근법이 있다: (Kahler 등, 2003). 전자는 해부학 지식을 크게 필요로 하는데, 두개골의 표면으로부터 시작하여 층 위에 층을 점차적으로 쌓아서 피부와 모든 그 밑의 조직 층들을 만들어야 하기 때문이다. 결론적으로 오늘날에는 해부학적 방법은 대개 얼굴 특징에 대한 통계적 데이터가 없는 인간 화석 및 인류와 비슷한 생명체(hominoid) 화식의 복원에 세한되어있다. Tissue depth method는 두개골 상의 여러 표지 지점(marker point)에서 뼈와 표피 사이의 tissue depth의 평균에 대한 통계 데이터 은행(statistic data bank)을 이용한다. 그 후에 표지 지점 사이의 tissue depth가 채워지고 마지막으로 '표피(skin surface)'를 추가한다. 당연하게 표지 지점의 tissue depth는 기법, 성별, 연령 및 집단 특징들 또는 다른 것들에 의해서 영향을 받지만, 현재 여러 집단 그룹에 대한 광범위한 데이터베이스의 이용이 가능하다. 불행히도 입, 코, 눈의 모양을 예측할 수는 없고, 머리카락이 보존되어있지 않다면 머리칼의 색이나 길이를 표시할 수 없다. 앞에서 언급하였듯이 인종적 기원을 예측하기가 어렵고 따라서 골격 잔류물에서 피부색도 알기 어렵다. 결과적으로 두 명의 안면복원 전문가가 동일한 골격 잔류물을 가지고 독립적으로 작업을 해서 상당히 다른 모양을 만들어 낼 수도 있다. 사실 현존하는 기술의 한계 때문에 Stephan & Henneberg (2001)는 안면복원은 다른 모든 확인 기술들이 실패한 경우로만 한정해야 한다고 주장하였다.

수술 보형물

수술 보형물(surgical implants)은 점차 많이 사용되고 있으며, 가슴성형의 실리콘 백으로부터 건전지로 작동되는 심장 박동기, 뼈를 고정하는 티타늄 나사 등 다양한 물건들을 포함한다. 과거의 의료 기록이 확인이 가능한지, 그리고 보형물들이 확인을 위한 코드를 가지고 있는지에 따르기는 하지만, 보형물들은 모두 신원 확인을 위한 유용한 증거를 제공할 수 있다 (그림 4.12)(Simpson 등, 2007). Bennett & Benedix (1999)는 골자극기(osteostimulator)의 존재가 확인 과정에 도움을 준 연구 사례를 보여주었다. 건전지로 작동되는 장치가 그 부분의 뼈 성장을 촉진하기 위해서 수술을 통해서 뼈에 심어졌다. 이 경우에 뼈자극기가 사망한 여성의 척추 아래 부분에서 발견이 되었다고 기록되어 있다. 그 여자는 머리에 총을 맞고 차의 트렁크에서 들어있었으며, 차는 불에 태워져 있었다. 오랫동안 고온으로 타오른 불로 인해 여성의 시체는 크게 영향을 받아서 단지 골격과 치아 확인 기술만이 제한된 정보만을 제공했다. 그러나 경찰은 사망한 사람이 누구인지에 대해 혐의를 두고 있었으며,

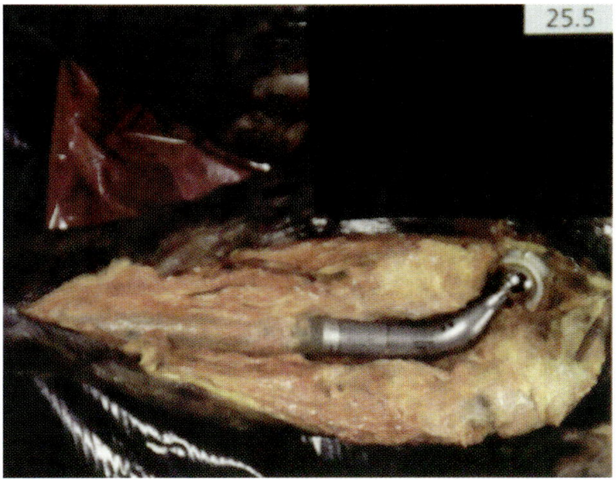

그림 4.12 심하게 부패된 여성의 확인은 과거 고관절 치환수술을 받았고, 의료 임플란트는 유일한 확인 코드를 가지고 있었다. (Dolinak, D. 등 (2005) *Forensic Pathology Theory and Practice*. 저작권© 2005, Elsevier Academic Press 승인)

그녀의 의료기록에는 시체에서 발견된 것과 일치되는 위치에 뼈자극기가 있는 것을 보여주는 X-ray이 남아있었다. 장치에 시리얼 넘버는 없었지만 의료기록과 제작과 위치가 너무 유사하여 올바른 확인이 가능할 수 있었다.

치아

치아와 그 형성에 영향을 주는 인자들을 연구하는 것이 치과학(odontology)으로 알려져 있고, 따라서 법의치과학자(forensic odontologist)는 시체와 연관된 치아 연구를 전문으로 하는 사람이다. 치아에 대한 법의학적 중요성은 치아가 신체에서 가장 파괴되기 힘든 부분이라는 점과 함께 개인의 많은 정보를 보유한다는데 있다. 성인은 대개 32개의 치아가 있다: 입의 한쪽 면에 4개의 절치(incisor), 2개의 견치(canine), 2개의 소구치(premolar) 및 3개의 대구치(molar)가 있다. 각각 치아는 특징적인 형태를 가지지만 모두 3 지역으로 구성되어있는데, 치은선(gum line) 윗부분을 치관(crown)이라 부르고, 치은선 부분의 좁아지는 부분을 치경(neck)이라 하고, 반면에 턱의 소켓(socket)에 묻혀있는 부분을 치근(root)이라고 한다. 견치, 절치 및 아래쪽 첫 번째 소구치들은 모두 하나의 치근을 갖는 반면에 위쪽 첫 번째 소구치들은 두 개의 치근을 갖는 경향이 있다. 첫째 둘째 대구치는 두 개의 치근을 갖지만 같은 위치에 있는 위쪽의 대구치들은 3개의 치근을 갖는 경향이 있다. 세 번째 대구치에 있는 치근의 수는 대개 한 개이지만 다양할 수 있다. 치아가 잘 파괴되지 않는 것은 대부분이 상아질(dentine)로 구성되어있기 때문이다. 상아질은 석회화된 조직으로 치아의 모양과 견고함을 결정한다. 칼슘염은 상아질 건조 중량의 약 70%를 차지함으로 치아를 뼈보다 더 단단하게 만든다. 치관 부분에는 상아질이 법랑질(enamel)로 쌓여있다. 칼슘염이 이 부분 건조 중량의 약 95%를 이루므로, 이는 상아질보다도 더 단단하다. 치근 부분의 상아질은 엷은 뼈와 같은 층인 백악질(cementum)로 둘러싸여있는데, 이는 치근막(periodontal ligament)이라고 하는 밀도가 높은 섬유 형태의 결합 조직을 통해서 치아를 그 아래에 위치하는 뼈와 결합시킨다. 치아의 중앙에는 결합 조직, 혈관 및 신경 말단을 포함하는 치수강(pulp cavity)이 존재한다.

연령 결정

우리는 평생 동안에 탈락치(deciduous teeth) [또한 '유치(milk teeth)' 또는 '일차 치아(primary teeth)'로도 알려짐] 및 영구치(permanent teeth)의 두 세트의 치아(teeth 또는 dentition)를 가지게 된다. 탈락치는 생후 6개월 정도에 나기 시작한다. 그 후에 이미 정해진 간격을 통해서 계속 나오는데 약 2살이 될 때까지 20개의 탈락치가 모든 존재하게 된다. 탈락치는 약 6세 정도부터 빠지기 시작하여 대개 12세까지 모두 사라진다. 이것들은 몇 개의 대구치를 추가로 갖는 영구치로 대체가 된다. 지치(wisdom teeth)는 만일 나오게 된다면 대개 17세가 넘을 때까지는 나오지를 않는다. 그러므로 존재하는 치아들과 그 발달 상태를 기반으로 하여 비교적 정확하게 어린이의 연령을 알 수 있지만 (표 4.1), 어른의 경우는 다른 특징들을 반드시 조사해야 한다.

치아는 태어나기 전부터 형성되기 시작하는데 광물화는 대개 발생 16주 전에 시작한다. 출산은 아기에게 생리적인 외상을 초래할 정도의 사건이고, 그 결과로 치아의 법랑질(enamel) 생산을 틀어지게 만든다. 법랑질이 Retzius의 선(Striae of Retzius)으로 불리는 연속적인 선들처럼 만들어져서 '신생성(neonatal line)'이 형성되고 이는 주변 선(striae) 보다 더 어둡고 크며, 이것은 치아가 절단되

표 4.1 정상이고 건강한 개인에서 다른 종류의 치아들이 나오는 전형적인 시기

	치아	상악 (위턱)	하악 (아래턱)
탈락치	중절치	7.5–12 개월	6–8 개월
	측절치	12–24 개월	12–15 개월
	견치	16–24 개월	16–24 개월
	제1대구치	12–26 개월	12–16 개월
	제2대구치	24–32 개월	24–32 개월
영구치	중절치	7–8 년	7–8 년
	측절치	8–9 년	7–8 년
	견치	11–12 년	9–10 년
	제1소구치	9–10 년	9–10 년
	제2소구치	10–12 년	11–12 년
	제1대구치	6–7 년	6–7 년
	제2대구치	12–13 년	11–13 년
	제2대구치 (지치)	17–21 년	17–21 년

었을 때에 볼 수 있다 (Skinner & Dupras, 1993). 그러므로 처음 탈락치 내에 또는 첫 번째 영구 대구치의 말단에 신생선이 존재하는 것은 그 어린이가 태어나서 그 후에 최소한 짧은 기간이라도 살았다는 의미이다. 따라서 아기의 시체가 발견되었을 때에 이는 중요한 관찰 사항이다.

치아의 특징을 이용하여 비교적 정확하게 어린이의 나이를 아는 것이 가능할지라도 어른의 경우에는 훨씬 더 어렵다. Lamendin 등 (1992)은 치주증(齒周症, periodontosis) 높이와 치근 상아질(root dentine)의 반투명도(translucency) [어떤 교재에서는 투명도(transparency)]의 측정에 기반을 두고 연령을 추정하는 간단한 공식을 유추해 내었다. 치주증 [치추 퇴축(periodontal recession)이라고도 하고, 일부 교재에서는 치주염(periodontitis)이라고도 하는데 이는 엄격하게 염증 상태일 때임]은 치아의 기저에서 치은의 수축을 의미하는데, 나이가 들어감에 따라서 우리를 괴롭히며 자주 세균 감염을 동반하여 염증을 일으킨다. 밑에 있는 치아의 표면이 노출되고 착색되고 패이게 된다. 이 노출의 정도를 치주증 높이(periodontosis height)라고 한다. 치근 상아질 반투명은 보통 20-30대가 되기까지는 시작되지 않으며, 상아질세관(dentinal tubles)에 미네랄 성분들이 침착되어 일어난다. 이것은 치근단(root apex)에서 시작하여 치관으로 확장되는데, 치아를 강력한 백색광이 비추는 유리판 상자에 위에 올려놓으면 가장 잘 관찰할 수 있으며, 일부 연구자는 negatoscope라고 하는 X-선 필름을 보는 특수 장치를 이용한다. Lamendin의 공식은 나중에 Prince & Ubelaker (2002)에 의해서 더 정밀해졌는데, 치근의 높이가 포함되어졌고, 미국인 여성과 남성 및 '백인'과 '흑인'을 위한 별개의 공식들을 만들어 냈다. 공식들이 아래와 같다:

백인 남성: 연령 = 0.15(RH) + 0.29(P) + 0.39(T) + 23.17
백인 여성: 연령 = 1.10(RH) + 0.31(P) + 0.47(T) + 11.82
흑인 남성: 연령 = 1.04(RH) + 0.31(P) + 0.47(T) + 1.70
흑인 여성: 연령 = 1.63(RH) + 0.48(P) + 0.48(T) - 8.41

공식은 치아 특징들로부터 연령을 결정하기 위해서 Prince & Ubelaker(2002)에 의해서 만들어졌다. RH = 치근 높이, P = (치주증 높이 ÷ RH) × 100, T = (치근 상아질 반투명도 ÷ RH) × 100. 치수는 밀리미터이다.

다른 연구자들은 이 공식의 다른 집단 그룹들을 위한 변형들을 만들어냈다. 이 기술은 30-40대부터 70-80대까지의 사람들에게 잘 적용된다. 분명히 이 접근법의 효용성은 치아가 취해진 사람의 성별과 집단을 아는 것에 의존하고, 또한 일생동안 치아의 성장 건강에 영향을 주는 치아 문제 또는 의학적 상태에 의한 영향이 없어야 한다. 여기에 더해서, 동일한 치아를 조사하는 사람들이 다르면 자주 큰 차이가 나는 연령 측정에 도달하는데, 이는 다양한 치아의 특징들을 측정하는 것에 연관된 주관적인 정도를 의미한다. 그러나 이 기술은 저렴하고, 간단하고, 빠르고, 증거의 변형이나 파손을 일으키지 않는다.

치아의 특징들로부터 연령을 추정하는 다른 접근법은 백악질(cementum)에서 발견되는 선(band)의 수를 세는 것이다: 초기의 백악질은 치은에서 치아가 나오기 직전에 만들어지고, 그 후에는 일생 동안 증가하며 만들어지는데 여름에는 성장이 일어나고 겨울 동안에는 휴지기를 갖는다. 편광을 가지고 절개된 치아를 관찰하면 반투명과 불투명의 연속적인 선들이 보이고, 이는 각각 성장과 휴지기를 나타낸다. 그러므로 반투명과 불투명한 선은 일생의 한 살과 일치한다. 치아는 연속적으로 나오는 연령을 알기 때문에, 개인의 치아에 있는 선의 수를 세는 것으로 그 사람의 연령을 추정하는 것이 가능하다. 더욱이 최종적으로 선의 발생이 만들어진 정도를 관찰함으로서 일 년 중에 사망이 일어난 시기를 거의 정확하게 추정할 수 있다 (Wedel, 2007). 일부 저자는 이 접근법으로 개인의 연령을 약 2–3년의 오차 내에서 추정할 수 있다고 주장하지만, 다른 저자들은 오차가 10년 이상 날 수 있다고 주장한다. 이 기술은 치주 질환 (즉, 치은과 치아의 주변 구조에 영향을 주는 질환)과 절충해야 될 수 있으며, 선이 만들어지는데 집단 간에 커다란 차이가 있는지의 여부는 불분명하다.

치아의 특징으로부터 연령을 결정하는 화학적 접근법은 치근 상아질 내에서 아미노산인 아스파르트산(aspartic acid)의 왼쪽(L-) 및 오른쪽(D-) 이성질체의 비율을 비교하는 것이다 (Ohtani 등, 2003). 우리를 포함하여 모든 생명체는 단지 L-아미노산만을 이용하고, 처음에 상아질이 형성되면 단지 L-아스파르트산을 포함하고 있다. 그러나 상아질이 형성된 후에는 라세미화(racemization)이라고 불리는 과정이 진행되는데, L- 및 D-아스파르트산이 50:50의 혼합이 될 때까지 분자가 회전을 한다. 라세미화의 속도를 알기 때문에 L- 및 D-아스파르트산의 비율을 측정함으로서 어떤 사람의 연령을 일 년 내로 정확히 추정할 수 있다. 이 방법은 시체가 불에 타는 높은 온도에 노출이 되거나 사망 후 여러 해가 지난 후에 발견되면 절충이 돼야 할 가능성이 있지만, 그렇지 않다면 매우 신뢰가 가는 것으로 평가된다. 아스파르트산의 라세미화는 물론 뼈에서도 일어나지만 상아질에서 만큼 정확한 측정을 제공하지 못하며, 여성에게서는 라세미화의 비율과 연령 사이의 연관성이 남성보다 훨씬 낮다 (Ohtani 등, 2007).

Spalding 등 (2005)은 폭탄곡선 방사성탄소 연대측정법(bomb curve radiocarbon dating) (1장)에 기반을 둔 연령 결정의 새로운 방법을 묘사하였다. 이 기술은 법랑질이 형성된 당시에는 탄소의 전환이 없다는 것을 이용한다. 이는 법랑질 내의 C^{14} 수치는 치아가 형성되던 시점의 공기 중에 존재했던 수치를 반영한다는 의미이다. 공기 중의 C^{14} 수치는 기록이 잘되어있다: 지상의 핵폭탄 실험이 시작되었을 때에 공기 중의 C^{14} 수치는 빠르게 증가하였다가 실험이 금지된 때부터는 기하급수적으로 감소하였다. 다양한 치아가 발달하는 연령도 또한 잘 알려져 있다; 그러므로 C^{14} 수치는 어떤 법랑질이 생성되었는지를 의미하는 반면에, 치아 종류는 이 일이 일어날 때에 그 사람의 연령을 의미한다. 예를 들어, 지치가 마지막으로 형성된 것이면, 그것의 법랑질이 그 사람이 약 12세 정도일 때에 만들어진다. 만일 그 사람 지치의 C^{14} 수치가 1974년 공기 중의 수치와 연관이 되었다면 그 사람은 아마도 1962년에 출생했을 것이다. 여러 치아에서 C^{14} 수치를 분석하는 것은 이 기술의 정확도를 증가시킨다. 이 기술은 아직도 검증을 할 필요가 있고, 음식과 같은 인자들의 영향이 평가되어야 하지만, 어린이, 또는 핵무기 실험 이후에 출생한 사람들의 연령을 결정하기 위한 우수한 가능성을 보여준다.

성별 결정과 인종 기원

치아의 외형적 특징들로부터 어떤 사람의 성별을 결정하는 것은 어렵고, 대부분의 경우에 이것은 다른 형태적 증거로부터 얻어진다. 그러나 치아만 이용가능하다면 치수강(pulp)로부터 DNA를 추출하고 Y 염색체의 특이한 반복 서열을 조사하는 것이 가능하다 (Yamamoto 등, 2000). 인종 집단 간에 치아의 형태에 대한 약간의 변이는 있을지라도 이런 특징들로부터 완전한 어떤 결론에 이르는 것은 매우 어렵다 (Edgar, 2005). 예를 들어, 아시안 및 아메리카 원주민 조상을 둔 사람은 삽 모양(shovel-shaped)의 절치를 갖는 경향이 있고, 혀 쪽(lingual side)에 들어간 자국(indentation)이 있다(그림 4.13a). 그러나 이 특징은 아시아인 후손인 사람들에서 변이가 없는 것도 아니며 다른 인종 집

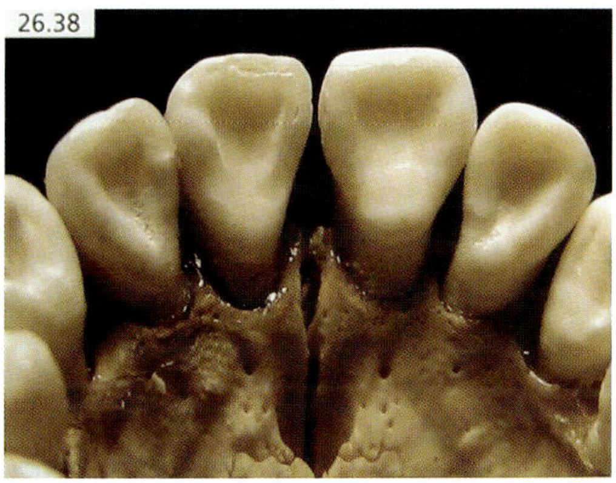

(a)

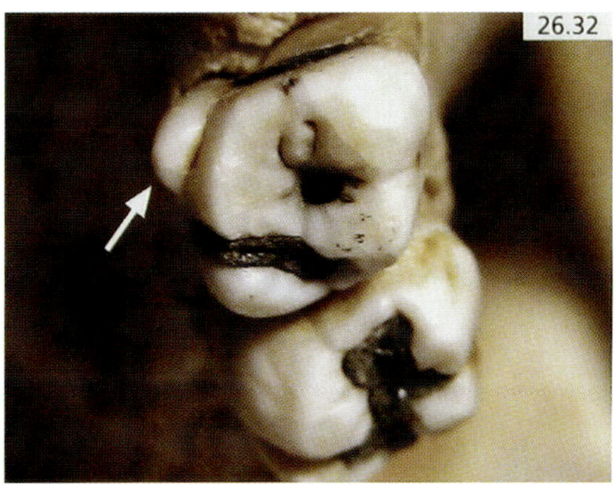

(b)

그림 4.13 주의를 가지고 다루어야겠지만 치아 특징은 인종적 기원에 대한 정보를 제공 할 수 있다. (a) 아시아 및 아메리카 인디언 조상을 갖는 사람은 절치의 혀 쪽에 (즉, 혀를 향한) 들어간 자국이 있다. (b) 유럽 후손은 영구 대구치의 혀 쪽에 교두(cusp)가 있는데, 이를 카라벨리 특징이라고 한다. (Dolinak, D. 등 (2005) *Forensic Pathology Theory and Practice*. 저작권© 2005, Elsevier Academic Press 승인)

단에서도 발견될 수 있다. 유럽인은 자주 탈락치인 뒤쪽 소구치와 영구 대구치에 특이한 특징을 보이는데, 이를 모두 '카라벨리 특징(Carabelli's trait)'이라고 한다 (그림 4.13b). 이 특징은 또한 집단간에 큰 변이가 있다. Correia & Pina (2000)는 White Northern American의 85%가 카라벨리 특징(Carabelli's trait)을 갖는 반면에 포르투갈인은 13.5%만 갖는다고 기록하였다. 그러나 어떠한 치과치료도 그 사람의 기원을 제공할 수 있다. 전형적으로 틀니와 의치를 준비하기 위해 이용된 재료와 기술의 수준은 언제 어디서 치료가 되었는지를 알려줄 수 있다.

치아 특징에 기반을 둔 개인의 확인

치아의 존재와 손실, 외형, 과거의 치과 치료를 알리는 것에 의해서, 한 사람의 치아 프로파일을 만드는 것이 가능하다. 이 과정을 '지과기록부 작성(dental charting)'이라고 하는데, DNA 기술이 도래하기까지는 어떤 사람을 확인하는 가장 정확한 방법 중의 하나였다 (Adams, 2003; Pretty & Sweet, 2001). 예를 들어, 이것은 미확인 시체의 기록부를 치과 및 의료 기록을 가지고 있는 사람들과 비교하는 것을 필요로 한다. 불행히도 영국에서는 치과 의사들이 특정한 기간 동안에 치과 기록을 보관해야 하는 법적 요건이 존재하지 않는다. 만일 생전에 또는 사후에 치과기록부 작성에 실수가 발생하면 문제가 생기고, 사망한 사람이 오랫동안 치과를 방문하지 않았거나, 최근에 이민을 오거나 (따라서 이민을 온 나라에는 기록이 없음), 시체가 훼손되어 조사를 위한 치아들의 일부만이 남겨져서 수집되는 경우에도 문제가 발생한다 (Whittaker, 1995). 결론적으로 기록이 이용가능 할 경우에도, 시체의 치과 기록과 가장 가능성이 있는 후보자 사이에 완전히 일치되지 않을 수도 있다. 생전에 방사선 사진 기록이 있어서 시체로부터 찍은 것과 비교할 수 있다면 이런 상황에서의 어려움이 경감될 것이다. 만일 방사선 사진이 일치하다면 매우 높은 확실성을 가지고 신원을 확인할 수 있을 것이다. 그러나 이 시점에서 방사선 사진이 없다면, 조사자는 어떤 차이점에 대한 합리적인 설명이 있는지의 여부를 결정하기 위한 가치 판단(value judgement)을 해야만 한다. 분명히 생전의 기록부에 발치되었다고 기록이 되어있는 영구치가 존재한다면 그 후보자는 배제되어야 한다. 그러나 생전의 기록부에 존재한다고 기록된 치아가 없는 것은 사고, 싸움의 와중에 소실된 것으로 설명이 될 수도 있으며, 또는 다른 치과의사에 의해서 나중에 발치된 것일 수도 있다. 현재 영국에서는 다른 나라에 가서 치과 치료를 하는 것이 흔한 일이다. 생전의 기록부와 사후 것 사이에 가능하면 많은 일치점이 있는 것이 분명하게 선호되지만, 확실한 신원 확인을 위해 요구되는 최소한의 수로서 일반적으로 받아들여지는 것은 없다. OdontoSearch (www.cilhi.army.mil)라는 컴퓨터 프로그램은 기록부 비교를 빠르게 할 수 있으나, IDENT1 또는 IAFIS와 다르게 특정한 개인을 확인하는 데이터베이스가 아니다.

문제의 가능성에도 불구하고, 치과기록부는 확인을 위한 유용한 방법으로 남아있다. 이것은 비행기 추락이나 폭파 사고 같이 다수의 크게 손상된 미확인 시신들이 발생하는 대형 참사가 있을 때에 특히 주요하다. 예를 들어, 치아 조사는 'Bali 폭파사고'의 희생자들을 확인하는 핵심되는 특징이었다. Bali는 인도네시아에 속한 섬으로 인기있는 관광지이다. 2002년 10월 12일 자정쯤에 거대한 폭탄이 Kuta 시의 도심에 있는 Sari Club 밖에서 폭발하였다. 미국인을 살해할 의도로 급진적 이슬람 단체인 Jemaah Islamiah가 폭탄을 설치하였다. 그러나 미국인 보다는 호주인 및 인도네시아인들이 더 많이 사망하였다. 폭탄은 어설프게 조립되었지만, 그래도 막대한 파괴를 일으켰고, 맹렬한 화재가 뒤를 이었다. 총 202명이 사망한 것으로 믿어지며, 폭발에 의해서 수많은 시신이 찢겨 나갔고, 화재에 의해서 불타게 되었다. 일부 경우에서는 외모, 옷, 또는 소지품 등 눈에 보이는 것으로 확인하는 것을 불가능하게 하였다. 많은 호주인 희생자들은 30세 이하였고, 그들은 불소가 첨가된 식수를 마시고, 우수한 치과 진료를 받으며 성장하였다. 결론적으로 치과 진료가 확인 과정을 도울 수 있도록 이용되는 증거를 주는 것은 거의 없었다. 그러나 의치 및 구부러지고, 떨어져 나가고, 공간을 갖는 치아들의 존재는 특징적인 형태를 제공하였고, 이는 기록부 및 미소를 지으며 치아를 들어내고 찍은 희생자들의 사진과 비교될 수 있었다.

약물 남용과 치아 특징

좋지 않은 치아 건강은, 특히 청소년들에서 질병, 또는 무지의 결과일 수 있지만, 약물 남용을 통한 것일 수 있다. 예를 들어, methamphetamine의 남용은 구어체로 'meth mouth'라고 알려진 상태를 만드는데, 이 사람은 많은 충치, 치아 법랑질의 손실 및 결석의 침착으로 고통을 받는다. 결석 또는 치석은 프라그 (세균의 끈끈한 막)인데 칼슘염의 침착으로 경화되어 치아에 단단하게 고정된다 – 대부분 치아와 치은이 만나는 지점에. Meth mouth는 methamphetamine의 산성(acidity)과 사용자는 입이 마르는 것을 느끼고 달콤한 탄산음료를 원하게 되어 하루에도 몇 리터씩을 소비하게 되는 사실이 합쳐져서 만들어내는 결과이다. 또한 약물 남용자들은 대개 치아 건강을 무시하며, 약물에 의해서 치아를 가는 것과 악무는 것이 유발되어 과도한 마모의 결과로 나타난다. 그러나 치아를 가는 것은 흔한 신경 현상으로 약물 남용의 증거로 받아들여서는 안된다. 용매 남용자들의 입과 코 주위에는 자주 특징적인 'glue sniffer's rash(역자주: 환각제 사용자의 발진)'가 생성되고, 에어로졸을 들이마시는 결과로서 코끝에는 동상(frostbite)의 흔적이 있을 수 있다. 약물 사용자와 음주자들은 '과음상태(under influence)'에서 쓰러지거나 싸움에 휘말린 결과로서 치아가 손상을 입거나 소실될 수 있다. 그러나 이것은 또한 럭비 및 권투와 같은 육체적으로 위험한 운동에 빠진 사람들의 특징이기도 하다. 그러므로 치아 특징은 반드시 다른 법의학 증거들과 함께 하는 맥락에서 판단되어야 한다.

틀니

최근에 대부분의 선진국에서 치아 건강이 괄목할만하게 개선되었지만, 많은 사람들이 틀니(denture)나 부분 틀니를 착용한다. 이것들은 확인을 위한 증거를 제시할 수 있다. 특히 틀니에 이름 또는 확인 가능한 특징이 새겨져 있거나 언제 어디서 제작되었는지에 관한 정확한 치과 기록이 있다면 그렇다. 그러나 대부분의 틀니는 그렇지 않으며, 만일 그런 특징이 있더라도 틀니가 그것을 착용

표 4.2 인간 조직에서 획득할 수 있는 법의학 증거들의 요약

조직	법의학 증거	검사
피부	확인	지문 DNA 프로파일링 문신 물리적 특성 흉터
	사망원인/공격 중에 사건 발생의 순서	상처 분석
	화학물질과 접촉 (예, 폭약)	특정한 검사
	약물 남용	주사부위의 흉터
머리카락 (털)	확인	DNA 프로파일링 물리적 특성
	화학물질과 접촉 (예, 폭약, 마약 사용)	특정한 검사
	지리학적	꽃가루 광물학적
손톱/발톱	공격의 확인	손톱 아래의 갇힌 조직의 DNA 프로파일링
	지리학적	꽃가루 광물학적
뼈	확인	DNA 프로파일링 물리적 특성
	사후경과시간	동위원소 분석 물리적 특성
	지리학적 기원	동위원소 분석
	사망원인/공격 중에 사건 발생의 순서	상처 분석
치아	확인	DNA 프로파일링 치아 기록부 물리적 특성 라세미화 동위원소 분석
안구	지리학적 기원	동위원소 분석
	확인	망막 및 홍채 스캐닝 (생존한 사람의 경우) 홍채 색 (사망 후 희미해짐)
	사후경과시간	특정한 화학물질 검사
내장 기관	사망원인/공격 중에 사건 발생의 순서	상처 분석 근본적인 질병의 증거

한 사람 것이라는 가정을 하면 안된다. 예를 들어, 요양시설에 사는 치매 환자들은 자주 그들의 틀니를 다른 곳에 두며, 이는 다른 사람들이 남의 것을 그들의 것처럼 이용하기 때문이다. 틀니가 잘 맞는다는 것은 소유권의 의미가 아니며, 이는 틀니가 자주 헐겁게 맞도록 만들어지고 여러 해 동안 변화되지 않았을 수도 있기 때문이다.

미래 연구방향

일반적으로 지문이 가장 신뢰할 수 있는 신원확인 방법으로 여겨지더라도, 이를 이용하는 것이 완벽하지는 않았던 여러 사건들이 알려져 있다. 이는 다소간 염려를 불러일으켰으며, 많은 다른 법의학 표지들에서는 일반적인 통계적 분석이 결여되었기 때문에 이 염려는 가라앉지 않았다. 그러므로 지문들의 비교를 용이하게 하는 어떤 형태의 숫자적 분석이 개발된다면 도움이 될 것이다. 과거에 이런 시도가 있었지만 성공적이지 못했다는 것을 받아들여야겠다. 또한 현재는 어떤 사람의 지문을 취해서, 그들이 취급한 적이 없는 물체에 옮겨 놓을 수 있기 때문에 '진짜(real)'와 '심어진(planted)' 지문을 구별할 필요가 있다. 피고인은 반드시 그들의 지문이 '심어졌다고' 주장할 것이고 어떤 경우에는 그것이 사실일 수도 있기 때문이다.

안면복원(facial reconstruction)은 대개 고도의 프로파일 조사에만 제한적으로 쓰였지만 컴퓨터와 정보 보관을 위한 비용이 줄어들었기 때문에 점점 더 일상적인 조사에 쓰이고 있다. 코, 입, 또는 눈의 모양을 예측하는 것은 어렵겠지만, 컴퓨터는 빠르게 테마(theme)의 '변형(variants)'을 생성해내는 방법을 제시하고 있다 (즉, 다른 모양의 코를 가진 기본적인 얼굴 특징들). 이는 형태적 특징을 예측하게 할 수 있는 DNA 분석의 개발에 의해서 도움을 받을 수 있을 것이다 (3장 참고).

아미노산의 라세미화의 분석은 연령 결정에서 아주 흥미로운 방법을 제시하는데, 특히 전통적인 방법이 너무 신뢰가 가지 않는 약 20-25 세의 사람들에서 그렇다. 그러나 이 주제에 대해서 너무 적은 수의 논문과 데이터가 존재하고, 사후 환경과 화석생성(taphonomic) 과정이 라세미화에 어떻게 영향을 미치는지 알 필요가 있다.

연습문제

(1) 플라스틱 지문(plastic fingerprint), 표시 지문(visible fingerprint), 잠재 지문(latent fingerprint)을 구별하라.

(2) 바다를 바라보는 창문에 있는 지문을 탐지하기 위해서 silver nitrate를 사용하지 않는 이유를 설명하라.

(3) 문신이 어떤 사람을 확인하는데 어떻게 이용되며, 이런 형태의 증거가 갖는 한계는 무엇인지 간단하게 설명하라.

(4) 털(hair)이 법의학 증거를 제시할 수 있는 3가지 방법을 간단하게 기술하라.
(5) 생존해 있는 사람과 사망한 사람에서 신장을 측정하는 것과 연관된 문제점은 무엇이 있는가?
(6) 남성과 여성의 골격을 어떻게 구별할 수 있는가?
(7) 어디에서 'Retzius의 선'을 발견할 수 있으며, 이것의 존재가 무엇을 말하고 있는가?
(8) 치아를 기반으로 하여서 4세와 10세의 어린이의 연령 차이를 구분하는 것이 30세와 50세의 어른의 것을 구분하는 것보다 용이한 이유를 설명하라.
(9) 치과의사가 가지고 있는 치과 기록이 개인의 치아 상태의 정확한 반영이 아닐 수도 있는 2가지 이유를 제시하라.

실습문제

제목

지문의 존속 기간에 대해 연령, 성별 및 환경의 영향

원리

논문에는 어린이의 지문은 어른의 것만큼 잘 보존되지 않는다는 서술되어있다. 지문의 어떤 특정한 특징들이 다른 것들 보다 더 민감한지를 결정하고, 어떻게 환경 조건이 그 결과들에 영향을 주는지 결정하는 것은 매우 흥미로울 것이다.

방법

다양한 연령대 (아기부터 70세 이상의 어른을 포함하는 것을 선호함)의 남성과 여성 지원자의 지문을 슬라이드 글라스, 금속 조각 및 종이에 채취한다. 지원자들은 사전에 일정한 시간동안 손을 씻지 않을 필요가 있는데, 이는 다른 비누들을 이용하는 초기 실험에서 결정되어야 할 필요가 있다. 슬라이드와 조각을 막힌 상자에 보관하고 다양한 온도와 습도에서 다른 시간동안 둔 후에 비교한다.

제목

우라늄(uranium) 흡수에서 머리카락 색의 영향

원리

소위 '핵폭탄(dirty bomb)' 제조에 이용될 수 있는 불안정한 우라늄(uranium) 동위원소의 불법적인 밀수에 대해서 염려를 한다. 감시 작전 동안에 수거된 머리카락에서 우라늄의 양을 측정은 (즉, 빗이나 목욕탕으로부터) 용의자에게 경계심을 일으키지 않고 관여했다는 증거를 제공한다.

방법

위험한 우라늄 동위원소를 가지고 연구를 하는 것은 분명히 가능하지 않지만 어떤 형태는 비교적 조작하기가 안전하다. 우라늄은 환경에 자연적으로 존재하고, 우리 모두의 신체는 낮은 농도로 가지고 있다. 다른 연령, 성별 및 머리카락 색의 지원자는 머리카락을 기부하고, 이후에 원자흡수분광기(atomic absorbance spectroscopy) 또는 EDAX-주사전자현미경을 이용하여 분석을 한다. 다른 길이의 머리카락에 따른 우라늄의 총량 및 그 분포를 평가한다. 더 자세한 실험은 다른 색을 갖는 쥐들에게 낮은 농도의 우라늄으로 먹이는 것으로 수행될 수 있다.

5 상처

이 장의 개요

> **이 장의 목표**
>
> 상처의 분석이 어떻게 자살, 사고사 및 살인을 구별하는데 이용될 수 있는지 논의한다.
>
> 저속 및 고속화기에 의해서 생성된 상처를 비교 및 대조하고, 어떻게 희생자를 쏜 거리를 결정할 수 있는지 논의한다.
>
> 사후 손상이 사망 전에 또는 사망 후에 일어나는지를 어떻게 구별하는지 논의한다.

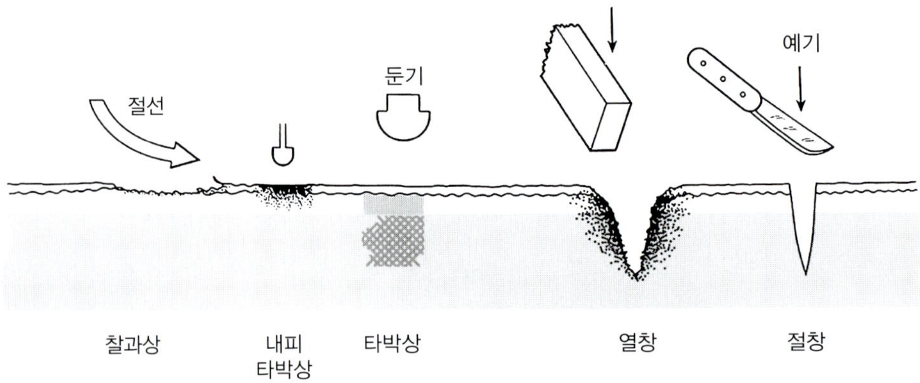

그림 5.1 피부에 다른 종류의 상처를 나타내는 도해. (Saukko, P. and Knight, B. (2004) *Knight's Forensic Pathology*, 3rd edn. 저작권 2004, Hodder Arnold 승인)

정의

상처(wounds)는 대강 분류하면, 펀치(punch) 또는 칼로 찌르기(knife thrust)와 같은 운동에너지(kinetic energy) (예, 물리적인 힘)의 전달을 통해서 가해지는 것들과 화상(burning), 또는 탕상(scalding)과 같은 운동에너지가 아닌 것이 원인이 되는 것들이 있다. 그러나 어떤 사람이 근거리에서 총에 맞는 것처럼 두 가지가 합해져서 일어나는 경우가 있는데 이것은 특이한 것이 아니다. 상처는 다양한 형태로 나타나고, 자연적인 또는 인위적인 수많은 인자들에 의한 결과로 생겨나기 때문에 여기서는 단지 전체적 개요만을 제공할 것이고 더 광범위한 것을 원하는 사람들은 전문가 교재를 찾아보라 (예, Dolinak 등, 2005; Saukko & Knight, 2004). 의학적으로 물리적 힘에 의한 결과로 생긴 외상 (손상)은 둔기(blunt object)에 의한 것과 예기(sharp object)에 의한 것으로 분류될 수 있으며 총상은 특별한 경우로 고려된다. 둔기 외상은 타박상(bruise), 찰과상(abrasion) 및 열창(laceration)을 포함하는 반면에, 예기 외상은 절개(incision) 외상 및 자상[penetration (stab) wound]으로 나누어진다 (그림 5.1). 영국법에서는 상처의 법적 정의가 더욱 엄격한데 전체 피부가 모두 파괴된 상황이어야 한다 (이는 뺨이나 입술 선의 피부도 포함함) (www.cps.gov.uk/legal/section5/chapter_c.html#10). 결과적으로 살짝 긁힌 것은 상처가 아니지만, 긁혀서 피가 난다면 상처이다. 유사하게 동맥이 파열되고 내출혈이 일어나도 피부 밖으로 나오지 않는 한은 상처가 아니다. 따라서 타박상, 골절 및 다른 내부 손상은 다른 범죄 행위로서 기소를 당하게 된다. 위에서 언급한 외상의 분류는 상호 배타적이 아니며 상처는 한 가지 이상의 특징을 보일 수 있다. 예를 들어, 교상(bite)은 피부 표면의 타박상과 자상을 모두 보일 수 있다. 신체에 있는 상처의 성격과 분포는 언제, 어떻게 가해졌는지, 폭행치사, 사고, 자해, 자살인지, 또는 부패 과정에서 발생했는지, 영안실에서 시체를 다루고 보관하는 동안에 발생했는지 등의 법의학 정보를 제공한다.

둔기손상

타박상

타박상(bruise) [또한 좌상(contusion) 및 반상출혈(ecchymosis)도 의미함]은 피부 아래, 근육 또는 내부 장기 내의 혈관이 손상되어 혈액이 흘러나온 결과로 생긴다. 흘러나온 혈액은 피부 아래와 표면에서 특징적인 변색의 원인이 되는데, 깊은 타박상에서는 볼 수 없다. 타박상은 특히 붉은 머리색을 갖는 사람들처럼 창백한 사람에게서 분명하지만, 진한 피부색을 갖는 사람들에서는 멜라닌 색소에 의해서 가려질 수 있다. 타박상은 흘러나온 혈액이 최소의 저항이 있는 통로를 통해서 흘러서 더 이상 흐를 수 없는 부위에 모일 수 있기 때문에 손상을 입은 그 부위에 생기지 않을 수 있다. 결론적으로 부서진 턱은 목에 타박상을 일으킬 수 있다. 타박상은 대개 둔기로 힘을 가하여 생기며, 떨어지거나, 세게 잡거나, 또는 주먹이나 막대기로 가격하는 동안에도 생긴다. 타박상의 크기는 자주 가격이 가해진 폭행의 정도와 관련이 있지만, 그 해석에는 항상 주의해야 한다. 예를 들어, 노인과 만성 알코올 중독자는 쉽게 타박상을 입는다. 피하지방, 혈관의 성질과 존재 빈도와 함께 피부의 탄력성과 지지력이 타박상이 생기는 정도에 영향을 주는 요소들이다. 결론적으로 손바닥이나 발바닥에 타박상이 생기려면 상당한 힘이 가해져야 하지만, 둔부, 안구, 생식기 주변은 쉽게 생긴다. 유사하게 여성은 보다 두꺼운 피하지방을 갖는 경향이 있기 때문에 남성에 비하여 더 쉽게 타박상을 입으며, 비만한 사람이 근육을 갖는 날씬한 사람들 보다 더 쉽게 타박상을 입는다.

타박상 형태

교살(strangulation)/힘으로 제지하는 경우에 손가락을 통해 가해지는 압박은 손가락 자체보다는 약간 넓고 연속적인 타박상의 결과로 나타난다 (그림 5.2). 타박상의 형태는 일회성인지 아니면 사망 시점을 전후한 반복적인 교살인지를 알게 한다. 후자의 경우는 잘못된 섹스 게임일 수 있는데, 아내/파트너를 때리거나 또는 살해범이 희생자를 의식을 잃을 때까지 목을 조르고, 다시 놓아 주기를 반복하기 때문이다. 이런 타박상은 공격자는 힘을 가하고 희생자는 손을 제거하려고 노력하는데서 오는 손톱의 생채기를 동반한다 (그림 5.3). 여성은 남성보다 더 긴 손톱을 갖는 경향이 있어서, 자신을 방어하려는 시도 중에 공격자에 의한 것 보다 더 심하게 자신에게 생채기를 가할 수 있다. 또한 공격자에게도 생채기를 낼 가능성이 많아서 공격자의 일부 조직/혈액 (따라서 DNA)이 손톱 아래에 남아있을 수 있다. 사망 후에 혈관이 손상되면 대개 큰 타박상으로 나타나지 않는데, 순환이 멈추고 혈액이 혈관에서 나오도록 힘이 가해지지 않기 때문이다. 결론적으로 의사성(hanging) 자살은 분명한 끈에 묶인 홈(furrow)이 나타나지만 손으로 교살을 하거나 질식사를 시킨 후에 범죄를 위장하기 위해서 희생자를 끈으로 매달아 놓으면 이런 자국이 생기지 않거나 약하게 생긴다. 구별되는 교살/질식사한 희생자에서 보이는 다른 특

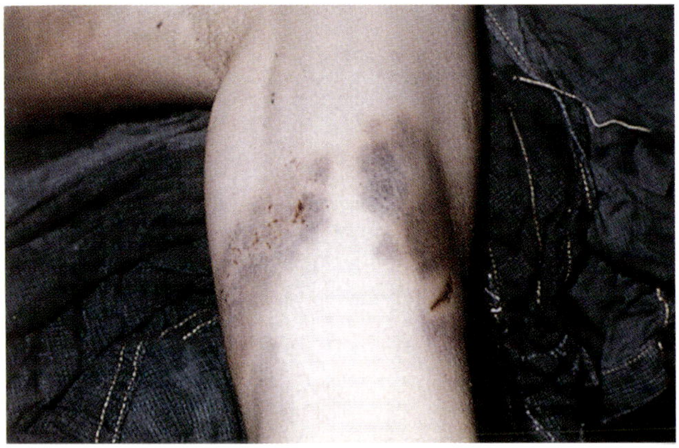

그림 5.2 강하게 잡은 것에 의한 타박상. 손가락 흔적과 손톱에 의한 찰과상에 주목하라. (Shepherd, R. (2003) *Simpson's Forensic Medicine*, 12th edn. 저작권 2003, Hodder Arnold, London 승인)

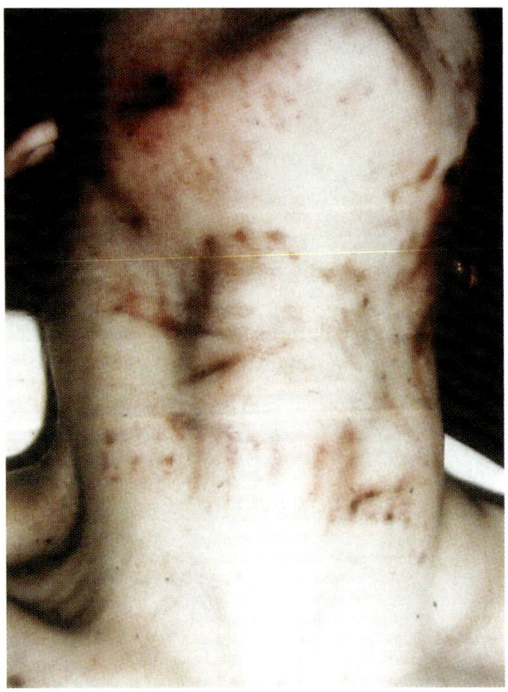

그림 5.3 손으로 교살하여 생긴 타박상. 턱 밑과 후두 아래의 찰과상은 희생자가 공격자의 손을 뿌리치려는 시도에 의해서 생긴 것이다. (Saukko, P. and Knight, B. (2004) *Knight's Forensic Pathology*, 3rd edn. 저작권 2004, Hodder Arnold 승인)

징은 초기 공격이 가해졌을 때에 단단한 표면에 강제로 눌리면서 생긴 역압박(counter-pressure) 타박상의 존재이다. 이는 등, 어깨, 골반 (안면이 위로) 또는 가슴, 얼굴, 무릎 (안면이 아래로)에 타박상이 있을 수 있다. 교살은 언제나 표면에 숨길 수 없는 타박상을 만들지는 않는 것에 주의해야 하는데 어떤 경우에는 타박상이 단지 목 근육 아래에만 나타난다. 성폭행(rape)의 경우에는 타박상이 위에서 언급한 역압력 타박상 및 강제로 제지한 결과로서 팔, 목, 또는 안면에 생긴 손가락 타박상과 함께 대퇴부 안쪽에서 발견될 수 있는데, 이는 특히 공격이 희생자가 살아서 의식이 있을 때에 행해지면 그렇다.

깊은 타박상

근육과 기관의 깊은 타박상(deep bruise)은 보통 매우 강력한 가격이나 압박의 결과로 생기며, 어떤 경우에는 치명적일 수 있다는 것이 증명되었다. 언제나 그런 것은 아니지만, 이 타박상은 전형적으로 무거운 신발을 신은 발로 차는 것과 같은 넓은 둔기에 의해서 가격을 당하는 것이 원인이 된다. 아마도 역설적이지만 깊은 타박상은 언제나 피부의 손상을 동반하는 것은 아니다 - 신체의 어느 부위가 가격을 당했는지 어떤 물체를 사용했는지에 크게 달려있다. 예를 들어, 복부를 차는 것은 피부 표면에 타박상이 없이도 내장에 열창이 생기거나 혹은 비장이 파열되는 결과를 가져온다. 하지만 차는 것을 포함하는 공격은 자주 수많은 가격이 가해지고, 이는 또한 전형적으로 음부, 안면 및 콩팥을 겨냥함으로, 신체의 다른 곳에서도 타박상을 발견할 수가 있다.

타박상의 노화

최근에 형성된 타박상(bruises)은 적혈구에 있는 헤모글로빈의 존재로 검붉은 색을 나타낸다. 타박상은 시간이 경과함에 따라서 상처부위로부터 적혈구 세포가 퍼져 나가고 상처 치유 과정의 일부로서 파괴된다. 헤모글로빈은 대식세포에 의해서 빌리루빈(bilirubin)으로 전환되며, 그 결과 색이 황록색으로 바뀐다. 가해진 바로 직후에 조사되거나 공격 직후에 사망하면, 새로 생긴 타박상을 통해서 가장 정확하게 손상을 입힌 도구를 알 수 있다.

형성된 후에는 타박상의 크기와 깊이, 손상된 신체 부위, 성별, 건강 및 연령 등 많은 다양성에 의존하는 치유의 기간 동안 일어나는 색의 변화 때문에 타박상이 얼마나 되었는지 아는 것은 어렵다. 이에도 불구하고 여러 치유 단계에 속하는 많은 타박상의 존재는 어린이 학대, 아내 구타 및 지속된 고문과 같은 반복된 공격의 증거이다. 그러나 이런 경우에도 혈액/혈관 질환 (즉, 백혈병) 및 중심잡기에 영향을 주는 상태 (따라서 쓰러지는 경향)와 같이 환자가 타박상을 얻을 수 있는 다른 설명이 가능하다.

찰과상

찰과상(abrasion) [생채기(scratch)와 찰상(graze)]은 신체가 타격을 당하거나 거친 표면에 끌려서

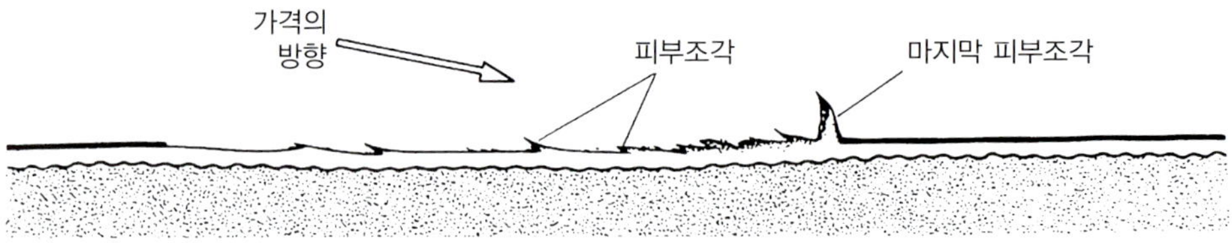

그림 5.4 찰과상으로부터 가해진 힘의 방향(즉 어떻게 신체가 끌려갔는지)을 어떻게 결정하는지 나타내는 도해. 어떻게 피부가 늘어진 끝이 가장 먼 가장자리를 향하여 당겨졌는지 주목하라. (Saukko, P. and Knight, B. (2004) *Knight's Forensic Pathology*, 3rd edn. 저작권 2004, Hodder Arnold 승인)

생긴 표면적인 손상이다. 이는 또한 피부가 부딪치는 것으로 생길 수도 있는데, 깊이에 따라서 피가 나오지 않을 수도 있다. 분명히 손상의 정도는 힘과 피부에 접촉한 표면의 성질을 반영한다. 만일 표면이 비교적 매끈하다면 피부 표면이 단순히 붉어지는 가벼운 선상 찰과상(linear abrasion)이 나타나는데, 이는 일반적으로 마찰 화상(friction burn)으로 알려져 있다. 타박상과 다르게 찰과상은 어떤 힘이 가해질 때에 일어난다. 찰과상은 찢겨진 피부 조각이 상처의 가장 먼 끝을 향하여 끌리기 때문에 이를 통해서 힘이 가해진 방향을 알 수 있다 (그림 5.4). 예를 들어, 신체가 어떻게 통로를 따라서 끌려갔는지 알게 하고, 이런 시나리오에서는 토양의 입자, 시멘트, 또는 식물질 등이 상처에 박히게 되고, 언제 어디서 사건이 일어났는지 단서를 제공한다. 찰과상은 교통사고에서 흔한 특징이며, 신체가 도로의 표면을 어떻게 굴렀는지 또는 미끄러졌는지 알 수 있다.

압착성 찰과상

'압착성 찰과상(crush abrasion)'은 둔기에 의해서 찰과상을 일으키기에 충분하지만 찢을 정도로 한계를 벗어나지 않은 힘으로 맞았을 때에 일어나는 결과이다. 이는 사람이 차의 범퍼나 라디에이터 그릴에 충돌한 교통사고에서 일어나거나 땋은 말채찍에 맞은 경우에 발생하기도 한다 (그림 5.5). 압착성 찰과상을 일으키는 물체는 피부에 정확한 자국을 남김으로 나중에 확인을 할 수 있다. 상처의 기록을 vinyl polysiloxane을 이용해서 남길 수 있고 이것을 isocyanate 레진(resin)으로 덮어서 양성(positive) 복제물을 만들 수 있다. 이것은 육안이나 기존의 광학 현미경으로 보는 것보다 주사전자현미경(SEM)으로 더 자세하게 관찰할 수 있다 (Rawson 등, 2000).

결찰홈

침대 시트와 같은 부드러운 물질을 이용하면 그 표시가 흐리거나 없지만, 목을 매면 대개 목에 홈이 파여진 상처를 내는데 이를 '결찰홈(ligature furrow)'이라 한다. 자살 의사(hanging)에서는 결찰홈이 완전히 목을 둘러싸는 일은 거의 없지만, 분명한 '현수 피크(suspension peak)' [또는 현수점(suspension point)]를 갖는 각도가 있게 된다 (그림 5.6). 이 법칙의 예외가 사용된 매듭의 종류와

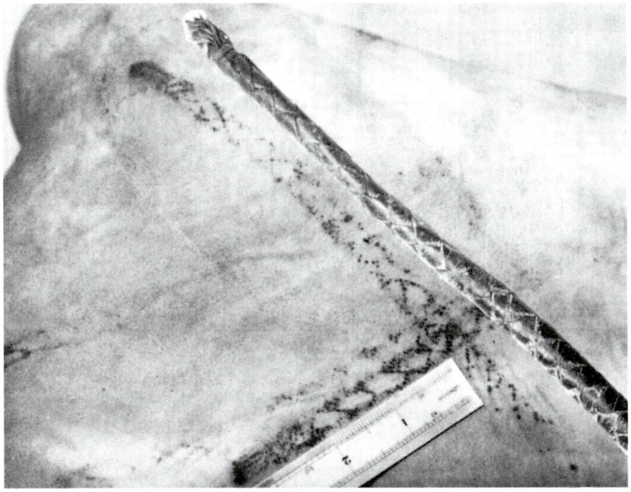

그림 5.5 가죽 말채찍에 맞은 것에 의한 압착성 찰과상. 희생자는 침대에 묶이고 입에 재갈이 물린 채로 발견되었는데, 채찍으로 맞은 후에 살해되었다. 피부의 찰과상이 말채찍의 패턴과 일치하는 것을 주목하라. (Ullyett, K. (1963) *Crime out of Hand*. 저작권© 1963, Micheal Jpseph, London, UK 승인)

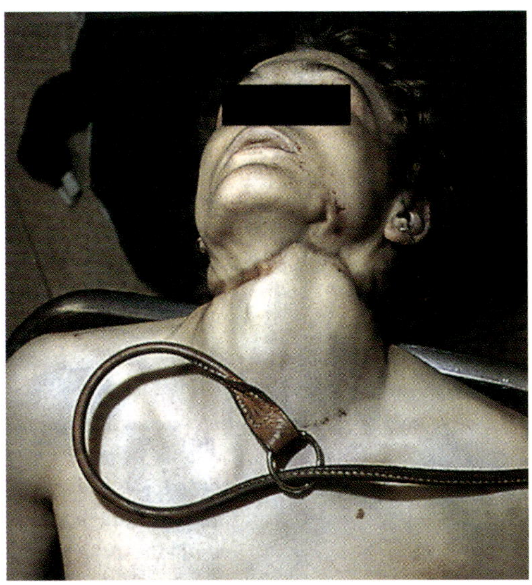

그림 5.6 개끈으로 스스로 목을 매 자살한 남성. 목 주위의 결찰흔과 올라가서 형성된 현수 피크 및 금속 버클에 의한 흔적을 주목하라. (Shepherd, R. (2003) *Simpson's Forensic Medicine*, 12th edn. 저작권 2003, Hodder Arnold, London 승인)

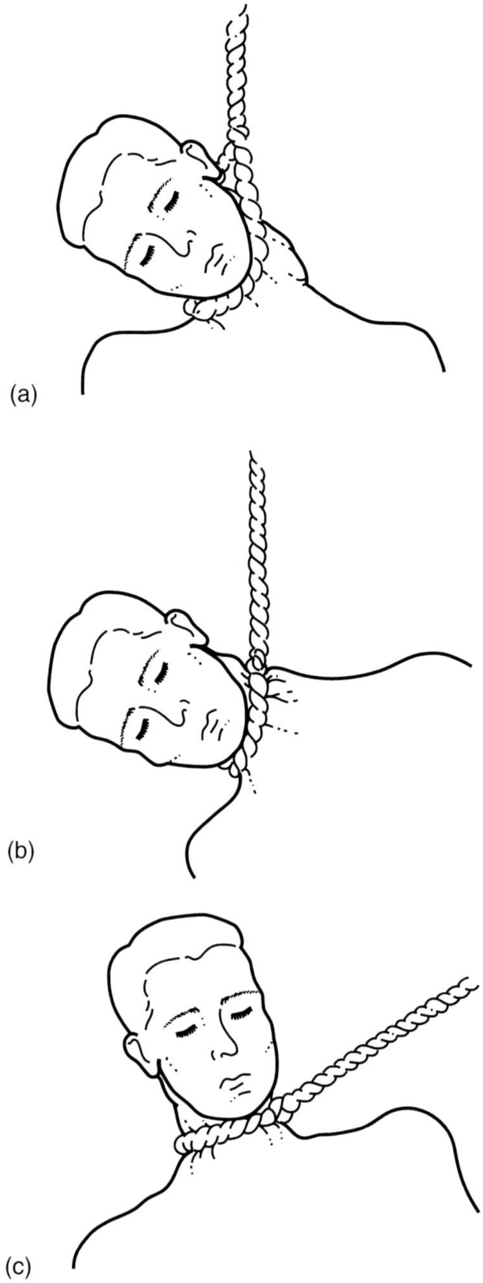

그림 5.7 의사(hanging)에 뒤이은 결찰홈에 영향을 주는 인자들을 나타내는 도해. (a) 올가미가 희생자의 머리 위에 매달리고 결찰홈이 올라가서 결찰이 피부와 접촉하지 않는 꼭대기에 틈을 갖는 현수점을 형성하는 정상적으로 방법. (b) 올가미가 매듭으로 묶여지게 되어있다. 이는 올가미가 심하게 꽉 조이는 원인이 되고 결찰홈은 목을 둘러싼다. 홈이 (a)에서 보다 더 낮게 있고, 더 수평이 될 수 있다. (c) 올가미가 희생자의 약간 위나 한 쪽인 지점에 매달려있다. 이 상황에서는 희생자가 올가미를 조이기 위해서 현수점으로부터 숙이며 나간 것으로 홈이 수평이 된다. (Saukko, P. and Knight, B. (2004) *Knight's Forensic Pathology*, 3rd edn. 저작권 2004, Hodder Arnold 승인)

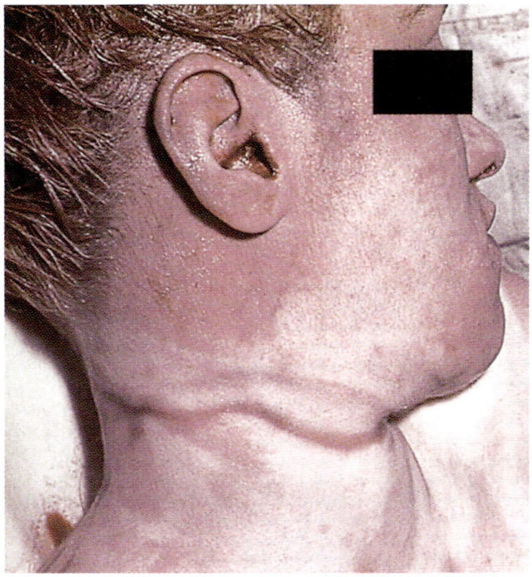

그림 5.8 부드러운 비단끈으로 교살을 당한 남성. 그림 5.6의 상처와 비교하고 끈의 홈이 어떻게 현수점을 높이지 않고 목 주위를 둘러쌌는지 주목하라. (Shepherd, R. (2003) *Simpson's Forensic Medicine*, 12th edn. 저작권 2003, Hodder Arnold, London 승인)

어떻게 사람이 매달렸나에 따라서 일어날 수 있다 (그림 5.7). 끈, 철사 또는 밧줄로 사람 목을 단단히 끌어 올려서 사람이 살해당했을 때에는 대개 결찰홈이 목 주위를 완전하게 둘러싼다 (그림 5.8). 만일 옷깃 또는 옷의 다른 부분이 매는 줄에 끼어들거나 또는 공격자가 뒤에 서서 목의 앞부분을 가로질러 압력을 가하도록 줄을 맨다면, 완전히 둘러싸지 않은 수도 있다. 그러나 희생자가 줄을 제거하려고 시도한 곳에서 타박상 및 손톱에 의한 생채기를 발견할 가능성이 매우 높으며, 이 경우에는 현수점이 없을 것이다. 이런 방식의 살인은 종종 '교살(garrotting)'이라고 하며, 막대기 또는 유사한 도구가 줄을 조이기 위해서 이용된다. 이와 함께 줄에 있는 매듭이 어느 지점에 타박상을 일으킬 수 있다.

열창

열창(laceration)은 둔기가 한계 이상의 힘으로 가격되었을 때에 일어남으로 피부를 가르고 찢게 된다 (그림 5.9). 이것은 뼈 위의 살(flesh)이 얇은 층으로 있는 곳에 주로 만들어지며, 예를 들어, 두피와 정강이에서 열창은 타박상과 주변 조직에 찰과상을 동반한다. 피부 표면 아래의 조직은 강도와 탄력성이 다양함으로, 결론적으로 찢어질 때에 조직이 모두 파괴되는 것은 아니다. 이는 찢어진 표면을 조사하면 상처의 양 쪽을 연결하는 섬유조직(bridging fiber)을 찾을 수 있다는 것을 의미한다. 흘리는 피의 양은 열창의 크기와 상처 부위에 따라 다르다 (두피 상처가 가장 많이 나옴). 쇠막대기로 비스듬히 치거나 교통사고와 같이 스치며 힘이 가해지는 곳은 피부의 넓은 부위의 가죽이 벗겨진

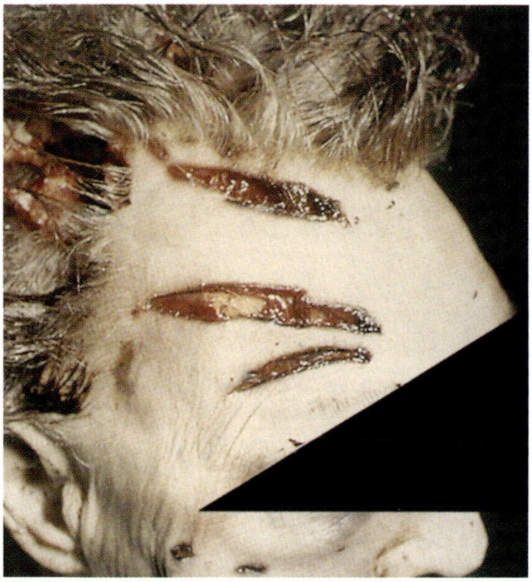

그림 5.9 깊은 열창을 심하게 만든 뭉툭한 쇠막대로 가격을 당한 남성. 처음에는 상처가 도끼에 의한 것으로 생각되었지만 끝이 잘린 것이 아니라 부수어졌다. (Shepherd, R. (2003) *Simpson's Forensic Medicine*, 12th edn. 저작권 2003, Hodder Arnold, London 승인)

다. 열창은 도구의 흔적이 남는 경우가 거의 없지만, 가해지는 힘 때문에 그 조각이 상처 내에 박혀서 남겨질 수 있다. 예를 들어, 야구방망이나 곡괭이 자루로 때리면 상처에 나무 조각(splinter)이 남을 수 있다.

생식기와 항문 사이에 생긴 열창은 성폭행 및 섹스 게임이 잘못된 경우에 나타나는 특징이다. 후자의 경우는 대개 큰 것이 반드시 좋은 것이라는 생각으로 위험한 극단까지 가는 남성이 연관되어있다. 항문(back passage)에서 회수된 물체들은 다양하여 콘크리트 혼합물도 포함되는데 (Stephen & Taff, 1987), 이는 만일 사망으로 결론이 나는 큰 위험성이 없다면 쾌감의 주는 것이 되었을 수도 있다. 종종 남성은 자기 자신의 행동에 의해서 죽거나 또는 그 물체를 제거하고 모든 연관성을 부인하는 파트너의 행동에 의해서 죽기도 한다. 그러므로 희생자의 행동이 자발적이었는지 아니면 사악한 사건이 일어났는지 결정하기 위해서는 현장을 조심스럽게 조사해야 한다.

예기외상

절창

절창(incised wounds)은 날카로운 물체 (예기)로 피부를 베어서 생긴 결과이다. 연결하는 섬유조직(bridging fiber)이 없는 것이 열창(laceration)과 다르고, 깊이보다는 길게 난 상처는 자창(stab

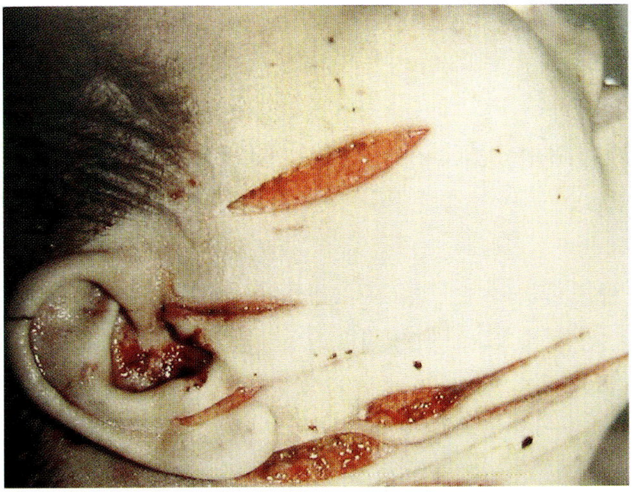

그림 5.10 베는 무기에 의해 가해진 길이가 깊이보다 긴 전형적인 절창. 이 경우에는 나이프가 사용되었고 긴 '꼬리부분'은 베임이 턱을 향해서 아래 방향임을 의미한다. 상처에 찰과상 가장자리가 없고, 연결하는 섬유조직이 없는 것을 주목하라. (Saukko, P. and Knight, B. (2004) *Knight's Forensic Pathology*, 3rd edn. 저작권 2004, Hodder Arnold 승인)

wound)과 다르다 (그림 5.10). 깨진 맥주병, 면도날, 또는 종이 모서리에 의해서 생기기도 하지만, 절창은 전형적으로 칼이나 만도(machete)에 의한 상처이다. 싸움 중에는 날카로운 무기들을 팔 길이로 휘두르며, 얼굴, 목 및 손을 겨냥하여 가격하려는 경향이 있다. 만일 자르는 표면이 매우 날카로우면, 모서리가 매끈하고 분명한 상처를 만든다. 그러나 자르는 표면이 뭉툭하면, 상처는 찰과상 모서리를 갖고 주변 조직은 타박상을 보여준다. 두 경우 모두 사용된 무기가 얼마나 예리한지는 알 수 있지만 무기의 종류를 유추할 수는 없고, 증거 흔적을 남길 가능성도 거의 없다. 예외로는 깨진 유리나 병과 같이 부서지기 쉬운 무기를 사용하는 경우로 상처 내에 파편들이 부서져 있을 수 있다. 상처가 시작되는 부위가 대개 가장 깊어서 가격의 방향을 알 수 있는데, 예를 들어, 칼을 앞으로 밀었는지, 뒤로 당겼는지, 또는 톱질하듯이 사용했는지. 실험실에서 신체는 잘 익은 멜론으로 하고 무기로는 여러 종류의 칼들을 사용하여, 어느 정도는 상처를 재현해 보고 가해진 '상처'들을 비교할 수 있다. 중요한 혈관이 손상되거나 깊고 광범위하지 않다면 절창은 피를 많이 흘리게 하지만 생명을 위협하는 경우는 드물다. 그러나 검과 같이 커다란 무기들은 치명적인 베임을 가하거나 또는 희생자의 목을 자르거나 팔다리를 자를 수 있다. 등에 생긴 정찰 및 자창은 언제나 의심을 불러일으킨다.

자살 절창

자살(suicide)의 경우에 희생자들은 대개 개인적인 결심을 확인하기 위해서, 치명적인 절개를 만들기 전에 손가락을 자르거나 손목이나 목에 하나 또는 여러 개의 수평하고 얕은 '주저흔(hesitation cut)'을 만든다. 공격자가 희생자를 위협하거나 정보를 얻어내려고 할 때 또는 공격자가 치명적인 가격을 가하려고 용기를 불러일으킬 때에 생기기도 하지만, 살인인 경우에는 대개 표면적인 주저흔이 존재하지 않는다 (예, Herbst & Haffner, 1999). 자신의 목을 의도적으로 자르는 사람은 대개 칼을 잡은 손의 반대편의 목 부위 높은 부분에서부터 치명적인 베임을 시작한다. 무기를 아래로 끌어서 총경동맥(common carotid artery)을 통과하여 지나가며, 설골(hypoid bone)과 갑상연골(thyroid cartilage)을 절단한다. 무기는 대개 시체 가까이에서 발견되며, 손에 남겨진 채로 발견되기도 한다. 난폭한 공격에 의해서 목이 잘린 경우에는 하나 이상의 베인 상처가 존재할 수 있지만 주저흔은 없다. 절창은 대부분 강압적으로 목의 앞부분을 가로지르고, 공격자가 오른손잡이인지 왼손잡이인지와 앞에서 공격하는지 뒤에서 공격하는지에 따라서 시작하는 방향이 결정된다. 전형적으로 후두(larynx)와 모든 주요 혈관이 절단된다.

사례연구: David Kelly의 자살

자살을 진단하는 것은 특히 대중의 높은 관심을 갖는 사람의 경우에 자주 논쟁에 휘말린다. 예를 들어, 2003년 영국 정부의 생물학 무기 전문가인 David Kelly의 사망에 관한 Hutton 청문회에서, 공식 의견은 왼쪽 손목을 베인 후에 혈액 손실의 결과를 가져온 자살에 의한 사망이었다. 이 견해는 여러 의사들에 의해서 도전을 받았는데, 단지 하나의 동맥, 즉 자동맥(ulnar artery)만이 절단되었으며, 이는 사망에 이를 정도로 혈액 손실을 일으키지 않았을 것이기 때문이었다. Hutton 청문회 이후에 Kelly 박사가 사용한 칼에 그의 지문이 발견되지 않았다는 것이 알려져서 또 다른 논쟁이 일어났다. Kelly 박사가 어떻게 칼에 지문을 남지지 않고 사용을 했는지 (그는 장갑을 끼지 않았고 근처에서 발견되지도 않음), 또는 그가 왜 지문을 지워버리려 했는지 이해가 되지 않았다. 동맥이 완전히 절단되면 그것의 두꺼운 근육 벽이 저절로 수축해서 피가 나오는 것을 감소시킨다. 이것은 산업 현장이나 전투에서 팔다리 절단을 당한 사람이 걷거나 기어서 그곳을 벗어나 때때로 먼 거리까지 갈 수 있는 이유에 대한 설명이며, 또한 Kelly 박사 시체 주변에 거의 핏기가 없었던 것에 대한 설명일 수 있다. 목이나 손목을 절단해서 죽는 사람은 혈액의 손실 보다는 공기 색전증(embolism)의 결과로 죽을 수 있다는 것을 주목해야 한다. 이 경우에는 공기가 혈관의 절단면 끝으로 들어가서 심장의 우심방에 들어가고 심장마비를 일으킨다. 유사하게 목을 절단당하면 피가 폐로 들어갔을 때에 질식에 의한 사망이 일어날 수 있다.

치유된 절창

치유된 절창(healed incised wounds)은 맹장 제거 또는 제왕절개와 같은 과거 의학 수술의 특징을 나타낼 수 있으며, 이 또한 확인을 위한 특징이 될 수 있다. 치유 효과는 상처의 특성, 신체 부위, 일반적인 건강 상태 및 연령과 같은 여러 가지 요소의 영향을 받는다. 흥미롭게도 임신 초기에 가해진 상처는 빠르고 완벽하게 치유된다. 치유되거나 부분적으로 치유된 상처가 여러 부분에 있는 것은 자해(self-harm)의 공통적인 특징이다. 상처가 대개는 옷에 가려져 있고 언제나 희생자가 도달할 수 있는 부위로 제한되어있지만, 신체의 여러 곳에 존재한다. 극단적인 형태의 정신병으로 고통을 받는 사람들도 이런 방식으로 자신을 가해하기도 하지만, 입, 유두, 눈 및 생식기의 상처들은 성폭행과 관련된 범죄에서 공격자가 피해자를 훼손하기를 원할 때에 일반적으로 존재한다.

자창

자창(刺創, stab wound 또는 puncture wound)은 넓이보다 더 깊게 생긴 것들이다 (그림 5.11). 무기가 특별하게 길거나, 좁은 신체 부위 (즉, 손)를 통과하거나, 또는 좁은 각도에서 가해지지 않는다면, 총상과는 다르게 대개는 관통하지는 않는다 (즉 들어간 곳과 나간 곳 모두에 상처가 있지 않음). 실질적으로는 가늘고 단단한 물건, 심지어 연필이나 이쑤시개조차도 충분한 힘이 가해지면 자창을 만들 수 있다. 예를 들어, Lunetta 등 (2002)은 정신분열증에 걸린 젊은 남성이 플라스틱 볼펜을 가지고 그의 눈을 세게 찔러서 소뇌(cerebellum)까지 들어간 경우를 기술하였다. 결과적으로 그는 그 상처로 인해 사망하였지만, 부검 때까지는 그가 총에 맞은 것으로 생각하였다. 유사하게 Grimaldi 등 (2005)은 72세의 노인이 연필로 그의 가슴을 찔러 자살한 경우를 설명하였다. 일부 범죄자들은 스크루드라이버 또는 끌(chisel)을 가지고 다니는데, 이것은 칼과 다르게 분명한 공격 무기가 아니므로

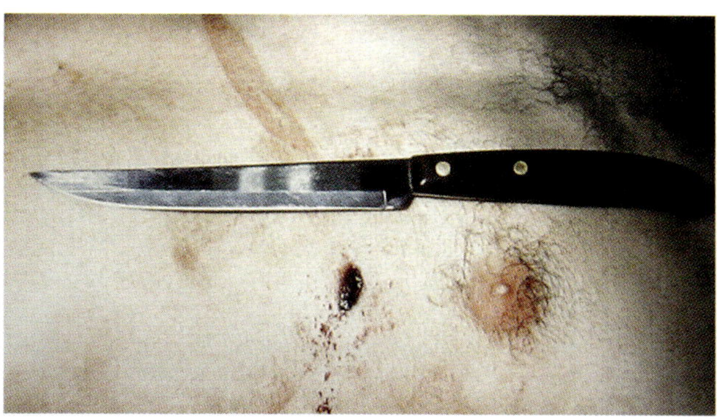

그림 5.11 전형적인 자창과 사용된 칼. 상처의 가장자리가 수축되었고 따라서 상처가 칼의 폭보다 더 좁아 보인다. (Saukko, P. and Knight, B. (2004) *Knight's Forensic Pathology*, 3rd edn. 저작권 2004, Hodder Arnold 승인)

경찰에 심문을 받을 경우에 설명을 하고 벗어날 수 있기 때문이다. 그러나 이것들은 살인을 일으킬 수 있는 도구이다. 또한 구내로 침입하는데 아주 유용하다. Cross-tipped (Philips®) 스크루드라이버는 자주 피부 및 특히 가격을 당한 뼈에 특징적인 + 모양의 자국을 남긴다.

많은 무기들 (예, 칼, 깨진 병)은 어떻게 사용되느냐에 따라서 절창과 자창을 모두 만든다. 물체의 끝이 더 날카로우면 자창을 만드는 것이 쉬운 것은 분명하다. 피부의 천연적인 탄성을 넘어서면 도구의 나머지 부분은 쉽게 들어간다. 이것은 숙성된 멜론을 예리하고 다른 크기의 여러 가지 도구로 찔러보는 것으로 설명을 할 수 있다. 전압 변환기를 멜론의 아래 부분에 설치해서 가해진 힘을 비교할 수 있다.

자창의 크기와 형태가 그것의 원인이 된 도구를 언제나 정확하게 반영하는 것은 아니다 (그림 5.11). 예를 들어, 희생자가 칼날이 들어갈 때에 비틀 수도 있음으로 상처가 더 넓어지고 3각형의 프로파일을 만들 수 있다. 유사하게 공격자가 칼로 찌른 후에 흔들거나 위쪽으로 끌어 올릴 수도 있다. 숙달된 경우 이 기술은 극적인 결과를 준다. 즉 도축장에서 일하는 사람들은 이 기술을 동물의 내장을 제거하는데 이용하고 커다란 돼지의 흉곽(rib cage)을 밑에서부터 위까지 한 번에 가를 수 있다. 칼에 의한 상처에서 또 다른 복잡성은 상처를 둘러 싼 피부의 탄성 섬유질에 의한 수축이다. 이는 상처의 모양을 변하게 해서 하나가 아닌 여러 무기에 의해서 공격을 받은 것처럼 보이게 하는 결과를 가져온다 (그림 5.12). 유사하게 한 번만 찌른 것이 살을 뚫고 나와서 다시 들어간다면 하나 보다 많은 상처를 일으키기도 한다. 자창의 깊이는 그 원인이 된 칼날의 깊이를 초과할 수 있다. 이는 신체의 어떤 부위, 예를 들어, 복부는 눌려질 수 있어서 손잡이까지 들어간 이후에도 안쪽으로 눌려질 수

그림 5.12 동일한 칼에 의한 여러 개의 자창들. 상처 주위의 피부 수축의 결과로서 상처의 모양과 크기가 다양한 것에 주목하라. 이런 여러 개의 자창들은 성적인 동기를 갖는 공격의 흔히 나타나는 특징이다. (Saukko, P. and Knight, B. (2004) *Knight's Forensic Pathology*, 3rd edn. 저작권 2004, Hodder Arnold 승인)

있기 때문이다. 유사하게 어린이와 청소년의 갈비는 탄성이 있어서 흉부가 눌려질 수 있다. 희생자가 마루나 벽과 같이 단단한 물체에 단단하게 눌린 경우에 특히 이런 경우가 생기는데, 이는 칼 손잡이의 자국이 타박상 또는 혈흔의 형태로 상처의 부위에 남겨질 수 있다는 것을 의미한다.

날카롭지 않은 스크루드라이버와 같은 둔기 무기들에 의한 자창은 피부의 찌른 지점이 찢어지고, 주변 피부에 타박상과 열창을 동반한다. 고기를 써는 칼(carving knife)과 같이 한쪽에만 날이 있는 칼들은 한 쪽 끝에는 V자 모양의 프로파일을 갖고 다른 끝은 갈라지고 말단에 삼각형 또는 스파이크 모양을 갖는 뭉툭한 상처를 만드는데, 이를 'fish-tailing'이라고 한다. 어부들이 이용하는 것과 같이 한쪽 면이 톱날처럼 되어있는 칼은 한쪽 끝이 찢어지고 열창이 일어난 상처를 만드는데, 톱날이 얼마나 거치냐에 따라서 다르다. 부드러운 조직에 생긴 자창은 시체가 부패의 마지막 단계에 접어들면 확인하기가 어렵고, 골격만 남으면 불가능해 진다. 그러나 공격하는 동안 어느 뼈가 떨어져 나갔다면 대개는 상처가 가슴에 발생한 경우, 사망 원인에 대해서 의심을 해야 한다 (Bonne, 1975). 칼로 공격하는 동안에 대개는 손과 손가락에 방어를 위한 상처가 생기고 이는 아래에 있는 뼈들에 손상을 주는 결과를 나타낸다.

옷은 자창으로부터 어느 정도 보호 장비가 되고, 주머니에 달린 단추나 물체들은 공격을 비껴가게 하기 때문에 흔하지 않은 상처의 흔적을 남긴다. 옷은 또한 찔렸을 당시에 희생자의 자세를 알게 해준다. 결과적으로 자창 희생자의 신체는 언제나 현장에 있는 옷으로 부터 조사해야 한다. 이는 옷에 있는 구멍과 그 아래에 있는 상처를 비교할 수 있게 한다. 예를 들어, 코트나 재킷을 입고 있는 동안에 손을 위로 올리면, 그것들도 위로 올라간다. 이 시점에서 위쪽 가슴을 가격하는 것은 팔이 쉬는 상태에 있는 때에는 가슴 아래쪽에 위치하는 옷 부분을 통과할 것이다. 결론적으로 옷의 구멍과 신체의 자창 사이에는 외형적으로 큰 차이가 있을 것이다. 유사하게 옷의 혈흔 형태는 자세에 따라 영향을 받는다. 예를 들어, 흉부 상처에서 스며나오는 혈액은 희생자가 서있거나, 앉아있거나, 뒤로 또는 옆으로 누워있느냐에 따라서 다른 모양을 형성하며 흐른다. 그러나 자창은 언제나 외부로 많은 피를 흘리는 것은 아니며, 특히 찌른 도구가 그대로 남아있다면 더욱 그렇다.

사고에 의한 칼 상처

사고에 의한 절창 및 자창은 부엌, 도축장, 칼을 많이 사용하는 곳에서는 흔하다. 이는 또한 친구끼리, 특히 청소년에서 칼이나 뾰족한 물건을 가지고 장난을 치는 가운데 일어난다. 이런 사고는 대개 하나의 구멍이나 절창을 만들고, 만일 희생자가 혼자라면 상처의 원인이 근처에서 발견될 것이다(희생자가 쓰러지기 전에 비틀거리며 어느 정도의 거리를 갈 수도 있지만). 때때로 사고에 의한 상처인지 누군가 공격을 한 것인지 구분하기가 어려우며, 특히 공정한 목격자가 없다면 더욱 그러하다. 예를 들어, 2000년 11월에 10세 어린이였던 Damilola Tayor가 London 남부 주택개발단지 내의 계단에서 죽은 채로 발견되었다. 허벅지에 자창이 있는데 동맥을 포함하여 여러 개의 정맥이 절단되었으며, 결국 과다출혈로 사망하였다. 대중의 관심이 큰 재판에서 4명의 청소년이 Damilola의 살인죄로 기소되었다. 변호인에 의해 호출된 외상 전문가는 상처들은 의도적으로 찔러서 생긴 것이라기보다는 Damilola가 깨진 유리병에 쓰러져서 생긴 것과 일치한다고 진술하였다. 절단된 동맥은 수축하는 경향이 있지만, Damilola가 본능적으로 집으로 기어가려고 시도한 것이 상처를 열리게 할 수 있다는 것이다. 청소년들은 법정에서 최종적으로 무죄가 선고되었다. 그러나 결론적으로 법의학적 증거들이 제 2의 법의학 실험실에 의해서 다시 조사되었고, 그들의 발견으로 청소년 중 2명은 다시 재판을 받게 되었고 살인죄로 밝혀졌다. 제 2의 실험실에서는 한 명의 용의자 운동화에서 Damilola의 혈액 한 점을 발견하였고 다른 용의자의 운동복 상의에서 한 점을 더 발견하였다. 이에 더해서 Damilola 재킷의 섬유가 용의자에게서 발견되었다. 이는 증거를 해석하는 것이 얼마나 어려우며, 훈련을 받은 법의학자들조차도 중요한 단시를 놓칠 수 있다는 것을 강조한다. 예를 들어, 알고 보니 첫 번째 법의학 실험실에서는 경찰관이 그렇게 하도록 요구될 때만, 섬유 증거의 존재를 검사했다는 것이었다.

사례연구: 발을 헛디딘 것이냐? 아니면 석궁이었냐?

1991년 5월, 네덜란드의 Leiden에서 21살의 학생이 집에 돌아와서 어머니가 사망한 것을 발견했다. 부검에 의하면 플라스틱 Bic® 볼펜이 오른쪽 눈을 관통하여, 뇌로 들어가서 뇌간(brainstem)을 찢어서 즉사한 것으로 나타났다. 대부분의 유사한 눈 손상에서는 찌르는 물체가 안구 옆으로 지나가는 반면에, 이 상처는 특이하게 볼펜이 안구를 관통하였다는 특징이 있었다. 그러나 2명의 의학 전문가는 여성이 볼펜을 들고 있다 쓰러졌고, 쓰러지면서 볼펜이 눈을 지나서 뇌로 들어간 것이 가장 가능성 있는 상황이라고 진술하였다. 경찰은 이것을 믿지 않았지만 더 이상의 범죄증거가 없어서 사건을 종결하였다.

4년 후에 한 목격자가 어떤 학생이 석궁으로 펜을 쏘아서 어머니를 죽였을지 모른다는 주장을 제기하였고, 그의 심리학자는 그가 살인을 고백했다고 진술하였다 (그녀의 환자에 대한 비밀보장을 제공해야하는 의무사항을 무시하였음). 학생은 체포되었고 재판에서 유죄로 발견되어 12년 형을 선고받았다. 항소가 이루어졌고 눈을 통과하여 해골로 들어갈 정도의 충분한 힘을 가지고 플라스틱 볼펜을 석궁으로 발사하는 것이 가능한가를 결정하기 위한 실험이 진행되었다. 초기 실험에서 죽은 돼지 머리와 10.9 kg의 견인력을 갖는 석궁을 이용하였다. 불행하게도 이 연구는 실제적인 문제들로 고생을 하였지만, 석궁이 안구와 접촉했을 때조차도 펜이 눈꺼풀이나 안와를 관통하지 못했다. 그러므로 연구자들은 해부 실험에 이용하기로 되어있던 2구의 인간 시체를 사용할 수 있도록 윤리적으로 허가를 얻었다. 뜨고 있는 안구에 석궁을 접촉해서 펜이 최고의 힘으로 안구를 가격하도록 하였다. 그러나 어떤 각도로 석궁을 발사하고 또한 견인력이 40 kg인 석궁을 사용하여도, 볼펜을 사망한 여성에게서 얻어진 것처럼 머릿속 멀리까지 관통시킬 수 없었다. 더욱이 석궁에서 발사된 볼펜은 한번을 제외하고는 모두 석궁의 시위(drawstring)에 의해 찍혀서 생긴 자국(indentation mark)을 갖고 있었고 손상되었다: 가운데의 잉크심과 옥수수 모양의 뚜껑이 자루와 포개져서 짧아지는 일반적인 특징이 있었다. 반대로 여성의 해골에서 꺼낸 볼펜은 손상이 없었고, 찍혀진 자국도 없었다. 이 결과들 및 다른 증거들은 학생의 석방을 이끌어 냈고, 결과적으로 무죄가 선언되었다 (Bal, 2005; Rompen 등 2000). 이 경우는 상처의 분석에서 실험적 접근의 중요성 및 열린 마음을 유지해야 하는 중요성을 강조하는 것이다.

살인 자창

단일 자창(單一 刺創, single stab wound)은 종종 (항상은 아니지만) 자고 있었거나 음주, 마약, 질병, 노령과 같은 어떤 이유로 저항이 불가능한 사람들에서 살인이 일어나는 경우이다. 이런 단일 살인 상처는 대개 주의와 정확성을 가지고 가해지기 때문에, 피고인은 대개 고살(故殺, manslaughter)보다는 모살(謀殺, murder)로 기소가 된다. 이는 만일 여성이 그녀의 파트너로부터 수년 동안 육체적 학대를 받았고 술에 취해서 자는 동안에 찌르는 것으로 보복을 하였다고 주장하는 상황에서는 논쟁에 휩싸일 수 있다. 반대로 만일 희생자가 의식이 있고 건강하다면, 첫 번째 가격이 치명적이라고 하더라도 완전히 무력화시키기는 어려워서 희생자는 싸우거나 도망을 치려고 할 것이다. 어떤 사람이 치명적인 가격을 당하고 얼마나 오랫동안 살아있었는지를 아는 것은 불가능한데, 이는 개인에 따라서 큰 차이가 있으며 때때로 희생자가 연속된 치명적 가격을 당한 후에도 저항을 하거나 몇 분 동안은 도망을 칠 수도 있기 때문이다. 여러 개의 자창은 성적인 동기를 갖는 공격의 특징으로 절단도 동반을 한다. 때때로 공격자가 격앙되거나 희생자를 거칠게 찌르면 수많은 상처가 있을 수 있다. 잉글랜드와 웨일즈에서 대부분의 살인에서는 날카로운 도구가 많이 사용된다. 최근 몇 년간의 수치를 보면 모든 살인의 27-33%에서 변화가 있고, 비율은 남성 (28-35%)이 여성 (23-31%)에서보다 더 높다 (www.crimereduction.gov.uk/statistics38.htm).

자살 자창

자살 자창(自殺 刺創, suicidal stabbings)의 희생자들은 종종 상처를 내기로 선택한 부위의 옷을 제거한다. 이 지역을 '선택(slective)' 부위 또는 지역이라고 하는데 일반적으로 전흉부(precordium) 지역 (심장과 가슴 아래에 걸쳐져 있는) 내에 있고 가격은 직접 심장을 향한다. 칼은 부분적으로 다시 끌어내졌다가 다시 삽입되어 여러 개의 자창이 있을 수 있다. 그러나 방어에 의한 어떤 상처는 없을 것이고 손가락이나 선택 지역 내에 실험적으로 찔러 본 절창이 있을 수 있다. 때때로 자살 희생자는 목을 통해서 자신을 찌르려고 시도할 수도 있는데, (목을 베는 대신에) 이것은 어떤 사람을 살해하는 아주 효과적인 방법이기 때문에 이런 상처를 해석하는 것은 매우 어렵다. 대부분의 자살자는 그들의 행동을 설명하는 어떤 쪽지를 남기지 않으며, 쪽지가 발견된다하여도 협박에 의해서 썼거나 또는 살

표 5.1 상처의 종류와 그 원인들의 요약

상처 종류	얻어지는 결과	전형적인 원인
타박상	손상된 혈관으로 내부 혈액 소실. 표면에 있거나 깊을 수도 있음.	강한 구타. 붙잡아서 구속하거나 단단한 표면에 누르는 것.
찰과상	피부 표면에 깊이 없는 손상. 혈액 손실이 동반되거나 되지 않을 수 있음.	거친 표면과 접촉 물체를 가로질러 신체를 끌거나 신체 위로 물체를 끔. 의사 혹은 교살
열창	피부가 찢어지는 결과를 가져오는 과도한 늘임.	무거운 물체로 비스듬히 구타.
절개	피부와 아래 조직을 절단. 상처는 깊이보다 더 길게 생김. 무기가 칼과 같이 크지 않으면 자주 깊이는 얕음.	칼이나 깨신 유리병과 같이 날카롭고 단단한 절개 표면을 갖는 물체.
자상	깊게 관통하는 상처는 혈관을 절단하고 내부 장기에 손상을 준다.	칼과 같이 뾰족한 끝을 갖는 단단한 물체.

인자가 그들의 행동을 덮기 위해서 썼을 수도 있다는 것을 고려해야 한다. 찔린 희생자는 싸움 도중에 강제로 자신을 찔렀을 수도 있지만 (즉 칼을 잡은 손을 자신을 향해지도록 해서), 이런 상황에서는 신체에 광범위한 타박상이 있을 것이다.

뼈 손상

골격(skeleton)은 부드러운 조직이 부패한 후에도 오랫동안 남아있어서 사망 원인에 관한 중요한 정보를 제공할 수 있다. 유사하게 과거 어느 시점에서 부러졌다가 아물었던 뼈의 증거는 확인을 위한 유용한 특징이 된다. 골다공증과 같은 병적 조건이 없는 성인의 뼈가 골절되는데 상당한 힘이 필요하다. 결론적으로 시체에서 골절된 뼈가 있다는 것은 언제나 의심을 불러일으킨다. 살아있는 골조직은 유연함으로 살아있는 동안에 가해진 타격은 갈라지거나 불규칙한 모서리를 갖고 함께 연결되어 남아있는 경향이 있는 조각들을 만들어 낸다. 반면에 사망 후에는 특히 뼈에 존재하는 대부분의 유기물이 손실되고 건조하게 되면 부서지기 쉬우며 가해지는 힘에 의해서 수많은 작은 규칙적인 조각으로 산산이 부서지는 경향이 있다. 또한 어떤 상처의 (즉, 총상) 일반적인 특징인 동심원을 그리거나 또는 방사상으로 퍼지는 골절이 뼈가 건조된 후에는 대개 일어나지 않는다. 뼈의 골절 특성에 심각한 영향을 주는데 필요한 사망 후 기간은 뼈의 성질과 화석화 과정에 달려있음으로, 경우에 따라서 크게 다르다고 예상할 수 있다.

골절된 뼈는 직접적인 힘의 결과이거나 아니면 신체의 다른 곳으로부터 전해진 힘의 결과일 수도 있다는 것을 기억해야 한다. 후자는 흉곽(thorax)의 경우에 자주 해당되는데, 흉곽을 한 번 가격하면 힘이 방사상으로 외각으로 퍼져나가서 하나의 골절이 다른 골절을 야기하는 긴장감을 일으킴으로 늑강(ribcage) 내에 여러 군데 골절을 일으킬 수 있다 (Love & Symes, 2004).

의사 및 교사

경추(頸椎, cervical vertebrae) 골절은 롱 드롭(long drop)이거나 교수형 밧줄(hangman's knot)의 올가미가 아니라면 자살 의사(suicidal hanging)에서는 흔하지 않다. 결론적으로 건강한 남성이 목이 부러져서 낮은 나뭇가지에 전깃줄에 의해 매달린 채로 발견된다면 자살보다는 살인인 경우를 의미한다. 반면에 올가미가 강하고 비교적 탄성이 없는 물질로 되어있고 그것이 조여지기 전에 희생자가 적절한 거리에 떨어졌다면 교수형에 처해진 것일 수 있다. 거리는 희생자의 무게에 달려있다: 희생자가 무거울수록 떨어지는데 더 짧은 거리가 필요하다. 사형수가 목이 졸리는 것도 피하고 머리가 떨어져 나가는 것도 피하여 떨어지는 거리를 판단하는 것은 교수형 집행인의 전문적인 기술 중 하나였다. Tracqui 등 (1998)은 젊은 남성이 목에 나일론 줄을 매고 운하 위의 다리에서 떨어진 경우를 설명하였다. 줄이 단단하게 조여지기 전에 3.7–5.3 미터를 떨어졌는데, 조여지면서 즉시 목이 떨어져 나갔고, 머리는 다리 아래에 가라앉았고 몸은 200 미터 아래로 흘러내려 갔다.

설골(舌骨, hyoid bone)은 중추골격(axial skeleton)의 일부를 형성하는데 두 가지 특징이 그것을 독특한 뼈가 되도록 한다: 그것은 파트너가 없는 하나의 U자 형태의 뼈이며 어떤 다른 뼈와 연결되어있지 않다. 이것은 하악골(mandible)과 인두(pharynx) 사이의 목의 앞 부부에서 발견되며 그 기능은 혀를 지지하거나 목과 인두 근육을 위한 새총모양(sling)으로 작용하는 것이다 (그림 5.13). 설골 손상은 특히 U자형에서 뿔 부분이 하나 또는 둘 다 손상되는 것은 손으로 교살을 한 특징적인 흔적이다. 의사(hanging)에서는 줄의 위치 때문에 거의 일어나지 않음으로, 목을 매는 것에 의한 자살과 손으로 교살하는 것을 구별할 수 있게 한다. 그러나 경험이 많은 병리학자조차도 어떤 상황에서는 교살을 진단하는 것이 상당히 어렵다. 그러나 설골에 손상이 없다는 것이 교살이 일어나지 않았다는 의미는 아니라는 것을 기억하는 것이 중요하다. 성인의 경우 손으로 교살하면 대개 갑상연골(thyroid cartilage) [후골(Adam's apple)]의 골절이 일어나지만, 어린 아이의 경우에는 연골이 더 유연하기 때문에 골절이 일어나지 않을 수도 있다. 어떤 사람들은 갑상-설골 인대(thyro-hyoid ligamnet)에 작은 연골 결절(cartilaginous nodule)을 가지고 있는데 이것이 갑상연골의 윗 돌기(superior horns)가 골절된 증거로 잘못 인식될 수 있기 때문에 여기에도 또한 주의가 필요하다. 다시 한 번 출혈이 없다면 이럴 경우는 거의 없다는 의미이다.

여성이 남성보다 더 많이 교살을 당하는데, 이것이 성공하기 위해서는 공격자와 희생자의 상대적 힘에서 상당한 차이가 필요하기 때문이다. 잉글랜드와 웨일즈에서는 최근의 여성 살인의 15–25%

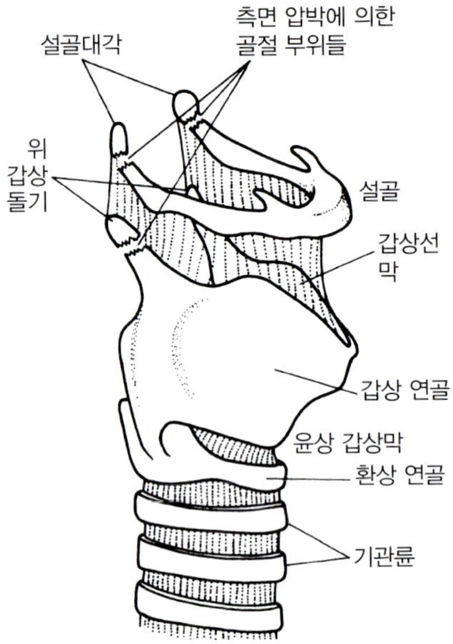

그림 5.13 측면 압박의 결과로서 설골 및 갑상연골에서 가장 흔한 골절 지점들을 보여주는 후두를 나타내는 도해. (Saukko, P. and Knight, B. (2004) *Knight's Forensic Pathology*, 3rd edn. 저작권 2004, Hodder Arnold 승인)

가 교살 (질식사 포함)에 의해 일어나는 반면에 남성은 단지 3-7% 정도이다 (www.crimereduction.gov.uk).

확인을 돕는 과거의 골절

신원 미확인 시체가 발견되면 생전에 일어난 골절, 외과 수술 또는 뼈의 변형의 증거는 탐문 과정에서 유용할 수 있다. 그러나 이런 특성들은 조심스럽게 이용돼야 하는데, 일치되는 특성의 모음들을 많은 사람들이 공유할 수 있다. 예를 들어, Komar & Lathrop (2006)은 두 법의학 집단에서 수집되었던 482개의 골격에 대하여 연구하였는데, 골격의 9.1%는 오른쪽 늑골(rib)에 골절이 있었고, 3.7%는 두개골 개구술(cranial trephination)을 받았으며, 17.4%는 광범위한 관절염 증상을 보여주었다. 그들은 그 집단에서 부러진 코와 좌경골(left tibia)에 정형외과 치료를 받은 52세 백인 남성을 선택하여 다른 경우에도 유사한 특징이 있는지 조사하였다. 나머지 481개의 골격 중에서 233개는 백인 남성의 것으로 확인될 수 있고, 이것들 중에서 133개는 적절한 연령대에 속하였으며, 이 중에서 42개는 부러진 코를 가지고 있었고, 이중 3개는 좌경골에 정형외과 수술을 받았다는 것을 발견하였다. 결론적으로 482개 집단에서 4명이나 성별, 인종, 연령대, 골절 및 외과 수술에 대한 특징들의 동일한 조합을 보였다. 하나의 법의학에서 수집된 것이 큰 집단을 특별히 대표할 정도는 아니겠지만 (이것에 대한 증거는 없지만), 개인의 특성의 모음들을 이용하여 구별하는 것이 단순한 것은 아니라는 의

미이다.

연골과 뼈에 연장흔

연장흔(toolmark)이란 끌이 나무 조각을 파낼 때와 같이 부드러운 표면에 단단한 물체를 사용하여 생기는 물리적 손상의 결과이다. 법병리학에서 연장흔은 공격하는 동안에 칼에 의해 가해지거나 또는 사망 후에 시신을 자르는데 사용된 톱에 의해서 가해진 자국 및 절단의 결과로 나타난다. 생채기, 떨어진 흔적 및 다른 연장흔들은 육안으로 관찰하는 것이 언제나 쉬운 것은 아니다. 결론적으로 의심이 가는 부분이 있으면, 주사전자현미경(SEM)을 사용하여 자세히 밝혀낼 수 있다 (Alunni-Perret 등, 2005). 다음 접근법은 더 연구되어야 하지만, 만일 SEM이 energy-dispersive analysis by X-ray (EDAX)와 같은 기술과 함께 이용되면, 절단된 표면에서 발견된 부스러기의 이온 스펙트럼을 그것을 만든 연장에서 발견된 것과 비교하는 것이 이론적으로 가능하다. 용의선상의 무기로부터 연장흔을 얻는 것은 납과 같은 부드러운 금속이나 보석세공에 이용되는 왁스에 그것을 눌러서 수행되고 (Petraco 등, 2005), 따라서 지문과 같은 역할을 하는 홈(groove)들이 주어진다. 이것은 음각흔(陰刻痕, negative impression)이라 하고, 비교 현미경(comparison microscope)을 사용하여 뼈에서 발견된 홈으로 만들어진 주형과 비교해 볼 수 있다.

상처 해석의 다른 측면들

이용하는 손(handedness)

목격자의 진술이나 다른 증거가 없는 경우에는 상처의 분석을 기반으로는 공격자가 오른손잡이인지 왼손잡이인지 구분하기가 어렵기 때문에, 그 당시의 희생자와 공격자의 방향에 크게 의존한다.

방어 상처

용어가 의미하듯이 방어 상처(defensive wound)는 누군가가 공격을 막는 과정에서 얻은 상처들임으로, 원인이 된 어떤 물체보다는 그것이 가해지도록 한 희생자의 행동에 의해서만 특징이 지어진다. 희생자가 마루에 누워서 공격자를 걷어차려는 시도를 했다면 발과 다리에 상처가 있겠지만 대개 손과 팔뚝에서 발견된다. 예를 들어, 단일 자창(single stab wound)은 희생자를 즉시 무력화시키는지 못하는데, 뒤이은 가격을 피하려는 시도로 칼날을 잡아서 손바닥이나 손가락에 절창(incised wound)이 생기거나 또는 팔뚝에 베인 상처(slash wound)가 생긴다. 유사하게 방어 상처는 야구 방망이나 망치와 같은 무거운 둔기로 공격하는 동안에는 타박상(bruise), 찰과상(abrasion), 열창(laceration) 및 사지(limb) 골절의 형태로 나타나고 총기의 경우에는 총상의 형태로 나타난다.

공격자가 자신에게 가한 상처

공격은 자주 혼란스러운 상태이고, 공격자는 희생자가 이미 사망했음에도 거칠게 무기를 휘두를 수 있다. 만일 희생자가 격렬하게 방어를 한다면, 광경은 시끄럽고 폭력적이었을 것이다. 따라서 공격자가 자신에게 상처를 내는 것은 희귀한 경우가 아니며, 특히 날카로운 무기를 사용하는 경우에는 더욱 그렇다. 또한 무기는 피로 덮여 있을 수 있어서 움켜잡기가 어려울 수 있으며, 만일 보호대가 없는 칼을 사용한다면 갑자기 단단한 물건에 부딪칠 경우에 잡은 손이 칼날 위로 미끄러져들어 갈 수도 있다. 대개 공격자는 신체의 다른 부분도 상처를 입지만 손이 잘리거나 찔리는 형태의 상처를 받으며, 오른손과 왼손이 거의 비슷하게 상처를 받는다. 일부 범죄자는 총기를 소유하지만 모두 그 사용법에 숙달되어있지 않음으로 결과적으로는 공격자가 사고로 자신을 쏘거나 동료를 쏠 수 있나. 공격자는 범행을 저지른 후에 정당방어로 범죄를 정당화하거나 자살을 시도하려고 고의로 자신에게 상처를 가할 수도 있다. Schmidt 및 Pollak (2006)의 연구에서 칼을 사용한 공격자 (n=58)의 36%가 자신에도 상처를 입혔고 8.6%는 의도적으로 그랬다는 결과가 나왔다.

자해에 의한 상처는 용의자의 혈액 (따라서 DNA)이 현장에 남아있거나, 범죄행위자는 의료 치료를 필요로 할 수도 있거나 아니면 친구/동료/당국에 어떻게 상처를 입었는지 설명을 해야 하기 때문에 중요하다.

질식사

'질식사(asphyxia)'라는 용어는 질식(asphyxiation)으로 숨이 막힘(breathlessness) 및 죽음(death)이라는 그리스어로부터 유래하였으며, 다음 중 하나의 결과이다:

(1) 신체의 세포가 혈류(blood stream)로부터 충분한 산소를 공급받지 못한다;
(2) 세포가 산소는 받지만 이용하지 못한다;
(3) 세포가 이산화탄소를 제거하지 못한다.

뇌세포는 대사적으로 매우 활성이 크며 따라서 산소 요구량이 매우 높고, 환경의 화학물질 변화에 매우 민감하다. 그러므로 뇌에 혈액 공급을 방해하는 어떤 것도 빠르게 신경 기능의 손상을 일으키고 무의식의 원인이 되며, 장기화되면 사망에 이르게 한다.

여러 원인들이 관여하겠지만 질식사에 기인한 죽음은 때때로 질식사의 원인에 따라서 분류된다(표 5.2). 예를 들어, 공격자가 무릎으로 희생자의 가슴을 모든 무게를 실어 누르면서 손으로는 어떤 사람의 목을 조를 수 있다. 교사(strangulation)와 같은 사망의 한 가지 물리적 원인은 2가지 이상의 생리적인 과정을 통하여 치명적인 효과를 갖는다는 것을 알아두어야 한다.

표 5.2 질식사의 범주

질식사의 범주	예시
기도 폐쇄	기도 막음, 코/입막음
경부 압박	교사, 의사, 교살
흉부 압박	압박, 무거운 무게로 압박
체위성	호흡 능력을 누르는 자세로 신체가 위치함
환경적	공기에 산소 결여, 질식
음독	청산가리(cyanide), 일산화탄소

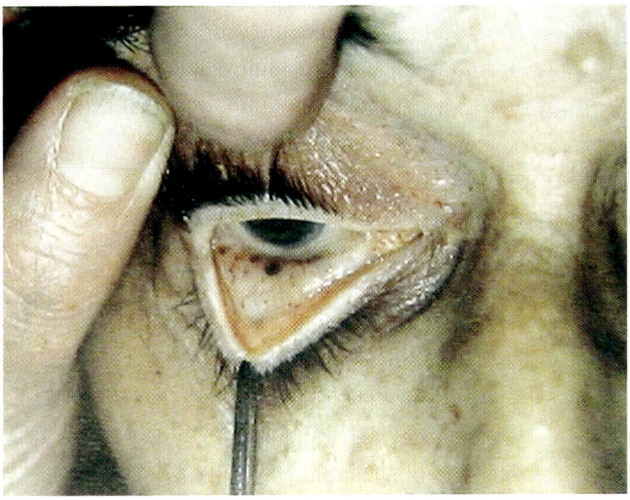

그림 5.14 손으로 교살한 후에 생기는 눈과 주변 조직에서의 점상출혈. (Saukko, P. and Knight, B. (2004) *Knight's Forensic Pathology*, 3rd edn. 저작권 2004, Hodder Arnold 승인)

질식사의 병리학적 특성

더 검은 색을 갖는 산소가 없는 혈액이 피부에 색을 주는 결과로 청색증(cyanosis)이 집중되거나 부위별로 나타나는 것이 질식의 일반적인 특징이지만, 언제나 분명한 것은 아니다. 안검(eyelid) 또는 안면 피부와 같이 어느 곳에서든지 일어나기도 하지만, 작은 점상출혈(petechiae)들이 결막(conjunctivae)의 표면에서 자주 발견된다 (그림 5.4). 이것들은 머리에 혈액을 공급하는 동맥은 기능을 하는 반면에 머리로부터 돌아오는 정맥의 혈액이 차단되면 일어난다고 생각된다. 이는 더 높은 내부 혈압과 함께 경동맥(carotid artery)의 두꺼운 근육층 벽들은 비교적 더 얇은 벽을 갖는 경정맥(jugular vein)보다도 더욱 압축하기가 힘이 들고, 여기에 더해서 경동맥들은 목 안의 깊은 곳에 위치해서 선천적으로 덜 취약하다. 이런 상황에서 머리의 정맥압은 증가하고, 이는 얇은 정맥과 모세혈관이 터지도록 하는데 충분할 수 있다. 그러나 이런 점상출혈이 질식사로 진단하도록 하는 것은 아니며, 없거나 다른 원인에 의한 것일 수 있다. 예를 들어, 점상출혈은 전기 감전을 당한 후에 눈에서 흔하게 발견되거나 또는 사후에 안면이 아래로 향하도록 놓아두면 인공적으로 생길 수 있다. 후자의 경우에 안면 부분에 혈액이 모이고, 부어오른 모세혈관은 새기 시작해서 점상출혈이 생기게 된다.

한 사람이 사망한 원인이 어떤 경우에는 분명하지만, 다른 경우에는 분명한 병리학적 이유가 없거나 비특이적이고 시체가 발견된 현장이 원인을 제공하지 않는다면, 사망이 진단되지 못할 수도 있다. 질식사가 의심되지만 그것을 증명하는 것은 별개의 일이다. 그러므로 일부 연구자들은 분자적 단서를 찾는다; 예를 들어, Ikematsu와 그의 동료들은 교사(strangulation)의 시뮬레이션 후에 유전자 발현의 변화를 측정하였다 (Ikematsu 등, 2006; 2007). 그들의 실험 디자인은 마취된 쥐를 이용하는데, 쥐들의 목을 자르거나 끈으로 목을 조른다. 사망 직후와 그 후에 30분까지 목과 두뇌에서의 유전자 발현의 변화를 모니터링한다. 교살된 쥐의 피부와 뇌에서 몇몇 유전자들의 발현과 관련된 증거들이 발견되었는데, 이는 사망의 방식이 특별한 효과를 갖는다는 의미이다. 분명히 이 연구는 너무 초기 단계이고, RNA가 이전에 생각했던 것 보다는 더 안정적인 것이 분명하지만 유전자 발현에서의 변화가 사망 후에 얼마나 오래 측정가능한지가 질문으로 남아있다 (2장). 그러나 의학 논문은 자연적인 질병 (예, 심장마비)의 과정 중에 생긴 저산소증(hypoxia)의 결과로서 유전자 발현의 변화가 있다는 것을 보여주는데, 따라서 이는 이런 접근법으로는 범죄 행위에 의한 질식사와 자연적인 원인에 의한 사망을 구별하는 것이 어렵다는 것을 의미한다.

기도 폐색에 의한 질식사

기도 폐색(airway obstruction)은 입과 코 또는 기도 자체에 물리적인 막힘의 결과로 일어난다. 기도폐쇄(choking)는 사망 사고의 흔한 원인이고, 물체는 대개 성문(glottis) 또는 기도(trachea)를 막은 채로 발견된다. 이는 물건을 입에 집어넣는 습관을 갖는 어린이들과 치아가 없어서 음식을 제대로 씹지 못하는 노인들에게서 자주 발생한다. 물론 사망원인은 분명할지라도 기도폐쇄는 재갈을 강제로 희생자의 입에 넣는 공격을 통해서도 일어날 수 있다. 코입막음 질식사(smothering)는 코와 입을 막아서 숨을 쉬지 못하게 할 때에 일어난다. 전형적으로 이는 공격자가 희생자의 머리를 베개나 다른 물질로 덮고, 자신의 손으로 코를 압박할 때에 일어난다. 힘이 남아있다면 희생자는 대개 저항을 하는데, 이는 코와 입에 상처를 야기한다. 그러므로 이런 현장은 반드시 혈흔이 있는 베개보 등을 찾아봐야 되는데, 다른 단서들이 없다면 이런 사망을 진단하는 것이 어려울 수 있기 때문이다

경부압박 질식사

경부압박 질식사(neck compression asphyxia)는 기도폐쇄, 두뇌에 혈액 공급의 폐쇄 또는 두 가지의 연합에 의한 결과로 나타난다. 교사(strangulation)는 손/팔/다리, 끈 [즉, 교살(garroting)], 또는

지휘봉(baton)과 같은 단단한 물체를 이용하여 경부 구조에 물리적인 압박을 가하는 것에 의해서 질식이 유발될 때 일어난다. 의사(hanging)는 경부 주위를 둘러싼 끈으로 경부 구조를 압박하고 희생자의 자신의 무게가 전부 또는 일부가 더해져서 조여진 결과로 일어난다. 교사와 의사 모두 안면과 눈에 점상출혈의 형성 원인이 되지만, 이는 교살의 경우에 더 흔하게 볼 수 있다. 이것은 아마도 교살이 더 난폭하고 지속적인 사건이기 때문인데, 교살이 일어나는 동안에 공격자가 더 효과적으로 움켜잡기 위해서 다투며, 대부분 경동맥 폐색은 일어나지 않는다. 반면에 의사는 가장 많은 경우가 자살에 의한 것이고, 올가미가 정확하게 맞고, 경정맥과 경동맥의 폐색이 즉시 일어나며, 결과적으로 머리에 정맥환류압(venous return pressure)이 누적될 가능성이 없다. 논리적으로는 어떤 사람이 자신을 교살할 수는 없는데, 이는 의식을 잃는 순간에 움켜잡지를 못하게 되고, 따라서 경부에 압력을 가하는 행위를 멈추게 되기 때문이다. 그럼에도 불구하고 논문에는 이런 시도가 성공적이었던 몇 가지 경우가 기술되어있다 (Di Nunno 등, 2002).

교살이나 의사 희생자가 정확하게 얼마나 오랫동안 의식이 있다가 사망하는지는 경우에 따라서 다른데, 이는 얼마나 효과적으로 혈액/공기가 차단되는가, 개개인의 생리적인 차이, 연령, 건강 등에 달려있기 때문이다. 대개는 이보다는 길겠지만 일부 저자들은 의식이 5초정도의 짧은 시간 내에 사라진다고 기술하고 있다. 목을 매는 것으로 자살을 한 남자의 비디오 촬영에서는 의식을 약 13초 후에 잃는 것으로 나타났고, 이후에 경련 및 강직(rigidity)이 뒤를 이었다 (Sauvageau & Racette, 2007). 이것은 경부 압박이 단순하게 뇌에 산소를 공급하는 것을 감소시키는 것보다는 더 복잡한 생리적 현상을 유발한다는 것을 의미하는데, 이는 대부분의 건강한 사람들은 아무 나쁜 영향이 없이 최소 1분은 숨을 참을 수 있고, 잘 훈련받은 많은 잠수부들은 이보다 훨씬 더 긴 시간동안 수면 밑에서 수영을 할 수 있기 때문이다. 기관개구(tracheostoma, 목 앞에 호흡을 위한 구멍)를 가지고 있는 사람이 올가미를 그 구멍 위에 걸어서, 이론적으로는 계속 호흡을 할 수 있더라도, 의사(hanging)에 의해서 자살할 수 있는 것을 보면 기도(trachea)의 위축이 사망의 주요 원인은 아닌 것 같다.

경부 압박은 경동맥동(carotid sinus), 경동맥초(carotid sheath) 및 경동맥체(carotid body) 내의 혈압 수용체(baro-receptor)에 자극을 주는 원인이 되고, 이는 바로 신경 자극을 뇌간(brainstem) 내의 10번째 핵에 보내며, 이로부터 자극이 오른쪽 및 왼쪽의 미주신경(vagus nerve) [제10뇌신경(cranial nerve X)]을 따라서 심장에 보내진다. 미주신경에 의한 심장 자극은 자율박동 심근섬유(autorhythmic heart muscle fiber)의 자발적 탈분극(depolarization)속도를 줄임으로 심장 박동을 줄인다. 작은창자의 평활근(smooth muscle)과 같이 심장 근육은 '속도조절(pacemaker)' 세포 [심장에서는 이를 자율박동 섬유(autorhythmic fiber)라고 함]를 보유하고 있어서, 불안정한 막전위차를 보이며, 따라서 자기스스로 흥분하고(self-excitable), 반복적인 활동 전위(potential)를 만들어 낸다. 이런 이유로 심장과 내장은 모든 신경이 차단되더라도 이완(relax)과 수축(contract)을 지속할 수 있다. 반사(reflex)가 경부 압박에 의해서 유발되고 [혈관미주신경 반사(vasovagal reflex)라고 함], 따라서 심장을 늦출 수 있으며, '혈관미주신경 쇼크(vasovagal shock)' 또는 '반사 심박정지(reflex cardiac arrest)'라고 알려진 조건에서는 완전히 멈추게 할 수도 있다. 이것이 어느 정도 일어나는지는 모르지만, 어떤 사람은 최소의 힘만 가해지고 점상출혈이나 질식사의 다른 징후가 없이도 왜 그렇게 빨리 의식을 잃는지에 대하여 설명이 가능할 수 있다.

자기발정적 질식사(autoerotic asphyxia)는 매우 위험한 행동이고 개인, 대개는 남성에서 성적 만족감을 추구하는 과정에서 일시적인 뇌 저산소증(brain hypoxia) 및 고통 유발을 포함한다. 일부 사람들은 저산소증이 성적 환각(hallucination)을 일으키고, 고통 속의 피학대 성욕 도착(masochistic) 쾌락은 잘 알려진 현상이다. 이런 행동을 하는 사람들은 대개 질식의 정도를 조절하는 방법을 가지고 있지만, 간혹 조절을 못한 결과로 사망을 한다. 저산소증은 의사(hanging), 끈의 사용, 마스크 착용 또는 플라스틱 봉지의 사용을 통해서도 유발되며, 이런 행동을 하는 사람들의 상상에는 제한이 없다. 현장은 자주 성적 본능의 이미지를 포함하고 있으며, 희생자가 나체이거나 페티시(fetish) 의복을 입고 있기 때문에 원래 의도한 것이 무엇이었는지는 의심할 수 없다 (Janssen 등, 2005).

흉부 압박 질식사

흉부 압박 질식사(chest compression asphyxia) [압착성(crush asphyxia) 또는 외상성(traumatic asphyxia) 질식사라고 함]는 흉부에 가해진 외부의 압력에 의해서 희생자가 숨을 들이 쉬지 못하는 결과에 기인한다. 이런 경우는 대개 사고의 결과로 일어나는데, 예로는 차량 충돌이나 산업재해 등이 있다 (Byard 등, 2006). 또한 몸무게가 많이 나가는 공격자가 자신의 몸으로 희생자의 흉부를 누르면 일어날 수도 있다. 죽을 때까지 희생자의 가슴 위에 여러 날에 걸쳐서 점점 무거운 무게를 더하는 압축(pressing)은 야만적인 처형 방법이었다. 무게의 성질과 그것이 어떻게 더해지느냐에 따라서 흉부 손상의 증거가 거의 없을 수 있기 때문에 (즉, 타박상, 골절된 늑골), 현장은 주의 깊게 조사되어야 한다. 희생자는 안면과 눈에 광범위한 점상출혈이 형성되기 때문에 대개 불그레한 인상을 나타낸다. 이런 발견들이 진단을 확정하는 것은 아니며 질병이나 독살과 같은 다른 여러 원인들이 있을 수 있다.

체위성 질식사

체위성 질식사(postural/positional asphyxia)는 희생자가 정상적으로 호흡을 할 수 없도록 된 자세로 고정되어 발견된 것으로 예를 들어 경부(neck)의 경우에는 비틀려있다. 이는 추락이나 유사한 사고 후에 일어날 수 있고, 희생자가 스스로 벗어날 수 없도록 음주나 마약에 취해있는 경우가 자주 있다.

환경적 질식사

환경적 질식사(environmental asphyxia)는 산소가 부족한 공기나 산소가 대체된 공기를 호흡한 결과이다. 종종 '질식(suffocation)'이라는 용어가 사용되지만 이는 너무 넓은 표현으로 다른 대부분의 질식사들을 의미하는데 이용된다. 환경적 질식사는 밀폐된 공간에 갇힌 경우 (예, 컨테이너로 수송되는 밀입국자들)와 얼굴에 플라스틱 봉지를 씌운 결과로 일어난 자살/살인과 같은 사고로 발생한다. 후자의 경우에는 목 주위에 밀폐 효과를 높이려고 고무줄이나 다른 조이는 도구들이 자주 이용되는데, 단단하게 조여지면 경미한 타박상의 원인이 된다. 만일 경찰/의료진이 도착하기 전에 봉지가 제거되면 이 타박상이 그 사람이 어떻게 사망했는지에 대한 유일한 단서가 된다. 이는 사망자의 가족이 종교적인 목적으로 또는 보험을 목적으로 자살을 덮기를 원하거나, 살인자가 범죄를 덮기를 원하는 경우에 일어날 수 있다. 이런 상황은 특별히 주의 깊고 민감하게 처리되어야 한다. 개인이 이런 방법으로 자살을 하는 경우에 [또는 저항을 할 수 없거나 저항할 의지가 없을 때는 (즉, 늙고 병든 것에 관련된)], 몸부림친 흔적이 없으며, 희생자는 빠르게 의식을 잃으면, 머리로 혈액 공급되는 것이 방해를 받지 않으므로 눈과 안면에 어떤 점상출혈이 거의 없다.

독살

다양한 독(poison)이 호흡을 막거나(예, strychnine) 또는 산소 운반을 방해하거나 [예, 일산화탄소(carbon monoxide)], 또는 조직에서 산소의 이용을 방해하여 [예, 청산가리(cyanide)] 질식사를 일으킬 수 있다. Cyanide와 일산화탄소에 의한 병리학적 결과들은 1장에서 논의되었지만 독살을 자세하게 다루는 것은 이 책의 범주를 넘어가는 것으로서 이에 대하여 흥미를 느끼는 독자들은 Conn (2008)과 같은 전문가의 서적으로 공부해야 한다.

복합 자살

때때로 희생자는 두 가지 이상의 수단으로 삶을 마감하는데 이를 '복합 자살(complex suicide)'이라고 한다. 예를 들어, Nadjem 등 (2006)은 문고리에 머리스카프로 목을 매기 전에 107개의 핀, 37개의 못, 5개의 안전핀(safety pin), 12개의 압정(drawing pin), 두 개로 쪼갠 7개의 성냥 및 2 유로(€)짜리 동전을 삼킨 여성의 경우를 보고했다. 날카로운 물체를 삼키는 것은 거의 병을 일으키지 않고, 사망은 질식에 기인한다. Altun (2006)은 목을 매기 전에 자신의 흉부를 칼로 찌른 남성의 경우를 포함하여 3가지 경우를 더 보고했다. 자창(stab wound)은 흉곽(thorax)을 뚫지 못했음으로 치명적이지 않았을 것이다. 이와 같이 복합 자살을 시도하는 사람들은 대개 정신적 문제나 마약 남용의 전력을 가지고 있는데, 이런 복잡성은 살인을 자살처럼 보이게 하기 위한 시도가 있었는지 의심을 불러일으킨다. 반면에 자살을 한 사람이 사망이 살인에 의한 것처럼 만들려는 시도는 간혹 생기기는 하지만 비교적 흔하지 않다.

사례연구: 자살이냐?, 아니면 린치(lynch)냐?

38세의 남성의 신체가 침실에서 발견되었는데, 전기선에 의해서 출입문에 매달려 있었고, 팔은 뒤로 해서 강철 수갑에 채워졌고, 발목은 동축 케이블(coaxial cable)에 의해서 함께 묶여 있었으며, 양말 하나가 입에 재갈로서 물려있었고, 목 뒤에 매인 두건에 의해서 그 자리에 고정되어있었다 (Adair & Dobersen, 1999). 사망은 질식에 기인한 것으로 보였고, 희생자는 그의 생명이 모터사이클 갱들로부터 위험을 느끼고 있다고 이미 가족에게 겁을 주었었는데, 이도 의심스러워 보였다. 그러나 더 자세한 현장 분석과 목격자의 진술은 바로 그 남성이 스스로 목숨을 끊었다고 인정을 하게 했다. 자살 쪽지가 없었지만, 많은 진짜 자살의 경우에 쪽지가 없기 때문에 문제가 되지 않았다. 아파트의 현관문은 안쪽에서 잠그는 데드볼트(deadbolt) 자물통이었고, 강제 침입, 손상, 돈이나 소지품의 도난에 대한 흔적도 없었다. 이는 어떤 침입자가 아파트를 이렇게 놔두었고, 희생자를 살해하는 것이 방문의 유일한 목적이었다는 의미로서 이해하기가 어려웠다. 수갑은 일반적으로 마술사와 탈출 곡예사들이 사용하는 것으로, 외부는 경찰이 사용하는 것과 유사한 반면에 각각 수갑은 빠르게 풀어주는 걸쇠가 있었음으로, 수갑을 찬 사람이 열쇠가 없이 빠르게 풀 수 있었다. 차후에 희생자는 수갑을 1년여 전에 스스로가 구입했다는 것이 밝혀졌고, 그가 수갑을 어떻게 사용하는지 알고 있었다고 목격자들이 진술하였다. 발목을 묶은 것과 재갈은 비교적 느슨했으며, 희생자에 의해서 묶일 수 있었다. 따라서 희생자는 외형적으로 '묶였지만' 물리적으로 그는 그 자신이 이렇게 묶을 수 있었고, 원하기만 하면 그 자신이 풀 수도 있었다. 그 남성이 목을 맨 자리는 다툰 흔적이 없이 흐트러지지 않았고, 독성 분석은 희생자를 무의식으로 만들 어떤 약품의 증거도 찾지 못했다. 더욱이 싸움의 흔적과 신체가 바닥에 떨어져서 흔들렸다는 흔적도 없었다. 따라서 그는 올가미에 의해서 졸리는 것을 똑바로 일어서면 완화시킬 수도 있었다. 이는 만일 이 사람이 린치를 당했다면 의식이 있었을 뿐만 아니라 그 과정에 협조적이었다는 의미가 된다. 그 남자는 임상적으로 정신병 기록이 없었지만, 여자 친구와 최근에 결별하였고 '자살 해야겠다' 고 겁을 주곤 하였다. 이런 코멘트는 이런 상황에서 흔하게 있지만, 이번 경우에는 불행하게도 예언처럼 증명되었다. 밝혀지지 않은 '모터사이클 갱(motorcycling gang)'은 사실이라는 근거가 없는 것으로 밝혀졌고, 희생자가 왜 이런 방법으로 자살을 했는지는 미스터리로 남게 되었다. 그러나 이 경우는 한 사람을 사망에 이르게 한 사건의 순서를 정립하기 위해서는 범죄 현장에서의 병리학적 발견들이 얼마나 중요한지를 보여준다.

약물 남용과 연관된 병리학

불법 약물(illegal drug), 코카인, 헤로인 등 중독성 마약의 남용은 모든 사회 계층 및 국가에서 일반적이고, 일반의 믿음과는 다르게 많은 남용자들이 정상적으로 그들의 직장생활을 수행한다. 중독의 소용돌이가 통제 불가능할 때까지, 남용자의 동료, 가족 및 친구들은 그들의 행동을 인지하지 못한다. 결론적으로 조직 생체검사에서 약물의 잔류물을 발견하는 것은 희귀한 경우가 아니며, 그 사람이 불법 약물을 구입하는 습관이 있다는 의미 이상의 법의학적 관련은 없을 것이다.

정기적으로 약물을 주사하는 사람은 팔 또는 다리의 정맥을 선택해서 한 부분에 반복적으로 주사하거나 정맥을 따라서 연속적으로 주사한다. 주사 주변 부위의 타박상의 존재는 최근에 주사를 하였음을 의미한다. 과도한 주사는 혈전증(thrombosis)과 흉터 형성의 원인이 되고 정맥의 기능을 상실하게 된다. 중독자가 마약의 사용을 감추려면, 주사 부위를 발 또는 발가락 사이와 같이 가리기 쉬운 곳을 선택하는 반면에 특별한 효과를 원하거나 선택할 부위가 없는 사람들은 음경 윗부분의 정맥이나 안검(eyelid)의 아래와 같은 희귀한 부위에 주사한다. 약물 과용으로 사망한 사람들은 일반적으로 정맥을 부풀게 해서 주사를 쉽게 하기 위한 압박대(tourniquet)가 부착되어있고 주사기의 바늘이 그대로 삽입된 채로 발견되기도 한다. 이는 사망이 신속하게 이루어졌다는 의미이다. 폐부종(pulmonary oedema)은 폐에 물이 모이는 것으로 입과 입술에서는 거품이 발견되는데 헤로인과 아편류의 장기 중독자에서 일반적으로 볼 수 있으며 새로이 시작한 사람에서는 덜 흔하다. 그러나 폐부종은 음독(poisoning)이나 다양한 자연적인 원인의 결과로 나타남으로 소위 'foam cone'의 존재가 아편류 마약의 과용으로 진단되었다는 것을 의미하는 것은 아니다. 또한 알려진 중독자가 바늘이 팔에 꼽혀있는 채로 발견이 되었다고 그들이 약물 과용으로 사망하였다고 자동적으로 추정해서는 안된다. 예를 들어, 2000년 5월에 Devon, Exmouth의 단칸방에서 Rachel Wheatear가 주사기를 움켜잡고 사망한 채로 발견되었는데, 약물 과용으로 사망한 것으로 추정되었다. 그녀는 중독자로 알려져 있었고 그녀의 부모는 그녀의 시신 사진을 국가적인 마약 퇴치 캠페인에 이용하는 것에 동의하였다. 그 후 주사기가 깨끗했고 그녀를 죽인 헤로인이 담겼을 가능성이 거의 없다는 것이 알려졌다. 더욱이 단칸방은 매우 깔끔했는데, 어머니의 진술에 따르면 그것은 완전히 평소와 달랐다는 것이다. 그 당시에는 사후 검시나 독성 검사가 없었으며, 2003년에 헤로인 과용에 의해 사망했다는 것을 확인하기 위해서 그녀의 시체를 다시 발굴해야만 했다. 그러나 그녀가 과용하게 된 배경은 미스터리하고, 그녀가 화장되었다면 사망원인 또한 불분명하 것으로 남아있을 것이다.

체내에 마약을 숨기는 것(body packing)은 포장된 마약을 삼키는 행위로서, 세관을 통과하기 위해서 많은 양을 삼키기도 한다. 소위 '마약을 삼켜서 운반하는 자(drug-mule)'는 장거리 비행에서 기내식이나 음료를 거절함으로서 자주 주목을 받기도 한다. 목적지에 도착하면 양동이나 비슷한 컨테이너에 배설을 해서 포장을 회수한다. 종종 포장들이 내용물을 구별하기 위해서 다른 색으로 암호화되어있다. 불행하게도 포장이 운반 도중에 새어 나와서 빠르게 치사량을 넘거나, 운반자의 장이 막히고 그 결과로 복막염(peritonitis)이 생겨서 죽을 수도 있다.

Body stuffing(역자주: 몸에 채워 넣는 물질 또는 행위)은 탐지되는 것을 피하기 위해서 급하게 마약을 삼키는 것을 의미한다. 마약은 대개 내장(gut)의 전체 길이를 통과할 정도로 포장되어있지 않으며, 따라서 삼킨 자는 쌓여진 마약이 나와서 치명적일 수 있는 위험에 노출되어있다. 많은 마약 밀매자(drug pusher)들은 셀로판지에 적은 양의 마약을 싸서 입 속에 넣지만, 경찰관이 접근하면 마약을 뱉어 버리는데, 이는 그들의 침에 있는 DNA가 포장과 연관되어 있다는 의미일 수 있고 반면에 포장을 삼키는 것 또한 그 자체에 위험성이 있을 수 있다.

총상

1990년에서 2000년대 초까지 잉글랜드와 웨일즈에서 총기 범죄가 급격하게 증가하였는데, 2006-2007년에는 총기류 사건이 608건으로 잠정적으로 집계되어서 다시 감소하기 시작한 것으로 나타났다. 총기 사건의 큰 부분은 모의(imitation) 총기류의 사용을 포함하고 있으며, 살인은 거의 없다는 것을 주목해야 한다. 집필 중인 동안에 가장 최근의 얻을 수 있는 수치인 2005/06년 동안에, 모든 살인사건 가운데 불과 8% (766건 중 61건) 만이 총기에 의한 것이었으며, 여기에는 희생자가 사망에 이르도록 패는 둔기로서 총기를 사용하는 경우도 포함된다.

총기의 종류

총기는 크게 권총(handgun), 엽총(shotgun), 소총(rifle)로 나누어진다.

권총(handgun)은 이름이 의미하듯이, 비교적 작고 한 손으로 사용할 수 있다. 권총은 대개 거리가 40 미터까지 사용하도록 고안되었으며 원거리에서는 정확하지 않다. 쉽게 감출 수 있기 때문에 범죄 집단에서 특히 인기가 많고, 영국에서 대부분의 총상은 가까운 거리에서 권총에 의한 것이다. 대부분의 권총은 회전식이거나 반자동식이다. 회전식에서는 탄약이 시계방향이나 시계 반대방향으로 돌아가는 금속 드럼에 위치해 있으며, 5-6개의 발사체를 갖고 있다. 반자동식에서는 발사체를 탄창에 넣어 총의 손잡이에 넣는데, 총이 발사될 때마다 사용된 탄피(cartridge)가 방출되고, 새로운 총알이 점화실(firing chamber)로 들어간다. 결과적으로 회전식과는 다르게, 탄창을 제거한 후에 총에 발사가 가능한 총알을 남겨두는 것이 가능하다. 그러므로 총기사고는 경험이 없거나 부주의한 사용자가 방아쇠를 당기기 전에 무기를 점검하지 않을 때에 일어난다. 회전식과 반자동식 모든 총열의 내부 표면에는 총알이 긴축을 따라서 회전하도록 해서 날아가는 궤적을 안정화시키는 홈(groove) [강선(rifling)]을 가지고 있다. 강선은 총알 위에 일련의 홈을 만드는데, 그 형태가 총기의 지문과 같이 작용한다. 따라서 범죄 현장에서 수거된 총알들이 하나의 총에서 그 이상에서 나온 것인지를 판단할 수 있고, 용의자의 총이 발견된다면 발사에 책임이 있는지를 결정할 수 있다.

엽총(shotgun)은 대부분 스포츠에 사용되며, 일부 농부들은 야생동물을 통제하는데 사용한다. 총열이 길고 총신 내부에 강선이 없는 활강(smooth bore) 총으로서 특별히 정밀하지 않다. 그러나 이 문제는 중요하지 않은데, 이는 이 총이 총열로부터 부채처럼 퍼져나가는 수많은 작은 총알들을 쏘기 위해서 고안되었기 때문이다. 인위적으로 총열을 짧게 자른(sawn-off) 엽총은 발사체의 확산을 증가시킨다. 총열의 길이를 줄이면 감추기가 쉽고, 엽총은 총열의 수에 따라서 재장전하기 전에 1회나 2회만 발사하도록 되어있지만, 근거리에서 사용되는 경향이 있기 때문에 방과 같이 좁고 사방이 막힌 공간에서 쓰인다면 동시에 여러 명을 무력화시킬 수 있다. 강선이 없기 때문에 사용된 총알과 특정한 엽총을 짝지는 것이 어렵다.

소총(rifle)은 긴 총열을 갖는 무기이며, 이름이 의미하듯이 총열에 강선이 있다. 긴 총열과 강선은

합하여 정확성을 높이고 어떤 것은 1 km 이상의 거리에서도 효과적이다. 어깨로 지지하여 발사하도록 고안이 되었고, Chechenya전쟁에서 초소에 배치된 러시아 병사들은 체첸(Chechen) 남성들이 셔츠를 벗도록 요구하였는데, 반동(recoil)에 의한 결과로 숨길 수 없는(tell-tale) 타박상을 가졌는지 보기 위해서였다.

총기의 종류

권총과 소총은 다른 총알을 사용하지만, 일부 권총은 소총의 총알을 사용할 수 있도록 고안이 되어 있고 일부 소총은 권총의 것을 사용할 수 있다. 소총의 총알은 권총에서 쓰는 것 보다 대개 더 길고, 끝이 뾰족하고 옆 부분은 계단 모양이다. Full metal jacket bullet(역자주: 황동피갑으로 덮힌 납 탄두를 가진 총알로 탄두를 완전히 피갑이 둘러싸고 있는 형태의 총알)은 중심부의 납이 주로 구리로 된 금속 통에 완전히 둘러싸인 것이다. 이 총알은 충돌 시에 확산이 되지 않아서 깊은 상처를 만든다. 그러나 만일 총알이 고속으로 발사되고 뼈나 단단함 표면에 부딪친다면 수많은 작은 조각으로 산산이 부수어질 수도 있다. Jacketed hollow point bullet(역자주: 탄두를 둘러싸고 있는 자켓까지 벌어지게 만든 탄두로서 별모양으로 찢어진 형태이며 탄두가 사람 몸에 맞았을 때 속에 있는 납이 사람 몸으로 들어가 큰 손상을 유도케 하는 기능성 총알로 제네바 협정에서 사용이 금지됨)은 금속 통이 있지만 납의 끝이 노출되어있고 가운데에 움푹 들어간 부분이 있다. 이 총알은 충돌 시에 확산되고 이는 주변 조직에 막대한 에너지를 소멸시킨다. 결과적으로 full jacket bullet(역자주: 납 탄두를 가지고 있으며 탄두를 덮고 있는 피갑이 황동피갑이 아닌 일반 금속으로 이루어진 총알)보다 더 효과적으로 관통하지는 못하지만 큰 손상을 입힌다.

Soft point bullet(역자주: 탄두의 반을 까서 황동피갑이 제거된 상태에서 탄착군에 맞았을 때 납으로 된 연한 부분이 많이 벌어져서 표적을 타격하도록 만들어진 총알)은 hollow point bullet(역자주: 속에 있는 납덩이가 별모양으로 찢어진 형태로 탄두가 사람 몸에 맞았을 때 속에 있는 납이 사람 몸으로 들어가 더 큰 손상을 유도케 하는 기능성 총알)과 유사하지만 노출된 납이 충돌 시에 더 확장되도록 고안되어있다. Hollow point bullet 및 soft point bullet은 미국에서 일부 경찰이 사용하고 있으며 영국 경찰도 반드시 사용해야 한다는 제안이 있었다. 알려진 이점으로는 이 총알은 맞은 사람에 큰 상처를 일으켜 무력화시킨다는 것이다. 동시에 희생자의 신체 또는 문 등을 뚫고 지나가지 않기 때문에 옆에 있는 죄없는 사람들이나 경찰에게 위험을 끼치지 않는다는 것이다. 불행하게도 차후에 무죄로 밝혀지는 사람들이 매 년 경찰에 의해서 의도적으로 총격을 받고, 팔다리를 절단하거나 사망을 당하는 총알에 총격을 당하면 두 배로 불행할 것이다. 이 총알은 미국에서 인터넷을 통해서 자유롭게 구입할 수 있으며, 범죄자들이 그 화력을 이용할 것이라는 것을 예측해 볼 수 있다.

Dum Dum bullet (역자주: 전투손실을 초래할 목적으로 홈을 내서 반발력을 강화시킨 것으로 탄이 생체에 맞으면 더 큰 손상을 가져오게 하는 기능성 총알)은 표준 총알에서 유래한 것으로 변조되어서 충돌 시에 더 확장되고 비산되는 경향이 있다 (Sykes 등, 1988). 이것들은 19세기에 캘커타 시

(현재는 Kolkata 시)의 외각에 있는 Dum Dum 지역에 본부를 둔 영국군대 주둔지에서 개발되었기 때문에 그 이름이 주어졌다 (Spiers, 1975). 이런 총알은 1899년에 헤이그 시(Hague)에서 열린 1회 만국평화회의(International Peace Conference) 및 1933년 제네바 협약(Geneva Convention)에 의해서 전쟁에서의 사용이 금지되어있다. 금지는 현재도 효력이 있지만 이것들이 더 넓게 사용되지 못하는 이유는 아마도 자동으로 장전되는 총기에서 걸리는 성향이 있기 때문이고, 가공할 만한 상처를 입힐 수 있는 고속 강선 및 soft point bullet의 개발이 되었기 때문이다.

엽총 탄창은 대개 납이나 쇠로된 산탄(pellet 또는 shot)들을 가지고 있고, 그 크기는 숫자 (즉, 5, 6, 7.5, 8)로 표시되어있어서 더욱 커다란 산탄이 대형 사냥감(bigger game)을 위해서 사용되며, 엽총은 종종 공기총의 산탄(霰彈, slug)이라고 불리는 단 하나의 무거운 발사체만을 발사하는데 쓰이기도 한다. 엽총의 산탄은 총구를 떠나면서 퍼져나가는데, 만일 신체와 가까이서 발사된다면 산탄이 퍼져나갈 시간이 없고 따라서 커다란 사입(entry) 상처만을 남기게 될 것이다. 20 cm 이상의 거리에서는 산탄이 분리되어 들어간 상처가 생기고, 퍼짐의 정도가 총구와 희생자가 얼마나 멀리 있었는지를 의미한다.

사입 및 사출 상처

총상은 관통 상처로 사입 상처(entrance wound) 및 또한 가능하다면, 사출 상처(exit wound)를 갖는다. 후자의 상황은 총알이 고속으로 발사되는 무기에서 또는 근거리에서 발사되면 발생할 수 있다. 만일 희생자가 발사자를 향했는지 아니면 멀어졌는지에 대한 논쟁이 발생하면 사입 상처와 사출 상처를 구별할 수 있는 것이 중요하다. 사람이 근거리에서 총을 맞으면 사입부(entrance)는 아마도 발사 잔류물로 둘러싸여있을 것이고 찰과상 고리(abrasion ring)을 갖고 있을 것이다. 종종 총알은 직선으로 신체를 통과하지만, 뼈에 부딪히거나 심하게 흔들리기 시작하면 그 궤적은 변할 수 있다. 예를 들어, 흉부에 들어간 총알은 목을 통해서 나갈 수도 있고, 한 쪽 다리에 남을 수도 있다. 만일 사출 상처가 생긴다면 대개 사입 상처보다 더 크고 다량 출혈이 발생한다. 이는 총알이 신체에 들어갈 때에 피부가 변형되기 시

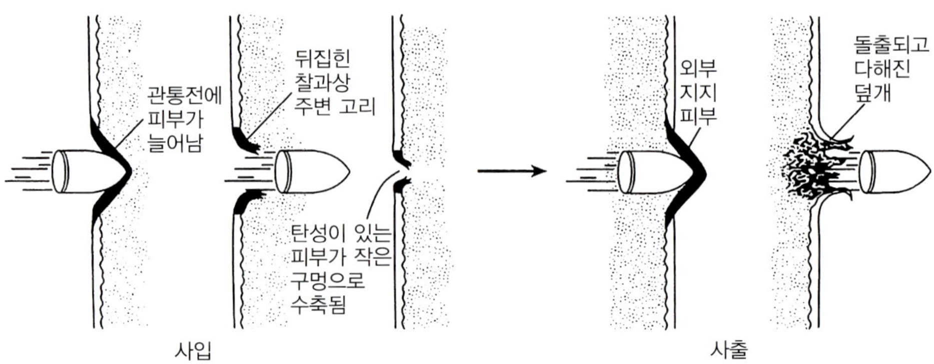

그림 5.15 탄환 사입 및 사출 상처의 형성을 나타내는 도해. (Saukko, P. and Knight, B. (2004) *Knight's Forensic Pathology*, 3rd edn. 저작권 2004, Hodder Arnold 승인)

작하고, 이후에 뚫고 지나가면 다시 수축하기 때문이다. 결과적으로 사입 상처는 총알의 직경보다도 더 작게 보인다. 그러나 상태적인 크기에만 의존해서 사입 상처와 사출 상처를 구별해서는 안된다. 예를 들어, 만일 총알의 일부 조각만 나갔다면 사출 상처가 사입 상처보다 작을 수 있다. 반면에 여러 조각이 나간다면, 하나의 사입 상처와 여러 개의 사출 상처가 있을 수 있다. 만일 총알이 신체를 나가는데 어떤 방해가 있다면, 예를 들어, 신체가 벽이나 마루에 눌려있거나 희생자가 뻿뻿한 바지(trouser)를 입고 있거나 하면, 'shored wound'가 생길 수 있는데, 이 상처의 가장사리는 눌려진 물체에 의해서 마멸되어있는데 이런 상처는 사입 상처와 구별하기가 어려울 수 있다.

희생가가 총에 맞은 거리

희생자가 총에 맞은 거리의 정확한 측정은 사건 현장을 재구성하는데 중요하다. 예를 들어, 여성 경찰관이 정당방위를 주장하며, 희생자가 공격적으로 그녀를 향해 달려들어서 그를 쏘았다고 하는 반면에 희생자 또는 구경꾼들은 그 남성은 공격적이지 않았는데 총에 맞았으며, 최소 3 미터 떨어진 거리에서 맞았다고 주장하는 경우이다.

만일 총이 살에 세게 눌려지면 '접사상(接射傷, hard contact wound)'을 형성한다. 검댕(soot)과 압축가스(propellant)가 피부 속으로 타며 들어간 것과 함께, 상처의 가장자리는 장약의 열에 의해서 그을려서 검게 된다 (그림 5.16). 방출된 뜨거운 가스는 신속히 확산될 수 없기 때문에 신체로 들어가게 되며, 주변 조직을 풍선처럼 부풀게 하고 피부를 찢는다. 후자는 대개 두개골을 비롯하여 피부

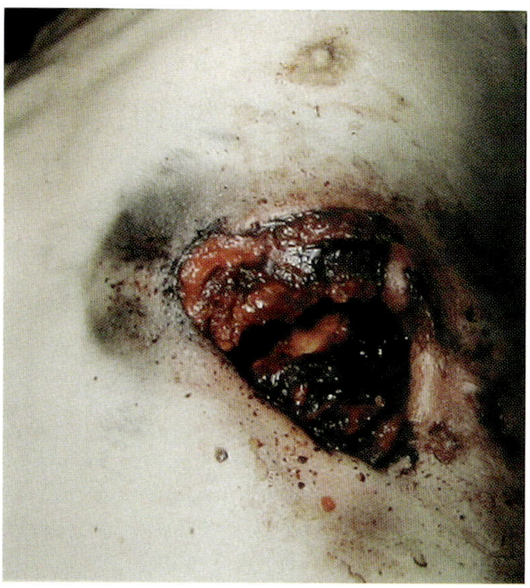

그림 5.16 흉부의 자살 총상. 피부 속으로 가스와 탄환이 들어가며 생긴 큰 파괴 부위를 주목하라. 하나의 갈라진 상처가 있으며 그 가장자리는 검댕이로 검게 되었다. (Saukko, P. and Knight, B. (2004) *Knight's Forensic Pathology*, 3rd edn. 저작권 2004, Hodder Arnold 승인)

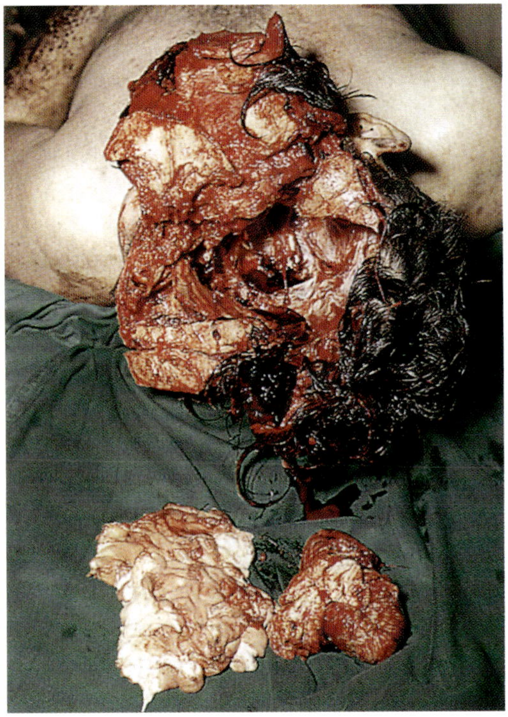

그림 5.17 탄환이 두부에 발사되면, 뜨거운 가스와 탄환이 두개골 내로 강하게 들어가면 그 강한 구조 때문에 두개골이 문자적으로 폭발을 하게 된다. 이 경우에 자살 희생자는 총열을 입에 넣고 방아쇠를 당겼다. (Shepherd, R. (2003) *Simpson's Forensic Medicine*, 12th edn. 저작권 2003, Hodder Arnold, London 승인)

밑에 바로 뼈가 놓여있는 어느 곳에든지 발사하게 되었을 경우에 발생한다. 발사 가스의 높은 온도는 주변 조직에 화상을 입히고, 상처의 흔적을 따라서 검게 그을린 것이 발견된다. 상처에는 또한 검댕(soot) 입자와 타지 않은 폭약이 오염되어 있으며, 활강엽총(smooth bore shotgun)의 경우에는 충전제(wadding)도 포함한다. 일산화탄소 (작약의 불완전 연소에 의해서 형성된)의 존재로 주변 조직은 분홍색으로 변하게 된다. 일산화탄소는 혈액 색소인 헤모글로빈(haemoglobin)의 헴(haeme) 부분에 결합하여 carboxyhaemoglobin을 형성하는데, 이것은 선홍색의 원인이 된다. 강제로 신체 내로 들어간 가스는 특히 엽총일 경우에 극적인 결과를 가져오는데, 머리에 발사가 되면 두개골 전체의 분리와 폭발이 일어난다 (그림 5.17). 이는 일반적으로 총구를 입 안에 넣거나 턱 밑에서 겨냥한 자살에서 일어난다. 이런 끔찍한 상처가 일어난 곳은 시체 전부와 시체가 발견된 방 전체를 조사하는 것이 필수적이인데, 이는 그 사람이 살해되어서 증거를 가리기 위해서 자살로 위장될 가능성이 있기 때문이다. 예를 들어, 총구가 머리에 있을 때에 희생자가 총의 방아쇠에 닿는 것이 가능했나? 만일 팔이 충분히 길지 않으면, 자살자는 종종 발가락이나 막대기를 이용하여 방아쇠를 당기는데, 만일 신발을 다 신고 있거나 막대기가 없다면 의심이 제기되어야 한다.

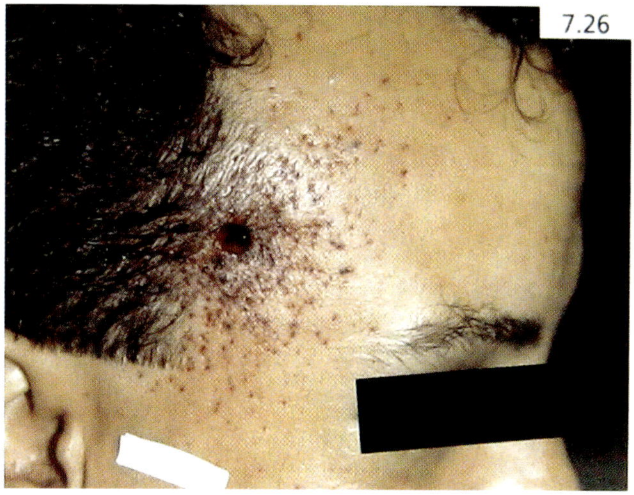

그림 5.18 관자놀이에 총상. 둥근 사입 구멍 및 상처 주위의 가루 문신과 제한된 양의 검댕이를 주목하라. 이는 이 여성이 중간 거리에서 총을 맞았다는 의미이다. 정확한 거리 알기위해서는 동일한 총과 상처의 원인이 된 탄환을 이용하는 실험이 필요하다. (Dolinak, D. 등 (2005) *Forensic Pathology Theory and Practice*. 저작권© 2005, Elsevier Academic Press 승인)

만일 총이 시체로부터 약간 떨어져 있다면 가스가 발생할 수 있고 풍선처럼 부풀어 상처는 보이지 않게 된다. 사입(entry) 주변의 검게 탄 매흔(煤痕, smoke soiling)은 처음에는 증가하다가 거리가 점점 더 멀어지면 연해진다. 접사상(hard contact wound)과는 다르게 이 검은색은 닦을 수 있다. 매흔(smoke soiling)에 의해서 형성된 모양은 총이 정확한 각도였는지 비스듬함 각도였는지를 의미한다. 매흔(smoke soiling)은 대개 약 1 미터의 거리에서는 발견되지 않는다. 총으로부터 분출된 가스와 함께, 극도로 뜨거운 분사가스의 조그만 절편들이 분출되는데, 피부에 닿을 때에 '화약감입(powder tattooing)'이라는 특징적인 화상 형태의 원인이 된다. 화약감입(powder tatooing)의 지름은 희생자와 총구 사이의 거리를 의미하는데, 매흔(smoke soiling)과 유사하게 1 미터 이상에서는 평균적으로 발견되지 않는다 (그림 5.18).

3 미터 이내에서 발사된 엽총에 의한 상처는 일반적으로 충전제(wadding) 절편을 포함한다. 이는 사용된 총의 종류와 게이지(guage)를 결정하는데 유용하지만, 총을 개별적으로 확인해주지는 못한다. 거리가 멀어지면 어느 산탄도 피부를 통과하지 못하고 약 20–50 미터 이상에서는 피부가 반점 투성이가 되겠지만 상처는 치명적이지 않을 것이다.

만일 희생자가 옷을 통해서 쏘인다면 상처의 외형은 영향을 받을 수 있다. 예를 들어, 검댕(soot)과 분사가스 조각들은 피부에 도달하지 못할 것이고 결과적으로 매흔(smoke soiling) 또는 화약감입(powder tattooing)이 없을 수 있다. 그러나 표시가 옷에서 발견될 수 있고, 옷 조각이 상처에서 발견될 수도 있다. 자창(stab wound)과 같이, 옷의 사입(entry) 구멍을 신체의 것과 배열하는 것을 통해서 희생자가 총을 맞을 당시의 자세를 알 수 있다 (즉, 앉아 있는 것, 서있는 것, 팔을 올리고 있는 것 등). 분명히 이는 옷의 성질, 거리, 사용된 무기에 크게 달려있다. 또한 소음기(silencer)의 사용은 흔하지 않은 특징을 갖는 사입 상처를 만들게 될 것이다. 그러나 총과 사용된 산탄의 종류에 따라서 커다란 변화가 있고, 또한 형태에도 영향을 준다. 그러므로 결론에 도달하기 전에 범죄에 이용됐을 어떤 총으로 실험을 해보는 것이 필수적이다.

상처 특징에 미치는 화기 속도의 영향

총상의 심각성은 신체에 전해지는 총알의 에너지 양(the amount of energy)에 따라서 크게 다르고, 이는 무기의 종류, 총알의 특성, 총구로부터의 거리 및 희생자의 방향, 총알 비행의 안정성 등에 기인한다. 고속으로 나는 총알에 큰 에너지를 가하게 됨으로, 작고 저속으로 나는 총알보다 더 큰 손상을 입힌다. 유사하게 큰 구경(calibre) 총알이 동일한 속도로 나는 작은 구경의 총알보다 더 큰 손상을 입힌다. 모든 저속 또는 고속 총기류에서 발사된 총알이 신체를 가로질러 지나가면 조직에 직접적인 손상을 일으켜 관통상을 입힌다. 고속 총알이 더 큰 운동에너지를 갖기 때문에 희생자를 관통하고 지나갈 가능성이 크다. 저속 무기의 경우에는 총알이 손상된 정도를 정확하게 반영하는 영구적인 구멍(cavity)을 형성한다. 반면에 고속 총알은 더 많은 운동에너지를 보유하고 있으며, 신체에 명중할 때에 일시적으로 총알의 직경보다도 훨씬 넓은 구멍을 형성하는 원인이 된다. 이 일시적인 구멍은 단지 1000분의 몇 초(a few milliseconds) 동안만 존재하고, 총알을 따라서 신체를 통해서 이동하며, 총알 뒤에서 연속적인 파동으로 붕괴된다: 이는 총알의 직경보다는 약간 더 넓지만 아주 작은 영구적인 구멍 주변에 출혈이 있는 넓은 부위를 만드는 원인이 된다 (그림 5.19). 압력 파동(pressure wave)의 결과는 조직에 따라서 다양하다: 밀도가 더 높은 조직은 총알이 운동에너지를 전달하기가 더 쉬워서 손상을 입을 가능성이 더욱 크다. 그러나 만일 조직이 확장과 수축을 통하여 흡수된 에너

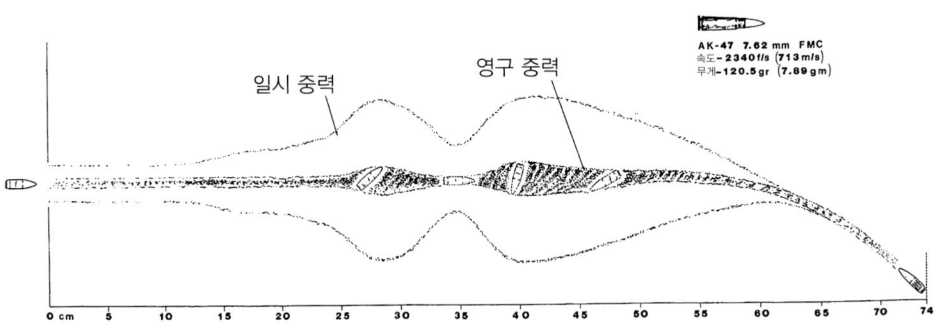

그림 5.19 AK-47에서 발사된 탄환에 의한 영구적이고 일시적인 구멍 형성을 나타내는 도해. 탄환이 비행 중에 어떻게 떨어지는지 주목하라. (Mahoney, P. F. 등 (2005) *Ballistic Trauma*, 2nd edn. with kind permission of Springer Science & Business Media 승인)

지를 소멸시킬 능력이 있다면 손상의 위험성은 줄어든다. 폐 조직은 밀도도 낮고 또한 탄성이 있어서 이런 방식으로 피해를 입을 가능성이 가장 적다. 유사하게 근육 조직은 밀도가 있지만 높은 탄성이 갖기 때문에 어느 정도는 보호를 받는다. 반면에 뇌, 췌장, 간과 같이 밀도가 높고 탄성이 없는 조직은 압력 파동이 지나갈 때에 확장과 수축하는 것이 불가능하기 때문에 터지게 된다. 유사하게 압력 파동은 뼈의 골절을 일으키며 대장은 그 속의 가스가 팽창함에 따라서 파열하게 된다. 저속이나 고속의 총알이 뼈에 부딪히면 뼈가 조각으로 될 가능성이 높다. 이는 신체 내에서 2차 발사체가 그 자체적인 상처의 흔적을 만드는 원인이 된다. 이는 또한 총알 그 자체의 궤적도 변화시킬 가능성이 아주 높다. 일부 연구자들은 발사 방향을 측정하는 방법으로 총알이 나갈 때에 뼈들에서 만들어지는 경사면 방향을 이용하려는 시도가 있었지만 이는 특별하게 신뢰할 만한 것이 아니다 (Quatrehomme & Iscan, 1997).

자살, 사고 및 살인에 의한 총상의 구별

자살, 사고, 살인 등에 의한 총상을 구별하는 것은 항상 수월한 것이 아니다. 예를 들어, 자살과 사고의 경우에 무기가 희생자의 손에서 멀리 내던져질 수 있다. 더욱이 만일 관계당국이 희생자를 찾는데 시간이 걸렸다면, 누군가가 무기를 훔쳐가거나 숨겨서 없어질 수 있다. 이는 친척이 자살을 죄악으로 여겨서 이를 감추려하거나, 자살 판결이 생명보험 요구를 무효화할 수 있거나 또는 무기가 '값이 나가는(real value)' 것일 수도 있다. 이런 가능성들은 시체가 발견된 상황을 기반으로 고려되어야만 한다. 화약감입(powder tattooing)의 존재는 사람이 쏘인 거리를 결정하는데 유용한 증거가 될 수 있으며, 따라서 자살이 물리적으로 가능한지 여부를 알 수 있다. 자살한 사람도 자신을 여러 번 쏠 수 있기 때문에 총상의 수는 항상 좋은 증거는 아니다. 그러나 상처의 위치는 도움을 준다. 자살자는 대개 머리를 쏘는 경향이 있다. 관자놀이의 선택은 그 사람이 왼손잡이냐 오른손잡이냐에 따라서 결정되는 경향이 있지만 이는 정확히 예측되는 변수는 아니다. 흉부 상처는 자살 시도의 결과일 수 있다. 총상은 총알이 신체에 들어가기 전에 스쳐서 튀어 오른다면 사실상 어느 곳에나 생길 수 있다.

발사 잔류물의 탐지

사람이 총을 다룰 때에 지문을 남긴다. 총을 발사하면 손과 옷에 발사 잔류물이 오염된다. 이 잔류물은 납, 안티몬(antimony) 및 바륨(barium)을 포함하는데, 이것들은 flame atomic absorption spectrophotometry (FAAS)와 scanning electron microscope energy dispersing X-ray spectrometry (SEM-EDX)로 탐지가 가능하다. 총을 발사하면 대개 손등과 손바닥에서 잔류물을 발견하게 되는 반면에, 최근에 발사된 총을 다루면 손바닥에서만 발견이 된다. 후자의 경우는 총을 공범에게 넘기거나 또는 희생자가 방향을 바꾸려고 (또는 자살의 경우에는 고정을 하려고) 무기의 총열을 붙잡을 경우에 일어난다. 잔류물은 빠르게 사라지는데, 특히 손을 씻으면 그렇다. 유사하게 일부 총기는 (특히 소총) 적은 양의 잔류물만 남겨서, 없는 것으로 잘못 판정할 수 있고, 반면에 회전식은 대량을 생산해서 옆에 있던 사람까지 오염을 시키고, 잘못된 판정을 하게 할 수 있다. 더욱이 발사 잔류물분석이 다른 문제점을 일으킬 수 있다 (Mejia, 2005). 예를 들어, 총이 발사된 후에 바로 방에 들어온 사람이 실제 방아쇠를 당기고 즉시 도망간 사람보다도 더 잔류물에 오염된다는 주장 (Fojtasek & Kmjec, 2005)과 불꽃놀이 및 브레이크 라이닝에서 발사 잔류물과 유사한 조성을 갖는 입자가 형성될 수 있다는 주장이 있다. 후자의 상황은 브레이크 수리를 하는 사람은 그 자신이나 그의 손과 옷에 발사 잔류물로 오해를 받을 수 있는 잔류물이 얻어질 수 있다는 것을 의미한다 (Cardinetti 등, 2004).

칼, 해머 등에서 발견되는 혈흔에서 DNA 시료를 취하는 것은 여러 해동안 보편적인 행위였지만, 총알에서 조직 시료와 DNA을 회수하는 총알 세포학(bullet cytology)이라 부르는 새로운 연구 영역이 개발되고 있다 (Knudsen, 1993). 고속 총기에서의 총알은 자주 희생자를 통과해 지나감으로, 이 기술은 두 가지를 연결하는데 유용할 수 있다. 그러나 이 주제에 대한 논문은 거의 없다.

교흔

무는 것(bite)은 물리적 성적 공격의 특징으로 희생자 공격자 모두 서로를 깨물 가능성이 있다. 미국의 법정에 보고된 교상(bite injury)의 조사에서 교흔(bite mark)의 17%는 남성에서 발견되었으며, 이 중에 57%는 피의자였던 반면에, 87%는 여성이었으며, 피의자는 아무도 없었다 (Pretty & Sweet, 2000). 범죄의 남성 희생자는 팔과 등을 물리는 경향이 있는 반면에 공격자는 손과 팔을 물리는 경향이 있다. 여성 희생자는 대개 유방 (40%), 팔 (13%), 다리 (13%), 안면 (7%), 목 (7%) 및 생식기 (7%)를 물리는 경향이 있었다. 난폭한 공격에서는 귀, 코 및 다른 안면 부위의 일부가 완전히 물려서 떨어져 나간다. 깨문 부위가 충분히 자세하게 제공된다고 가정하면, 우리 모두는 독특한 치아 특징을 갖고 있기 때문에 희생자와 용의자를 함께 연관지어 볼 수 있을 것이다 (그림 5.20). 불행하게도 이는 거의 불가능한데, Pretty & Turnbull (2001)은 공격이 일어나는 과정에서 희생자가 물린 한 경우에 대해서 기술하였다. 두 공격자들의 치아 특징은 달랐지만 충분히 유사한 것들도 있어서, 둘 중에 누가 물었는가에 대해서 두 치과법의학자들은 반대의 결론에 도달하게 되었다. 이런 반대되는 견해는 희귀한 것이 아니며, 결론적으로 교흔 분석(bite mark analysis)은 알려진 것만큼 신뢰가 가는 확인 방법이 아니다.

교흔 분석의 문제점 중 하나는 분노를 가지고 깨무는 것은 고통스러우며 원하는 것이 아니므로 희생자는 배제하려는 시도한다. 이는 치아가 피부를 통해서 또한 피부 위로 끌리는 결과를 가져와서 흔적이 분명하지 않다. 더욱이 깨무는 것은 3차원적이고 곡선을 갖는 부드러운 조직에 가해지지만, 깨문 부위와 치아 특징의 비교는 대개 2차원인 사진을 통해서 수행된다. 더 복잡한 것은 희생자가 살아있는 동안에 깨물어 출혈, 타박상 및 부종(swelling)을 일으키고, 이는 깨문 부위를 뒤틀리

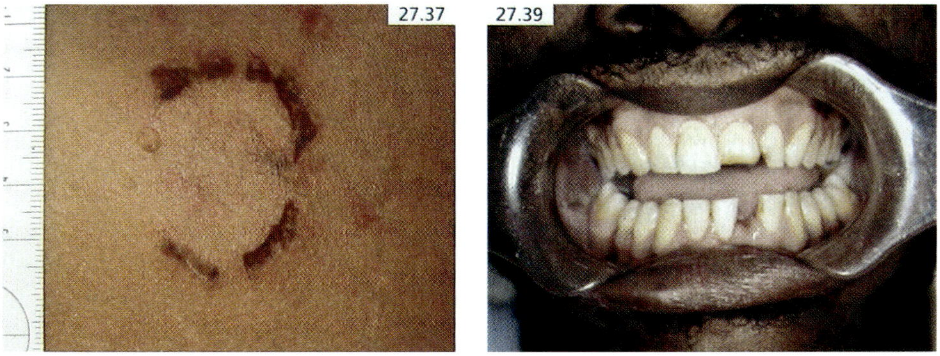

그림 5.20 그가 강도질한 사람을 무는 습성을 갖는 남자는 특이한 교흔을 남겼다. (a) 희생자의 견갑골에 남겨진 문 자국이다. 이는 그 남성이 '아래 중절치가 없거나 부러졌고, 위의 아치(arch)는 부러지거나 혹은 깨져나간 중절치 혹은 측절치'를 갖는다는 의미이다. (b) 이 정보는 당국이 탐문에 집중하게 하였고 한 용의자는 풀려났다. 공격과 교흔으로 궁극적으로 기소된 남자의 치아와 비교해 보라. (Dolinak, D. 등 (2005) *Forensic Pathology Theory and Practice*. 저작권© 2005, Elsevier Academic Press 승인)

게 한다. 그러나 이런 문제들은 3차원 기록을 만들도록 하는 컴퓨터에 기반을 둔 이미지 입력시스템(computer-based image capture system)을 통하여 최소한 부분적으로는 극복된다 (Thali 등, 2003).

깨무는 것 모두가 공격의 결과는 아니다. 목 위에 키스자국(love bite)은 특히 10대에서 아주 흔하다. 이런 사랑 행위로 깨무는 것은 대개 서서히 전달되며, 받는 자도 공격적으로 물리치지 않는다. 결과적으로 제대로 된 증거가 없다. 그러나 이렇게 깨무는 동안에 피부는 자주 빨려지고, 혀는 피부를 강제로 찌름으로 깨문 부분의 중앙에 손상된 혈관에서 새어나온 혈액의 결과로 생기는 점상출혈(petechiae)이라고 하는 작고 붉은 반점들이 형성된다. 더욱이 어떤 치아 흔적에 대한 증거는 없을 것이다. 자해로 깨무는 것은 자해에 중독된 사람에게서 일반적으로 발견되고 유사한 특성을 보인다. 그러나 이런 깨무는 것은 도달하기 어려운 신체 부위에서는 생기지 않으며, 아마도 발생한 시간이 다양한 여러 상처들이 있을 것이다. 그럼에도 불구하고 이런 방법으로 자신을 깨무는 것이 가능하지만, 또한 누군가에 의해서 공격받고 깨물린 것일 수도 있는데, 발생 시간이 다양한 상처들은 오래 동안 지속된 학대의 특징이 된다.

교흔은 공격자의 DNA를 포함할 가능성이 높고, 이것이 확인을 위한 가장 믿을만한 방법을 제공할 것이기 때문에 타액(saliva) 반드시 면봉으로 시료를 채집해야 한다 (3장). 불행하게도 살아있는 희생자의 자연적인 행동은 상처를 닦는 것이다. 깨무는 것이 옷 위에서 일어났는지 여부를 고려해야 하는데, 이런 경우에는 피부의 물리적인 손상은 최소화되겠지만 옷에서 공격자의 DNA 얻을 수 있을 것이다.

표 5.3 자살 및 살인과 연관된 상처의 특징을 구별

상처 종류	자살	살인
타박상	자살의 경우에는 흔하게 볼 수 없음	흔함. 분포가 공격 및 압박의 증거를 제공.
찰과상	의사성 자살과 연관됨: 현수 지점이 대개 분명하고 앞서서 방어한 증거가 없음.	흔함. 방어 중에 생기거나 혹은 신체가 끌려가서 생김. 끈으로 교살: 찰과상이 목 주위에 둘러싸고 현수 지점이 없음.
열창	자살 시도에서는 흔히 보이지 않음[a].	흔함. 무거운 둔기로 가격이 원인임.
절개	손목이나 목을 벰. 선택 부위에 시험적인 초기 베임의 증거. 절개 상처는 과거에 '절개'의 경험이 있지 않는 한 어느 곳에서는 발견되지 않음.	흔함. 신체의 어느 곳이나 가능하지만 대개 안면과 경부를 겨냥함. 방어 상처가 손과 팔에서 발견될 수 있음. 분포는 어떻게 공격이 진행되었는 지를 의미함.
자상	주로 심장을 겨냥함. 상처 주의의 옷은 대개 제거됨. 날카로운지 조사하기 위한 실험적인 초기 베임이 존재함. 다수의 자상이 존재할 가능성.	흔함. 신체의 어느 곳이나 가능. 자상은 옷을 관통해 일어남. 상처 하나부터 여러 개까지 숫자는 다양함. 방어 상처가 손과 팔에서 발견될 수 있음. 분포는 어떻게 공격이 진행되었는지를 의미함.
골절	자살 시도에서는 흔히 보이지 않음[a].	격렬한 물리적 공격이나 총상에 의해서 발생 가능.
총상	전형적으로 접촉 혹은 근접하고 두부 혹은 흉부를 겨냥. 하나 이상의 상처.	접촉 혹은 먼거리. 상처는 신체 어느 곳이나 가능. 상처 분석은 공격자와 사망자의 위치를 의미.
화상 및 탕상	자해는 자살의 형태가 아님. 그러나 지역적인 화상 및 탕상이 이미 자해를 해봤던 희생자에게서 발견 가능함. 입과 식도에 화학적 화상은 탈색제나 양잿물을 마시고 자살을 시도에 의함.	지역적 화상 및 탕상은 살해 전에 고문의 결과일 수 있음. 화상 및 탕상은 전형적인 살인 방법이 아님. 태우는 것은 시체를 유기하는 흔한방법임. 호흡기 아래쪽에 검댕이 존재하고 >10% carboxyhaemoglobin이 혈액에 존재하면 희생자는 화재가 시작되었을 때에 생존했다는 의미임.

[a] 높은 건물에서 뛰어내리거나, 차량 혹은 기차에 뛰어들어 자살한 결과는 심한 찰과상, 열창, 골절 및 사지절단이 나타날 수 있다.

화상 및 탕상

의학적으로 화상(burn)은 뜨거운 판을 만지는 것과 같은 마른 열(dry heat)에 의한 상처로 정의되는 반면에 탕상(scald)은 증기 또는 용융된(molten) 금속에 노출되는 것과 같이 젖은 열(wet heat)에 의한 것이다. 그러나 일상적으로는 화상이 위의 모든 상황에 의해서 생긴 상처들을 묘사하는데 쓰인다.

화상의 강도(severity)를 분류하기 위한 몇 가지 분류 체계가 있지만, 가장 많이 사용되는 것은 3가지 '도(degree)'로 나누는 것이다. '1도 화상(first degree burn)'은 피부가 붉어지고 액체가 찬 수포가 생길 수 있다. 이런 표면적인 화상은 대개 흉터를 남기지 않고 5-10일 사이에 치유된다. '2도 화상(second degree burn)'에서는 피부의 외피 아래의 진피까지 제거된 것이고, 반면에 '3도 화상(third degree burn)'은 진피 아래에 놓인 조직도 손상을 입고, 아래에 있는 기관도 노출될 수 있고 탄화(carbonization)에 의해서 검게 변할 수도 있다. 탕상도 비슷한 기준으로 분류가 될 수 있지만, 탄화는 용융된 금속 또는 유사한 고온의 액체에 의해서만 일어날 수 있다. 생존(survival)의 측면에서 화상 또는 탕상의 정도는 그 분류만큼이나 중요하다. 개인에 따라서 커다란 차이가 있고, 연령, 건강, 및 의료 도움을 받은 속도 등의 인자들이 모두 회복을 위한 한 부분으로 작용하기 때문에 일반화하기는 어렵지만, 신체 표면의 50%가 영향을 받았다면 생존의 기회는 거의 없다.

집 화재로 사망하는 대부분의 사람들은 화재로 사망하는 것 보다는 연기와 독성 가스에 화를 당한다. 입과 비강(nasal passage)에 검댕(soot)이 존재하는 것은 화재 발생 시에 그 사람이 살아있었다는 의미가 아닌데, 수동적으로도 들어갈 수 있기 때문이다. 반면에 검댕이 폐와 성대 아래 부분의 기도에 존재하는 것은 혈액 내에 carboxyhaemoglobin의 포화 농도가 10%를 넘는다는 아주 정확한 의미이다. Carboxyhaemoglobin은 가연성 물질의 불완전 연소에 의해서 생성된 일산화탄소의 흡입에 따른 결과이다. 혈액과 조직에 나타나는 꽃분홍색은 신체에 대량의 carboxyhaemoglobin가 존재한다는 것을 암시한다. 그러나 carboxyhaemoglobin의 농도는 화학 분석에 의해서만 확정될 수 있는데, 낮은 농도 (포화도가 10% 아래)는 공해 발생원 근처에 산다거나 심한 흡연자에서 자연적으로 일어날 수 있기 때문이다. 살아있다는 것과 의식이 있다는 것은 같지 않다는 것을 기억하는 것이 중요한데, 희생자는 불길이 닿기 전에 이미 사망했을 수도 있기 때문이다. 유사하게 이런 지표들이 없다는 것이 희생자가 이미 사망해 있었다는 것을 의미하는 것은 아니며 개개인의 상황 및 생산된 연기와 일산화탄소에 크게 의존된다. 화상이 사망 전에, 도중에 또는 후에 일어났는지를 구별하는 것은 어렵다. 돌발적인 화재나 폭발의 경우에는 사망이 즉시 일어나고, 표면에 광범위한 화상이 있지만 폐에는 검댕의 증거가 거의 없고 혈액에는 carboxyhaemoglobin이 거의 없을 것이다.

고온에 노출된 신체는 자동적으로 사지가 굽게 되는 특징적인 '투사형 자세(pugilistic posture)'를 취하게 된다. 이는 노출 당시에 사람이 살아있는지 또는 죽어있는지에 상관없이 일어난다 (그림 5.21). 피부와 아래의 조직이 건조됨에 따라서 수축하고, 상처로 오해될 수 있는 피부균열이 일어난다. 근육이 건조하여 수축이 일어나고, 굴근(flexor muscle)이 신근(extensor muscle) 보다도 더 크고 강하기 때문에 이것들이 신체를 '투사형 자세(pugilistic posture)'가 되도록 끌어당긴다. 뼈들은

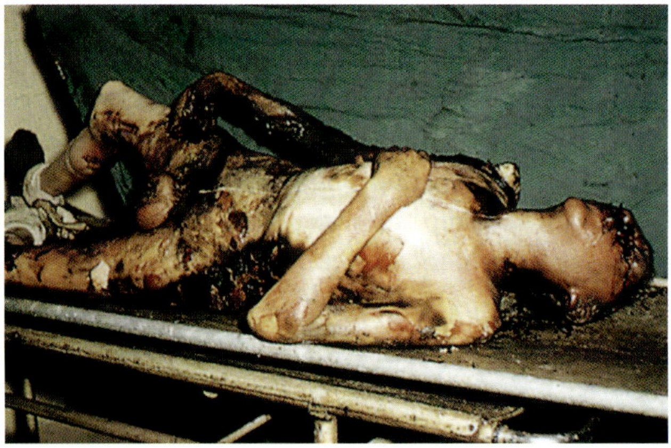

그림 5.21 화재에서 건져낸 신체의 정형적인 '투사형 자세'. (Shepherd, R. (2003) *Simpson's Forensic Medicine*, 12th edn. 저작권 2003, Hodder Arnold, London 승인)

골절되고 부서지며, '열 혈종(heat haematoma)'이 두개골에 형성될 수도 있어 희생자가 공격받았다는 의심을 일으킨다. 혈종은 혈관 밖에 형성된 혈액 응고인데, 이는 자주 두개골 골절 또는 머리에 강한 강타(blow)의 특징이 된다.

만일 신체가 불에 타면 많은 법의학 증거가 파괴되는 것을 피할 수 없다. 결과적으로 살인자가 시체를 어느 장소로 옮겨서 불에 태우거나 또는 그 자리에서 불에 태우는 것은 흔한 일이다. 그러므로 불에 탄 시체가 자살, 살인 또는 사고에 의한 것인지 결정하기 위한 현장 조사는 필수적이다 (Fanton 등, 2006). 검시관은 '자살(suicide)' 보다는 '사인불명(open verdict)'으로 기록하기 때문에 보고가 제대로 안되어 그렇다는 의심은 있지만 영국에서는 어떤 사람이 불에 타서 자살하는 경우는 적다. 희생자들은 대개 가연성 액체를 자신에게 뿌리는데, 이것의 잔류물은 탐지가 가능하고, 발화의 수단이 근처에서 발견되고, 사망 전에 생긴 저지(restraint) 또는 상처의 증거가 없으며, 전형적으로 발바닥은 화상을 거의 입지 않는다. 사고사의 경우에는 기름 팬(chip pan)에서 불이 나거나 침대에서 연기가 나는 것과 같이 범죄와 연관되지 않은 원인에 의한 것이라는 증거가 있고, 또한 연령, 질병 또는 취한 것 때문에 무기력해진 사람이 아니라면 탈출을 시도한 증거가 있다. 이는 시체의 자세에 의해서 나타나게 된다. 대개 희생자는 문이나 창문에 도달하려는 시도를 하거나, 만일 갇히게 되면 구석이나 벽장에 숨는다. 살인에서는 화재는 고의적으로 발생하고, 희생자는 이미 사망하지 않았다면, 의자에 묶인다든지 차의 트렁크에 갇히는 등 어떤 방법으로 제재를 당하고 있을 것이다. 신체와 옷에 있는 화상의 분포가 또한 사람의 자세를 나타낼 수 있다. 예를 들어, 머리와 안면에 광범위한 화상이 있다면 부엌에서 옷에 불이 붙은 사고를 의심해 봐야 한다. 이런 시나리오에서는 또한 가연성 액체를 희생자에게 붓고 불을 붙인 것도 고려를 해야 한다.

대부분의 화상과 탕상은 사고에 의한 것이지만 자해, 아동과 노인 학대 및 고의적인 고문(torture)의 공통적인 특징이기도 하다 (Greenbaum 등, 2004). 자해와 다른 사람을 학대하는 것 모두 오랜

기간 동안 일어나기 때문에 여러 형태의 상처와 여러 치유 단계가 있을 수 있다. 뜨거운 접착총(glue gun)을 이용한 경우는 González에 의해서 논의된 바 있다 (2007). 상처의 분포는 그 자신이 일으켰는지의 여부를 알게 할 것이다. 사고에 의한 화상은 제 3 자에 의해서 의도적으로 가해진 것보다 좌우 대칭적으로 일어날 (즉 오른손 및 왼손이 피해를 보는 것) 가능성이 아주 적다. 탕상은 자주 흐르는 모양의 상처가 형성되는데, 이는 액체의 흐름을 나타내고, 따라서 사고 당시의 희생자 방향을 나타낸다. 뜨거운 도구로 고문을 하는 것은 제한된 시간 내에 일어나고, 자주 물리적인 폭행을 동반한다. 만일 도구가 다리미와 같이 마른 것이면, 그 모양이 화상에 재연될 것이다. 전기 충격 고문(electric shock torture)은 때때로 설명하기 어려운데, 이는 매우 고통스럽지만 전극을 대개 오랫동안 대지 않기 때문에 연관되는 병리학이 거의 없다.

화학 화상

사람들이 종종 산(acid), 가성소다(양잿물, caustic acid) 또는 이와 비슷한 물질들을 마시고 자살을 기도하는 사람들이 있지만, 화학 화상(chemical burn)은 법의학적 맥락에서는 거의 만나는 경우가 없다. 이런 상황에서는 독의 원천이 가까이서 발견되고 입술, 입, 위장관(gastrointestinal tract)에 광범위한 화상이 있다. 이런 물질은 매우 고통스런 화상을 일으키고, 따라서 흘리고 토한 결과로서 신체를 따라서 흘러내린 화상이 피부와 옷에 모두 있다. 산(acid)은 특히 일부 국가와 사회에서 자주 공격 무기로 사용되고 (예, 방글라데시), 끔찍한 상처를 남기는 반면에 치명적이지는 않다. 시체에서는 종종 리본과 같은 화상 형태가 발견되는데, 법의학 증거를 없애려고 시체를 표백제로 덮어서 그렇다 (Adair 등, 2007). 표백제의 냄새가 그때까지 분명히 남아있을 것이고 그 형태는 표백제가 부어질 당시의 시체의 위치를 반영한다 (즉 아래로 이동하고 원래 있던 구멍들에 모임) (그림 5.22). 시체 아래와 주변에 표백제 손상의 존재는 표백제를 시체가 발견된 그 위치에서 사용하였다는 의미일 수 있다.

상처의 시기 측정

상처의 시기(age of wound)를 정확히 측정하는 것은 많은 경우에 중요한데, 이에 대한 목록이 표 5.4에 있다.

상처의 형성은 죽은 세포의 결과이고, 만일 희생자가 생존해 있다면, 뒤따르는 염증 반응(inflammatory reaction)에 의해서 세포 잔해물(debris) 및 상처의 원인이 되는 물체의 파편들도 존재한다면 제거된다. 이 단계에서 면역세포들 (즉, 림프구, 대식세포 및 중성호성 백혈구)은 인터류킨-1α, 인터류킨-1β 및 종양괴사인자(tumor necrosis factor)와 같은 사이토카인(cytokine)이라는 염증 화학물질을 생산한다. 염증 물질들은 미세혈관을 팽창시켜서 투과성이 더 좋게 함으로서, 백혈구(leucocyte), 사이토카인 및 혈액 응고 과정에 기여하는 화학물질들이 상처부위 도달하도록 허

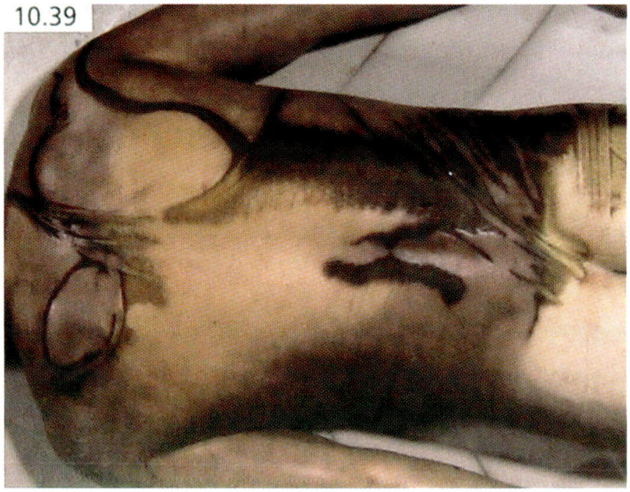

그림 5.22 사망 후에 '청소 작업'의 일환으로 이 남성의 시체에 표백제가 부어졌다. 표백제가 흐르고 시체의 빈 공간에 채워지는 것이 원인이 되는 소용돌이 패턴을 주목하라. (Dolinak, D. 등 (2005) *Forensic Pathology Theory and Practice*. 저작권© 2005, Elsevier Academic Press 승인)

표 5.4 언제 상처가 가해졌는지 정확한 측정이 필요하거나, 혹은 여러 개의 상처들이 있는 경우에 전해진 순서를 알아야 할 필요가 있는 사례들의 일부를 요약

(1) 만일 상처를 입은 사람이 생존해서 언제 상처가 가해진 시기를 확증할 수 있다면. 예를 들어, 살인 공격의 경우에 용의자가 손가락 관절에 상처를 가지고 있지만, 이는 희생자가 죽은 날보다 전이나 후에 다른 사람과 싸우는 도중에 생긴 것이라고 주장을 한다.

(2) 신체의 상처들이 모두 동시에 생긴 것인지 혹은 오랜 기간에 걸쳐서 생긴 것이라면 얼마나 오랫동안인지 결정하기 위해서. 이는 보고된 아동 학대 혹은 고문의 경우에 중요할 수 있다.

(3) 희생자가 사망했으면, 상처가 사망 전, 사망 중에, 혹은 사망 후에 가해진 것인지 결정하기 위해서. 예를 들면, 시체가 과거의 많은 상처들의 증거를 보이지만, 이는 몇 개월 혹은 몇 년 전에 일어난 것으로 사망 원인과는 아무 관련이 없을 수 있다.

용한다. 이 '생체반응(vital reaction)'은 때때로 상처가 가해졌을 때에 인간이 살아있다는 표지로 인용되기도 하며, 이런 반응이 없다는 것은 상처가 사망 후에 가해졌다는 의미로 받아들여진다. 모세혈관 표면에 백혈구의 응집이 없고 또한 상처 부위에 침투해 들어가지 않은 것은 사망 후에 상처가 가해졌다는 좋은 표지이기는 하지만, 세포 공정(cellular process)들은 심장 박동이 멈춘 후에 바로 멈추지 않는다는 것을 인식해야만 한다. 결과적으로 사망 직전에, 중간에 또는 사망 직후에 가해진 상처들은 이런 방법들로는 구별될 수 없다. 염증 반응이 진행되는 동안에 '조직(organization)' 또는 '증식(proliferation)'이라고 하는 단계로 조직의 치유가 시작되는데, 손상 부위에 혈액 공급이 재개된다. 이 단계에서는 혈전(blood clot)이 미세한 모세혈관 및 섬유아세포(fibroblast) (콜라겐, 엘라스틴 및 세포를 구조적 안정을 제공하는 다른 단백질들을 분비하는 세포)를 포함하는 육아 조직(granulation tissue)에 의해서 대체된다. 마지막으로 재생 및 흉터 형성 단계가 있는데, 이 능력은 조직의 종류와 상처의 성질에 따라서 다양하다. 이런 연속적인 조직학적(histological) [세포적(cellular)] 변화 및 화학적 변화들이 상처의 시기를 알아내는데 쓰인다. 그러나 정확성은 연령, 건강 및 영양과 같은 복잡한 요소들에 의해서 절충되어야 한다.

Kudo 등 (2002)은 중성호성 백혈구(neutrophils), 대식세포(macrophage) 및 섬유아세포(fibroblast) 내에서의 우비퀴틴(ubiquitin) (작은 분자량을 갖는 조절 단백질)의 발현 변화를 가지고, 살아있는 것을 대상으로는 높은 정확성으로 상처의 시기를 알아내는데 이용할 수 있다는 것을 발견했지만 이 기술이 사망 이후에도 효과적인지는 알지 못하였다. 그러나 Ohshima (2000)는 사이토카인의 농도와 이것들을 암호화하는 mRNA 서열들이 어떻게 시체에서 발견된 상처의 시기를 결정하는데 이용되는지에 대하여 기술하였다.

사후 손상

사후 손상(post mortem injury)은 생물학적 및 환경적 화석화 과정에 의해서 뿐만 아니라 악의적인 경우와 사고에 의한 경우일 수 있으며, 그 사람의 사망 시에 목격자가 없었다면 어떤 경우에 해당하는지 해석하는 것이 어렵다. 예를 들어, 심장마비로 고통을 받는 노인이 계단에서 떨어져서 심한 상처를 입었다. 시체가 발견되면, 희생자는 침입자에 의해서 머리에 먼저 가격을 당하거나 계단 아래로 밀쳐졌고 그 쇼크가 심장마비를 일으켰을 가능성을 배제해야 할 필요가 있다. 이런 시나리오는 혈흔의 형태 분석, 지문 및 상처 분석을 종합하는 것으로 해결할 수 있다. 부수적으로 말하면, 알코올 또는 약물에 취해 있거나 또는 근본적으로 질병을 갖고 있지 않다면 어떤 사람이 계단에서 떨어져서 치명상을 입는 경우는 극히 드물다 (Bux 등, 2007).

사망하기 며칠 또는 몇 달 전에 발생한 손상은 대개 치유의 신호들로 알 수 있지만, 사후 손상에 대해서는 일반화하기가 어렵다 (Byard 등, 2002). 사후 타박상은 시체가 회수되거나 시체안치소에서 처리될 때에 일어날 수도 있는데, 이런 타박상은 작은 경향이 있다. 사후 타박상은 시체의 아래쪽에 생길 가능성이 있는데 이곳이 혈액이 모인 곳이기 때문이다. 부패 중인 부드러운 조직은 매우 약하고 쉽게 손상이 됨으로 시체안치소로 옮기기 전에 일차적인 검사를 하는 것이 정상이다. 어설프게 다루면 사지가 떨어져 나가고 뼈가 부러지는 결과를 가져온다. 척추동물들이 시체 전부를 먹어치우는 것까지를 포함해서 광범위한 사후 손상의 원인이 될 수 있다 (8장). 무척추동물들 또한 부검할 때에 혼동을 줄 수 있는 손상을 일으킬 수 있다. 수시렁이(dermestid beetle) 및 그 유충(larvae)이 먹게되면 불규칙한 구멍들이 생기고 바짝 마른 피는 균열이 일어나 사망 전에 생긴 상처로 오인할 수 있다. 이 구멍들은 들쑥날쑥한 가장자리를 갖는 경향이 있는 반면에, 구더기(maggot)에 의해서 생산된 것은 매끈한 가장자리를 갖는 경향이 있다. 풍뎅이붙이(histerid beetle) 및 송장벌레(burying beetle) [송장벌레과(科)(Silphidae)]는 모두 시체에 원형 모양의 구멍을 갖게 한다. 바퀴벌레

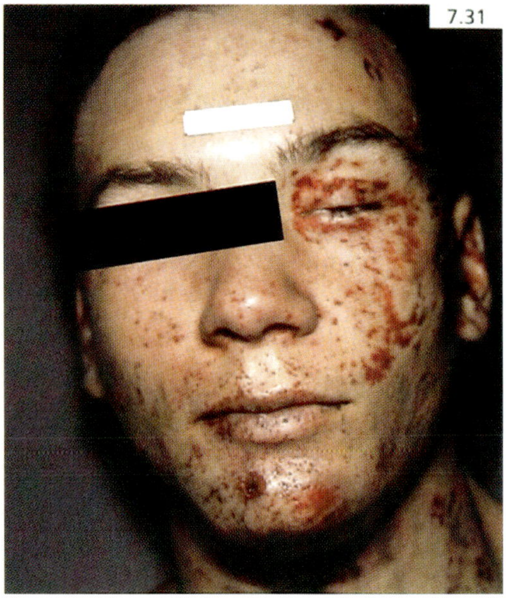

그림 5.23 탄환 사입 상처가 이 남성의 오른쪽 턱에서 볼 수 있고 연관된 가루 지문이 있는데, 이는 가까운 거리에서 총을 맞았다는 의미이다. 안면의 왼쪽에서 왼쪽 눈 주위와 또한 목 주위에 발진과 같이 합쳐진 장소에 수많은 불규칙적인 검고 붉은 표시가 있는데 이는 개미가 원인이 되었다. (Dolinak, D. 등 (2005) *Forensic Pathology Theory and Practice*. 저작권© 2005, Elsevier Academic Press 승인)

*Dictyoptera blattaria*에 의해 가해진 교흔(bite mark)은 사고에 의한 것이 아닌 손상 또는 유아 돌연사(sudden infant death)에서는 교살(strangulation)의 증거로 잘못 인식되었다 (Denic 등, 1997). 개미도 생전에 교살을 당하거나 화상을 입은 것과 유사한 사후 손상을 입힐 수 있다 (그림 5.23) (Byrd & Castner, 2001; Campobasso 등, 2004a).

Jayaprakash (2006)는 인도에서 개미가 사후 손상을 일으키는 수많은 흥미로운 사례연구들에 대해서 논의하였다. 예를 들어, 한 경우에서는 젊은 여성의 시체가 로프에 매달린 채로 발견되었는데, 많은 양의 혈액이 그녀의 다리에 수직으로 흘러서 마루에서 흥건히 고여 있었다. 처음에는 그녀가 성폭행과 교살을 당했고, 범인이 범죄를 자살로 위장하려고 시도했다고 의심하였다. 4명이 남성이 그녀를 살해한 죄로 기소되었다. 그러나 이어진 분석에서 혈액은 개미에 의해서 생긴 분화구처럼 생긴 병변(lesion)에서 나온 것이고, 희생자의 생식기에서 나온 것이 아니라는 것이 밝혀졌다. 이 병변은 시체의 여러 부분에서 발견되었지만, 혈액침하(hypostasis)의 결과로서 사망 후에는 혈액이 한 지역에 모여들었기 때문에 특히 아래 부분에서 많이 출혈하였다. 만일 사망 전에 일어나거나 매달리는 위치에 있기 전에 난 상처로부터 나온 혈액이라면, 혈흔의 형태는 매우 달랐을 것이다. 사회성인 개미(worker caste ant)는 대개 날개가 없지만, 주변의 벽과 지붕/가지들을 타고 올라가서 다시 로프로 내려가 매달린 시체에 접근하는데 아무 문제가 없다.

미래 연구방향

법병리학은 어느 정도는 개인의 경험과 검시관 개개인의 선택에 의지하는 매우 어렵고 복잡한 주제이다. 그러므로 병리학의 여러 관점에 대한 신뢰성이 특정한 분자 표지를 개발하는 것에 의해서 증진되어야 한다. 이는 단순한 과정이 아니지만, 상처의 시기를 결정하는 것과 같은 주제는 이런 접근 방법에 적합하다.

연습문제

(1) 타박상과 찰과상을 구별하라.

(2) 흉부에 3개의 자창(stab wound)이 갖는 남성이 발견되었다. 이 남성이 살해되었는지 자살하였는지를 결정하기 위해서 어떤 다른 증거들을 찾아 봐야 하는가?

(3) 어떤 상황에서 상처 흔적에서 예상되는 칼의 길이가 실제 칼날보다 길수 있는가?

(4) 젊은 남성이 가죽 개목걸이에 달려서 발견되었고, 경추가 부러져 있었다. 왜 이것이 의심스러운가?

(5) 총상이 영구적인 구멍과 일시적인 구멍을 일으키는 상황을 구별하라.

(6) 질식사의 원인 3가지를 간단하게 기술하라.

(7) Dum Dum bullet은 무엇인가?

(8) 화재가 발생한 시점에 어떤 사람이 살아있었는지 사망했었는지를 결정하기 위해서 어떤 증거를 찾아 봐야 하는가?

(9) 자해로 깨무는 것과 키스자국(love bite), 공격적으로 깨무는 특징을 구별하라.

(10) 생전에 가해진 상처와 사후에 가해진 것을 구별하는 두 가지 방법에 대해서 설명하라.

실습문제

제목

총알 흔적(bullet marking)에 대한 생물학적 부식의 영향

원리

총알이 총에서 발사되면 독특한 홈이 생기고, 이는 그것을 발사한 총을 확인하는데 이용될 수 있다. 시체에 남아있는 총알을 둘러싸고 있는 부패 중인 조직과 미생물의 작용 및 환경은 이런 확인을 위한 특징들의 보존에 영향을 준다.

방법

하나의 총에서 발사된 사용된 총알 [지역의 총기 클럽이나 영국의 국방의용군(Territorial Army)에서 구할 수 있을 것임]들을 수집해서 고기 (예, 조각을 낸 소고기 또는 간) 사이에 넣고, 땅위와 아래에 넣어서 부패하도록 한다. 따라서 구더기의 존재가 결과에 영향을 주는지 결정한다. 다양한 시간대에서 총알위의 흔적을 비교한다.

II 부 무척추동물과 척추동물

6 무척추동물 1: 생물학적 측면

이 장의 개요

이 장의 목표

사체와 가장 흔하게 연관된 무척추동물 생물학의 고찰한다.

어떻게 무척추동물이 직접적 또는 간접적으로 인간에게 치명적인 원인이 되는지를 설명한다.

어떻게 무척추동물이 유기 및 동물 복지의 경우에 관련되는지를 설명한다.

식품 부패 및 위생 소송에서의 무척추동물의 역할을 논의한다.

무척추동물 종의 밀매를 논의한다.

법의학 맥락에서 무척추동물을 확인하기 위한 다른 기술들의 이점과 한계점의 비교 및 대조한다.

무척추동물 생물학의 소개

무척추동물은 척추가 없는 후생동물(metazoan)이다. 이것들은 거대한 원생동물(protozoan)의 핵보다 더 작은 진드기에서 몇 미터나 되는 거대오징어까지 다양성을 갖는 생명체들 포함한다. 절지동물

(arthropod)은 그 풍부함, 생체량 및 종(species)의 종류란 측면에서는 가장 성공적이지만, 무척추동물에서 하나의 그룹에 불과하다. 절지동물은 성장을 수용하기 위해서 주기적으로 탈피가 일어나며, 특화된 관절지(jointed appendage)를 갖는 딱딱한 외골격을 보유하는 특징이 있다. 전형적인 예로는 전갈, 게, 나방 등이 있다. 절지동물, 특히 곤충류가 가장 일반적인 법의학 증거의 원천이다. 곤충 연구를 '곤충학(entomology)'이라고 하는데, 그리스어 *entomon*(곤충)과 *logos*(과학)이라는 단어에서 유래하였다. 그러므로 법곤충학의 논리는 법적 조사에 곤충을 이용하는 것이다. 그러나 많은 연구자들은 살인과 의문사 조사에만 곤충을 이용하는 것으로 정의를 제한함으로서 다른 수많은 법률적 경우에 곤충이 포함되는 것을 배제한다. 때때로 '의료범죄 곤충학(medicocriminal entomology)'이라는 용어가 이 제한된 정의를 강조하기 위해서 사용된다. 이 장에서는 법의학적으로 가장 중요한 무척추동물의 기본 생물학을 다룰 것이며, 더 자세한 것을 원하는 사람들은 Gennard (2007)의 저서를 참고하기 바란다.

곤충은 알려진 모든 동물의 72%를 차지하고 다른 절지동물과 함께 자연적이거나 인공적이거나, 극지방에서 적도까지의 모든 육상 서식지에서 실질적으로 발견된다. 이들 지역에서 곤충과 절지동물들은 실질적으로 생각할 수 있는 모든 생태학적 지위(niche)를 차지하고 있다. 어떤 종류는 전문종으로 초식생물(herbivores), 육식생물(carnivores), 잔사식생물(detritivores), 기생생물(parasites)인 반면에 다른 것들은 일반 종으로 다양한 먹이들을 소비한다. 일부의 생활 방식은 인간과 갈등을 불러오는데 사람과 동일한 음식을 먹고, 우리를 자신들의 먹이로 이용하고, 우리의 거주지를 차지하고 있기 때문이다. 그러므로 이것들의 생물학에 대한 지식은 일부 종들이 직접 또는 간접적으로 (즉 질병을 확산시키는 것) 일으키는 피해를 줄이는데 유용하고, 이것들이 어떻게 법의학적 증거를 제공할 수 있는가를 이해하는데 유용할 것이다. 그러나 대다수 절지동물들과 다른 무척추동물들은 인류에 피해를 주지 않으며, 많은 종류들이 중요한 식품이고, 곡물들의 꽃가루매개자 또는 생물농약이고, 모두가 생태계의 정상적인 기능을 위해서 중요한 역할들을 하고 있다.

살인 및 의문사의 경우에 법의학 지표로서의 무척추동물

살인과 의문사 조사의 경우에 법의학적 증거를 제공하는 무척추동물 종들은 크게 시체로 유인되는 종류, 시체를 떠나는 종류 및 우연하게 시체 또는 범죄 현장과 연관이 되는 종류로 그룹이 지어진다.

시체로 유인이 되는 무척추 동물

많은 무척추동물 종들이 시체로 유인되는데, 여기에는 부패 중인 조직을 먹는 잔사식생물(detritivores), 잔사식생물을 먹이로 삼는 육식생물과 반기생생물(parasitoids) 및 사체의 부패 중인 조직보다는 배설물을 먹이로 하는 경향이 있는 분생생물(coprophiles)이 포함된다.

잔사식생물

잔사식생물(detritivores)은 죽은 유기물을 소비하는 생명체이다. 일부 잔사식생물은 전문종(specialist)이지만, 많은 종류들은 상황에 따라서 크건 작건 어느 정도는 다른 먹이들도 소비한다. 유사하게 호지성생물(geophilomorph)인 지네(centipedes)도 죽은 유기물을 소비한다.

시체는 살아있는 생물과는 다르게 화학적으로 물리적으로 보호받지 못하는 쉽게 물질대사가 되는 유기물의 일시적인 원천을 제공한다. 그러므로 초기 단계에는 이런 먹이 원천을 찾고 이용하도록 적응이 된 매우 활동적인 r-형태의 종(species)들이 유인이 된다. r-형태의 종들은 짧은 생활사(life cycle)를 가졌고, 적절한 조건에서는 집단이 폭발적으로 증가하는 특징이 있다. 이것들은 성장을 지탱하기에 충분한 영양분을 갖지 못하는 물질만 남을 때까지 가장 분해가 잘되는 조직을 빠르게 소비한다. 그러므로 시간이 감에 따라서 r-형태의 잔사식생물은 물질대사가 더 어렵고 영양분이 더 적은 먹이를 이용하고 생활사가 좀 더 길고, 낮은 생식능력을 갖는 종들로 대체가 된다.

검정파리(Blowflies)

파리(파리목, order Diptera), 특히 검정파리(blowflies)는 대개 시체에 도착하는 최초의 생명체이다 (그림 6.1). 종종 사망 후 몇 분 내에 도착을 하며, 이것들이 법의학적으로 가장 중요한 종들이다 (즉, Arnaldos 등, 2005; Byrd & Castner, 2001; Goff, 2000). 검정파리는 검정파리과(family Calliphoridae)에 속하며 보통 청파리(bluebottle) 또는 금파리(greenbottle)라고 불린다. 수많은 검정파리 종들이 존재하며 한구의 시체에 여러 종들이 발견되는 것은 희귀한 일이 아니다. 그러나 모든 검정파리 종들이 시체를 이용하는 것은 아니며, 시체는 Calliphoridae 과(科)에 속한 것보다는 많은 다른 종의 파리목(目)(Diptera) 유충들을 포함하고 있을 수 있다. 일반적 이름인 '(금파리를 포함

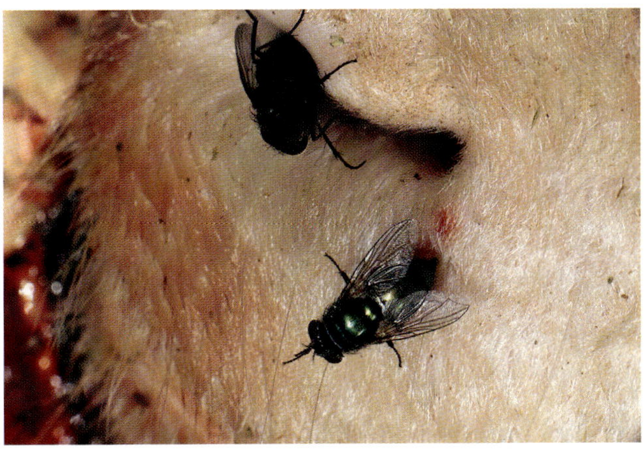

그림 6.1 양의 비강 안과 주변에 알을 낳는 검정파리. 파리는 동물이 죽은 후 5분 내에 알을 낳기 시작한다.

하는) 검정파리(blowfly)'는 파리의 알 덩어리를 의미하는 명사 'blow'로부터 왔다. 따라서 파리의 알이 덮은 먹이, 상처 또는 시체는 '금파리의 구더기가 끓는(fly-blown)'이라고 말하고, 이렇게 만드는 것이 '검정파리(blowfly)'이다. 일반적인 이름인 'bluebottle' 및 'greenbottle'은 '구더기(maggot)'를 의미하는 게일어(Gaelic)인 'boiteag'에서 유래했을 것이다. 따라서 이것이 정확하다면 금파리(greenbottle)는 '구더기'를 생산하는 초록색 파리이다 (Erzinclioglu, 1996). 많은 파리들이 외형적으로 비슷하기 때문에 '금파리' 등의 단어를 사용하기 보다는 정확한 분류학적 용어를 이용하는 것이 좋다.

검정파리 생활사

시체에서 발견되는 것과 같은 전형적인 검정파리 종들의 생활사는 간단하다. 알을 밴 암컷 파리(즉 즉시 산란할 수 있는 것)는 시체에 알을 낳는다. 대개 암컷은 알을 낳을 장소로서 코, 귀, 입 또는 상처 부위와 같이 자연적으로 있는 구멍을 선택한다. 검정파리는 혈액 냄새에 유인되는데, 여러 종들이 손상된 동물의 상처에 죽기 전에 알을 낳을 것이다. 접근이 가능하다면 항문과 생식기에도 알을 낳으며, 시체 아래의 식물에도 낳을 수 있다. 성체 파리는 건조되거나 골격만 남아 알을 낳을 수 없을 정도의 시체도 먹이로 삼지만, 검정파리는 신선하거나 부패의 초기 단계인 시체에 집락을 만든다. 대부분의 성체 파리는 낮 시간에 온도가 날아다닐 수 있을 정도로 충분히 높은 때에만 활동적이다. 검정파리가 야간이나 빛이 약한 상태에서 시체의 위치를 알아내는 능력에 관해서는 불분명한 점이 있지만, Wooldridge 등 (2007)의 연구에서는 *Calliphora vomitoria* 및 *Lucilia sericata*가 암흑에서 시체의 위치를 파악하는 능력이 제한되어 있다는 것을 기술하였다. 그러나 Wyss & Cherix (2002)는 *Calliphora vicina*가 완전한 암흑 지점이며, 외기(ambient air)의 온도가 항상 5℃로 고정되어있는 동굴 안쪽 10미터에 놓인 유해(remains)의 위치를 파악하고, 집락을 형성하고, 성장하는 것을 알아내었다. 따라서 검정파리가 밤에 유해에 알을 낳는 것에 자발적이지 않은 것은 야간에 방향을 잡는 능력이 없는 것 보다는 그 활동의 자연적인 주기와 더 연관이 되어있는 것 같다. 검정파리가 매장된 시체를 이용할 수 있느냐 하는 것도 비슷하게 불분명한 점이 있다. 대부분의 논문들은 아주 얕게 매장된 것조차도 검정파리의 집락형성을 방해한다고 기술하고 있다. 이는 성체 파리는 파고 들어갈 수 없고, 그것들이 알을 낳기 전에 반드시 시체와 물리적인 접촉이 있어야만 하기 때문이다. 결론적으로 표면에 알을 낳고, 알에서 부화된 유충이 파고 들어가서 먹이를 찾을 가능성은 없어 보인다. 그러나 *Lucilia sericata*는 종종 유해가 묻혀있는 흙의 표면에 알을 낳고, 유충은 먹이에 도달하기 위해서 5 cm까지 파고 들어간다 (개인적 관찰). 이런 보고서의 일부에서는 구더기가 확인되지 않았음으로 (Weitzel, 2005), 이것들은 자주 매장된 시체에서 발견되는 집파리(muscid) 또는 벼룩파리(phorid)에 속하거나, 다르게는 구더기가 시체가 묻히기 전에 심어진 알들로부터 나왔을 가능성이 있다. 또한 덮인 흙에 틈이 있거나, 느슨한 구조를 갖거나, 또는 생쥐나 쥐에 의해서 시체까지 터널이 있다면, 검정파리가 얕게 묻힌 무덤의 시체에 접근할 수 있었을 수도 있다.

검정파리는 한 번에 많은 알을 낳는데, 그 수가 180개까지 이고, 성체 암컷은 일생동안 합쳐서 수

그림 6.2 시체 아래의 식물에 낳아 놓은 성숙한 검정파리 알들. 몇 개의 알의 경우에는 발생 중인 유충을 볼 수 있다.

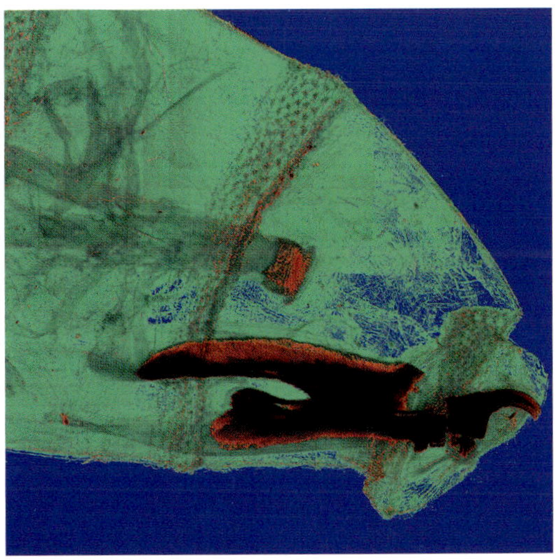

그림 6.3 검정파리 *Calliphora vomitoria* 제3령 유충의 앞쪽. 두부골격은 근육이 연결을 위한 커다란 표면을 가지고 있다. 따라서 입갈고리를 비교적 강한 힘으로 앞뒤로 끌게 할 수 있다.

천 개의 알을 낳을 수 있다. 한 개의 알이 부화할 때에 제 1령(first instar) 유충이 나온다. 이 단계에서 그 유충은 작고 약하며 (그림 6.2) 습도가 너무 높지도 낮지도 않는 곳과 같은 최적의 조건을 찾을 수 있는 곳으로 빠르게 이동한다. 검정파리 유충은 키틴질의 갈고리입(mouth-hook)을 이용하여 물질을 구강 내로 끌어드려서 먹이를 섭취한다 (그림 6.3). 시체의 조직과 거기서 자라는 미생물을 함께 먹는다. 먹이 섭취를 위한 물리적인 행동에 더해서 구더기들은 또한 아래에 있는 기질들의 분

(a)

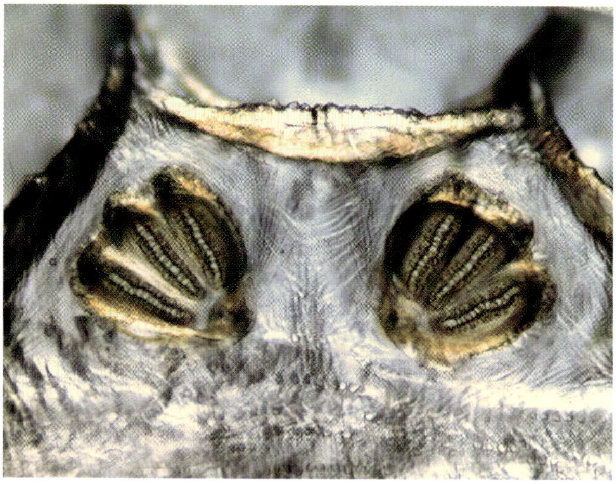

(b)

(c)

그림 6.4 전형적인 제3령 검정파리 유충(*Calliphora vicina*). 식물(crop)이 가득 찬 것은 이 유충이 아직 먹이 섭취를 끝내지 않았다는 의미이다. (b) 제3령 유충(*Lucilia sericata*)의 뒷 기문. (c) *Calliphora vomitoria* 제3령 유충의 몸체 돌기. 몸체돌기들은 구더기가 기질을 잡을 수 있게 한다. 몸체돌기의 모양과 분포는 분류 표지로 이용이 된다. 예로, *C. vomitoria*의 몸체돌기는 *C. vicina*의 것보다 더 크고 덜 뾰족하다.

해를 돕는 효소와 다른 물질들을 분비한다. 약 24-48시간에 제2령까지 탈피하고, 다시 24-48시간 뒤에 제3령까지 탈피한다. 제3령 유충은 많은 먹이를 섭취하여, 3-4일 동안에 크기와 무게가 빠르게 증가한다 (그림 6.4). 발생 시간은 온도에 크게 영향을 받고, 일부 검정파리 종은 다른 것보다 빠르게 발생한다. 검정파리 유충은 집단으로 부양될 때에 가장 빠르게 발생하는 경향이 있고, 발생 속도는 유충의 밀도와 함께 증가한다 (Ireland & Turner, 2006). 이는 아마도 소화 물질의 분비가 합쳐지는 효과에 의해서 더 효율적인 먹이 섭취가 이루어지고, 많은 수의 제3령 유충이 함께 군집을 이룰 때에 발생하는 열에 기인하는 것 같다. 대부분의 실험이 서로 연관이 있는 같은 연령의 개개의 집단에서 수행되었지만, 많은 종들에서 경쟁은 동종포식(同種捕食, cannibalism)을 유발하지는 않는 것으로 나타났다. 그러나 경쟁과 굶주림이 증가되면 용화(번데기화, pupation) 단계에서 크기가 감소되었다. 먹이의 조성 역시 발생 시간과 유충의 크기에 영향을 주지만 (Green 등, 2003), 신선한 인간 시체 전체는 구더기에게 최소한 첫 세대의 발생을 완성할 수 있는 충분한 먹이를 제공한다. 결론적으로 이 요소(factor)들은 대부분의 PMI 계산에서 중요하지 않을 것으로 보인다 (7장). 다리와 같이 분리된 신체 부위들은 특히 구더기 집단이 크다면, 제한된 먹이 원천을 제공할 것이다. 많은 검정파리 종의 유충이 잔사식생물(detritivores)이지만, 일부는 육식생물/그 자신들과 다른 구더기들에 대한 임의적인(facultative) 포식자로 행동을 함으로, 이것들이 존재한다는 것은 PMI 계산을 해석할 때에 어느 정도 주의를 기울여야 한다는 의미이며, 이것의 가장 좋은 예는 *Chrysomya albiceps* (그림 6.5)이다 (Faria 등, 2004). 이것은 가장 먼저 시체에 집락을 이루는 종들 중에 하나지만, 다른 종들보다 나중에 도달해서 그 경쟁자들을 모두 죽여 버리는 가능성도 있다. *C. albiceps*는 영국에는 존재하지 않지만, 중앙 유럽에서 발견되고 북쪽으로 벨기에까지 기록이 되었다.

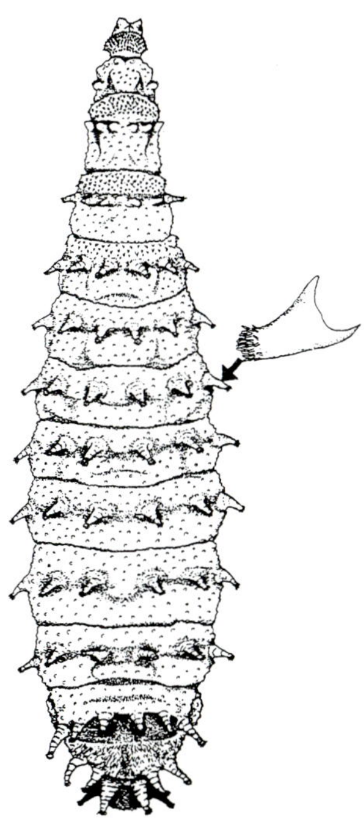

그림 6.5 *Chrysomya albiceps*의 제3령 단계를 나타내는 도해. 이 종은 다른 검정파리 유충의 포식자이다. (Zumpt, F. (1965) *Myiasis in Man and Animals in the Old World*. 저작권© 1965, Butterworths 승인)

제3령 유충의 발생이 충분히 진행되면, 내장(gut)을 비우고, 번데기로 변할 장소를 찾아 시체를 떠난다. 이 구더기들은 내장이 검다기보다는 투명하기 때문에 활발하게 먹이를 섭취하는 것들과 구별되며, 이는 유충의 연령을 결정하는데 유용하다. 용화(pupation)는 대개 흙에서 일어나고 다른 단계와 마찬가지로 그 기간은 온도에 크게 좌우되어서, 적게는 몇 일부터 몇 달간 지속되기도 한다. 구더기가 용화를 시작함에 따라서, 몸이 수축되고 제3령이 되었을 때의 큐티클이 번데기를 보호하는 주변의 위용각(번데기껍질, puparium)을 형성하기 위해서 유지가 된다. *Lucilia sericata* 및 *Calliphora vicina*와 같은 종의 유충은 용화하는 장소를 찾기 위해서 시체로부터 몇 미터 여행을 할 수도 있지만, *Protophormia terraenovae*와 같은 것은 떨어진 곳으로는 거의 움직이지 않고 시체와 연합되어있는 옷에서 용화를 할 수 있다 (Gomes 등, 2006).

성체는 번데기에서 나온 후에 먹이를 찾아 날아오른다. 썩어가는 고기 이외에도 넥타(nectar) (꽃들의 중요한 꽃가루매개자일 수 있음), 감로(honeydew), 똥(dung), 상한 과일 및 다른 부식중인 물질들이 먹이가 될 수 있다. 검정파리들은 강인한 비행체로서, 비행(flight)은 일차적으로 탄수화물의 당 분해로부터 연료가 공급되며 원칙적으로는 지방체에 저장된 글리코겐(glycogen)으로부터 사용된다. 따라서 이것들은 주요 비행 연료로서 지방을 사용하는 메뚜기 및 일부 나방과 나비와 같은 이주(migratory) 곤충들처럼 오랫동안 비행을 유지할 능력은 없다. 그럼에도 불구하고 여러 차례에 걸쳐, 방향을 가지고 가거나 무작위적으로 날아가서 상당한 거리를 퍼져갈 수 있다. 예를 들어, 영국에서의 *Lucilia sericata*의 움직임을 비교하면 훨씬 덜 심하지만 (Smith & Wall, 1988), 남아프리카에서는 *Chrysomya albiceps*가 처음 방출된 곳에서 37.5 km 떨어진 곳에서 7일 후에 발견되었다 (Braack & Retief, 1986).

많은 종에서 수컷은 정자를 숙성시키기 위해서 단백질 먹이가 필요하지 않지만, 암컷 파리들은 알을 낳기 전에 단백질 먹이가 필요하다. 수컷은 여러 번 교미를 할지라도, 전형적으로 암컷 검정파리는 한 번만 교미를 하는 것으로 알려졌다 (모든 동물에서 희귀한 경우임) (Erzinclioglu, 1996). Davis (2006)는 야외의 갇힌 상태(field caged condition)에서 *Calliphora vicina* 암컷의 단지 20%만이 우화(emergence) 32일 후에 알을 낳는다는 것을 발견하였다. 그는 *Lucilia sericata*의 산란은 유사하지만 그렇게 현저하게 지연되지는 않는다는 것을 발견하였고, 두 종 모두 생식력(fecundity)에서 변이가 매우 크고, 파리들이 경험한 온도로부터 예상되는 것보다는 일반적으로 더 적다. 성체의 수명은 종에 따라 변화가 심해서 몇 주에서 몇 달까지 될 수 있다. 성체로서 겨울을 나는 종들은 이 계절에는 몇 달을 살 수 있지만, 같은 종으로서 봄이나 여름에 우화를 하는 파리는 아마도 훨씬 짧은 수명을 가질 것이다. 대부분의 성체 수명 연구는 실험실에서 배양된 곤충들로 했으며, 수명이 지나치게 길게 잡혔을 수 있는데, 이는 야생에서 포식, 기아, 질병에 의해 가능한 최고의 연령에 도달하기 전에 대다수의 파리가 죽기 때문이다.

쉬파리

일반적으로 쉬파리(fleshfly)로 알려진 쉬파리류(sarcophagid flies)는 부식의 초기 단계에 검정파

(a) (b)

그림 6.6 (a) 성체 쉬파리 *Sarcophaga carnaria* (Sarcophagidae)의 특징들. 커다란 pluvillae ('발'), 탄탄한 몸체, 흉부에 회색의 세로 줄에 주목하라. 많은 종에서, 눈은 밝은 붉은색이지만 죽은 후에는 이 표본에서처럼 희미해진다. 검정파리와는 다르게 쉬파리의 몸체는 '금속성 광체(metalic)'가 없고, 복부는 '모자이크식(tessellated)'으로 보인다. 즉 회색 배경에 검정색 점들이 있는 패턴이다. 눈금=mm. (b) 수컷 쉬파리류는 자주 크고 복잡한 생식기를 갖고 그 특징이 분류학에 이용된다.

리와 경쟁을 한다. 일부 연구자들은 시체에 가장 초기에 도달하는 곤충들 중 하나라고 말하는 반면에 다른 연구자들은 검정파리가 자리를 잡은 후에 도착한다고 생각한다. 이 차이는 아마도 다양한 *Sarcophaga* 종들의 생물학과 각 상황의 차이에 따른 결과일 것이다. 보고에 의하면 성체 *Sarcophaga* 종들은 습한 날씨에 검정파리보다 더 비행을 하려는 의지가 있다고 하는데, 따라서 이런 조건에서는 시체에 최초로 집락을 형성하는 것이 될 것이다 (Byrd & Castner, 2001). 성체 쉬파리는 대개 회색이고, 흉부에 세로로(longitudinal) 검은 선이 있고, 밝은 붉은색 눈을 갖는데, 죽은 후에는 붉은 색이 희미해진다. 발목마디발톱(tarsal claw) 및 pluvilli [뒷발목 볼록살(tarsal pad)]가 커서 파리가 '큰 발을 가진(big footed)' 외형을 보인다. 알은 암컷 생기기관에서 부화를 함으로 제 1령 유충을 낳는다. 시체 이외에도 다양한 *Sarcophaga* 종들의 유충이 죽은 유기물질 및 분변(faeces) 등에서도 발견된다. 유충은 깊은 구멍에 일부가 숨어있는 기문(spiracle)에 의해서 검정파리 등의 것과 구별이 되지만, 이것 이외에는 동정(identification)하기가 매우 어렵다.

벼룩파리

벼룩파리(phorid fly)는 2500 종 이상이 포함된 거대 집단이며 실질적으로 모든 생활양식을 보여주는 벼룩파리과(family Phoridae)에 속한다 (Disney, 1994). 이것들은 모두 길이가 1.5–6.0 mm인 작은 파리들이며, 특징적인 '혹 모양의(humped)' 프로파일을 갖는다. 다른 이름인 'scuttle fly'는 빠르

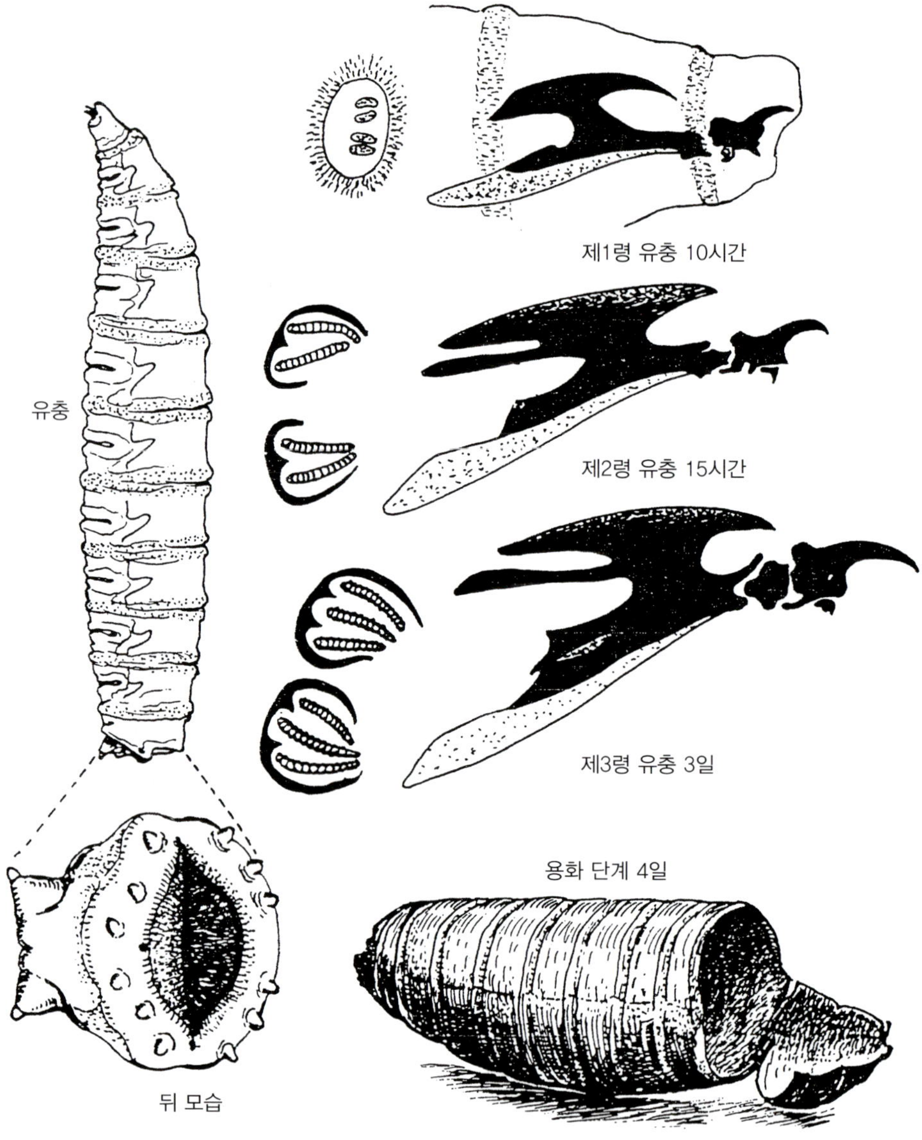

그림 6.7 쉬파리 *Sarcophaga haemorrhoidalis*의 발생 단계를 나타내는 도해. 두부골격과 뒷 기문의 구조 변화 및 어떻게 뒷 기문이 쉽게 보이지 않는지 주목하라. *S. haemorrhoidalis* 유충은 대개 분변에서 발견된다. (Zumpt. F. (1965) *Myiasis in Man and Animals in the Old World*. 저작권© 1965, Butterworths 승인)

그림 6.8 두 마리의 성체 벼룩파리 (*Megaselia scalaris*) 및 빈 위용각. 성체에서 혹이 있는 프로파일 및 비교적 긴 다리와 작은 크기를 주목하라. 각각의 작은 정사각형 = 1 mm.

게 달리는 행동으로부터 유래하였다. 작은 크기 때문에 벼룩파리는 검정파리는 들어가지 못하는 컨테이너와 공간에 접근할 수 있다. 많은 종들의 유충이 잔사식생물(detritivores)이고 이것들 중 일부는 시체를 먹이로 한다. 이것들 중에서 관파리(coffin fly)인 *Conicera tibialis*는 가장 잘 알려졌는데, 그 이름은 성체 파리가 1 미터의 땅 아래 묻힌 시체의 존재를 탐지하고 그것에 도달하기 위해서 흙 사이의 갈라진 틈을 기어서 내려가는 능력으로부터 왔다. 땅위에 남겨진 시체에서도 발견되기는 하지만, 관파리의 연속적인 세대(successive generation)들은 완전히 땅 아래의 시체에서 발생한다. *Megaselia scalaris*도 자주 땅위와 아래에 있는 시체에서 발견되지만, 구더기증(myiasis)을 일으킬 능력이 있어서 살아있는 사람의 상처에 침입하는 것이 보고되었다. 이는 이례적으로 적응능력이 강한 곤충으로 유충이 구두약부터 다른 곤충들까지 모든 것을 먹이로 한다. 사실 땅 아래 묻힌 시체에서 연속적인 세대들을 만들어 가는 것뿐만 아니라 (Campobasso, 등, 2004b), 살아있는 사람의 내장에서도 똑같이 할 수 있다는 주장이 있다 (Disney, 2008). *M. scalaris*는 대부분 온난한 기후와 연관되어있지만 세계의 어느 곳에서나 발견된다. 영국에도 도입되었지만 겨울은 실내에서 난다. 많은 다른 벼룩파리들이 시체에서 발견되는데, 여기에는 *Diplonerva florescens*, *Megaselia abdita*, *Megaselia rufipes*, *Triphleba hyalinata*가 포함되고, 이것들 모두는 시체가 건조되기 시작하는 부패의 나중 단계에서 발견되는 경향이 있다.

꽃등에(Hover flies)

성체 꽃등에류(syrphid flies)(꽃등에과, family Syrphidae)는 일반적으로 꽃등에(hover fly)로 알려져 있으며, 꽃, 수액, 설탕 맛이 나는 물질과 자주 연관되어있다. 그 명칭은 성체 파리가 고정된 위치에서 맴도는(hover) 능력에서 유래하였다. 꽃등에 유충은 광범위한 먹이섭취 전략을 보이는데, 여

그림 6.9 꽃등에 *Eristalis tenax*의 유충 (위) 및 번데기 (아래). 몸체 뒤쪽에 긴 늘었다 줄었다하는 호흡관이 이 속(genus)의 특징이다.

기에는 포식, 초식성(herbivory) 및 잔사식성(detrivory)이 포함된다. 꽃등에 중에서 *Eristalis tenax* (dron fly) 유충은 사체에서 볼 가능성이 가장 높은 것으로 특히 액화가 시작되는 중간 단계의 부패 동안에 그렇다. 일반적으로 '쥐꼬리구더기(ra-tailed maggot)'로 알려진 유충은 스노클(snorkel)과 같이 작용하는 늘었다 줄었다하는 긴 호흡관을 가지고 있어서, 나머지 몸은 가라앉은 상태에서 호흡을 할 수 있다 (그림 6.9). 그러나 먹이 섭취가 끝이 나면 유충은 번데기가 되기 위해서 더 건조한 환경으로 기어간다.

치즈파리(Piophild flies)

치즈파리(Piophild flies)는 더 이른 시기에 나타난다는 보고가 있기는 하지만 대개는 부패의 나중 단계인 건조하기 시작하는 시체와 연관이 있다. 성체 파리는 작고 빛나는 검은색으로, 어떤 빛에서는 밝은 초록색 또는 푸른색 광택이 난다. *Piophila casei*는 가장 잘 알려진 치즈파리(piophild)로서 또한 보관된 제품의 흔한 해충이기도 하다. 성체는 길이가 3.5-4.5 mm이고, 유충은 길이가 10 mm까지 자라지만 검정파리의 구더기보다 훨씬 더 가늘다. 이것의 일반적인 이름인 'cheese skipper'는 제3령 유충의 엄청나게 튀는 능력에서 왔다. 꼬리부분을 그 입 부분으로 붙잡아서 몸체를 고리 모양으로 만들어 이를 성취하는데, 이 후에 이를 세게 당겨서 장력(tension)을 만들고는 붙잡은 것을 놓아서, 곤충이 공기 중으로 튀어 나간다. 각 유충은 한 번의 도약으로 23 cm를 여행하고, 20 cm 높이에 도달하는 것으로 기록이 되었다. *Piophila casei* 및 *P. foveolata* 모두 인간 시체에서 보고되었다. *Piophila casei*의 생활사는 Russo 등에 의해서 제공되었다 (2006).

그림 6.10 전형적인 stratiomyid 유충 – 이 표본은 길이가 9 mm이다. 검정파리 유충과는 다르게 stratiomyid 유충은 선명한 원뿔형의 '머리'를 갖고 있으며 몸체는 잎 모양이고, 납작하고, 구별되는 분절들로 나누어져 잇다. Stratiomyid 유충은 흔한 토양 무척추동물이지만 죽은 동물이 악취가 나도록 건조된 잔유물로 줄어든 후에는 그 두개골 및 뼈 속에서도 대량으로 발견된다.

Stratiomyid flies

Stratiomyid fly의 유충은 흔한 토양 무척추동물이고, 자주 묻힌 시체나 땅위에 놓인 시체의 아래에서 발견된다. 특징적인 납작한 프로파일 (그림 6.10)과 긴 원뿔형의 머리를 갖고 있으며, 반면에 유충의 표면은 큐티클에 calcium carbonate 결정이 축척된 결과로서 결이 보이고, 가죽과 같은 외형을 보인다. 성체는 '병정파리(soldier fly)'라고 부르는데, 이는 많은 종들에서 선명한 색이고, 흉부의 등쪽 표면에 방패 모양으로 있는 소린부(scutellum)가 뒤쪽으로 향하는 가시들로 무장이 되어 있기 때문이다. 검정파리로부터의 자료가 없을 경우에 America *Hermetia illucens*, '검은 병정파리(black soldier fly)'가 사망 이후의 시간을 추정하기 위해서 이용되었지만, 미국 법의학 서적에서는 stratiomyids는 자주 언급되지 않았다 (Lord 등, 1994). 암컷 *H. illucens*는 대개 20-30일이 지난 시간이 경과된 부패(advanced decay) 또는 건조된 잔해형성기(putrid dry remains stage)에 들어가는 중인 시체에 알을 낳기 시작하는 것으로 알려졌다. 이 단계에서 검정파리 구더기의 활동은 줄어들었거나 완전히 멈추고, 이 장소에는 *H. illucens*의 유충이 우점종인 곤충 동물상이 될 것이다. 그러나 어떤 상황에서는 7일 이내로 아직도 비교적 신선한 시체에 집락 형성을 시작할 수도 있다 (Tomberlin 등, 2005). 이는 이 곤충의 발생 단계에 기반을 둔 PMI의 측정에 함축적 의미를 준다. 유럽 대륙에서 존재하지만 영국에서는 *H. illucens*가 발견되지 않는다.

어리각다귀

어리각다귀(trichocerid fly)는 일반적으로 '겨울 각다귀(winter gnat)'로 불리는데, 겨울에 땅위에 눈이 있는 경우에도 성체의 교배 군집(mating swarm)이 잔디, 들녘, 산울타리 위에서 날아다니는 것을 볼 수 있기 때문이다. 성체 파리는 봄과 가을에 볼 수 있지만, 여름 동안에는 흔하지 않다. 영국에는 단 10종이 존재하며, 성체는 작은 꾸정모기(crane fly, daddy-long leg)를 닮았다. 유충은 길고 가늘며, 잘 발달된 머리를 갖는 원통형인데, 많은 수가 잔사식생물(detritivores)로 알려져 있다.

*Trichocera salator*는 인간 시체에서 발견되고 검정파리의 활동이 줄어드는 겨울에 발견될 가능성이 많다.

수시렁이(Dermestid beetles)

딱정벌레목(order Coleoptera)의 갑충류는 오늘날까지 논의된 모든 동물 종의 25%를 차지하고, 광범위하게 다양한 서식지들에서 발견되며, 시체에 집락을 형성하는 것을 포함하여 다양한 생활양식을 보인다. 수시렁이(Dermestid beetle)(수시렁이과, family Dermestidae)는 일반적으로 larder beetle, hide beetle, carpet beetle, 또는 leather beetle라고 불리며 (그림 6.11), 그 유충은 신선한 시체에서 발견되지는 않지만 건조가 시작되면 빠르게 골격화가 될 수 있는 곳에서 발견된다 (Bourel 등, 2000; Schroeder 등, 2002). 이것들은 작은 곤충으로 대개 길이가 10 mm이고, 집안에 흔히 있는 해충으로 카펫 등에 있는 유기물을 먹이로 섭취한다. 생활사와 서식지가 비슷하지만, 몇몇 종(species)이 존재하며, 발생 시간 및 일 년 동안의 세대 수(the number of generations per year)는 환경 조건에 크게 영향을 받는다. *Dermestes lardarius*의 경우에는 알을 품은 암컷이 3개월 기간에 걸쳐서 먹이 원천에 직접적으로 한 번에 6-8개의 알을 낳고, 7-8일 후에 알에서 나오고, 5-7 유충 령(larval instar)이 뒤를 잇는다. 최종 령의 유충은 먹이를 떠나서 근처 굴에서 유화하고 후에 성체 곤충이 우화하는데, 이것은 알을 낳은 지 2-3달 후이다. 성체 수시렁이(dermestid beetle)는 자신의 알과 유충을 포식하기 때문에 시료를 수집할 때에는 반드시 분리를 해놓아야 한다 (Archer & Elgar, 1998). 대부분의 곤충들처럼, 수시렁이(dermestid)의 중장(midgut) 상피세포는 위심막(peritrophic membrane)이라는 구조에 의해서 내장 내용물과 분리되어있다. 이 막은 다른 소화(digestion) 단계의 구획화(compartmentalization)를 용이하게 하고 병원체로부터 아래에 놓인 상피세포를 보호하

(a)

(b)

그림 6.11 수시렁이(Dermestid beetle)의 생활사 단계. (a) *Dermestes lardarius*의 성체. 길이=7–9 mm. (b) 동정되지 않은 유충 dermestid. 유충은 종종 가시같은 몸체의 '털' 때문에 'woolly bears'라고 부른다. 성체와 유충 모두가 집 안에서 발견되고, 보관된 물건들의 해충이 된다. 건조가 되기 전까지는 잔유물에서 거의 발견되지 않는다.

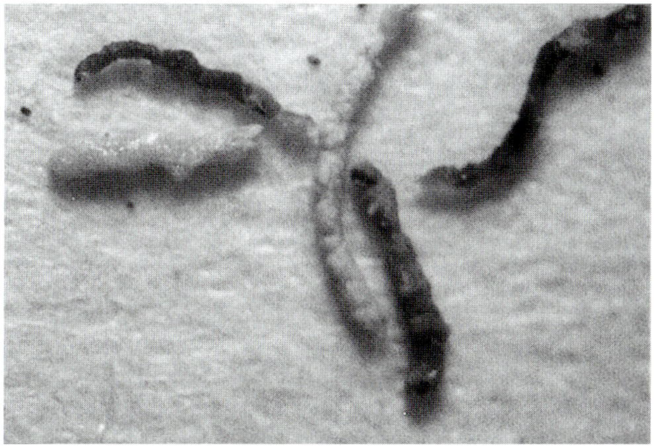

그림 6.12 수시렁이(Dermestid beetle)의 똥(frass). (Gennard, D. E. (2007) *Forensic Entomology*, John Wiley & Sons Ltd, Chichester 승인)

는 것으로 믿어진다. 수시렁이(dermestid)에서 분변은 위시막에 쌓인 채로 배설되어, 가늘고, 길고, 엷은 컴버랜드 소시지(Cumberland sausage)처럼 방출된다 (그림 6.12). 이 분변 또는 '유충의 똥(frass)'은 건조하고 잘 부스러지는데, 이는 수시렁이(dermestid)가 매우 효율적인 수분 유지 체계를 가지고 있기 때문으로, 이것이 건조하고 미이라화된 유해를 먹이로 섭취할 수 있는 이유이다. 일부 연구자는 이 똥의 존재는 PMI 결정에 이용할 수 있을 것이라고 제안하였지만, 이는 단순히 수시렁이(dermestid)가 있다거나, 또는 지금은 곤충의 위치는 모르지만 과거에 있었다는 것만을 말해 줄지 모른다.

명충나방 및 좀나방(Pyralid and tineid moths)

나비목(order Lepidoptera)인 명충나방(pyralid moth) 및 좀나방(tineid moth)의 몇 몇 종의 애벌레(유충)는 종종 시체와 연관이 된다. 예를 들어, 일반 나방 또는 거미줄옷좀나방(webbing clothes moth)인 *Tineola bisselliella* 및 주머니옷좀나방(case-bearing clothes moth)인 *Tineola pellionella*는 집안에서 흔한 해충으로 보통 보관된 옷과 카펫, 보관된 곡물(grain), 곡류(cereal) 및 건조된 야채를 먹이로 하지만, 건조되고 백골화가 된 시체에서 발견되기도 한다. 머리카락 및 손톱에서 발견되는 케라틴도 분해할 수 있다 (그림 6.13). 유사하게 명충나방인 *Aglossa caprealis* (그림 6.14) 및 *Aglossa pinguinalis*의 유충들은 정상적인 환경에서는 보관된 농업 생산물 및 부패 중인 야채를 먹겠지만, 건조된 시체에서 발견되기도 한다. 알을 밴 *Tineola pellionella*는 전형적으로 40-70개의 알을 약 24일에 걸쳐서 낳는다. 암컷 나방은 알을 낳는 동안에는 활발하게 날지를 않는다. 따라서 방에서 활발하게 나는 나방은 수컷이거나 알 낳기를 끝마친 암컷이다. 알은 온도에 따라서 7-37일 안에 부화하는데, 유충은 자주 몸 주변에 보호용 비단 같은 튜브를 만든다. 유충 기간은 온도, 습도, 먹

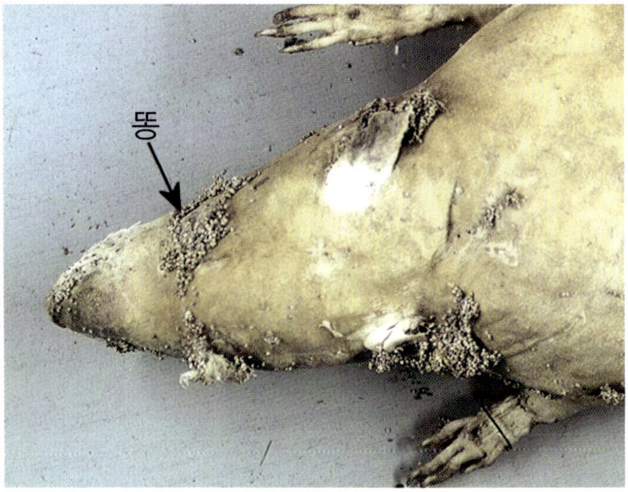

그림 6.13 옷좀나방의 유충에 의한 건조한 박물관 표본의 손상. 유사한 손상이 미이라화된 인간 잔유물에 일어날 수 있다. 털은 제거되고 귀의 손상이 죽는 중에 혹은 바로 직후에 일어난 병원성으로 오해될 수 있다. 그러나 똥(frass)(화살)은 과거 곤충의 활동을 의미하며, 손상의 원인을 확실하게 알려면 절단된 표면을 가까이 조사하는 것이 필요하다.

그림 6.14 성체 명충나방 *Agolossa pinguinalis*. 길이=1 mm. 성체 좀나방은 기본적인 하악골을 가지고는 있지만 명충나방 및 좀나방의 성체는 어떤 물리적 손상도 일으키지 않는다.

이의 종류에 따라서 2달에서 4년까지도 지속되고, 성숙한 유충은 보호용 튜브 안에서 유화가 되고, 11-54일 후에 성체 나방으로 우화한다.

다른 곤충들처럼 좀나방의 유충은 빛을 피하고 접촉주성(thigmotatic)으로 수직인 표면에 자신들의 방향을 잡는다. 결과적으로 한 방에서 두 시체에 집락을 형성할 수 있고, 따라서 다른 속도로 부

그림 6.15 동일한 방 혹은 환경에서도 어떻게 몸체가 동일한 속도로 부패하지 않는지를 보여주는 박물관 표본. 이 전시의 경우에는 전시 상자에 가장 가까운 쥐의 몸체가 좀나방 (옷좀나방)의 유충에 최초로 공격을 받았다.

패할 수 있다 (그림 6.15). 방 한쪽에 있는 시체는 중앙에 있는 것보다 앞서서 집락이 형성되고, 햇빛이 충분히 드는 곳이 어두운 곳보다 나중에 집락을 형성할 것이다.

진드기

진드기(mites, Acari)는 자주 시체에 많이 존재하고, 시체가 부패의 다른 단계로 진행됨에 따라서 종(species)들의 구성이 변해간다 (그림 6.16). 예를 들어, gamasid 진드기 (즉, *Macrocheles*)는 부패의 초기 단계에 많고, tyroglyphid 진드기 및 날개등에(oribatid mite) (*Rostrozetes*)는 시체가 건조하기 시작하면 더 많는 수가 된다. 일부 진드기는 시체를 먹이로 하지만, 다른 것은 포식자이고, 다른 것은 잔사식생물이고, 다른 것은 시체에서 자라는 진균(fungi) 및 미생물을 먹이로 한다. 법의학적 지표로서 진드기(Acari)의 가능성을 조사하는 것은 이것들의 작은 크기와 진드기 분류학자의 희소

(a) (b)

그림 6.16 부패 중인 잔유물과 연관되어 발견된 동정되지 않은 포식성 토양 진드기. 두 진드기 모두 길이가 약 1–1.5 mm이다. (a) 광학현미경 사진. 물을 흡수하여 어떻게 몸체가 부풀었는지를 주목하라. 잘못된 채집과 보관 (이것처럼)은 표본의 외형을 크게 변형시킨다. (b) 진드기의 복잡한 입부분을 보여주는 적외선 주사현미경 사진. 집게같은 협각(chelicerae)은 먹이를 잡는데 이용되며, 긴 손가락과 같은 다리수염(pedipalp)는 감각기 구조로 작용한다.

성 때문에 제한을 받는다.

지렁이

'벌레(worms)'는 일반적으로 시체와 연관되어있다. 예를 들어, 영국 민요 가사 중의 한 줄은 'On Ilkley Moor Baht' at 'goes' then t'worms 'll cum and eat thee oop'이다. [이 Yorkshire 방언으로부터 번역하면, 'Ilkley 황야지대에 모자를 쓰지 않고 가면 벌레가 너를 잡아먹을 것임(On Ilkley Moor without a hat' and 'then the worms will come and eat you up)'] 그러나 이 노래와 인기있는 민요에 나오는 '벌레(worm)'는 검정파리의 구더기인 것이 거의 확실하다. 작고 하얗고 꼬물거리는 어느 것이든지 '벌레'로 분류가 된다. 물론 지렁이(earthworm)는 상당히 다른 생명체로서 영국에 약 26종이 있다 (분배에 제한을 두고 도입된 몇 종들이 추가될 수 있음) (Sims & Gerard, 1985). 지렁이는 부패 중인 시체를 먹지만, pH 변화에 민감해서 토양에 대량의 산성 물질이 침투하면 피하게 된다. 지렁이, 특히 흙 위에 서식하는 종들은 빌딩으로 들어갈 수 있으며, 따라서 실내에서 발견된 시체에 지렁이가 존재한다는 것이 시체가 이전에 묻혔거나 흙 위에 놓여 있었다는 것을 의미하는 것은 아니다. 지렁이는 죽으면 빠르게 부패해서 악취가 나는 반죽이 됨으로, 만일 지렁이가 포함된 시체가 바다 또는 호수에 유기되면, 시체가 빨리 발견되지 않는다면 지렁이들이 시체가 있었던 장소에 대한 증거를 제시할 가능성은 없다. 지렁이는 비소(arsenic)를 포함하여 중금속을 축척하지만, 시체로부터 다른 독소들을 축척하는지는 알려져 있지 않다.

기타 무척추동물

선충(nematode), 민달뱅이(slug), 달팽이, 톡토기목(Collembola) (그림 6.17), 좀붙이목(Diplura), 노래기(millipede) 등과 같은 많은 토양 무척추동물들이 시체에서 발견되며, 특히 묻혔거나 또는 습기가 많은 흙에 유기된 경우에 발견되지만, 법의학적 연구에 도움이 되지는 않는다. 이것은 부분적으로는 동정(identification)과 관련된 어려움의 결과이고, 다른 면으로는 많은 경우에 이것들은 검정파리 유충보다 훨씬 느리게 발생해서 시간대를 결정하는데 덜 유용하기 때문이다. 그러나 토양 선충과 톡토기들의 풍부함과 다양성을 모니터링 하는 것은 공해생태학(pollution ecology)의 연구에 유

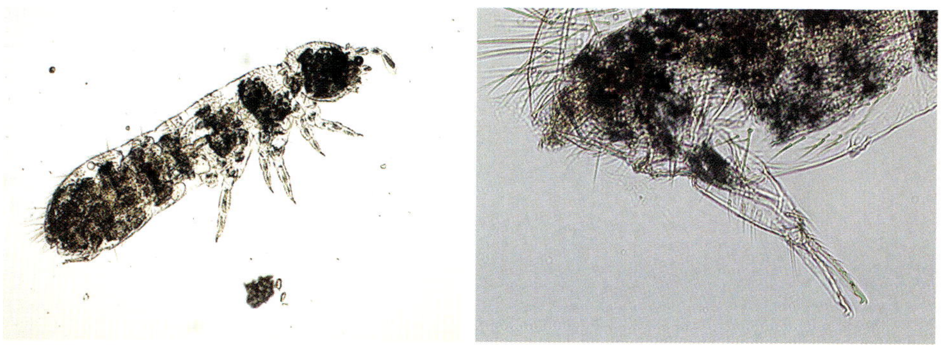

(a) (b)

(c)

그림 6.17 (a) 전형적인 토양 톡토기 및 (b) 튀는 기관 (교차다리, furca). 동굴의 톡토기는 자주 튀는 기관이 발달되어있지 않거나 없을 수도 있다. (c) 전형적인 표면에 사는 톡토기로 잎 쓰레기에서 발견; 더 큰 튀는 기관에 주목하라.

용하고, 부패 중인 커다란 시체가 나타나는 것은 어떤 면에서는 공해 사건(pollution incident)이다. 따라서 어떻게 그 집단이 시체의 아래와 주변에서 변해 가는지 탐구하는 것은 가치가 있을 것이다.

분변기호생물(Coprophiles)

분변기호생물(coprophiles)은 그 자신과 다른 동물들의 대변을 소비하는 생명체들이다. 쇠똥구리와 같은 일부 무척추동물은 분변이 유일한 먹이인 분변기호생물이지만, 다른 것들은 부패 중인 다른 물질들도 먹이로 섭취한다. 그러므로 많은 무척추동물에서 분뇨생물(coprophagy)인지 잔사식생물(detritivores)인지는 어느 정도 서로 받아들여지는 단순히 선택의 문제이다. 시체가 대변으로 덮여있는 경우 (살인자들은 종종 이런 방법으로 희생자의 신체를 훼손함), 내장의 내용물이 상처나 부패 과정을 통해서 노출되어있을 경우, 또는 유기나 사망 시점에 괄약근의 이완으로 옷이 더렵혀진 경우에 분변기호(coprophilic) 종들이 존재할 수 있다.

집파리(Muscidae) 및 딸집파리(Fanniidae)에 속하는 파리들

이 두 과(family)에 속하는 파리들은 대개 작고 갈색 또는 회색을 갖는다. 이것들은 성체와 유충 단계에서 다양한 생활양식을 보이지만, 몇 종은 분변과 연관이 되어있다 (Skidmore, 1985). *Musca domestica* (집파리, house fly), *Fannia canicularis* (딸집파리, lesser house fly) (그림 6.18) 및 *Fannia scalaris* (털딸집파리, Latrine fly)와 같은 몇몇 종들은 성체가 용이하게 빌딩에 들어가고, 유충은 분변이나 죽은 유기물에서 살아간다. 결과적으로 이런 종들은 비위생적인 조건에서 흔하며, 입은 사람이 생존해 있을지라도 더러운 옷에 우글거릴 것이다. 이것들은 시체, 특히 대변으로 더렵혀지거나 내장 내용물이 노출된 시체에서 발견될 것이다. *F. canicularis*, *F. scalaris*, *Muscina prolapsa*, *Muscina stabulans* 및 *Ophyra capensis*와 같은 몇몇 종은 매장된 시체에서 발견된다. 예를 들어, *Muscina stabulans* 및 *Muscina prolapsa* 암컷은 지표에서 20 cm 아래에 묻힌 미끼 위쪽의 흙에 알을 낳고, 부화한 후에 유충은 먹이에 도달하기 위해서 굴을 파고 들어갈 것이다 (개인적 관찰).

*M. domestica*는 생활사를 완성하기 위해서 비교적 높은 온도가 요구되며, 영국에서 성체는 5-6월이 될 때까지 외부에 나타나지 않는다. 그러나 실내의 온도가 높게 유지되는 곳에서는 계속해서 번식한다. 암컷 파리는 유충의 먹이배지(larval food medium) 틈에 한 번에 150개의 알을 낳는다. 알은 기저귀나 붕대와 같은 하얀 물질 위에 낳으면 보기가 매우 어렵다. 유충은 빠르게 발생하고 알 낳기부터 성체 우화까지의 전체 생활사가 최적의 조건에서는 5-8일 정도밖에 안 걸린다. 결과적으로 집락이 극도로 빠르게 성립이 된다. 원칙적으로 구더기증(myiasis)의 원인이 되지는 않지만, 혈액이 밴 옷이나 머리카락에서 발견되기도 한다. 오줌이나 대변으로 더렵혀진 옷에서 자주 발견되고 (그림 6.19), 이런 침입은 입은 사람이 사망하기 전에 일어날 수도 있다. 이는 사망 이후의 시간을 계산할 때에 마음에 두어야 할 만큼 중요하다.

(a) (b)

그림 6.18 (a) *Fannia cannicularis*의 유충. 이것들은 흔한 토양 무척추동물이고 자주 부패의 나중 단계인 시체에서 발견된다. '털이 많은' 외형으로 보이게 하는 몸체 옆면의 돌기에 주목하라. 이 유충들은 길이가 5–6 mm까지 자라고 더 크고 더 공격적이며 유사한 돌기를 갖는 *Chrysomya albiceps*와 혼동을 해서는 안된다 (그림 6.5). (b) 성체 *Fannia cannicularis*; 성체는 6–7 mm이다.

육식생물 및 기생생물

딱정벌레 및 반날개 (Carabid and staphylinid beetles)

많은 딱정벌레(carabid) 및 반날개(staphylinid) 종들은 다른 흙에 사는 무척추동물의 성체와 유충 단계에서 중요한 포식자이다. 딱정벌레의 일부 종들은 매우 효과적인 포식자로서 생물방제에 이용되지만, 시체의 동물상에 미치는 영향은 잘 알려지지 않았다. 딱정벌레 및 반날개의 유충은 외형이 비슷하지만 (그림 6.20), 다리의 모양으로 구별할 수 있다. 딱정벌레 유충은 6개의 분절을 갖는 다리를 가지지만 반날개의 다리는 5개의 분절이다. 또한 많은 딱정벌레 종들의 다리는 2개의 발톱을 갖지만, 반날개 종들은 1개를 갖는다.

송장벌레

송장벌레(Burying beetles) (송장벌레과, family Silphidae)는 여러 종의 성체들이 쥐와 같은 죽은 동물의 시체를 묻기 때문에 이렇게 불리는데, 이후에 그 유충들이 이를 먹이로 삼는다. 상당히 먼 거리에서 시체를 탐지하고, 신선한 시체에 가장 먼저 도착하는 무척추동물 중 하나이다. 시체를 묻는 종들에서는 여러 마리가 협력을 하여 묻고, 그 시체에 누가 알을 낳을지 결정하기위해서 싸운다. 인간의 시체 전부를 파묻을 능력은 없지만, 만일 절단이 되었다면 조각을 매장한다. 다른 방법으로는

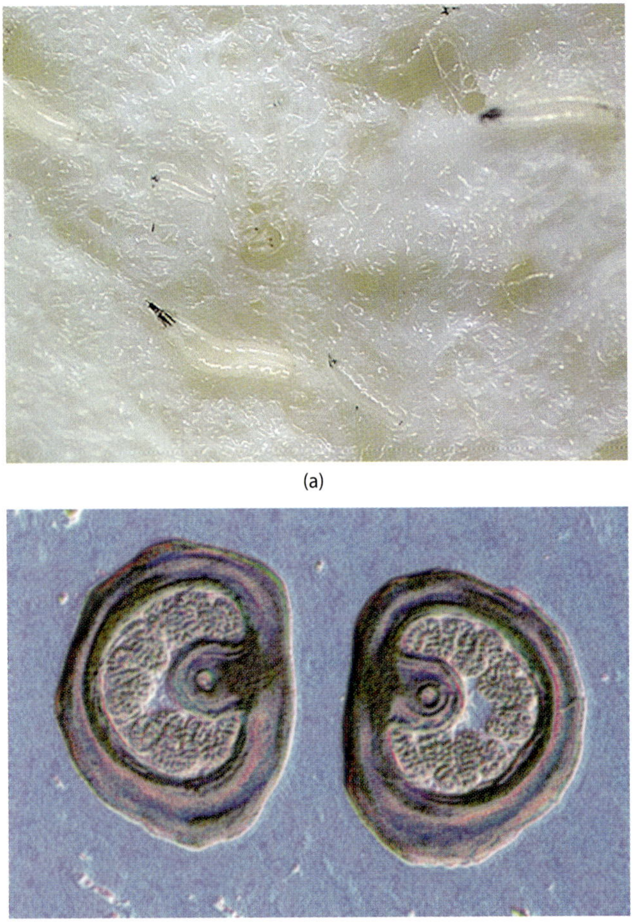

(a)

(b)

그림 6.19 흔한 집파리 *Musca domestica*의 유충. (a) 더러운 기저귀 속에서 발생 중인 유충들. (b) 제3령 유충의 뒷 기문. 기문의 구조가 *Calliphora* 및 *Lucilia* (그림 6.4b)의 것과 어떻게 다른지 주목하라.

조직 덩어리를 잘라내서 묻는다. 시체 또는 그 일부를 묻은 후에는 암컷이 시체 위에 알을 낳고, 세균과 곰팡이의 성장을 방해하기 위해서 암컷 후장(hind gut)의 분비물로 덮는다. 알은 약 2.5–5일 후에 부화하고 암컷은 부화한 것들을 지키고 있다. 일부 조에서는 수컷도 남아서 새끼들을 키우는 것을 돕는다. 종에 따라서 성체가 시체의 위에 만들어진 파인 부분으로부터 새끼들을 직접 먹이기도 한다. 유충의 발생은 5–8일이 걸린다. 마지막 령(instar) 이후에 유충은 기어 나와 약 2주 동안 유화(번데기화) 된다. 성체가 우화하지만 다음 해까지는 생식활동을 하지 않는다. 실질적으로 모든 송장벌레가 시체를 묻는 것은 아니다. 예를 들어, *Necrodes littoralis*는 커다란 척추동물의 몸 안에서 새끼를 키우는데, 자창(stab wound)을 통해서 들어갔다는 기록이 있다. 송장벌레 성체와 유충은 모두 검정파리 구더기를 소비하며, 일부 송장벌레 종들은 검정파리 알을 먹이로 하는 *Poecilochirus* 과에

(a)

(b)

그림 6.20 포식성 딱정벌레의 유충. (a) 반날개 유충 (b) 딱정벌레 유충. 유충과 성체 모두 무시무시한 포식자이지만, 시체에 구더기가 형성되는데 이 beetle들이 끼치는 영향은 아마도 작을 것이다.

속하는 진드기들의 운반 숙주(transport host)로 활동한다. 따라서 이론적 송장벌레가 검정파리 구더기의 수와 연령의 분포에 영향을 줄 가능성이 있다.

풍뎅이붙이

풍뎅이붙이(Histerid beetles)는 일반적으로 부패 중인 동물과 식물에서 발견된다. 이 종의 대부분은 성체와 유충 모두가 포식자이고, 또한 죽은 유기물도 어느 정도 소비한다. 일부 종들은 검정파리 알과 유충을 먹는데, 이 결과에 의한 부패 속도의 변화는 잘 알려져 있지 않다. 풍뎅이붙이는 검정파리보다 며칠 후에 시체에 도착하는데, 낮 시간에는 대개 시체 아래쪽에서 발견된다.

개미와 말벌

개미(벌목, order Hymenoptera)는 사회성 곤충이고 세계의 여러 부분에서 대량으로 발견된다. 열대 국가들에서 개미가 시체에서 가장 많이 존재하는 무척추동물일 수 있고, 모든 부패 단계에 존재한다. 많은 개미 종들은 포식자이고, 시체가 둥지 가까이 있다면, 알과 유충을 제거함으로서 검정파리 집단의 성립을 지연시킬 수 있다. 그러나 이것들도 시체의 조직을 먹이로 하고, 따라서 부패의 속도를 증가시킨다. 부패의 속도를 높이느냐 지연시키느냐는 어느 종이냐, 마리수의 풍부함 및 지역의 조건에 달려있다. 모든 개미 종이 육식성은 아니고, 따라서 부패에 영향을 줄 가능성이 있음으로 정확한 동정(identification)이 중요하다. 법의학 저서에 개미가 언급된 것은 거의 없지만, Goff 등 (1997)은 하와이에서 일어난 경우를 기술하였는데, 철재 트렁크에서 발견된 시체의 PMI를 트렁크 안에 만들어진 개미 집을 위해 걸리는 시간으로부터 날개가 달린 생식 계급이 만들어지는 단계까지로 측정하였다.

모든 사회적 말벌(wasps)의 유충들은 육식생물인 말벌과(family Vespidae)에 속하고, 성체 말벌은 다양한 다른 무척추동물들을 먹이로 삼는데, 집으로 가져가서 소비한다. 따라서 거대한 말벌 집은 주변 무척추동물의 동물상에 영향을 주지만 (Archer & Elgar, 2003), 성체 말벌은 또한 가까운 시체로부터 고기 조각을 찾기도 한다.

지네와 거미(Centipedes and spiders)

모든 지네(지네강, class Chilopoda) 및 거미(거미속, genus Aranea)는 포식자이고 시체에서 발견되지만, 다른 동물상(fauna)에 미치는 영향에 대해서는 알려져 있지 않다. 그러나 엄청난 생식 능력, 빠른 성장 속도, 많은 검정파리 종들을 끌어 모으는 힘 등을 고려하면, 중대한 영향을 끼칠 가능성이 있다. 어떤 지네들은 자연적으로 집과 빌딩 밖에서 발견되는 반면에, 길고 가는 호지성생물(geophilomorph) 종들과 같은 다른 것들은 대개 흙에서만 발견된다. 거미는 대개 거미줄을 짜는 것과 관련이 있지만, 많은 종들은 활동적으로 사냥을 하거나 자신의 은신처 입구에 보초를 서고 갑자기 지나가는 먹이를 붙잡기 위해서 달려 나간다. 많은 종의 거미가 시체에서 종종 발견되는데, 다른 시체 동물상을 먹이로 삼기 때문이기도 하지만, 또한 그곳을 안식처로 삼거나 또는 거미줄을 위한 기초로 삼기 때문이기도 하다.

기생성 곤충

기생성 곤충(Parasitoid insects)은 다른 무척추동물, 대개는 곤충의 몸 안에 알을 낳는 것들이다. 알은 숙주 안에서 부화하지만, 기생생물이 유충 발생을 완성할 때까지는 숙주를 죽이지 않는다. 검정파리와 집파리의 유충 또는 번데기를 공격하는 기생성 말벌에는 *Nasonia vitripennis*, *Alysia manducator*, *Muscidifurax raptor*, *Spalangia cameroni* 등이 있다. 이는 유충과 번데기의 발생 속도를 지연시키는 결과가 되고, 궁극적으로는 기생을 당한 곤충이 죽게 된다. *Nasonia vitripennis*는 검정파리 종들의 번데기에 알을 낳는다. 성체 암컷 말벌 (그림 6.21)은 산란관(ovipositor)으로 번데기에 구멍을 뚫고 발생 중인 번데기의 끝부분에 알을 낳는다. 이는 번데기가 형성되고 24-30시간 이후에 일어나는데, 즉 제3령 유충의 큐티클이 번데기의 큐티클과 분리되어 번데기를 형성하는 시점이다. 부화 후에는 말벌의 유충이 파리 번데기를 먹고, 그 과정에서 죽이게 된다. 말벌은 숙주

그림 6.21 성체 기생말벌 *Nasonia vitripennis*. 이 종들은 검정파리의 번데기 케이스 내에 알을 낳지만, 다른 종들은 유충에 알을 낳고 구더기 먹이섭취 집단 내에서 희생자를 찾는 것을 볼 수 있다. 길이 단위 = mm.

의 번데기 안에서 유화하고, 성체는 온도에 따라서 10-50일 후에 잘라내고 밖으로 나온다. *Alysia manducator*는 유사한 생활사를 갖지만 알을 발생 중인 번데기 내에 직접 낳는다. 기생생물의 법의학적 중요성은 이것들이 지역적으로 개체수가 많을 수 있다는 것으로, 만일 검정파리 유충인 번데기를 배양할 목적으로 수집을 한다면, 기생충에 의한 폐사(mortality)를 고려해서 시료 크기를 크게 해야만 한다. 그러나 *Nasonia vitripennis*는 파리의 24-30시간이 된 번데기만 알을 낳음으로 성체 기생충이 언제 우화하느냐를 기록해서 사후 간격을 결정할 수 있다 (Grassberger & Frank, 2003). 만일 말벌이 발생하는데 얼마나 걸리는가를 알면, 그것이 언제 알을 낳았는지 계산하고, 그 날짜가 번데기가 24-30시간 된 시점이고, 이는 검정파리가 언제 알을 낳았는지를 알게 하고, 따라서 그 사람이 사망한 대략의 날짜를 결정할 수 있다. 비슷한 방법으로 벼룩파리를 기생충으로 이용하는 가능성이 제시되었다 (Disney & Munk, 2004).

시체를 떠나는 무척추동물

벼룩과 몸이

벼룩(flea), 몸에 사는 이(body lice), 머릿니(head lice) 등은 숙주가 사망해서 체온이 떨어지기 시작하면 바로 떠난다. 사망한 사람의 옷 위로 기어가는 모습은 사망한지 오래되지 않았다는 지표이다. 영국에서는 인간벼룩, *Pulex irritans*는 더 이상 흔한 해충이 아니고, 사람들은 대개 고양이벼룩 *Ctenocephalides felis*와 개벼룩 *Ctenocephalides canis*와 접촉을 하게 된다. 인간은 애완동물로부터 얻은 1-2마리의 벼룩을 가지고 있고 대량으로 갖는 경우는 무지(neglect)하거나 비위생적 환경에 사는 경우에만 존재한다. 몸에 사는 이, *Pediculus humanus humanus*의 경우에는 이것이 맞지만, 머릿니 *P. humanus capitis* (그림 6.22)는 부유한 가족들에게서 조차도 매우 흔하고, 특히 어린이들에게 그렇다. 사면발이(crab lice)는 성적으로 난잡한 사람 및 이런 사람과 관계를 갖는 사람들 사이에 매우 흔하다. 이것은 일반적으로 음모에 사는 이(pubic lice)로 알려져 있지만, 수염과 같이 신체의 거친 털에도 발견된다. 남성과 여성 모두가 음모와 신체의 털을 제거하기 위한 왁스를 사용하는 것이 증가하는 결과로 음모에 사는 이가 줄어드는 중이라는 확인되지 않은 보고가 있다. 음모에 사는 이는 천천히 움직임으로 시체에서 떠나는 것을 볼 가능성은 낮다. 벼룩이나 이와 같은 외부기생충은 질병의 매개자로 활동을 한다는 것을 시체를 연구하는 사람들은 마음에 두어야 한다.

시체에 우연하게 연관되는 무척추동물

기타 곤충들

시체의 부패 과정과 관련이 없는 무척추동물들이 옷에 갇힌다던지 또는 시신을 은신처로 이용하다가 우연하게 시체와 연관이 될 수도 있다. 다르게는 시체가 발견된 차량 또는 컨테이너에 갇힐 수도 있다. 이런 무척추동물이 지리학적 분포가 한정이 되었고, 특정한 서식지와 연관이 되어있거나 또는 그 해의 특정한 시기에만 활동을 한다면, 그 사람과 연관된 특정한 시간과 특정한 장소에 대한 증거를 제공할 수 있다.

사망 원인으로의 무척추동물

영국에서 인간의 건강에 중대한 위협이 되는 독을 갖는 토종 무척추동물 종은 거의 없다. 그러나 일부는 민감성을 갖는 개인에게 과민성 반응(anaphylactic reaction)을 유발하거나, 또는 입이나 목을 쏘아서 질식사를 일으키게 빠르게 부어올라서 사망에 이르게 한다 (5장). 영국 및 북부 유럽에서 무척추동물에 의한 사망의 대부분은 꿀벌과 말벌에 쏘이는 것과 관련이 있으며, 영국에서 1년에 평균적으로 2-9건이 일어난다. 꿀벌은 침을 쏘고 그대로 남기며, 그 결과 꿀벌은 죽게 된다. 따라서 벌에 쏘이는 것은 벌침의 물리적 존재에 의해서 또는 죽은 꿀벌에 의해서 진단된다. 말벌과 땅벌(hornet)은 침을 남기지 않고, 죽은 벌이 보이는 경우가 아니라면, 근처에 벌집이 존재하는 것으로만 이것들이 관여했다는 것을 알 수 있다.

무척추동물은 사람의 정신을 다른 곳에 쓰게 하거나 공포를 일으키고, 이것이 치명적인 사고를 일으

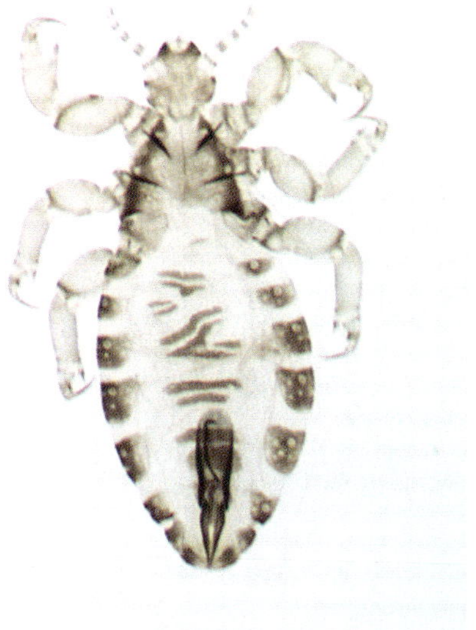

(a)

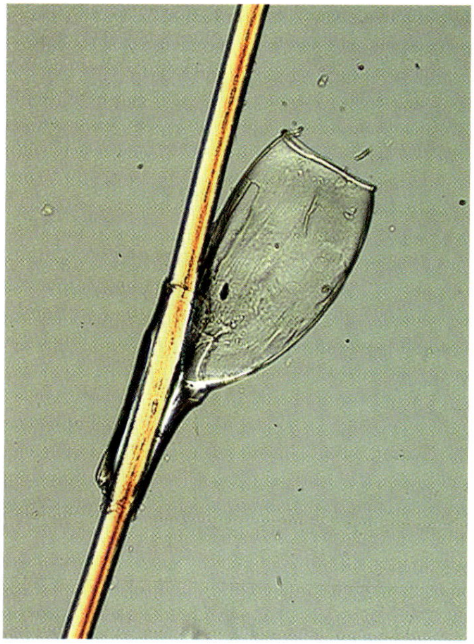

(b)

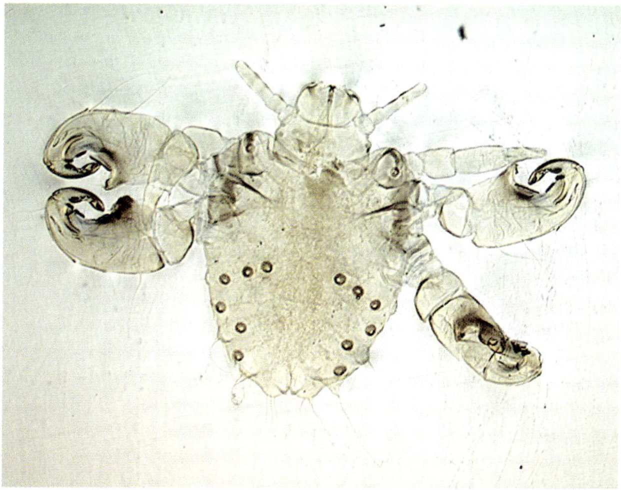

(c)

그림 6.22 일반적인 인간 이. (a) 인간 머릿니 *Pediculus humanus humanus*. (b) 머리카락에 붙어있는 *P. humanus*의 알(egg)[(이 등의 '서캐(nit)']. 알이 부화되었다. (c) 인간 사면발이, *Phthirus pubis*. 이 이들은 수염과 눈썹과 같은 다른 거친 털에서도 발견된다.

표 6.1 시체와 흔하게 연관되는 곤충의 요약

곤충	연관
파리목	
검정파리 성체	부패 초기 단계의 시체에 알을 낳음.
	부패의 모든 단계의 시체를 먹이로 함.
검정파리 유충	부패의 초기 단계의 시체를 먹이로 함.
쉬파리 성체	부패 초기 단계의 시체에 알을 낳음.
	부패의 모든 단계의 시체를 먹이로 함.
쉬파리 유충	부패의 초기 단계의 시체를 먹이로 함.
집파리+딸집파리	더러운 옷과 분변에 알을 낳음.
성체	부패의 모든 단계의 시체를 먹이로 함.
집파리+딸집파리	분변과 더러운 부분을 먹이로 하며, 시체에 아직 습기가 있으나 검정파리 유충이 크게 감소하였을 때인 부패의 나중 단계에서 또한 발견됨.
유충	매장된 시체에 집락 형성이 가능함.
벼룩파리 유충	부패의 초기 및 나중 단계의 시체를 먹이로 함. 매장된 시체에 집락 형성이 가능함.
동애등에 유충	시체가 건조한 후에 주로 먹이로 함. 매장된 시체에 집락 형성이 가능함.
치즈파리(Piophilid) 유충	부패의 나중 단계의 시체를 먹이로 함.
배짧은 꽃등에(Eristalid) 유충	더러운 부분 및 액화된 부분을 먹이로 함.
장각아목 유충	검정파리가 활동하지 않거나 그 수가 적은 때인 추운 계절에 시체를 먹이로 함.
딱정벌레목	
딱정벌레과	성체와 유충이 포식자임. 시체의 다른 곤충을 먹이로 함.
반날개과	성체와 유충이 포식자임. 시체의 다른 곤충을 먹이로 함.
풍뎅이붙이과	성체와 유충이 포식자임. 시체의 다른 곤충을 먹이로 함. 검정파리보다 며칠 후에 도착함.
송장벌레과	성체와 유충이 포식자임. 시체의 다른 곤충을 먹이로 함. 성체는 부패의 초기 단계에 도착함.
수시렁이과	성체와 유충이 잔사식생물. 시체가 건조하면 먹이로 함.
벌목	
말벌	성체는 다른 곤충을 포식함. 시체의 고기를 제거함.
기생벌	성체는 파리목의 유충 및 번데기에 알을 낳음.
개미	일부 종들은 다른 곤충을 포식함. 시체의 고기를 제거함.
나비목	
명충나방	시체가 건조되면 유충이 먹이로 함.
좀나방	시체가 건조되면 유충이 먹이로 함.
바퀴목	
바퀴벌레	영국에서는 실내에서만 발견됨. 약충 및 성체는 모든 단계의 시체를 먹이로 함.
이목	
머릿니, 몸에 사는 이	시체가 식기 시작하면 떠나는 기생곤충
톡토기목	
톡토기	흙 위에 남겨진 시체의 아래 부분에서 발견되는 일반적인 잔사식생물로, 특히 부패의 나중 단계에서.
좀붙이목	흙 위에 남겨진 시체의 아래 부분에서 발견되는 일반적인 잔사식생물로, 특히 부패의 나중 단계에서.

키는 원인이 되서 간접적으로 사망에 책임이 있다. 거미, 말벌 및 꿀벌은 이것들에 공포증을 갖는 인간들에게 공황발작(panic attack)을 일으킨다. 그러므로 이것들이 다른 것으로는 '설명할 수 없는' 차량 사고와 연관이 있다고 생각된다. 말벌 또는 꿀벌 한 마리가 창문을 통해서 차 안으로 들어올 수 있고, 운전자는 이것을 때리거나 또는 피하려는 시도를 하다가 결과적으로는 통제를 상실한다. 운전자가 쏘일 필요가 없고, 곤충은 사건 후에 날아가 버려서 보이지 않을 것이 거의 확실하다. 운전자가 사망을 하면, 쏘였을 경우에 조차도, 알레르기 반응이 일어날 시간이 없고, 부검에서 쏘인 것과 관련된 어떤 병리학적인 부분을 놓칠 수도 있다. 유사하게 어떤 사람이 윙윙거리는 곤충이나 머리에 매달린 거미를 피하려고 노력하다 빠르게 달리는 차량에 뛰어들 수 있다. 호박벌(bumblebee)은 쏠 가능성은 없지만, 거대한 크기와 큰 소리로 윙윙거리는 행동 때문에 공황발작을 일으킬 수는 있다.

일부 무척추동물의 분변과 키틴질에 있는 알레르겐(allergen)은 민감한 개인에게 강한 반응을 일으킨다. 예를 들어, 집먼지 진드기(house dust mite), *Dermatophagoides pteronyssinus*는 알레르기의 흔한 원인이고, 천식 발작(asthma attack) 및 다른 증상들을 일으킬 수 있다. 사후에도 과민성 쇼크(anaphylactic shock)를 진단하는 능력이 발달된 지금은 원인을 모르게 갑자기 사망한 몇몇 경우가 이 진드기에 대한 과민성과 연관이 있었다는 것을 보여준다 (Edston & Hage-Hamsten, 2003). 유사하게 메뚜기들이 민감한 개인들에게 치명적 반응을 일으킬 가능성이 있다. 따라서 일상적으로 메뚜기와 함께 하는 동물 기사들은 미리 적절하게 조심을 해야 한다. 메뚜기 떼가 자연적으로 발생하는 국가들에서는 인간 질병이 이것들의 군집 행동(swarming behavior)와 연관이 있다. 예를 들어, 2003년 9월에 중앙 수단(Sudan)의 한 도시에서 메뚜기 떼가 갑작스럽게 유입되어 천식 반응이 일어났으며, 이 결과로서 11명이 사망하고 수천 명이 호흡곤란으로 입원한 것으로 보고되었다.

유기 및 동물 복지의 경우에 법의학 지표로서의 무척추동물

구더기증 및 오염

유기(neglect) 및 동물 복지에 관련되는 무척추동물은 전형적으로 상처를 가하거나 피부에 사는 것들이다. 파리목(Diptera) 유충이 상처에 침입한 것을 '상처 구더기증(wound myiasis)'이라고 하는데 대개 검정파리와 쉬파리의 구더기가 관여한다. 치료받지 않으면 상처가 넓어지고, 더 많은 파리가 공격하여 알을 낳게 될 것이다 (그림 6.23). 쉬파리에 의한 상처 구더기증은 매우 빠르게 발생하는데, 암컷 파리가 제1령 유충을 상처 안쪽과 옆에 넣기 때문이다. 고통과 괴로움에 더해서, 이 조건에서는 치명적인 패혈증(septicaemia, 세균이 혈액에 감염되는 것)이 일어날 수 있다. 개방된 상처를 갖는 어떤 사람이 너무 어리거나, 너무 늙었거나, 너무 아프거나, 정신적으로 무기력한 상태여서 자신을 돌볼 수 없다면, 구더기증의 고통을 받을 위험성이 있고, 구더기가 가득한 것이 발견된다면 대개 유기의 신호로 고려된다. 상처 구더기증은 또한 양, 염소와 같은 농장 동물 및 토끼와 같은 애완

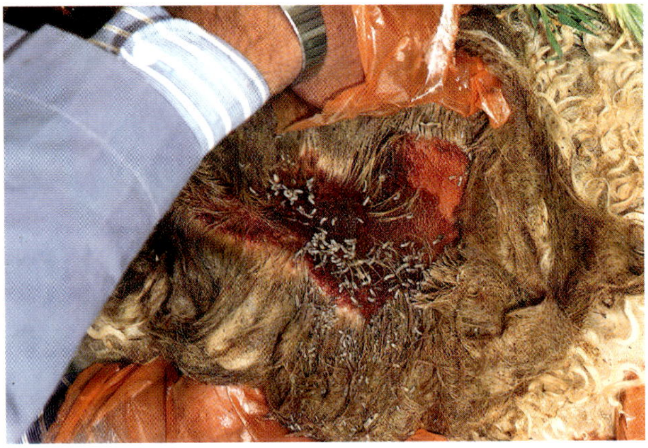

그림 6.23 양에서 심한 검정파리 공격. 감염은 틈에 생겨서 뒤쪽 발의 위쪽으로 확장되는 중이다.

동물에게도 흔한 문제이지만, 그것이 광범위하게 발생하도록 하지 않았다면, 주인이 동물복지법으로 기소되는 경우는 흔하지 않다.

더렵혀진 옷이나 드레싱을 정기적으로 갈아주지 않는다면, *Musca domestica* 및 *Fannia canicularis*와 같은 공격적이 아닌 파리들과 *Calliphora vicina*와 같은 조직 하부를 침범해서 결과적으로 상처 구더기증을 일으키는 파리들의 관심을 끌게 될 것이다. 파리알은 대개 희거나 엷은 노란색이고 기저귀나 붕대와 같은 유사한 색의 배경에서는 간과하기 쉽다. 알은 체온 때문에 빠르게 부화하고, 유충은 체내 침입을 인지하기 전에 잘 발생할 것이다. 다른 무척추동물도 더렵혀진 옷이나 드레싱을 먹이로 하지만, 이것들은 그 사람이 유기된 기간을 결정하기 위해서는 덜 유용하다. 예를 들어, 바퀴벌레는 먹이를 섭취한 후에는 갈라진 틈 등의 휴식장소로 돌아간다.

애집개미(Pharaoh's ant, *Monomorium pharaonis*) 및 다른 개미 종들은 상처와 드레싱을 침입할 것이며, 짧은 기간 내에 많은 수에 도달할 수 있다. 애집개미는 매우 작고, 인지되기 전에 빌딩 안에 그 자체로 거대한 집락을 형성할 수 있다 (영국에서 야생에 살지는 않음). 이것들은 *Staphylococcus*, *Clostridium*, *Pseudomonas* 및 *Salmonella*의 여러 종을 포함하는 다양한 범위의 병원세균을 퍼트릴 수 있음으로 병원에 존재한다면 심각한 문제이다.

벼룩, 이, 진드기

벼룩(fleas), 이(lice), 진드기(mites)는 흔한 비위생적인 조건에 사는 인간의 외부기생충(ectoparasite, 신체 표면에 사는 기생충)이고, 종종 유기(neglect)의 신호가 된다. 건강하면 그 수가 적고 아무 해도 끼치지 않지만 대부분의 애완동물 및 야생동물들은 외부기생충(ectoparasites)에 의해 감염되어있다. 양의 개선충(scab mite), *Psoroptes ovis*는 예외적으로 빠르게 발생하여 치명적인 감염이 될 수 있다. 영국에서 이는 신고대상 질병(notifiable disease)이고 (당국에 감염의 존재를 보고하는 것이 법으로 요구되는 것임), 양떼가 감염이 되었건 아니건 간에 1년 중 특정한 기간에 양털의 기생충 등을 없애기 위해 액체에 양을 담그는 것(sheep dipping)이 의무였다. 그러나 오늘날에는 액체에 양을 담그는 것은 일부 지역에서만 의무로 남아있다. 감염된 양을 소유하는 것은 범죄가 아니지만, 그 존재를 신고하지 않거나 또는 그것을 발견하고도 치료하지 않는 것은 범죄가 될 수 있다. 탐지하기가 극도로 어려운 무증상(sub-clinical)의 양 개선충의 감염은 활동적인 단계로 악화되기까지 그 진행에 많은 요소들이 영향을 주는데, 며칠 또는 몇 년 후에 일어날 수도 있다. 결론적으로 가장 광범위한 병변을 갖는 양이 가장 오랫동안 감염된 것이 아닐 수도 있기 때문에 이것이 오랫동안 유기되었다는 것을 증명하는 것은 어렵다.

식품 부패 및 위생 소송에서의 무척추동물의 역할

사회가 발전함에 따라서 사람들은 음식에 무척추동물들이 존재하거나 과거에 존재했었다는 흔적들을 점점 받아들이기 싫어하게 되었다. 결과적으로 적은 수의 무척추동물, 그것들의 분변 및 탈피각(cast skin) 또는 깨문 자국들조차도 인간이 식품으로서 소비하기에 부적절하다고 결정하는데 충분하였다. 이는 생산품을 판매하지 못하기 때문에 또는 목적에 맞지 않는 물건을 판 것에 대한 처벌의 결과에 의한 법적 과정 때문에 식품 판매자들에게 막대한 재정적 손실을 야기할 수 있다. 이에 더해서, 무척추동물의 존재는 이것들이 병을 전파하는 능력 때문에 유해한 것으로 고려된다는 문제가 있다. 예를 들어, 곤충이 음식 위를 돌아다닐 때에 세균, 바이러스, 원생동물, 선충 등과 같은 병원체를 전파할 수 있다. 무척추동물의 많은 종들이 식품 부패와 관련이 있지만 여기서는 일부만 언급하겠다.

검정파리 및 파리류

파리(flies), 특히 검정파리(blowfly)는 육류 및 육류 생산품을 부패시켜 사람들이 그것을 소비하는 것이 부적절하게 하는 것으로 악명이 높다. 부패는 성체 파리, 알 및 유충에 의한 것일 수 있다. 성체 파리는 분변과 상한 유기물도 먹이로 삼기 때문에 인간에 있는 세균과 원생동물들을 광범위하게 전파할 수 있다 (그림 6.24). 많은 병원체들이 파리의 내장을 아무런 피해없이 통과하고, 파리의 발에 전달된다. 파리똥에 의해서 만들어지는 흔적들은 흰 배경에서는 쉽게 볼 수 있지만, 신선한 고기와 같은 어두운 물질에서는 간과하기가 쉽다. 검정파리는 종종 커다란 알 덩어리를 육류에 남기는데, 노출된 지역보다는 갈라진 틈이나 표면 아래에 남긴다. 이런 고기를 '파리에 더럽혀졌다(flyblown)'고 하는데 인간이 소비하기에 부적절하다. 짧은 시간 노출된 고기도, 가게나 부엌에서 파리가 들어오지 못하도록 조치를 취하지 않는다면 파리에 의해 더럽혀질 수 있다. 냉장이 되지 않는다면 검정파리 알은 24-48시간 내에 부화하고 유충은 빠르게 발생한다. 유충은 함께 가까이서 먹이를 취하는 경향이 있고 빛을 피하기 때문에 고기를 구매할 때까지 보이지 않을 수 있고, 언제 고기가 오염되었

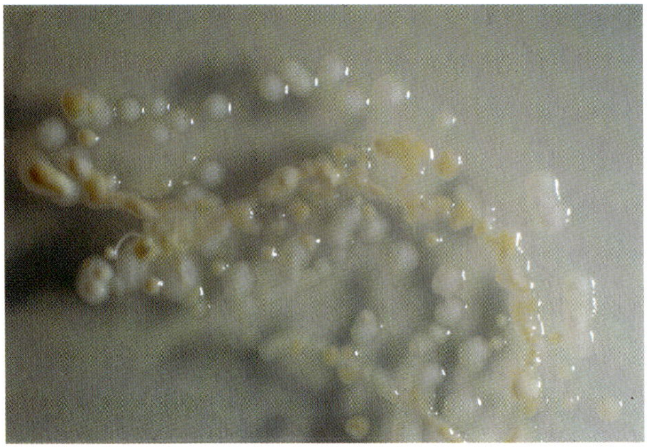

그림 6.24 검정파리가 한천 플레이트 위를 걸어 다니고, 세균은 부절 (하얀 집락) 및 주둥이(proboscis) (노란색 집락)가 표면에 접촉한 부분에서 자란다.

느냐에 대한 논쟁이 있다면 법적 문제가 발생할 수 있다. 법적인 경우는 정확한 동정(identification)과 고기를 동물을 잡는 시점부터 논쟁이 일어난 시점까지 어떻게 보관했느냐 하는 조건에 대한 정보에 의해서 대개 해결된다.

검정파리와 쉬파리 유충에 더해서, 많은 다른 파리 종들의 구더기들이 다양한 식품에서 발견된다. 예를 들어, 부패의 마지막 단계인 시체와 자주 연관되는 *Piophila casei*의 유충은 또한 치즈와 햄의 해충이다. 수많은 파리 종들이 곡물의 해충이고 이것들의 유충이 다양한 곡물에서 발견된다 [즉, onion fly인 *Delia antiqua* 및 양배추 뿌리 파리(cabbage root fly)인 *Erioischia brassicae*]. 고기 위에 이런 파리들의 존재는 검정파리의 존재보다는 대개 훨씬 덜 심각하고, 오염된 부분은 잘라낼 수 있어서 법적인 문제가 발생할 가능성은 거의 없다.

갑충류

많은 갑충류(beetles)들, 예를 들어, 곡물바구미(grain weevil) *Sitophilus granarius* 및 거저리(mealworm) *Tenebrio molitor*는 보관된 생산품에 흔한 해충이다. 곡물과 그것을 보관한 자루에 피해를 주는 거대한 집단이 형성될 수 있다. 저장된 상품의 해충인 다양한 갑충류가 살충제에 저항을 갖는 변종이 증가하기 때문에 문제가 더 심각해진다. 보관된 상품의 어떤 배치(batch)에서 갑충류가 침입하였느냐하는 논쟁에 대하여 법적인 공방이 발생한다.

개미 및 말벌

개미(ants), 벌(bees), 말벌(wasps)은 자주 설탕 음료 또는 식품과 같은 단 물질에 유인이 되는 반면에, 사회성 말벌과 일부 개미는 육류 생산품에도 유인된다. 따라서 식품에 개미, 벌, 말벌 등이 존재한다는 것은 공정의 전후에 오염의 결과일 수 있다. 기생성 말벌들은 갑충류와 나비목 유충에 기생하는 해충으로 보관된 생산품에서도 자주 발견된다.

나비 및 나방

많은 나비(lepidoptera) 종들이 농작물 [즉, 배추흰나비(Cabbage white butterfly, *Pieris brassicae*)] 및 저장된 생산품 [즉, 밀가루명나방(flour moth, *Ephestia kuhniella*)]에 해충인 유충을 갖는다. 신선한 제품에 애벌레가 있는 것은 큰 문제가 되지 않는데, 그것들의 분변과 함께 쉽게 보이고, 씻어낼 수 있기 때문이다. 그러나 보관된 생산품에 해충이 존재하는 것은 언제 침입이 발생했느냐에 대한 논쟁이 생길 수 있다.

바퀴벌레

대부분의 바퀴벌레(cockroach) 종들은 큰 곤충들이다. 그러나 야행성이기 때문에 먹이 활동에 대한 흔적이 곤충 그 자체보다도 더욱 분명하다. 이것들은 잡식성이며 육류 제품부터 과일, 왁스, 종이 및 곡물까지 모든 것을 먹는다. 오염을 통해서 인간에 있는 많은 수의 세균 및 원생동물 병원체를 전파할 수 있기 때문에, 이것이 존재한다는 흔적은 공중위생에 큰 문제가 된다. 식품이 보관되는 동안이나 가공 과정에 침입을 한다면 바퀴벌레의 일부 (즉, 다리, 날개, 알 등)가 가공된 식품에 있을 수 있다. 모든 무척추동물에서 식품의 가공 과정은 곤충의 형태에 영향을 줄 것이고, 따라서 이것들이 가공 전후에 언제 섞였느냐에 대해서는 더 많은 연구가 필요하다.

진드기

수많은 진드기 해충의 종(species)들이 존재하지만, 모두들 크기가 작기 때문에 이것이 자주 간과된다. 가루응애(grain mite, *Acarus siro*)와 같은 진드기는 밀가루와 같은 보관된 제품에 큰 문제가 될 수 있다. 진드기의 분변과 탈피각은 밀가루나 곡물 등에 사향(musky) 맛을 나게 하고 소화 불량의 원인이 될 수 있다. 오염된 식품을 일상적으로 다루는 사람들은 알레르기 반응을 일어나 습진과 천식이 나타날 수 있다. 침입은 식품이 제대로 보관되지 않았을 때에, 특히 습기가 차도록 했을 때에 일어난다. 식품에 침입이 언제 (즉, 가공, 보관, 수송) 있었는지에 대한 논쟁이 있을 때에는 법적 공방이 일어난다. 이는 진드기 집단을 측정하는 것을 통해서 결정될 수 있는데, 진드기 생물학적 지식과 상품이 보관되었던 환경 조건을 참고하여 그 정도 수준에 도달하는데 걸린 시간을 측정할 수 있을 것이다. 법적 문제는 근로자가 감염된 곡물에 노출을 통해서 생긴 나쁜 건강으로 고통을 받는다고 주장해서 발생할 수도 있다. 그러나 이는 의료적 문제이고, 따라서 법의곤충학의 범위를 넘는 것

표 6.2 법의학과 연관된 주요 곤충 목(目, order)의 요약

곤충 목	법의학적 연관
좀붙이목	체에서 발견됨
톡토기목	시체에서 발견됨
흰개미목	식품 부패, 구조 손상
바퀴목	실내에 남겨진 시체에서 발견됨, 식품 부패, 혐오
다듬이벌레목	식품 부패
이목	방치
벼룩목	방치
날도래목	호수, 연못 및 시내에 남겨진 시체에서 발견됨.
나비목	시체에서 발견됨, 식품 부패, 구조 손상, 보호종의 불법 기래
파리목	시체에서 발견됨, 방치, 식품 부패, 혐오
벌목	시체에서 발견됨, 방치, 식품 부패, 사망원인, 구조 손상
딱정벌레목	시체에서 발견됨, 식품 부패, 구조 손상

이고, 근로자가 다른 물질들 (즉, 곰팡이 포자)에 노출되어 알레르기 반응을 일어날 수도 있다.

거미

거미(spiders)는 모두 육식성이고, 그것들이 발견된 식품을 상하게 하지는 않는다. 그러나 타란툴라(tarantula)와 같은 커다란 열대 거미들은 간혹 외국 과일과 함께 수입되기도 하는데, 방해를 받으면 고통스럽게 깨물고, 이것들의 가시와 같은 강모(setae, body hair)는 쉽게 떨어져 나가는데, 만일 피부가 찔리면 심한 발진의 원인이 된다. 거미의 일부 종들은 공기에 노출된 음식으로 떨어지는 경향이 있다. 예를 들어, 거미줄을 만들지 않고 활동적으로 먹이를 찾는 늑대거미 및 암컷과 물을 찾아 야간에 갈라진 틈에서 나오는 수컷 집거미(house spider, *Tegenaria* 종)가 있다. 결론적으로 거미는 사람이 식품을 구매해서 부엌에 놓은 이후에 식품으로 접근하는 길을 찾을 수 있다.

무척추동물의 밀매

가재, 굴 등 일부 무척추동물들은 진미(delicacy)로 생각되고, 가격이 비싸다. 이는 불법 어업 (즉 할당량보다 더 많이 잡는 것) 및 밀렵을 하도록 하여, 집단이 감소하고 서식지가 파괴되는 결과를 가져온다. 또한 가짜가 확산되면서 세입이 줄어들고, 부정확하게 표시된 소비에 적합하지 않은 상품/음식이 판매되는 결과를 야기한다. 이는 호주, 남아프리카 및 다른 여러 나라에서 밀매되는 전복

(abalone)을 예로 들 수 있다 (Tailby & Gant, 2002; Hauck & Sweijd, 1999). 전복은 바위가 많은 해안선을 따라서 수심 100 미터까지 자라는 커다란 (껍질 크기가 230 mm까지 됨) 해양 복족류 연체동물(gastropod mollusc)이다. 55종이 있으며 15종정도가 상업적으로 양식된다. 전복은 아시아의 여러 지역, 특히 정력 효과를 포함하여 여러 가지 건강에 좋은 특성을 갖는 것으로 생각하는 중국인들에 의해서 진미로서 여겨진다. 중국에서 'Gon Bao Yu'와 같은 최고 품질의 전복으로 만든 식사는 가격이 5000 달러($US)가 되며, 결과적으로 전복은 고가의 적게 생산되는 제품을 대표한다. 더욱이 전복은 야생에서 쉽게 채집할 수 있는 반면에, 양식 전복은 요구를 충족할 정도로 충분한 양을 생산할 수 없다. 이것은 조직 갱들이 밀매를 매우 매력적으로 생각하게 하며, 이들은 남아프리카의 중국 삼합회 (Chinese triad) 및 호주의 불법 모터사이클 갱(outlaw motorcycle gang)과 연결되어 있다. 밀매가 어느 정도인지는 2003년 7월 말까지 18개월간 있었던 사실에서 판단할 수 있는데, 남아프리카에서 합법적으로 잡은 것은 350톤이었고, 같은 기간에 남아프리카에서 홍콩으로 받아들인 것은 1200 톤이었다. 호주에서 현재 전복 밀매의 규모에 대한 정확한 수치는 없지만, 2004년에는 약 3억 미국달러($US)에 달하였다 (Morton, 2004). 전복은 조직 갱들에 의해서 수거되어 헤로인이나 마리화나와 같은 마약과 교환되는 것으로 믿어지며, 심각한 사회문제와 생태계 파괴라는 결과를 가져온다. 밀매의 통제는 어업 활동의 모니터링과 올바르게 표시가 되었는지, 무게가 정확히 기재되었는지를 확인하는 수출용 전복 검사에 크게 의존한다. 법생물학은 전복의 종 확인 및 조직 시료로부터 기원을 확인하는 신속한 방법의 개발을 통하여 이 과정에 중요한 역할을 할 수 있다 (즉, Klinbunga 등, 2004). 이는 불법으로 밀매되는 전복은 다른 종류의 조개류로 표시되거나 야생이 아니고 양식으로부터 온 것이라고 거짓표시가 되어있기 때문이다.

크고 색이 아름다운 무척추동물들은 자주 수집가들에 의해서 획득되거나 장식용으로 팔린다. 일부 표본들은 거액에 거래가 되고, 세계 시장이 형성되어있는데 대부분은 완전히 합법적이다. 불행하게도 서식지 파괴와 야생에서의 과도한 채집 때문에 일부 종들은 급격하게 줄어들고 있다. 이는 이것들의 '가치'를 높여 수집을 더 자극하게 되고, 집단이 '멸종 소용돌이(extinction vortex)'에 이르기까지 더욱 줄어들게 된다. 일부 수집가들은 하나 또는 두 개의 대표적인 표본을 얻는 것에 만족하지 않고, 가능한 표본을 대량으로 구하며, 이는 지역의 작은 집단에 더 치명적인 손상을 입히는 원인이 된다. 결과적으로 더 많은 수의 무척추동물이 보호종의 지위를 얻게 되고, 수집, 거래 및 수출은 법을 어기는 것이 된다. 영국에서 1981년에 야생동물과 농촌지역법(Wildlife and Countryside Act)에서 14종의 곤충 및 13종의 다른 무척추동물을 공지했다. 이 법에 의해서 이것들을 잡거나, 죽이거나, 또는 판매하는 것은 불법이다. 살아있거나 죽었거나 이것들 중에서 어떤 종이든지 소유하는 것은 이 법의 발효 전에 얻어진 것이 아니거나 허가를 얻은 것이 아니라면 불법이다. 예로는 땅강아지(mole cricket), *Gryllotalpa gryllotalpa*, 큰푸른나비(large blue butterfly), *Maculinea arion*, 호랑나비(swallowtail butterfly), *Papilio machaon*, 약용 거머리(medicinal leech), *Hirudo medicinalis*, 긴꼬리투구새우(apus), *Triops cancriformis* 등이 있다 (그림 6.25).

(a)

(b)

그림 6.25 영국 내의 보호종인 무척추동물의 예. (a) 큰 푸른나비, *Maculinea orion*, (b) 긴꼬리투구새우(apus), *Triops cancriformis*.

무척추동물 동정 기법

풍부함과 생활양식의 다양성 때문에 무척추동물은 이 사람이 사망한지 얼마나 되었는지부터 지역의 햄버거 가게 주인이 그 지역의 위생법규를 잘 지켰는지의 여부까지 광범위한 법의학적 증거들을 제공한다. 그러나 공통적인 요소는 증거의 질은 정확한 동정(identification) 및 무척추동물 생물학의 완전한 이해에 달려있다는 것이다. 예를 들어, 살인사건과 연관된 검정파리의 종을 잘못 분류한다면, 사망 이후의 시간을 너무 길게 또는 너무 짧게 측정해서 다른 증거들과 상충되는 결과를 가져오게 할 수 있다. 유사하게 음식물에 있는 곤충을 잘못 동정한다면, 공급 체인 내의 엉뚱한 당사자들에서 그 침입에 대한 책임을 돌릴 수 있다. 더욱이 증거로서 이용된 생명체의 생물학을 이해하지 못하면, 정확한 방법으로 그것들을 채집하지 못하거나 또는 잘못된 가정에 도달할 수 있다.

형태적 특징에 기반을 둔 분류학

영국 학문계에서 전통적인 분류학자들의 수는 점차 줄어들고 있으며, 남아있는 사람들도 나이가 들어가고 있다. 주요 박물관들이 이들의 활동을 지원하고 있지만, 연구비는 지속적으로 문제가 되고 있다. 그러나 이들의 노력으로 빅토리아 여왕 시대의 조상들에 의해서 방대한 양의 연구가 축적되었고, 유능한 많은 아마추어 연구자들의 지속적인 활동은 영국을 세계에서 최고중의 하나로 잘 묘사된 무척추 동물상(fauna)을 보유한 나라로 만들었다. 대부분의 그룹들에 대한 동정 키(identification key)가 이용가능하지만, 불행하게도 이것들 중의 많은 경우가 경험이 있는 전문가들을 위해서 쓰여졌고, 판독하기가 매우 어렵다. 왕립곤충학회(Thc Royal Entomological Society)는 영국 내의 모든 곤충 목(order)을 담고 있는 핸드북 시리즈를 출판하고 있는 반면에, 출판업자인 E.J. Brill은 많은 영국 종(species)들도 포함하는 Fauna Entomologica Scandinavica를 만들었다 (Rogens, 1991). 법의학적 중요성을 갖는 곤충의 분류학 키(key)로 사용자가 쉽게 이용할 수 있는 것들은 Erzinclioglu (1996) [검정파리 성체와 유충에 대한 간단한 키] 및 Smith (1986) [일부 성체 및 유충 파리목 모두에 대한 탁월하고 종합적인 키]에서 찾아 볼 수 있다. 곤충 이외의 무척추동물의 분류 키는 저서들의 여기저기에 기록되어 있는 경향이 있으며, 찾아내기가 쉽지 않다.

많은 종들의 구더기에서는 앞과 뒤의 기문(spiracle) 및 두부골격(cephaloskeleton)의 형태가 중요한 분류학적 특징이고, 또한 령(instar)을 결정하는데도 유용하다 (즉, Szpila 등, 2008; Smith, 1986; Zumpt, 1965). 앞과 뒤의 기문들은 전처리(prior treatment)가 없이도 볼 수 있지만 자세한 관찰을 위해서는 슬라이드 표본을 준비할 필요가 있다. 작은 유충은 전체를 사용하지만, 제3령에 도달하면 조각을 내는 것이 더 좋다. 구더기의 뒷부분 또는 앞부분을 적절하게 절단하여, 10% w/v 수산화나트륨(sodium hydroxide)에서 끓여서 내부의 부드러운 조직을 제거한다. 이것은 핫플레잇(hot plate)에서 가장 잘 수행된다. 증류수로 표본을 여러 차례 세척한 후에 알코올 처리 과정들을 거쳐서 탈수하고 (30%에서 무수 알코올로 – 각각 10분 처리), xylene (또는 유사한 세척제)으로 깨끗이 하고, Histoclear (역자주: 조직 슬라이드의 제작에 사용되는 무독성 삭제 에이전트 또는 유사한 고정)를 현미경 슬라이드 유리 위에 올려놓는다. 표본 위에 덮개 놓는 것을 기억하라! 만일 표본이 증거로 보존될 필요가 없다면, 탈수할 필요가 없고, sodium hydroxide에 끓인 후에 물에서 바로 올릴 수 있다.

무척추동물의 알을 동정하는 것은 어렵고, 가능하면 부화하도록 하고 유충을 성체까지 크도록 하는 것이 최선이다. Sukontason 등 (2004)에 의하면 검정파리의 알을 동정하는 간단한 방법은 알들을 1% w/v 수산화칼륨(potassium hydroxide) 용액으로 1분간 염색하고, 15%, 70%, 95% 및 무수 알코올로 각각 1분씩 탈수하고 현미경 슬라이드 글라스 위에 영구히 고정시키는 것이다.

분자분류학

고전적 방식으로 훈련된 분류학자들이 없어지기 때문에 법의학자들 뿐만 아니라 많은 과학자들이 DNA를 종을 동정하는 표지로 이용한다. 사실 현재 모든 생명체를 동정하는 DNA 바코드를 확립하기 위한 국제 생물 바코드 컨소시엄(Consortium of Barcode of Life)이라고 불리는 계획에 대해서 과학자들의 국제적인 협력체계가 있다. 하나의 전좌(locus)가 모든 생명체를 위해서 적절할 가능성은 없지만, cytochrome c oxidase I (COI)를 위한 미토콘드리아 유전자는 여러 동물 종들을 구분하는데 효과적이라는 것이 증명되었다. COI 유전자 서열 및 cytochrome c oxidase II (COII)의 서열은 여러 종의 검정파리를 동정하는데 유용한 방법이 될 가능성이 있지만 (Nelson, 2007; Schroeder 등, 2003), 하나의 전좌만을 의지하는 것과 연관된 위험도 있고 (Wells 등, 2007), 일부 과학자들은 그 가능성에 회의적이기도 하다 (Will & Rubinoff, 2004). 또한 더 많은 연구가 출판될 때까지 하나의 특정 유전자 서열에 의해서 집단 내에 주어진 모든 종들이 동정될 수 있느냐, 아종과 종간의 복잡성에 대한 문제는 없느냐, 또한 만일 동일한 환경에서 발견된 다른 곤충들 사이에 어떤 것들에서는 유전자 서열 내에 상호작용이 존재하지 않느냐의 등이 관심으로 남아있을 것이다. Welss & Stevens (2008)는 법곤충학 내에서 분자분류학의 함정 및 그 가능성에 대해서 일목요연하게 정리하여 제공하였다.

구더기 및 유충 무척추동물에 관한한 분자분류학은 매력적인 전망을 갖는다. 법의학적으로 중요한 모든 곤충의 유충들에 대한 분류키가 이용이 가능한 것도 아니고, 성체까지 키우는데 시간이 많이 걸리고, 성공하리라는 보장도 없다. 반면에 DNA의 추출 및 분석을 위해서는 표준화된 방식이 있고, 이 과정들은 훈련된 실험실 테크니션 1인에 의해서 수행될 수 있다. 이론적으로 한 사람이 유충의 길이를 측정하고, 3 부분으로 나눌 수 있다. 앞과 뒤 부분은 가공되어, 구더기의 령(instar)을 결정하고, 나중에 (가능하면) 고전적인 방법으로 동정이 가능하도록 현미경 슬라이드 위에 보존되는 반면에, 가운데 부분은 DNA를 추출하는 공정을 진행하는데, 이 중 일부를 독립된 실험실에서 확인 실험을 위해서 보관해야만 한다.

미래 연구방향

법의학적으로 중요한 대부분의 무척추동물의 생물학에 대한 더 많은 정보가 필요하다. 예를 들어, 다른 환경 조건 및 국가의 다른 지역과 관련된 검정파리, 쉬파리 및 집파리들의 비행 습성이나 아직도 검정파리가 석양 또는 야간 조건에 집락을 형성하는가에 대한 것을 어느 정도의 불확실성이 있다. 유사하게, 매장(burial)이 어떻게 검정파리 및 다른 파리들의 집락 형성에 영향을 주는가 및 매장이 어떻게 연속되는 발생에 영향을 끼치는가도 불확실하다. '보통의' 지상 조건에서 지역이 다른 경우에 집단 간의 발생 속도가 어느 정도 다른지를 아는 것도 도움이 될 것이다. 현재까지는 경쟁에 관한 모든 실험들이 동일한 연령인 각 종들의 개체수를 변화시키면서 수행된 반면에, 대부분의 시체는 연령 범위가 섞여있는 종들을 포함하고 있음으로 이는 조사할 만한 가치가 있는 연구 분야가 될 것이다.

분자분류학은 각 곤충 및 무척추동물들의 동정(identification) 뿐만 아니라 계통별로 특정한 표지를 확인한다면 그 지역적 기원을 확인할 가능성 등 커다란 잠재력을 가지고 있다. 예를 들어, 계통/집단 특이적인 표지는 시체가 옮겨졌는지 여부를 확인하고, 그렇다면 어디로부터인지 알게 한다. 유전자 표지는 전복, 가리비 및 바닷가제와 같은 생명체의 밀매를 확인하는데 점점 더 많이 이용된다. 또한 안정적인 방사능 분석 기술이 연구될 수 있다. 이 기술들은 모든 종류의 생물학 물질들의 출처를 확립하는데 이용되지만, 법의곤충학에는 크게 쓰이지 않을 것으로 보인다.

연습문제

(1) 암컷 검정파리가 시체에서 전형적으로 알을 낳을 장소 4곳을 말하고, 이곳이 선택된 이유를 설명하라.

(2) 최종 령(instar) 검정파리 구더기가 먹이 섭취 끝낸 것을 어떻게 아는가?

(3) *Calliphora vicina* 및 *Protophormia terraenovae*는 우화 장소의 선택을 어떻게 다르게 하는가?

(4) 성체 암컷 검정파리가 부패의 마지막 단계인 시체에서 쉬는 것과 먹이를 섭취하는 것이 자주 보일지라도, 알을 낳지는 않는 이유를 설명하라.

(5) 매장된 시체에 *Conicera tibialis*의 구더기는 수천 마리가 있지만 *Lucilia sericata*의 것은 하나도 없는지 설명하라.

(6) 시체 부패의 어느 단계에서 수시렁이(Dermestid beetle)가 나타나는 경향이 있는가?

(7) 개미가 시체의 부패 속도에 어떻게 영향을 줄 수 있는지 설명하라.

(8) 시체의 옷 위로 수많은 이(lice)가 가로질러 움직이는 광경은 무엇을 의미하는가? 이유를 설명하라.

(9) 의료 증거는 살인 희생자가 사망한지 단지 24시간이 지났음을 의미하지만, 시체로부터 수거된 검정파리의 유충은 약 44시간이나 된 것이다. 증거들이 서로 상충하는가? 이를 설명하라.

(10) 말벌이 어떻게 인간의 사망에 직접 또는 간접적인 원인이 되는지 그 차이를 간단히 설명하라.

실습문제

제목

시체 위의 무척추동물의 집락 형성에 미치는 불에 탄 효과

원리

살인자는 자주 시체에 불을 질러서 손상을 시킨다. 거의 성공적이지 못하지만, 이는 신체의 화학적 물리적 성질을 변화시키고 이는 집락 형성 속도와 부패의 진행 속도에 영향을 줄 수 있다. 결과적으로 검정파리의 성장 특성에 기반을 두고 최소 사후경과시간(minimum time since death)을 계산할 때에 이를 감안할 필요가 있다.

방법

이 문제를 실험실 및 현장에서 조사해 볼 수 있다. 실험실에서는 다양한 정도로 불에 태워진 육류 위에서 구더기를 기를 수 있다. 고기의 조건 (즉, 무게의 변화)과 함께 구더기의 성장 특성 (즉, 길이, 령)은 최소 하루에 한 번은 모니터링을 해야 한다. 검정파리의 성체가 알을 낳는 시점에서 불에 탄 육류와 타지 않은 육류를 선택하도록 할 수도 있다 - 이것은 전통적인 Y 모양의 선택 공간 장치(classical Y-shaped choice chamber apparatus)를 이용하여 실험할 수 있다. 이 실험을 현장에서 재현할 수 있으며, 이 경우에 환경 조건 및 무척추동물 종의 구성이 반듯이 기록되어야 한다. 실험을 1년 중 다른 시간대에 반복하고, 육류를 불에 태우기 전에 옷 재료로 덮어 놓아서 이런 것이 어떤 영향을 주는지 볼 수도 있다.

제목

검정파리 구더기의 성장 특성에 미치는 경쟁 효과

원리

검정파리 구더기는 대개 서로 경쟁을 하고 이는 그것들의 성장 특성을 증가하거나 감소하는 결과를 가져온다. 결과적으로 사망 이후의 최소 시간을 계산 할 때에 검정파리의 성장 특성을 감안할 필요가 있다.

방법

한 종 또는 혼합된 종의 구더기들을 고정된 양의 먹이에서 발생하도록 한다. 먹이의 양은 구더기의 밀도는 최고가 되도록 보장을 하되, 마지막 령(instar)의 끝이 되기 전에 먹이를 모두 소비하는 위험이 있을 정도여야 할 것이다. 동종 포식이 되는지 언제 시작되는지를 결정하고, 또한 성공적으로 유화해서 성체로 우화하는 수를 결정하기 위해서 구더기의 수를 매일 세어본다. 구더기의 길이와 령은 최소한 하루에 1회는 계수되어야 한다.

7 무척추동물 2: 실제적 측면

이 장의 개요

PMI/무척추동물 발생 속도로부터 침입 이후의 시간 계산
최초 산란일 계산에 영향을 주는 복잡한 요소들
무척추동물 종의 구성을 이용한 PMI 결정
외부기생충을 이용한 PMI 결정
무척추동물 증거로부터 이동의 결정
상처 구더기증 및 방치의 경우에 무척추동물 증거
무척추동물에서 약물, 독소 및 다른 화학물질의 탐지
무척추동물에서 인간/척추동물의 DNA 증거 획득
식품에 무척추동물 침입의 원천 및 지속성의 결정
법의학 분석을 위한 무척추동물 채집
무척추동물을 죽이고 보전하는 기술들
미래의 연구방향
연습문제
실습문제

이 장의 목표

존재하는 무척추동물의 종 및 그것들의 발생 단계를 기반으로 어떻게 PMI 혹은 침입 이후의 기간이 계산될 수 있는지 기술한다.

무척추동물을 증거를 기반으로 하는 PMI 계산의 한계, 그것에 영향을 주는 요소들, 및 어떻게 잠재적인 문제들을 극복할 수 있는지를 논의한다.

시체나 물체가 옮겨졌는지의 여부를 결정하고, 약리적 및 분자적 증거를 제공하기 위해서 어떻게 무척추동물을 이용할 수 있는지 기술한다.

법의학 분석을 위해서 무척추동물 증거들을 어떻게 수거하고 보관해야 하는지 기술한다.

Essential Forensic Biology, Second Edition Alan Gunn

PMI/무척추동물 발생 속도로부터 침입 이후의 시간 계산

무척추동물의 생물학과 발생 시간 및 이것이 온도와 다른 환경 조건에 의해서 어떻게 영향을 받는지에 관한 신뢰할만한 정보가 있다면, 발생된 표본의 알이 언제 낳아졌는지를 결정하기 위해서 거슬러 계산할 수 있다. 이는 사람이 언제 사망하였는지, 상처 구더기증은 언제 발생하였는지, 혹은 음식이 언제 오염되었는지를 결정하는데 유용하다. 이 기술은 정확한 동정, 평가된 환경 조건의 정확성, 경험해본 표본 및 계산을 수행하는데 사용된 실험 발생 데이터의 신뢰도에 달려있다. 다수의 법의학 논문들은 '최소 사후경과시간(minimum time since death)'의 결정을 위한 계산방법을 기술하고 있다. 무척추동물이 발생의 특정한 단계에 도달하기 위한 최소한의 시간을 추정하는데 반영하기 때문에 '최소' 시간이라고 불리는데, 사람이 더 오래 전에 사망했을 가능성이 있지만, 최초의 침입이 계산된 날 이후에 발생할 가능성은 거의 없다. 일부 논문에서는 '최초 산란일(earlicst oviposition date, EOD)'을 언급하는데, 이는 더 정확하고 그 사람이 사망하기 전에 알을 낳았을 수도 있거나 (예, 구더기증) 혹은 어느 정도 시간이 지난 후에 낳았을 수도 있다는 (예, 파리가 시체에 접근하지 못했다) 사실을 반영한다. 따라서 EOD와 PMI는 같지 않을 수 있다. 그러므로 EOD는 다른 PMI 지표들과의 관계가 고려되어야만 하지만, 다른 증거가 없을 경우에는 그 조사가 진행될 수 있는 지침을 제공한다. EOD라는 용어는 '최소 사후경과시간'보다 더 적절한데, 이는 동일한 계산이 방치 및 식품 오염과 같은 다른 법의학 상황에서 이용되기 때문이다.

가장 철저한 수집과 증거 분석에서 조차도 생물학적 과정에는 여러 가지 복잡한 인자 (factor)들의 결과로서 대개 상당한 '노이즈(noise)'를 갖게 되는 것을 기억하는 것이 중요하다. EOD의 추정은 정확하게 '추정'이고, 추정 주위의 변동의 양은 사람이 사망한 이후의 시간이 길어지거나 혹은 침입이 발생한 이후의 시간이 길어지는 것과 함께 길어질 것이다 (Nowak, 2004; Archer, 2003).

검정파리 생활사 단계들의 시기 결정

검정파리들은 '최소 사후경과시간(minimum time since death)'을 결정하기 위해서 가장 일반적으로 이용되는 무척추동물이지만, 그 과정은 다른 곤충들과 동일할 것이다. 구더기들을 시체의 안쪽, 위쪽 및 주변의 모든 부위로부터 채집하고, 반드시 가장 오래된 (가장 큰) 구더기와 알, 번데기 및 또한 존재하는 성체를 모두 포함하도록 해야 한다. 부패의 초기 단계 동안에, 대부분의 성숙한 구더기와 번데기가 PMI를 의미하는데, 이는 사람이 사망한 직후에 바로 시체에 낳은 알이나 쉬파리의 경우에는 유충에서 발생할 것이기 때문이다.

알

사망 후 시체가 바로 발견된다면, 검정파리가 알(egg)을 낳기 시작했지만 부화하지는 못했을 것이다. 이 경우에는 이 알들을 채집하여 부화될 때까지 통제된 환경에 보관할 수 있다. Bourel 등

(2003)은 금파리 *Lucila sericata*의 경우에 알이 부화하는데 걸리는 시간과 환경 조건을 연관을 짓는 것에 의해서 산란 시간을 약 2시간의 정확도를 가지고 추정하는 것이 가능하다고 설명하였다. 이 접근법이 다른 파리들에 대해서도 적절한지를 아는 것은 흥미로울 것인데, 이는 유기(neglect) (예, 상처가 드레싱된 이후의 시간) 또는 검정파리의 알들이 가장 중요한 증거가 될 가능성이 있는 식품 위생 사건에 관한 논쟁에 특별히 적합할 수 있기 때문이다. 일부 검정파리 *Calliphora* 종들은 '조숙한 알들(precocious egg)'을 생산하는데, 이것들은 수정된 동일한 알들로 파리의 생식 과정에서 이것들보다 바로 뒤에 있는 미수정된 알들보다는 발생의 나중 단계에 있다. 결과적으로 산란이 시작되면, 이 알들은 '앞서 나가게 되고(head start)', 이 유충들이 채집된다면 실제의 경우보다 더 길어진 PMI를 보여주게 된다. 실전에서는 '조숙한 알들(precocious eggs)'은 극도로 낮은 비율로 존재하고 있기 때문에 이것이 얼마나 중요한 가에 대해서는 논쟁의 여지가 있고, 연구자는 수많은 알들과 구더기를 채집해야만 하며, 하나의 표본으로 결론을 내리는 것은 좋은 생각이 아니다. 쉬파리들(Sarcophagid flies)은 알보다는 유충을 '낳는데(lay)', 따라서 알과 구더기가 같이 발견되는 곳에서는 이것들이 같은 종에 속했다고 추정할 수 없다.

유충

뒤의 기문(posterior spiracles)들 및 두부골격의 형태는 령(instar) 사이에 변화를 보임으로 유충(larvae) 발생 단계의 지표를 제공한다 (그림 6.7 및 7.1). 동일한 단계 내에서는 구더기의 길이를 측정하는 것으로 연령(age)을 추정할 수 있는데, 길이가 유충이 먹이 섭취를 멈추고 용화(pupation)를 위한 장소를 찾아서 벗어날 때까지 - 그 시점에서는 구더기가 수축되기 시작 - 시간이 흐름과 함께 늘어나기 때문이다. 령(instar) 사이에 크기가 겹치는 범위들이 있기 때문에 길이 하나로만 연령을 판단할 수 없다 (Anderson 2000). 불행하게도 수집과 보관 방법이 구더기를 수축시키는 결과를 가

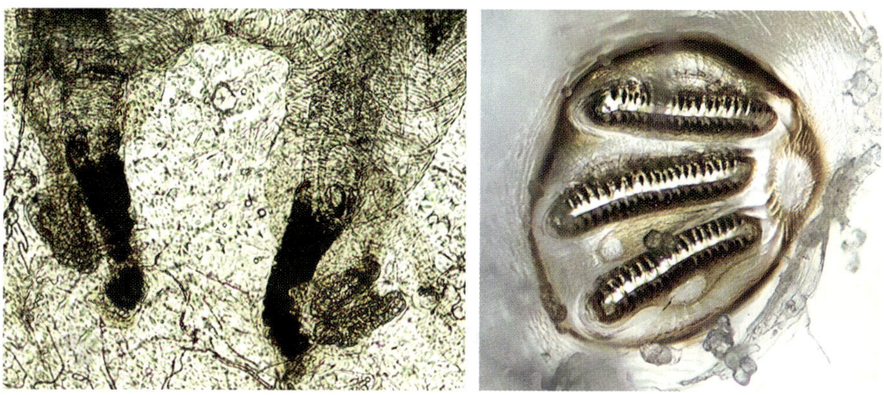

(a) (b)

그림 7.1 검정파리에서 앞 기문의 형태는 각 유충 탈피마다 변화한다. (a) 제2령 *Lucilia sericata*에서는 각 기문에 두 부위가 존재한다. (b) 제3령 *Lucilia sericata*에서는 각 기문에 3 위치가 존재한다.

져올 수 있다. 수축되는 양은 이용된 방법, 종 및 구더기의 크기에 따라서 다르고, 이는 연령을 어리게 추정하는 결과를 가져올 수 있다 (Adams & Hall, 2003). 따라서 이상적으로는 구더기는 보존dp 들어가기 전에 측정해야 한다. 그렇지 않다면 발생한 수축 비율을 추정할 수 있는 믿을 수 있는 방법을 실험을 통해서 만들 필요가 있다는 것을 어느 계산에서든지 참작해야 한다. 보존에 따른 다른 인공적일 가능성은 두부가 말리는 것으로(head curling) 이것도 길이 측정을 어렵게 한다. 수축과 머리말림의 위험성은 적절한 표본 방법에 의해서 줄어들 수 있고, 최소한 *Calliphora augur*에서는 5번째와 6번째 복부 분절 사이에서 측정된 넓이와 몸이 길이는 선형 관계(linear relationship)에 있음으로 (Day & Wallman, 2006), 두부가 말려있다면 넓이 측정에 이용될 수 있다. 이 접근법이 법의학적으로 중요한 다른 종에도 적용이 가능한지의 여부는 알지 못하지만, 가능할 것으로 보인다.

건조(drying)는 더 이상 구더기의 형태 분석을 할 수 없도록 하지만, 구더기 건조중량 (dry weight)은 유충이 먹이 섭취를 멈추고 용화를 위한 장소를 찾아 떠날 때까지 연령과 함께 증가한다. 구더기 습윤 중량(wet weight)은 이용할 수 없는데, 이는 살아있는 표본에서 수화(hydration) 및 먹이 섭취 상태에 영향을 받기 때문이고, 보존된 표본에서는 사용된 보존제의 종류에 따라서 영향을 받기 때문이다. 먹이 섭취가 멈추면 수축하기 때문에 일부 연구자들은 마지막 령인 집단의 길이를 측정한다. 연령에 따른 큐티클의 탄화수소의 조성 변화가 *Chrysomya rufifacies* 유충에서 묘사되었다 (Zhu 등, 2007). 그러나 이 방법은 구더기를 파괴하는 결과를 가져오며, 다른 곤충들의 탄화수소 조성은 먹이 및 환경 조건에 의해서 영향을 받는데, 아마도 검정파리 유충도 동일할 것이다.

번데기

환봉아목류 파리(cyclorrhaphan flies) (예, 검정파리, 쉬파리 및 집파리)의 유충은 최소사후경과시간/최소침입시간 추정에 가장 정확한 기초가 되지만, 특히 시체가 발견되었을 때에 용화가 최근에 시작되었다면 그 번데기(pupae)들의 연령을 측정하는 것이 가능하다. 구더기가 용화 단계로 변형될 때에 제3령의 큐티클은 남아서 보호용 위용각(puparium, 번데기껍질)이 된다. 이 과정에서 곤충은 수축하고 위용각은 그슬리는 것처럼 검어짐으로 연령의 지표가 된다 (그림 7.2). 위용각 안에서는 곤충이 용화 단계(pupal stage)로 가는 변태(metamorphosing) 전의 전용화 단계(pre-pupal stage)에 먼저 들어가는데, 이는 위용각으로부터 번데기를 절단하는 것으로 설명할 수 있다. 일시적으로 발현되는 유전자들 (예, 발생의 특정한 시점에 켜지거나 꺼지는 유전자들)의 활성을 측정하는 것으로 번데기의 연령을 결정할 수 있는지 그 가능성이 조사되는 중이지만, 이 기술들이 법의학적 맥락에서 증명을 하는데 어떻게 적용될 수 있는지를 말하기에는 너무 이르다.

성체

정밀하지는 못해도 새로 우화한 환봉아목류 파리(cyclorrhaphan fly)들과 오래된 것들을 구분하는

그림 7.2 검정파리 *Calliphora vicina*의 번데기. 최종 령 유충의 큐티클이 위용각으로 형성되어 가는지 주목하라. 태닝과 경화에 의해서 연령에 따라 위용각의 검어지는 정도가 증가한다. 이는 유연성을 감소시키지만 큐티클을 강하게 하고 수분의 손실을 감소시킨다.

것과 우화한지 얼마나 오래었는지를 구별하는 것 가능은 하다. 이는 부패가 진전된 단계에서 발견된 시체에서 유용할 것이다. 새로 우화된 파리는 엷은 색이고, 날개가 완전히 펼쳐지지 않았고, 전두낭(ptilinum, 두부에 있는 자루같은 구조)은 확장되어있거나 전두낭 봉합(suture) 뒤로 충분히 수축되지 못했다 (그림 7.3). 이 상태는 단지 몇 시간 지속된다. 수컷 파리는 연령을 결정하기 어렵지만, 암컷은 우화시에 난소가 미성숙하고, 알은 며칠에 걸쳐서 발생한다. 날개는 시간이 흐름에 따라서 마멸되어가는데, 생태연구에서 연령의 측정에 이용되어왔다 (Hayes 등, 1998). Pteridine 눈색소(eye pigment)는 금파리인 *Lucilia sericata*를 포함한 많은 파리 종들에서 연령에 따라서 변화하지만, 법의학 연구에서는 일반적으로 이용되지 않는다. 성체 파리에서 이용될 수 있는 다른 기술들이 Hayes & Wall (1999)에 의해서 검토된 반면에 Smith (1986)는 검정파리 유충 단계들과 법의학적 사례 연구에 대한 뛰어난 서술을 제공하였다.

산란 후 경과 시간 계산

(1) 누적도시/도일법(The accumulated degree hours/days method)

구더기의 령 및 길이를 알면 발생 속도에 관해서 발표된 연구들 및 유충이 경험할 가능성이 있는 조건의 추정을 통하여 통제된 조건에서 그 단계까지 도달하는데 얼마나 오래 걸렸는지를 결정할 수 있다. 정확한 동정은 필수적인데, 이는 아주 가까운 종들이라도 같은 조건에서 다르게 발생하기 때문이다. 몇 종의 검정파리들에 대한 자료는 Greenberg & Kunich (2002) 및 Anderson (2000)에 의해서 찾을 수 있지만, 놀랍게도 법의학적으로 중요한 곤충들의 발생 속도에 관해서 발표된 논문이 아

그림 7.3 최근에 우화된 검정파리의 특징. (a) 몸체는 창백하고 날개가 완전히 확장되었지만, 이 곤충은 아직 날지 못한다. (b) 몸체가 검어지기 시작하지만, 전두낭은 아직 존재한다 – 이것은 곧 수축되어 전두낭 봉합 뒤에 보관될 것이다.

주 제한적이다. 대부분의 종들에서 다른 지역에서 수집된 각각의 종들은 생물학적 형질들로 다른 것으로 기술되었지만, 동일한 발생학 특징을 보이는지의 여부에 대해서는 알려지지 않았다. 예를 들어, 스페인 집단에서 유래한 *Lucilia sericata*는 높은 치사율을 보이지만, 영국 집단보다 더 커다란 성체가 된다 (Martinez-Sanchez 등, 2007). 유사하게 *Calliphora vicina* 유충 휴면기 (diapause)는 암컷 성체가 경험한 광주기(photoperiod) 및 암컷의 유전적 배경의 영향을 받는다. 핀란드의 암컷 파리는 스코틀랜드의 파리보다 더 긴 낮 시간에 반응하여 휴면기 유충을 생산하고, 휴면기가 더 길고, 낮은 온도에 대한 큰 저항성을 부여한다 (Saunders, 2000; Saunders & Hayward, 1998). 발생에 관한 자료의 부족은 시간이 오래 걸린다는 것과 결과를 높은 영향력을 갖는 저널에 발표하는 것이 어렵다는데 부분적인 책임이 있다. 그러므로 대학의 연구 순위에서 낮은 곳에 놓이게 되고, 그 결과로 발표가 된다고 해도 기간의 큰 간격을 놓고 펴져서 발표를 하게 된다. 이상적으로는 모두가 동의하는, 발생 속도의 정보를 수집하기 위한 프로토콜이 있어야 하고, 연구자들이 그들의 발견을 보고할 수 있는 중앙 웹에 기반을 둔 데이터뱅크가 있어야 한다.

시체에서 발견된 구더기가 발생 단계에 도달하는데 걸리는 시간은 시체가 발견된 장소에 맞도록 반드시 조정되어야 한다. 이것을 위한 한 가지 방법은 시간을 온도(℃)로 곱해서 온도와 시간을 누적도시(accumulated degree hour, ADH) 또는 누적도일(accumulated degree days, ADD)[도일(degree day)(역자주: 적산온도를 표현할 때 사용하는 단위의 하나로, 1도일은 어떤 표준값으로부터 일평균기온의 편차가 하루동안 1℃일 경우)]로 전환하는 것이다. 발생을 위해 필요한 시간은 온도가 감소됨에 따라서 증가하기 때문에, 주어진 단계에 도달하기 위해서 요구되는 ADH 혹은 ADD의 합계는 이론적으로는 고정되어 있다. 예를 들어, Greenberg & Kunich (2002)에 따르면, 25℃에서 *Calliphora vicina*의 발생 단계의 평균 최소 지속 기간은 다음과 같다:

알 단계 = 14.4 시간
제1령 = 9.6 시간
제2령 = 24 시간
제3령 = 158.4 시간

누적도일(accumulated degree hours, ADH)를 계산하기 위해서 특정한 단계에 도달하는데 필요한 시간의 합을 (온도-기초 온도)로 곱한다. 기초 온도(base temperature)란 곤충이 그 아래에서는 발생할 수 없는 온도인데, 실험실에서 사육된 것을 위한 계산은 곤충이 낳은 알에서 성체가 되기까지 필요한 시간으로 나누어진 1 (Y-축)에 대하여 온도 (x-축)를 그래프로 그려서 계산된다. 예를 들어, *C. vicina*가 제3령에 도달하는데 걸리는 ADH는:

$$(14.4 + 9.6 + 24) \times (25 - 2) = 1104 \text{ ADH}$$

가설적 예시

(1) 시체가 6월 23일 오전 11시에 발견되었고, 곤충 시료는 같은 날 정오에 채집되었다고 가정하라.

(2) 시체에서 발견된 대부분의 성숙한 *Calliphora vicina* 유충은 막 제2령에서 제3령으로 변형을 시작 중이다.

(3) 알에서 제1령 및 제2령을 완성하는데 필요한 ADH는:

$$(14.4 + 9.6 + 24) \times (25 - 2) = 1104 \text{ ADH}$$

(4) 곤충 활동의 기간을 추정하기 위해서, 구더기가 채집된 시점 (6월 23일 정오)부터 뒤로 돌아가 본다. 자정부터 정오 사이에 발생의 12 시간이 있고, 배경이 된 기간에 현장의 평균 온도가 15℃였다. 이는 총 180 ADH가 6월 23일에 누적되었다는 의미이다 (12 시간 × 15℃).

(5) 6월 22일에 평균 온도는 14℃였고, 이는 총 336 ADH가 된다 (24 시간 × 14℃ = 336 ADH).

(6) 6월 21일에 평균 온도는 16℃였고, 이는 총 384 ADH가 된다 (24 시간 × 16℃ = 384 ADH).

(7) 총합을 더하라: 180 + 336 + 384 = 900 ADH.

(8) 1104 − 900 = 204 AHD이 아직도 차이가 난다.

(9) 6월 20일에 평균 온도는 16℃ 였고, 따라서 각 시간은 16 ADH로 처리된다.

(10) 204를 16으로 나눈 12.8 시간이 6월 20일의 발생 시간.

(11) 자정부터 거꾸로 세어나가는데, 이는 암컷 파리가 6월 20일 정오에서 오전 11시 사이에 첫 알들을 낳았다는 의미이다.

위의 예는 아주 기본적인 것으로, 시체의 온도는 공기의 온도처럼 빠르게 변화하지 않기 때문에 하루 동안 매 시간에 대한 각각의 ADH는 계산할 필요가 없다고 가정하였다. 또한 발생 속도와 온도의 상관관계는 모든 온도에서 선상(linear)으로 유지된다고 가정하였는데, 실제 경우에는 이렇지 않으며, 특히 발생을 위해서 보다 더 낮거나 더 높은 역치(threshold)에서 그렇다. 실험실에서 사육되는 곤충과 야외 현장에서 경험하는 것 사이에 큰 온도차가 있으면 (이 예시에서는 9-12℃), 결과의 해석에 주의가 요구된다 (Anderson, 2000).

시체를 발견하기 전의 범죄 현장의 온도를 결정하기 위해서는 그 장소에 기록 장치를 3-5일 동안 놓아둔다. 이후에 회귀분석(regression analysis)을 이용하여 그 자료를 가장 가까운 기상 관측소의 기록과 비교한다. 이는 범죄현장 온도의 측정에 이용될 수 있는 보정 계수를 기상관측소의 기록으로부터 확인할 수 있도록 한다. 더 자세한 과정은 Gennard (2007)에서 찾을 수 있다. 일부 연구자는 그들의 계산에 곤충 성장의 컴퓨터 모델을 도입하여 측정의 정확도를 개선하려고 시도하였다 (Byrd & Allen, 2001).

(2) Isomegalendiagram 방법

Isomegalendiagram은 구더기가 주어진 길이에 도달하는데 걸리는 시간 (x-축)에 대한 온도 (y-축)의 그래프를 그려서 얻어진다 (Grassberger & Reiter, 2001). 따라서 일련의 곡선을 갖게 되는데, 예를 들어, 이것으로부터 구더기가 5 mm로 측정되려면 16℃에서는 60시간이 걸리지만 25℃에서는 24시간이 걸리는 것을 읽어낼 수 있다 (그림 7.4). 매우 정돈된 자료지만, isomegalendiagram을 준비하는데 너무 많은 시간이 소요된다.

최초 산란일의 계산에 영향을 주는 복잡한 요소들

어느 방법으로 산란일을 계산하든지, 많은 요소들이 추정의 정확성에 영향을 줄 수 있다.

낮게 추정하는 결과를 주는 요소들 (예, 계산이 제시하는 것보다 더 오래 전에 사망한 사람)

파리의 접근성

어떤 환경에서는 사망이 일어난 후에 파리들이 시체에 몇 시간 동안, 혹은 며칠 동안 접근하지 못하는 수 있다. 다르게는 사람이 너무 추워서 검정파리가 활동하지 못하는 계절에 사망할 수 있다. 만일

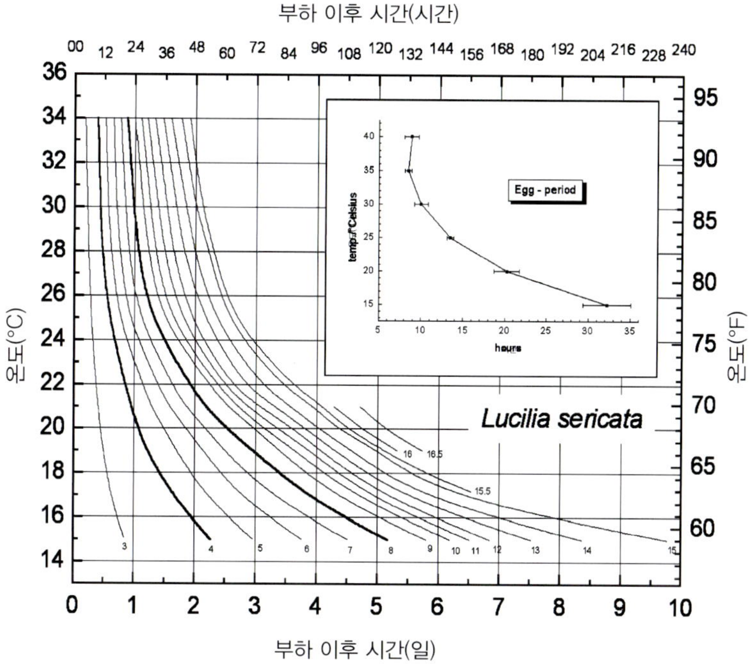

그림 7.4 검정파리 *Lucilia sericata*에 대한 isomegalendiagram. 시간 (x–축)이 온도 (y–축)에 대해서 그래프가 그려졌고, 각 선은 특정한 유충의 길이를 나타낸다. 연구자는 이 그래프를 구더기가 특정한 온도에서 특정한 길이에 도달하는데 얼마나 걸리는지를 결정하는데 이용할 수 있다. 작은 그래프는 15에서 40℃사이의 온도에서 알의 지속 기간을 보여준다. (Grassberger, M and Reiter, C. (2001) 승인, Effect of temperature on *Lucilia sericata* (*Diptera Calliphoridae*) development with special reference to the isomegalen – and isomorphen – diagram. *Forensic Science Information*, **120**, 32–36, 저작권 2001, Elsevier 승인)

표 7.1 발생의 다른 단계에서 환봉아목류(cyclorrhaphan) 파리의 연령 표지 요약

생활사 단계	연령 표지
유충	몸체 길이
	작물의 길이 (섭식후 단계에서만)
	두부골격 형태
	뒤의 기문의 형태
	앞의 기문의 형태
번데기	위용각의 색변화 (용화 초기 단계에서만)
	위용각 내의 번데기의 발생 단계
성체	전두낭 (확장 혹은 축소)
	날개 (최근 우화한 한 것은 펼쳐지지 않음, 연령에 따라서 마모됨)
	우화 후에 큐티클이 단단해지고 색이 진해짐
	난소의 발달
	눈에 pteridine 색소의 축척

시체가 처리되기 전에 냉장고에 보관되었다면, 접근을 사망 후 며칠 혹은 몇 달 후까지도 못할 수 있다. 이런 상황에서는 그 사람을 잊어버렸다고 보고된 시점과 부패의 상태 및 검정파리 구더기의 발생 단계 간에 차이가 두드러질 것이다.

시체에 분사된 살충제

살인자는 곤충이 시체에 집락 형성을 못하게 하는 물질을 시체에 분사함으로서 증거를 혼동하게 하려는 시도를 할 수 있다. 그러나 화학물질들은 검정파리의 산란을 줄이는 효과가 다양하다. 예를 들어, 수산화나트륨(sodium hydroxide)은 거의 효과가 없는 반면에, 휘발유(petrol) 혹은 파촐리(patchouli) (역자주: 동남아시아산 식물 또는 그 향유로 만든 향수)는 하루 이상 검정파리가 알을 낳는 것을 늦추는 것으로 나타났다지만 (Bourel 등, 2004), 사용된 화학물질의 농도와 양에 크게 좌우된다. 화학물질의 존재는 그 냄새 및 물리적인 존재 (예, 가루 혹은 결정의 침착) 혹은 옷이나 시체 조직에 가해진 손상에 의해서 바로 인지될 수 있다. 이것들은 일상적인 화학분석을 통해서 검사될 수 있고, 이후에 이 물질들이 곤충의 집락형성에 영향을 주었는지를 결정하기 위한 실험이 요구된다.

유충/번데기 휴면기

일부 파리 종들은 발생 초기에 경험한 조건에 반응하여 휴면기 (비활동 형태)에 접어든다. 이는 대개 유충 단계이거나 번데기 단계이며, 단계는 종에 따라 다르다. 따라서 휴면기 유충/번데기의 발생은 연장되고, 성체 파리로 몇 주 혹은 몇 달 후에도 우화하지 않을 수 있다. 이는 짧아지는 낮의 길이에 대한 반응의 결과로서 대부분 가을과 겨울에 수집된 표본에서 일어난다. 휴면기는 곤충이 최적의 조건에 놓였을 때조차도 정상적인 발생이 없다는 의미이다. 주어진 집단이 휴면기에 들어가기 위한 조건 및 언제 휴면기가 시작되는지를 결정하기 위한 실험이 요구된다.

포식자

척추동물 및 무척추동물 포식자들은 자주 시체 위의 잔사식생물(detritivores)을 먹이로 섭취하기 위해 모여들어, 알을 낳기 위해 모이는 성체 파리뿐만 아니라 알과 구더기 유충을 파괴하여 부패 과정을 지연시킨다 (Archer & Eglar, 2003). 또한 일부 파리들의 구더기는 시체 혹은 살아있는 생명체 상처 내의 경쟁자를 먹이로 취한다. 예를 들어, *Chrysomya albiceps*의 유충은 그 포식 행동으로 잘 알려져 있다. 그러므로 어떤 척추동물 포식자의 활동 증거를 주목하고, 시체 위, 주변의 모든 무척추동물을 수집하며, 그들이 얼마나 있는지를 측정할 필요가 있다. 이후에 연구자는 포식자들이 어떤 영향을 주었을 가능성이 있는지 판단을 내려야 한다. 만일 구더기를 사육하거나 즉시 죽일 것이 아니라면, *C. albiceps*와 같은 포식자 종들은 분리하거나 최소한 충분한 먹이를 공급하여 포식/동족끼리 잡아먹는 것의 가능성을 줄이는 것이 중요하다.

높게 추정하는 결과를 주는 요소들 (예, 계산이 제시하는 것만큼 오래 전에 사망하지 않은 사람)

구더기증

만일 구더기의 활성이 사람이 사망하기 전에 시작된다면, 최소사후경과시간의 추정은 너무 길게 될 것이다. 예를 들어, 만일 사람이 상처 구더기증(myiasis)으로 고통을 받는다면, 상처 혹은 상처 구더기증의 치명적인 결과로 사망할 수 있다. 결과적으로 연구자는 의료 증거나 다른 증거들이 곤충학적 분석에서 유래한 것들 간의 불일치를 고려해야만 한다. 예를 들어, 시체가 막 사후경직(rigor mortis)을 나타내기 시작하지만, 제3령의 검정파리 유충들이 우글거린다. 그러나 이는 이 사람이 죽기 전 어느 시점에서 상처를 입었다는 증거를 제시한다.

섭식형 구더기 집합체(maggot feeding mass)의 발생

부패 과정 동안에, 많은 구더기들이 모여 형성된 섭식형 집합체(feeding mass)를 형성하는데 (종종 'maggot feeding ball'이라고 부름), 이것은 세균의 활동과 함께 막대한 양의 열을 발생시키다. 구더기들의 부피 및 흙 위의 집단들에서는 아래 토양의 온도에 크게 좌우되지만, 섭식형 집합체 중심부의 온도가 주변보다 20℃ 이상 올라갈 수 있다. 부피가 약 20 cm^3 이상이 되는 구더기 집단의 내부 온도는 주변온도와 상관이 없고, Slone & Gruner (2007)에 의하면 시체의 온도가 집단의 온도에 영향을 주지 않는다. 논문들에서 거대한 섭식형 집합체가 구더기의 발생 시간에 미치는 영향과 이를 참작을 해야 하는지, 만일 한다면 어떻게 해야 하는지에 대한 논쟁이 있다. 일부 연구자들은 (accumulated degree hour, ADH)를 계산하는데 있어서 어떤 조정(adjustment)도 필요하지 않다고 생각하는데, 이는 거대한 섭식형 집합체로 발달하는데 며칠이 걸리기 때문이다. 사실 Joy 등 (2006)의 연구는 구더기 집단의 온도는 구더기들이 제3령에 이르기까지는 주변과 크게 다르지 않다는 것을 보여준다. 더욱이 구더기 집단의 중심부만이 온도가 매우 높고, 구더기들은 그 곳에서 오래 머무르지 않을 것으로 생각이 되는데, 이는 해로울 가능성이 있기 때문인데, 구더기 덩어리(maggot ball) 내에서 각 구더기의 움직임을 추적하여 이것을 증명하는 것은 흥미로운 도전이 될 것이다! (연구자는 구더기 소집단을 색소가 들어있는 먹이로 배양한 후에 이를 거대한 구더기 집단에 섞어줄 수 있음) 어쨌든 먹이섭취 집단에서 가장 커다란 구더기를 수거하고 집단 내의 온도를 기록한다면, 두 가지 최소발생시간을 계산하는 것이 합리적이다: 하나는 집단 내의 발생 시간을 포함하는 것 (집단의 크기와 그에 따라 얼마나 온도가 올라가는지 결정)이고 다른 것은 포함하지 않는 것이다.

발생을 위한 최저 온도

ADH 계산은 발생 속도와 온도의 관계는 일정하고 선상(linear)이라고 가정하며, 어떤 온도, 예를 들어, 5℃ 아래는 발생이 멈춘다고 가정한다. 그러나 이 가정에는 의문점이 있고 (Ames & Turner, 2003), 다른 나라 혹은 같은 나라의 다른 지역에서 온 다양한 검정파리의 동일한 종들은 다른 온도 민감성을 보이는 것으로 알려져 있다. 온도가 주기적으로 발생을 위한 최저 온도 아래로 내려가면, 두 가지 최소사망경과시간을 계산하는 것이 합리적으로, 첫째는 발생이 멈추는 것을 기반으로, 두 번째는 계속되는 것으로 한다. 이상적으로는 그 시점에 채집된 유충을 다른 낮은 온도에 놓아서 그 발생 속도를 측정해야만 하고, 시체에서 수집한 구더기가 경험했던 온도의 약 5℃ 내에서 유지되도록 실험실에서 사육된 곤충을 참조하여 ADH 계산을 해야 한다. 그러나 비용과 수송의 문제로 인해서 이것이 불가능한 것으로 증명될 수 있다.

낮거나 높게 추정이 되도록 하는 요소들

약품 및 독소

검정파리 유충에 대한 약품과 독소의 영향은 거의 알려지지 않았으며, 여러 연구를 통해서 발생 속도에 효과가 없거나, 속도를 높이거나 지연시킨다는 것이 알려졌다 (Bourel 등, 1999). 예를 들어, 아편이 포함된 조직을 먹이로 섭취한 쉬파리 *Boettcherisca peregrina* 유충은 더 빠르고, 더 크게 발생하고, 발생하는데 더 시간이 걸리는 번데기를 생산함으로서, 만일 사후 기간(post mortem interval)이 유충의 발생을 기반으로 추정된다면 29시간의 오차를 갖는 결과를 보이고, 만일 번데기 단계의 지속 시간을 기반으로 한다면 18-38시간의 오차를 보인다 (Goff 등, 1991). 많은 약품과 독소가 존재하고 수많은 구더기 종이 존재함으로 그 상관관계를 일반화한다는 것은 불가능하다. 더욱이 다른 화학물질 칵테일을 포함하고 있는 약품의 남용으로 사망한 사람은 그 약물이 시체의 각 조직에 균일하게 분포하지 않았을 수도 있다. 예를 들어, 마약인 엑스터시(ecstasy)에 연관되어 사망한 사람은 자주 알코올 및 코카인(cocaine), amphetamine 혹은 헤로인(heroin)과 같은 다른 약물도 사용한 채로 발견된다. 따라서 연구자는 시체 내의 화학물질이 어느 정도는 구더기의 발생에 영향을 주었다는 것에 대해서 열린 마음을 가져야 한다.

미소기후

기류(wind eddy) 및 노출과 같은 지역적 영향 때문에 검정파리의 유충이 먹이를 섭취하는 곳의 미소기후(microclimate)는 아주 가까운 거리와도 다를 수 있다. 결과적으로 구더기는 발생의 계산에 이용되는 온도보다도 더 따뜻하거나 더 추운 온도를 경험하게 되고, 따라서 예상보다 더 빠르거나 느리게 발생한다. 그러므로 지역의 온도 측정은 구더기를 채집한 바로 그 정확한 자리에서 측정해야 하고, 연구자는 단열재로 작용하는 눈(snow)과 같은 복잡한 요소들에 대해서 알고 있어야 한다.

온도가 어느 정도 아래도 내려가면 구더기는 시체의 아래로 이동을 하고, 함께 모여든다. 주변의 온도는 최저 발생 온도보다 훨씬 낮을지라도, 이렇게 함으로서 구더기들은 발생을 촉진하고, 먹이 섭취와 성장을 지속하기 위한 충분한 열의 보존을 용이하게 한다. 예를 들어, 거대한 구더기 집단은 일반적으로 -1℃에서 4℃ 사이로 유지되는 시체 안치소에 보관된 시체에서 최소 40시간을 활동적으로 남아있을 수 있고, 이 기간 동안에 상당한 조직의 손실 원인이 될 수 있다 (Huntington 등, 2007). 결과적으로 시체가 보관소에 놓여진 때에 구더기의 발생이 중지되는 것으로 가정하면 사후경과시간이 낮게 추정될 뿐만 아니라, 조직의 손실은 사인(cause of death)과 관련이 있는 상처의 증거를 없애거나 애매하게 할 수 있다.

사례연구: 시체를 덮는 것이 어떻게 구더기의 발생에 영향을 주는가

7월 21일 정오 무렵에 37세 남성의 시체가 독일 북부의 어느 숲에서 발견되었다 (Klotzbach 등, 2004). 그는 흉부는 치명적인 총상을 입었으며, 얼굴에 있는 다른 총상으로 턱이 부숴졌으며, 안와(eye cavity)에는 피가 고여 있었다. 검정파리의 알과 제2령 유충이 시체로부터 채집되었고, 70% alcohol에 보관되어 분석을 위해 보내졌다. 단지 형태적 특징만을 기반으로 검정파리 알과 유충을 정확하게 동정하는 것은 어려웠고, 성체까지 사육하기 위한 유충은 채집되지 않았다. 그러므로 조사자는 cytochrome oxidase I 및 cytochrome oxidase II (6장)를 암호화하는 미토콘드리아 DNA 서열을 비교하는 PCR-RFLP 분자 기술을 사용하였다. 알들은 *Lucilia sericata* 및 *Calliphora vicina*에 속하는 반면에 제2령의 유충은 *Calliphora vomitoria*인 것으로 확인되었다. 이는 얼마나 다양한 검정파리들이 시체에 동시에 집락을 형성하는지 알게 하며, 따라서 여러 시료를 수집할 필요가 있다는 것을 보여준다. 가장 가까운 기상관측소부터의 기상 기록, 령의 수 및 *C. vomitoria* 유충의 크기를 기반으로 하여 계산된 PMI는 이 남성이 사망한지 최소 5일은 되었고, 따라서 7월 15일에 총에 맞은 것으로 나타났다. 그러나 이것은 틀린 경우가 되었는데, 이는 신뢰할 만한 목격자인 희생자의 여자 친구가 희생자는 7월 16일 오전 9시 30분에도 살아있었다고 진술을 했기 때문이다. 결과적으로 구더기증으로 이 차이를 설명할 수 없었으며, 다른 이유가 발견되었다. 결국 유충이 희생자의 구강에서 수거되었고, 이 남성의 머리는 가죽 재킷으로 덮여 있었다는 것이 인정되었다. 이 남성의 턱에 있는 상처는 파리들을 유인하였고, 재킷은 이것들이 접근하는 것을 막지 못한 것이 분명하다. 그러나 재킷은 아마도 어느 정도의 단열을 제공하였다. 더욱이 구강에서 성장한 구더기들은 외부 조건들로부터 보호를 받았을 것이다. 결과적으로 구더기들은 발생하는 동안에 주변의 최고 온도와 같거나 더 높은 온도를 경험하였다. 이런 것들은 기반으로 다시 계산된 PMI는 7월 16일에 총에 맞은 것으로 나타났으며, 이는 다른 법의학 증거들과 일치하였다. 그러므로 이 사례는 곤충학적 시료와 자료가 적절하게 수집되지 않는다면 문제가 발생할 수도 있다는 것, 분자 분류학 기술의 가치 및 환경으로부터의 단열/보호가 어떻게 구더기의 발생에 영향을 주는지 등을 보여준다.

표 7.2 검정파리 유충의 발생 속도에 기반을 둔 최소사후경과시간의 계산을 복잡하게 만드는 요소들의 요약. 약어: PMI = post mortem interval, EOD (earliest oviposition date, 최초 산란일)는 방치와 식품 오염의 경우에는 PMI를 대신할 수 있다.

요소	이유
성체파리가 시체에 접근이 제한됨	알을 낳는 것이 지연되어서 PMI 추정이 너무 짧음.
구더기 먹이섭취 집단 존재	주변의 높은 온도는 구더기가 환경 온도로부터 예상되는 것보다 더 빠르게 발생함을 의미함으로 PMI가 너무 길어짐.
많은 파리 종들이 존재	다른 종들은 다른 속도로 발생함. 가장 큰 것이 가장 오래된 것이 아닐 수 있으며, 단지 더 빠르게 자란 것 일수 있음.
먹이의 질	낮은 질의 먹이는 유충의 발생을 지연시킬 수 있음.
유충/번데기 휴면기	유충/번데기 발생이 더 길어짐.
번데기 질병/기생충	성체로 우화되지 않을 수 있음.
포식자 및 경쟁자	유충 집단 자체가 성립되기 어려울 수 있음. PMI 추정이 너무 짧아짐.
약물과 독소	유충의 발생을 빠르게 하거나 지연시킬 수 있음.
화학적 파리 억제제	알을 낳는 것이 지연되어 PMI가 너무 짧아짐.
구더기증	PMI 추정이 너무 길어짐.
부패가 진전된 시체	구더기가 없거나 제2세대가 존재함.
낮은 온도 환경	어떤 온도에서 유충 발생이 정지하는지 불명확
미소기후	정확하지 않은 발생 온도를 적용하기 때문에 사망 시점과 관련하여 PMI 추정이 너무 짧거나 너무 길어짐.
잘못된 보관	구더기가 수축되고 따라서 실제보다 더 어려보임으로 PMI 추정이 너무 짧아짐.
실험실 발생 속도 자료가 없음	유충 발생 속도가 부정확하게 추정될 수 있음으로, 사망 시점과 관련하여 PMI 추정이 너무 짧거나 너무 길어짐

무척추동물 종의 구성을 이용한 PMI 결정

신선한 신체의 무척추동물상(invertebrate fauna)은 백골화가 된 것과 관련된 동물상과 다르다. 유사하게 동물상의 조성도 또한 계절의 영향을 받음으로, 12월에 시체와 연관되는 무척추동물들은 8월의 것들과 다르다. 따라서 연구자들이 무척추동물상의 다양성으로부터 PMI를 추정할 수 있을 것으로 제안되었다. 이는 검정파리 유충은 거의 없고, 있다면 거의 분명하게 사람이 사망 후 오래지난 알들부터 발생한 것들만 있는, 따라서 이를 PMI의 결정에 이용할 수 없는, 부패가 진전된 단계(advanced stage)의 시체에서 특히 유용할 것이다.

실제에서는 무척추동물상의 천이(succession)는 각 시체들 간에 크게 변화하고, 환경 및 지역적 요소들이 언제 어떤 곤충들이 도착하는지, 도착은 하는지 등에 영향을 받을 수 있다 (Archer, 2003).

결과적으로 종 구성(species composition)은 최소사후경과시간 혹은 침입 시간을 추정하는 확고한 방법은 아니다.

외부기생충을 이용한 PMI 결정

벼룩, 이, 진드기 등은 시체가 냉각되면 그곳으로부터 떠나가기 때문에 이것들의 존재는 사람이나 동물이 사망한지 얼마 경과되지 않았다는 것을 의미한다. 벼룩은 가라앉은 지 24시간 이내에서는 다시 살아날 수 있으므로 시체가 얼마나 오래 물 밑에 있었는지에 대한 증거를 제공할 수도 있다. 이(lice)는 더 민감해서, 12 시간 내에 죽는다. 피부 모낭진드기(skin follicle mite), *Demodex*는 인간에 흔한 기생충으로, 종종 직접적으로 혹은 질병의 매개자로서 활동하여 병원성이 된다. 이것은 시체를 떠날 수는 없지만, 죽은 숙주에서 50시간까지 생존할 수 있다. 그러나 생존율과 사후경과시간 사이의 명확한 상관관계가 밝혀지지 않아서, 이를 법의학 조사에 이용하기에는 제한적이다.

무척추동물 증거로부터 이동의 결정

지리적 기원의 확인

많은 무척추동물들은 제한적인 지리적 분포를 가지고 있거나, 특정한 서식지를 차지하고 있기 때문에 이것들의 존재는 그 사람이나 물체의 과거 역사를 결정하는데 유용할 수 있다. 예를 들어, 전에 영국북부에서 단 한번만 기록될 정도로 흔하지 않은 곤충을 갖고 있는 Kent에서 발견된 시체는 시체가 옮겨졌다는 것을 제시한다. 유사하게 시체 내에 기생원생동물 및 장내기생충(helminth)이 존재하는 것은 그 사람에 대한 기원이나 최근 여행에 대한 단서를 제공한다. 예를 들어, 소변에서 주혈흡충(schistosome) *Schistosoma haematobium* 알의 발견은 이 사람이 아프리카 혹은 중동의 어느 지역에서 살았었다는 것을 의미한다. 일부 기생충 계통은 지역적인 분포를 갖고 있기 때문에 유전자 분석을 통해서 더 정밀한 지리적 기원의 확인할 수 있다.

시체에서 발견되는 무척추동물은 부패와는 연관이 없는 종일 수 있지만, 포식자이거나 혹은 시체나 옷을 은신처로 이용하는 것이거나, 아니면 단순히 살아있는 채로 그 사람의 옷 속에 갇힌 것일 수 있다. 유사하게 북유럽에만 제한적으로 분포하는 곤충이 인도네시아에서 가공되고 포장된 식품에서 발견된다면 식품이 북유럽에 도착한 후에 침입이 이루어졌다는 것을 의미한다. 곤충의 존재는 대마초(cannabis)와 같은 마약의 원천을 결정하는 데 이용될 수 있다. 예를 들어, 외국의 종이 존재하는 것은 마약이 원래 있었던 국가를 알게 할 수 있고, 따라서 수입이 되었는지의 여부를 알 수 있다(Crossby & Watt, 1986). 이는 그 사람이 마약 밀매로 기소가 되느냐 아니냐에 영향을 주기 때문에 중요하다. 2008년 동안에 코카인 포장 여러 개가 Cornwell (역자주: 영국 서남부의 주) 및 웨일즈의 바닷가를 따라서 씻겨 나왔다. 코카인은 여러 겹의 플라스틱으로 보호되어있었고, 자루로 쌓여 있었는데, 시가(street value)로 백만 파운드(£)에 해당하는 가치를 가지고 있었다. 따개비 군락이 포장의 표면에 붙어있었고, 그 크기는 포장이 바다에 몇 주는 있었다는 것을 의미했다. 더욱이 따개비는 차가운 유럽의 바다에 있는 토속종이 아니었다. 포장은 카리브해 지역의 어느 곳에서 배로 수송되는 도중 잡히기 직전에 바다에 던져져서 대서양을 가로질러 떠내려 온 것으로 생각되어졌다.

살인자들은 자주 희생자의 사체를 옮긴다. 건물의 외부에서 내부로 옮겨진 것은 전형적으로 황야지대 혹은 삼림지대에 사는 종들의 존재로 알게 될 수 있는 반면에, 낙엽수 삼림지대에 사는 수시렁이(dermestid beetle) 혹은 좀나방(tineid moth) 유충들이 자라는 건조되어 미이라가 된 시체를 여름에 발견하는 것은 이 시체가 처음에는 실내에 보관되었다는 것을 의미한다. 시내에서 사람이 사망하고, 파리가 접근하지 못하도록 문과 창문을 밀봉하면, 시체는 미이라가 된다. 이 경우에는 흔한 집안의 해충으로 이미 방안에 있던 수시렁이(dermestid beetle) 및 좀나방이 시체가 건조되면 바로 침입하게 된다. 미이라화는 영국에서는 기후가 너무 습하기 때문에 외부에 노출되어 남겨지면 거의 일어날 가능성이 없다. 더욱이 검정파리의 활동 증거가 없다면 (예, 번데기 위용각), 시체는 그곳에 사망후에 오랫동안 방치되었다는 것을 의미한다.

노출의 증거

얕게 묻는 것은 대개 검정파리가 집락을 형성하는 것을 막는다. 정확한 깊이는 토양의 종류, 수분함량(moisture content) 등에 달려있다. 따라서 매장된 시체가 검정파리의 알, 유충 혹은 번데기를 포함한 채로 발견되면 그 시체는 묻히기 전에 공기 중에 상당한 기간을 노출되었을 기회가 높았다는 것이다. 유사하게 일 년의 그 시점에서, 또한 부패의 그 단계에서 검정파리 공격의 증거가 거의 없는 시체가 표면에서 발견되면, 시체는 유기될 때까지 보호밀폐로 보호된 환경에서 유지되었을 가능성이 있다.

무척추동물들에 의한 이동

시체 (혹은 일부 조각)가 살인자에 의해서, 개나 여우, 오소리 등에 의해서, 혹은 산사태 및 홍수와 같은 자연 현상에 의해서 이동될 수 있다. 무척추동물은 인간의 시체를 옮길 정도로 크기가 크지 않지만, 옷은 이동시킬 수 있다. 예를 들어, Komar & Beattie (1998)에 의한 다소 기괴한 실험을 통해서 여성의 옷을 입힌 인간 크기의 죽은 돼지와 그 이후의 이동에 대해서 보고하였다. 구더기 집단이 협력하여 부풀어 오르게 함으로 속옷 및 타이트는 뒷다리까지 내려오게 하는 반면에 스커트는 올라가는 원인이 되는 것으로 밝혀졌다. 그러므로 옷은 성폭행 및 살인의 경우에 발견되는 전형적인 위

표 7.3 사망 후에 시체가 옮겨진 것을 제시하는 증거의 요약

시체 옮김	곤충	증거
매장 후에 노출	검정파리 알 및 유충	24 시간 이상 노출
	풍뎅이붙이 유충	약 2-3일 노출
	치즈파리(piophilid) 유충	약 7일 노출
	수시렁이(dermestid beetle) 성체 및 유충	14일 이상 노출
노출 후에 매장 혹은 밀봉된 컨테이너 속에 넣어 놓음	검정파리 알 및 유충	없거나 부패 정도로부터 예상된 것보다 더 어린 발생 단계
	벼룩파리 유충	많은 벼룩파리 유충 및 성체 하지만 검정파리 종의 증거는 없음
내부에서 외부로	검정파리 유충 및 번데기	시체가 미이라화 되었거나 백골화되었지만 시체 위에 앞서서 검정파리 활동 증거나 근처에 번데기의 증거가 없음
	수시렁이(dermestid beetle), 좀나방 및 명충나방	모두 존재하지만 앞서서 다른 곤충들이 집락을 형성한 증거는 없음
내부에서 외부로	검정파리 유충 및 다른 자사식생물 종들	일반적으로 빌딩에 들어오지 않는 종들의 존재
	어떤 '우연히 연관된' 종들	숲, 황무지 등 종들이 우연히 옷 속에 갇힌 것
지리적 (다른 지역 혹은 국가 간)	검정파리 유충/다른 잔사식생물 종 혹은 어떤 '우연히 연관된' 종들	정상적인 지리적 분포에서 벗어난 종들의 발견

치로 옮겨졌다. 유사하게 시체에서 구더기들이 용화의 장소를 찾아서 떠날 때 많은 수의 구더기들이 이동하면 물체가 위치가 바뀌는 원인이 된다. 예를 들어, 의치(false teeth)가 구더기 집단이 들끓는 결과로 위치가 옮겨졌다는 확인되지 않은 보고서들이 있다.

상처 구더기증 및 방치의 경우에 무척추동물 증거

상처, 붕대 혹은 기저귀를 통해서 일어난 방치(nelgect)가 구더기의 침입을 일어나도록 했는지의 여부를 결정하는 것은 최소사후경과시간을 추정하는 것과 유사한 과정이 필요하다(Benecke & Lessig, 2001). 알 및 유충 시료가 수집되어야 하고, 시간이 기록되고, 환경 조건 (온도 등)의 기록이 만들어져야 한다. 곤충의 활동 증거가 발견된다고 방치라고 자동적으로 가정할 수 없는데, 이는 알들이 일상적인 청소 후에 바로 낳아졌을 수도 있기 때문으로, 이 경우에 쉬파리로서 제 1령 유충을 낳고, 바로 구더기가 존재하기 때문이다.

사례연구: 노인 방치

Gheradi & Constantini (2004)는 그녀의 딸과 같이 사는 더러운 공동주택에서 발견된 구더기가 침입한 여성 노인 시체의 사례를 기술하였다. 처음에는 전날 밤에 그녀의 어머니에게 식사를 제공하였다고 주장하였지만, 그녀의 딸은 '시체 은닉(concealment of corpse)'으로 기소되는 결과를 가져왔다. 발견된 날 이후에 행하여진 부검에서 시체의 온도가 34.7℃로서, 이는 그녀가 죽은 지 오래되지 않았다는 것을 의미하였고, 사후의 부패에서 아주 초기 단계로 밝혀져서 이것이 확증되었다. 그러나 검정파리의 제3령 유충 및 쉬파리 제2령 유충이 피부에 존재하는 것과 기저귀는 그녀가 여러 날 동안 깨끗하게 씻겨지지 않았다는 것을 의미하였고, 그녀의 딸은 결과적으로 '노인 방치(elderly neglect)'로 기소되었다.

사례연구: 그 환자는 병원에 입원하기 전에, 아니면 입원한 후에 언제 감염되었을까?

병원은 아픈 사람들로 가득하고, 따라서 질병 전파의 가능성이라는 관점에서 태생적으로 위험한 장소이다. 물론 병원은 위험을 최소화하기 위해서 최선을 다하지만 병원에서 얻는 감염(hospital-acquired infection), 다른 말로 병원감염(nosocomial infection)은 가장 위생적인 기관에서도 조차도 자주 있는 일이다. 병원감염이 중병 혹은 사망의 원인이 되는 곳에서는 병원이 적절한 위생 업무를 제공하지 않았다는 것이 증명될 수 있고, 고소(litigation)가 뒤를 이을 것이다. 결론적으로 환자가 병원에 들어오기 전 혹은 후에 감염되었는가를 증명할 수 있는 것이 중요하다. 이런 감염의 대부분은 MRSA와 같은 미생물이 관여하지만, 종종 구더기증(myiasis)이 포함되기도 한다. Hira 등(2004)은 교통사고 후에 쿠웨이트의 한 의대부속병원에 입원한 어린 소년에 관한 흥미로운 사례를 보여주었다. 입원 시에 소년의 안면은 피로 덮여있었고, 심하게 상처를 입었으며, 다음 여러 날 동안에 중환자실(intensive care unit)에 혼수상태로 남아있었다. 간호사가 소년의 코에서 구더기가 나오는 것을 입원 후 4일 (96 시간)과 5일째 (120 시간)에 인지하였고, 이들 중 5마리를 채집하였다. 이들은 또한 5일째에 '초록색 파리(green fly)'가 소년의 코에 앉아 있는 것을 보았다고 말했지만, 이 파리나 소년의 귀에 있었다는 구더기 어느 것도 잡히지 않았다. 구더기는 *Lucilia sericata*로 동정이 되었고, 가장 오래된 것은 제3령이고, 하나는 제3령이 되고자 탈피를 하는 중이였고, 다른 것들은 제2령이었다. Greenberg (1984)에 의하면, *L. sericata*는 29℃에서 50시간에 낳은 알로부터 제2령의 말기까지 사육될 수 있었고, 이 온도보다 높으면 더 빨리 발생할 것이다. 결론적으로 체온 37℃보다는 코 안의 온도를 30℃로 가정할 경우에 조차도, 병원에 입원하기 전에 어린이에게 낳아진 어떤 알이든지 제3령을 완결하고 용화 장소를 찾아서 상처 부위를 비울 충분한 시간을 가질 것이다. 따라서 감염은 병원에서 얻어졌을 가능성이 매우 높으며, '초록색 파리(green fly)'가 동정되지 않았지만, 중환자실에 그것이 존재했다는 것은 파리가 그 지역에 들어갔을 가능성이 있다는 것이다.

무척추동물에서 약물, 독소 및 다른 화학물질의 탐지

시체가 발견되고, 약물이나 독이 그 사람을 사망하도록 했을 것이라고 생각될 때, 이 물질들을 조사하는 표준화된 과정이 있다. 그러나 시체가 부패의 마지막 단계까지 발견되지 않았다면, 분석을 위한 조직이 거의 남아있지 않을 것이다. 이런 경우에 구더기 및 번데기 틀에 존재하는 물질을 탐지하는 것이 가능하다 (Goff & Lord, 2001; Hedouin 등, 1999; Pounder, 1991). 예를 들어, LC-MS (combined liquid chromatography-mass spectrometry)를 이용하여 치사량을 복용한 인간의 골격근에서 발견되는 것과 동등한 약물 잔류물을 포함하는 먹이를 먹인 한 마리의 구더기로부터 nordiazepam 잔류물을 탐지할 수 있다 (Laloup 등, 2003). 그러나 Tracqui 등(2004)은 시체에서 발견되는 광범위한 약물의 농도와 이를 먹은 무척추동물에 존재하는 농도와의 상관관계를 얻을 수는 없었다. 더욱이 무척추동물들은 동일한 시체에서 수거된 각각의 개체 간에도 약물 잔류물 농도에서 큰 차이를 보였다. 결론적으로 그 존재한다는 것을 언급하는 것 이외에는 시체로부터 수거된 무척추동물에서 발견되는 약물의 잔류물로 어떤 결론에 도달하는 것은 위험할 수도 있다는 결론을 내렸다. 무척추동물에 잔류물이 없다는 것을 그들이 죽기 전에 그 신체에 아무런 잔류물이 없어다는 것에 대한 믿을만한 증거라고 판단해서도 안된다.

Roeterdink 등(2004)은 금속들이 어느 정도 다른 농도로 구더기 몸에 생물학적 축적이 일어나기는 하지만, 화약 잔류물이 포함된 고기에서 사육된 검정파리들에 납, 바륨(barium), 안티몬(antimony) 등이 축적되는 것을 보여주었다. 그러나 화약 잔류물이 구더기의 발생 속도에 영향을 미치는지, 구더기들 안에서 발견되는 금속의 방사능 표식으로부터 법의학적 유용한 정보들을 얻어낼 수 있는지의 여부에 대한 더 많은 연구가 필요하다.

거미줄은 자주 바람의 흐름에 의해 이동하는 입자들을 잡는다. 예를 들어, Ian Huntley가 어린 두 소녀들의 살인자로 재판을 받았던 Soham 살인자 재판 (영국, 2003년 11월)에서, 거미줄의 검은 변색이 희생자의 태운 옷이 발견된 쓰레기통에 가까운 조명(light fittings)에서 관찰되었다는 것이 보고되었다. 거미줄의 변색은 쓰레기통에서 멀어질수록 더 엷어졌다. 불행하게도 연기에 노출된 거미줄을 조사하는 방법은 없는 것으로 나타났다.

무척추동물에서 인간/척추동물의 DNA 증거 획득

구더기 혹은 갑충류 집단에서 DNA를 추출하는 것은 가능하고, 따라서 무엇을 먹이로 했는지 결정하는 것이 가능하다. 이는 곤충은 있지만 시체가 없는 경우, 곤충이 어디로부터인가 시체 위를 기어 올라갔다는 암시가 있는 경우, 혹은 곤충 시료들이 바뀐 경우에 유용할 수 있다 (Campobasso 등, 2005; Linville 등, 2004).

벼룩과 이는 자주 서로 육체적으로 접촉을 하는 인간 사이, 인간과 동물 사이를 이동한다. 그러므로 이 혹은 벼룩의 내장에 있는 섭취한 혈액을 분석하는 것으로 사람들을 연결짓는 것이 가능하다 (Mumcuoglu 등, 2004). 예를 들어, 사면발이 *Pthirus pubis*는 성폭행 과정에서 공격자와 희생자 사이에 이동될 수 있고, 이것들의 내장에 존재하는 섭취한 혈액에서 추출한 DNA는 두 사람을 연관 짓는데 이용될 수 있다 (Lord 등, 1998). Davey 등 (2007)은 몸에 사는 이(*Pediculus humanus*)가 먹이를 섭취한지 72시간 이후까지, 각각 개체로부터 숙주 인간의 미토콘드리아 DNA를 추출하는 것이 가능하다는 것을 보여주었다. 저자들이 지적하였듯이, 실험실에서 사육된 곤충으로 수행된 연구에 미루어 현장의 상황을 추정할 때에는 주의를 해야 한다. 예를 들어, 혈액을 먹는 곤충의 경우에, 실험실에서 사육되는 계통은 공격을 당하는 경우가 없기 때문에 야생에 있는 상대보다도 자주 더 길게 더 많은 양의 혈액을 섭취한다. 결과적으로 빠르게 먹이를 섭취해야하는 행동에 대한 선택(selection)은 없다.

식품에 무척추동물 침입의 원천 및 지속성의 결정

식품 안에서 발견된 무척추동물의 종(species)과 그 발생 단계를 확인한 후에, 언제 최초로 침입이 발생했는지를 결정하고, 따라서 이런 일이 발생한 것이 누구에게 책임이 있는지를 경절하는 것이 가능하다, 예를 들어, 카리브해 지역의 섬에 냉동 닭날개(chicken wing)를 공급하는 영국회사의 고객이 배달에 대한 지불을 거절하였는데, 날개를 요리 한 후에 '살아있는 구더기'가 들어있는 것을 발견하였기 때문이다. 이 주장은 사기로 판명이 되었는데, 이는 일부 파리 (즉, *Calliphora vicina*)의 경우에 냉동된 고기에 알을 낳지만, 닭날개가 가공 중에 파리의 알에 오염이 되었을 때조차도 냉동 과정에서 모두 죽어 버리기 때문이다. 냉동식품의 수송은 엄격하게 통제되고 있고, 소비자가 식품의 보호 포장을 제거할 때 까지는 어느 파리도 닭날개에 접근할 수 없을 것이다. 요리 후에 날개에서 살아있는 구더기가 발견된 사실은 표준화된 요리가 아니었다는 것, 그리고 파리가 알을 낳고, 카리브해 지역에서 조차도 몇 시간은 걸릴 것으로 예상되는 등 알이 부화하기에 충분한 시간이 있었다는 것을 의미한다. 유충은 제2령이었으며, 영국에는 없는 종에 속해 있었다. 닭날개가 냉동 상태에서 도착하는 것을 가정하면, 부엌에 보호되지 않고 방치되어 있었던 것이 틀림없다. 유일한 다른 설명은 닭날개가 적절하게 수송되지 않았고, 섬과 부엌에 도착한 시점 사이에 알에 오염이 되었다는 것이다.

음식이 포장이 될 때 씹힌 구멍의 존재는 곤충이 봉투나 가방의 안이나 밖으로 구멍을 뚫었다는 의미일 수 있다. 더욱이 포장에 몇 개만의 구멍들이 있고, 어린 곤충들에 더해서 한두 마리의 성체로 된 집단이 있는 것은 침입이 밖에서 시작되었다는 것을 의미한다. 구멍이 없는 것은 침입이 물건이 포장되기 전에 시작되었다는 것이고, 이 일이 일어난 때를 계산하기 위해 발생의 단계가 이용될 수 있다.

법의학 분석을 위한 무척추동물 채집

구더기 및 다른 기어 다니는 곤충의 채집

다른 모든 종류의 법의학 증거와 마찬가지로, 무척추동물 시료를 얻어진 장소 및 시간 그리고 누가 채집하였는지의 정확한 기록과 함께 주의 깊게 채집하는 것은 필수적이며, 완벽한 '일련의 관리보관(chain of custody)' 기록이 작성되어있어야 하고, 그렇지 않다면 법정에서 증거로서의 신뢰성에 의심이 갈 것이다 (Amendt 등, 2007). 살인 사건의 조사에서 시체와 그 주변에 발견되는 모든 무척추동물들의 시료를 직접 각각의 용기에 채집해야 한다 (그림 7.5). 주변 식물 및 방 안에서 발견되는 곤충들은 포충망(sweep net)을 이용하거나 적절한 병에 들어가도록 하여 채집할 수 있다. 시료를 손으로 다루게 될 때에는 표본의 손상을 피하기 위해서 부드러운 겸자((鉗子, forceps) 또는 미세한 솔(brush)을 이용해야 한다. 범죄현장에서 발견된 무척추동물의 정확한 위치 및 상대적으로 얼마나 존재하는가에 대한 기록이 반드시 있어야 한다. 표본들은 반드시 분리되어 보관되어야 한다. 예를 들

그림 7.5 생물학적 시료는 반드시 시체의 주위에서 채집되어야 한다. 이 경우에는 시체가 신선하기 때문에 발생을 완성할 시간이 없지만, 성숙한 검정파리 유충 및 번데기는 3–6 m 떨어질 수도 있다.

어, 입에서 채집된 구더기는 귀나 신체의 다른 부위에서 채집된 것들과 섞이면 안된다. 알로부터 가장 작은 구더기부터 가장 큰 구더기, 및 존재하는 번데기까지 모든 발생 단계들이 채집되어야 한다. 구더기는 채집되는 시점에서 죽이고, 이것이 행해진 정확한 순간의 기록이 만들어져야 한다. 나중에 죽이게 되면, 채집 시점과 죽이는 시점 사이에 구더기가 경험하는 온도를 기록해야 한다. 알, 구더기 및 번데기의 일부 시료는 반드시 성체까지 사육되어, 동정(identification)을 확인해야 한다. 채집 시에 죽이지 않은 알과 유충들은 먹이를 공급하여, 그것들의 발생 속도가 굶주림에 영향을 받지 않고, 그 크기가 건조에 영향을 받지 않도록 보장을 해야 한다.

만일 시료가 범죄현장에서 채집되지 않았거나 예방조치 없이 되었다면, 가장 큰 (오래된) 구더기는 시체가 안치소에 도착하기 전에 도망가거나, 수송, 보관, 혹은 영안실 내에서 시체가 곤충들로 오염되었을 가능성도 있다 (Archer & Ranson, 2005). 예를 들어, 곤충이 침입한 여러 구의 시체가 함께 운반되거나 동시에 한 영안실에서 조사가 된다면, 곤충들이 기어오르거나, 날아오르고, 혹은 뜻하지 않게 수집되고, 시체 사이를 이동할 수 있다. 시료를 즉시 취해야 하는 또 다른 이유는 시체가 안치소에 도착하면 방부제로 처리되고, 이는 유충을 수축시킬 수 있기 때문이다.

대개는 많은 종의 구더기들이 한 구의 시체에 존재함으로 정확한 측정치를 얻기 위해서는 여러 종들을 대상으로 하여 시체의 다른 부위에서 채집된 유충들로부터 PMI를 계산하는 것이 합리적이다. 이는 특히 영국과 같이 강한 계절적인 기후를 갖는 나라에서 중요하다. 예를 들어, Erzinclioglu (2000)는 봄에 발견된 시체에서 찾은 검정파리 유충의 발생 단계가 약 2주의 최소사후경과기간을 갖는 것으로 나타난 사례를 기술하였다. 그러나 많은 수의 겨울 각다귀(winter gnat) (Diptera, Trichoceridae) 유충이 존재하는 것은 이 사람이 겨울 동안에 훨씬 더 일찍 사망했다는 것을 의미하였다.

만일 시체가 부패의 진전된 단계(advanced stage)에 있고 검정파리 유충이 존재한다면, 주변 토양에서 번데기를 찾아봐야만 한다. 이는 시체 주변의 3-6 미터에 대한 토양채집(soil core sampling)이 필요한데, 일부 구더기들은 용화가 준비되면 상당한 거리를 여행하기 때문이다. 토양채집(soil core sample)은 번데기를 찾기 위해서 손으로 분류되어야 하고, 또한 활동적인 무척추동물 (예, 진드기, 파리 유충 및 지렁이)의 존재를 알기 위해서는 Tullgren and Berlese 깔때기와 같은 표준 기술을 이용하여 추출해야 한다 (Jackson & Raw, 1966). 구더기는 빛을 피하기 때문에 대부분 어두운 지역에서 발견될 가능성이 높다. 다수의 구더기가 시체를 떠날 때에는 충분한 밀도를 갖는 기둥을 형성해서 초목 내에서 눈에 띌 수 있는 흔적을 남길 것이다. 이것들은 또한 수직 표면에 자신들이 방향을 잡도록 함으로 표면을 가로질러 기는 동안에 마주칠 벽이나 유사한 장애물 가까이에서 발견될 가능성이 크다. 나중에 먹이를 섭취한(post-feeding) 구더기와 번데기의 다른 원천이 있는지 주변 지역을 조사하는 것이 중요한데 (예, 죽은 토끼), 이는 PMI에 잘못된 의미를 부여할 수도 있기 때문이다 (Archer 등, 2006). 예를 들어, 시체와 연관된 오래된 구더기는 마지막 령(instar)에 들어가지만, 그 근처 가까이에서 죽은 비둘기로부터 나중에 먹이를 섭취한(post-feeding) 구더기나 번데기가 채집된다면, 실제 경우보다 더 긴 PMI의 증거를 부여할 수 있다.

그림 7.6 검정파리 유충은 이와 같은 플라스틱 식물 통에서 사육될 수 있다. 통에서의 발생 속도 기록이 필요하다면 통은 온도기록기를 포함하여 반드시 배양기 안에 보관되어야 한다.

방치, 식품 오염 및 다른 법의학 조사에 연관된 기어 다니는 무척추동물들은 반드시 위의 서술한 것과 동일한 방법에 따라서 채집되어야 한다.

검정파리 구더기 사육

많은 쌍시류(雙翅類, Diptera)의 경우에 알과 유충 단계에서 동정을 하는 것은 어렵고 종종 불가능하다. 결과적으로 가능하다면, 구더기의 일부 대표 시료는 반드시 성체기까지 키워야 한다. 알고 있는 온도가 일정하게 유지되는 배양기 안에 보관된 플라스틱으로 된 식물 모종 상자가 적절한 사육 컨테이너가 된다 (그림 7.6). 구더기가 마르거나 과도한 수분에 익사하지 않도록 주의를 기울여야 한다. 구더기들은 간(liver) 혹은 잘게 썬 고기에서 사육되며, 느슨하게 쌓인 포일(foil) 안에 고기를 넣어 놓는 것이 고기와 구더기 모두 건조하지 않도록 하는데 도움이 된다. Sherman & Tan (1995)은 멸균된 3% Bactor agar와 퓌레 간(pureed liver)이 1:1 혼합물로 구성된 간단한 인공 먹이에 대해 설명하였다. 이 배지는 실온에서 오랫동안 보존이 가능하고, 재현이 가능한 조건을 제공하고, 냄새가 감소되었다. 사육 배지는 건조하고 푸석한 물질 [예, 질석(vermiculite)] 층에 둘러싸여서, 구더기가 이동하여 용화할 준비를 할 수 있어야 한다. 어떤 배지 혹은 방법이 채택되는지, 다른 파리 종들이 어느 단계에서든지 사육 배지에 오염되지 않도록 하는 것이 중요하며, 그렇지 않다면 잘못된 결론에 도달할 수도 있다. 예를 들어, *Megaselia scalaris*와 같은 벼룩파리(phorid fly)는 배제하는 것이 너무 어렵다는 것이 주지의 사실로서, 이것들이 시체에 존재했다는 잘못된 가정을 유도할 뿐만 아니라 다른 파리들도 공격한다.

나는 곤충의 채집

나는 곤충(flying insect)들은 촘촘한 그물을 갖는 포충망을 이용하여 채집한다. 망을 앞뒤로 쓸어주고 각 경로에서 180°까지 자루를 돌려준다. 채집 후에는 곤충들은 각각의 튜브에 넣어 준다. 곤충들은 그 자신을 스스로 손상하는 것을 막기 위해서 채집 직후에 바로 죽여야 한다. 시체를 찾아오는 파리들의 종 구성(species composition)이 부패의 상태를 의미하는 것일 필요는 없다. 예를 들어, 성체 암컷 검정파리는 대개 알을 낳기 위해서 신선한 시체에 모여들지만, 단백질 먹이를 섭취하기 위해서, 혹은 수컷의 경우에는 짝을 찾기 위해서, 부패의 늦은 단계인 시체에도 찾아온다.

무척추동물을 죽이고 보전하는 기술들

더 많은 연구를 위해서 혹은 증거로서 보존되어야 할 필요가 있는 무척추동물은 항상 빠르게 인도적으로 죽여야만 한다. 이상적으로 살충병(killing bottle)은 넣고 빼는 것을 쉽게 하기 위해서 넓은 입구와 안전한 뚜껑을 가지고 있어야만 한다. 시료들이 섞이는 것을 막고 과정을 신속하게 진행하기 위해서 여러 개의 살충병들을 가지고 있는 것이 최선이다. 플라스틱 병들이 유리병보다 가볍고 깨지지 않는 경향이 있다. 죽이는 방법들은 다양하게 있지만 (아래 참고), 어떤 방법이 선택되든지 간에, 그 과정이 결과에 영향을 미쳤는지 논쟁이 있을 경우를 대비해서 어떻게, 어디서, 언제 수행되었는지에 대한 기록이 만들어져야 한다. 비교를 목적으로 표본들을 측정하였다면, 참고 자료를 만드는데 이용된 방법과 죽이는 방법 및 보존이 동일한 것이 이상적이다.

단단한 몸체를 가진 무척추동물 죽이는 방법

Ethyl acetate는 모든 무척추동물에 대해서 매우 효과적인 살충제이지만, 일부 플라스틱에 손상을 입힌다. 따라서 살충병을 선택할 때에 주의가 요구된다. 액체 ethyl acetate는 곤충과 직접 접촉을 하도록 허용되면 절대 안되며, 따라서 살충병의 바닥에 석고(plaster of Paris)를 한 겹 덮어주고, 석고가 건조한 후에 ethyl acetate를 석고에 넣어 준다. 이렇게 준비된 살충병은 다시 보충하기 전에 몇 시간/날 동안을 지속된다. 곤충은 죽는 즉시 ethyl acetate 살충병에서 꺼내야 한다.

잘게 자른 cherry laurel [역자주: 유럽 남동부산의 장미과(科)의 상록 관목]은 성체 쌍시류(Diptera) 및 벌목[막시목(膜翅目), Hymenoptera]에 빠르게 치명적이지만, 딱정벌레목(Coleoptera) 및 바퀴벌레에는 일반적으로 거의 효과가 적다. Cherry laurel (*Prunus laurocerasus*) 잎은 절단되거나 상처가 나면 cyanide를 배출하여, 잘게 자른 잎을 작은 컨테이너 바닥에 한 층을 깔면 매우 효과적인 살충병이 된다. 쉽게 꺼내기 위해서, 곤충들은 한 장의 티슈에 의해서 잎 조각들과 반드시 분리되어있어야 한다. 잎은 컨테이너 안에 높은 습도를 만드는데, 이는 표본이 이완된 상태로 있게 하지만, 나비목(Lepidoptera)과 같은 표본에는 문제를 일으키는데, 날개가 '물을 머금고(waterlogged)',

만일 표본을 오랫동안 내버려두면 곰팡이가 자란다. 월계수 잎은 완전한 채로 일주일 이상 보관했다가, 살충병에 잘라 넣는다.

일산화탄소는 우수한 살충제이지만, 이것은 무척추동물이 실험실에 옮겨진 이후에만 적절하다 - 가스 실린더를 현장에 가지고 가기에는 다소 무겁다. 일부 곤충들은 다른 것들보다 더 민감하다. 검정파리 성체는 빠르게 죽지만, 바퀴벌레는 (항상 그렇듯이) 더 저항이 강하다. 유사하게 표본을 -20℃ 냉동고에 넣는 것은 단단한 성체 곤충을 죽이는데 효과적이다. 가정용 냉장고의 냉동칸은 일부 곤충을 죽이기에 충분히 낮지 않고, 24시간 후에도 다시 살아나서 기어서 도망갈 것이다. 이는 구더기를 죽이기에는 적절한 방법이 아닌데, 이는 결과적으로 길이 측정에 영향을 줄 것이기 때문이다.

부드러운 몸체를 가진 무척추동물 죽이는 방법

거의 끓는 물은 모든 무척추동물을 매우 빠르고 효과적으로 죽인다 (그림 7.7). 이것은 구더기와 다른 곤충의 유충과 같은 부드러운 몸체를 가진 무척추동물을 죽이는 가장 효과적인 방법이다. 그러나 이는 날개달린 곤충에는 적절하지 않은데, 날개가 물을 머금고 이후에는 이것들을 표본으로 정리하기가 어렵기 때문이다. 이 방법으로 죽인 표본은 반드시 탈수를 시켜야 하고 죽은 후에 가능하면 빠르게 보존을 해야 하며, 그렇지 않으면 부풀어 오르는 경향이 있다. 또한 죽은 후에 물에 남겨진 구더기는 빠르게 멜라닌화 할 것이다, 즉 검어지고 이는 일부 형태적 특징을 애매하게 할 것이다. 끓는 물을 이용해서는 안 되는데, 이는 표본이 터지는 원인이 되고, 내부 장기가 쏟아져 나올 것이다. 물을 데우는 일은 현장에서 언제나 용이한 선택이 아니지만, 커다란 보온병 2개면 충분한 물을 공급할 수 있다.

그림 7.7 이 구더기들은 원래 같은 크기이다. 아래 구더기는 거의 끓는 물에서 죽인 반면에 위의 수축된 구더기는 70% v/v 에탄올에 바로 넣은 것이다.

구더기 및 다른 유충 곤충은 보존제 K.A.A. 튜브에 직접 넣은 수 있다. 이는 다음 내용물들로 구성되어있다: 95% ethanol (80–100 ㎖), glacial acetic acid (20 ㎖), kerosene (예, 파라핀) (10 ㎖).

단단한 몸체를 가진 무척추동물의 보존

검정파리와 같은 커다란 쌍시류(雙翅類, Diptera) 및 대부분의 다른 곤충들은 일반적으로 흉곽을 통과하는 곤충핀(entomological pin)으로 마운트(mount) 시킨다. 작은 곤충들은 자주 머리가 없는 작은 곤충핀을 이용하여 스티로폼(Styrofoam)의 '판(stage)'에 꼽아서 고정시킨다. 그리고 큰 핀을 판(stage)에 통과시켜 삽입한 후에 이 핀에 라벨을 붙인다. 수컷 생식기는 자주 동정에 중요한 도움을 준다. 이것은 분리되어 마운트가 되거나 현미경 슬라이드 시료로 보존될 필요가 있지만, 가는 핀을 이용하여 늘려질 수도 있다. 벼룩파리과(Phoridae) 및 다른 작은 무척추동물들과 같이 매우 작은 Diptera는 70% ethanol에 보존될 수 있다. 쥐며느리류(woodlice), 지네류(centipedes) 및 노래기류(다족배각류, millipedes)는 70% ethanol 보존이 최선이다. 딱정벌레목(Coleoptera) (갑충류)는 떼는 것을 쉽게 하기 위해서 전통적으로 물을 기반으로 하는 접착제(water-based adhesive)를 이용하여 카드 조각에 풀로 붙인다. 그러나 이 방법은 아래 부분의 특징 관찰을 어렵게 만든다. 그러므로 Coleoptera는 딱딱한 날개(初翅, elytra) 하나를 통하여 핀으로 고정하던지 Diptera와 같이 마운트(mount)하던지 아니면 알코올에 보관한다.

부드러운 몸체를 가진 무척추동물의 보존

구더기와 같이 부드러운 몸체의 무척추동물은 보존제에 넣기 전에 반드시 죽여야 하는데, 그렇지 않으면 수축되거나 형태적 특징이 모호해진다. 전통적인 방법은 거의 끓는 물에 표본을 넣어서 죽이고, 이후에는 acetic alcohol (3 parts 80% alcohol: 1 part glacial acetic acid)에 보관하기 전에 alcohol의 농도 (30–80%)를 증가시켜서 탈수를 한다. 표본이 alcohol에만 보존되면 부서지는 경향

표 7.4 부드럽거나 단단한 몸체를 갖는 무척추동물을 죽이거나 보존하는 방법들의 요약

	부드러운 몸체의 무척추동물	단단한 몸체의 무척추동물
죽이는 방법	거의 끓는 온도의 물 K.A.A. 액	Ethyl acetate 증기 Hydrogen cyanide 일산화탄소 거의 끓는 온도의 물 (날개곤충은 제외)
보존하는 방법	Acetic alcohol 70% v/v 알코올	핀 꼽기 카드에 붙이기 (딱정벌레) 아세트산 70% v/v 알코올

이 있지만, acetic acid를 첨가하면 부드럽게 유지하는데 도움을 준다. 보관 물질에 상관없이 표본은 시간이 흐름에 따라서 수축되는데, 수년이 지난 사례들부터 증거를 다시 고찰할 때에는 이런 가능성을 염두해 두어야 한다.

무척추동물 알의 보존

무척추동물의 알들은 종의 동정이 어렵고, 가능하면 그 중 일부는 부화하고 어린 것에서 성체가 되기까지 사육되어야 한다. 검정파리의 알들은 acetic alcohol (3 parts 80% alcohol: 1 part glacial acetic acid)에 보관하기 전에 alcohol 농도 (15-80%)를 높여서 탈수할 수 있으며, 아니면 K.A.A.에 직접 넣는다.

미래의 연구방향

법곤충학에서 분자 기술의 이용이 대개는 종의 인식에 집중되어있을지라도, 연령 특이적인(age-specific) 발생 과정들에 관련된 유전자의 발현을 모니터링하는 것을 통해서 연령을 추정할 수 있는 가능성을 제공한다. 예를 들어, 현재로는 위용각(puparium)이 검어진 후에는 번데기의 연령을 추정하는 것이 불가능하지만, 변태(metamorphosis)와 관련된 세포의 변화 및 재구성은 특정한 유전자들의 연속적인 발현 증가 및 감소와 동반될 것이다.

쌍시류(雙翅類, Diptera) 이외의 무척추동물에 대한 법의학적 응용은 거의 연구되지 않았다. 이는 부분적으로는 만일 검정파리가 존재한다면 다름 무척추동물을 분석할 추진력이 상실되기 때문이고, 부분적으로는 이것들 중 대부분은 동정을 하기가 어렵기 때문이다. 그럼에도 불구하고, 그 환경에서 자연적으로 많은 수로 발생하는 종들과 집단 내에서 빠른 변화를 나타내는 종들은 법의학적 응용 가능성이 있다. 예를 들어, 토양 선충 집단의 분석은 시체가 특정한 장소에 얼마나 오래 있었는지를 정립하는데 유용하다는 것이 증명되었다. 이는 토양 미생물 집단을 평가하는데 이용되는 것과 유사한 분자 기술의 이용을 동반할 수 있다 (10장).

연습문제

(1) 법의곤충학에서 정확한 동정이 왜 중요한가?

(2) 시체로부터 구더기를 채집할 때에, 연구가는 왜 가장 커다란 구더기를 포함시켜야 하는가?

(3) 검정파리 구더기의 연령을 추정하는데 이용되는 4가지 형태학적 특징을 기술하라.

(4) 새롭게 형성된 번데기와 며칠이 지난 것을 어떻게 구별하는가?

(5) 아래 주어진 자료를 가지고, 검정파리 종 A가 제2령에 도달하기 위한 누적도시(accumulated degree hour)를 계산하라.

사육 온도 = 22℃

알 단계 = 16 시간

제1령 = 10시간

제2령 = 25 시간

제3령 = 34 시간

(6) 어떻게 구더기 먹이섭취 집단(maggot feeding mass)의 형성이 검정파리 유충의 발생에 영향을 주는지 설명하라

(7) 어떻게 약물의 존재가 검정파리 유충의 발생에 영향을 주는지 간단하게 설명하고, 이것이 어떻게 최소사후경과시간 계산과 관련이 있는지 설명하라.

(8) 표본을 보존제에 넣기 전에 반드시 구더기의 길이를 측정해야 하는 이유는 무엇인가?

(9) 살인 희생자의 시체가 묻히기 전에 며칠 동안 노출되었다는 것을 설명하는데 무척추동물의 존재가 어떻게 이용될 수 있는지 간단하게 설명하라.

(10) 검정파리 구더기로부터 인간 DNA를 추출하는 것이 왜 유용한지 2가지 이유를 기술하라.

실습문제

제목

토양 밑에서 검정파리 구더기는 얼마나 오랫동안 생존하는가?

원리

범죄의 희생자가 죽은 것과 그 시체가 묻히는 것 사이가 지연될 수 있다. 이 기간 동안에 구더기가 침입할 수 있지만, 시체가 묻힌 후에 구더기들이 어느 정도 먹이를 섭취하고 발생하는지에 대해서 발표된 증거들은 거의 없다. 이는 시체가 다시 파내어, 과거 사건들의 연속성을 재구성하려는 시도와 연관이 있을 수 있다.

방법

시체 혹은 고기 시료를 검정파리 구더기에 여러 다른 시간 동안 침입이 되도록 하고, 이후에 무게를 재고, 다른 깊이로 묻는다. 정해진 시간 후에, 시료를 다시 파내고, 다시 무게를 재고, 생존한 구더기들, 이것들의 발생 단계 및 부패의 정도를 기록하고, 묻히지 않았던 대조구(control) 시료와 비교한다.

제목

식품 가공이 곤충 표면의 큐티클 형태에 영향을 주는가?

원리

사람들은 자주 통조림 및 포장된 제품에 곤충이 발견되었다고 불만을 나타내지만, 포장이 열린 후에 더해진 것인지 공정의 어느 단계에서 떨어져 들어간 것인지 항상 분명한 것이 아니다.

방법

바퀴벌레, 거저리(tenebrionid beetle) 혹은 검정파리는 실험동물로 적절하다. 이것들을 일산화탄소로 죽이고, 삶거나, 압력솥에 요리하는 등 다양한 처리 후에 큐티클의 형태를 관찰한다. 주사현미경이 최고로 자세한 것을 보여줄 것이다.

8 척추동물

이 장의 개요

이 장의 목표

일반적으로는 시체를 훼손하고 먹어치우는 척추동물을 확인한다.

사망 전후에 인간에 의해 가해진 상처와 청소동물에 의해서 가해진 손상을 구별한다.

척추동물이 사망과 상처의 원인이 되는 환경에 대하여 설명한다.

척추동물을 범죄 현장과 연관시키는데 이용될 수 있는 동정 기술의 비교와 대조한다.

가축과 야생동물을 방치하고 학대하는 경우를 증명하는데 어려운 점을 설명하고 어떻게 어린 시절에 동물에게 잔인한 것이 나중에 삶에서 폭력 행위와 연관이 되는지를 설명한다.

경주에서 불법 약물의 사용을 설명하고 어떻게 척추동물이 마약 밀매에 이용되는지 설명한다.

식품 오염에서 정당한 주장 및 위장된 주장을 구별한다.

보호종인 야생동물 및 야생동물 생산품의 불법거래가 어느 정도인지 논의하고 동물이나 그 몸체의 출처를 확인하는데 이용되는 기술들을 설명한다.

서론

척추동물 (물고기, 양서류, 파충류, 조류 및 포유류)은 수와 다양성의 측면에서는 무척추동물과의 비교가 되지 않지만, (대개) 더 커다란 크기 및 특징들을 공유하는 포유류의 경우에는 우리가 '동물이라고 묘사하는데(describe an animal)' 가장 먼저 떠올리는 경향이 있다. 법생물학에서 척추동물은 범죄를 해결하기 위해서 이용될 수 있는 증거의 원천으로 범죄의 희생자만큼 취급되는 경향이 있고, 경찰은 이런 사건을 다루기 위한 특별 유닛을 자주 운용한다. 예를 들어, 영국에서 런던시 경찰국(Metropolitan Police Force)은 국내 및 국제적 단계에서 경찰력과 파트너로서 일을 하는 런던경시청(New Scotland Yard) 내에 야생범죄단속반(Wildlife Crime Unit)을 운영하고 있다.

인간 시체를 청소하는 척추동물

많은 척추동물은 먹이의 원천으로 인간의 시체를 찾는다. 북유럽의 토양 생태계에서는 개, 개과 동물, 쥐, 돼지, 및 까마귀(crow), 큰까마귀(raven) 독수리, 갈까마귀(jackdaw) 등과 같은 새들을 의미하는 반면에, 수서 생태계에서는 다양한 물고기, 갈매기들이 이에 책임이 있다. 그러나 다람쥐 (붉은색, 회색), 양 및 소와 같이 일반적으로 초식동물로 여겨지는 척추동물도 특히 영양이 나쁜 환경에서 살아간다면 시체의 뼈를 갉아 먹을 것이다 (그림 8.1).

그림 8.1 회색 다람쥐(*Sciurus carolinensis*)가 갉은 뼈. 절치에 의해 생긴 특징적인 평행 홈을 주목하라. 많은 설치류들은 이빨을 날카롭게 하기 위해서 혹은 영양분이 있는 골수에 도달하기 위해서 뼈를 갉는다.

개와 다른 커다란 육식동물

개(*Canis familiaris*)의 청소(scavenging) 행동은 잘 알려져 있다. 신체의 일부를 몇 미터 떨어진 곳까지 흩어놓고 뼈와 팔다리를 묻어놓아서, 모든 골격의 회수가 불가능하도록 할 수도 있다. 개는 뼈를 아주 좋아하는데, 신선하거나 막 부패가 시작된 시체를 찾는 경향도 있다 (Haglund, 1997). 인간 잔류물이 묻힌 후에 조차도 그것의 위치를 찾는 개의 능력은 살인자가 아무리 잘 숨기려고 노력을 했음에도 불구하고 시체가 다시 노출되는 결과를 가져오며, 이는 경찰에 의한 '수색견(cadaver dog)' 훈련에 활용되었다 (Lasseter 등, 2003). 청소는 반드시 희생자의 신체가 크게 손상시키는 결과를 가져오고 (그림 8.2) 처음에는 조사자로 하여금 잔혹한 살인에 의해서가 아니라 자연사나 자살에 의해 사망한 것으로 가정하도록 할 수도 있다. 섭취는 종종 두부와 경부에서부터 시작하는데 갑상연골 및 설골(hyoid bone)의 섭취와 함께 조직이 없어지는 것이, 다른 사망원인이 불가능한 중에서 교살(strangulation)로 판단하도록 만들 수 있다. 이 후에는 팔이 떨어지고 뒤이어 다리가 떨어지는데 이 순서는 아마도 붙잡고 탈구시키기에 상대적으로 쉬운 순서를 반영한다. 옷은 시체의 섭취와 탈구에 거의 방해가 되지 않는다. 사실 옷이 흩어져있고, 남성이나 여성 모두에서 생식기 부위가 없어졌다는 것은 성폭행이라는 의심을 불러일으킬 수 있다 (예, Romain 등, 2002). 따라서 개 등에 의해서 가해진 손상은 사망 시점에 원인이 된 것 및 살인자가 희생자의 신체를 절단해서 생긴 것들과 구별돼야 한다.

사망 후에 가해진 교상(bite wound)은 다른 상처들과 마찬가지로 대개 출혈이 심하게 일어나지 않는다. 결과적으로 주변의 혈흔들이 살아있는 사람으로부터 피가 방사되어 튀긴 모양과는 구별이 될 것이다. 교상은 종종 특징적인 이빨자국(tooth mark)을 나타내는 반면에 (그림 8.3), 발톱으로 할퀸 것은 발의 크기를 예상할 수 있다. 이를 통해서 종(species)을 동정할 수 있을 뿐만 아니라 그 동

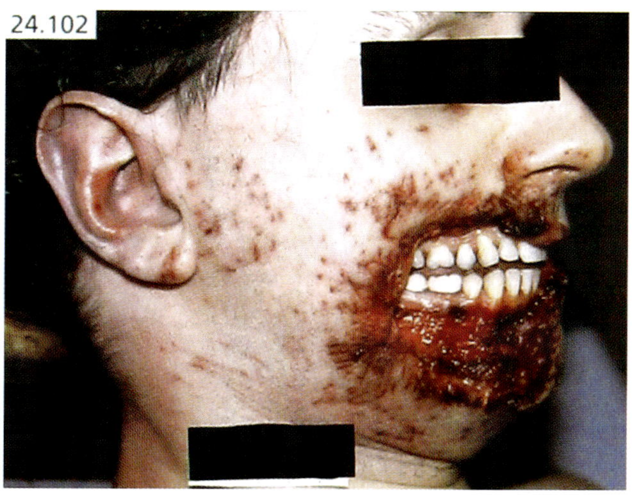

그림 8.2 개에 의한 사후 손상. 이 상처들은 밤새 일어났다. 상처의 끝부분 주변에 절치의 자국을 볼 수 있다. (Dolinak, D. 등 (2005) *Forensic Pathology Theory and Practice*. 저작권© 2005, Elsevier Academic Press 승인)

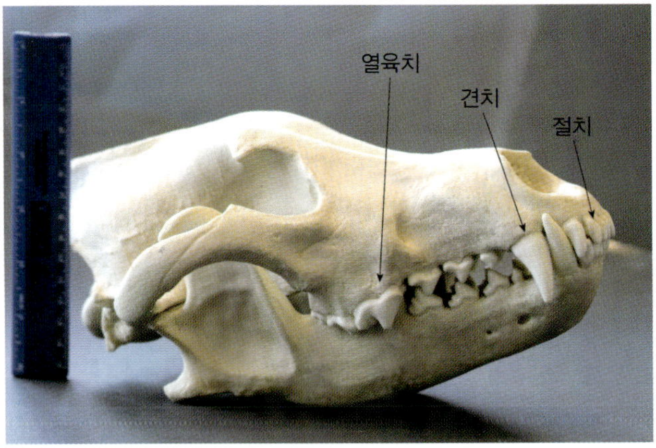

(a)

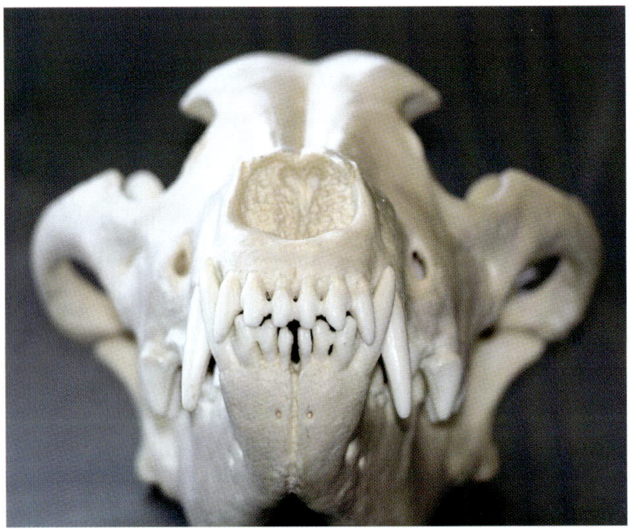

(b)

그림 8.3 (a) 늑대(*Canis lupus*) 두개골의 주형은 전형적인 개의 이빨 상태를 보인다. 절치는 다른 이빨에 비해서 잘 발달되지 못했고 물고 당기는데 사용한다. 견치는 크고 강하며 먹이를 잡고 죽이는데 사용한다. (b) 이빨의 간격이 그 동물이 상처를 가하는데 적당한 크기인지를 판단하는데 이용될 수 있다. 뼈는 소구치와 대구치를 이용해서 갉는다.

물 개체를 확인할 수도 있게 한다. 후자는 특별히 실내 혹은 밀폐된 공간에서 어떤 사람이 사망하고 의심이 가는 동물들도 또한 같이 갇힌 경우에 그렇다. 치아 자국에 더해서 동물은 먹이를 먹는 동안에 그것들의 주둥이에 털을 남길 수도 있는데, 추출된 DNA와 함께 각각의 특징들을 가지고 신원확인에 이용될 수 있다. 애완동물 및 가축 동물의 위 내용물도 시체를 먹었는지의 여부를 결정하기 위해서 또한 조사될 수 있지만, 야생 혹은 돌아다니는 동물을 잡아서 분석하는 것은 거의 불가능하다.

개와 다른 육식동물들은 뼈에 천자(穿刺, puncture)(역자주: 첨단이 뾰족한 기구로 천공하는 것), 두흔(痘痕, pit)(역자주: 곰보자국 또는 압박에 의해 움푹 패인자국)), 스코링(scoring)(역자주: 예리한 끝부분에 긁혀서 생긴 흠집), 그리고 furrow(역자주: 물건의 표면에 생긴 골 모양의 좁고 길게 패인 자국) 등의 4가지 종류의 손상을 입힌다 (Haglund, 1997). 천자(puncture) 흔적은 견갑골(scapula)과 같은 가는 뼈에서 대개 발견되는데, 개의 송곳니 혹은 열육성(carnassial) 이빨에 의해서 뼈의 두께 전체가 관통되어서 일어난다. 관통 흔적의 크기, 모양 및 분포는 그것을 가한 동물의 크기를 알게 할 수 있다. 스코링(Scoring) 흔적은 이빨이 뼈의 표면을 따라서 끌려서 생긴 결과인 반면에 두흔(pit)은 뼈를 물은 이빨에 의해 가해진 눌린 자국(indentation)이다. Furrow는 대퇴골과 같은 장골(long bone)의 길이를 따라서 생긴 깊은 도랑과 같이 생긴 홈으로 대구치와 소구치에 의해서 일어난다. 개가 오랫동안 뼈를 씹으면 홈과 두흔(pit)이 겹겹이 생겨서 각각의 이빨자국을 구별하는 것이 어렵다 (그림 8.4). 개과 및 고양이과는 언제나 한쪽 입으로만 씹는데, 이는 커다란 견치(송곳니)가 이쪽저쪽으로 씹는 행동을 불가능하도록 하기 때문이다. 다른 형태의 이빨자국은 인간이 도구로 절단하거나 톱질을 통해서 생긴 손상과 구별될 수 있고, 총상이나 둔기 및 예기에 의한 외상과 같은 것에 의한 비스듬하거나 동심원을 그리거나 혹은 방사형으로 퍼지는 골절은 일어나지 않는다. 고고학자들은 인간의 것과는 대조적으로 다른 동물들에 의해서 생긴 손상들을 어떻게 구별하는가에 대하여 많은 연구를 해왔다 (예, Brain, 1981). 부드러운 조직에서는 찢어지고 관통한 흔적이 이빨 구조, 치식(dental formula), 또는 동물의 발톱과 일치할 수 있는 반면에, 상처와 근처에 있는 대변에 들어있는 동물의 털은 더 확실하게 하는 증거를 제공한다. 집고양이(*Felis catus*)는 개만큼 물리적인 파손을 일으키지 않는데, 교흔(bite mark)은 더 분산되어있고, 이빨자국은 더 분명하다 (Moran & O'Connor, 1992).

개와 다른 개과 동물들은 얌전하게 먹지 않고, 자주 시체의 옷 조각을 고기 덩어리와 함께 삼킨다.

그림 8.4 개가 갉은 뼈. 각각의 이빨 흔적을 구별하는 것을 어렵게 하는 홈과 두흔(痘痕, pit)의 뭉치를 주목하라. 길이는 밀리미터.

결과적으로 옷의 섬유들이 동물의 대변에서 발견될 수 있다. 하이에나와 표범의 실험 (Pickering, 2001)은 손가락 및 발가락이 소화 기관을 통과하여 대변으로 배출될 수 있는 것을 보여주었다. 뼈 조각 및 모든 치아들이 개, 여우 및 다른 육식동물의 대변 속에서 발견이 된다. 반지 및 다른 보석들, 특히 금은 큰 손상없이 소화 기관을 통과하지만, 대부분 산(acid)에 의한 부식(etching)의 흔적이 보일 것이다. 따라서 근처의 대변 퇴적물을 분석하고 동물이 사는 굴(den and burrow)을 조사하면 잃어버린 뼈와 보석들을 발견할 수 있다. 어린이의 골격은 성인의 것처럼 청소동물의 공격을 잘 견디지 못한다. 더 작고 약할 뿐만 아니라 어린이들의 골단판(epiphyseal plate), 장골의 골단(epiphysis) 내의 증식하고 발생 중인 연골 세포들 띠(band)가 더 두꺼워서 육식동물이 씹어 뜯어내기가 쉽다. 이후에 삼켜진 골단(bone shaft)은 위에서 더 쉽게 분해되는데 칼슘의 양이 더 적기 때문이다. 유사하게 영아와 어린 아이 두개골 사이의 봉합(suture)은 움직일 수 있어서, 두개골이 성인의 것보다 더 쉽게 부서진다.

개가 청소하거나 인간이나 다른 동물을 공격한다는 의심이 들면, 물리적인 증거에 더해서, 개의 과거 행동 (가능하면) 및 갇힌 시점에서의 행동에 관한 목격자의 진술을 얻는 것과 갇힌 날 이후의 정신 상태와 인간과의 관계를 결정하기 위한 평가서가 숙련된 동물 조련사나 행동학자의 의해서 작성되는 것이 중요하다. 평소 잘 먹여지고, 정상적인 행동을 보인 개나 고양이의 사후 청소 행동은 소유주가 사망한 후 오래 시간이 지났거나 다른 먹이의 공급이 없이 방이나 빌딩에 갇혀서 기아(starvation)가 시작되지 않았다면 발생하지 않는다고 생각된다. 그러나 매우 다양한 경우들이 있으며, 시체가 단 시간 내에 소비되는 수도 있다 (Steadman & Worne, 2007). Rothschild & Schneider (1997)는 자신의 입에 총을 쏴 자살을 한 주인을 45분에 먹어치운 Alsatian 개 (역자주: 독일 종 셰퍼드 개로서 흔히 경찰견, 맹도견 등으로 훈련함)에 의한 청소 사례를 기술하였다 (따라서 시체에 이미 커다란 상처가 존재하였음). 갇힘으로서 생겨난 공격적 행동을 포함하는 청소 시작 초기에 대해서 및 집단적 동물로서 개가 사회적 우세를 얻기 위한 시도로서 약하게 보이는 주인을 공격하는 것 등 몇 가지 가능한 설명을 기록하였다. 그러나 이런 경우에 가장 가능성이 있는 설명은 개가 의식이 없거나 최근에 사망한 주인을 도우려고 시도하고, 처음에는 코로 비비고 혀로 핥다가, 이것이 실패하면 공포를 느껴서 공격을 하거나 훼손을 한다는 것이다.

쥐와 다른 설치류

설치류가 뼈나 다른 물체를 갉으면 중간에 '그로인(groin)(역자주: 두 개의 아치형 천정의 교차선)'을 갖는 쌍으로 평행한 홈들을 남기는데, 홈의 크기는 절치(앞니, incisor)의 크기를 의미하고, 따라서 설치류 크기와 가능한 종(species)의 동정이 가능하다 (그림 8.5). 많은 설치류들은 시체를 먹고, 고슴도치 (porcupine)들은 뼈로부터 주석 깡통까지 모든 종류의 물체들을 자신들의 굴에 모아놓는 것으로 유명하다. 영국에서 들쥐는 유사한 취득 본능(acquisitive nature)을 보여주었다. 회색다람쥐 (grey squirrel, *Sciurus carolinensis*)는 바짝 건조된 뼈를 선호하고 (Klippel & Synstelien, 2007),

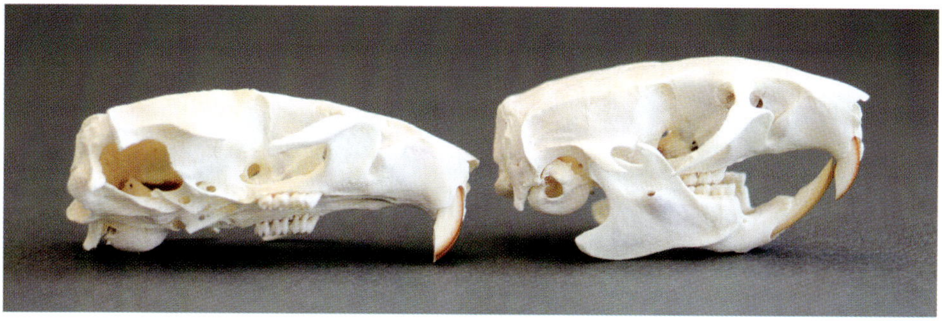

(a)

(b)

그림 8.5 설치류 이빨의 형태. (a) 잘 발달된 절치를 보여주는 쥐(*Rattus norvegicus*) 두개골. (b) 생쥐가 갉은 비누 (높은 지방 함유 때문에 생쥐는 비누를 매우 좋아함). 절치에 의해 형성된 이빨 형태를 주목하라. 이빨 형태는 쥐에 의해 형성되기에는 너무 가깝다.

신선한 시체를 먹이로 한다는 어떤 보고도 없다 (기회가 되면 작은 포유류 및 새들을 죽이는 포식자가 되지만). 쥐는 살아있는 생명체에서도 고기를 뜯어내는데, 역사적 기록에 보면 비위생적인 환경에서 살고 있던 군인들과 죄수들은 자주 쥐가 손가락과 발가락을 물어뜯었다고 말하였다. 쥐 (영국에서는 대개 *Rattus norvegicus*)는 또한 안검(눈꺼풀, eyelid), 코 및 입술과 같은 부드럽고 물기가 많은 부분을 선호한다. 결과적으로 설치류의 교흔(bite mark)은 상처, 질병 혹은 약물로 여러 날에 걸쳐서 사망한 사람의 사망 전후 모두에 가해질 수 있고, 노숙자 및 불결한 조건에 살던 사람의 신체에서 흔하게 발견된다. 혼수상태이거나 자신을 방어하기에는 너무 약한 한 사람이 많은 쥐들에 의해 압도당하여 죽을 수 있지만, 이런 경우가 기록된 경우는 거의 없다. 비위생적인 환경이 언제나 설치류 청소행동의 요소가 되는 것은 아닌데, 이는 많은 사람들이 쥐와 다른 설치류를 애완동물로 가지고 있기 때문이다. 예를 들어, Ropohl 등(1995)은 놓아서 기른 골든 햄스터 (golden hamster, *Mesocritecus auratus*)에 의한 사후 상처에 대해서 설명하였는데, 너무 광범위해서 처음에는 살인자가 희생자의 가죽을 벗기려고 작업을 시도한 것을 믿어질 정도였다. 전형적인 '설치류 특성(rodent signature)' 때문에 햄스터가 장본인으로 밝혀졌다. 설치류는 종종 특징적인 대변 덩어리를 남기고 (종에 따라서 모양과 크기가 다양함), 한 쌍으로 된 끌(chisel)과 같은 모양의 절치(incisor)는 먹이 섭취 중에 부드러운 조직에 톱니 형태의 모서리를 갖는 분화구와 같은 모양의 손상을 일으킨다(Tsokos 등, 1999). 햄스터는 피부와 조직 조각을 자신의 굴에 가지고 감으로서 자신을 유죄인 적을 보여주었다 – 전형적인 설치류의 특성. 교흔(bite mark)이 언제나 조직 손실의 원인이 되는 것은 아니며, 피부를 펼치는 것에 의해서 종종 한 쌍의 절치에 의한 흔적을 보는 것이 가능하다.

돼지

중세에는 돼지(*Sus scrofa*)는 자유롭게 돌아다녔으며, 아기를 물거나, 심지어 죽이고 잡아 먹은 기록도 있다. 오늘날에는 북유럽에서 이것이 더 이상 문제가 되지 않지만, 아마도 야생 돼지나 멧돼지는 숲 속에 남겨진 시체가 있다면 잘 찾아 낼 것이다. 집돼지에게 신선한 양, 소 및 돼지의 뼈를 먹이는 실험에서, Greenfield(1988)는 암퇘지가 첫 번째 접하는 뼈를 떨어뜨리기 전까지 잠시 씹다가 다른 것으로 옮겨가는 과정을 반복한다는 것을 발견했다. 잠깐의 시간 후에 돼지는 들고 옮길 수 있는 더 작은 뼈들, 특히 척추에 집중을 했으며 결국 완전히 먹어치웠다. 대퇴골과 같은 큰 뼈들은 특히 말단이 손상되었지만 완전히 파괴되지는 않았다. 범죄 작가들은 종종 시체를 제거하는 좋은 방법은 돼지가 먹도록 하는 것이라고 제시하지만, 이는 돼지 사육자와의 협조가 필요한데, 이는 시체 전부를 하룻밤에 완전히 먹을 가능성이 거의 없으며 돼지가 모든 뼈를 완전히 파괴할 수 있다는 것에 의문이 들기 때문이다.

조류

다양한 새들이 시체를 먹으며, 머리에서 벗겨지는 머리카락을 제거해서 자신의 둥지를 정돈한다. 까마귀와 같은 새들은 시체의 눈(eye)부터 먹기 시작하고, 만일 밖으로 나와 있다면 혀를 먹기 시작한다. 시간이 흐름에 따라서 사인을 알아내기 힘들 정도로 많은 조직의 손실을 일으킬 수 있다(Asamura 등, 2004). 양 사육자들의 진술에 따르면 새들은 언제나 동물이 죽을 때까지 기다리는 것은 아니고, 자신을 방어하기에 너무 약하면 공격을 한다. 이와 유사하게, 배를 버리고 떠난 선원들이 바다에서 수영하는 동안에 갈매기들이 공격을 했으며, 일부는 새를 피하기 위한 시도로 잠수를 했다고 진술하고 있다. 그러므로 안구가 없으며 두부에 상처가 있는 것은 인간보다는 새의 활동에 의한 결과라고 볼 수 있고, 사망 전후에 일어났을 수 있다. 새는 자창과 비슷한 상처(stab-like wound)를 만드는 경향이 있고, 새부리에 따라서 크기와 깊이가 다양하다. 독수리(buzzard)와 같은 일부 새들은 고기를 제거할 때 찌르고 찢는 기술을 구사한다. 새들은 조직 및 손가락과 같은 작은 신체 부분의 조각들을 조용한 장소에서 먹기 위해서 또한 새끼들을 먹이기 위해서 둥지로 옮기는 것으로 잔류물을 흩트리는데 일조를 할 것이다. 새가 시체를 먹는 것을 목격하거나 대변을 남기지 않는다면, 출혈이 없다면 사후에 일어난 것이라는 의미가 되겠지만 상처의 원인이 새들이라고 하는 것은 어려울 것이다. 그러나 시체가 물에 떠다니는 경우에는 광범위한 출혈이 있을 수 있다.

물고기 및 다른 수서 척추동물

민물과 해양의 많은 종의 물고기들은 죽은 동물을 먹는데, 그 결과는 참여한 종, 수가 얼마나 많은가 및 노출 기간에 달려있을 것이다. 쥐나 생쥐와 같이 작은 물고기들은 손가락 및 발가락, 귀볼, 입술 및 코부터 먹기 시작하는 경향이 있는데, 이는 작은 분화구와 같은 모양의 수많은 상처의 원인이 된다. 오랫동안 먹이를 섭취하면 상당한 양의 조직이 소실되는 결과를 가져온다. 뱀상어(tiger shark, *Galeocerdo cuvier*) 및 백상아리(great white shark, *Carcharodon carcharias*)와 같은 큰 물고기들은 물어뜯어서 팔다리를 통째로 삼킬 것이다. 흥미롭게도 상어는 음식을 소화하지 않고 몇 주 동안을 위에 보관할 수 있다. 일부 상어는 살아있거나 죽은 생명체를 모두 먹을 것이고, 따라서 상어 속에서 인간 신체의 일부가 발견되면 (종종 발생하는데), 언제 그 부분이 먹혔는지, 상어가 그 사람의 사망에 책임이 있는지 여부를 결정하는 것이 언제나 가능한 것은 아니다.

사망과 상처의 원인이 되는 척추동물

북유럽에서 가축과 야생동물들이 사망의 원인이 되는 경우는 거의 없지만, 치명적인 공격이 발생하면, 엄청난 대중의 관심과 공포를 일으킨다. 반면에 개가 무는 일은 흔하며 심한 상처를 남기기도 하는데 이는 결과적으로는 법정 문제를 일으키기도 한다. 2007년에 잉글랜드에서 거의 3800명이 개에 물린 결과로 병원 응급실을 방문하였다. 이는 과거 5년 동안에 걸쳐서 사례 수에서 40%가 증가된 것을 나타낸다. 떠돌이 혹은 야생견들에게 공격을 받은 때에는 상처가 주로 사지(extremities)에 가해지는 반면에 애완견들은 안면이니 목을 공격할 가능성이 많다. 대퇴부 대동맥과 같은 주요 혈관이 손상을 입으면 상처가 생명을 위협할 수 있다. 개의 침에서 전파된 세균이 상처에 감염될 수 있으며, 일부 국가에서는 광견병의 위험도 있다. 치명적인 경우에는 심각한 혈액 손실이 있으며, 개를 물리치려는 시도 중에 희생자의 손과 발에 손상이 있을 수 있다. 어린이와 노인 및 병약자는 가장 위험이 크다. 집에서 키우는 고양이는 개보다 더 가늘고 더 날카로운 이빨을 가지고 있어서 비교적 약하게 물지만 뼈를 관통할 수 있는 능력이 있다. 일반적으로 고양이 주인들은 애완동물과 놀아 준 결과로 손등에 가는 할퀸 흔적이 있다. 고양이는 구석에 몰리거나 위협받는다고 느끼지 않는 한 거의 공격하지 않지만, 가능하면 빠르게 도망가기 전에 심각한 열창(laceration)을 일으킬 수 있다. 원을 그리는 고양이 위에 넘어지는 것이 상처를 입는 흔한 이유지만, 고양이가 누군가를 공격하여 사망하게 했다는 보고는 없다. 예를 들어, 무의식 상태의 노인이 머리 부상을 입은 채로 발견된다면, 이는 넘어진 것을 나타내는 - 혈액이 흩어진 형태와 같은 - 다른 증거가 나타날 때까지는 범죄로 의심될 것이다 (그 사람이 회복되지 못하거나 무슨 일이 있었는지 기억을 하지 못한다면, 이는 침입자가 밀어 쓰러트린 것과 구분하기가 어려울 수 있음).

크고 공격성이 있을 가능성이 있는 개들이 일부 사회집단에서 인기가 있는 패션 장신구가 되어 가고 있다. 2008년에 영국에서 핏불테리어(pit bull terrier), 일본의 도사견(Japanese Tosa), 도고 아르헨티노(Dogo Argentino), Filo Brasileiro 등 4개 품종의 개 사육이 법으로 금지되었다. 종종 개들은 단순히 남성의 약한 자존심에 대한 지지대가 되지만, 불법인 개싸움(鬪犬)에 이용되고 협박의 수단에 이용되기도 한다. 이라크 및 아프가니스탄의 일부 미국인 감옥에서 죄수를 위협하는데 경비견이 이용되었다는 것은 악명이 높다. 위협받은 것을 증명하는 것은 그 개에 의한 물리적인 상처가 없다면 증명하는 것이 어렵지만, 미국인 간수들은 자신들이 저지른 범죄를 사진으로 찍어 놓을 정도로 어리석었다. 물거나 희생자를 협박하는 것 이외에도 일부 사람들은 개를 성적 행위를 위해서 훈련시키는데, 개들이 성폭행을 하도록 조징되었다는 보고가 있었나 (Vintiner 등, 1992). 결과적으로 성폭행의 희생자들은 인간의 것이 아닌 정자의 흔적을 갖게 되는데, 이것을 탐지하기 위해서는 이미 존재하는 프로토콜을 수정하는 것이 필요하다.

가정의 정상적인 개와 고양이에 의해 발생하는 위험에 더해서, 이국적인 동물을 키우는 것이 유행하면서 더 많은 사람들이 위험 가능성이 있는 큰 생명체들과 접촉을 하게 되었다 (Lazarus 등, 2001). 예를 들어, 현재 야생보다도 더 많은 수의 호랑이들이 잡힌 상태로 있는데, 1998년에서 2001년 사이에 미국에서 27명이 호랑이에 물려서 상처를 입었고, 7명은 사망을 하였다 (Nyhus 등, 2003). 우리에 갇혀 있는 동물에 의한 사망은 사람들이 그것들을 우리에 가두거나 다룰 때에 적절한 주의를 기울이기 않은 결과인데, 이 동물들은 대부분이 개인이 기르는 것들이다. 이국적인 애완동물을 키우는 것은 어렵고, 돈이 많이 들고, 시간이 많이 필요한 일이고, 동물이 너무 커지거나 공격적이 되면 버려지는 경우가 자주 있다. 예를 들어, 영국에서 이구아나는 인기가 있는 애완동물로서 구입 당시에는 몇 인치 정도의 길이이다. 그러나 성장하면 5 피트까지 되고 공격적이 될 수 있다. 이 시점에서는 짐처럼 느껴진다. 원하지 않는 이국적인 동물을 죽이거나 버리는 것은 증명하기는 어렵지만 형사고발로 이어질 수 있으며, 특히 그 동물을 키우는 것이 불법인 경우에 그렇다. 동물원은 위험 가능성이 있는 동물을 도망치지 못하도록 안전한 조건 하에 유지하는 것은 물론, 순진하거나, 비정상이거나, 자살하려는 사람들이 동물들과 접촉하려고 들어오는 것을 막는 동시에 이것들을 대중들에게 잘 보이도록 해야 한다. 예로 사자 우리를 기어오르는 것이 종종 자살 수단으로 이용되곤 한다 (예, Bock 등, 2000).

척추동물의 방치 및 학대

애완동물과 가축이 종종 인간을 공격하고 간혹 죽이기도 하지만, 훨씬 더 자주 방치와 고의적인 학대의 대상이 되어 동물이 고통을 받고 죽는 결과가 일어난다. 야생동물도 인간의 탐욕 외에는 아무 다른 이유가 없이 죽임을 당한다. 이런 식으로 동물을 학대하는 것은 오랫동안 범죄로 여겨져 왔지만, 어린 시절에 동물에 잔인한 것이 차후에 인간을 향한 폭력성의 발달과 연관이 있다는 것을 인식하게 되면서 이런 행동을 확인하는 것이 더 높은 관심을 받았다 (Raupp, 1999; Lockwood, 2000; Dadds 등, 2002). 방치와 학대를 진단하는 것은 수의사의 책무인데, 임상적 증상과 동물을 자발적으로 진료소에 데리고 왔는지에 판단 근거를 둔다. 수의사들은 주인을 경찰에 보고해야하고, 따라서 동물을 몰수하기 전에 갑자기 '사라질' 위험성이 있거나 혹은 주인이 더 책임감을 느끼도록 격려하면서 조용히 동물을 치료하려고 시도하는 딜레마를 가지고 있다. 야생동물과 가축을 학대하거나 죽이는 것은 많은 벌금과 수감되는 결과를 가져오기 때문에, 고발된 사람은 강하게 방어를 할 것으로 예상되며, 만일 조사가 잘 인지된 과정에 따라서 인간 범죄 희생자에 대한 법의학 조사와 동일한 기준으로 수행되지 않는다면 법의 심판을 기술적으로 피해 갈 가능성이 있다 (Cooper & Cooper, 2007; Merck, 2007).

인간은 자신의 성적 만족을 위해서 언제나 많은 종류의 무척추동물과 척추동물들을 이용해 왔으며, 고대 그리스 문학은 인간과 다른 동물들 간의 이상한 성교들로 가득하다. 설득력이 없는 핑계지만 자주 신으로 위장되어 주장되었다. 그러나 이런 행위는 대부분의 사회에서 눈살을 찌푸리는 것이었고, 만일 발각되면 법적 절차를 거쳐서 그 남자 (대개 남자였음)와 마지못해 그에게 관심을 받은 모두를 죽이는 선고가 내려졌다. 19세기 까지도 영국의 섬들(British Isles)에서는 수간(獸姦, bestialism)[역자주: 짐승과의 음행(淫行)]은 사형죄(capital offence)였다. John Leedham은 1833년 4월 12일에 Derby New County Gaol 외각에서 수간으로 처형을 당할 때에 Derbyshire에서 살인 이외의 다른 범죄로 교수형에 처해진 마지막 사람이 되는 불행으로 구별되었다. 이는 아마도 터무니없고 불쾌한 본질이라는 것 때문에 아직도 흔하지만 보고가 잘 되지 않는 문제로 남았다. 영국에서 작은 동물 수의사들의 조사에 의하면, 사고에 의한 상처가 아닌 경우로 보고된 448건의 6%가 성과 관련된 유형이었다. 위에서 언급하였듯이 이런 행위는 아직도 연구가 더 필요한 분야이기는 하지만 동물에게 가해지는 고통일 뿐만 아니라 인간을 향한 공격으로 이어질 가능성이 있어 염려된다.

야생동물은 언제나 먹잇감을 빠르고 분명하게 죽이는 것은 아니고, 대중의 믿음과는 반대로, 그들의 식욕을 채우기에 충족할 정도만 죽이는 것도 아니다. 결과적으로 심하게 상처를 입은 야생동물 혹은 집안의 동물을 발견하면, 처음에는 사악한 누군가의 손에 의해서 고통을 당한 것으로 보인다. 예를 들어, 2004년 4월에 Aberdeenshire에서 수많은 죽은 개구리와 두꺼비가 뒷다리가 찢긴 채로 발견되었고, 이에 대하여 경찰은 조사를 하게 되었다. 결론적으로는 그것들의 뒷다리를 물어뜯고 껍질을 벗긴 범인은 수달(otter)이었는데, 두꺼비의 경우에는 독샘(poison gland)을 가지고 있어 이를 없애기 위해서 수달이 이렇게 했던 것이다.

척추동물과 약물

개는 예리한 후각을 가지고 있으며, 전 세계의 경찰과 함께 공항, 기차 및 여객선 터미널에서 마약과 폭약을 탐지하기 위해서 이용되고 있다. 흥미롭게도 아프리카 자이언트 뒤쥐(African Giant Pouched rat)인 *Cricetomys gambiensis*는 보상을 받는 대신에 구별되는 냄새를 확인하는 비슷한 능력을 갖도록 훈련될 수 있다. 현재 가래 속의 결핵 및 지뢰 내의 폭약을 탐지할 수 있는 능력에 대해서 평가를 받는 중이지만 (www.gichd.ch/pdf/publicaations/MDD/MDD_ch4_part2.pdf), 밀매되는 마약을 탐지하도록 훈련되지 않는지에 대한 분명한 이유는 없다. 쥐는 개보다 '더 기계적이고, 다른 주인에게 건네지기 더 쉽다'고 한다.

마약을 탐지하는 것 이외에, 동물들은 또한 마약을 밀매하는데 이용된다 – 이것이 일어나는 것이 어느 정도인지는 알지 못하지만. 예를 들어, 2003년 9월, 네덜란드의 Schiphol 공항에서는 콜롬비아에서 환승한 두 마리의 래브라도 개(Labrador dog)(역자주: 흔히 맹도견으로 쓰이는 큰 개)들의 위 속에 숨긴 총 21 통의 코카인을 발견하였다. 개의 행동 때문에 의심이 들었는데, 한 마리는 공격적이었고, 다른 것은 약했다. 두 마리 모두 흉터가 있었고, X-선 검사로 컨테이너가 있는 것이 밝혀졌다. 컨테이너를 제거하는 중에 한 마리의 개는 살아남았지만 다른 개는 안락사를 시켜야만 했는데 컨테이너들이 위벽(stomach lining)과 붙어있었기 때문이다. 개를 데리러 온 두 명이 체포되었지만, 콜롬비아 당국은 수출업자와 마약 반입에 책임이 있는 수의사를 체포하지 않았다. 따라서 나라 간을 이동하는 동물에 흉터가 있고 이상한 행동을 하는 것은 의심해야만 한다.

인간이 운동에서 약물을 사용하는 문제만큼, 경쟁에 참여하는 동물들에 쓰이는 약물도 문제가 된다. 이 문제가 어느 정도인지는 확실하지 않다; 벨기에의 The University of Ghent는 도핑 검사 실험실을 운영하고 있는데, 1993년에서 2003년 사이의 자료에 따르면, 말의 시료에서 양성으로 판정되는 퍼센티지는 년도에 따라서 크게 다르고 (1.2%에서 8.4%), 인간 시료에서의 양성 퍼센티지는 매우 일정하게 유지가 되었다 (3.6%에서 6.6%). 현재 검사는 여러 행사에서 행해지며, 영국에서는 경주마를 대상으로 일상적으로 행해지는 무작위적인 (routine random) 검사가 있다. 검사자들은 사전에 통고없이 마구간에 도착해서 시료를 채취할 수 있는 권한이 있다. 사용되는 약물은 대개 질병 치료에 쓰이는 것이지만, 단지 수행능력만을 개선시키려고 주입되는 것도 있다: 예들 들어, erythropoietin (EPO) (적혈구 수를 증가시킴), clenbuterol (기관지 확장제, bronchodilator) 및 propantheline bromide (blue magic) (근육이완제로 말의 폐활량을 증가시킴) 등이 있다. 결론적으로 경주마의 소유주는 자신의 동물들에 쓰이는 약을 매우 조심해야 하고, 동물에 약물이 투여된 사료를 먹이거나 혹은 고의는 아니지만 적절하지 못한 사료를 먹이는 위험성에 대해서 경계해야만 한다. 예를 들어, 미국에서는 카페인 농도가 허용치 이상으로 올라갈 수 있기 때문에 쇼에 쓰이는 말에게 콜라를 칭찬으로 주지 말라는 경고가 소유주들에게 내려졌다. 말의 활동성을 감소시키는 '진정제(downer)'도 또한 흔하게 사용되는 것으로 전해지고 있다. 이는 말썽을 부리는 말을 파는 경우에 더 온순해 보이도록 만들기 위해서, 경기에 지도록 하기 위해서, 혹은 경기장에서 더 다루기 좋게 만들기 위해서 행해질 수 있다. 영국의 포니(조랑말) 협회는 심판과 관리인의 염려하는 목소리에 동조하여 어린이들이 타는 일부 작은 말의 온순한 행동에 대한 무작위적 도핑 검사 프로그램을 시작하였다. 명시되지 않은 약초 치료제(herbal remedy)가 또한 사용된다고 생각되지만, 좌상(strain), 염좌(sprain) 및 고열 증상에 이용되는 비스테로이드계 항히스타민제 Bute (phenylbutazome)가 의심되는 것 중 하나이다. 2002년에 영국인 훈련사의 말 가운데 한 마리에서 '중지(stopping)' 약물인 acetylpromazine (ACP)의 흔적이 발견되었을 때에 기수동호회(Jockey's club)는 그에게 £600의 벌금을 부과하였다. 말은 11 렝스(legnths)로 이겼기 때문에 분명히 약물이 충분히 높은 농도로 사용되지는 않았다.

척추동물과 식품 위생

대부분의 식품 위생에 대한 법정 분쟁에는 보관된 식품에 접근해서, 먹어서 물리적인 손상을 입히고, 또한 대변과 소변으로 오염을 시키는 쥐와 생쥐와 관련된 척추동물이 포함된다. 동물은 보이지 않아도 대변의 특징적인 모양과 크기를 가지고 있어서 확인이 가능하다. 예를 들면, 시궁쥐(brown rat, *Rattus norvegicus*)의 대변은 대개 덩어리로 쌓이고 (흩어져 있을 수도 있지만), 방추형인 반면에, 곰쥐(black rat, *Rattus rattus*)는 흩어져 있고, 소시지 혹은 바나나 모양이 된다. 식품 위생 법정 분쟁에는 법의과학자보다는 식품위생 검시관(inspector)이 참여하는 경향이 있다: 언제 오염이 일어나고 누구의 책임인가는 거의 이슈가 되지 않는다. 예를 들어, 만일 식당 주방에서 쥐똥이 발견되면, 쥐가 접근한 것이 분명하고, 언제 그랬는지 혹은 얼마나 많은 쥐들이 그랬는지는 혹은 어디서 왔는지 중요하지가 않고, 쥐들이 빌딩에 들어오지 못하게 확실히 하는 것이 소유주의 책임이고, 소유주는 결국 기소될 것이다.

사례연구: 밀크 스타우트(milk stout) 캔 속의 쥐

식품 속에서 쥐나 생쥐의 꼬리를 발견하였다는 입증되지 않은 보고들을 흔하게 듣지만 아마도 이것들 대부분은 출처가 불분명하다. 그러나 이런 소식들은 음식에서 쥐나 생쥐 혹은 그 일부를 발견하였다고 식품 소매상들을 거짓으로 고소하려는 시도를 부추긴다 (예, Platek 등, 1997). Williams (1996)는 남성이 상업적으로 생산된 milk stout가 든 캔을 마시고, 캔의 바닥에서 죽은 쥐를 발견하였다고 진술한 사례를 기술하였다. Williams는 처음에는 쥐가 고리 달린 따개를 당기고 캔에 들어갈 수 있는지를 결정하고, milk stout 캔 안에 죽은 쥐를 넣고 공장 생산 라인에서 밀봉한 후에 일련의 실험을 수행하였다. 일부 캔들은 저온살균(pasteurization)을 하였고 나머지는 하지 않았다. 이후 캔들은 주변 조건 하에 두거나 혹은 냉장고에 보관하였고 일정 기간이 지난 후에 열었다. 모든 경우에 실험쥐들은 1개월 내에 부패가 진행되었고, 3개월 후에는 완전히 분해되었다. 반면에 3개월이 지났던 불평자의 캔에서 얻어진 쥐는 잘 보존이 되었고, 사후 변화를 거의 보이지 않았다. 이는 불평자가 꾸며낸 일로 결론지어졌다. 이 사례는 모든 가능성을 배제하기 위해서는 주의깊게 디자인된 실험을 수행하는 것이 중요하다는 점을 강조한다 – 예, 저온살균의 효과.

표 8.1 척추동물 및 그 법의학적 연관성의 요약

동물	법의학적 연관성
개	인간 상처 및 사망의 원인
	교통사고의 원인
	방치와 학대의 희생동물
	불법 괴롭히기 및 투견에 이용
	‘유괴’ – 애완동물, 특히 개들은 종종 도둑을 맞고 개의 몸값을 요구 당함
	도핑 (예, 그레이하운드 경주)
	사후 손상의 원인
	사람을 어떤 지역에 연관되도록 하는 DNA 원천
고양이	교통사고의 원인
	방치와 학대의 희생동물
	불법 괴롭히기에 이용
	사람을 어떤 지역에 연관되도록 하는 DNA 원천
쥐와 설치류	인간 상처의 원인
	살과 뼈에 사후 손상의 원인
	식품 부패
가축	방치와 학대의 희생동물
	가축도둑질
	사기 (예, 국경을 넘어 불법 이동)
새	사후 손상의 원인
	방치와 학대의 희생동물
	보호종의 불법 거래
	보호종의 불법 살상
물고기	사후 손상의 원인
	사기 (예, 잘못된 표지)
	보호종의 불법 거래
야생포유류, 파충류, 양서류	보호종의 불법 거래
	보호종의 불법 살상
	불법포획

척추동물 보호종의 불법거래 및 죽임

세계 어느 곳에서나 야생에서, 대개는 인류의 활동 때문에 동물 군집이 감소하기 때문에, 효과적인 보존 조치에 대한 필요가 증가하고 있다. 정말로 효과적이기 위해서는 이런 조치들의 집행을 보장하고, 이어서 법정 고발이 뒤따르게 하는 법으로 뒷받침이 되어야 한다. 국제적 규모에서 야생동물들은 멸종 위기종의 국제 거래에 관한 협약(Convention on International Trade in Endangered Species, CITES) 하에서 다양한 수준의 보호를 제공받는다. 부록 I에 기재되어있는 종들은 완전하

게 보호를 받으며, 어떤 거래도 허용되지 않는 반면에, 부록 II에 기재된 것들은 허가제도 하에서 거래가 될 수 있다. 각각의 나라는 어떤 동물이 거래되고 사냥될 수 있는지에 대한 자국의 법을 가지고 있으며, 예를 들어, 명금(songbird)을 사냥하는 것은 유럽의 일부에서는 합법이지만 영국에서는 불법이다.

가장 흔한 3가지 문제들은 살아있는 동물의 무허가 거래, 몸체 부위 (가죽, 뼈, 고기 등)의 무허가 거래 및 '스포츠'를 위해 혹은 위협으로 인식되기 때문에 국제적으로 동물을 죽이는 것이다. 살아있는 야생동물 및 그 몸체 부위에 대한 국제시장이 있고, 대부분은 완전히 합법적이고, 개발도상국의 가난한 사람들에게 일자리를 제공한다. 그러나 동물들이 갈수록 희귀해지기 때문에 그 가치가 올라가고 사람들은 범죄 행위를 저지르려는 유혹을 받게 된다. 식물과 동물의 불법 판매액은 세계적으로 일 년에 수십억 파운드로 추산되고, 자주 범죄조직이 관여되어있다. 이에 대한 대응으로, 법은 점점 더 엄해지고 있는데, 영국에서 야생생물 불법매매의 최고형량은 현재 5년이다. 법의학이 여러 단계에서 참여하고 있는데, 예를 들면, 동물의 출처를 결정하고, 뼈와 동물 부분을 확인하고, 죽은 원인을 밝히는 것이다.

야생동물 고기

'야생동물 고기(bushmeat)'는 중앙 및 서부 아프리카의 마을 사람들이 잡아서 그 지역에서 파는 야생 동물의 고기를 지칭하는 용어이다. 여러 해 동안 이런 행위는 '절제되었고(low key)', 지역의 야생동물 집단에 해롭다고 생각되지 않았다. 사실 일부는 지역 사람들이 보존의 필요성에 대해서 깨닫게 만들기 때문에 더 이익이 된다고 생각했다. 그러나 최근 몇 년 동안 거래가 엄청나게 증가했는데, 부분적으로는 수요가 증가되었고, 부분적으로는 벌목을 통해서 숲에 더 많이 접근할 수 있기 때문이었다. 이는 많은 이익을 가져다 주게 되었다: 영국에서 야생동물 고기 한 가방은 거래가 £1000에 해당할 수 있다. 결과적으로 영국 및 기타 지역 내의 아프리카 지역 사회로 향하던 야생동물 고기가 더 자주 공항에서 압류가 되었다. 야생동물 고기는 자주 훈제가 되어있고, 영양(antelope), 박쥐, 아프리카 들쥐(cane rat), 천산갑(pangolin), 원숭이와 같은 다양한 종들로 구성되어있으며, 암스테르담에서는 2000개의 침팬지 코가 한꺼번에 압류되었었다. 12000톤 정도의 고기와 고기 제품이 영국으로 매년 불법적으로 밀수입되는 것으로 추산되고 있다. 이 대부분은 소, 돼지 및 양이지만, 야생동물 고기도 큰 부분을 차지하는 것으로 알려져 있다. 수입되는 야생동물 고기들에는 보호종도 포함되어있고, 이것들 대부분은 부적절하게 수송될 것이고, 따라서 식중독의 위험성을 가지고 있다. 현재 탄저병 (Leendertz 등, 2004) 및 동물성 바이러스 감염 (Peeters 등, 2002)의 원천이 될 가능성이 인식되고 있으며, 일부 사람들은 2001년 영국에서의 구제역(foot and mouth disease)의 발병이 불법적으로 수입된 고기 (반듯이 야생동물 고기일 필요는 없음)에서 시작되었다고 믿고 있다. 이럼에도 불구하고, 2006년에 35000 건의 압류 중에서 단 한 건만 기소되었다.

출처의 확인

동물의 출처를 확인하는 것은 매우 중요한데, 이는 영국에서 어떤 사람이 환경 식품 농촌업무에 관한 부서(Department of Environment, Food and Rural Affairs)에서 발행된 허가서를 가지고 있는 등록된 사육자/판매자라면, 영국에 이미 사육하던 동물에서 태어난 것이라면 멸종위기 종을 파는 것이 불법이 아니기 때문이다. 예를 들면, 거북(tortoise) 및 앵무새(parrot)는 한 때 흔한 애완동물이었지만, 야생 집단에서 수입하는 것은 불법이 되었기 때문에 그 수가 점차 줄어들면서 그 가치가 높아졌다. 출처가 논쟁이 되는 경우에는 DNA 분석 기술과 화학적 분석이 매우 유용하다는 것이 증명되었지만, 출처를 증명하는 것은 대개 적절한 서류의 존재 여부에 달려있다. 예를 들어, 영국 및 중동 시장에 공급되는 이익이 매우 크지만 불법 거래되는 매(falcon)와 매사냥의 먹이로 이용되는 다른 새들이 많이 있는데, 잡힌 상태에서 사육된 새들은 합법적으로 거래되겠지난, 수요를 충족하기에는 너무 부족하다.

야생동물의 수집 및 죽임

야생 비둘기와 같은 해를 끼치는 종을 조절하는 것과 게임용 새를 사냥하는 것은 허가되어있지만, 모든 종의 야생 조류뿐만 아니라 그 둥지 및 알들도 영국법 하에서 보호된다. 알을 수집하는 것은 특히 학생들에게 한 때는 일반적인 취미였다. 그러나 영국에서 1954년에 야생 조류의 알을 수집하는 것은 불법이 되었고, 1982년부터는 야생 조류를 소유하는 것조차도 범죄가 되었다. 이에도 불구하고 일부에게는 알 수집이 아직도 취미로 남아있고, 이는 희귀한 종의 야생 집단에 중대한 영향을 끼칠 수 있다. 이런 새의 알들은 '불법시장(underground market)'에서 높은 가격에 팔린다. 유죄를 확실히 하기 위해서 야생 조류 알의 출처를 증명하는 것은 별 문제가 안 되는데, 소유하는 것 자체가 불법이기 때문이다. 언제 어디서 알들을 획득했는지 아는 것이 항상 도움이 되겠지만. 야생 핀치(finch) 및 명금(songbird)들은 영국 및 지중해 지역 모두에서 새장 속의 애완 조류로 팔기 위해 가두거나 혹은 진기한 음식으로 공급하기 위해 거래하는 것이 불법이다. 위에서 언급하였듯이, 이 새들의 출처를 증명하는 것은 서류에 의지하고, 종종 DNA 분석에 의지한다. 사육된 핀치의 합법적 거래가 있을지라도 야생에서 잡은 것은 더 밝은 깃털을 가지고 있어서 높은 가격을 부를 수 있는데, 영국에서 한 마리에 ￡100에 팔릴 수 있다.

농부와 사냥터관리인은 종종 독수리 및 다른 포식성 조류들과 포유류를 죽이려고 하는데, 이것들이 어린 양 및 게임용 새들을 죽이기 때문이다 (Stroud, 1998). 이는 총으로 쏘거나 독이 든 미끼를 주는 것을 행해진다. 그러므로 죽은 독수리의 발견은 특히 외형적으로 좋은 상태이면 의심을 해봐야 한다. 수의사가 주의 깊게 부검을 하고, 독성 분석을 위해서 조직을 제출할 책임이 있다. 만일 증거가 법정에서 이용될 것이면 부검은 인간에서와 마찬가지로 동일한 주의를 가지고 자세히 수행되어야만 하고, 주의 깊은 기록을 남겨서 '일련의 증거(chain of evidence)'를 유지해야만 한다 (Cooper

& Cooper, 2007). 종종 야생 동물의 최소사후경과시간을 결정하는 것이 중요하며, 이는 7장에 상세히 기술된 것과 동일한 곤충학적 기술을 이용하여 수행될 수 있다. Anderson (1999)은 캐나다에서 불법적으로 죽임을 당한 두 마리의 흑곰(black bear)으로부터 얻어진 곤충 증거들을 용의자가 곰들의 근처에 있었던 시점에 죽었다는 사실을 정립하는데 이용하였고, 이 정보가 유죄를 확실하게 하는데 도움이 되었던 사례를 기술하였다.

척추동물의 동정

종종 동물과 동물 제품들을 종(species) 수준 정도만 동정할 필요가 있는데, 예로 이른바 앵무새 보호종이 합법적으로 거래되는 일반적인 종들 집단에 포함되어 있을 때이다. 유사하게 탐지되지 않기 위해서 보호종인 동물의 몸체 부분을 종종 고의로 다른 것으로 표시하거나 혹은 잘못 기재할 수 있다. 종 단계의 확인은 낮은 질의 동물 제품을 속여서 팔거나 혹은 불순물을 섞어서 파는 사기(fraud)의 경우도 또한 탐지할 것을 요구한다. 개가 어린이에 손상을 입한 것과 같이 다른 경우에는 각각의 동물을 높은 정확도를 가지고 동정할 필요가 있다. 척추동물 동정 기술은 크게 3가지 카테고리로 나눌 수 있다: 물리적 기술, 분자적 기술 및 화학적 기술. 물리적 기술은 동물의 특별한 특징, 배설물 혹은 상포 및 추적 장치와 같은 인간이 만든 가공물을 관찰하는 것에 의존한다. 분자적 기술에는 동물 유전체의 서열 분석이 포함되며, 단백질 및 면역학적 기술도 또한 어떤 경우에는 이용되지만 여기서 다루지는 않겠다. 화학적 기술에는 동물의 화학적 조성의 분석이 포함되며, 이런 것들은 종을 동정하게 하지는 않지만 어디서 왔는가 (즉 지정학적 기원)에 대한 좋은 증거들을 제공한다.

물리적 기술

형태

살아있거나 최근에 죽은 척추동물, 특히 포유류는 대개 전체 형태로 종을 동정할 수 있다. 많은 척추동물의 경우에 백골화가 되어도 두개골이 남아있다면 종 수준은 쉽게 동정할 수 있지만, 만일 단지 몇 개의 더 작은 뼈들만 이용한다면 동정이 속(genus) 혹은 과(family) 수준으로 제한될 수 있다. 동물이 식품으로 가공이 되면, 형태적인 특징으로 동정하는 것은 실질적으로 불가능하다.

형태적 증거들로 각각의 동물을 확인한다는 것은 훨씬 더 어렵다. 예를 들면, 공격을 했거나 혹은 사고를 치고 달아난 개나 혹은 이에 책임이 있는 다른 동물을 나중에 단지 목격자의 진술에 의존해서 확인하는 것은 매우 어렵다. 대부분의 사람들은 개를 설명해달라고 요구하면 애매하게 설명하는 것 이상은 불가능 할 것이다. '그것은 갈색의 커다란 래브라도(Labrador)(역자주: 흔히 맹도견으로 쓰이는 큰 개) 였다'라는 정도의 진술과 혐의가 있는 개도 역시 갈색의 래브라도(Labrador)라는 사실은 법정에서 증거로 받아들여지지 않을 것이다.

동물의 대변

포유류 및 다른 척추동물들은 특징적인 형태를 갖는 대변을 배설한다. 즉, 동물의 대변(scat)이라고 한다(Chame, 2003). 이 변 주위에서 그 동물의 존재를 확인하는데 이용될 수 있는데, 이는 생태학자들에 의해서 수달과 같이 포착하기 어려운 동물들의 개체수와 이동을 모니터하는데 자주 이용되곤 한다. 법의학적 맥락에서는 변은 동물의 존재 [즉, 값을 요구하며 동물을 잡아두는 행위 (점점 더 많아짐), 오소리 골리기(badger baiting)의 증거 혹은 불법적인 살아있는 동물의 밀매] 혹은 청소동물의 활동을 의미한다. 대변은 또한 동물의 건강 및 섭취하는 먹이에 대한 증거를 제시한다. 대변에서 또한 DNA를 추출하여 종 동정을 할 수 있고 어떤 경우에는 각각의 동물도 확인이 가능하다. 영국은 비교적 적은 포유류 다양성을 가지고 있음으로, 많은 대변들이 상당한 확신을 가지고 동정이 될 수 있다. 그러나 많은 동물의 크기 범위가 겹쳐지고 유사한 먹이를 공유하는 동물들이 있는 곳에서는 구별을 하는 것이 어려울 수 있는데, 특히 대변의 모양이 동물의 건강에 의해 영향을 받고, 기후에 노출이 되면 그러하다. 그러므로 대변의 재확인이 요구되는 곳에서는 DNA 분석이 수행되어야 한다(Foran 등, 1997).

낙인

소나 말과 같은 농장동물들은 각각을 확인하는 수단으로 낙인(branding)을 찍게 된다. 냉동 낙인(freeze branding)이 달군 쇠 낙인(hot iron branding)보다는 더 잔혹하지 않은 것으로 생각되며, 낙인이 찍힌 자리는 정상적인 털색이 아닌 하얀 털이 자라게 된다. 낙인은 싸고, 영구하며, 감추거나 지워버릴 수 없다는 장점이 있다. 냉동 낙인은 또한 물고기에도 이용될 수 있는데 비늘의 색은 변형된다. 불행하게도 낙인의 효과는 자주 기록을 제대로 하지 않는 것과 이해관계가 있는 집단 간에 정보를 전달하는 것이 어렵다는 것에 의해서 상쇄되기도 한다. 또한 동물이 도살되어 가죽이 벗겨진 후에는 확인할 방법이 없다.

꼬리표 달기

영국의 많은 농장 동물들은 확인용 귀 꼬리표(ear tag)를 다는 것이 법으로 요구되며, 동물의 종에 따라서 다양한 종류의 꼬리표들이 이용되고 있다. 그러나 귀 꼬리표는 쉽게 제거하고 대체될 수 있다. 이는 국가 내에서 혹은 국가 간에 가축 도둑질과 사기 행위를 용이하게 한다.

마이크로칩

애완동물 및 높은 가치를 갖는 가축은 유일한 확인 번호가 제공되는 마이크로칩(microchip)을 가죽 아래에 주사할 수 있다. 칩은 특별한 스캐닝 장치로 읽는다. 매우 효과적인 확인 수단이지만, 이는 동물 전체 (살아있던지 죽었던지) 및 스캐너를 필요로 한다.

털

동물의 털(hairs)은 종에 따라서 특징이 있으며, 코트 색에 대한 정보를 제공할 수도 있지만, DNA와 같은 다른 증거가 제공되지 않는다면 그 존재로는 단지 개별적으로 어떤 동물이 연관되었는지에 대한 약한 증거만을 제공한다. 털은 몸체의 다른 부위에 따라서 길이와 색이 다양한데, 이는 시료를 채집하고 해독할 때에 항상 마음에 두어야만 한다. 동물 털은 또한 털옷이나 날가죽(pelt)에서 왔을 수도 있으며, 이 털들은 대개 염색이 되었거나, 손질되었고 모근(root)이 없다.

대부분의 세계에서 개와 고양이가 가장 흔한 애완동물이며, 이것들의 털은 아무리 노력을 해서 방과 옷을 청소해도 어디든지 존재한다는 것에 주인들은 모두 동의할 것이며, 따라서 법의학적 증거로 가능성이 있는 원천이 된다 (D'Andrea 등, 1998). 예를 들면, 이것들은 용의자가 그 방이나 차 안에 있었거나 (개나 고양이의 털은 대부분 주인의 차 안에서 발견됨), 수간(bestiality)으로 욕심을 채웠거나, 혹은 특정한 동물과 접촉을 했다는 의미가 될 수 있다 .

쉽워링(sheep worrying)(역자주: 개가 주인의 명령이 없이 양을 물거나 학대하는 것), 오소리 골리기(badger baiting)(역자주: 개가 오소리를 괴롭히도록 하는 게임), 불법 투견 등의 경우에는 희생 동물의 털이 혐의가 있는 개의 주둥이 부분이나 코트 혹은 연관된 개주인의 집이나 소유물에서 발견될 것이다. 유사하게 자동차 사고 시에는 동물의 털이 라디에이터 그릴, 범퍼 혹은 기타 다른 부분에서 발견될 것이다. 후자의 경우에는 혈흔을 발견할 가능성이 아주 높고, 연결 고리를 지지할 DNA를 얻을 수 있을 것이다. 애완동물이나 다른 가축이 자신들의 털을 주인에게 옮기듯이, 인간도 옷의 섬유를 애완동물에게 옮길 수 있으며, 가죽이나 코트를 빗질하면 접촉의 증거를 얻을 수 있을 것이다.

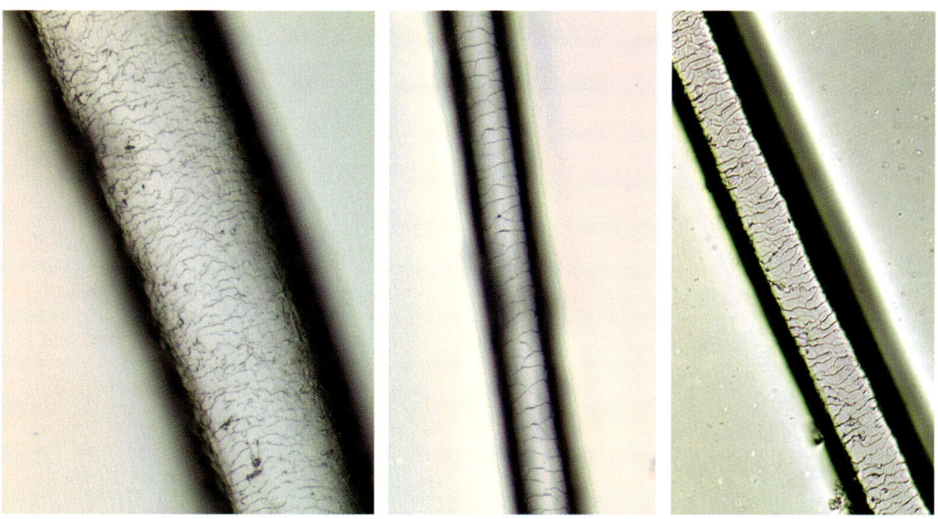

(a) (b) (c)

그림 8.6 손톱 광택제로 만들어진 주형에 의해 나타나는 털의 다른 비늘 패턴들. (a) 말의 털. (b) 고양이 털. (c) 인간 털. 모든 이미지는 같은 배율로 찍은 것이다.

털은 외부와 내부 특징들의 연합에 의해서 특징이 지워진다. 주사현미경은 털의 3차원적인 모양과 함께 비늘 형태와 다른 외부적인 특징을 아주 자세하게 보여주지만, 대부분의 분석은 광학현미경으로도 충분하다. 후자의 경우에는 털을 현미경 유리 슬라이드 위의 손톱 광택제(varnish) 혹은 락커(lacquer) 층에 올려놓는데, 털의 한 끝이 광택제 밖으로 삐져나오도록 조심스럽게 위치해서 나중에 털을 제거하기 쉽도록 한다. 광택제가 마른 후에 조심스럽게 털을 제거하고, 따라서 그 주형(cast)만을 남게 해서, 이를 광학현미경으로 관찰한다 (그림 8.6). 털의 모양을 관찰하기 위해서는 표준 조직학적 기술을 이용하여 단면을 절단한다. 일시적인 혹은 영구적인 배지를 사용하여 현미경 슬라이드 위에 털을 마운트하고 커버 글라스로 덮음으로서 내부 구조가 들어난다. 털과 섬유 증거의 수집 및 분석에 대한 자세한 설명은 Jackson & Jackson (2008)에 의해서 제공되었다.

분자적 기술

종의 동정

분자적 기술은 동물 조직 및 액체 시료의 종의 동정에 매우 유용하다. 예를 들어, 범죄현장에서 혈흔이 발견되거나, 식품이 잘못 표시되거나 혹은 야생동물 보호종의 몸체 일부가 불법적으로 팔리거나/밀거래될 때이다. 모든 생명체를 확인하기 위한 DNA 바코드를 정립하기 위한 과학자들의 국제 협력 기관(The Consortium of the Barcode of Life)에서는 모든 동물 종들을 구분하기 위한 방법의 하나로서 미토콘드리아 cytochrome oxidase I (COI)에 대한 염기서열 자료를 만드는데 주력하고 있다. 그러나 cytochrome *b* 혹은 displacement loop (D-loop)와 같은 다른 미토콘드리아 유전자 서열도 종의 동정에 이용된다. 미토콘드리아 COI 전체는 서열 분석을 할 필요가 없고, 대부분의 연구자들은 그 유전자 앞부분 반을 이루는 648 염기쌍에 관심을 가진다. 연구자들의 의도는 시료의 서열을 GenBank, BLAST 및 BOLD와 같은 컴퓨터 탐색 엔진에 저장된 것들과 비교하려는 것이고, 그 유사도가 알지 못하던 시료의 확인 (정체)을 의미하는 것이 된다. 이 과제에는 미토콘드리아 유전자 서열이 특히 적당한데, 가까운 종들 사이에도 핵의 유전자 서열보다 더 큰 차이를 보이며, 종 내에서는 비교적 낮은 변이를 보이기 때문이다. 이는 미토콘드리아 DNA가 핵 DNA보다는 빠르게 진화하고 있지만, 재조합이 일어나지 않기 때문이다. 또한 대부분의 동물 세포는 많은 미토콘드리아를 가지고 있기 때문에 하나의 세포에서 수많은 미토콘드리아 유전체를 얻을 수 있다. 비교적 짧은 서열로부터 종을 동정하는 것과 함께 이 모든 것이 미토콘드리아 유전자 서열 분석을 가공 (즉 식품) 혹은 동물 부패의 결과로 DNA가 분해될 수도 있는 법의학 시료 분석에 특별히 적절한 기술로 만든다.

식품에 들어있던 동물 종을 확인하려는 많은 시도들은 미토콘드리아 cytochrome *b* 유전자 서열에 집중되어있다 (Teletchea 등, 2005). 이는 특히 전통적인 방법으로는 어려운 물고기와 물고기 제품을 확인하는데 유용한 것으로 증명되었다. 이는 매우 가깝게 연관된 물고기들을 구별할 필요하다. 예를 들어, 참다랑어(bluefin tuna, *Thunnus thynnus*) 포획은 매우 엄하게 통제되고 있지만 (특히 대서양 집단은 현재 위험할 정도로 낮은 수준임), 다른 참치의 경우는 그렇지 않은데 형태적으로 구별되는 특징을 의도적으로 혹은 가공과정에서 없앨 수 있다 (Lin 등, 2005). 미토콘드리아 DNA는 상어 종들도 구별하는데 유용한 것으로 밝혀졌다. 많은 종들이 보호되고 있지만 중국 및 아시아에서 상어지느러미와 턱(jaw) 시장이 특히 크게 존재하며, 불법 남획은 많은 종들이 재앙적인 수준으로 감소되는 결과를 가져왔다. 예를 들어, 한때는 광범위한 분포로 인하여 위험군이 아니라 여겨졌던 홍살귀상어(scalloped hammerhead shark, *Sphyma lewini*) 집단은 어떤 지역에서는 98%가 줄어들었다. 상어의 가공은 주로 바다에서 이루어지는데, 지느러미를 잘라낸 몸통은 그냥 버려서 죽도록 한다. 결과적으로 지느러미가 보호종으로부터 왔는지를 알 수 있는 형태적인 특징이 거의 없게 된다. 그러므로 현재 보호 기관에서는 DNA 기술을 이용하는 중이며, 특히 미토콘드리아 COI 및 미토콘드리아 cytochrome *b* 서열을 불법적으로 포획된 상어 제품의 확인 방법으로 이용한다 (예, Ward, D. W. 등, 2005). 유사하게 Marko 등(2004)은 적돔(red snapper)으로 팔리는 고기의 77%는 실제로 다른 종이라는 것을 발견하였는데, 이는 물고기 재고량 관리 및 보존이 광범위하게 잘못된 결과에 기인한다. 물고기 종들을 구별해야할 필요성은 가격이 저렴한 양식 물고기를 매우 비싼 같은 종 혹은 다른 종의 자연산 물고기로 파는 사기행위를 막기 위해서도 존재한다 (Kyle & Wilson, 2007).

미토콘드리아 cytochrome *b* 유전자의 서열 분석은 전통 중국 약품 성분에 있는 동물 부분을 탐색하는데도 유용한 것을 증명되었다. 코뿔소 뿔은 이런 약품에 자주 이용되는 첨가물인데, 뿔 자체는 형태적으로 쉽게 확인이 되는 반면에 한번 갈려서 가루가 되거나 조각으로 만들어지면 확인이 더 어려워진다. Cytochrome *b* 유전자 일부 조각 (4-2 염기쌍)을 증폭하고 서열분석을 하면 코뿔소 종들을 구별하는 것이 가능하고, 코뿔소의 뿔가루가 일반소의 뿔가루에 희석이 되어있을 때조차도 코뿔소 DNA가 존재하는 것을 탐지하는 것이 가능하다 (Hsieh 등, 2003).

Pyrosequecing

Pyrosequencing이라고 불리는 비교적 새로운 분자적 기술은 세균을 구별할 때에 매우 유용하며, 법의학에서 점점 더 많이 이용되고 있다. Karlsson & Holmlund (200&)는 어떻게 인간 DNA를 확인할 수 있는지 또한 다른 포유류와 구별할 수 있는지를 묘사하였다. 12S rRNA 및 16S rRNA에 대한 미토콘드리아 유전자 조각을 PCR로 증폭해서 pyrosequencing cascade 체계를 이용하여 서열을 분석하였다. Pyrosequencing은 다음과 같이 수행된다. 먼저 단일 가닥의 DNA 주형에 서열 분석용 프라이머를 혼성화하는데, 이 경우에 주형으로 12S rRNA 혹은 16S rRNA를 암호화하는 미토콘드리아 DNA를 이용한다. 이후에 DNA polymerase, ATP sulphurylase, luciferase (화학발광체)와 apyrase 및 기질로 adenosine 5′ phosphosulphate와 luciferin을 넣고 반응을 시킨다. 반응 cascade는 4가지 뉴클레오티드 중에서 하나 - 즉, 삼인산 형태의 아데닌, 시토신, 구아닌 및 티민 (즉, ATP 등)을 연속적으로 넣는 것에 의해서 시작이 된다. 처음에 더해지는 뉴클레오티드가

adenine triphosphate라고 가정하자. 주형의 첫 쌍을 이룰 염기가 티민이라면, 삼인산 아데닌이 그 것에 결합할 것이고, 과정 중에 인산 부분이 pyrophosphate (PPi) 형태로 유리될 것이다. 효소 ATP sulphyrase는 adenosine 5′ phosphosulphate와 PPi와 결합하여 ATP를 생성한다. 이후에 효소 luciferase는 이 ATP를 이용하여 luciferin을 분해하고 그 과정에서 에너지가 빛의 형태로 방출되어 탐지되고 측정이 될 수 있다. 마지막으로 효소 apyrase가 결합하지 않은 뉴클레오티드 및 ATP를 분해해 버리고, 따라서 다음 삼인산 뉴클레오티드가 더해질 수 있다. 결과적으로 순차적으로 더해지는 뉴클레오티드에 의해서 주형의 첫 번째 쌍을 이룰 염기를 알 수 있는데, 그 이유는 상보성을 갖는 염기가 더해질 때만 빛이 나오기 때문이다. 간단하게 pyrosequencing은 언제나 '맞는 것'이 발견될 때에 빛을 방출하는 것을 통해서 염기를 확인하는 것으로 작동된다. 분명히 종을 구별하는 방법으로 쓰일 경우에 DNA 주형에 더 많은 뉴클레오티드 차이가 있을 때에 더 신뢰가 간다. Karlsson & Holmund (2007)는 인간과 다양한 유럽산 포유류 사이에 최소 9개의 뉴클레오티드 차이가 있음을 발견하였고, 이는 인간과 인간이 아닌 혈액이나 조직 시료를 구별하는 좋은 방법임을 의미한다. 또한 가축과 야생동물을 서로 구별할 수도 있다는 것도 발견하였으며, Kitano 등(2007)은 다른 척추동물도 구별하는데 이용할 수 있다고 설명하였다. 또한 pyrosequencing은 빠르고, 정확하고 쉽게 자동화가 되는 좋은 점이 있다. 더욱이 이는 정량적인데, 형성된 빛의 양은 DNA 주형에 결합한 뉴클레오티드의 양과 비례하기 때문이다.

척추동물의 동정을 위한 DNA 이용의 한계

DNA에 기반을 둔 종의 확인은 전망이 밝지만, 법의학 도구로서의 유용성은 유전자 서열의 추출과 분석을 위한 표준 프로토콜이 모두에게 받아들여지고, 품질 관리가 확실해지며, 각 종의 기준 표본(voucher specimen)들로부터 종 내 변이의 정도를 의미하는 (반수체의 수) 여러 가지 서열들이 이용이 가능할 때까지는 완전히 활용될 수 없다 (Dawnay 등, 2007). 예를 들어, 인간의 DNA 혹은 다른 동물의 것으로 오염되거나 혹은 시료가 가공되는 방법에 의해서 원래 DNA로부터 얻어진 동물 동정이 잘못되는 오류를 검색 엔진에 보관된 자료가 가지고 있다면, 이는 틀린 동정으로 이어질 수 있다. 유사하게 만일 주어진 종의 서열 자료가 하나의 반수체에서만 이용이 가능하다면, 같은 종에 속한 다른 반수체를 다른 종에 속한 것으로 생각하게 할 수도 있다. 미토콘드리아 DNA 조각이 핵 DNA로 전좌되는 (translocated) 것에 대한 어느 정도의 염려도 있다. *Numts*로 알려진 이 조각들은 미토콘드리아 DNA와 동시에 혹은 그 대신에 서열 분석이 됨으로 결과를 해석하는데 문제를 일으킨다. 이는 미토콘드리아 유전체의 거의 절반이 핵 유전체로 전위한 고양이의 경우에 심하다. 따라서 원하는 미토콘드리아 유전자 서열이 실제로 증폭되고 서열분석이 되는 것이 확실한지 주의를 기울이는 것이 필수적이다. 확인에서 문제는 또한 최근에 분지된(diverged) 종들이나 혹은 가까이 연관된 종들의 잡종 (hybrid)들을 구별하려고 할 때 나타나는데, 이는 법의학에서 거의 문제가 되지 않는다.

개별 동물의 확인

종종 범죄 현장이나 용의자와 동물을 연관시켜야 할 때, 개별적으로 특정한 동물을 확인할 필요가 생긴다. 명확하게 충분히 다른 서열이 발견된 곳에서는 '일치'하지 않는다는 의미가 충분하게 있었지만, 이 구별에 대한 초기의 시도는 제한적인 구별 능력만을 가지고 있었다. 예를 들면, Schneider 등(1999)은 손상을 입은 차에서 발견된 털 조각에 있던 미토콘드리아 D-loop 지역의 서열과 혐의가 있던 개로부터 얻어진 시료의 분석 비교에 의해서 교통사고의 원인이 되는 것으로 믿어졌던 개가 책임이 없는 것으로 밝혀진 사례를 기술하였다. 개의 미토콘드리아 D-loop의 제한된 다형태성 때문에 이 기술은 진범을 확인하는 것 보다는 단지 용의자를 배제하는데 적절하다.

현재 여러 종의 가축에서 각각을 확인할 수 있는 STR 어레이(array)가 이용이 가능하고, 개인을 구별하기 위한 방법과 동일하게 이용되고 있다 (3장). 예를 들어, 말들은 12 STR 좌위(loci)의 결합을 이용하여 확인할 수 있고, Tobe 등(2007b)은 이것을 특정한 경마대회로부터 왔으며 불법 약물에 대해 양성으로 나온 오줌 시료를 확증하기 위해서 이용할 수 있는지에 대하여 기술하였다. 경마대회는 의도적인 약물 사용 혐의와 잘못된 주장을 하는 라이벌들에 대한 것으로 악명이 높다. 결과적으로 말로부터 채취한 오줌 시료와 털 시료의 STR 좌위 간에 일치가 발견되면 이는 시료가 그 말로부터 왔다는 강력한 증거로 채택될 수 있다.

Eichmann 등(2004)에 따르면 개의 STR 타이핑은 비교적 가벼운 상처보다는 심하게 물린 상처에서 채집된 면봉(swab) 시료에서 더 효과적이다. 처음에는 심하게 물린 상처는 출혈이 심하고, 따라서 인간 DNA에 크게 오염이 되었을 것이기 때문에 이것이 이상해 보인다. 그러나 심한 상처는 개와 그 희생자 사이의 매우 강하고 또한 지속된 접촉의 결과이다: 결과적으로 개의 침이 상처로 많이 전달되고 주변 조직에도 퍼져 나간다. 반면에 가벼운 상처는 빠르게 살짝 깨문 결과이고, 비교적 소량의 침이 전달되고, 더욱이 의학적 치료를 받기 전에 상처를 씻어버릴 경우가 많음으로 존재하는 개의 DNA의 양을 더 줄이게 된다. 개나 다른 집에서 기르는 동물의 DNA 분석은 동물 그 자체가 혐의가 있거나 범죄의 희생물일 때뿐만 아니라 사람 간에 혹은 사람과 장소간의 관련성을 제공하는 방법으로 이용될 수 있다. 예로, 개와 고양이는 가장 흔한 애완동물인데 우리 중 많은 사람들이 의도적이지 않게 (자주 원하지 않더라도) 그 연합에 대한 증거들을 가지게 된다. 법의학적 맥락에서 개와 고양이 DNA 분석에 대한 총설은 Coyle (2007)에 의해서 제공되었다.

상아

상아(ivory)는 상아질(dentine)에 대한 다른 단어로서 모든 포유동물의 치아를 구성하는 주요 성분이다. 그러나 대부분의 동물은 비교적 작은 이빨을 가지고 있으며, 결과적으로 상아로 만들어진 대부분의 물체들은 코끼리, 하마, 바다코끼리(walrus) 및 일각고래(narwhale)의 거대한 어금니로부터 만들어진다. 또한 일부 상아는 시베리아 및 알래스카의 영구 동토에서 얻어진 매머드(*Mammuthus primigenus*)의 어금니에서 유래된다. 매머드 상아의 거래는 합법적이고 시베리아에서 매년 많은 양

(2007년에만 미국으로 36톤이 수출되었음)이 회수된다. 높은 품질의 코끼리 상아는 매우 비싸다: 2007년에 1 kg당 $850에 거래되었고, 아프리카 성체 수컷 코끼리의 어금니 2개를 생각해보면 합해서 80 kg 이상의 무게가 나가는데 (그 지역의 성체 암컷의 어금니는 18 kg 정도임), 커다란 불법 시장이 있다는 것이 놀랄 일도 아니다. 사실 어금니를 합해서 200 kg 이상 나가는 아프리카 코끼리가 최근에도 존재했으며, 이런 놀라운 개체들은 현재 충분한 성체에 도달하기 오래 전에 대부분 사냥되었다. 아시아 코끼리(*Elephas maximus*)는 수컷만이 어금니를 가지고 있으며, 사냥이 그 집단의 성비(sex ratio)에 엄청난 영향을 끼쳤다. 스리랑카와 같은 일부 집단의 많은 수컷들은 어금니가 없는 반면에 일부 암컷 아시아 코끼리는 잔유 어금니(rudimentary tusk)를 갖는다.

1990년에 세계적으로 상아의 거래 금지가 CITES에 의해서 실시되었고, 이는 아프리카 및 다른 지역 일부에서의 코끼리 집단이 멸종 일보 직전에서 회복되는데 충분히 효과적이었다. 그러나 법률 집행의 결여, 사회적 갈등, 관리들의 부패 및 밀림에 접근을 용이하게 하는 벌목의 증가 (자주 불법적인)와 고가의 상아가격 때문에 코끼리 불법 사냥은 일부 국가에서 다시 심각한 문제가 되고 있다. 아마 놀랍게도 영국은 미국으로 들어가는 상아를 중간에서 압류하는 주요 국가 중 하나인데, 미국은 상아와 상아 제품의 세계에서 가장 큰 시장 중 하나이기 때문이다. 영국에 상아 및 상아가 포함된 물건의 판매를 통제하는 매우 엄한 법이 있지만 법률 집행이 어렵다는 것이 증명되었고, 처벌이 되기는 하지만 매우 드물다.

매머드 상아의 거래는 합법적이기 때문에 코끼리 상아와 구별하는 것이 중요하다. 이는 광택을 낸 절단면을 통해 비교적 쉽게 알 수 있다. 이는 상아질에 Schreger 선이라고 하는 일련의 선들이 나타나게 하고, 이 선들이 겹치는 곳에 평행선의 음영(cross-hatch) 형태가 만들어진다. 바깥쪽 지역은 (즉 백악질의 이웃), 매머드에서는 선들이 겹치는 각도가 거의 예각(acute angle, <90°)이고, 아프리카 및 아시아 코끼리는 둔각(obtuse angle, 90–115°)이다. 그러나 90–115°에서 겹쳐지는 각도 범위가 있음으로 여러 번 측정하여 평균치를 이용해야만 한다. 매머드 상아는 자주 iron phosphate 침착으로 인해서 갈색이나 청록색을 나타내는 경우가 자주 있는데, 아프리카 및 아시아 상아에는 이런 것이 없다. 매머드 상아와 아프리카 및 아시아 상아를 구별하는 다른 더 빠른 방법은 특별한 장비를 필요로 하지만 열무게(thermogravimetric) 분석 (Burragato 등, 1998) 및 Raman 분광분석(spectrometry) (Edwards, 2004)을 이용하는 것이다. 그러나 이는 아주 적은 양의 시료만을 필요로 하고, 따라서 상아가 개인용 도장(seal)이나 핸들과 같이 작은 물건으로 쓰일 때에 이상적인 방법이 된다.

사례연구: 상아 출처의 확인

최근까지도 은닉된 상아가 압류되면, 그 원천을 밝히는 것은 대개 그 이동을 자세히 기록한 서류의 흔적을 따르는 것이었다 (즉, 컨테이너가 언제 실렸고, 누구에 의해 실려졌고, 어디로부터 보내진 것인지 등). 그러나 서류가 없거나 신뢰할 수 없고, 그 흔적이 적재 시점에 끊어질 수도 있다 – 예를 들면, 서류는 상아가 처음에 케냐에서 배에 실렸다고 되어있을 때조차도, 상아가 케냐 코끼리로부터 왔다는 의미는 아니다. 정확도를 가지고 그 원천을 지목하는 것은 주요한데, 왜냐하면 가장 필요한 지점에 관심을 집중시킬 수 있고, 중앙정부를 압박하여 행동을 위하도록 할 수 있으며, 희망적으로 보면, 이는 밀렵꾼과 밀매자들을 확인하고 체포하는 것을 용이하게 할 수도 있기 때문이다. Wasser 등(2007)은 상아에서 분리한 DNA로 지역적 기원을 예측하는 것이 가능하다고 설명하였다. 이빨과 뼈에서 DNA를 회수하는 것은 어려운데, 왜냐하면, 먼저 그 무기질 기반으로부터 유리를 시켜야 하고, 이것을 과도한 변성이 없이 해야만 하기 때문이다. Wasser 등(2007)은 냉동 제분기(freezer mill)를 이용하여 상아를 갈아서 미세한 가루로 만들면, 시료가 열을 받아서 생기는 변성의 위험을 피할 수 있다고 생각하였다. 냉동 제분기는 시료를 철 충격기(steel impactor)를 갖는 금속 튜브 내의 위치하도록 함으로서 작동한다. 튜브는 자성 코일(magnetic coil)로 둘러싸여있고 액화질소통에 담겨있다. 낮은 온도는 시료가 부서지기 쉽게 만들고, 주변 전자장의 빠른 변환에 의해 만들어지는 충격기의 강력한 움직임에 의한 파괴 시에 열을 받는 것을 방지한다. 이 기술은 어떤 단단한 시료에도 이용할 수 있으며, 미세한 입자의 가루를 생산하여 DNA 추출 시에 표면적을 넓혀준다. 이는 털 시료에도 유용하다고 보고되었지만, Loreille 등(2007)은 최소한 뼈에 대해서는 냉동 제분기가 더 전통적인 Waring MC2 blender cup으로 가는 것 보다는 더 많은 DNA를 생산하지 못한다는 것을 발견하였다. Wasser 등(2007)은 상아로부터 DNA를 추출한 후에 이미 지리학적 대립형질 빈도 지도 (geographic allele frequency map) 작성에 유용했던 16 곳의 핵 STR 좌위를 분석하였다. 이 지도는 아프리카의 18개국 내의 28 군데에서 얻어진 대변, 조직, 상아로부터 DNA를 추출하여 작성되어졌다. 여담이지만, 이 연구에 이용된 코끼리 대변은 마약을 찾도록 개를 훈련시키는데 쓰이는 프로그램과 동일한 방법으로 특별히 훈련된 냄새 맡는(sniffer) 개의 도움으로 위치를 찾게 되었다. 정교한 통계학적 기술의 도움으로 Wasser 등(2007)은 이웃한 코끼리 무리들 간의 이종교배(interbreeding)의 정도를 설명하는 것으로 시료를 채취하지 않은 Africa 지역 내의 유전자 빈도를 예측할 수 있었다. 이는 상아가 온 그 지역에 사는 코끼리로부터의 DNA 프로파일이 없는 경우에 조차도 상아의 가능한 원천을 예측할 수 있다는 의미이다. 이것의 가치는 여러 번의 실질적인 사건에서 증명되었다. 예를 들면, 2005년에 6.5톤의 상아가 실린 상자가 싱가포르의 한 항구에서 잡혔다. 이렇게 많은 상아를 얻기 위해서는 6000마리의 코끼리를 도살해야만 하고, 소수 범죄자들의 능력을 넘어서는 복잡한 수송 작전이 필요하다. 서류 흔적은 잠비아로 연결되었지만, 잠비아의 관리들은 지난 10년간에 단지 135마리의 코끼리만 죽였음으로 상아는 다른 곳으로부터 온 것이 틀림없다고 주장하였다. 37개의 어금니 DNA 분석은 상자는 아프리카의 여러 다른 지역에서 적은 수의 코끼리들이 죽은 후에 모아진 것이 아니라 잠비아 지역에 살고 있던 코끼리들로부터 유래한 것을 알려주었다. 분명히 37개의 어금니 시료가 우연히 모두 잠비아 지역에서 온 것일 수도 있고, 상자는 실질적으로는 다른 나라의 어금니들을 포함하고 있을 수도 있지만, 저자들은 분명히 그럴 가능성이 있어야 하는데 어금니들 사이의 분명한 차이점이 없었다는 것을 강조하였다. 법을 고치고 야생생물 관리자(Director of Wildlife)가 교체되기는 했지만 나쁜 여론에도 불구하고, 잠비아의 누구도 기소되지 않았다.

화학적 기술

X-선 회절

X-선 회절(X-ray diffraction)은 다른 종의 것과 코뿔소의 뿔을 구별하고, 영양의 뿔과 상아를 구별할 수 있게 한다 (Singh 등, 2003). X-선 회절은 시료와 충돌한 후에 X-선 빔의 분산 (회절)을 측정하는 것에 기반을 둔다. 비파괴적인 기술로서 시료의 결정 구조뿐만 아니라 자세한 화학적 조성 및 물리적 특성도 밝혀준다. 이 기술은 아주 소량의 물질만 필요로 하며 시료는 하나의 결정 혹은 가루로서 분석된다. 법의학적 맥락에서 시료는 항상 가루이다. 필요한 시료의 양은 기계, 시료의 성질 및 필요한 정보의 종류에 달려 있으며, 몇 밀리그램 혹은 1 ㎍ 이하일 수도 있다. 만일 시료가 여러 가지 다른 요소들을 포함하고 각각을 분석할 필요가 있다면 더 많은 재료가 요구된다. 이는 일반적으로 도료, 토양, 약품, 탄환과 사격 잔유물, 금속, 탄저병 포자가 들어있을 것으로 의심되는 가루 및 다른 상황에서의 숙주의 분석을 위해 이용된다 (Randle, 2003). 결과는 대개 diffractogram이라고 불리는 피크(peak)와 골(trough)의 자취로 제공된다. diffractogram은 회절 각도의 기능으로서 X-선 방사선의 광자(photon) 계수(count)로 주어진다. 코뿔소 뿔의 알려진 diffractogram을 알지 못하는 것과 비교하여 유사도를 결정할 수 있다. 다르게는 혼합물 내의 각각의 요소를 알려진 표준물질의 diffractogram 부분과 유사도를 확인할 수 있다 (Davies, 2008).

안정적인 동위원소

무척추동물 조직의 동위원소 비율(isotope ratio) 분석은 동물이 살아가는 토양의 화학적 특성이 화학 수준에서 반영되고, 그 동위원소들은 털, 뼈 및 이빨에 존재한다는 사실에 의존한다. 이 방법으로 상아와 뼈의 지리적인 기원의 확인이 가능하다는 것이 증명되었다 (Stelling & van der Peijl, 2003). 그러나 완전히 효과적이기 위해서는 동물이 왔을 것으로 생각되는 세상 그 지역의 토양 화학 특성에 대한 자세한 데이터베이스가 요구된다.

안정적인 동위원소 비율은 최소한 수서 생물들의 먹이 관계를 정립하기 위해서 이용되는데, 이는 포식자가 그 먹잇감에 비해서 더 높은 농도의 ^{13}C 및 ^{15}N을 갖는 경향을 나타내기 때문이다. 양식되는 물고기는 다른 물고기로부터 유래된 단백질 및 지방이 많이 함유된 덩어리를 먹이는 반면에 자연산은 더 다양하고 덜 농축된 먹이를 먹게 된다. 결론적으로 양식된 물고기는 더 높은 농도의 ^{13}C 및 ^{15}N을 갖는 경향이 있고 이는 이것들을 '자연산(wild)'과 구별할 수 있도록 한다 (하단 참고).

화학적 조성

종종 동물의 화학적 조성은 그 먹이에 영향을 받고 이는 그것들이 자란 주변 환경의 확인에 이용될 수 있다. 예를 들면, 물고기의 지방산 조성 및 미네랄 조성은 모두 먹이에 영향을 받고, 이는 양식된 것과 자연산을 구별하는데 이용될 수 있다 (Alasalvar 등, 2002). 이는 자연산 물고기가 더 영양이 많고 더 맛이 좋다고 믿어지기 때문에 중요한데, 이런 고기는 양식된 물고기보다 2배의 가격으로 팔리는 것이 이상한 일이 아니다. 2005년 10월에서 2006년 8월 사이에 영국식품표준기관(UK Food Standard Agency)이 슈퍼마켓과 가게에서 구입한 여러 범위의 물고기에서 지방산 프로파일 및 ^{13}C : ^{12}C, ^{15}N : ^{14}N 및 ^{18}O : ^{16}O 동위원소 비율을 조사하였다. 시장에서 '자연산'으로 표시된 바다 농어(sea bass)의 10%, 참돔(sea bream)이 11% 및 연어(salmon)의 15%가 양식장에서 온 것으로 밝혀졌다. 이것이 전체 소매 시장을 대표할 필요는 없겠지만, 이 결과는 물고기 표시에 광범위하게 문제가 있음을 의미한다. 유사한 걱정이 자유롭게 놓아 기른 동물과 목장에서 기른 동물 및 곡물의 표시에서도 있다.

미래의 연구방향

개별적으로 가축을 적절하게 확인할 수 있는 빠르고 저렴한 확인 (동정) 시스템이 필요하다. 가축의 불법적인 이동과 이 결과로 생기는 사기성 보조금 및 보상금 요구는 유럽연합 내에서 큰 문제가 되고 있으며, 매년 수백만 파운드가 소요된다. 또한 동물의 불법적 이동은 질병 확산에 중대한 위험성을 내포하고 있고, 일부는 인간에도 감염이 된다. 더욱이 홍수와 같은 자연재해 뒤에 동물들이 떠돌아다니고, 검증된 확인 방법이 없으면 절도의 기회가 있고 혼동이 생긴다.

미래에는 분자생물학 기술을 이용하는 가격이 낮아질 것으로 생각되는 반면에 저렴하고, 빠르며 더 민감한 방법들의 요구가 확산되는 결과로 그 속도는 더 증가할 것이다. 결과적으로 종 및 각각의 동물을 확인하는 분자적 방법의 이용은 더 넓게 확산되고, 재정적으로 받아들여질 만하게 될 것이다. 수집, 분석, 저장과 관련하여 동일하게 엄한 표준의 적용이 요구되겠지만, 동물 DNA 데이터베이스는 인간 DNA 데이터베이스와 같은 윤리 문제를 일으키지 않을 것으로 생각된다. 망막 확인 시스템은 경주마에서 시도되고 있으나, 실질적인 적용 문제들로 고통을 받고 있으며, 아일랜드 스캔(irish scan)이 더 효율적이다 (Cordes, 2000). 다른 고가의 동물들을 대상으로 이런 기술들을 평가해 보는 것도 좋은 생각일 것이다. 그러나 망막이나 irish 확인 시스템은 동물이 살아있는 경우에만 효과적이다.

안정적인 동위원소 분석 기술은 뼈로부터 불법적인 약물까지 모든 종류의 생물학적 물질에 대한 지리학적 기원을 결정하는데 밝은 전망을 보여준다. 믿을만한 데이터베이스가 이용가능해지면, 이 기술들은 의심할 여지없이 더 자주 이용될 것이다. 유사하게 안정적인 동위원소는 생명체가 자연에서 왔는지 혹은 잡혀서 키워지거나 완전히 사육되었는지를 정립하는데 이용될 수 있다. 이는 특히 야생에서 밀렵된 동물의 고기와 농장에서 사육된 동물의 고기를 구별하는 것과 관련이 될 수 있다. 유사하게 이국적인 애완동물 거래에서 잡혀서 사육된 동물과 야생에서 잡은 것을 구별할 수도 있다.

연습문제

(1) 청소동물이 살인/의문사의 경우에서 증거에 영향을 주는 4가지 방법을 기술하라.

(2) 톱날에 의한 것인지 쥐나 개가 갉아서 생긴 것인지 뼈에 발생한 손상을 어떻게 구별하는가?

(3) 애완견이 사망한 주인을 먹는 3가지 이유를 간단하게 논의하라.

(4) 어떻게 애완동물의 털이 법의학 조사에 유용한지 설명하라.

(5) 동물에 대한 어린 시절의 잔혹성을 막는 것이 범죄행위와 왜 관련이 되는가?

(6) '야생동물고기(bushmeat)'란 무엇이며, 이것이 영국으로 수입되는데 대한 염려는 무엇인가?

(7) 전통적인 중국산 약품에 코뿔소 뿔이 존재한다는 것을 어떻게 알 수 있는지 간단하게 설명하라.

(8) 양식된 물고기와 자연산을 구별하기를 원하는 이유가 무엇이며, 어떻게 이것이 성취되는가?

(9) 척추동물의 확인을 위해 이용되는 분자에 기반을 둔 기술들의 신뢰성에 대한 염려 중의 일부를 간단히 논의하라.

(10) 상아와 같은 동물 제품의 기원이 되는 국가를 어떻게 알 수 있는지 간략하게 논의하라.

실습문제

제목

잘못 기재된 고기 제품의 확인

원리

식품은 종종 사기성으로 잘못 표시된다. 이는 돼지고기가 더해지면 모슬림교(Muslim) 및 유대교(Jew)에 특히 중요하고, 힌두교(Hindu)에 대해서는 소고기가 오염된다면 중요할 수 있다.

방법

소시지 및 고기페이스트와 같은 고기 제품을 구입해서 직접 검사하거나 혹은 검사 방법의 민감도를 평가하기 위해서 인공적으로 오염을 시킨다. 여러 가지 내용물을 혼합하는 애완동물 사료는 흥미로운 결과를 보여줄 수도 있다 – 예로 '닭고기 청크(chicken chunk)' 고양이 사료는 여러 가지 원료로 되어있고, 자주 최소 4%의 닭고기만을 포함하고 있다. 시료 내의 고기의 정체는 표준 미토콘드리아 DNA 분석을 통해서 평가될 수도 있다.

제목

법의학 증거로서 고양이와 개의 털의 이용

원리

고양이와 개의 털은 옷에서 흔하게 발견되고 그 사람의 위치를 연관 짓는데 이용될 수 있다.

방법

고양이와 개의 털은 여러 종류의 고양이와 개들로부터 합쳐서 얻고, 털을 얻은 몸체의 부위를 기록으로 남긴다. 이후에 털은 털의 특징으로 각각의 동물을 확인할 수 있는지 결정하기 위해서 stage microscope로 분석한다. 털 시료의 일부에서 DNA를 추출하고 이것이 확인 작업을 더 개선시키는지 결정한다. 다른 접근은 자원자에게 고양이와 개 주인의 집을 방문하여, 앉아서 음료수를 마시고, 다시 떠나도록 요구한다. 이후에 그들의 옷에서 획득한 애완동물의 털의 정도와 위치를 결정하기 위해서 이들의 옷을 분석한다. 전에 그 집을 방문한 적이 없는 사람이 더 선호되고, 어떤 집주인은 다른 집보다 더 깨끗하게 해놓을 것이고, 애완동물과 접촉이 있었거나 없을 수도 있다. 한 가지 문제는 털을 획득하지 않고 애완동물 주인의 집을 방문하는 것은 불가능한가 하는 것과 어떤 옷이 애완동물 털을 포집하는데 더 효과적이냐 하는 것이다.

III 부 원생생물, 진균, 식물, 미생물

9 원생생물, 진균, 식물

이 장의 개요

이 장의 목표

조류, 특히 규조류가 익사의 표시로 어떻게 제공되는지, 그리고 사람의 위치와 어떻게 연관되는지를 설명한다.

법의학 지표로서 진균의 가능성을 토론한다.

목본식물의 특성이 어떻게 법의학 증거를 제공하는지에 대하여 설명한다.

년중 어떤 특정시기에 현장과 어떤 사물이나 동물, 사람과의 연관성을 찾아내기 위한 꽃가루 분석의 가능성을 검토하라.

꽃가루 샘플이 어떻게 표본 추출되고 가공되며 식별되는지에 대하여 설명한다.

열매, 씨앗, 잎 등이 법의학의 증거로 제공될 수 있는 다양한 방법을 토론한다.

법의학 수사의 일부로서 식물질의 수거, 동정, 저장 방법에 대하여 설명한다.

이차식물대사물질의 범죄사용과 이를 어떻게 탐지하는지에 대하여 토론한다.

보호 식물종의 불법거래로부터 법의학적 증거를 얻는 방법을 토론한다.

*Essential Forensic Biology, Second Edition*Alan Gunn

서론

이 장은 법의학적 맥락에서 보통 '법식물학(forensic botany)'이라는 제목으로 분류되지만, 원생생물, 진균, 식물 등의 세 가지 매우 다른 계(kingdom)에 대하여 다루고 있다. 식물은 식품으로서 섭취했을 때 우리의 소화계와 분변에 포함되어 증거가 될 수 있다. 더욱이 우리는 항상 집이나 정원, 그리고 보다 다양한 환경에서 식물과 신체적 접촉을 하게 되는데, 이와 관련된 증거는 식물에 의한 상처에서 발견될 수 있으며, 식물의 일부는 우리의 모발, 옷, 또는 소지품에 부착된다. 그러므로 식물은 사람, 동물, 자동차 또는 물건, 소재지 등과 연관된 법의학적 증거로서 가능성을 가지는 유용한 것이다. 지금까지 식물에 근거한 증거들이 법의학에 별로 이용되지 못하였지만 이 분야에 대한 많은 연구가 수행되었다. 원생생물과 진균도 환경에 매우 흔한 것들로서, 이들은 법의학적 측면에서 식물보다 더 많은 주목을 받아왔다.

원생생물

서론

원생생물 계(Kingdom Protista)는 단세포성 진핵생물과 단순한 다세포성 진핵생물로 된 인위적인 부류이다. 진핵생물은 미토콘드리아, 둘러쌓인 핵, 기타 막성 소기관들을 가진다. 원생생물은 매우 다양한 집단이며 그들 중 대부분은 서로 다른 생물들과 계통분류학적으로조차 밀접한 관련이 없다. 규조류(diatom)를 제외하고, 법의학 지표로서 사용되는 원생생물은 거의 없다. 이론적으로 *Entamoeba histolytica* (아메바성 이질), 다양한 말라리아 종 (*Plasmodium* 종)과 같은 병원성 종의 균주 타이핑(typing)은 특정국가나 지역과 사람의 관련성을 제공하지만, 이들 생물체는 법의학적 관점에서보다 의학적 측면으로 고려된다. 자유생활을 하는 많은 원생생물도 법의학적 가능성을 가진다. 예들 들면, 유각아메바(testate amoeba)는 토양과 진창(mires)에 흔히 존재하며, '외각(tests)'이라고 하는 특징적인 외피를 가지고 있다 (그림 9.1). 외각(tests)의 양과 다양성은 두 가지 이상의 법의학적 샘플의 유사성을 비교하고 특별한 지리학적 위치의 지표로서 사용될 수 있다.

규조류와 기타 조류

'조류(algae)'는 단세포의 원생생물로부터 미역과 같은 커다란 해조류와 같은 군체 형태에 이르는 다양한 생물체를 포함한다. 대부분의 조류는 엽록체(chloroplast)를 포함한다. 조류는 육상생태계와 수서생태계에 널리 분포하지만, 규조류만이 법의학 분석에 크게 사용되어왔다. 규조류는 *Stramenopila* 속 (屬, phylum) (어떤 책에서는 Bacillariophyta 속)에 속하는 단세포성 조류이며 '규조각(frustule)'이라고 하는 실리카로 만들어진 아름다운 형태의 세포벽을 가지는 특징이 있다. 규조

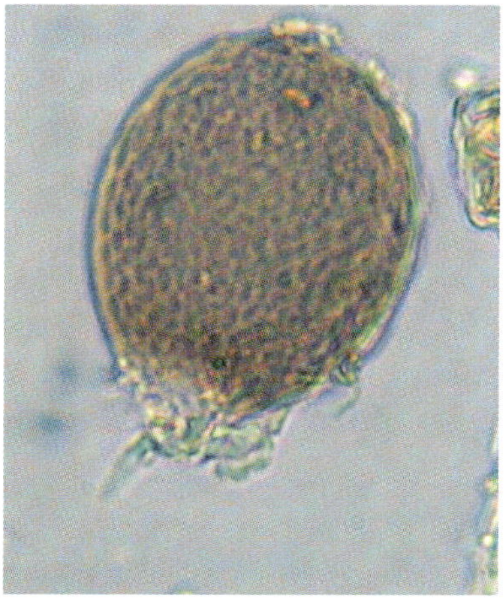

그림 9.1 육상 유각아메바의 광학현미경 사진.

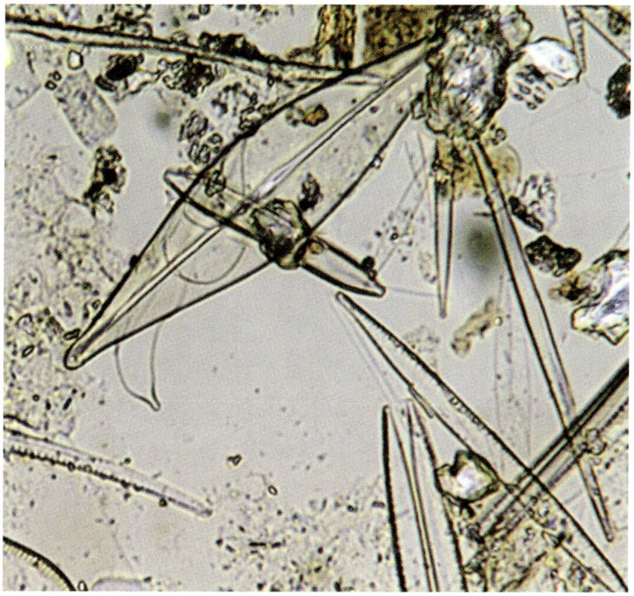

그림 9.2 담수 규조류의 광학현미경 사진. 규조각의 다양한 형태와 크기를 주목하라.

류는 담수와 해수에서 뿐만 아니라 습기가 많은 육상서식지의 표면에서도 발견된다 (그림 9.2). 규조류가 규조각(frustule)을 만들기 위해서 그들 주변 환경으로부터 추출한 실리카를 사용하기 때문에, 그들의 생장은 물속에 용해된 실리카의 이용가능성에 따라 제한적이다. 규조각은 두 쪽으로 구성되며, 그것들은 밸브(valve)라고 부르는데, 그들 중 하나는 다른 것보다 다소 커서 두 개가 서로 짝이 맞게 되어있다. 규조류의 많은 종들은 특징적인 규조각 모양을 가지고 있어 식별이 용이하다. 대부분의 규조각은 규조류가 죽을 때 용해되지만 그들 규산질의 특성(silicaceous nature)은 일부 규조류에서 특히 상황이 좋으면 보존된다는 중요한 의미를 가진다. 실제로 규조토(diatomaceous earth)라는 흙은 거의 전부가 화석화된 규조류(fossil diatom)로 구성된다. 규조류에는 수많은 종류가 있으며, 현재 5,600가지 정도가 알려져 있으며, 아마도 총 1만 종 이상이 될 것이다. 그들의 양과 종의 구성은 온도, 염도, pH, 그리고 종간 경쟁의 결과와 같은 다른 환경조건을 좋아하는 여러 가지 규조류가 있기 때문에 지역에 따라 다양하다. 그러므로 법의학 샘플에서 개별 종의 존재 또는 종의 조성은 연중 특별한 기간에 서식지 또는 위치를 식별하는 특징을 제공한다.

규조류와 익사의 진단

몇몇 병리학자들은 액체가 허파의 기도(氣道)로 흡인(吸引)되는 것이라고 말하지만, 익사(溺死, drowing)는 액체가 입과 코로의 유입으로 인한 질식으로 일어나는데, 그 죽음의 기작은 매우 복잡하며 질식(窒息, asphyxiation)이 간단하게 일어나는 것이 아니다. 부검(autopsy)에서 익사의 진단은 매우 어려우며, 침수의 징후는 단지 사체가 일정시간동안 수중 (또는 다른 액체)에 있었다는 것이며, 그 사람이 익사로 죽은 것이 아니라는 것을 나타낸다. 규조류(diatoms)는 많은 수원(水原, water source)에서 발견될 수 있기 때문에 허파와 다른 조직에서 규조류의 발견은 희생자가 익사하였다는 것을 나타내는 징표로 사용되어왔다 (Pollanen, 1998). 규조류는 위(胃) (물을 들이켰다는 것을 의미함), 허파 (흡입되었다는 것을 의미함), 혈액, 주요 기관과 골수에서 발견될 수 있다 (물이 흡인되었지만 희생자는 여전히 살아있을 수 있다는 것을 의미함). 물에 빠져 허우적거리는 동안 작은 크기의 규조류와 허파에서 일어난 손상 때문에, 규조류는 폐포를 통하여 혈류를 따라 몸전체로 퍼진다 (Lunetta 등, 1998). 그러나 일단 혈액순환이 멈추면, 물과 함께 허파로 들어온 어떤 규조류는 다른 어떤 곳으로도 운반되지 않는다. 사체에서 발견된 규조류의 양과 종 프로파일을 강(江), 또는 희생자를 찾은 곳이 어디든지 간에, 그곳에서 발견된 규조류의 그것들과 비교하여, 익사하였는지 여부와 그렇다면 익사한 위치는 어디인지를 결정하기 위해서 부검을 통해서 얻은 결과와 함께 확실한 증거를 제공할 수 있다 (Ludes 등, 1999). 예를 들어, 바다에서 찾아낸 사체에서 담수 규조류가 있다면 그 희생자는 강에서 죽었으며 그 후에 휩쓸렸다는 것을 암시한다. 추출기법으로 결정을 내릴 때에는 어떤 사람이 발견된 곳이 아닌 물속에서 죽었을 수도 있다는 가능성을 염두해 두어야 할 필요가 있다. 예를 들어, 해양 규조류의 규조각은 Soluene-350 (용해제)에 의해 용해되는 반면에 담수 규조류 종의 규조각은 그렇지 않다 (Sidari 등, 1999). 모든 생물학적 증거에서처럼 규조류 분석의 결과는 어떤 정황 속에서 고려되어야할 필요가 있다. 예를 들어, 일부 연구원들은 규조류가 발견되지 않았다는 것이 익사가 아니라는 것을 의미하지 않으며, 사체조직에서 규조류가 발견되었다고 익사하였다는 것을 의미하지도 않는다는 규조류 시험의 민감성에 대하여 의문을 제기한다. 규조류는 매우 보편적임에도 불구하고, 모든 규조류의 기원의 물이 아니며, 설사 규조류가 존재한다 하더라도 신체 장기 내로 유입된 경로를 찾을 수 없거나 유입되었더라도 회수되지 않는다. 마찬가지로 규조류의 발견은 사체가 회수된 그 시점에 오염되었다는 것을 의미하며 부검(autopsy) 동안 또는 실험실 분석하는 동안 아주 조심스럽게 다루지 않으면 항상 오염의 가능성이 있다. 더욱이 어떤 사람이 반복적으로 호수 또는 바다에서 수영을 한다면 시간이 경과함에 따라 그의 조직 내에 규조류가 축적될 수 있으므로 그러한 발견이 거기에서 익사하였다는 것을 의미하지는 않는다 (Taylor, 1994). 규조류는 익사로 죽지 않은 사람이나 수영을 주기적으로 하는 사람의 조직에서도 발견된다. 규조류는 건축자재로부터 고무장갑에 사용된 파우더에 이르기 까지 사람이 만든 수많은 제품들에서 발견된다. 그러므로 규조류를 호흡할 가능성도 많고 음식을 통해서 위장관으로 흡수될 수 있으며 이에 관련된 정도는 차후 연구에 의해서 확인될 필요가 있다. 따라서 규조류는 익사보다도 다른 원인으로 죽은 사람의 조직에서 발견될 수 있다. 그러나 골수내의 규조류의 발견은 익사의 확실한 증거를 제공하며 종 수준에서 동정은 오염물임을 배제할 수 있다는 것이 일반적으로 받아들여지고 있다.

침수와 노출기간 결정을 위한 조류생장

침수된 시신의 규조류와 기타 조류에 의한 군집화(colonization) 비율은 침수기간을 추정하는 수단이 될 수 있지만, 이 분야에 대한 연구는 거의 알려진 것이 없다 (Casamatta & Verb, 2000). 생장량은 깊이, 기질, 지역 환경, 그리고 년중 기간 등에 의존될 것이며, 따라서 예측은 실험에 근거해야만 한다. 예를 들어, 생장은 강에 영양물질이 적게 포함된 겨울보다 영양물질이 풍부한 여름동안 더욱 빠르다. Haefner 등 (2004)은 조류생장이 시신의 사후경과시간을 결정하는데 사용될 수 있거나 (그들 사례에서, 돼지의 경우) 또는 어떻게 무생물이 물속에 가라앉는지에 대하여 기술하였다. 그들은 소비자가 제작한 샘플링 장치로 존재하는 조류의 종류와 그들의 상대적인 양을 동정하는 것보다 수집된 샘플에 존재하는 색소인 클로로필 a의 양을 결정하여 총 조류의 밀도를 결정하였다.

조류는 또한 육상환경에 노출된 물체와 동물사체에 군집을 만들며 그들의 생장은 위에 기술된 것과 유사한 방식으로 평가될 수 있다. 이른바 '남조류(blue green algae)'는 조류가 아니라 원핵성 생물체 (예, 그들은 둘러쌓인 핵과 막으로된 소기관들이 없음)이며, 시안세균(cyanobacteria)으로 부르는 것이 더 정확하다. 육상 생태계와 수서 생태계에서 매우 흔히 존재함에도 불구하고, 노출된 유골의 군집화 징후는 적절한 조건하에서 2-3주후 육안으로 명백하게 볼 수 있다고 하지만, 그들의 법의학적 가능성은 거의 주목받지 못하였다.

법의학 분석에서 규조류와 조류의 수집, 감정, 보존

규조류를 포함하는 많은 종류의 조류는 계절적 생장특성을 나타내며, 일부는 일시적으로 독성을 가지는 수화(blooms) 현상을 보이는 것으로 유명하다. 그러므로 사체 또는 특정한 지역성을 나타내는 물체에서 회수된 종 구성(composition)을 일치시키고자 한다면, 일년내내 지속적인 샘플채취가 필요하며, 개빙구역(開氷區域, open water) [역자주: 부빙(浮氷)이 수면의 10분의 1 이하]의 경우에 샘플은 지표수와 하천바닥 모두에서 수거되어야 한다. 강 또는 개울(stream)의 경우에 샘플은 규조류 상(相, flora)에서 차이점이 있고, 또한 사체가 물의 흐름에 따라 움직이기 때문에 사체가 발견된 그 위치의 상부와 하부에서 채취되어야 한다. 규조류는 크기가 작고 광범위한 지역에서 발견되기 때문에 야외와 실험실에서 샘플이 오염되지 않도록 모든 노력을 기울여야 한다. 모든 수집 장비 [예, 플랑크톤 그물(plankton net), 토양채집도구(soil corer), 수집병(collecting vial)]는 사용 전에 깨끗이 닦아서 사용하고, 실험실 내에서 그 샘플들은 깨끗한 초자기구류를 이용하여 취급하며, 실험실에서는 오염을 방지하기 위한 방법을 도입해야 한다. (예, 무균대 내에서 작업). 증류수 샘플의 대조구는 오염이 일어났는지를 시험하기 위하여 동시에 진행해야 한다.

규조류와 다른 조류들은 좁은 후미말단(narrower trailing end)에 부착된 수집병(collecting vial)을 포함하는 원형기구에 설치된 긴 깔대기 모양의 그물백(long funnel-shaped net bag)으로 된 플랑크톤 그물(net)을 사용하여 개빙구역(open water)에서 수집할 수 있다. 그 그물(net)의 그물코 크기(mesh size)는 플랑크톤 포획크기를 결정하는데, 플랑크톤 조류(planktonic algae)는 일반적으로 작아서 미세한 그물 크기 (0.1-0.3 mm)를 필요로 한다. 물속의 기질(基質, substrate)에 부착된 조류와 다른 현미경적 생물체는 종종 '부착생물(periphyton)'로 부르며, 특별한 수집방법이 필요하다 (예, Haefner 등, 2004). 수집한 후, 더욱 섬세한 주의가 필요한 조류가 상하지 않은 채로 보존된다면 신중하게 방법을 선택할 필요가 있지만, 샘플들은 원심분리를 하고난 후에 농축할 필요가 있다. 그 표본들은 위상차 조명이 개선되어 상세한 것들을 볼 수 있게 되었지만, 보통 검경대가 있는 현미경(stage microscope)을 사용하여 직접 관찰될 수 있다. 만일 어떤 사람이 규조류에만 관심이 있고 거기에 존재하는 많은 유기물에 오염되어 있다면, 비록 대부분의 일반 조류가 실리카로 된 세포벽을 가지지 않아 파괴되지만, 그 샘플은 공기 중에서 건조하여 산(酸)으로 소화시킨다 (하단 참조),

규조류는 보통 48시간동안 진한 질산으로 가열하여 조직, 토양 그리고 기타 토양 하층(sustrates)으로부터 추출된다 (Pollanen, 1998; Hurlimann 등, 2000). 그 후 그 소화된 물질은 원심분리하여, 상등액을 버리고, 펠릿은 증류수에 현탁시켜 원심분리하여 1-2회 세척하고, 남은 펠릿은 검경대가 있는 현미경(stage microscope)을 사용하여 관찰한다. 이 방법은 모든 유기물이 용해된 후 남아있는 실리카를 함유한 규조각(silicaeous frustule)에 의존하지만, 일부 연구원들은 위험성이 적은 시약을 사용하기를 좋아하여, DNA 추출 (Kobayashi 등, 1993)과 초음파 분해 (Matsumoto & Fukui, 1993)에 근거한 기법들을 채택하였다.

규조류와 조류는 보통 형태에 근거하여 동정하지만 (예, Stoermer & Smol, 2001), 이 동정법은 시간이 걸리며, 종종 어려운 작업이다. 따라서 많은 다른 방법들이 제안되었다. 컴퓨터 패턴 소프트웨어를 이용하여 규조류 규조각의 복잡한 3차원 구조를 명백한 목표로 설정하고 거기에 다른 규조류 종을 동시에 식별하고 계수할 수 있는 자동 기구를 개발하려는 몇 가지 시도가 있어왔다 (예, Jalba 등, 2005). 그러나 이 같은 자동 기구들이 완벽하게 될 수 있다하더라도 분자적 증거는 그 자신에 대한 형태가 규조류를 위한 빈종(貧種, poor species)의 지표종이며, '잠재성(cryptic)'과 '유사종(pseudospecies)'의 존재가 광범위하다는 것을 의미한다. 이것은 법의학적 맥락에서 중요한 고려사항으로 종 구성의 식별하는 일이 일부 증거를 만들어내는 것이다. Evans 등 (2007)은 규조류 종의 계통유전학적 분석을 위한 다양한 유전자의 적합성을 시험하였다. 이것은 비록 이 유전자가 동물의 계통유전학적 연구에 흔히 사용됨에도 불구하고, 그것이 식물에서 한정적 적용가능성을 가지는 것으로 고려되기 때문에 다소 놀라운 일이다. Abe 등 (2003)은 분자적 기법을 사용하는 법의학 샘플에서 규조류의 존재를 식별하려는 시도를 하였으나, 그들이 민감한 시도임을 알았음에도 불구하고, 그것은 사람이 익사한 위치를 식별하기 위한 방법으로 규조류의 충분한 종을 식별하는데 사용될 수는 없었다. 분자적 기법은 강산(强酸, strong acid)이 그들의 DNA를 파괴하기 때문에 표준추출기법을 사용하는 토양 또는 조직으로부터 분리된 규조류 종에 사용될 수 없음을 기억해야 한다. 다른 대체 동정기법으로는 규조류의 화학적 조성에 근거한 종간의 식별을 위한 Fourier-transform infrared (FT-IR) spectroscopy를 사용하는 것이다. FT-IR은 그들의 형태에 근거하여 구별하기 어려운 종을 식별하고 (Vardy & Uwins, 2002), 개체수 연구에 사용 (Sigee 등, 2002) 될 수 있다고 입증되었지만, 그것이 규조류를 식별하는데 광범위하게 사용된다는 것은 분명하지 않다.

진균

버섯류, 독버섯류, 곰팡이류, 녹병균, 깜부기, 효모, 기타 진균은 흔히 식물로 생각되지만 사실상 그들은 완전히 분리된 계(kingdom)로서 진균 계(kingdom Fungi)에 속하며 그 학문은 균학(mycology)이라는 별도의 과학분야 이다. 대부분의 진균은 다세포성 생물체이며 균사(hyphae)라는 긴 필라멘트로 구성되며 (단수, hyphae), 매트(mats)를 형성하기 위하여 서로 뭉쳐졌을 때 균사체(mycelium)라고 부른다 (복수, mycelia). 곰팡이가 핀 빵이나 사체의 표면을 덮는 얇고 흰 가닥들 (그림 9.3)은 진균사(fungal hyphae)이다. 효모(yeast)는 단세포성 진균이며, 널리 알려진 빵과 양조효모에 부가하여 식물과 동물에 더불어 사는 종이다. 예를 들어, *Candida albicans*는 우리 피부와 내장에서 발견되며 질염(vaginitis) [구강칸디다증(thrush)]과 같은 감염을 일으킬 수 있다. 효모는 출아법(budding)에 의해 증식하며, 일부 종은 가균사(pseudohyphae) 또는 '발아관(發芽管, germ tube)'이라고 하는 길고 가느다란 출아를 만들지만 진정한 균사를 만들지는 않는다. 많은 진균은 이형(dimorphic)이며, 그들의 환경에 따라 단세포성 효모유사 형태 또는 균사체 형태로 존재한다.

진균의 세포벽은 절지동물의 큐티클과 연관된 동일한 물질로서 많은 양의 키틴질을 포함한다는 관점에서 동물과 식물의 세포벽과 다르다. 진균은 종에 따라 유성 또는 무성생식과정의 일부로서 포자를 형성한다. 어떤 진균의 포자는 물에 분산되거나 척추동물이나 무척추동물에 부착되기도 하지만, 이들은 보통 대기 중으로 방출된다. 많은 진균은 효소의 방출을 통해 분해된 죽은 유기물을 먹고, 소화 산물을 흡수하는 부패성이다. 많은 진균은 식물, 동물, 또는 다른 진균에 기생성이며 일부는 선충류(nematodes)와 다른 토양생물체를 잡아먹는다.

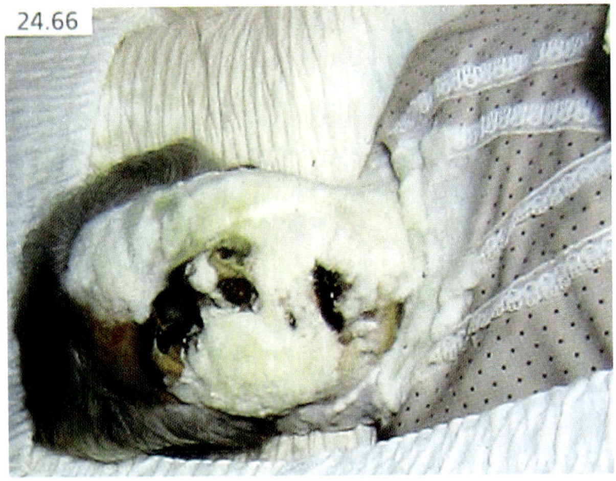

그림 9.3 이 사람은 방부처리 되어 매장되었다. 몇 달이 지난 후 그 사람의 시신은 수사를 위해 발굴되었다. 많은 곰팡이가 자라서 얼굴의 대부분을 덮고 있다. 현대의 방부처리(embalming) 기법은 단지 매장 전 단기간동안 사체를 보존하고자 행하여진다. (Dolinak, D 등. (2005)의 승인 하에 게재 (2005) *Forensic Pathology: Theory and Practice*, 저작권 © 2005, Elsevier Academic Press)

사체와 연관된 진균

진균은 사후 즉시로부터 백골화 되거나 미이라가 된 유해(remains)에 이르기 까지 부패의 모든 단계와 연관이 있다 (Ishii 등, 2006). 법의학적 관점에서 진균은 다른 법의학적 분석의 해독을 방해하기 때문에 주된 관심의 대상이 된다. 예를 들어, 다량의 진균 DNA는 사람의 STR 분석을 수행할 때 PCR 과정에서 비특이적 저해를 일으킬 수 있다 (Calacal & De Ungria, 2005). 마찬가지로 사람의 피부와 내장에 자연적으로 존재하는 *C. albicans*와 같은 효모들은 사망 후에도 잘 자라며, 그 과정에서 사후(post mortem)에 대량의 에탄올을 생산한다 (Yajima 등, 2006). 이것은 도로교통(road traffic)과 항공사고 수사에서 특히 관심의 대상이 되는데 알코올이 연관되었는지를 입증하는데 있어서 중요하다. 불행하게도 이러한 경우 사체가 끔찍한 부상을 입게 되는 경우가 대부분이기 때문에 혈액이나 조직 샘플을 사망 직후에 채취한다 하더라도 장내 미생물에 의해 오염되었을 가능성이 분명히 있다. 따라서 보통 더 이상의 에탄올 생산을 억제하기 위해 샘플에 불화나트륨(sodium fluoride)이 첨가되며 *C. albicans*와 같은 효모와 다른 미생물의 존재는 사후독성분석(post mortem toxicological analysis)을 판독할 때 고려되어야 한다.

많은 종의 진균이 동물 유해의 부패에 수반지만 사체가 부패함에 따라 진균의 개체수가 어떻게 변하는지에 대한 연구는 보고된 바 없다. Bunyard (2004)는 그들의 일부 암시가 다소 너무 치우친 듯하다고 언급하였지만, Carter & Tibbett (2003)는 다양한 종류의 진균과 그들의 가능성을 법의학 지표로 생각하였다. 특히 그들이 언급한 많은 진균들은 작고 식별하기가 어렵다. *Hebeloma syriense* (역자주: 자갈버섯의 한종류)가 '시체탐지버섯(corpse finder)'이라는 별명을 얻었지만 이것을 확인하기 위한 보고된 과학적 자료는 거의 없다. 실제로 시체와 연관된 대부분의 진균은 고농도의 암모니아를 포함하는 다른 기질에서도 발견된다. 더욱이 흙에 접한 사체는 냄새, 파헤쳐진 흙(disturbed soil), 진균의 탐색보다 무척추동물의 왕성한 활성에 의해 더 쉽게 찾아낼 수 있을 것이다. 사망시간(PMI)을 결정하는데 진균의 유용성은 아마도 말단 길이다형성 분석(Terminal Restriction Fragment Length Polymorphism, T-RFLP) 분석과 리보타이핑(ribotyoing)과 같은 분자적 기법들의 응용을 통해서 이루어 질 것이다 (10장).

현장과 연관성 있는 지표로서 진균

진균 포자는 종종 많은 양이 생성되며, 꽃가루(pollen) (추후 참조)와 같이 그들의 동정을 용이하게 하는 특징적인 형태를 가질 수 있다. 어떤 진균들은 분포가 한정되어 있고, 특이한 생태학적 요구성을 가지며, 어떤 시점에서만 포자를 생산하기 때문에 그들의 존재는 현장의 사람이나 물체를 연관하여 사용될 수 있다. *Candida albicans*는 성생활이 왕성한 사람들에서 더 흔히 볼 수 있는 생식기 감염을 일으키지만, 보통 성병(STD)의 원인균으로 고려되지 않는다. *C. albicans* 균주는 DNA microsatellite 분석을 이용하여 식별할 수 있으나 (예, Sampaio 등, 2003), 임질과 HIV를 위하여 수행될 수 있는 것처럼 공유 감염을 통한 법의학적 맥락에서 두 사람 이상을 함께 연관짓기 위한 시도는 없는 듯하다 (10장).

유독성 진균과 진균 독소

많은 진균은 진균독소(mycotoxin)로 알려진 매우 독성이 강한 화학물질을 생산하는데, 이것을 곰팡이 독(fungus poison)이라고 한다. 진균독소는 아마도 진균이 다른 생명체에 의해 먹히지 않도록 보호하거나 진균의 먹이 공급을 빼앗아 가는 것을 막기 위해 진화되어진 이차대사산물(secondary metabolites)이다. 진균독소는 살아있는 동안 또는 사후에 진균에 의해 방출되며, 그 후 주변 기질로 확산된다. 그러므로 그 독소는 그 진균이 없는 지역에서 발견될 수 있다. 이것은 진균 없다는 것이 어떤 물질이 독소로 오염되지 않았다는 것을 의미하지 않기 때문에 안전 평가(assessment)를 어렵게 할 수 있다. 일반 곰팡이인 *Aspergillus flavus* (실제 11종의 종 복합체)는 곡물과 저장 산물에 만연하는 악명높은 아플라톡신(aflatoxin)이라는 진균독소를 생성하며 일부는 발암성이기도 하다. 이라크 대통령인 사담 후세인 시대동안 그 나라는 생물학전 제제로서 아플라톡신을 사용한 경험이 있다. 사람이나 가축에 독성을 나타내는 진균독소의 고의적인 사용은 드물게 일어나지만, 그들은 우발적 중독(accidental poisoning)의 공통 원인이다. 아플라톡신은 *A. flavus*의 생장의 결과로서 대마(大麻, marijuana)로부터 기술되었다 (Hazekamp, 2006). 그 독소는 대마 잎을 피우는 동안 소각될 때 완전히 분해되지 않은 채 흡입될 수 있다. 그러므로 대마와 연관된 몇 가지 신경적 문제가 진균독소에 오염된 결과일 가능성이 있다. 식품과 환경의 진균 오염은 건강에 해로울 수도 있고 심지어 사망할 수도 있으며 포자에 대한 알레르기 반응을 나타내기도 한다. Benner & Collins (2001)는 몇 가지 곰팡이들에 크게 오염된 포장 믹스로부터 만든 두 개의 팬케익을 먹은 후에 과민증(過敏症, anaphylaxis)으로 죽은 사람의 사례를 기술하였다.

많은 버섯은 독을 가지며 일부 버섯은 잠재적으로 치명적이다. 로마 황제 Claudius는 고의적 버섯 중독 희생자였다고 보고되었으나, 그 후 버섯을 어떤 사람을 죽이기 위해서 사용하였다는 보고는 거의 없다. 목격자 또는 다른 증거가 없는 상태에서, 어떤 수단에 의한 중독은 법병리학자가 그것이 사인이었다는 것을 의심할 이유가 없어 조직샘플을 보내지 않으면 검출하기 어려울 수 있다. 야생버섯 채집이 대중적인 유럽대륙에서 우발적 중독(accidental poisoning)은 독버섯을 식용버섯으로 잘못 판단하여 일어난다. 예를 들어, 2000년에 러시아에서 2740 건의 버섯중독 사례가 보고되었다. 영국에서 버섯중독은 약 12가지 다른 변종에 의해 발생하며, 독성을 가진 야생에서 채취한 환각버섯(wild-picked magic mushroom)들을 혼돈하는 사람들에서 가능성이 더욱 높다. liberty cap 버섯(*Psilocybe semilanceata*)은 가장 흔히 소비되는 '환각버섯(magic mushroom)'이며, 그의 사용을 둘러싼 법은 확실히 상식 밖이다. 그 버섯을 재배, 수집, 소유하는 것은 위법이 아니지만, 식품으로 만드는 일 [예, 절단(cutting), 건조, 분말화, 동결, 포장]에서는 그것을 규제 마약으로 본다.

진균의 수집과 동정

많은 종류의 버섯과 독버섯과 같은 거대 진균의 자실체는 줄기와 함께 종이백(paper bag)에 수집해야 한다. 만일 버섯을 플라스틱 백(plastic bag) 또는 밀폐용기에 넣게 되면, 특히 시료가 젖어있다면, 매우 빠르게 부패된다. 보다 크기가 큰 영국산 진균은 대강의 형태와 홀씨문(spore print)을 통해서 상대적으로 쉽게 동정된다(Phillips, 1981). 만일 그 시료를 보존해야 한다면, 공기 중에서 서서히 건조시켜야 하지만, 색깔이 사라지고 형태는 일그러지게 될 것이다. 시체에서 자라 곰팡이 같은 작은 진균은 보통 유성 또는 무성 생식구조에 근거하여 현미경에 의해 동정될 수 있다. 만일 이들 진균이 적절한 배지에서 배양된다면 도움이 될 수 있으며 (의학적 중요성을 가지는 진균은 Winn 등, 2006을 참고할 것), 모든 진균이 다 자라는 '보편적 배지(universal medium)'는 없으며 일부 진균은 인공배지에서 배양되지 않는다. 때때로 세균의 과다생장을 피하기 위하여 배양배지에 항생제가 첨가된다. 거대 진균으로부터의 포자 또는 균사체의 시료는 동일한 방법으로 배양될 수 있다. 분자분류학(molecular taxonomy)은 진균, 특히 병원성 종을 동정하는 수단으로서 사용이 증가되고 있다.

식물

식물계(kingdom Plantae)는 광합성을 하고, 모본(母本, mother plant) 내에 배아를 가지는 모든 다세포성 육상생물체를 포함한다. 그러므로 거기에는 이끼류(mosses), 감자, 참나무와 같이 크기와 모양이 다양한 생물체가 포함된다.

법의학 지표로서 식물의 손상과 성장

식물은 손상되기 쉬우나 잘 죽지 않는다. 사람, 동물 또는 물체가 식물과 부딪치면 식물에는 언제나 어떤 방식에서 든 손상을 입게 되며, 이와 연관된 증거는 보통 보존될 것이다. 예를 들어, 자동차가 풀밭을 달릴 때, 이동방향과 타이어의 특성을 단정 지을 수 있는 자국이 뒤에 남게된다. 만약 보존이 잘 되었다면, 그 자료들은 문제가 되는 자동차를 식별하는데 사용될 수 있다. 마찬가지로 새로이 깎은 잔디밭이나 풀밭을 걸을 때 그 사람의 신발과 옷에 깎아낸 풀을 묻혀올 수 있는데, 이것들은 법의학 증거로서 사용되어져 왔다 (Horrocks & Walsh, 2001).

사체 또는 물체가 지상이나 지하에 묻혀있을 때 식물의 일부분은 손상을 받게 될 것이다. 분열조직(meristem)이라고 하는 뿌리의 생장부분이 손상을 입게 되면 영구적인 자국이 생기게 되며 자국이 생긴 후에 생성된 나이테의 수는 손상을 입은 지 몇 년이 경과되었는지를 나타낸다. 매장행위는 토양에서 여러 종류의 씨앗이 섞이게 할 것이며 거기에서 식물이 발아하데 영향을 미친다. 식물의 천이(succession)는 땅의 특성, 햇빛의 노출, 주변식생, 그리고 매장이 일어난 기간에 의해서도 영향을 받는다. 그러나 무덤표면이 헐벗은 채로 있다면 그 후 식물 조성은 잔디밭과 같이 갈아엎은 땅(disturbed ground)과 헐벗은 땅(bare soil)에 군집화하는 특별한 종에 의해 초기에 우점되는 것을 관찰할 수 있다. 전형적인 천이패턴(succession pattern)은 잔디와 초본식물, 그 다음으로 관목(shrub), 그 후 나무 등의 순서로 진행된다. 그러나 이것은 나무 종자(tree species)가 무덤을 파낸 이후 오래동안 없어질 것이라는 것을 의미하는 것은 아니다. 여러 종류의 씨앗들이 존재하면, 나무 종자들은 적합한 조건이 되면 발아하여 묘목으로 자라게 될 것이다. 따라서 가을에 판 무덤에서는 다음 봄에 더욱 많이 발아하여 묘목으로 자라게 될 것이며, 이들 식물의 발아와 생장은 매장한지 얼마나 경과되었는지를 나타내는 정보를 제공할 수 있다. 사체가 척박한 토양에 매장되면 무덤의 위와 주변의 식물들이 더 눈에 띠게 잘 자라게 될 것이다. 식물 또는 식물의 일부가 뒤덮여서 (예, 매장되는 동안) 더 이상 광합성이 되지 않아 노란색으로 누렇게 뜨기 시작한다. 그러나 어두운 곳에서 얼마나 오랫동안 있었는지를 결정하기 위해서 초기 조건을 알 필요가 있다 (예, 클로로필 함량).

목재

목재(wood)에 대한 연구는 보호종의 매매와 값비싼 골동품의 복제품의 사기판매, 살인에 사용된 흉기의 식별 등에 대하여 여러 가지 법과학 측면에 적절한 정보를 제공할 수 있다. 어떤 나무에서는 독특한 재질과 냄새를 가지는 목재가 만들어진다. 예를 들면, 2004년 10월에 브라질산 나무인 *Dalbergia migar* (Palosanto de Rio) 목재 33톤이 스페인에서 압수되었는데 이는 고품질의 Palsosanto 기타를 만들기 위해 불법으로 수입한 것이었다. 경찰은 1992년 이래 그 목재의 매매거래를 엄격히 규제함에도 불구하고 시장에 나오는 Palosanto 기타가 지속적으로 증가하는데 대하여 의심을 하게 되었다. 감시를 통하여 전형적인 특성으로부터 식별가능한 그 목재는 합법적으로 수입한 단단한 경재 목재(hard wood

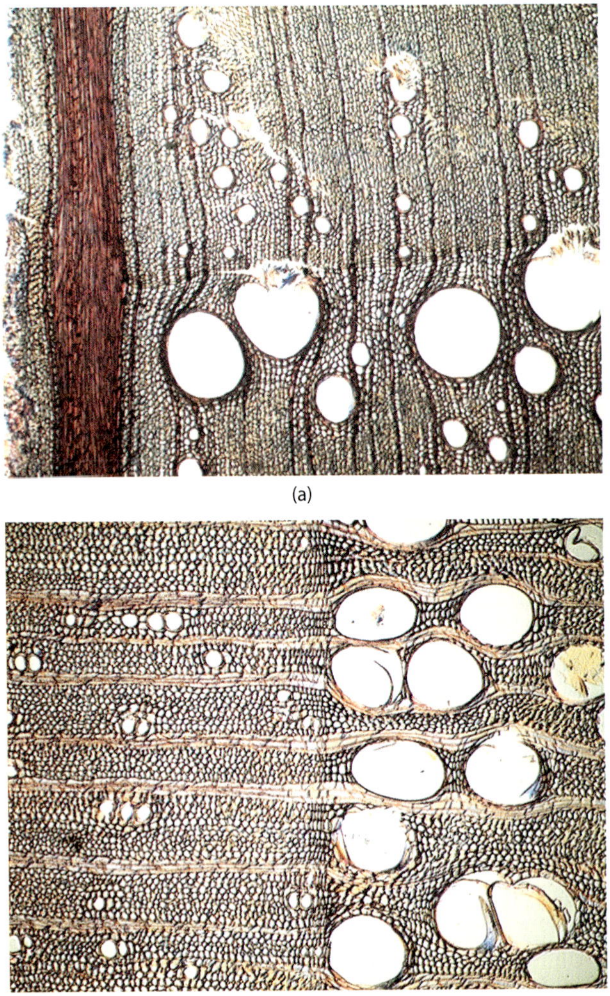

(a)

(b)

그림 9.4 서로 다른 나무에서의 목재(wood)는 종종 매우 유사하게 보이지만, 그 현미경적 조직은 매우 다르다. (a) 유럽산 오크(oak) (*Quercus robur*); (b) 서양물푸레나무(ash) (*Fraxinus excelsior*). 현미경 분석에서 샘플들은 목재(wood)의 나무결을 따라 가로벤 후 표분 재료와 비교하였다.

timber) 더미에 숨겨져 있는 것이 발견되었다. 그러나 색, 재질, 냄새 등은 목재를 식별하는 정확한 방법이 아니므로 현미경적 분석 방법이 더욱 정상적으로 사용된다 (그림 9.4). 속(genus) 또는 아속 집단화(sub-generic grouping)를 결정할 수 있음에도 불구하고, 이들 기법은 종 동정조차 하기에 충분하지 않다. 더욱 확실한 동정은 원산지 같은 보다 세세한 정보를 안다면 가능할 수 있다. 예를 들어, 스코틀랜드 소나무(Scot pine), 미국산 적송(赤松, red pine), 몇가지 아시아산 적송(red pine) 종들은 현미경적 조직에 근거하여 서로 식별될 수 없으나 그 목재가 북미에서 자란 나무로부터 만들어진 것을 알았다면 그 종은 그 지역이 원산지인 유일한 적송이기 때문에 거의 미국산 적송이 확실하다. 목재 샘플로부터 종 동정을 위한 분자적 기법을 사용할 수 있는지에 대하여 연구 중이지만, 아직 널리 사용되지 않고 있다. 목재 조각들은 범죄에 사용된 도구와의 연관성에서 유용성이 입증될 수 있다. 예를 들어, 호주의 사례에서 살인사건의 희생자의 두개골에 깊숙이 박힌 나무 파편은 동남아시아에서 자란 고무나무 종으로 식별되었다. 이 나무로 만들어진 목재는 야구방망이를 생산하는데 사용되며 그 후 경찰은 그 살인에 사용된 흉기가 그들이 찾고 있는 것임을 알게 되었다. 더욱이 야구매트 제작의 어떤 공정에서만 이 종류의 목재가 사용되기 때문에 수사망은 더욱 좁혀지게 되었으며 궁극적으로 살인 흉기로서 사용된 실제 매트를 식별하고 그 범죄와 연관이 있음을 알게 되었다.

연륜연대학

목본식물(木本植物, woody plant) (역자주: 줄기 및 뿌리의 비대생장으로 목부가 많이 형성되고 그 세포벽의 대부분이 목화되어 단단해진 식물)은 독특한 분류학적 군은 아니지만, 이차생장을 나타내는 일반적인 특징을 갖는다. 즉, 이 식물은 횡단분열조직(lateral meristem)이 세포분열 하여 둘레가 증가한다. 그러므로 이들 식물에서 길이는 더 이상 증가하지 않더라도, 줄기, 가지, 뿌리의 두께는 증가한다. 이차생장이 진행됨에 따라 이차목부(secondary xylem)가 생기며, 우리가 흔히 '나무(wood)'라고 부르는 것이 바로 이것이다. 목질부(xylem)는 식물의 뿌리에서 다른 부분으로 수분과 무기질을 수송하지만, 목본식물에서 유일한 일차목질부(primary xylem)이며, 가장어린 이차목부관(secondary vessel)이 수송을 담당하며, 이들은 '백목질(白木質, sapwood) (역자주: 나무의 껍질과 심 사이의 연한 부분)'이라 부르는 가장 바깥층에서 발견된다. 대부분의 이차목질부는 어떤 물질도 수송할 수 없으나 대신에 구조적 지지의 역할을 한다: 그들은 심재(心材, heartwood)라고 하는 내부층(inner region)에서 발견된다. 이차목질부는 리그닌 함량이 높으며, 나무와 같은 커다란 구조를 지지하는데 필요한 강도를 제공한다.

특징적인 생장기를 가지는 목본식물에서 목부관(xylem vessel)의 생성은 두 가지 패턴가운데 하나를 따른다. 참나무(oak) (*Quercus* 종)와 같은 환공성 종(環孔性 種, ring porous species) (역자주: 가을에 생긴 목질부와의 경계에 봄에 생긴 목질부의 큰 도관이 고리모양으로 나란히 있는 식물종)에서 관(vessel)은 봄에 주로 생성되는데 비하여, 단풍나무(sycamore) (*Acer pseudoplantanus*)와 은빛자작나무(silver birch) (*Betula pendula*)의 목부관(xylem vessel)은 생장기간 내내 생성된다. 나무의 나이테(tree growth ring)에 대한 연구는 연륜연대학(dendrochronology)으로 알려져 있으며, 그것은 수년동안 기후변화를 결정하는데 매우 유용하다는 것이 입증되었다. 그들의 더욱 독특한 밴딩양상(banding pattern) 때문에 연륜연대학에서 가장 흔히 사용되는 것이 바로 환공성 종(ring-porous species)이다. 이들 종에서 초기 목부(early xylem)는 얇은 세포벽내의 커다란 세포라는 특징을 가지지만, 후기 목부(late xylem)는 보다 두꺼운 세포벽의 작은 세포를 가진다 (그림 9.5). 그 해의 후기목부와 이듬해의 초기목질부사이의 분리선(dividing line)은 나이테(growth rings) 간의 선으로서 나타난다. 영국과 같은 온대기후에서 환공성 나무(ring-porous tree)는 매년 단 한 개의 나이테를 생성하며, 이 나이테의 두께는 그

그림 9.5 나이테를 보여주는 2년된 오크(*Quercus robur*) 묘목의 횡단면.

당시 환경적 조건의 표시를 나타내며, 두꺼운 나이테는 생장조건이 좋았다는 것을 의미한다. 연륜연대학은 나이테(tree ring)를 세는 것만이 아니라, 나무들과 나무제품들 간의 테 패턴(ring pattern)을 비교하는 것을 포함한다 [종종 교차 (적합)시험(cross-matching) 또는 비교연대측정(cross-dating)으로서 불림)]. 확산성 테(diffuse-ring) 종에서 나이테 패턴(ring pattern)을 탐지하는 것은 백색부후균(wood rot fungi) 처리로 외관이 명확해질 수 있음에도 불구하고 종종 의심을 가지게 된다 (Deflorio 등, 2005).

법과학에서 나이테에 대한 연구는 어떤 사물의 연대에 대한 증거를 제공할 수 있다. 일반적으로 나무의 연대는 유래가 제기된 지리적 범위로부터 얻어진 샘플의 나이테 패턴을 비교하여 평가될 수 있다. 예를 들어, 페인트가 나무 위에서 직접 칠해졌을 경우에 나이테의 분석이 가능하다면 그 나무가 벌목된 날짜를 결정할 수 있다. 따라서 그 일을 수행했던 사람이 살아있는지, 그리고 그 일을 수행했던 적절한 연대를 입증할 수도 있다. 예를 들어, 1865년에 벌목된 나무로 만들어진 나무판에 그린 중세 예술가의 그림은 위조품이었다. 이것은 문제의 그림이 한조각의 나무로 만들어졌을 때 확실히 이야기 할 수 있지만, 고가구와 악기와 같은 사례에서 그것들은 상당기간 진행되어온 수리와 개조 때문에 더욱 복잡해질 수 있다. 예를 들어, Stradivarius 바이올린은 예외없이 그들의 원래 바이올린의 목(neck)을 짧게 잘랐으며, 연주기법에서 변형의 결과로서 부분적 변경이 이루어졌다. 더욱이 그림과 고미술품의 출처를 결정하기 위해 사용된 많은 다른 법의적 기법(forensic techniques)과 같이 연륜연대학은 위조를 입증하기에 좋음에도 불구하고 그것이 진짜임을 반드시 입증할 수 없다. 사기꾼은 종종 그들의 일을 검증하는데 사용된 법의적 방법을 알고 있으며, 소금물에서 손톱을 노화시키고 오래된 나무로 만든 액자를 만드는 것과 같은 기법들을 사용할 수 있다는 것도 알아두어야 한다. 가구와 유사한 품목을 조사할 때, 그것은 원산지 국가에 대한 많은 정보를 제공할 수 있는 부분들 (뒷부분 또는 모서리 부분)이 줄어든다. 이들 부분들은 볼 수 없기 때문에 값싼 지방특유의 나무로 만드는 경향이 있는데 반하여, 외부의 화려하게 장식된 부분들은 종종 수입 목재로 만들어진다.

연륜연대학은 그 지역에서 자라는 동일종의 것들과 그 나무의 나이테를 비교하여 나무의 벌목 시점을 결정하는데 사용될 수 있다. 이것은 불법적인 재목벌채 또는 삼림개발이 의심될 때 보호종의 사례에서 중요할 수 있다. 예를 들어, Alerce인 *Fitzroya cupressoides*는 칠레에서 보호종이며 법적으로 (국가 지정의) 천연 기념물로 분류되지만, 그 개체수는 불법적인 벌목과 화재로 위협을 받고 있다. Alerce는 상록침엽수이며 3,600년 이상 살 수 있으나, 생장이 느리고 재생율이 낮다. Alerce 목재는 국제적인 무역 금지에도 불구하고, 이 나무는 여전히 칠레로부터 "멸종 위기종의 국제 거래에 관한 협약(Convention on International Trade of Endangered Species, CITES)"에 가입한 1976년 이전에 벌목되었거나 죽은 나무에서 유래하는 나무를 파는 것이라고 주장하는 사람들에 의해 수입된다. Wolodarsky-Franke & Lara (2005)는 나무그루터기(tree stump)가 발견되었을 때 불법적인 벌목인지를 식별하는데 연륜연대기가 어떻게 사용될 수 있는지를 기술하였다. Alcerce 나이테의 비교연대측정(cross-dating)은 나이테 생성에 영향을 주는 느린 생장률과 지역 요인들 때문에 어려울 수 있다. 그 그루터기가 변재(邊材, sapwood)와 수피(樹皮, bark)을 포함하고 있다면, 그리고 몇 개의 코어(cores)가 아직 살아있는 alcerce 나무 주변과 함께 비교될 수 있다면 좋은 교차시험을 입증할 가능성은 커질 것이다. Alerce 나이테는 9월의 식물 생장기(growing season)의 시작 (봄)과 3월의 끝 (가을) 사이에 형성된다 (남미의 계절은 유럽과 다름). 그러므로 2007년 나이테는 2007년 9월과 2008년 3월/4월 사이에 생성된 것이다. 만일 2007년 나이테가 불완전하다면 그 나무가 이들 두 기간의 어떤 시점에 베어졌으며, 나이테가 잘 생성되었다면 그 나무는 2008년 4월과 9월 사이의 겨울에 벌목되었다는 것을 나타낸다.

나이테 연구는 나무 또는 묘목(sapling)이 백골화된 사체를 통해서 자라거나 무덤지역 내에서 자랄 때 유용하다: 나이테의 수는 그 사체가 그 위치에 얼마동안 있었는지를 나타낸다. Courtin & Fairgrieve (2004)는 나무의 성장이 누운 사체가 있음으로 인하여 영향을 받는 사례를 기술한 바 있다. 사체의 압박은 나이테의 비대칭성 패턴을 초래하며, 이들 나이테의 컴퓨터화된 정량적 수치는 역계산법(back calculation)을 통해 사체가 나무를 가로질러 놓일 때 가능하게 한다. 나이테는 생성되는데 시간이 걸리므로 그 기법은 사체가 10달 동안 어느 지점에 영면하기 위하여 그곳에 왔다는 것만을 나타내지만, 그로 인해 죽은 사람이 사라진 동안의 시간을 알아내게 된다. 이 기법은 사람이 나무에 매달려 있는 경우와 사후시간에 대한 좀더 정확한 증거를 위해 유용하게 쓸 수 있을 것이다 (예, 물리적 변화, 곤충의 활성 등). 뿌리도 나이테(annual growth ring)를 보여주며, 따라서 옷이나 뼈를 관통하는 곳에서 그들은 그 뿌리의 깊이가 사체를 관통하였는지로서 그 위치에 사체가 얼마동안 있었는지를 나타낼 것이다 (Willey & Heilman, 1987).

검시간섭현상을 야기하는 식물

식물은 다양한 검시간섭현상(post mortem artefacts)을 일으킬 수 있으며 이들은 사후에 일어난 손상과 구분될 수 있어야 한다. 예를 들어, 외관상 약해 보일지라도 뿌리와 지맥(支脈, shoot)은 두개골의 봉합(suture)을 분리시키기에 충분한 압력을 가할 수 있다. 마찬가지로 뼈를 통과하거나 뼈의 표면을 가로질러 자라는 뿌리에는 뿌리에서 분비된 물질에 의해 만들어진 분기된 홈(groove)을 따라 특징적인 망상구조가 만들어진다 (Haglund 등, 1988). 그러므로 식물조직과 사람 시신과 상관관계의 존재는 항상 고려되어야 한다.

목재에 생긴 연장흔

총이 발사되었을 때, 그 총알은 그 특별한 무기에 대한 독특한 흔적(marking)을 남긴다. 비슷한 방식에서 해머, 톱, 조각칼, 또는 도끼 등도 그 자체의 독특한 표면 특성을 가지며, 사용되었을 때 나무나 뼈와 같은 기질에 '연장흔(tool mark)'이 확실하게 나타난다. 어떤 단단한 물질이 부딪히거나 보다 부드러운 물질에 끌리게 되면 흔적이 만들어지는데, 이러한 연구는 '연장흔 분석(tool mark analysis)'으로 알려져 있다. 연장흔(tool mark)은 물체 (예, 연장)에 의해 패인 자국으로, 연장으로부터 가해진 손상은 표면에 끌린 물체에 의해 야기된 형태, 크기, 윤곽, 평행하게 만들어진 홈의 줄을 추론될 수 있다. 그러므로 현장에서 발견된 흔적과 함께 그 연장의 절단면을 비교하여 범죄용의자와 연계할 수 있다.

사례연구: Lindbergh의 유괴사건

아마도 목재의 분석이 기소의 중점이 되었던 가장 유명한 경우는 Bruno Hauptman의 사건일 것이다. 그는 미국의 비행사 Cahrles Lindbergh의 아들을 납치하고 살해한 사람이다. 그 사건은 집에서 생나무로 제작된 사다리를 사용하여 저질러졌다. 그 사다리는 납치당시 그곳에 버려졌었다. 사다리의 여러 가지 구성요소에 남겨져있는 milling mark를 비교함으로서 각각의 처음 공급처를 추적할 수 있다. 또한 사다리에 가로대(rail) 중 하나가 집안이나 건물 안에서 사용되는 풍화를 받지 않은 하등급 나무라는 것도 주목되었다. 그리고 그 가로대는 4개의 선명한 사각형 모양의 못자국이 있었다. Bruno Hauptman은 처음에 그가 납치 몸값으로 받은 돈을 쓰다가 체포되었다. 경찰이 그의 주거지를 조사하다가 다락방의 마루바닥 널빤지 중 하나가 다른 널빤지보다 8 피트가 짧다는 것을 발견하였다. 또한 앞에서 언급한 가로대에 있었던 사각형의 못자국과 일치되는 구멍이 그 다락방 바닥의 장선(joist)에서 발견되었다. 뿐만 아니라 이 사다리의 가로대에 사용된 나무의 나이테가 다른 것보다 짧은 마룻바닥 널빤지의 나이테와 일치하였다. Bruno Hauptman을 수사하던 중 경찰은 또한 날이 뭉뚝하게 망가진 손대패(handplane)를 발견하였는데 이 망가진 날은 그 사다리에서 발견된 것들과 똑같이 일치되는 표시를 만들어 냈다. 다른 증거들과 더불어 이것은 Bruno Hauptman을 범인으로 단정하게 하는데 중요한 역할을 하였으며 그는 1936년에 사형이 집행되었다.

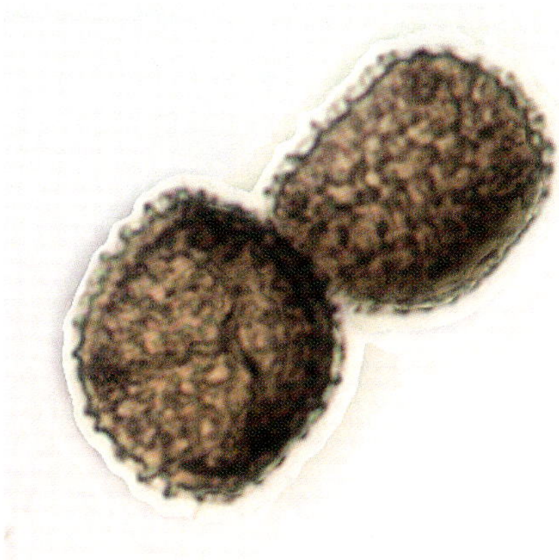

그림 9.6 이끼 *Lycopodium clavatum*의 포자. 크기는 35~45 μm이다.

포자

이끼류(bryophytes)와 양치류(fern) (pteriophyta)와 같은 원시식물들은 씨앗을 생산하지 않고 포자를 형성한다 (그림 9.6). 이들 포자는 매우 작으며, 잘게 절단되어 바람에 흩어진다. 포자가 적당한 지점에 자리를 잡게되면, 배우자(gamate)를 생산하는 식물의 생활환 구조인 배우체(gametophytes)를 생산한다.

석송의 포자와 콘돔

석송(club moss) (역자주: 신생대 석송과 식물의 속명)인 *Lycopodium clavatum*의 포자는 콘돔 제조에서 둥글게 말아 올릴 때 서로 붙지 않도록 하기 위해서 윤활제로 흔히 사용되며; 감자전분과 옥수수 전분과 같은 다른 식물제품도 동일한 목적으로 사용된다. 따라서 질 면봉채취(vaginal swab)에서 이들 물질의 존재는 콘돔을 끼고 성폭행한 사례에서 법의학 지표로서 사용될 수 있으며 (Blackledge, 2005; Berkefeld, 1993), 석송속 식물(lycopodium)의 포자는 성교후 4일까지 질 면봉채취(vaginal swab)에서 발견될 수 있음이 보고되었다 (Keil 등, 2003). 이러한 정보는 수많은 상황에서 유용함이 입증될 수 있었다. 먼저 콘돔착용은 소량의 정액도 남아있지 못하도록 하는 절대적인 방법은 아니지만, 그 가능성을 상당히 감소시킨다. 따라서 성행위가 일어났는지에 대한 논쟁이 있으나 DNA 증거가 없는 사례에서 석송속(石松屬, lycopodium) 포자의 존재 또는 질 면봉채취(vaginal swab)에서 다른 식물의 증거는 그 여성이 콘돔을 낀 남자와 얼마 전에 성교를 했다는 것을 나타내며 따라서 수사할 가치가 있다. 이것은 또한 죽은 여성에서 성폭행이 의심되지만 정액이 검출되지 않아 의학적 증거가 확실하지 않은 사례도 이용된다. 포자와 다른 입자물질이외에도, 콘돔에는 상표를 식별하는 제조에서 사용된 소량의 화학물질 (윤활제, 살정제 등)에서 생성된 '화학적 표시(chemical signature)'도 남아있다. 남성들은 습관을 가지는 동물이며, 따라서 콘돔을 사용하는 연쇄 성범죄자는 그가 저지르는 모든 범죄에서는 아닐지라도 대개 동일한 상표의 콘돔을 사용하려고 한다. 그러므로 그가 선택한 상표를 식별하는 일은 프로파일을 구축하고 관련증거를 찾는데 유용할 수 있다.

화분

화분(花粉, pollen)는 꽃가루입자 덩어리를 기술하기위해 사용되는 용어이다. 이들은 씨앗을 생산하는 식물에 의해 생성되는 웅성배우체(雄性配偶體, male gamatophytes) (역자주: 세대교번을 하는 식물에서 단상의 세대)이다 [예, 소나무와 기타 침엽수 같은 나자식물(gymnosperms), 잔디(grass), 골풀(rush), 미나리아재비(buttercup), 데이지(daisies), 라임나무(lime tree)와 같은 피자식물(angiosperm)]. 꽃가루입자의 외부 층은 '엑사인(exine)'이라고 부르며, 잘 분해되지 않는다. 이것은 몇몇 종에서 꽃가루의 특징적인 형태와 더불어 최초에 생성된 후 수 천년이 지난 후에도 규명해 낼 수 있다는 것을 의미하며, 과거에 있던 경관식물을 재건할 때 고고학(archaeology)과 고생물학(palaeobiology)에서 흔히 사용되는 특성이다. 이 분야의 연구자들은 보통 진균포자와 현미경적 (5-500 μm) 식물, 총제적으로 유기미세화석(palynomorph)으로 알려진 동물의 구조를 연구하기는 하지만, 꽃가루입자와 포자에 대한 연구는 화분학(palynology) (역자주: 과거의 식물상과 기후를 꽃가루입자를 이용해서 재구축하는 기술)으로 알려져 있다. 유기미세화석은 꽃가루를 추출하는데 사용되는 강산(强酸, strong acid) 등에 내성이 있는 살아있거나 화석이 된 구조물이다. 여기에는 유각 아메바, 쌍편모류, 규조류 와 같은 생물체를 포함된다.

수분

수정(fertilization)이 일어나기 위해서는 생산된 꽃가루입자가 식물의 '웅성부분(雄性, male part)'인 꽃밥(anther)에서 '자성부분(雌性, female part)'인 주두(柱頭, stigma)로 전달되어야 한다. 이 전달과정은 수분(pollination)으로 알져지며, 성공적으로 전달되었을 때, 수용식물(recepient plant)은 수분되었다고 말한다. 대부분의 식물에서 전달은 바람 또는 동물의 움직임에 의해 한 식물의 꽃밥에서 다른 식물의 주두 사이에서 야기된다. 일부 식물들은 자가수분하며, 이들 식물에서 수분(pollination)은 바람, 동물, 또는 식물 자체에 의해 야기될 수 있다. 다른 기작들로는 꽃가루입자의 양과 형태를 반영하며, 이것은 법의학 지표로서 유용하게 이용할 수 있다.

풍매수분

풍매(風媒)수분(wind-pollination)은 풍매(anemophilous) [예, 바람에 의해 매개되는(wind-loving)] 되는 것을 말하며, 이 기작을 가지는 식물들은 흔히 단순한 형태와 매끈한 표면을 가지는 다량의 작은 꽃가루입자를 생성한다 (그림 9.7b, c, d, f). 그러나 소나무(pine tree)와 같은 몇몇 풍매식물(anemophilous plant)은 분산되는데 도움을 주는 기낭(氣囊, air sac)에 꽃가루를 생산한다 (그림

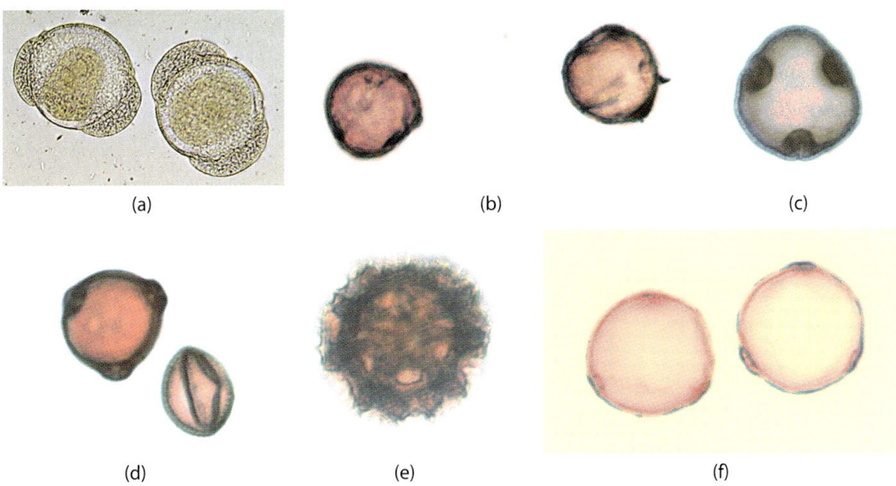

그림 9.7 꽃가루입자. (a) 스코틀랜드 소나무(scot pine trees) (*Pinus sylvestris*). 측면 기낭을 유념하라. 크기는 55~80 μm이다. (b) 영국산 참나무(oak) (*Quercus robur*). 크기는 보통 20.7x28.9 μm이다. (c) 라임(lime) (*Tilia vulgarsi*). 보통 23.7x31.0 μm이다. (d) 자작나무(*Betula pendula*). 보통 19x22 μm이다. (e) 민들레(*Taraxacum vulgare*). 보통 21.0 × 22.3 μm이다. (f) 대마초(*Cannabis sativa*). 보통 ~25 μm이다.

9.7a). 풍매식물은 개개의 꽃가루입자가 목표에 도달할 기회가 낮기 때문에 많은 양의 꽃가루를 방출한다. 풍매수분식물(wind-pollinated plant)의 꽃가루와 일부 양치류(fern) [예, 고사리(bracken), *Pteridium aquilinum*]의 포자는 매우 많은 양이 만들어져서 전체 지역 내의 어떤 물체는 '꽃가루 비(pollen rain)'라는 것으로 오염된다. 풍매수분식물에서의 꽃가루는 호흡을 통하여 허파에서도 회수될 수 있으며, 목으로 넘어가 위장관에서도 발견될 수 있다. 대마초식물(cannabis plant)(*Cannabis sativa*)은 풍매수분되며, 만일 실내에서 재배되었다면 그 식물의 꽃가루는 (그림 9.7f) 그 지역의 도처에서 발견될 것이다. 따라서 과거에 존재했다는 증거는 그 식물이 더 이상 없더라도 오랫동안 남아있다. 재배실이 깨끗하다면 미량의 꽃가루가 균열과 틈새, 환풍기, 문의 윗부분 등에서 회수될 수 있다. 마찬가지로 대마초(cannabis)를 재배하는 사람의 옷은 그 식물의 꽃가루로 오염될 것이다. 실외에서 자란 그 식물로부터 유래하는 마약제품(cannabis product)에는 대마초 꽃가루(cannabis pollen)와 그 지역에서 재배되는 다른 종의 식물 꽃가루를 포함하게 될 것이다. 이것은 원산지에 대한 정보를 제공하게 될 것이다. 반면에 잘 밀폐된 재배실 내에서 자란 식물에서 유래하는 제품들은 기타 식물의 꽃가루를 포함하지 않게 될 것이다 (Stanley, 1992).

동물에 의한 수분

곤충 또는 기타 동물에 의해 전달된 수분(pollination)은 동물매개성(動物媒介性, zoophilous) (animal loving) 또는 유성생식성(zoogamous)이라고 하며, 특별히 곤충에 의해 수분되는 경우는 곤충매개성(昆蟲媒介性, entomophilous) (insect loving)이라고 한다. 동물매개성 식물(動物媒介性 植

物, zoophilous plant)에서는 풍매식물(風媒植物, anemophilous plant)보다 꽃가루입자를 덜 생산되는 경향이 있는데 이는 무작위 과정이 적기 때문이다. 가끔 동물매개성(動物媒介性, zoophilous) 꽃가루입자는 돌기나 끈적한 분비물로 덮혀서 꽃가루매개체에 부착을 용이하게 하며, 이는 또한 그들의 동정을 용이하게 한다. 민들레(*Taraxacum* 종)는 대부분이 곤충을 유인하는 꽃을 생산하고 곤충수분화에 형태학적으로 적합한 꽃가루를 생산하며, 그들 중 많은 것들은 무성생식을 한다는 점에서 독특한 식물이다 (Meirmans 등, 2006).

그들은 소량 생산하여 대기 중으로 방출되지 않기 때문에 동물매개성(動物媒介性, zoophilous) 꽃가루는 모체식물(母體植物, parent plant) 가까이에 떨어지는 경향이 있거나 직접 접촉의 결과로서 의복 등으로 전파될 수 있다. 그러므로 토양 또는 법의학 샘플의 동물매개성 꽃가루 프로파일은 특정 지역에서 식물의 종 조성의 좋은 지표가 된다.

자가수분

자가수분(self-pollination)에는 자가수분(自家受粉, autogamous)과 폐화수분(閉花受粉, cleistogrmous)의 두 가지 형태가 있다. 자가수분(autogamous pollination)은 꽃밥(anther)과 주두(stigma)가 동시에 발육되었을 경우에 일어나며, 꽃가루는 식물의 종류에 따라 꽃밥에서 주두로 바람이나 곤충에 의해 전달된다. 토마토와 같은 자가수분식물(autogamous plant)은 매우 적은 양의 꽃가루를 생산한다. 폐화수분식물(閉花受粉植物, cleistogrmous plant)은 꽃이 피지 않으며 꽃가루는 그 식물의 성장을 통해 전달된다. 따라서 이들 식물은 매우 소량의 꽃가루를 생산하며, 장식(ornamentation)이 부족하고 모체식물(parent plant)에 매우 근접한 곳에서만 발견된며, 밀과 같은 볏과식물 등이 여기에 속한다 (그림 9.8a).

꽃가루 분산

식물로부터 방출된 꽃가루는 다양한 분산기능을 가지며, 이 기능은 낙하율(rate of fall) 또는 '강하속도(sinking speed)'로서 측정될 수 있다. 이것은 꽃가루의 크기와 형태, 방출된 높이, 날씨와 같은 환

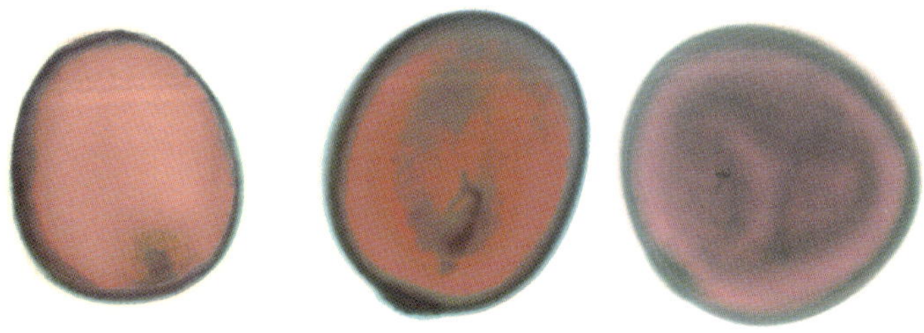

(a) (b) (c)

그림 9.8 화본과(Grammineae) 식물[벼과(科)의 식물]의 꽃가루입자. (a) 밀 (*Triticum aestivum*). 그 입자에는 장식(ornamentation)이 없으며 폭은 보통 42.6~61 μm이다. (b) 야생 귀리 (*Avena fatua*). 그 꽃가루입자는 크기와 외관이 밀의 꽃가루와 매우 유사하다. (c) 옥수수(*Zea mays*). 옥수수는 다른 종류의 식물보다 더 커다란 꽃가루입자를 생성한다. 크기는 76~106 μm 정도이다.

경적 요인들, 산울타리 또는 계곡의 존재와 같은 그 지방특유의 지형학적 특성에 의해 영향을 받는다. 옥수수(*Zea ays*)의 꽃가루는 다른 풍매수분을 하는 잔디의 꽃가루와 비교하여 상대적으로 크며 (90–125 μm) (그림 9.8c), 빠른 속도로 가라앉는다. 그래서 물체의 안이나 위에 많은 양이 있다는 것은 얼마간의 시간동안 꽃이 피어있는 옥수수와 가까운 곳에 놓여 있었다는 것을 암시한다. 이와는 대조적으로 자작나무(*Betula* 종)의 꽃가루는 매우 작아서 (20–30 μm) 강하속도(sinking speed)가 느려서 (그림 9.7d), 그 꽃가루는 더 넓은 곳으로 확산된다. 많은 식물들은 그들의 꽃가루가 한정된 기간에만 방출되므로, 꽃가루의 존재는 노출시간의 지표로서 활용될 수 있다. 예를 들어, 옥수수 꽃가루는 5–8일간 더 많이 방출하지만, 보통 2–14일 동안 꽃가루를 방출한다. 풍매수분 식물은 또한 상향기류가 두드러진 이른 아침에 대부분의 꽃가루를 방출하는 경향이 있다.

동물매개성(動物媒介性, zoophilous) 꽃가루 (역자주: 곤충, 새, 박쥐, 달팽이 등 동물에 의해 수분이 매개되는 꽃가루의 총칭)는 꽃이 죽은 후에 모체식물(parent plant)의 가까운 곳에 떨어지는 경향이 있다. 예를 들어, 디기탈리스(foxglove) (*Digitalis pururea*)의 꽃가루는 보통 모체식물의 매우 가까운 곳에서만 발견된다 (Wiltshire, 2006b). 그러므로 사람이나 옷에서 동물매개성 꽃가루는 보통 식물이나 인근의 흙을 직접 접촉해야 한다. 예를 들어, 사람은 꽃에 코를 가까이 대고 숨을 쉬고, 꽃다발(bouquet)을 다루고 (백합은 꽃가루를 통해서 옷에 잘 붙는 것으로 유명함), 또는 꽃이 만개한 곳에 눕거나 걸을 경우도 있다. 마찬가지로 옷에 폐화수정(閉花受精, cleistogamous) 꽃가루가 묻기 위해서는 전달이 효과적인 근접접촉이 필요하다.

일단 방출되어 토양이나 사물에 자리잡게 되면, 꽃가루는 서식지내 및 서식지 사이에 재분산될 수 있는 다양한 환경적 요인들에 따른다. 예를 들어, 꽃가루 프로파일은 토양의 형태, 흙파기(digging), 경작(ploughing), 꽃가루의 차별적 분해 등에 의해 영향을 받으며, 꽃가루는 또한 폭우에 의해서 씻겨 나가기도 하여 다른 곳에 재침적 된다.

법의학적 지표로서 꽃가루

많은 종류의 꽃가루와 포자는 손쉽게 식별되고 연중 특정기간에 생성되고 잘 보존되기 때문에 특정한 시기에 특정 지역뿐만 아니라, 사람, 동물 또는 사물의 연관된 수단으로서 법의학적 잠재성을 가진다 (Mildenhall 등, 2006). 예를 들어, 어떤 사람의 옷에서 꽃가루를 분리하는 것은 그 기원을 바탕으로 그 사람이 거쳐 온 국가나 국가들의 정보를 제공한다. 어떤 사람이 여권을 소지하지 않고 국경을 넘어서 망명을 요청하거나 테러리스트 활동을 위한 훈련을 받게되나 범죄를 저지르기 위해 특정한 나라나 지역에 있었을 것이라고 여겨질 때 이것은 유용하게 쓰일 잠재적 가능성이 있다.

그러나 꽃가루 분석은 여러 가지 문제점을 가지고 있다. 일부 형태의 꽃가루, 특히 종 수준(level)에서 잔디 꽃가루의 형태를 식별하는 것은 어려울 수 있다. 그러므로 분류학적 분석의 문제가 있을 수 있다. 더욱이 일부 종류의 꽃가루들은 다른 것들보다 신속하게 분해되는데, 오크(*Quercus* 종) (역자주: 떡갈나무 · 졸참나무류의 낙엽 활엽수) 꽃가루는 라임(lime) (*Tilia* 종) (역자주: 감귤 무리의 관목)보다 신속히 분해된다. 더욱이 오래 사는 식물의 사례에서 충분한 성숙단계에 도달되는데 몇 년이 걸릴 수 있다. 그러므로 그들의 존재는 성숙할 때까지 꽃가루 프로파일로부터 정보가 제공되지 않을 것이다. 따라서 법의학 샘플에서 꽃가루 프로파일은 수집된 위치에서의 식물종 구성을 정확하게 제시하지 않을 수도 있다. 일반적으로 꽃가루 프로파일은 꽃가루가 희귀식물 또는 식물 종(plant species)의 의례적이지 않은 조합이 이루어진다면 소재지를 식별하기 위해서 가장 효과적이다. 토양 등과 접촉에서 수집된 사체 또는 옷에서 채취한 샘플로부터 얻어진 꽃가루 프로파일 분석은 특별한 문제들을 제기한다. 이것은 꽃가루 프로파일이 몇 년 이상 방출된 꽃가루를 포함하기 때문이며, 따라서 그 구성이 부패와 재분포 등에 대한 차별적 저항성과 같은 일련의 변수들에 의해 영향을 받는다.

사례연구: 템즈강 사건에서 몸통(torso)

2001년 9월 머리와 사지가 잘려나간 4살짜리 남자아이의 토르소 (역자주: 머리와 손발이 없는 몸통)이 템즈강의 강둑에서 발견되었다. 이 사건은 세밀한 법의학 조사가 가장 돋보였던 최근의 사건 중의 하나이며 식물에서 유래하는 증거들이 수사에 아주 중요한 증거가 될 수 있다는 것을 보여주는 사건이었다. 신원을 파악할 수 있는 것이 아무것도 없는 가운데 형사들은 사건담당자들을 돕기 위해 그 어린아이의 이름을 Adam이라 붙여 주었으며 이 이름은 피해자의 국제적 미디어 프로파일(profile)을 계속 높이는데 기여하였다. 안정 동위원소 분석과 DNA 연구로 그 소년이 아마도 원래 나이지리아 지역 출신일 것이라는 것을 알게 되었다. 그 다음에 알아야할 것은 그 소년이 영국에 오기 전에 죽었는지 아닌지 또 그가 이곳에 온 이후 얼마나 오랫동안 살아있었는지 였다. 그 아이의 위장과 소장(upper intestine)이 비어있었다. 이것은 그가 죽기 전 몇일 동안 먹지 않았다는 것을 뜻한다. 그러나 그의 대장(lower intestine)에서 꽃가루입자를 추출할 수 있었고, 이 추출물에는 영국이나 북서유럽의 전형적인 식물인 오리나무(Alder)의 식물질이 포함되어있었다. 이것은 그가 영국에서 살아있었고, 살해되기 전에 꽃가루를 흡입하였다는 것을 의미하는 것이다. 비슷한 꽃가루가 수퍼마켓에 있는 음식물에서는 검출되지 않았으며, 이러한 사실은 그 꽃가루를 음식을 통해서 섭취하였다기 보다 호흡을 통해서 흡입하였다는 것을 나타내는 것이다. 음식물이 창자를 완전히 통과하는데 약 72시간이 걸린다. 그러므로 대장 내에 음식 (그리고 꽃가루)이 있다는 것은 그 소년이 이곳에 약 48-72시간동안 살아있었다는 것을 암시하는 것이었다. 또한 대장에 남아있었던 것은 칼라바콩(calabar bean) (*Physostigma venenosum*) (역자주: 열대 아메리카산; 열매에 맹독이 있음)의 씨앗 외피 조각들이었다. 이 식물의 콩(bean)은 콜린성 신경전달(cholinergic nervous transmission)의 강력한 억제제(potent inhibitor)인 피조스티그민(physostigmine) [에서린(eserine)] (역자주: 칼라바콩에 들어있는 알칼로이드의 chorinesterase 억제제)을 가지고 있기 때문에 극도의 독성을 가지고 있다. 하나의 잘 익은 bean이 사람을 죽일 수도 있다. 이 콩이 소년을 진정시키기 위해 죽이기 전에 투여되었을 것이라 여겨진다. 칼라바 콩(calabar bean)은 서아프리아의 의식에서 사용되어졌었다. 이 의식에서 죄인이라고 의심되는 사람에게 이 콩을 강제로 먹게 하였다. 만일 그 사람이 죽으면 그 사람이 범인이라고 여겼으며 그가 그것을 토해내면 죄가 없는 것으로 판단하였다. 이 사건은 아직 해결되지 못하였다. Adam은 영혼을 달래고 행운을 불러오기 위하여 인간을 제물로 바치는 '다중살인(mutikilling)'의 희생양 일수도 있다는 하나의 가능성을 남겨놓고 있다.

사례연구: 꽃가루와 가짜 꿀

꽃가루가 식품과 연관되기 시작하였는데, 이것의 가장 확실한 예가 꿀이다 (그림 9.9). 유럽연합에서 원산지를 허위기재한(mislabelled) 꿀의 판매가 왕성하게 거래되고 있었다. 특히 2002년도에 꿀벌들의 질병을 막기 위하여 양봉가들이 사용하였던 클로람페니콜(chloramphenicol) 같은 항생제의 함유량에 대한 우려 때문에 중국산 꿀이 판매금지된 이래 더욱 왕성히 거래되었다. 판매금지조치 이후 중국산 꿀은 인도로 밀수출된 후 그곳에서 재포장되어 계속해서 팔린다는 주장이 제기되었다. 의심스러운 점은 어떻게 싱가포르가 사실상 꿀 생산이 전무한 상태에서 세계 4번째로 큰 꿀 수출국으로 중국산 꿀이 판매금지된 때와 꼭 같은 시기에 증가할 수 있었는가 하는 것이다. 꿀에 항생제가 있다는 문제는 중국에만 국한되는 것은 결코 아니며 다른 많은 나라들의 꿀에서도 발견되고 있다. 중국산 꿀에 대한 유럽연합의 금지조치는 철회되었지만 아직도 원산지를 속이는 것에 대한 우려가 남아있다. 꿀에 있는 꽃가루는 꿀이 원래 어느 나라에서 온 것인지를 알아내는데 도움이 된다. 그리고 한가지 종류의 꽃에서 딴 꿀의 경우 표시된 것이 그 내용물을 사실그대로를 나타낸 것인지를 알 수 있게 한다. 예를 들어, 2004년 7월에 어떤 Northumbrian 양봉가가 아르헨티나 산(産) 꿀을 스코틀랜드 국경지역에서 생산된 꿀로 속여 거래하였기 때문에 기소되었다. 초정밀 여과된(ultra-filtered) 꿀에 대한 염려가 대두되었는데, 이는 비록 이러한 처리가 항생제 같은 오염물질을 제거하지만 또한 꿀을 판별하는 꽃가루도 제거되기 때문이다. 꿀은 자연건강식으로서 유통되기 때문에 꿀이 우연히 유전적 변이 작물(GM)에서 나온 꽃가루로 오염된 것에 대한 염려가 있다. 이러한 사실은 GM 작물들이 널리 재배되고 있기 때문에 법적 논란의 요소가 될 것이라는 것은 의심의 여지가 없을 것이다.

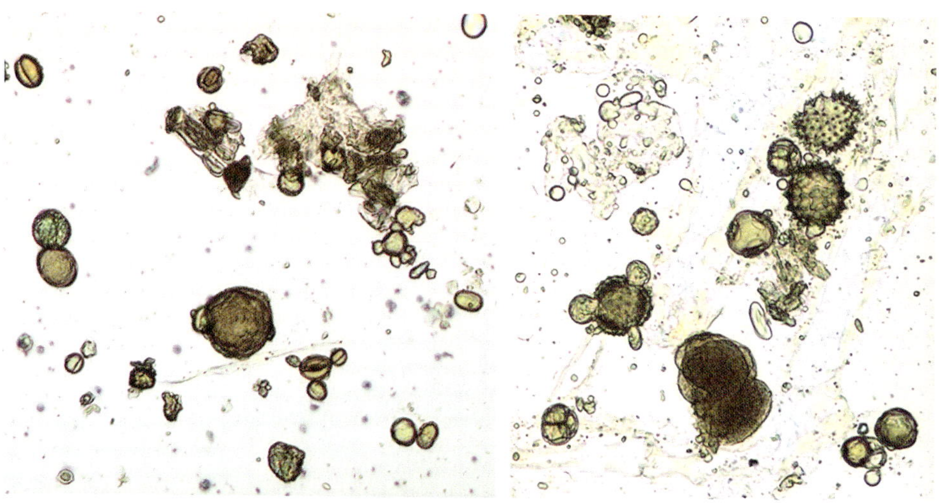

(a) (b)

그림 9.9 꽃가루 분석은 꿀의 출처가 정확하게 분류되었는지를 나타낼 수 있다. 이들 두가지 시료간의 차이점을 유념하라. (a) 미국 야생화 꿀. (b) 그리스의 '허브와 침엽수에서 채취한 야생화 꿀'.

사례연구: Srebrenica 대학살에서 법의학 지표로서 꽃가루

1990년대에 유고슬라비아 공화국은 몇몇 지역에서 독립을 선언함으로서 붕괴되었다. 그리고 이 공화국의 붕괴는 비참한 일련의 내전을 불러일으켰다. 잔악한 행위가 저질러졌으며 수천의 사람이 죽음을 당하였다. 1995년 여름, Srebrenica의 도시가 Radislav Krstic 장군의 지휘아래 있던 보스니아인 Serb army Drina 군대에게 점령되었을 때 일어났던 가장 악명 높은 대학살 중에 하나였다. 이 일로 이후 7000명의 사람들이 끌려가 그 도시 근처의 여러 곳에서 처형되었다. 그리고 시신은 7군데에 거대한 무덤에 묻혔다. 피해자들의 몇몇은 산채로 묻혔을 것으로 추정된다. 3개월 후, 그 살인자들은 증거를 없애려고 시도하였다. 그들은 처음에 무덤을 파서 시신들을 수마일 떨어진 여러 개의 두 번째 매장지에 분산시켰다. 이러한 방법으로 살인이 용의주도하게 계획된 대량학살이라기 보다 시익사회의 사소한 충돌의 결과로 보여지기를 희망하였다. 그러나 몇 년 뒤 평화가 다시 찾아오는 듯하자 이 사건에 책임자들을 헤이그에 있는 국제인권재판소(International Court of Human Rights)의 심판대에 세우려는 시도가 이루어졌다. 이 조사의 한 부분으로 법의학 학자들은 5개의 매장지 가운데 첫 번째 매장지의 토양과 시신이 발견된 19개의 두 번째 매장지의 토양을 비교하였다. 이와 더불어 옷과 유해에서 채취된 샘플과 이것들을 둘러싸고 있던 토양도 비교되었다 (Brown 2006). 이로서 법의학자들은 결론적으로 2번째 매장지에서 나온 대부분의 시신들이 그곳에서 사망한 것이 아니라는 것을 증명할 수 있었으며 첫 번째 매장지에서 옮겨진 것이라는 것을 거의 확신하였다. 예를 들어, 헝클어진 건초뭉치가 몇몇의 유해 사이에서 발견되었는데, 인근의 식생(vegetation)으로 보아서는 이 건초뭉치가 두 번째 매장지 근처의 토양으로부터 그곳으로 그렇게 꽉 채워져서 올수는 없다는 것을 알 수 있었다. 더구나 그 건초더미에는 사용된 탄약통(cartridge)이 섞여있었고 이것은 사람들이 건초가 모아져 쌓여있는 곳에서 죽여졌다는 것을 의미하는 것이다. 증인의 증거에 따르면 많은 피해자들이 Srebrenica 근처의 작은 마을인 Kravica (Referred to as Krevice in Brown 2006)라는 곳의 한 농작물 창고에서 살해되었으며 대량살상이후 엄청나게 많은 시체들이 그 창고 안에 있었다고 한다. 그 시체들은 불도저로 치워졌고 매장되었다. 그리고 이 과정에서 짚더미와 사용된 탄약통이 시신들과 함께 땅에 묻혀진 것이다. 또 다른 증언에 따르면 많은 사람들을 추수시기 때쯤 밀밭에서 죽였다고 하였다. 두 번째의 매장지 몇 군데에서 나온 토양과 피해자 주변의 토양에서 채취한 샘플에서 많은 양의 avena-triticum 타입의 시리얼 꽃가루(cereal pollen)이 검출되었다. 그리고 밀(wheat) [경작된 avena [예. 귀리(oat)]]와 tritium [예, 밀(wheat)]의 꽃가루는 구별되지 않음]로 추정되는 것과 이보다 적은양의 옥수수 꽃가루도 검출되었다. 다시 한번 말하지만, 이것은 근처에서 자라는 식물이나 토양, 꽃가루 프로파일과 일치하지 않았다. 그리고 앞에서 보고되었듯이 밀(wheat)과 같은 시리얼(cereal)은 폐쇄화(閉鎖花, cleistogamous)인 반면에, 옥수수 꽃가루는 빠른 강하속도(sinking speed)를 가지고 있다. 그러므로 많은 양의 이러한 꽃가루(pollen)가 있다는 것은 가까운 거리에서 연관이 있는 것이지 멀리서 바람에 날려온 입자(grain)가 쌓인 것이라고는 볼 수 없는 것이다. 토양에 광물학적인 분석과 함께 이러한 증거는 두 번째 매장지에서 발견된 사체들의 대부분이 원래는 다른 곳에 묻혀있었던 것이라는 것을 말해주며 최초의 첫 번째 매장지와 연관이 있다는 것을 말해주었다.

꽃가루의 수거와 기타 유기미세화석 증거

꽃가루와 기타 유기미세화석(palynomorph) (역자주: 크기 5-500 μm의 꽃가루, 곡물, 또는 단세포 유기체의 미세한 화석)은 쉽게 전달되기 때문에, 법의학 샘플의 오염에 대하여 매우 조심해야 할 필요가 있다. 예를 들어, 이상적으로 꽃가루 분석을 해야 하는 샘플들은 다른 수사관들이 주변의 식생을 교란시키거나 객실인 경우에 창문들이 열려있거나, 많은 사람들이 걸어다님으로서 많은 양의 공기흐름이 발생하기 전에 범죄현장에서 수거되어야 한다. 마찬가지로, 만일 그 사건이 어떤 사람의 죽음과 연관된 사건이라면, 친척과 친구들은 시료들이 수거될 때까지 근처에 헌화(獻花, floral tribute)를 해서는 안된다. 연구실에서는 교차오염을 막기 위하여 매우 주의를 기울여야하며 분석은 모든 창문과 문은 닫힌 반밀폐된(sem-sealed) 공간에서 수행되어야 하고, 샘플 용기들은 기류식무균실험대(laminar flow cabinet) 내에서 다루어야 한다.

꽃가루는 사체의 내부와 표면 모두에서, 옷, 삽, 가구, 자동차 등과 같은 물체로부터 회수될 수 있지만, 이들 각각에는 유용한 정보를 얻을 만한 특정 구역이 존재한다. 우리의 비강통로(nasal passageway)는 허파에 도달하기 전에 대기로부터 현탁입자물질을 여과하기 위해 디자인되었으므로 비강 세척(nasal washing)은 꽃가루 뿐 만 아니라 섬유소와 무기질 먼지 입자들을 얻기 위하여 증거로 제시될 수 있다. 그러나 일단 사체가 부패되기 시작하거나 매장되면 회수된 물질이 호흡 또는 일련의 오염 때문인지 확신하기 어렵게 된다. 이를 막기 위해서 Wiltshire & Black (2006)은 오염의 최소위험이 배제될 수 있도록 비강통로(nasal passage)로부터 사상판(cribiform plate)이라 불리는 구역까지의 절개법(dissection method)에 대하여 설명하였다. 명백하게 사람을 대상으로 그러한 기법으로 실험할 수 없지만, 비강세척으로부터 그 같은 꽃가루를 추출하고, 이들을 정육점에서 얻은 토끼, 양, 돼지 등의 머리를 사용하는 환경과 관련시킬 수 있다. 꽃가루는 위 또는 다른 위장관 부분들에서도 추출될 수 있는 동시에, 모발과 손톱밑 등의 신체 외부도 좋은 출처가 된다. 헤어스프레이와 오일은 머리를 뻣뻣하게 하여 꽃가루입자를 묻히는데 도움이 된다. 옷과 신발에서의 흙덩어리로부터 샘플의 명백한 위치를 파악할 수 있다. 그러나 혈흔 지역을 육안으로 볼 수 없더라도 수사 중인 사건의 본질을 기억하고 있다면 꽃가루나 유기미세화석(palynomorph)을 추출해낼 가능성이 남아있다. 예를 들어, 침입자와 희생자의 유기미세화석(palynomorph) 증거의 위치는 다를 수 있으며, 폭행이 어떻게 진행되었는지를 나타낸다. 문밖에서 일어난 성폭행사례에서 남성 폭행자의 옷의 팔꿈치, 팔뚝, 무릎, 신발의 앞쪽으로부터 증거가 발견될 수 있다. 여성 희생자는 그녀의 옷의 등 부분과 신발이나 다리의 뒤꿈치 부분에서 일치된 패턴의 증거를 가질 수 있다. 옷과 신발의 종류는 꽃가루 샘플을 찾고자 하는 사람의 능력에 달렸다. 예를 들어, 일부 합성모직은 꽃가루를 묻어 남아있기에 유리한 반면에 면직물을 입은 경우에는 오히려 나쁘다 (Wiltshire, 2006b). 꽃가루를 수집하기 위해서 여러 재질의 특성을 비교할 때 꽃가루가 별로 묻어있지 않았다기보다는 옷에 박혀 남아있을 수도 있다는 것을 알아야만 한다. 많은 (조깅용)운동화의 밑창에서 발견되는 복잡한 패턴은 토양에 남고 식물에 근거한 증거를 찾기에 좋은 것이라고 한다. 좌석, 발 매트, 핸들, 공기필터 등은 자동차에서 증거를 찾기에 좋은 곳이다.

예를 들어, 무덤주변의 삽에서 수거한 토양샘플과 같은 법의학 샘플들을 특별한 범죄현장과 연관지을 때, 충분한 비교측정기용 샘플(comparator sample) [대조용 샘플(control sample)]을 범죄현장 주변에서 수집하는 것이 필수적이다. 이것은 우리가 이미 본 바와 같이 매우 다양한 요인들이 꽃가루 프로파일에 영향을 줄 수 있으며, 따라서 그 프로파일은 상대적으로 짧은 거리 그 이상으로 다양할 수 있기 때문이다. 예를 들어, 작은 지역 내조차도 민들레(*Taraxacum officinale*)의 꽃가루는 매우 제한적인 지역분포를 보여준다. 이들을 해결하는 한 가지 방법은 샘플구역(sample area) 내의 다른 지점으로부터 소량의 표토 샘플 [핀치샘플(pinch sample)]을 수집하여 그 후 이들을 함께 섞어 분석하는 것이다. 그러므로 각 샘플 구역 [비교측정기용 샘플(comparator sample)]은 핀치샘플(pinch sample)의 조합에 의해 제시된다 (Wiltshire, 2006b). 정확하게 얼마나 많은 핀치샘플(pinch sample)을 단일 비교측정기용 샘플(single comparator sample)을 얻기 위해 조합되어야하며 얼마나 많은 비교측정기용 샘플(comparator sample)들이 수집되어야 하는지는 범죄현장의 특성과 위치와 제기되는 의문에 따라 다르다. 그것은 무작위로 범죄현장 주변으로부터 비교측정기용 샘플(comparator sample)을 수거하기에 적절한 것이 아니라 특정위치에 집중하는 것이 적절할 수 있다 (Mildenhall 등, 2006). 예들 들어, 만일 범죄현장이 밀집한 덤불에 있는 삼림개간지라면 현장 주변에서 임의의 360°보다 더 잠재적 접근경로 모두를 따라서 토양샘플을 분석하기에 더욱 적절할 수 있다. 만일 의심스러우면 언제나 좀 잘못되었더라도 조심스러운 것이 낫다. 많은 샘플을 채취하고 그것들을 전부다 분석하지 않는 것이 꽃가루 프로파일이 변해서 위험부담이 생겼을 때 나중에 다시 돌아가야 하는 것보다 더 빠르고 비용이 싸게 든다. 샘플들은 이중백에 넣어서 (예, 짚락 플라스틱 백에 봉한 용기), 샘플이 새어나오거나 오염이 되는 것을 최소화해야 한다. 즉시 분석되지 않아도 되는 샘플들은 세균이나 진균이 생장하는 것을 줄이기 위해서 얼리거나 건조시켜야 한다. 비교측정기용 샘플(comparator sample)을 수집할 때, 동시에 그 지역의 식생조사를 하는 일도 중요하다. 이것은 그 꽃가루 프로파일이 그 지역에 존재하는 식생을 정확히 대변하는 것이 아닐 수 있기 때문이다. 이상적으로 일부 식물들이 야외에서 쉽게 식별되지 않기 때문에 모든 식물의 샘플들은 동정을 위하여 수집되어야하며, 반면에 해결책이 마땅하지 않거나 정확한 동정을 할 수 있는 중요한 특성을 보여주기 위해서는 사진을 제시하는 것이 유용하다. 시신의 손톱밑 또는 삽에서 발견된 흙에서 회수하는 것과 같은 증거가 될 수 있는 샘플들의 수와 크기는 보통 수사관의 통제 밖에 있지만, 다수의 샘플이 있는 곳에서는 기회를 놓쳐서는 안된다.

꽃가루 샘플들은 범죄현장에서 수집한 최초 샘플들 가운데 한가지일지라도 가장 마지막으로 분석될 수 있다. 이것은 흙, 옷, 손톱밑 등에서 채취한 꽃가루입자들의 추출하는데 강알칼리와 강산을 사용하기 때문이다. 따라서 꽃가루분석에 뒤이어 샘플에서 DNA를 얻는 것은 불가능하며, 많은 다른 지표종의 분석 (예, 무기질 성분과 섬유소)도 어렵다. 예를 들어, 꽃가루입자를 분리하는 방법은 토양샘플 또는 옷의 종류 등 시료의 특성에 따라 다양하다 (Horrocks, 2004). 그러나 어떤 부식질을 녹이기 위하여 뜨거운 10% w/v 수산화칼륨(potassium hydroxide)으로 초기처리하고 보통 샘플 세포간질(matrix)을 분해하게 되는데, 이 과정을 해교(解膠, deflocculation)라고 한다. 토양샘플의 경우에 이것은 보통 탄산염(carbonate)을 제거하기 위해서 염산을 처리하고 그 후 실리카를 제거하기 위해서 플루오르화(化)수소산(hydrofluoric acid)을 처리한다. 셀룰로스는 과정 중에 샘플을 빙초산으로 처리하여 제거하며 이 과정을 아세틸화(acetylation), 또는 아세트산 분해(acetolysis)라고 한다. 반면에 리그닌과 다른 유기물질은 표백제를 사용하여 제거한다. 그렇게 처리한 꽃가루는 0.1% basic fuschin 또는 0.5% 사프라닌을 사용하여 염색하고 유리 현미경 슬라이드에 올려놓고 관찰한다. 많은 사람들은 실리콘오일에 그 샘플들을 올려놓지만 법수사에서 그것은 영구 표본을 제작하기 위해서 필요하여 다른 것들은 사람의 관찰을 통해서 확인할 수 있다. 지금까지 본 바와 같이, 전체 과정은 특히 플루오르화(化)수소산(hydrofluoric acid)과 같은 몇 가지 위험한 화학물질을 사용하므로 전용 실험실과 세심한 주의가 필요하다.

모든 법의학 샘플과 마찬가지로 유기미세화석 증거(palynomological evidence)는 적절하고 조심스럽게 기록되고 기정사실화된 일련의 증거는 저장되어야 한다. 만일 샘플들이 장차 꽃가루 분석의 대상이 될 것으로 보인다면 그것은 수거시간과 분석시간 간에 일어날 수 있는 오염가능성으로부터 보호하는 것이 중요하다. 예를 들어, 사전에 주의하지 않으면 백이나 용기를 열자마자 샘플이 꽃가루에 오염되기 매우 쉽다. 따라서 용기를 열 때는 언제나 누가 어떤 환경에서 열었는지 기록해둘 필요가 있다.

꽃가루입자의 동정

꽃가루는 형태학적 특성에 근거하여 식별된다 (예, Hyde & Adams, 1958). 이것은 보통 검경대가 있는 현미경의 도움으로 수행되며, 주사전자현미경을 통해서 보다 상세한 것들을 볼 수 있지만 수많은 샘플들의 일상적 검사에는 적합하지 않다. 불행하게도 단일 꽃밥(anther)에 의해 방출되는 꽃가루입자에서 조차도 크기가 현저하게 다양할 수 있으며, 추출 및 슬라이드 준비기법도 꽃가루 크기에 영향을 줄 수 있다. 따라서 꽃가루 크기는 식별의 믿을만한 수단으로서 사용될 수 없다 (Mildenhall 등, 2006). 꽃가루 원형질(pollen cytoplasm)은 보통 입자들이 방출된 후 단기간 안에 분해되며, 따라서 DNA는 그 입자들이 이상적인 환경에서 보존되지 않으면 식별과정(identification process)에 거의 도움이 될 것 같지 않다 (예, 매우 춥거나 매우 건조한 조건). 교재 지침서가 꽃가루입자의 식별에 이용될 수 있을 지라도, 진정으로 믿을 수 있기 위해서 알려진 식물종의 참고콜렉션(reference collection)에서 그들과 함께 시료를 비교할 필요가 있다.

꽃가루 프로파일 해석

샘플의 부피나 무게의 비율에 따라 꿀, 토양샘플, 일부 유사한 세포간질(間質, matrix) 내의 꽃가루와 다른 유기미세화석(palynomorph)의 함량을 표시할 수 있다. 이것은 추출 시간에 외래 마커 꽃가루(exotic marker pollen)나 알려진 포자의 양을 그 샘플에 첨가함으로서 한층 더 깨끗이 할 수 있으며 그것에 의하여 회수율(recovery rate) 결정이 가능해진다 (예, Piana 등, 2006). 그러나 이 시도는 꽃가루 등이 옷 또는 신발같은 가장 법의학적으로 증거가 될 만한 샘플로부터 추출될 때 이용할 수 없다. 실제로 법의학 샘플은 매우 다양하여 사실상 프로토콜을 표준화하기가 매우 어렵다. 그 대신에 꽃가루의 다른 성분은 샘플에 존재하는 총 꽃가루/다른 유기미세화석(palynomorph)의 %로 표시되어야 한다. 비록 개수가 그 꽃가루입자의 특성이나 요구되는 분해정도에 따라 다르지만, 보통 샘플로부터 총 300 개 정도의 입자를 셀 수 있다. 예를 들어, 계수된 입자가 많을수록, 매우 희귀한 종류의 꽃가루입자를 발견할 기회는 더욱 커지지만, 이것은 계수하는데 걸린 시간에 대하여 비교평가되어야하며 수천개 정도의 입자를 식별할 수 있다. 샘플내 종 구성과 그들의 구성 비율은 그 후에 비교될 수 있다. 법의학적 정황에서 꽃가루 프로파일의 유사성과 비교하기 위한 가장 적절한 통계방법에 대한 일치된 의견은 거의 없는 것으로 보인다. 비록 하나의 통계적 접근으로 가능성비율분석(Likelihood Ratio Analysis)이 사용되었음에도 불구하고, 이것은 꽃가루가 임의로 분산된다는 것을 가정하고 우리가 보았던 것처럼 많은 식물 종에서 그들의 꽃가루가 덩어리로 분산된다는 것을 나타내며, 꽃가루가 환경적 요인들에 의해 특별한 지역에서 재분산과 농축을 야기할 수 있다. 실제로 꽃가루 프로파일은 그렇게 다양한 변수에 의해 영향을 받기 때문에 증거가 될 수 있는 것들과 비교측정기용 샘플(comparator sample) 간의 정확한 일치를 찾기는 어렵다. 그러므로 꽃가루 프로파일을 비교할 때 개개의 사례에서 특별한 생물학적 및 환경적 요인들을 알아야하며, 불일치가 발견될 수 있는데 대한 가능한 이유를 생각해야 한다. 때때로 가장 훌륭한 정보를 제공하는 미량 성분이 있을 수 있는데, 예를 들어 희귀한 식물 종의 꽃가루가 두 샘플에서 비슷한 비율로 발견된 경우가 이에 해당한다. Mildenhall 등 (2006)에 따르면 꽃가루 프로파일로부터 의심되는 용의자 및 증거가 되는 샘플과 범죄현장 간의 연관성의 정도는 지지하지 않는(not supporting), 확정적이 아닌(inconclusive), 약하게 지지하는(weakly supporting), 지지하는(supporting), 강하게 지지하는(strongly supportive), 매우 강하게 지지하는(very strong supporting), 결정적으로 증명된(conclusively proving) 등으로 표시한다. 그러나 지금까지 언급되어진 것으로 보면 최후의 시나리오는 굉장히 드문 사건일 것이다. 그러므로 대부분의 상황에서 꽃가루 프로파일 분석에서 얻어진 증거들은 가장 정황적인 것으로 여겨지며, 그 사건자체에서의 연관을 확인하기에 충분하다기 보다는 다른 법의적 시험(forensic test)을 뒷받침하는데 유용하다.

샘플의 꽃가루 프로파일 내에서 특별한 꽃가루입자의 동정은 모식물(母植物, parent plant)이 주변의 어느 지점에 있다는 것을 의미한다. 예를 들어, 어떤 사람이 그 식물 주변의 흙을 밟고 다니거나 꽃이 피었을 때 그 주변에서 호흡하는 경우이다. 그러나 특별한 꽃가루입자가 없다는 것이 인근에 그 식물이 존재하지 않는다는 것을 의미하지 않는다. 이것은 그 식물의 꽃가루가 극히 적은 수준이어서 세부적인 사항을 분석하기에 충분한 샘플이 없거나 아직 개화시기에 도달하지 못했거나, 매우 다양한 환경적 요인들로 인하여 분석되지 못했기 때문일 것이다. 따라서 얼마되지 않는 증거가 되는 샘플로부터 회수된 꽃가루에 근거한 서식지 조사를 계획하는 일은 본래부터 위험한 일이다. 예를 들어, 창고에서 회수된 진창에서 사용하는 삽이 무덤을 파는데 사용되었다면 이러한 상황은 일어날 수 있으나, 어디에 있는 무덤인지, 그리고 용의자가 경찰에 협력하지 않고 있다는 것을 알지 못한다. Wiltshire (2006b)는 밀집된 가문비나무속(屬)의 수목(Sitka spruce) (*Picea sitchensis*) 조림지 사이의 무덤에서 낮게 묻힌 채 발견된 살인 희생자의 사례와 관련되어있는데, 거기에서 무덤 내의

표 9.1 법의학적 지표로서 꽃가루의 장점과 한계의 요약

장점

(1) 작은 크기, 풍부도의 조합과 다양한 크기와 형태는 매우 작은 양의 물질로부터 통계학적으로 유효한 샘플을 얻기 위해 간단하게 만들 수 있다. 예를 들어, 토양 1 cm^3는 종종 충분하며 보다 작은 샘플크기는 여전히 유용할 수 있다.

(2) 많은 종류의 꽃가루는 부패에 저항성이 있으며 습한 조건에서도 수년간 지속될 수 있다.

(3) 일부 식물들은 특정 서식지 또는 나라와 관련하여 희귀하거나 제한적으로 분포한다. 따라서 그들 꽃가루의 식별은 신뢰할 만한 서식지/지리적 위치를 제공한다.

한계

(1) 분류학적 해법은 종종 제한적이며 일부 식물종의 꽃가루를 종 수준에서 동정하는 것은 불가능하다.

(2) 식물종은 생성하는 꽃가루의 양과 주변지역으로 분산되는 범위에서 매우 다양하다.

(3) 일부 식물종의 꽃가루는 다른 것들에 비하여 빠르게 분해된다.

(4) 꽃가루는 땅에 떨어진 후 매우 다양한 요인들에 의해 서식지내에서 재분산 될 수 있다.

(5) 신발 바닥과 같은 법의학적 샘플에서 꽃가루 프로파일은 여러 다른 지역로부터 누적중착되어 나타낼 수 있다.

꽃가루 프로파일에 기여하는 가장 유명한 주변지역의 식물은 가문비나무속의 싯카(Sitka)가 아니라 소나무(pine)였다. 소나무 꽃가루는 아마도 무덤으로부터 100 미터의 커다란 나무 한그루에서 방출된 것과 그 시간에 토양에 남아있는 꽃가루의 혼합물에서 유래하였으며, 그 시점에 토양에 남아있는 것은 가문비나무 조림지(spruce plantation)를 위한 길을 만들기 위해 벌목된 지역이었다. 가문비나무는 거의 동시에 모든 나무들이 심어졌으므로 두드러진 식생이 되고 유사한 나이를 가졌음에도 불구하고 꽃가루를 생성하기에 아직 충분히 성숙하지 못하였다. 그 결과, 만일 이 지역을 꽃가루 프로파일의 기초 하에 수색하였다면, 사람들은 가문비나무 조림지(Sitka spruce plantation)가 아닌 소나무숲(pine forest)으로 수색했을 것이다. 그러나 이 단서에도 불구하고 다른 어떤 증거의 부재상태에서 법의 샘플로부터 회수된 꽃가루 프로파일은 수사를 진행할 수 있도록 방향을 제시한다.

음식물 지표로서 열매, 씨앗, 잎

많은 종류의 열매, 종자, 잎은 우리의 일상적인 음식물이다. 우리는 식물의 세포벽이나 많은 씨앗의 단단한 껍질의 성분인 셀룰로스를 소화할 수 없으므로 이들 구조는 장을 통과하여 그들의 특징적인 형태로부터 식별될 수 있다. 따라서 사람의 위 내용물 및 대변의 분석은 그들이 무엇을 먹었으며, 어디서 먹었는지에 대한 가능성이 있는 증거를 제공한다. 예를 들어, 젊은 여성이 살해된 미국의 사례에서 일부 목격자가 그녀의 마지막 식사는 맥도널드 패스트푸드점에서 그녀의 남자친구와 함께 양파와 피클이 들어있는 버거였다고 주장하였다. 그러나 그녀의 사체가 발견되었을 때 그녀의 위 내용물에는 제공되었던 것보다 상당히 많은 야채가 포함되어있었다. 따라서 경찰은 동네 Wendy's 샐러드 바의 직원과 면담을 하였으며, 점원은 그녀가 저녁식사 후 다른 사람과 함께 떠나는 것을 보았다고 기억을 이야기하였다. 위장관내에 소화가능한 성분의 분해상태와 위치는 그 사람이 식사를 먹은 후 얼마나 시간이 경과되었는지에 대한 사실그대로의 정보를 제공할 수 있지만, 위의 공복율과

위장관을 통한 소화경로는 많은 요인들에 의해 영향을 받다. 예를 들어, 많은 양의 지방과 단백질이 있으면 (전통적인 영국식 아침식사에서 베이컨과 달걀의 존재와 같은) 당뇨병 같은 의학적 증세에서와 함께 위에서 천천히 배출될 것이다. 더욱이 위의 부위마다 음식의 이동율에서 정상적 물질 간에 상당한 차이가 있을 수 있다. 식물질은 창자가 아닌 다른 곳에서도 발견될 수 있다. 예를 들어, 구토하는 동안 장의 내용물의 흡인(吸引, aspiration) [호흡(breathing in)]은 급성 알코올중독자와 약물과다 복용자들에서 흔히 발견되며 치명적일 수 있다. 이들 사례에서 식물질은 허파의 기도(氣道, airway)를 육안으로 관찰하거나 또는 조직의 절개하여 관찰할 수 있다.

장소와 시간의 지표로서 꽃, 열매, 씨앗

많은 나무들은 일년에 단 한번 꽃이 피며, 종종 단기간에 시들어 버린다. 꽃잎(petal) [예, 제리나무(*Prunus avium*) blossom] 또는 [(버드나무 · 밤나무 등의) 유제(葇荑)] 미상화서(尾狀花序, catkin) [예, 자작나무(*Betula* 종)]는 떨어지면 곧 분해되지만 어떤 물체 (예, 사체 또는 자동차)의 아래 또는 위에서 존재와 신선도는 그 곳에서 얼마나 오래 있었는지를 나타낼 수 있다 (그림 9.10). 식물의 열매와 씨앗은 보통 비교적 크고, 소량을 생산하며, 대기 중에 분산되기 위해 디자인된 것들은 제외하고 (예, 민들레 씨앗), 모식물(母植物, parent plant)의 주변에 떨어지는 경향이 있다. 따라서 꽃가루보다 열매와 씨앗으로 오염될 위험성은 낮으며, 동정을 확인하기 위하여 그들로부터 DNA를 추출할 수 있으며 또한 화학적 분석을 수행할 수 있다. 이것은 원산지를 결정하려 할 때 의심되는 사기 또는 GM 농작물에 의한 오염이 의심 사례에서 특히 중요하다. 많은 식물은 일 년에 단 한번 꽃을 피우며 한정된 기간에 열매와 씨앗을 생성하여 그들의 존재는 좋은 때를 나타내는 더할 나위없는 증거를 제공할 수 있다. 때때로 그 씨앗들은 먹을 수 있으나 씨껍질(seedcase)은 남게 된다 (예, 너도밤나무 열매). 예를 들어, 사체가 너도밤나무

그림 9.10 이 신발바닥에서 꽃잎(petal)과 꽃밥(anther)은 신발을 신은 사람이 금련화(金蓮花)(laburnum tree) (*Laburnum anagyroides*)를 밟았다는 것을 나타내며, 그들의 신선한 정도는 이것이 사진을 찍기 전 단지 몇 시간에 일어난 것인지를 나타낸다. (조깅용)운동화의 복잡한 바닥 (접지면에 패인 홈의 깊이)에 많은 얼마나 많은 물질이 묻어있는지 유념하라. 식물에서 유래하는 증거는 이같이 명백하지 않다! 흰 고양이의 털도 있고, 신발에 있는 흙 입자의 분석으로 이 사람이 걸었었던 곳의 별도의 증거가 제공됨을 유념하라.

(beech tree) (*Fagus sylvatica*) 주변에서 발견되고, 그 나무에 성숙한 너도밤나무 열매(beech mast)가 열려 있으면, 이것은 사체가 가을이 되기 전에 그 나무 아래에 있었다는 것을 암시하며, 밤이 떨어진 시점은 날씨와 지역에 따라 다를 것이다. 명백하게 사체의 상태는 잘 고려될 필요가 있다: 만일 사체가 백골화 되었다면, 몇 년이 경과되었다고 볼 수 있으므로 일 년 이상 떨어진 밤이 축적되었을 것이다. 많은 열매는 식물의 씨앗 분산전략의 일환으로서 동물에 의해 섭취되도록 고안되었으며, 신속하게 부패된다. 그러나 씨앗은 부패에 대하여 매우 내성을 가지는 경향이 있으며 그들 중 많은 것들이 습기가 있는 조건에서 몇 개월 동안 견딜 수 있고, 건조하고 추운 상태에서는 수백년간 견딜 수 있다. 그러므로 씨앗은 오랫동안 그 환경에서 존재할 수 있으므로, 잠재적인 법의학 증거의 출처가 될 수 있다.

열매와 씨앗은 위치에 대한 사람, 동물, 또는 물체, 또는 일년중 특별한 기간과의 연관성을 나타내는 더할 나위없이 좋은 증거이다. 그러나 꽃가루와 같이 그들이 희귀식물이거나 제한된 지역에 분포 또는 특별한 서식지와 연관성을 가진다면 매우 유용하게 유용될 수 있다. 크기가 큰 열매와 씨앗은 법의학 지표로서 장점이 있을 수 있으나 그들이 유용하게 사용될 수 있는 많은 환경을 제한할 수도 있다. 예를 들어, 꽃가루 같지 않게 사람의 모발이나 손톱에서 열매나 씨앗을 발견하는 일은 흔하지 않다. 더욱이 그것들은 많은 양이 생산되지 않기 때문에 통계적으로 살아있는 샘플 크기를 생산하기 위한 충분한 양을 찾아내기 어려울 수 있다.

사례연구: 법의학 지표로서 갈퀴덩굴의 열매

갈퀴덩굴(goosegrass, cleavers, sticky willy) (*Galium aparine*) [야생 당근(wild carrot) (*Ducas carota*)으로도 알려짐] (그림 9.11), 작은 우엉(burdock) (*Arctium minus*)과 같은 많은 식물들은 지나가는 동물들의 털에 잘 붙을 수 있게 디자인된 갈고리가 달려있는 씨를 만들어서 퍼져나간다. 그것들은 또한 옷이나 머리털 같은 곳에도 꽉 들러붙어 떼어내기가 굉장히 힘든다. 그러므로 이것들은 사람의 위치와 행동에 관련되는 법의학적 가능성을 갖고 있다. 특히 만일 DNA 일치가 만들어질 수 있다면 더욱 그렇다. 한 흥미로운 사건이 독일에서 (http://www.strate.net/e/publications/weimer.php3) 발생하였다. 옷을 다 입고 있는 한 소녀의 사체가 덤불 속에서 발견되었다. 몸 전체에 갈퀴덩굴의 열매가 골고루 붙어있었다. 그녀의 바지속이나 속옷에 까지 총 362개의 열매가 붙어있었다. 그 열매의 수나 분포는 그녀가 움직이는 동안 그 열매가 붙은 것이 아니라는 것을 말해준다. 만일 그녀가 움직였던 동안 붙은 것이라면 다리에 집중적으로 붙어있었을 것이다. 갈퀴덩굴은 아이들이 땅바닥에서 구를수 없는 쐐기풀 사이에서 자란다. 바지 속에 그 열매가 있다는 사실은 매우 의심스러운 생각을 들게 하는데, 이는 그것들이 가려워서 무엇을 하고 있었든지 그것을 중지하고 그것들을 제거하는 것이 정상적인 반응이기 때문이다. 다른 증거들과 더불어 이러한 사실은 그녀가 죽을 당시에는 지금 그녀가 입고 있는 바지를 입고 있지 않았다는 것을 수사관들은 믿었다. 대신 수사관들은 그 소녀가 속옷만 입은 채 발견된 곳에서 가까운 곳 까지 옮겨졌으며 갈퀴덩굴이 자라나고 있고 짓밟혀 뭉개진 그곳에서 땅바닥에 뉘어져 옷이 입혀졌다고 생각하였다. 이것은 그녀의 옷 전체와 옷 속안에도 붙어있는 갈퀴덩굴의 열매에 대한 설명이 될 것이다.

그림 9.11 갈퀴덩굴(goose grass) (*Galium aparine*). (a) 쐐기풀(nettle)에 둘러쌓여 자라는 식물들. (b) 그들을 동물의 털과 옷에 붙은 털을 보여주는 숙성한 열매들. (c) 지나가는 동물과 사람들로부터 털과 섬유를 붙게 하는 잎과 줄기에 나있는 가시들.

씨앗, 열매, 잎의 수집과 보존

신선한 잎과 기타 식물질(vegetable matter)은 법의학 샘플로 사용사기 위해서 봉인된 플라스틱 봉투에 넣으면 빠르게 부패하기 때문에 개개의 종이봉투에 넣어서 증거를 수집한 사람, 날짜, 증거물 번호를 식별하기 위하여 라벨을 붙인다. 신선한 열매는 70% 알코올과 같은 고정액에 보존해야 하며, 마른 열매와 씨앗은 작은 종이봉투 또는 밀폐된 병에 저장한다. 잎은 보호하고 저장하기 위해 식물표본집의 표본지(herbarium sheet)에 부착하기 전에 건조하고 압착시켜 보존한다. 다른 방안으로, 이 물질은 위에 언급된 방법처럼 고정액에 저장할 수 있지만 그 색소는 탈색된다. 그러나 그것은 곤충과 진균에 의한 손상, 그리고 저장기간 동안 오염에 의한 위험을 줄인다. 대변과 장 내용물은 특히 주둥이가 큰 용기에 수거해야하고, 원칙적으로, 식물질(plant material)은 수집한 후 바로 분석해야 한다. 추후 분석해야 하는 어떤 샘플들은 10% v/v formol-saline에서 보존하는 것이 도움이 된다. 만일 그 샘플들이 유동성이 크다면 그 물질을 원심분리하여 사전에 농축시켜야 한다.

식물의 동정

식물표본은 보통 형태학적 특징을 바탕으로 전통적인 분류방법들에 의해 동정된다. 불행하게도 일부 식물 종들은 다른 종과 구분하기가 매우 어려워서 법의학 샘플들은 종 수준에 신뢰할 수 있는 동정을 위해 충분한 특성이 제공되지 않는 식물 파편들이 될 수도 있다. 따라서 식물의 동정을 위한 분자적 기법의 사용에 관심이 증가되고 있다. 그러나 동물분류학에서 널리 사용되는 분자적 기법들이 항상 식물에 사용될 수 없다. 예를 들어, 동물에서 미토콘드리아 시토크롬 *c* 옥시다제 소단위 1 (CO1)을 암호화한 유전자 서열은 종간에 동정을 용이하게 하기 위해서 보존(conservation)과 분지(divergence)의 필요한 연합을 가지고 있어 동정에 이용되어 왔으나, 고등식물에서 이 유전자는 그 적합성(suitability)을 제한하는 비교적 더딘 진화율(slow rate of evolution)를 나타낸다. Kress 등 (2005)은 nuclear internal transcribed spacer region과 plastid trnH-psbA intergenic spacer region의 두 가지 대안 영역(alternative region)을 제시하였다. 이들 두 가지 구역(region)을 사용하여 그들은 80 속(屬, genera)과 53 과(科, family)를 포함한 99 종(種, species)의 식물을 바코드화(barcode)하는데 사용될 수 있는 서열을 동정하였다. 유사하게, Ward 등 (2005)은 화본과 목초(grass)의 동정을 위하여 일련의 PCR-based assay를 개발하였다. 다양한 법의학적 맥락에서 식물질의 분석을 위해 분자적 기법의 사용은 Coyle (2004)에서 재검토되었다.

마약과 독극물의 출처로서 식물의 이차대사산물

식물은 기본적인 생장과 발달에 필수적이지 않은 많은 종류의 화합물들을 생산하는데, 이를 전체적으로 이차대사산물(secondary metabolites)이라고 한다. 그 산물들은 질병으로부터 식물을 보호하고, 구조적인 기능성을 가지며, 또는 독성이며, 초식동물이 섭취하는 것을 막아 잎, 종자 등을 보호한다. 헴록(hemlock) (*Conium maculatum*) [역자주: 미나릿과(科)의 독초]과 디기탈리스(foxgloves) (*Digitalis purpurea*) 등은 유독한 특성을 가지는 식물로 악명이 높다. 준 최적(sub-optimum) 조건하에서 자라거나 저장되는 경우에 식용 식물이라도 독성을 가질 수 있다. 예를 들어, 감자괴경(*Solanum tuberosum*)은 빛에 노출되었을 때 푸르게 되며, 정상 요리법으로는 잘 제거되지 않으며 치명적일 수 있는 다량의 솔라닌(solanin) [알칼로이드 배당체(alkaloidal glycoside)]이 생성된다. 그러나 초록색 감자는 쓴맛을 나타내어, 사람들은 많이 먹는 것을 좋아하지 않는다. 영국에서는 종종 겨우살이의 열매(berries of mistletoe) (*Viscum album*), 주목(朱木, yew)(*Taxus baccata*), 금련화(金蓮花, laburnum) (*Laburnum anagyroides*)의 종자를 어린이들이 먹음으로서 흔히 일어나지만 치명적이지 않은 우발적 중독(accidental poisoning)이 일어나지만, 어떤 사람을 의도적으로 독살할 목적으로 식물의 독소를 사용하는 일은 흔치않다.

마약은 때때로 의도적이든 비의도적이든 음식에 첨가되어 뜻하지 않은 결과가 초래되기도 한다. 예를 들어, 양귀비 씨앗(poppy seed)을 양귀비 케익(poppy cake), 베이글 등의 제빵에 사용하게 되면 소변에서 고농도의 모르핀과 코데인이 검출될 수 있어 마약남용(drug abuse)으로 오해받을 수 있다 (Selavka, 1991). 이것은 특히 오일수송 산업 같은 작업장에서 마약시험이 증가하기 때문에 관련성이 있다. 양귀비 씨앗(poppy seed)의 소비와 헤로인 남용의 유일한 확인방법은 보다 특별한 혈액시험(blood test)을 통해서이다. 케익에 대마초(cannabis)를 첨가(addition)하는 것은 약물을 복용하는 사람들(recreational drug users)에게 흔한 일이지만, 때때로 고의적인 의도로 사용되고 그 케익이 의심되지 않는 사람에게 선물로 건네진다. 약물중독(drug intoxication)은 사고를 가져올 수 있으며, 특히 운전할 때, 그리고 어떤 사람이 '독이나 화학물질이 들어있는' 음식의 희생자였던 경우에는 사고의 가능성이 있다.

자살 나무

세계의 어떤 지역에서 식물에 의한 중독(plant poisoning)은 보다 일반적이며, 인도의 Kerala의 남서부 주(state)의 연구에서 모든 치명적 중독(fatal poisonings)의 10%는 종종 '자살나무(suicide tree)'라고 하는 '세르베라 오돌람 *Cerbera odollam*' (Gaillard 등, 2004) 나무의 씨앗으로부터 얻어진 추출물의 사용 때문이라고 추정하였다. 그 추출물은 cerberin을 포함하는데, 이는 치명적인 심장마비를 일으킬 수 있는 매우 강력한 독소이다. 부검(autopsy)에서 병리학자가 중독을 의심하는 판단을 내리지 않으면, 심장마비는 자연적 원인으로 간주된다. 그 식물추출물은 쓴맛을 내지만, 향신료로 속일 수 있다. 대부분의 희생자는 여성이었으며, 그 여성들은 종종 전통적인 집안에서 남성들과 따로 식사를 하기 때문에, 별도로 음식을 차리게 된다. 그러한 집으로 시집간 여성들은 때때로 지참금 분쟁, 엄격한 행동규범과 집 관리의 요구, 아들을 낳지 못하는 경우 등의 엄청난 압력에 시달리게 된다. 극단적인 경우에 그 여자는 살해되거나 [음식을 준비하는 동안 '의도적으로' 분신하는 일이 매우 일반적임] 자살할 수 있다. 살인이든 자살이든 중독은 우리가 이전에 생각했던 것보다 훨씬 더 광범위하게 일어나는 것으로 나타났다. 그리고 세계 여러 곳에서 살아가는 아시아인 공동체에서 일어날 수 있는데, 거기서 인간의 죽음은 저승사자의 역할이라 여겨 병리학자들이 거의 의심을 하지 않기 때문일 것이다.

리신

리신(ricin)은 독성이 매우 강한 당단백질로서 피마자(*Ricinus communis*)의 씨앗으로부터 분리되며, 해독제(antidote)는 없다. 그 씨앗은 널리 사용될 수 있으며 특히 생물테러에 사용가능하다는데 상당한 관심의 대상이 되고 있다. 적절히 준비된 피마자기름과 그 찌꺼기(pomace), 동물 사료로 사용되는 피마자 씨앗 케익(castor bean seed cake)은 그 껍질에서 독소를 제거하였기 때문에 유해하지 않다. 씨앗(whole seed)은 그 껍질이 단단하고 물이 스며들지 않아서 위험에 노출되지 않으며 그 때문에 그 독소가 확산되고 흡수되는 것을 막는다. 그 피마자 콩을 섭취함으로서 일어나는 위험에 대해서는 일부 불확실한 점이 있다. 이것은 아마도 갖고 있는 독소의 다양성과 독이 있다면 그 콩을 처음 씹을 때의 정도

(분명히 씹는 것은 독소가 나오는 것을 높임)가 반영되는 것이다. 분쇄과정에서 생성되는 분말은 흡입하게 되면 잠재적으로 위험할지라도 그 씨앗을 취급할 때 피부를 통해 흡수되는 리신은 별로 위험하지 않다. 리신은 그 환경에서 오랫동안 존속되지 않으며 사람 대 사람으로 전파되지 않는 듯하다. 리신의 검출을 위한 여러 가지 면역학적 방법들이 소개된 바 있다 (예, Shankar 등, 2005; Shyu 등, 2002).

피마자는 1-5%의 리신을 포함하며 그 독소를 추출하는 것은 상대적으로 쉽다. 그러나 전문적 기술과 실험실의 활용하지 않고 그 화학물질을 추출하거나 다루는 사람은 위험하다. Las Vegas에서 2008년 2월에 어떤 사람이 위독한 상태로 병원으로 급히 옮겨졌으며, 몇 주간 그 상태로 남아있었다. 그 질병의 원인은 불확실하였으나, 그가 묵던 모텔방을 수색하여 몇 정의 총과 리신 몇 바이알(vial)과 함께 '무정부주의자 유형의 교재(anarchist type textbook)'를 수거하였으며, 지역 언론에서는 리신을 다루는 서적이 주목을 받았다고 보도하였다. 정제된 리신은 이론적으로 식품과 물을 오염시키거나 에어로졸로 사용될 수 있다 (Audi 등, 2005). 1978년에 불가리아인 정치적 망명자인 Georgi Markov가 리신 주사로 런던에서 암살되었다. 그가 길을 걷고 있을 때 그는 우산을 가진 어떤 사람과 무릎을 부딪혔으나, 이러한 일은 흔히 일어나는 일로서 그는 그 이상 아무 생각도 하지 않았다. 그러나 이 사건에서 그 우산은 작은 금속 구체(球體, sphere)를 주사하기 위해 개조되었으며, 그 구체(sphere) 내에는 리신이 들어있었다. 찔린지 4일 후에 Markov는 위장염과 장기부전(organ failure)으로 죽었으며, 리신이 그의 몸에서 전혀 검출되지 않았지만, 검시관은 이 사건에서 사용된 물질이 독소라는 것을 진술하였다.

대마초

이차식물대사물질(secondary plant metabolites)에는 사람들이 마음의 상태를 변화시키고자 마약으로 사용하는 다양한 화학물질들이 있다. 불행하게도 여기에는 종종 중독이 수반되어 사용자의 건강을 해친다. 마약남용(drug abuse)은 범죄행위의 주요 원인이며 당연히 마약 검출과 마약 잔류는 종종 범죄현장 수사의 일부 형태에 해당한다. 마약 잔류가 의심되는 분말과 신체조직, 체액 등의 분석은 훈련된 약화학자(pharmaceutical chemist)의 일이지만, 많은 마약은 식물에서 유래함으로 이들 시료는 식물학자 또는 생물학자의 소관이다. 식물분류학(plant taxonomy)은 종종 다소 재미없는 과목으로 간주되어 수년이상 생명과학에서 많은 학부학위 과정으로부터 슬그머니 사라졌다. 그러나 그것은 심한 논쟁거리로 남아있으며 심지어 '종이란 무엇인가(what is a species)'와 같은 명백하고 간단한 문제들은 답하기 매우 어렵다는 것을 입증하였다. *Cannabis* (대마초) 속의 분류는 그 같은 문제 범주에 해당한다. 일부 식물학자들은 그 속(屬)을 단일 종(種)만이 포함된 단형(單形, monotypic)이라고 생각하는 반면에, 다른 학자들은 몇 개의 종(種)이나 아종(亞種)을 포함하는 다형(多形, polytypic)이라고 말한다. 그 같은 구별은 과거에 피고가 불법적인 *Cannabis savita* var. *indica*를 소유한 것이 아니라, 다른 변종이나 아종을 가졌다고 주장하였을 때의 범죄 처리에 사용되었다. 현재 일반적인 의견은 단일 종에 일치되어 있으며 비록 매우 다양하더라도 모든 변종들은 다른 것과 교차수정을 할 수 있다는 것이다. 현행법규는 헛된 희망의 분류학적 세밀함에 근거한 고발을 피하기위한 시도로서 만들어졌다. '스컹크(skunk)'는 실내에서 재배할 목적으로 개발되었던 대마초의 변종이며 종종 다른 종류의 마약으로 불렸다. 그러나 그 효능이 일반 약용 대마초와 다르다는 증거가 없고, 보통 법의학 기법들을 사용하여 두 종류 대마초간에 식별하는 것이 불가능하다. 효능은 각 개체에 따라서, 또한 그 식물의 재배방법과 재배지, 대마초의 저장조건 등에 따라 다양하다.

대마초와 대마 제품의 소지 및 사용을 둘러싼 영국법은 상당히 복잡하다. 예를 들어, 단지 몇 그루의 대마초 또는 소량의 마약이 연루되고 그 사람이 죄를 인정하는 곳에 엄격한 조건이 적용된다면 확실한 법의학 분석(confirmatory forensic analysis)이나 Duquenosis-Levine 색깔 시험같은 시험키트를 사용할 필요가 없으며, 훈련된 경찰관의 경험은 질감, 물질의 외형과 냄새로부터 마약을 인지하기 위하여 충분한 증거로 간주된다. 예를 들어, 더 심각한 사례에로서 공급을 목적으로 많은 대마초를 소지하고, 피고가 소송 당사자의 진술에 이의를 제기하고, 수사관이 어떤 방법으로는 확실하게 식별하지 못하는 경우에는 실험실 분석이 필요하다. 마약시험키트는 마약의 유무를 입증할 것이나, 상세한 정보를 얻기 위해 질량분석기(mass spectrometry)와 연결된 가스 크로마토그래피 (GC-MS)가 종종 사용될 것이다. 최근에는 용의자에서 발견된 마리화나 샘플과 그것이 유래한 식물과 연결하기 위한 DNA 프로파일링의 사용에 관심이 있다. 이런 방법으로 재배자, 판매자, 소비자 모두가 이론적으로 연결이 가능하다. 그러나 대마가 꺾꽂이(cutting)에 의해 자랄 수 있기 때문에 거기에는 가능성 문제들이 제기되고 있으며, 따라서 그 결과로서 생겨난 식물은 모두 유전적으로 동일한 클론이다. 결론적으로 각각의 대마 샘플과 각각의 대마초 간의 일치가 그 식물이나 그 식물의 재배자가 동일하다는 것을 의미하는 것은 아니다. 그러나 거기에는 유용한 도구로 DNA 프로파일링을 만들기 위한 충분한 분자적 다양성이 있으며, 그들 기법이 여전히 정제의 필요성이 있음에도 불구하고 재배자의 컨소시엄을 연결하거나 대량 압류물의 출처를 예견하고자 할 때 유용성이 입증될 수 있다 (Gilmore 등, 2007). DNA 프로파일링은 불충분한 DNA를 포함하기 때문에 아직 대마수지(cannabis resin)에 적용되지 않고 있다.

영국법에서 대마초는 연구 또는 의학적 목적, 또는 매우 낮은 함량의 향정신성 물질이 포함된 대마(hemp)의 상업적 생산을 위하여 승인 하에 재배할 수 있다. 요리 목적을 위한 대마초 씨앗의 소유, 판매, 사용은 마약오용법 1971 (Misuse of Drugs Act 1971)에 적용되지 않지만, 대마초의 불법 생산은 최대 14년 징역에 처해질 수 있다.

식물에서 유래하는 마약출처 결정

수입 (즉, 거래)을 입증하고 밀수품을 공급하는 지역을 알아내기 위해서 밀수된 마약의 출처를 결정하는 것은 종종 필요하다. DNA 분석, 곤충과 꽃가루 오염물의 동정, 안정한 동위원소 비율을 알기 위한 마약의 분석, 미량 알칼로이드의 존재 등을 수행하기 위한 다양한 기법이 사용될 수 있다. 진정으로 유용한 기법이 되기 위해서는 신속성, 신뢰성, 값싼 가격 등이 필요하다. 살인과는 달리 마약압수(drug seizure)는 매우 보편적이므로, 분석기법은 일상적인 틀에서 사용 적절해야 한다. 원래의 식물질을 포함되어 있고 가공되지 않았다면 (예, 코카인), DNA 분석은 믿을 만한 가능성을 가진다. 유기 성분의 측정은 종종 신뢰하기 어려울 수 있는데, 이들이 저장조건과 가공에 의해 영향을 받는 반면에, 꽃가루와 곤충의 분석은 시간이 많이 걸리고 물질을 식별할 수 있는 분류학자(taxonomist)가 별로 없다는 문제 때문이다.

코카인 샘플은 ^{15}N와 ^{13}C의 비율과 트리메톡시코카인과 truxilline의 농도를 분석하여 90% 이상의 정확도로 출처와 관련지을 수 있다 (Ehleriner 등, 2000). ^{15}N에서 지역적 차이점은 남미의 안데스 산맥 지역의 코카나무가 지라는 토양의 특성의 다양성에 따라 생겨나는데 반하여, ^{13}C 량은 우기(wet season)의 기간과 전체 습도의 지역적 차이에 따라 다양하다. 비슷한 방식으로 안정한 탄소와 질소 동위원소 비율은 브라질의 다른 지역에서 자란 대마의 출처를 식별하는데 유용하게 사용됨을 보여주었다 (Shibuya 등, 2007). 안정 동위원소 분석은 동위원소 비율을 인위적으로 조절하는 일이 상업적으로 실행할 없기 때문에 제품의 품질을 떨어뜨리거나 거짓으로 원산지 표기를 하는 것과 같은 식품부정 사례를 입증하는데도 사용되고 있다. 그러나 효과적이기 위해서, 안정 동위원소 기법은 측정의 정확성을 모니터링하기 위해서 인증기준샘플과 공인표준물질들에 대한 많은 데이터베이스가 요구된다.

보호 식물종의 불법거래

보호 식물종(protected plant species)의 세계 불법거래시장은 그것이 대중들에게는 별로 매력적이지 못하지만 보호 동물들에서와 마찬가지로 광범위하고 돈이 잘 벌리는 것 같다. 일부 식물종은 현재 과다하게 채집되어 야생에서 거의 사라져가고 있다. 예를 들어, 소철류(cycads)는 장식물로서 매우 인기가 있으며, 덥고, 건조한 기후에서 살아가는 원시 식물이다. 완전한 표본(Prize specimen)은 점당 2만 파운드 이상으로 거래되며, 일 년에 수백만 파운드의 가치를 가지는 불법매매가 남아프리카와 북미 사이에서 이루어지는 것으로 사료된다. 그 결과, 세계의 298가지 종 가운데 절반 이상은 멸종위기에 이르렀으며, 일부는 현재 멸종된 것으로 보인다. 실제로 야생으로부터 채취된 표본들을 종종 집에서 길러진 것처럼 의도적으로 라벨을 잘못붙이거나 그렇게 이야기하기도 한다. 올바른 동정은 식물분류학자의 도움이 필요하지만, 야생에서 수집된 표본들은 식물을 채집하는 과정에서 야기된 손상에 의해 식별될 수 있으며, 남아프리카 식물의 사례에서 고슴도치 이빨자국(porcupine teeth marks)처럼 모든 야생식물들이 전형적인 소모적 피해를 입었을 때 야기되는 손상에 의해서도 동정될 수 있다. 식물의 구근(球根, bulb)과 뿌리에서는 토양의 점착성 샘플이 남아있기도 한다. 이것이 적절한 대조 재료(reference materials)와 비교할 필요가 있지만, 꽃가루와 안정동위원소 분석을 이용할 수 있다. 그러나 심지어 기본적인 토양분석 조차도 그 식물이 주장하는 곳에서 재배되었는지에 대한 증거가 된다.

영국에서 모든 자생식물은 야생동물 및 농촌지역법[Wildlife and Countryside Act (1981)]에 보호를 받는다. 적법한 승인없이 어떤 야생식물을 파내는 행위는 불법이며, 블루벨(bluebell) (역자주: 종 모양의 남빛 꽃이 피는 풀; 금강초롱, 야생의 히아신스 등)과 스노드롭(snowdrop)과 같은 일부 종들도 따거나 판매하는 것을 금지하고 있다. 그러나 이러한 행위는 종종 대규모로 일어나며, 계획된 범죄행위로서 저질러진다. 이 법은 조류, 이끼류, 지의류, 진균 등도 다루고 있다.

표 9.2 원생생물, 진균, 고등 식물에서 얻어진 법의학적 정보의 요약

표본	법의학 증거
유각 아메바	지리적 위치 서식지
규조류	지리적 위치 서식지 일년중 특정시간
진균/진균 포자	지리적 위치 서식지 일년중 특정시간 중독 마약의 불법 거래
전체 식물	손상된 식물은 신발 또는 자동차에서 몸부림 또는 실올무늬(tread mark)의 위치를 나타낼 수 있음. 치유부분은 손상이 발생한 이래 경과시간을 나타기도 함 매장 후 경과시간 (예, 무덤주변 위치에서 성장) 마약의 불법 거래 (예, 대마) 불법수집과 보호종의 불법거래
식물체의 잎	지리적 위치 서식지 다이어트 / 마지막 식사 (예, 장내용물 또는 분변) 마약의 불법 거래 불법수집과 보호 종의 불법거래
식물의 뿌리	매장된 후 경과시간 [손상, 수리, 골격 또는 사물을 통하여 또는 주변에서 그 후의 성장]
목재	손상을 일으키는 사물의 연장흔 치유부분은 손상이 발생한 이래 경과시간을 나타기도 함 사인 (손상된 부분에 남은 쪼개진 조각들로 살인에 사용된 흉기를 식별할 수 있음) 보호 종의 불법거래 위조품 (잘못된 설명: 그것이 진짜보다 더 오래되었거나 또는 하급의 나무로 만든 물건 등)
씨앗	지리적 위치 서식지 일년중 특정시간 다이어트 / 마지막 식사 (장내/분변) 중독 마약의 불법거래 보호 종의 불법거래 위조품 (예, 허위기재, 변형물질을 포함함)
꽃가루	지리적 위치 서식지 일년중 특정시간 중독 (일부 식물은 독성임) 위조품 (예, 허위기재, 변형물질을 포함하거나 다른 나라에서 기인한 것임)

미래의 연구방향

법의학 지표로서 진균 뿐 만 아니라 규조류와 다른 조류의 사용은 분리와 동정의 문제점들에 직면하게 된다. 이 가운데 가장 유망한 방법 중의 하나는 많은 생물체를 동시에 식별하도록 하는 마이크로칩의 사용을 개발하는 것이다. 이 기술은 이미 환경미생물학 분야에서 잘 적용되고 있으며, 이른바 'phylochip'은 많은 종의 세균과 고세균을 자세히 조사할 수 있도록 개발되었다. 세균의 식별을 위해 개발된 phylochip은 고밀도 어레이(array)에서 칩의 표면(chip surface)에 고정된 수백 또는 수천 개의 올리고뉴클레오티드 탐침(probe)을 사용한다 (예, DeSantis 등, 2007). 세균의 탐침(probe) 대상은 보통 16S rRNA 유전자이며, 이것의 특정 부위는 절편화(fragmented)되어, 증폭되며 phylochip으로 첨가되기 전에 형광으로 표지된다. 혼성화(hybridization)은 탐침(probe)과 유전자 절편간의 '일치(match)' (예, 상보적 서열)가 있는 곳 어디에서나 일어날 것이며, 스캔장비에 의해 검출되는 형광신호의 생성에 의해 식별될 수 있을 것이다. 형광패턴은 특별한 생물의 존재를 식별하는데 사용된다. Metfies 등 (2007)에 따르면 규조류와 다른 조류의 식별에 적합하고, 아마도 진균과 같은 식별이 어려운 다른 생물체들에도 적합한 'phylochip'이 곧 개발될 것이라고 하였다.

형태학의 기반에서 꽃가루입자의 식별은 시간이 걸리며 일부 식물의 꽃가루와 관련된 종간의 식별은 어렵거나 불가능하다. 거기에는 이들 문제 주변에서 어떤 방법이 있을 수 있음을 나타내는 Fourier transform infra red (FT-IR) spectroscopy와 같은 분석기법을 사용하는 예비연구가 있다 (Gottardini 등, 2007; Pappas 등, 2003). 기본적으로 그 방법은 알려진 식물종의 꽃가루의 테이터베이스를 만들어 작동하며, 이들은 그 후 미지의 꽃가루입자로부터 그 범위를 식별하는데 사용될 수 있다.

연습문제

(1) 다음의 신체부위 가운데 어느 부위에서 규조류의 존재는 익사(溺死, drowning)로 사망했다는 가장 확실한 지표가 되는가: 부비동(nasal sinuses), 위, 폐, 척수? 그 이유를 설명하라.

(2) 치명적인 비행기 충돌이 있은 후에, 알코올과 *Candida albicans*의 존재를 알아보기 위하여 조종사의 혈액을 시험하는 이유는 무엇인가?

(3) 신선한 잎과 진균이 법의학 증거로 사용되기 위해서 수거되어야 하는 이유를 간단히 설명하라.

(4) 교회 패널그림이 위조인지 또는 진짜인지를 식별하는데 사용되는 나이테 조사는 어떻게 하는가?

(5) 사체가 매장된 기간을 추정하는데 뿌리의 성장이 사용될 수 있는 두 가지 방법을 제시하라.

(6) 유기미세화석(palynomorph)란 무엇인가? 유기미세화석(palynomorph)의 두 가지 예를 들어라.

(7) 풍매수분(風媒受粉, anemophilous), 충매수분(蟲媒受粉, entomophilous), 폐화수분(閉花受粉, cleistogamous pollination)을 식별하고 법의학 지표로서 그 식물들의 꽃가루의 가치에 대하여

설명하라.

(8) 당신이 선택한 이유에 대하여 설명하고, 화분학적 증거(palynological evidence)를 얻기 위한 표본을 만드는 사체의 3가지 부위를 제시하라.

(9) 안정한 동위원소 분석은 마약과 식품의 출처를 입증하는데 어떻게 사용되는가?

(10) 집에서 키운 소철과 야생에서 불법적으로 수집한 소철을 식별할 수 있는 방법은 무엇인가?

실습문제

제목

규조류는 식품 또는 음용수를 통해서 혈류로 유입될 수 있는가?

원리

익사의 진단가운데 한 가지는 허파와 골수에서 규조류를 발견하는 일이다. 그러나 규조류가 호흡을 통해서 또는 내장으로 들어올 수도 있다는 가능성의 배제와 관련하여 발표된 증거는 별로 없다.

방법

실험실 쥐 또는 마우스에게 음식 또는 음용수에 규조류를 섞어 먹인다. 담수규조류는 상대적으로 쉽게 배양될 수 있으며 다시 그들을 발견하는데 도움이 되도록 방사성 라벨을 붙인다. 그 동물들에게 시간에 따른 정해진 양을 먹인 후에 죽여서 규조류의 존재를 알기 위해서 그 신체 기관을 분석한다.

제목

조류 군집화로부터 침수기간의 결정

방법

범인은 종종 범죄와 관련된 흉기 또는 빈 지갑과 같은 물건들을 강이나 운하에 버린다. 그러므로 그것은 종종 물속에서 회수된 물건이 거기에 얼마나 있었는지를 아는데 사용된다.

원리

칼, 스크루드라이버, 가죽, 플라스틱 지갑 등과 같은 질감과 화학적 및 물리적 특성이 다양한 물건들은 일년중 다른 시간에 수로(watercourse)의 다른 깊이에 위치할 수 있다. 그들은 설정기간 후에 회수되어 조류의 군집화 규모가 밝혀진다.

10 세균과 바이러스

이 장의 개요

이 장의 목표

미생물이 어떻게 부패과정에 영향을 주고 사체에서 미생물의 확산과 생장에 영향을 주는 요인들에 대하여 설명한다.

미생물 프로파일링 기법이 개인이나 지역을 식별하는데 어떻게 사용되는지에 대하여 토론한다.

어떤 환경에서 HIV 전염이 범죄행위가 될 수 있으며, 그에 의한 범인식별 기작에 대하여 기술한다.

내재된 전염병이 범죄를 저지른 사람이 걸리기 쉽다는 가능성에 대하여 토론한다.

미생물과의 범죄사용에 내재된 위험성과 미생물의 존재를 탐색하는 기법들에 대하여 비판적으로 평가한다.

서론

판례에서 세균과 바이러스의 연루사건은 특히 분자생물학 기술의 발달에 의해 증대되고 있으며, 그들의 식별이 용이하게 되어, 법원에서는 DNA에 근거한 증거를 받아들이게 되었다. 더욱이 고의로 확산되는 병원성 미생물에 의하거나 자연 감염된 사람들의 무모한 행위를 통해서 내포된 대중적인 위험에 대한 인식이 커졌으며, 이를 통해서 법이 바뀌게 되었다. 더욱이 악의적으로 병원균을 살포

Essential Forensic Biology, Second Edition Alan Gunn

하여, 단순히 고통을 일으키고 주목을 받기 위해 위협하는 개인과 집단들이 증가하는 추세에 있다. 그러한 위협의 절대다수는 사람들을 난감하게하기 위한 것이지만, 장난이 내포된 그러한 위협들에 대한 소송을 위해서는 신속한 병원균의 식별과 추적이 선행되어야 한다.

분해과정에서 미생물의 역할

우리가 건강하다 하더라도 많은 미생물들에 대한 숙주(host)이다. 실제로 우리 몸에는 생각하고 있는 것보다 훨씬 더 많은 미생물이 존재한다. 일반 성인은 10^{14}개의 세포로 구성되지만, 10^{15}개의 세균세포와 10^{17}개 이상의 바이러스가 존재하는 것으로 추산된다. 우리 몸에 일반적으로 존재하는 세균들은 부패과정에서도 매우 중요한 역할을 하며, 저온, 산소결핍, 또는 수분고갈 등과 같은 그들의 활성을 제한하는 어떤 요인들로 인하여 부패가 지연된다. 극히 건조한 환경에서 특히 강한 바람, 고온, 강추위 등이 조합되면, 사체는 미이라(mummy)가 되어, 수백년 또는 수천년까지도 그 상태를 유지할 수 있다. 마찬가지로 사체는 일정한 냉동조건에 방치한다면 수년간 그 상태로 유지될 것이다. 반대로 열대지방과 같은 덥고 습한 조건에 놓인 사체는 무척추동물과 다른 잔사식생물(detritivore)이 없다하더라도 매우 빠르게 분해될 것이다. 사체 내부나 주변에서 세균상(bacterial flora)의 변화에 대한 연구는 거의 보고된 바가 없으며, 아직까지 그것을 통해서 사후 시간을 결정하는데 사용될 수 있는 방법은 거의 알려진 것이 없다 (예, Hopkins 등, 2000; Tibbett 등, 2004). 사체 내에 미생물의 풍부도, 다양성, 분포에서의 변화도 사인을 결정하는데 중요한 고려사항이 된다. 예를 들어, 의학적 조치 중에 일어나는 질병, 치명적 감염사 또는 식중독 진단, 의약품 과다복용에 의한 사망, 정맥주사에 의한 감염, 자연사 또는 고의적인 행위 등에 의해 발생하는 사망에 대하여 논쟁이 있을 수 있다. 사체로부터 미생물 배양 또는 DNA 분석하기 위한 샘플은 오염의 가능성을 피하기 위하여 매우 조심스럽게 채취되어야 한다. 샘플로부터 많은 종의 세균과 기타 미생물을 분리하는 곳에서 부패과정 또는 사용된 샘플채취방법과 기술을 통해서 오염이 될 가능성이 높다. 거기에는 사용된 조직과 체액이 적절한지에 대한 일부 논쟁이 있으나, 그 선택은 대상이 되는 생물체/진단에 부분적으로 영향을 받게 된다. 예를 들어, 허파와 외부와는 '개방된 접근성(open access)' 때문에, 사후(post mortem) 허파조직으로부터 분리된 배양은 오염의 결과로서 가(假)양성(false positive)을 나타낸다. 다른 지표가 없는 상태에서 그같은 조직에서 생장한 미생물이 사인에 중요한 요인인지, 죽기 전에 이미 존재하였던 비병원성 감염의 결과인지, 또는 죽은 후 생겨난 미생물인지를 식별하는 것은 어렵다 (Tsokos & Puschel, 2001).

사체의 세균 군집화는 보통 창자에서 시작되는데, 거기는 많은 콜리형세균 (예, *Escherichia coli*), 간균, 미세구균들의 자연 서식처이다. 그러므로 사체는 안쪽에서 바깥쪽으로 부패되는 경향이 있다. 대조적으로 사체가 죽은 직후 동결되었다가 다시 0℃ 이상으로 온도가 올라가면 부패는 밖에서 안으로 일어나게 된다. 이것은 바깥쪽이 중심보다 더 오랫동안 해동되기 때문이며, 부패정도는 주변온도에 노출된 시간에 따라 달라진다. 사체의 부패가 시작됨에 따라 pH는 자가융해(autolysis)하는 동안 생산된 산에 의해 더욱 산성화되고 (1장), 세균에 의해 존재하는 모든 산소가 사용되어 혐기적 조건에서 발효 생산물이 생성되며, 순환시스템은 멈추게 된다. 그 결과 사체에서 발견되는 대부분의 세균들은 *Clostridium perfringens*와 같은 혐기성이며 포자를 형성하는 것들이다. 이전에 *C. welchi*로 알려진 이 세균은 내장, 여성의 생식기 및 주변 피부에서 발견된다. 거기에는 *C. perfringens*와 같은 많은 균주들이 있으며, 병원성 감염, 식중독에서 봉와직염(蜂窩織炎, cellulitis), 가스괴저에 이르는 다양한 질병과 관련되어 있다. 이것은 사체와 조직 샘플을 다룰 때 주의해야 하는 또 다른 적당한 이유가 된다. 사망 전 또는 사망 후에 생긴 상처는 다른 세균들의 침입경로가 되며, 그 세균들은 혈관을 통해 빠르게 확산된다. 따라서 부패는 패혈증(septicaemia) 또는 세균성 감염으로 고통을 받는 사람에서 더욱 빠르게 진행될 것이다. 반면에 부패는 과도한 출혈이 있는 곳에서 지연되는데, 이는 혈관에서 체액 부족으로 세균들이 사체로 침입하기 어렵기 때문이다.

몸체를 구성하는 조직과 화학물질이 사후 자가융해되고, 미생물 활성에 의해 분해되면서, 조직에 존재하는 약물도 대사되고 분해된다. 분해가 일어나는 속도와 정도는 그 약물과 주변 환경에 의존된다. 마찬가지로 감마-히드록시부틸산(γ-hydroxybutyric acid, GHB)은 원래 우리 몸에 매우 저농도로 존재하지만, 레크레이션용, 치료약물, 또는 범죄목적으로 사용하게 되면 이 농도는 크게 증가한다. GHB는 C 등급의 약물로서, 종종 '액체 엑스터시(liquid ecstasy)'로 알고 있는 클럽회원들에게 '각성제(upper)'로서 소량 투여되지만, 다량이 투여되면 의식장애를 일으키고 심지어 혼수상태(coma)에 빠지게 되며 '데이트 강간(date rape)'에서 음료에 타 마시는데 사용되는 것으로도 악명 높다. GHB가 체내로 들어오면, 초기에는 농도가 크게 증가하며, 몇 시간 이내에 다시 감소한다. 약물로서 그 화학물질을 복용한 후, 즉각적으로 확인할 수 있을 만큼 높지는 않지만, 죽은 후 GHB의 농도는 증가한다. 그러므로 몸에서 발견된 GHB의 어느 수준이 남용이 아닌, 지역적 원인 때문인지를 알아내는 것이 법의학적 관심인 것이다. 조직분해와 연관된 일반세균인 *Pseudomonas aeruginosa*는 자연적 증가가 설명할 만큼 충분한 양은 아니지만 GHB를 생성할 수 있으므로, 그 화학물질의 증가에 기여하는 다른 세균이나 생리학적 과정이 있을 수 있다.

식별도구로서 미생물프로파일

미생물은 크기가 작아서 다루기 어렵고, 많은 종류들은 실험실에서 배양이 어렵거나 불가능하다. 다행히 분자적 기법의 발전으로 미생물의 존재를 결정하기 위하여 배양할 필요가 없게 되었다. 더욱이 계통유전학적 분석은 미생물 상(microbial flora)이 식물계와 동물계보다 실제로 훨씬 더 다양하다는 것을 나타낸다. 마찬가지로 미생물은 크기가 매우 작기 때문에 그 분포는 식물과 동물의 분포보다 덜 제한적으로 생각되며, 따라서 동일한 생물의 분류군-지역의 상관관계(taxa-area relationship)를 따른다고 생각되지 않는다. 이것은 보다 커다란 섬에 더 다양한 동물상(fauna)과 식물상(flora)이 존재할 수 있다는 연구결과가가 내재되어있는 생태학적 원리이다. 그러나 이것은 현재 사례로서 알려져 있지 않으며, 미생물 군집은 무작위적이지 않다는 것이다 (Green 등, 2004; Horner-Devine 등, 2004). 여기에는 감염원의 미생물적 유전형/종구성 또는 체액, 얼룩, 용의자에서 발견된 흙과 기타 부스러기들, 범죄현장과 특징적인 연관을 식별하는 가능성을 제공하는 물체나 동물 등의 법의학적 샘플들을 사용하는 것을 포함된다.

법의학 지표로서 토양미생물의 다양성

토양을 연구하는 학문을 단순히 '토양과학(soil science)'이라고 하지만, 많은 연구자들은 토양학(pedology)이라고 한다. 농업에서 토양의 특성은 중요한 결과를 가져오므로 영국에서는 매우 잘 계측된 토양 데이터베이스를 가지고 있다. 이것은 이제 지리학적 위치에서 사람, 동물, 또는 물건들과 연관을 하고자 할 때 편리하게 출처를 제시할 수 있다는 것으로 인식 되고 있다. 이것은 Aberdeen 시에 있는 Macauley Institute에 의해 조정된 SoilFit 연구과제(project)의 일부로서 그 범위를 넓혀가고 있다 (Zaala, 2007). 법의학적 맥락에서 토양입자는 종종 신발, 의복, 자동차, 동물, 식물, 그리고 모든 종류의 물건에서 발견된다. 만일 식별가능한 특성들이 토양입자에 기인된다면, 그것은 그들을 소재지와 연결하거나, 사람, 동물, 사물 등을 서로 연관지을 수 있다. 그러나 대부분의 사례에서 말할 수 있는 모든 것은 두 개 이상의 샘플간의 일치(match)이며, 이것은 그들이 관련된 어떤 방법이 있다는 것을 필수적으로 의미하지는 않는다.

토양은 복잡한 물질이며 일부 유기토양을 제외하고는 그 대부분이 무기물로 구성되어 있다. 토양은 무기물 뿐 만 아니라, 다양한 양의 동물질과 식물질을 포함되어있어 여러 가지 종류의 미생물이 자랄 수 있다. 최근에 토양샘플의 법의적 분석은 토양에 포함된 무기질과 화학적 조성에 근거하지만, 미생물적 증거도 현재 이용될 수 있다고 사료되고 있다. 대부분의 토양미생물은 실험실에서 배양될 수 없으므로, 이들의 존재는 DNA 분석으로부터 추측된다. 많은 연구자들은 말단길이다형성분석(Terminal Restriction Fragment Length Polymorphism, T-RFLP)이라고 하는 기법을 사용하여 16S ribosomal RNA 유전자 서열을 분석한다. 이 유전자는 모든 원핵생물 (예, 세균과 고세균)에서 발견되기 때문에 선택되며, 진핵생물에서 발견되는 상동유전자인 18S rRNA와는 다르다. 그러므로 식물, 균류, 또는 동물의 유전자와는 별개로 세균 유전자를 추출하고 분석하는 것이 가능하다. 더욱이 세균에는 독특한 다른 유전자들이 있지만, 16S rRNA 유전자의 길이는 단지 약 1.5 킬로베이스여서, 염기서열 분석을 쉽고 저렴하게 수행할 수 있다.

예비조사 (예, Heath & Saunders, 2006; Horsewell 등, 2002)에서 토양미생물학적 프로파일링이 실제 법의학적 잠재력을 가지다고 언급되었으며, 그 내용은 Hill 등 (2007)에 의해 검토되었다. 그 방법은 표준화하고 및 최적화하기 위해 수행해야 하며, 그 설득력과 한계성을 결정할 필요가 있다. 특히 몇몇 과학자들은 미생물 프로파일링이 DNA에 근거하기 때문에 이것이 사람 DNA 프로파

사례연구: 말단 길이다형성 분석
(terminal restriction fragment length polymorphism analysis, T-RFLP)

먼저 DNA는 토양이나 법의학 샘플에서 분리되어, 그 후 PCR 조작의 한 부분으로 16S rRNA 유전자가 프라이머(primer)와 함께 증폭된다–세균에서 이용가능한 보편적 16S rRNA 프라이머는 상업적으로 이용가능하다. 이 기법에서 순방향프라이머(forward primer)는 형광으로 표지되나, 역방향프라이머(reverse primer)는 그렇지 않다. 그 후 증폭된 유전자는 보통 4개의 염기쌍 인식서열을 가지고 있는 제한효소로 소화된다. 이것은 전기영동에 의해 그들의 분자량을 바탕으로 분리될 수 있는 다양한 크기의 절편을 생성한다. 오직 말단 조각만이 형광으로 표지되기 때문에 이것들만이 탐침될 것이다. 각 밴드는 길이가 다른 절편들을 나타내며, 다른 미생물 유전자형을 나타낸다. 이러한 방법으로 특정한 토양이나 법의학 샘플을 위한 '바코드(barcode)'가 얻어질 수 있다.

일링과 비교하여 다소 유사한 정확도를 제공할 것이라는 것을 제시하였다. 이것은 확실히 그 사례가 아니며, 꽃가루 프로파일링 또는 무기질 분석과 같이, 토양미생물 프로파일링은 샘플들 간에 어떤 유사성(degree of similarity)이 있다는 것 이상을 나타내는 것 같지 않다 - 이것의 적절성은 그 후 새로운 문제점으로 제기된다. 이것은 토양 미생물 군집은 시간과 환경조건의 변화에 따라 그의 조성이 동적(dynamic)이기 때문이며 심지어 샘플의 수집과 저장도 얻어진 그 프로파일에 영향을 미칠 수 있다.

침에 있는 미생물로 사람의 신원확인

사람에 의한 교상(human bite)으로 침에 심각한 상처감염을 일으킬 수 있는 세균이 포함되어 있을 수 있다 (그림 10.1). 마찬가지로 주먹으로 때려서 생긴 입의 상처는 특히 감염되기 쉽다 (Monteiro, 1995). 그러나 이들 세균은 교상을 입인 사람을 식별하거나 피해자와 가해자가 연결 경우를 식별하는데 유용하게 사용될 수 있다. 특히 사람의 입에 자연적으로 존재하는 연쇄상구균(streptococci)은 매우 다양하며, 그들의 게놈프로파일(genomic profile)은 한 개인의 특징적인 세균상(bacterial flora)을 나타낸다. Borgula 등 (2003)과 Rahimi 등 (2005)은 지원자 자신들을 깨물게 하고 그 후 일정 기간에 걸쳐 샘플을 채취하였다. 그들로부터 살아있는 세균들은 적어도 24시간 이후에 물린 곳(bite site)에서 뿐만 아니라 의도적으로 흐트러트리지만 않는다면 옷에서도 수거될 수 있음을 보고하였다. 뿐만 아니라 물린 곳에서 찾아낸 세균 프로파일은 이 일을 범한 사람의 독특한 확인물질(identifier)을 제공한다. 이 기술의 한계와 신뢰성을 확인하고 표준화된 프로토콜을 부합시키기 위해서 해야 할 일이 많이 있다. 타액이 사람 DNA를 분리하는데 가장 실질적이라는 것이 규명되었으며 이 방법은 미래의 법의학적 분석에서 가치있는 방법임이 확실하다.

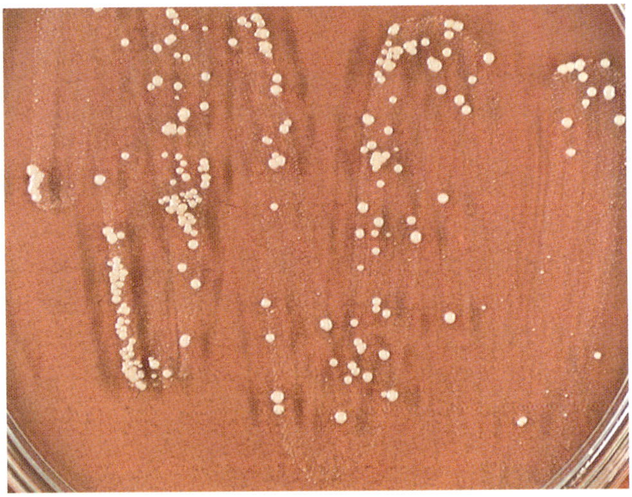

그림 10.1 영양배지에서 사람의 침으로부터 자란 세균들. 칫솔질과 구강세정을 한지 두 시간 이내에 공여자로부터 면봉 채취하였음에도 수많은 집락이 자라고 있다.

바이러스 유전자형 분석에 의한 지리적 출처 결정

많은 사람들은 바이러스에 감염되어 면역시스템의 조절에 의해 비병원성 또는 휴면상태로 유지하게 된다. 많은 다른 생물체들과 마찬가지로, 바이러스는 지역적인 변이를 나타내며 이것이 어떤 지역과 연관되어 감염된 사람을 식별하는 수단으로 사용될 수 있다는 것이 제시되어왔다. 예를 들어, Ikegawa와 그의 동료들은 일본에서 JV 바이러스(JCV)의 유전자형(genotyping)에 의하여 정체불명의 시체의 출처를 추적할 수 있다는 것을 제안하였다. JCV는 우리가 어린 시절에 감염되었던 Polyomaviridae 과(科)에 속하는 DNA 바이러스이며, 면역타협(免疫妥協, immunocompromised)(역자주: 면역 억제약물 투여 및 방사선 조사에 의하여 또는 영양실조나 어떤 질병의 진행과정에 의하여 면역반응이 약화되는 것)된 사람을 제외하고 보통 자각증상이 없다. 일단 감염되면, 동일한 바이러스 균주는 일생동안 콩팥에서 발견될 수 있다. 그 조직에서 발견되는 것에 부가하여, 바이러스는 오줌으로도 배출되는데, 범죄현장에서 발견된 튀긴 오줌은 이와 관련하여 법의학적 중요성을 갖는다. 그러나 폴리오마바이러스(polyoma virus)는 배양이 까다롭고 잘 자라지 않기 때문에 튀긴 오줌은 신선해야 한다. 10일 경과 시까지 사체로부터 JCV DNA를 분리할 수 있으므로, 이미 심하게 부패된 시신의 식별을 용이하게 한다 (Ikegaya 등, 2002). 그와 관련된 바이러스인 BK 바이러스(BKV)는 콩팥에서도 분리될 수 있으며 유사한 방법으로 사용될 수 있음이 알려졌다. 더욱이 다른 유전자형(genotype)의 두 가지 바이러스의 분포는 동일하지 않기 때문에 한 개인의 가능성 있는 출처로 좁힐 수 있었다. JCV와 BKV 유전자형(genotyping)의 법의학적 가능성은 아직 다른 나라에서 평가되지 않았으며, 개인의 확실한 신원확인이 되지는 않지만, 다른 증거와 관련하여 신원이 미확인된 사람이 자랐던 곳을 제시할 가능성이 있어, 신속한 수사에 도움이 된다. 그러므로 이 사례에서 바이러스 인자형(viral genotyping)은 안정동위원소 비율분석과 같이 일부 생각할 수 있는데, 이것은 인종의 신원확인을 위한 증거를 제공하지 않지만, 국가나 지역 같은 출처를 제시할 수 있다. 더욱이 그 효과는 안정동위원소 비율분석과 같이 데이터베이스의 범위와 신뢰성에 의존되며, 이 경우에 국가 내 및 국가 간에 바이러스 유전자형(genotype)의 분포 데이터베이스에 의존된다. 그럼에도 불구하고, 이 접근법은 세부자료가 어떤 실종자의 그것과 일치되지 않고 경찰보고가 없는 정체불명의 시체가 발견되었을 때 유용하게 사용될 수 있다. 예를 들어, 그 사체가 불법이민자의 것이거나 불법적인 인신매매를 당한 누군가의 것일 수 도 있다고 의심할 수 있다. 1990년대 이후 동유럽의 많은 여성들이 영국과 다른 나라에서 성매매로 몸을 팔았으며 그것은 심각한 문제로 남아있다. 종종 이들 여성들은 그들과 같이한 손님들이나 뚜쟁이들에 의해 살해되어, 그 후 그들이 누구이며 어디에서 왔는지를 결정하는 일은 어려웠다.

미생물 감염의 전파를 통한 희생자와 용의자의 연관

우리들 대부분은 감기에 걸린 식구나 친구를 탓하지만, 이를 과학적으로 입증하는 것은 매우 어렵다. 감기바이러스가 보통 에어로졸로 전파되므로 주변에서 감염된 어떤 사람으로부터 전염될 수 있기 때문이다. 그 질병이 성병이라면 감염의 잠재적 출처는 줄어들지만, A라는 사람이 B라는 사람을 감염시키거나, B라는 사람이 A라는 사람을 감염시키거나, 또는 A와 B가 다른 사람들과 성적접촉을 갖기 전에 이미 감염되었는지를 구별하기 어려울 수 있다. 그러나 만일 A라는 사람과 B라는 사람이 다른 균주/인자형(strains/genotype)을 가지는 성병에 감염되었다면, 그들의 감염은 서로 연관성이 없다는 것이 확실하다. 성범죄자는 종종 다수에게 고통을 주며, 일단 체포되었더라도 감옥에서 풀려나면 재범의 우려가 있다. 성범죄자는 일반 사람들보다 성병에 걸릴 가능성이 더 높으므로 (예, Giotakos 등, 2003), 성병전파를 통하여 희생자와 폭행자를 함께 연관짓는 것이 가능할 수 있다. 그러나 HIV의 전파 이외에는 (추후 참고), 이것이 행하여져 왔다고 발표된 사례는 거의 없다.

전염병의 공여자와 수용자간의 연관짓는 수단으로서 사용될 수 있기 위해서, 3가지 기준을 나타내는 유전적 마커를 식별할 필요가 있다. 첫째로, 연관이 없는 개인을 배제하기 위한 충분한 변이(variation)가 나타나야 한다. 둘째로, 변이는 쉽게 식별될 수 있어야 하며, 셋째로, 유전적 변이는 너무 느리거나 너무 빠르게 일어나지 말아야 한다. 그래서 감염된 사람들을 함께 연관시킬 수 있는 능력을 적당히 절충해야 한다. 아동학대(child abuse)의 사례에서는 질병의 전파방향에 대한 의심은 있을 수 없으며, 성병의 유전적 형태는 그 어린이를 학대한 사람에 대한 확실한 증거를 제공할 수 있다. 이 방식은 학대가 가족 간에서 일어날 때와 성인피의자의 DNA가 어린이의 옷이나 침대이불에서 발견되어도 의심스럽지 않을 때 특히 유용할 수 있다.

사례연구: 임질의 원인 규명

임질은 *Neisseria gonnorheae* 세균에 의해 생긴다. 임질은 거의 성적 접촉을 통해서 전염되므로, 이 병에 걸린 아이들은 이유없이 학대를 당해왔다. Martin 등 (2007)은 한 사건을 소개하였는데, 이 사건에서 한 소녀의 질에서 분리해낸 *N. gonnorheae* 타입이 그녀를 성폭행한 남자를 알아내는데 사용되어 도움이 되었다. 영국에는 *N. gonnorheae*를 위한 법의학적 DNA 데이터베이스(DB)가 없지만, 세균의 가장 잘 변하는 두 개의 유전자에 대한 정보가 있는 연구용 DB가 있다. 다항원 염기서열 타입 DB (multiantigen sequence typing DB)(NG-MAST)라 불리는 이 DB는 4000 가지가 넘는 *N. gonnorheae* 균주의 염기서열을 가지고 있으나, 어떤 특정한 지역과 균주의 관련성에는 사용할 수 없다. 이 사건에서 그 소녀에게서 분리해낸 균주가 용의자의 속옷 (임질의 한 증상은 생식기로부터 화농성의 물질이 나온다는 것임)의 얼룩진 부분에서 분리해낸 것과 동일한 것임을 알아냈다. NG-MAST DB는 작고 현재 균주의 분포에 대한 믿을 만한 지표를 제공하지 못하기 때문에 그 소녀와 남자가 동일한 균주에 감염되었다는 사실은 정황에 의한 증거이며, 육체적 접촉이 있었다는 것을 증명하는 것은 아니라는 논쟁이 있을 수 있다. 그러나 그 남자는 증거가 제시되었을 때 범죄를 시인했기 때문에, 증거의 설득력에 대해서는 법정에서 거론되지는 않았다.

HIV 감염원의 식별

인간면역결핍바이러스(human immunodeficiency virus, HIV) (그림 10.2)는 면역체계에 영향을 주는 인간레트로바이러스(human retrovirus)이며, 적당한 때에 이르러 '획득 면역결핍증(acquired immunodeficiency)' 또는 AIDS을 일으킨다. 거기에는 HIV-1과 HIV-2의 두 가지 바이러스 종이 있다: HIV-1은 세계 도처에서 AIDS의 주요원인체로 알려져 있으며, 반면에 HIV-2 전파는 주로 서아프리카에 한정되어 있다. HIV가 일차적으로 성적접촉에 의해 전파되는 질병이지만, 이 질병은 수혈, 정맥주사용 약물사용자가 반복적으로 사용하는 주사바늘, 사고에 의한 상처 또는 고의적인 상처[예, 주사바늘에 의한 상처(needlestick injury)], 어린 아이들에게서 불행스러운 감염이 임신기간 중 전염에 의해 발생한다. 그 결과, 어린이에서 HIV 감염은 임질과는 달리 강간으로 생기는 것이 아니다. 감염된 사람은 HIV 양성으로 남을 수 있으며, 명백하게 AIDS 증세가 나타나 전까지 몇 달 또는 몇 년 동안 건강해 보인다. 바이러스에 감염되어 T-헬퍼세포(T-helper cell)와 일부 혈액, 조직 거대세포 등의 CD4 분자를 가진 세포들을 파괴한다. 복제가 끝나고, 프로바이러스 게놈은 숙주염색체로 통합되어 휴면상태로 남아있거나, 자손바이러스(progeny virus) 생산 주기로 들어가서, 결국 세포를 파괴시킨다. HIV 감염의 임상증상은 T-helper cell의 세포수 감소를 일으키며, 그로 인하여 다른 감염원에 대응하는 면역체계가 손상된다.

HIV/AIDS는 전세계적으로 중요한 문제이며, 보건종사자들은 그들이 감염된 것처럼 모든 환자의

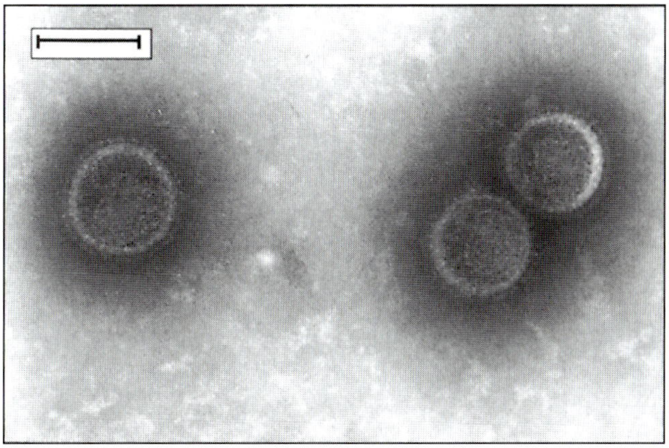

그림 10.2 음성염색한 인간면역결핍 바이러스(HIV)의 투과전자현미경 사진. 바이러스 캡시드 표면의 '스파이크(spike)'는 당단백질 분자로 구성되어있다. 캡시드는 두 카피(copy)의 단일가닥 RNA를 포함한다. 바(bar)의 길이는 100 ㎚이다. [Hart, T.와 Shears, P. (1996) *Color Atlas of Medical Microbiology*. 저작권© 1996, Mosby Wolfe에서 복제].

샘플들을 다루어야 한다. 영국에서는 결과를 알려줄 때 카운셀링을 받아야만 하기 때문에 동의없이 HIV시험을 하는 것은 불법이다. 그래서 환자와 경찰의 보호감독아래 있는 사람이 HIV 양성이라는 것을 이미 알고 있거나 자원자에 대한 정보를 알거나 시험받을 것을 동의하지 않는다면 알아낼 방법이 없다. 법병리학자들은 부검을 하는 동안 HIV와 B형 간염(HBV)와 C형 간염(HCV)같은 다른 질병에 접하는 데에 따른 위험성을 잘 알고 있으며, 그 위험성은 사체가 수일이 경과되었더라도 사라지지 않는다 (Nolte & Yoon, 2003; Douceron 등, 1993). 따라서 사체 또는 사체의 일부를 다루는 사람들은 반드시 잘 찢어지지 않는 장갑을 끼고, 적절한 방호복을 입어야 하며, 매우 주의해서 일을 해야 한다 (Galloway & Snodgrass, 1998).

HIV는 단일가닥의 RNA 바이러스이며, 그 RNA 게놈은 단백질 피막 (또는 캡시드)내에 둘러쌓여 있다. HIV는 Retroviridae 과(科), Lentivirus 속(屬)에 속한다. 'lenti'라는 용어는 라틴말의 '*lentus*'로부터 유래하며, '서서히(slow)' 또는 '불활성(inactive)'을 의미한다. 이것은 이 속(屬)에 속하는 바이러스들은 배양기간이 길기 때문이다. 그러나 다른 RNA 바이러스와 마찬가지로 HIV는 또한 적합한 조건하에서 빠르게 증식을 할 수 있다. 일단 HIV 바이러스가 세포내에 침입하여 바이러스 입자의 한 부분인 그 효소인 역전사효소(逆轉寫酵素, reverse transcriptase) (역자주: RNA에 의존하여 DNA를 합성시키는 효소)가 바이러스 RNA를 단일가닥의 DNA로 전환시키고, 그후 그에 대한 DNA 상보적 가닥을 만든다. 그 후 이 DNA는 바이러스 암호화 효소인 integrase에 의해 숙주세포 게놈으로 통합된다. 일단 통합되면, 바이러스 게놈은 정상 숙주세포 기작에 의해 숙주 DNA를 따라 복제된다. 바이러스 게놈이 숙주게놈으로 통합되는 과정은 세포내에서 정상적으로 일어나는 과정의 반대이다, 예를 들어, DNA는 RNA가 DNA 주형으로부터 합성되는 것보다 RNA 주형으로부터 합성되는데, 여기에서 역전사효소(reverse transcriptase)라는 그 효소의 이름이 나왔다: 바이러스 역전사효소(viral reverse transcriptase)는 DNA polymerase와는 달리, 그 효소가 교정능력(proof-reading ability)을 가지지 않기 때문에 높은 에러발생율(high error rate)을 나타낸다. 그 결과, 빠른 복제와 부실한 교정(proof-reading)으로 빠른 돌연변이율을 나타낸다. 그러므로 감염된 사람은 대부분의 바이러스가 공통 염기서열을 가짐에도 불구하고 유전적으로 다양한 HIV 개체군을 포함한다. 만일 그 숙주가 다른 공여체에 의해 몇 번에 걸쳐 감염되었다면, 그후 바이러스의 개체수는 더 뒤섞이게 될 것이다. HIV는 항상 빠르게 진화하기 때문에 의심의 대상이 되는 공여체와 수용체로부터 바이러스 분자 프로파일간의 정확한 일치를 얻는 것은 불가능하다. 실제로 그들 중 각각에서 프로파일은 지속적으로 변하게 될 것이며 감염과 샘플채취의 시간 간격이 길면 길수록, 변이는 더욱더 차이가 나게 될 것이다. 그 결과로서 공여체와 수용체 간의 바이러스 프로파일을 일치시키려는 어떤 시도는 그들 바이러스 개체군의 진화적 상관관계를 예측하는네 의존되며, 이들은 계통수 재구성(phylogenetic tree reconstruction)으로 알려져 있다. 계통수(系統樹, phylogenetic tree) (역자주: 분류군의 유연관계를 밝히기 위해 고안된 나뭇가지 모양의 그림)를 재구성하는 다양한 방법이 있으나, 최대확률방법(maximum likelihood method, ML)은 HIV 전파단계에서 일하는 사람들에 의해 빈번히 사용되는 경향이 있다. 이들은 제안된 계통수와 이론적 진화사(evolutionary history)가 관찰된 바이러스 개체군 프로파일을 설명하는 가능성(확률)을 결정하기 위하여 다양한 통계적 기법들을 사용한다. 컴퓨터 시뮬레이션을 이용하는 다양한 계통수를 만들어서, 가장 높은 가능성 (확률)을 가진 것을 식별할 수 있다. 그 계통수가 공여체와 수용체로서 동일한 HIV 아형(subtype)을 운반하는 사람들로부터 적절한 대조샘플을 포함하고, 동시에 동일한 지역에 사는 것이 필수적이다. 이것은 다른 사람들이 사건에 말려들게 하는 것이 아니라, 계통수가 지역 바이러스 개체군의 진화프로파일의 믿을만한 추정치를 포함한다는 것을 확실하게 하는 것이다.

공여자와 수용자에서 바이러스 프로파일은 전달의 순간부터 확산(divergence)하기 시작할 것이다. 염기치환이 일어나는 비율은 게놈의 위치와 질병의 단계 간에 다양하다 [예를 들어, 활동을 하지 않거나 급속하게 진행하거나]. 이에도 불구하고, 전체 치환율은 상대적으로 일정하며, 계통수의 제작에서 요인이 될 수 있다. 더욱이 대부분의 법의학 사례는 수년이내에 채취된 감염전파가 의심되는 샘플을 포함하며, 그 때문에 예상될 수 있는 확산양이 감소한다. 그럼에도 불구하고 계통수는 전달방향을 제공하지 못하며, 심지어 두 개인이 매우 유사한 바이러스 프로파일을 포함하는 것이 발견되었다 할지라도 다른 사람들이 전파단계에 관련되어있지 않다는 것을 의미하지 않는다. Learn & Mullins (2004)는 유사한 집단의 분류학적 판단을 하기 보다는 'A라는 사람과 B라는 사람으로부터 나온 바이러스 염기서열이 굉장히 높은 수준의 유사성을 보여준다'라는 말과 함께 또는 'A라는 사람이 B라는 사람을 감염시켰을 가능성과 바이러스 염기서열이 잘 일치한다'라는 말이 사용되어야만 한다고 제안하였다.

환자를 치료하는 동안, 특히 주사 도구 바늘에 찔리는 손상과 같은 일로 HIV에 감염된 건강한 의료인들에 대한 많은 발표사례가 있었지만, 환자들이 보호자들로부터 질병에 감염되는 사례는 거의 보고된 바 없다. 이것이 행해졌던 매우 중요한 사례는 Florida 주에 거주하던 치과의사인 David

Acer의 사례인데, 그는 HIV 양성으로 진단을 받고 환자에게 이야기하지 않은 채, 계속 영업을 하였다. 예를 들어, 그가 항상 기구를 멸균하거나 환자들마다 치료한 후 장갑을 바꾸지 않는다는 주장이 제기되었다. 몇몇 환자들은 크게 위험하지 않았지만 결국 HIV에 걸렸으며, 그 후 유전자 분석에서 환자들과 병균을 옮긴 David Acer 모두의 HIV 균주들이 매우 비슷한 것으로 나타났다. 더욱이 Acer의 병원 근처에서 살고 있는 다른 HIV 양성인 사람들은 다른 형태의 바이러스를 가졌는데, 그것은 그의 환자들이 그들의 이웃사람들로부터 보다 그로부터 감염되었다는 것을 암시한다(Ciesielski 등, 1994). 이것은 별개의 사례로 남아있으며, 그것은 여전히 치과의사로부터 환자에게 직접 전파가 일어났다는 것은 확실하지 않다.

영국과 몇몇 다른 국가들에서 현재 HIV 양성임을 알고, 보호장구없이 섹스(unprotected sex)를 하거나, 깨물기(bite) 전에 그들 파트너에게 알리지 않거나, 또는 의도적으로 다른 사람을 감염시키려하는 사람들은 고발되어 감옥에 보내질 수 있다. HIV의 성적 전파를 유죄로 규정하는 것은 HIV와 연관된 치료와 전파와 마찬가지로 매우 논란거리가 되어졌다. 논쟁거리 가운데 한 가지는 어떤 사람이 HIV를 찾아내는 것을 방해할 수 있는데, 이는 만일 네가 질병에 감염된 것을 몰랐다면 너는 그것을 알면서 전염시켰다는 혐의를 받을 수 없기 때문이다. 엄격하게 법적인 면에서, 고의적인 의도가 있었다는 것을 증명하는 일은 섹스가 합의에 의한 경우에 해롭게 하려는 의도를 가진 사람이 상대방에 대하여 행한 말에 따르기 때문에 어렵다. 2001년 3월 영국의 획기적인 사례가 있었는데, 자신이 HIV에 걸린 사실을 알고 있던 어떤 남자가 거의 일년동안 그의 여자 친구를 감염시켜 피소되었다. 그 여자 친구는 성관계를 시작하였을 때 그의 HIV 상태를 알지 못했고 결국 혈액시험을 통해서 그녀가 HIV 양성임을 알고 난 후에 그는 단지 그녀가 관계를 승낙하였다고 주장하였다. 그 남자는 그 사건에 대한 설명을 거부하였으나, 배심원은 그들 믿지 않았으며 그는 5년 징역에 처해졌다. 강간이나 성폭력이 이루어지는 동안 HIV (일부 다른 성병)의 전파기회는 합의섹스에서 보다 매우 높다. 이것은 행위 중에 발생하는 성기 또는 항문의 찰과상으로 인하여 혈류로 바이러스가 들어가기 때문이다. 그러므로 성폭행 희생자들은 폭행을 보고할 때 항상 HIV 시험결과와 상담기록을 제출한다. 아프리카의 어느 지역에서 처녀와 성교하면 질병을 고칠 수 있다는 소문이 있었으며, 이로 인하여 어린 여성들에 대한 강간사건이 크게 증가하게 되었다. 처녀들의 마력에 대한 이야기는 오래동안 이어져왔고 일반적인 믿음이 되었으며, Howe (1950)은 영국에서 7세 소녀가 임질에 걸려있었는데 어떤 남자가 그 질병을 고치기 위하여 강간했다는 사례를 기술하였다 (그 보고서에는 날짜와 장소가 없음). 법과학에서 많은 발전이 있음에도 불구하고, 수많은 강간에 대한 보고사례가 증가하였지만 불과 6% 이하만이 기소되었다는 사실은 잉글랜드와 웨일즈에서 정의에 대한 슬픈 불명예로 남아있다. 이것은 더욱 복잡한 실험기법의 개발보다도 범죄의 성공적인 해결책에 따라 결정된다는 것을 강조하고 있다.

고의적인 HIV 전파의 냉혹한 사례는 1998년에 미국 미주리 주의 St. Charles 시에서 알려졌는데, 여기에서 사혈(瀉血)전문의사(phelbotomist)로서 일하였던 아버지는 그의 직장에서 HIV에 감염된 혈액을 훔쳐서 11달 된 어린 아들에게 주사하였으며, 그는 천식발작으로 병원에 앓아눕게 되

사례연구: HIV의 우발적 감염 또는 자연적 감염

Learn & Mullins (2004)가 발표한 가장 흥미로운 사건중의 하나는 한 간호사가 연루되어있다. 이 간호사는 급성 HIV에 걸린 한 어린이의 피를 뽑는 동안 혈액수집튜브(blood collection tube)가 깨지면서 베이게 되었다. 상처를 철저히 씻어냈음에도 불구하고, 그녀는 13일 후 HIV 바이러스혈증(HIV viraemia)을 보였으며, 그녀는 그 감염이 그녀의 상처로부터 기인된 것이라 주장하였다. 바늘에 찔리거나 이와 비슷한 상처를 입게 되는 건강보건 종사자들은 언제나 당일에 혈액검사를 받게 되며, 이 간호사의 혈액은 검사에서 anti-HIV 항체 양성반응이 나왔다. 결론적으로 그녀의 고용주는 그녀가 이미 HIV에 감염되어 있었다고 주장하였으며, 이러한 주장은 그녀의 보상에 대한 주장을 제한하게 되었다. 그 간호사는 이전의 6개월 동안 성관계를 하지 않았으며, 수혈을 한 적도 없었고, 정맥주사를 맞은 적도 없었으며, 이외의 위험 부담이 높은 어떤 행위에도 노출된 적이 없었기 때문에 이러한 결과는 있을 수 없다고 진술하였다.

이 문제를 해결하기 위하여, 그 어린이와 그 간호사에게서 혈액샘플을 채취하였으며, 바이러스프로파일이 분석되었다. 대조구를 위하여, 28 염기서열(28 sequence)이 컴퓨터 데이터베이스 GenBank에서 선택되었다. HIV 게놈의 세 영역(region)이 분석되었으나, 이 *env* (envepole) V3-V5 영역(region)의 데이터만이 나타났다. *env* 영역(*env* region)은 바이러스 피막 안에 존재하는 단백질의 전구체를 암호화하며, 그 바이러스가 부착하고 표적세포와 융합할 수 있도록 한다. 이 영역의 변이성은 그것이 계통유전학적 연구(phylogenetic studies)에 매우 유용하게 쓰이도록 한다. 최대가능성평가(maximum likelihood estimate)가 뉴클레오티드 치환(substitution)의 HKY (Hasagava-Kissino-Yano) 진화적 모델로 여겨지는 바이러스 계통수(phylogenetic tree)를 개발하기 위해서 쓰여졌다. 염기변화 돌연변이는 전체 게놈을 따라 균일한 방법으로 생기는 것이 아니기 때문에 진화적 모델이 필요하다. 복잡한 정도의 다양성을 유효하게 하는 몇 개의 다른 수학적 모델이 있으며, 그 데이터에 가장 적당한 것을 찾기 위하여 다른 모델을 시험한다. HKY 모델은 다른 비율에서 전이(transition)나 전환(transversion)이 일어날 수 있게 하고 바이러스의 비대칭 염기조성(skewed base composition)을 할 수 있게 하기 때문에 HIV 계통유전학적 분석을 위해 자주 사용된다. 염기의 전이(transition)는 하나의 퓨린 또는 피리미딘이 다른 것으로 치환 (예, 구아닌 대신 아데닌 또는 티민대신에 시토신) 되는 것이고, 반면에 전환(transversion)은 하나의 퓨린이 피리미딘으로 치환되는 것이다 (예, 시토신 대신에 아데닌). 전이(transition)는 전환(transversion)보다 훨씬 덜 일반적이다. HIV는 많은 양의 아데닌과 적은 양의 시토신을 가지고 있고, 다른 염기는 다른 전이율/전환율(transition/transversion rate)을 보이기 때문에, 이것은 언제 진화프로파일을 설계할 때 고려할 필요가 있다. Learn & Mullins 분석은 간호사와 어린이 모두에서 두 개의 특별한 바이러스 개체군인 (A)와 (B)가 있음을 보여주었다 (그림 10.3). 더구나 개체군 A와 B는 대조군과 다른 것들이었으며, 간호사와 어린이 모두는 바이러스 개체군서 가지고 있는 비슷한 서열을 가지고 있었다. 그 바이러스 서열이 간호사가 가지고 있었던 것과 일치한다는 것은 그녀가 설명한 대로 감염이 이루어졌다는 것을 의미한다. 분명히 말하자면, GenBank의 유전자 서열은 충분한 '대조군(control)' 개체군을 제공하지 못하였다. 그러나 그 결과는 지역적 개체군에서 좀 더 엄격한 샘플채취가 이루어지기 전에 법정 밖에서 합의를 이루어내기에는 충분하였다.

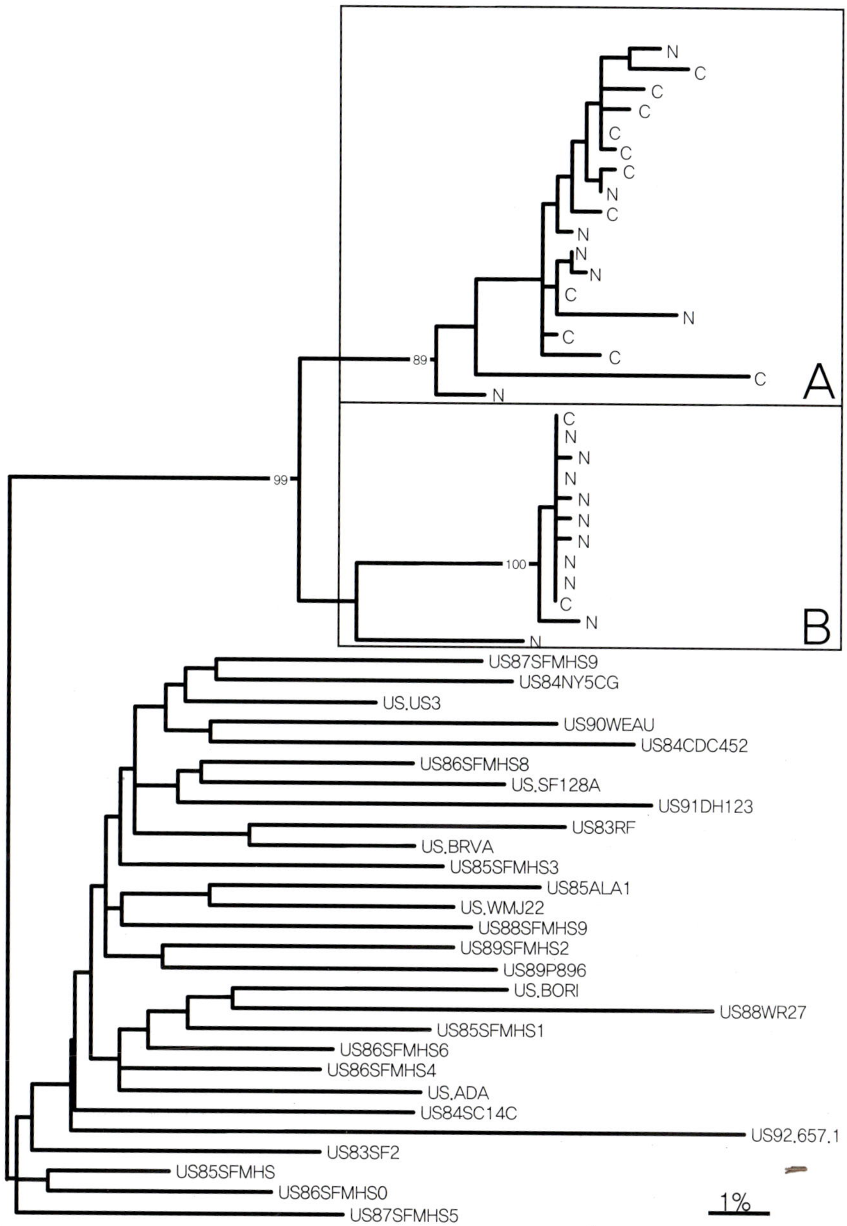

그림 10.3 간호원(N)은 어린이 혈액샘플을 채취하는 중에 실수로 감염된 어린이(C)의 HIV와 접촉하였다고 주장하였다. 이 도표는 간호원과 어린이로부터의 피막 (V3–V5) 염기서열과 GenBank로부터 무작위로 선택한 28 HIV 염기서열 간의 계통유전학적 상관관계를 재구성한 최대–가능성의 phylogram (maximum–likelihood phylogram)을 나타낸다. 스케일 바(scale bar)는 1% 유전적 거리(genetic distance)를 나타낸다 (0.01 site 당 치환). 그 마디(node)의 수는 부스트스트랩(bootstrap)을 나타낸다 (예, 그 그룹을 지지하는 복제의 퍼센트) 거기서 70% 이상 지지한다. 그 phylogram은 간호사와 어린이 모두에서 두 개의 특징적인 바이러스 개체군, (A)와 (B)가 존재한다는 것을 나타낸다. 더 상세한 것은 내용을 참조하라. (Learn, G.H. and Mullins, J.I (2004) The Microbial forensic use of HIV sequence, in Leitner, T. *et al*. (eds)(2005) *HIV Sequence Compendium*. Los Alamos National Laboratory, Los Alamos, NM, USA 승인 하에 복사)

었다. 그 아이를 치료한 의사들은 혈액검사를 통해서 그가 HIV에 노출되었다는 것이 알아내고 크게 우려하였다. 의사들은 그 아이가 오래 살지 못하기 때문에 결코 아이를 양육하지 못할 것을 전 여자 친구에게 말한 아버지를 의심하고 있던 경찰에게 신고하였다. 그 아버지는 정황증거(circumstantial evidence)에 근거하여 기소되었으며 종신형을 언도받았으며, 그 어린이는 그후 AIDS에 걸렸다.

식중독 원인미생물의 동정

식중독(food poisoning)은 매우 일반적이며, 많은 사람들이 병 또는 설사가 생기면 자동적으로 그들이 먹었던 것들에 대하여 생각한다. 그러나 일부 전문가들은 그같은 사례의 50% 정도가 애완동물, 대변의 접촉, 이미 감염된 사람들과의 접촉, 또는 손을 닦는 것과 같은 간단한 위생규칙의 불이행 등과 같이 다른 원인에 의해 감염된다고 믿고 있다. 영국에서 식중독을 일으키는 가장 흔한 세균으로는 *Campylobacter* 종 (대다수 사례에서 원인이 됨), *Salmonella* 종, *Escherichia coli* O157, *Clostridium perfringens*, 그리고 *Listerida monocytogenes* 등이 알려져 있다. 노로바이러스(Norwalk 유사 바이러스), 로타바이러스, 그리고 간염바이러스 등과 같은 많은 바이러스들도 식중독을 일으킨다. 대부분의 식중독은 생명에 위협을 주지 않으나 불쾌감을 주며, 개인에서 또는 산발적으로 발생한다. 식중독은 일회분 음식을 먹은 두 사람 이상이 고통을 겪을 될 때 발생하는 질병으로 정의된다. 종종 식중독은 특히 어린이, 노약자에서 특히 치명적이다. 식중독은 보통 비의도적으로 식품의 저장과 조리를 부적절하게 하여 세균들이 위험수준이상으로 증식한 경우 또는 불결한 위생상태로 오염된 식품이나 주변으로부터 오염되지 않은 음식으로 세균이 전달되는 경우에 발생한다. 식중독 발생원인을 규명하기 위해서는 환자의 대변으로부터 원인이 되는 생물체를 분리해야 하며, 환자들이 공통적으로 먹은 음식이 무엇인가를 알아야 한다. 오염된 음식을 먹은 모든 사람이 아프지 않거나, 그 음식을 모두 먹었거나 버렸다면 감염의 출처를 입증하기 어렵다.

이물질 (예, 면도기 면도날, 유리)과 독극물 (예, 수은)을 사용한 의도적인 식품오염은 흔히 일어나는 일이다. 대개 광범위하게 사회 전체나 제조업자에 대하여 원한이 있거나 협박을 하기 위한 개개인들에 의해 저질러진다. 식중독을 일으키기 위해서 미생물을 묻히거나 부적절한 조리 또는 저장을 통해서 의도적으로 미생물을 사용하였다는 보고는 거의 없다. 누군가가 죽음이라는 고통을 주기 위해서 저질렀을 가능성이 있으며 의도하지 않은 사망을 야기시킬 수 있는 심각한 위험성을 수반한다 할지라도 증명하기가 어려울 것이다.

식중독의 원인이 되는 생물체의 종(species)을 식별하는 것과 함께, 연루된 균주(strain)의 식별도 필요하다. 이것은 균주들마다 종종 병리학과 약물치료에 대한 내성이 다르기 때문이다. 또한 원인을 추적할 때 연루된 균주를 이해하는데 도움이 된다. 균주들을 식별하기 위해서는 기존의 배양기법을 사용하는데, 이 방법은 시간이 많이 걸리기 때문에 DNA에 근거한 다양한 방법이 부가적으로 실시되고 있다. 식중독의 원인이 되는 세균의 동정에 흔히 사용되는 분자적 기법에는 리보타이핑(ribotyping)이 있다. 이 기법은 RFLP의 변형된 방법으로 rRNA 유전자의 제한부위에서 다형성

(polymorphism)을 조사하는데 사용된다. 보통 16S rRNA 유전자의 한쪽 염기서열이 표적이 되지만, 23S rRNA 유전자의 한쪽과 중간 부위도 종종 사용된다. T-RFLP 과정과는 달리, 균주를 식별하기 위해서는 세균의 순수배양이 필요하다. 그 과정은 자동화될 수 있으며, Riboprinter®와 같은 장비가 상업적으로 이용가능하다 (Grif 등, 2003). Kishimoto 등 (2004)은 주방 일을 하는 사람의 손, 주방도구, 식품 재료 등에서 분리한 *Staphylococcus aureus*의 리보타이핑이 특정 개인들로부터 그들이 조리한 음식으로 세균의 전파를 설명하는데 사용될 수 있다는 것을 기술하였다.

사례연구: Rajneesh 종파에 의한 의도적 식중독

1984년 미국에 있는 Rajneesh 종파 (문헌에는 Rajneesh라고도 인용됨)의 신도들은 유권자들이 심한 고통으로 투표를 못하게 함으로서 지방 선거에 영향을 미치게 하려는 시도를 하였다. 그들은 몇몇 식당의 음식을 *Salmonella enteritica* var *typhimurium*으로 손으로 오염시킴으로서 이러한 시도를 하였다. 신도들은 자기들 주정부에서 승인한 의료연구실에서 세균을 얻었으며, 이 연구실은 세균을 상업적 방법으로 구입하였다. 그들은 고무장갑에 이 세균을 묻혀서, 최소 2번 이상의 다른 행사에서 이 지역에 있는 식당들에서 샐러드 바의 내용물을 손질하였다. (그리고 이 질병의 패턴으로 봐서 아마도 다른 음식들도 마찬가지 일 것으로 추정됨). 그 후 식당종업원들이 무의식적으로 오염을 시킴으로서 세균을 퍼지게 하는데 역할을 했을 가능성도 있다. 이러한 종파의 행위로 인하여 총 751명이 식중독에 걸렸고, 그중 45명이 입원을 하였다고 알려졌으나, 이 도시가 관광코스에 위치해 있고 관광객중 일부는 지나가다가 식사를 하기 위해 이 도시를 들렀을 수도 있기 때문에 이보다 훨씬 더 많은 사람들이 아마도 식중독에 걸렸을 것이다. 질병의 발생이 의도적 행위에 의한 결과라고 여겨질 수 있는 가능성에도 불구하고, 이러한 것은 여러 가지 원인들 중에서 배제되었다 (Morse & Khan, 2005; Wheelis & Sugishima, 2006). 초반에 아무도 책임에 대해 추궁하지 않았으며, 분명하게 불만을 품은 종업원을 찾아낼 수 없었다. 감염이 일어났던 식당가운데 한 곳에서 종업원들이 그들의 손님들보다 먼저 발병하였으며, 이것은 그들이 감염의 분명한 원천이므로 식중독발생이 일어날 때에 흔히 있던 패턴이다. 그 당시 공격을 할 만한 분명한 동기가 없어보였다. 아무도 다가오는 선거가 이 사건과 연관이 있을 것이라고 생각하지 못했다. 뿐만 아니라 이 병의 패턴은 발병이 두 가지 유형으로 일어났다는 것을 암시하였다. 그리고 누구도 이러한 방법으로 병원균을 퍼뜨릴 것이라고 생각하지 못했다. 그들은 독살자들(poisoners)이 흔히 원하는 효과를 얻을 때까지, 그들의 피해자들에게 계속적으로 독을 섞어 넣기 때문에 단정지을 수 없다는 것을 생각해야 했다. 비록 주민들 사이에서 그 원인체와 질병의 패턴이 굉장히 유별나기는 하지만, 질병이 자연적 방법에 의해 시작되어 퍼졌다고 아직도 생각하고 있다. 그 원인체는 이 세균이 이렇세 큰 규모의 식중독을 일으키는 일은 거의 없는 *Salmonella enteritica var. typhimurium*으로 밝혀졌다. 그러나 그해 이 주에서 이 세균으로 인하여 식중독이 또 발생했다. 결론적으로 이 식중독이 일반적이지 않기는 하지만, 전례가 없었던 것도 아니었다. 마찬가지로 식중독의 많은 경우에 그 근원을 찾지 못하기 때문에 감염의 근원을 알지 못하는 것도 흔히 있는 일이다.

그럼에도 불구하고, 이 사건에서의 몇 가지 점들이 대부분의 자연스러운 식중독 발생과 다르다는 것을 나타내고 있다. 그 첫 번째로 한곳 이상의 식당들에서 손님들이 식당에 오기 전에 그곳에서 이런 사람들이 아팠다는 것이다. 처음의 보고서에서는 많은 종업원들이 손님들보다 먼저 아팠다고 되어있으나, 이것은 나중에 고쳐진 것이었다 (Wheelis & Sugishima, 2006). 두 번째로 이사건의 많은 경우에 감염의 원인이 샐러드바와 연관이 있었으나, 살모넬라증(Salmonellosis) 식중독의 원인으로는 매우 드문 일이다. (일반적으로 달걀이나 가금류에 의한 것임). 그러나 식중독은 샐러드바 뿐만 아니라, 다른 음식들도 원인이 되었으며, 이것은 오염이 넓게 퍼졌다는 것을 의미하였다. 한가지 음식이 감염되었다는 것은 흔히 있을 수 있지만, 서로 연관이 없는 여러 가지 다른 음식이 감염되었다는 것은 분명히 이상한 것이다. 더구나 영향을 받은 모든 식당을 연결시켜주는 분명한 공통적 요인이 없었다 (예, 종업원들의 접촉, 식품공급자, 병과 연관된 음식, 동일한 물의 사용 등). 뿐만 아니라 샐러드바가 폐쇄되어 일부 종업원들이 일하고 있었음에도 불구하고 감염된 수가 줄어들었다. 이러한 사실은 종업원들이 감염의 일차적 근원이 아니라는 것과 샐러드바가 명백하게 관련이 있으며, 음식이 식당의 식사장소 주변에 놓여진 이후에 감염이 발생했다는 것을 암시하는 것이다.

종파의 관련설은 종파가 분열이 되고 몇몇 신도들이 정보제공자로 돌아서면서 분명해지기 시작하였다. 다소 어리석게도 그 종파의 사람들은 그들과 친분이 있는 연구실의 샘플들을 보관해 두었다. 결론적으로 병에 걸린 사람들에게서 분리해낸 균주들과 그들이 연구실에 보관해 놓은 샘플들이 같다는 것이 밝혀졌을 때 그 종파는 굉장히 지탄을 받았다 (Torok 등, 1997). 종파가 장티푸스 원인체이고 훨씬 더 치명적인 *Salmonella typhi*를 사용할 것으로 고려했었다고 주장하였으나, 이 주장은 감염의 근원이 종파에서 추적하는 것이 훨씬 더 쉬우리라고 여겨졌기 때문에 받아들여지지 않았다.

미생물 감염과 인간의 행동

우리의 신경계에 영향을 주는 감염원은 우리 몸을 조절하는 능력에 변화를 줄 수 있다. 예를 들어, 소아마비 바이러스는 척수(spinal chord)의 운동신경세포(motor neuron)를 파괴하여 마비를 일으키며 치명적일 수 있다. 감염이 운동을 조절하는 뇌를 손상시키면, 우리가 다른 사람들과 말하고 행동하는데 커다란 변화를 일으킬 수 있다. 이러한 변화에는 과거에 품행이 방정했던 사람이 범죄를 저지르고, 유해한 상황에서 아무런 반응을 보이지 않거나, 자살 등이 있다. 예를 들어, 매독(syphilis)은 신경계에 손상을 주는 다양한 병리학적 증상을 일으키는 질병으로 알려져 있으며, 신경매독(neurosyphilis)으로 부른다. 매독은 *Treponema pallidum*이라는 세균에 의해 성적접촉이나 선천적으로 전파되는 질병이며 (그림 10.4), 1400년대에 남미에서 돌아온 선원들에 의해 유럽에 소개된 것으로 알려져 있다. 매독은 한때 이완률(morbidity)과 사망률(mortality)이 높았지만, 현대에는 항생제 개발로 희귀한 질병이 되었다. 그러나 최근에 영국을 포함한 여러 나라에서 매독 감염이 크게 증가하고 있다. 예를 들어, 영국에서 1997년과 2006년 사이에 새로이 진단된 환자는 남자가 2165%

그림 10.4 암시야 현미경(dark-ground microscopy, DGM)을 사용하여 관찰한 스피로헤타 세균인 *Treponea pallidum*. 길이가 약 12 μm인 이 세균은 길고 가느다란 나선형이며, 나사(corkscrew) 모양으로 운동성을 지녔다. 그 세균은 DGM으로 위궤양이나 생식기점막(genital mucosa)에서 나온 삼출액(exudate)에서 관찰되기도 하지만, 보통 혈청학적 시험을 통해서 양성으로 식별된다. 유사한 스피로헤타 세균들이 구강에서 흔히 발견되므로, DGM은 구강면봉(mouth swab)으로 매독을 식별하는데 사용될 수 없다. (Peters, W. and Gilles, H.M. (1977) 승인, *A Colour Atlas of Tropical Medicine and Parasitology*, 저작권 Wolfe Medical Publications Ltd.)

증가하였으며 여자는 522% 증가하였다. 새로운 환자의 대부분은 동성연애를 하는 남자들 사이에서 생겨났다. 매독은 이탈리아의 내과의사인 Girolamo Fracastoro이 지은 시 'Syphilis siva morbus Gallicus' (매독 또는 프랑스 pox)의 글에서 유래한다. 그 시에서 매독은 Apollo 신이 그에 대한 존경심이 결여되었다는 이유로 이 질병에 시달리게 한 양돈업자 [혹은 염소치기(swineherd)]이다 [또는 염소치기(goatherd) - 직업은 번역자에 따라 차이가 있음]. 신경매독(neurosyphilis)은 나중의 '3기'와 연관되어있지만, 감염동안 어떤 단계에서도 일어날 수 있다. 신경매독은 마비와 함께, 감정의 변화, 자극에 대한 과민성, 과장된 행동, 치매 등과 같은 다양한 행동을 나타낸다.

고양이 발톱병(cat scratch fever disease)은 *Bartonella henselae*에 의해 일어나며, 그 이름이 시사하는 것처럼 어린 고양이에게서 사람으로 전파된다. 이 병은 상대적으로 흔한 질병이지만, 보통 양성이며 자기제어성(self-limiting)이다. 그러나 종종 고열, 림프절 비대, 매우 공격적인 성격과 같은 행동의 변화 등의 원인이 될 수 있다. Harvey 등 (1991)은 27세의 트럭운전기사가 약물남용의 징후를 나타내는 것으로 생각되어지는 행동에서 그같은 현격한 변화를 경험한 사례를 기술하였다. 그 결과 그는 직업을 잃게 되었으며, 아내의 고소에 따라 경찰에 의해 지역 병원에 감금되었다. 비슷한 방식으로 다양한 종류의 바이러스 [예, 헤르페스바이러스(Herpes simplex), 보나병 바이러스(Borna Disease Virus, BDV), 엡스테인-바 바이러스(Epstein-Barr Virus), 아보바이러스(arbovirus) 종류 등]에 의해 발병하는 바이러스성 뇌염은 상식 밖이고, 혼란스러워하며, 종종 반사회적 행동과 연관되어있다. 1915년과 1920년대 후반에 기면성뇌염(嗜眠性腦炎, encephalitis lethargica)이라는 질병이 범세계적 전염병으로 발생하였는데, 이 질병에 걸린 사람들은 종종 공격적인 반사회적 행동으로 고통을 받았다. 이 질병은 바이러스에 의해 발병되었으나 현대 바이러스학적 기법이 이용가능하기 전에 명백히 사라졌다고 사료된다. 파킨슨씨병의 증세와 마찬가지로 Adolf Hitler의 좋지 않은 인격적 특성은 기면성뇌염(encephalitis lethargica)의 영향 이후로부터 고통을 겪으면서 생겨났다는 이야기가 있다. 또한 전해진 바에 의하면 히틀러는 비엔나의 유대인 창녀로부터 걸린 매독으로 고통을 받았고 한다 (Hayden, 2003); 그러나 그의 행동과 그 주변의 사람들에 관한 많은 이야기들은 소문으로만 남아있다. AIDS는 기억상실, 자극에 대한 과민성, 우울증, 치매 등을 포함한 행동 변화를 일으키기도 한다.

반사회적 행동변화를 일으키는 감염은 많은 사례 가운데, 그 질병으로 고통을 받는 극소수만이 정신적 문제이며, 보다 적은 사람들이 범죄를 저지르기 때문에 의료법학적(medico-legal) 문제를 일으킨다. 그러므로 어떤 사람이 그 질병으로 감염된 결과로서 범죄를 저질렀는지, 따라서 그들의 행위는 책임이 없는지를 결정하는 임상적 판단은 어렵다.

범죄활동의 징후로 착각될 수 있는 미생물 감염

일부 미생물 감염은 폭행에 의한 징후로 착각할 수 있는 피부손상을 일으킨다 (예, Prahlow & Linch, 2000). 이것은 특히 어린아이들, 정서장애가 있거나 그들에게 무슨 일이 일어났는지에 대해 말할 능력이 없는 노망난 사람들과 같은 건강상 취약한 사람들에서 일어나는 사례로서 특별히 취약한 사람들에서 일어나는 경우이다. 예를 들어, Nielde & Kessler (1998)는 연쇄상구균 독소증후군(Streptococcal toxic syndrome)으로 죽은 4살 어린이가 아동학대(child abuse)의 희생자가 되었다는 사례를 기술하였다. 다행히도 그 세균은 부검에서 수거된 샘플에서 식별되었으며 그 결과 폭행한 사람은 아무도 없었다. 연쇄상구균 독소증후군(Streptococcal toxic syndrome)은 A군 streptococcal 세균에 감염되어 일어나며, 장기부전(organ failure)과 쇼크를 일으키는데, 그 결과는 치명적일 수 있다. 많은 사례에서 그 세균이 어떻게 체내로 들어오는지 알려지지 않았지만, 그 증상의 일반적 특성은 근막(fascia) (근육을 싸고 분리시키는 섬유조직)과 지방이 파괴되는 괴사성 근막염(necrotizing fasciitis)이 일어난다는 것이 보고되었다. 이에 따라서 피부 상층부는 죽고, 얇게 떠올라, 떨어져 나가서 그 손상된 부위는 상처가 생겨 감염된 것으로 보인다.

사례연구: Sally Clark 사례

설명할 수 없는 죽음에 감염원이 관련되었을 것이라는 가능성을 배제하는 것은 필수적인 것이다. Sally Clark의 불행한 사건에서 이러한 메시지가 고통스럽게 전해졌다. Clark 부인은 1999년 그녀의 두 갓난 아들들을 살해한 혐의로 기소되었다. 11주된 첫째아들 Christopher는 1996년에 갑자기 죽었고 14개월 후 8주된 둘째아들 Harry가 또한 죽었다. 의학전문직은 의심을 받았고

Clark 부인이 종신형을 받음으로서 경찰은 수사를 종료하였다. 두 명의 아이들을 같은 병리학자가 부검을 시행하였다. 처음에 그는 Christopher의 죽음이 호흡기관의 감염때문이라고 하였다. 그러나 Harry가 죽은 후에 그는 그의 의견을 수정하였다. 그리고 그가 질식해서 죽었다고 하였다. Harry는 '흔들림 아이증후군(shaken baby syndrome) (역자주: 어린이의 팔 · 어깨를 심하게 흔들어 생기는 치명적 증세)'에 의해 죽었다고 하였다. 두 번째 병리학자 또한 죽음이 의심스럽다는데 동의하였다. 그러나 이후 첫 번째 병리학자가 일반적인 부검과정에서 수행되는 미생물학적 시험의 결과를 알리지 않았다는 사실이 누설되었다. 이 시험결과는 Harry가 *Staphylococcus aureus* 감염증을 앓고 있었다는 것을 보여주었다. 이 세균은 뇌척수액(cerebrospinal fluid)을 포함하여 그의 몸 8군데에서 발견되었다. *S. aureus*는 정상적인 건강한 사람의 코와 피부 표면에서 흔하게 발견된다. 그리고 건강한 사람에게는 해가 없는 것으로 여겨지고 있다. 이러한 이유로 이 병리학자는 검사결과를 검시관에게 제출하지 않았다. 그는 이 세균이 오염에 의한 것이라고 생각하였다. 그러나 *S. aureus*는 또한 종기나 부스럼 같은 피부감염과도 연관이 있고 치명적인 패혈증과 뇌막염의 잠재적인 원인이 될 수 있다. Harry의 몸에 세균이 있다는 것, 특히 척수에 있다는 점은 그의 혈액세포 프로파일과 함께 Harry가 범죄행위 때문이 아니라 뇌막염 때문에 죽었을 수 있다는 것을 말해주었다. 이 결과 Clark 부인은 2003년 1월 29일 석방되었으며 그녀의 기소는 '이의 신청될 가능성이 있음(unsafe)'으로 선고되었다.

생물테러에서 미생물 사용

생물학전(biological warfare)은 고대로부터 소규모적으로 종종 있어왔으나 (Mayor, 2003), 그 영향력은 재래식 무기와 비교하여 볼 때 작았다. 생물학적 제제(biological agent)의 개발은 수년전 제네바 협약에서 금지되었으나, 그것을 막지 못하였다! 냉전시대 동안 서방국가들과 동구 공산주의자 정권들은 적들에게 막대한 인적 피해를 주기 위한 수단으로서 사람과 동물에 질병을 일으키는 제제를 개발하기 위하여 상당한 노력을 기울였다 (Wheelis 등, 2006). 소비에트 제국의 물리적 및 경제적 붕괴에 따라 거기에는 소련과학자들에 의해 개발된 그 병원균과 그들을 생산 및 운송 방법에 대한 지식이 테러주의자들과 서구 세계를 적대시하는 '불량 정부(rogue government)'의 손으로 들어가는데 대한 국제적인 우려가 제기되었다 (Brumfiel, 2003). 미국은 그러한 위협을 확신하고 그들에 대응하기 위한 전략을 개발하는데 수십억 달러를 지출해왔다. 사용할 수 있는 막대한 자금이 준비되어 있는 가운데, 몇몇 과학자들이 연구비를 얻어내기 위해서 위협에 대해 큰소리로 말하는 것은 놀라운 것이 아니다. 정부는 생물무기와 관련된 생산품에 대한 재정적 지원이 매우 위험하다는 것을 부정하지 않는다. 영국의 유해병원균 자문위원회(Advisory Committee on Dangerous Pathogens)에서는 위험도에 근거하여 생물체를 1-4 등급으로 구분하고, 4등급에 속하는 생물체는 가장 위험한 것으로 간주하였다. 미국 질병통제예방센터(CDC)에서는 생물테러에 사용될 가능성에 따라 병원균을 A-C로 명단을 작성하였으며, A-명단에 있는 병원균들이 가장 위험한 것으로 간주하고 있다.

다양한 바이러스와 세균들이 생물학전에서 사용될 수 있다는 것이 제기되었으며, 여기에 몇가지 사례를 들고 전파, 식별, 출처를 밝히는 방법에 대하여 기술하였다.

병원성 미생물의 살포

생물학전 제제(biological warfare agent)는 마치 모든 미생물에서 그렇듯이 생산하기 쉽고, 값이 저렴하며, 목표까지 운반이 용이해야한다. 감염성이 높고 치명적인 세균이나 바이러스를 취급하기 위해서는 Category 4 봉쇄시설(containment facility)과 고도로 훈련된 과학자가 필요하며, 그렇지 않으면 생산요원들은 감염되어 사망할 수 있다. 위험한 병원균을 연구하는 일, 현대 생물방어 연구실의 설비에 접근하는 일조차도 위험성이 큰 직업이다. 예를 들어, 2004년에, 야토병(tularemia) 세균을 연구하는 보스톤대학교 의대 캠퍼스에서 세 명의 연구원들이 감염되었나 (Dalton, 2005). 다행히도 그 감염은 치명적이 아니었으며, 야토병은 사람 대 사람으로 전파되는 것이 아니다. 그러나 이러한 감염이 발생하고 다른 병원균과 함께 이 질병이 의도치 않게 이웃동네로 퍼질 가능성이 있을 수 있다는 것을 깨닫기 전에 생긴 일이다. 테러리스트들은 계획된 목표물을 무력화시키거나 죽이기 위한 적당한 투여량의 설정과 운반수단에 대한 문제들에 직면하였다. 생물학적 제제는 그들이 폭발될 때 발생하는 열에 의해 파괴되기 때문에 보통 재래식 폭탄에 의해 운반될 수 없다. 비록 몇몇 국가들이 생물학적 제제를 운반하는 폭탄과 미사일 탄두를 개발했다하더라도 이것은 대부분의 테러단체로서는 알 수 없는 자원과 기술의 수준에 해당한다. 좀더 저급한 기술적 접근(low-tech-approach)은 에어로솔 형태로 그 제제를 뿌리는 것인데 이것도 생각처럼 간단한 것은 아니다. 먼저 분무기(aerosolizer)는 약 0.5−5 μm의 비말을 생성해야 한다. 비말이 이보다 작으면 그 비말들은 허파에 남아있지 않으며, 더 크면 그들은 그들의 의도하는 목표물에 도달하기 전에 바닥으로 떨어지게 된다. 더욱이 에어로졸의 효율성은 습도와 바람 등의 환경 요인들에 크게 영향을 받게 될 것이다. 예를 들어, 습도가 낮은 곳에서 비말은 빠르게 증발하는데 비하여, 많은 도시에서 일반적인 고층건물과 관련된 난기류는 공기를 위로 끌어올려 도로 가까이 낮은 쪽으로부터 멀리 흩어져 버리게 한다 어떤 질병은 의도적으로 감염된 사람에 의해 '생물폭탄(biobomber)'으로 확산될 수 있으며, 그 후 붐비는 대중교통으로 도시를 돌아다니면서 대상 주민들을 감염시킬 수 있다는 것이 이론적으로 가능하다. 그러나 계획적으로 온몸을 고통스럽고 무기력하게 하는 질병으로 몇일 동안의 잠복기를 거쳐서 공공의 장소에서 그 누구의 관심도 받지 못한 채 아주 특이하고 희귀한 상태로 죽어간다는 것은 갑작스런 폭발에 의해 '영광의 불꽃(blaze of glory)'으로 죽는 것과는 다른 이야기이다. 불만을 품은 개인이나 집단에 의한 병원균의 사용은 광범위한 사망률보다 공포를 일으키거나 행정업무의 혼란을 목표로 하는 경우가 대부분이다. 그 제제의 누출은 마치 그들의 재래식 폭탄의 사례 또는 거기에는 정부를 협박하기 위해서 누출위협을 하는 것과 같이 아마도 누출된 그 시간에 테러리스트들에 의해 공개될 것이다. 이것은 매우 적은 량의 제제를 요구하며, 매우 효과적인 장비를 필요로 하지 않으나, 여전히 널리 알려지게 되고 공포를 불러일으킨다. 그러나 이 문제들은 여기에서 다루지 않겠다.

주민들을 통해 전파되는 대다수의 전염병은 자연 창궐 또는 사람들의 과실에 의한 것임을 기억해야 한다. 예를 들어, 2002년 8월에, 거의 Barrow Arts Centre에서 200여명이 레지오넬라병에 감염되어 7명이 사망하였다 (*Legionella pneumophila*에 의해 일어남). 이 병은 세균에 의해서 발생하는데, 에어콘 유닛 내에서 증식된 세균이 주변 공기로 전파되었다. 결국 이 사건은 그곳의 책임자인 기술관리 담당자와 지방의회의 불법 살인에 대한 기소로 이어졌다.

미생물 독소

악의적으로 사용될 수 있는 것에는 살아있는 병원균에만 국한되지 않는다. 많은 종류의 미생물들은 독성이 매우 강한 독소를 생산하며 이들은 개인이나 집단을 살해하거나 위해를 가하기 위하여 사용될 가능성이 있다. 예를 들어, *Clostridium botulinum*은 현재 알려진 가장 독성이 강한 물질 가운데 한가지인 보툴리눔 독소(botulinum toxin)를 생산하며, 많은 진균류들은 잠재적으로 치명적인 곰팡이독(mycotoxin)으로 알려진 물질을 생산한다. 이들 미생물 독소는 다양한 화학적 구조를 가지고 있으나 그들 중 어느 것도 DNA에 기반을 둔 것이 아니다. 그 결과, 그들 독소는 표준 분자적 기법에 의해 탐침되거나 특징화 될 수 없다. 이들 독소를 생산하는 미생물은 자연환경에 존재하며 많은 것들이 광범위하게 분포한다. 그 결과, 우발적 오염 또는 부적절한 음식조리방법으로 보툴리즘(botulism)과 같은 일부 독소에서 유래하는 중독이 일어날 수 있다. 중독으로 고통받는 많은 사람들은 독소가 악의적으로 살포되었기 때문이라고 하지만, 그 원인을 이야기하기 전에 감염출처가 우선적으로 식별될 필요가 있다.

1990년에 일본에서 오음진리교(Aum Shrinrikyo)가 분무 또는 풍선을 통한 독소의 살포, 수원지의 오염 등으로 보툴리눔 독소를 생물무기로서 사용하였으나, 성공하지 못하였다 (Wheelis & Sugishima, 2006). 거기에는 이 생물체의 사용과 연관하여 많은 병참학적 어려움이 있다. 먼저 독소를 생성하는 균주를 분리해야 하고, 혐기적 조건하에서 배양되어야하며, 독소를 회수하여, 마지막으로 살포해야 한다. 비록 국가기관(state organization)이 전쟁에 사용할 *C. botulinum*을 개발했다 할지라도, 이들 문제점들을 극복하기 위한 정보는 일반적으로 이용하기가 쉽지 않다.

질병의 창궐이 자연적인지 악의적 행위인지의 식별

어떤 질병의 창궐이나 미심쩍은 중독을 식별하기 위하여 제일 먼저 해야 할 일은 거기에 관계된 것이 생물체인지 화학물질인지를 식별하는 일이다. 여기에는 표준화된 의학적/수의학적/실험적 기법들이 수반된다. 이전에 언급한 바와 같이, 많은 질병의 창궐은 자연 환경에서 일어나며, 개인 또는 테러리스트 집단이 관련되었다는 것이 제기되지 않았다면, 범죄활동에 의심을 두고 역학연구(epidemiological studies)를 통해야만 한다 (표 10.1). 법과학(forensic science)은 병원균이 규명되고 그 병원균의 출처가 어디인가를 알아낼 필요가 있는 생물테러가 의심되는 사건에 관여되기 시작

표 10.1 병원균의 악의적 전파의 초기 조짐을 보여주는 단서들. Morse & Khan (2005) 승인 하에 게재

(1) 명백한 설명이 없이 한가지 희귀한 질병의 출현. 예를 들어, 천연두는 현재 야생에서 박멸되었음에도, 전세계의 어디에서 한번이라도 발견되면 고의적 방출을 나타낸다.

(2) 비정상적인 유전프로파일과 전파를 증진시키기 위한 무기화의 증거를 가지는 미생물의 식별. 예를 들어, 미국에서 균주 Vollum 1B는 생물학전에서 사용하기 위해 특별하게 개발되었다.

(3) 비정상적으로 발생하는 질병. 예를 들어, 탄저병은 보통 피부 또는 위장관 질병으로 나타나기 때문에, 흡입 탄저병 (특히 몇몇 사람들에서)은 드문 것으로 간주된다.

(4) 특정 사람들 또는 연령군에서 드물게 또는 불규칙적으로 발생하는 질병. 예를 들어, 홍역과 같은 발진을 나타내는 질병의 발생은 성인들 사이에서는 흔하지 않지만 어린이들 사이에서는 놀라운 일이 아니다.

(5) 동물과 사람에서 먼저 일어나거나 동시에 일어나는 사람/동물에서 드문 이완율 또는 치환율 패턴. 예를 들어, 사람들이 말의 비저병(鼻疽病, glander) (역자주: 말의 접촉전염병)과 유사한 증세를 보이기 전에 많은 말들이 비저병 같은 증상으로 앓다가 죽기시작했느냐는 것이다. 비저병은 *Burkholderia mallei* 세균에 의한 전염병이다. 주로 말에서 일어나는 질병이지만 사람도 감염될 수 있으며 생물학전에서 사용될 수 있을 것으로 간주되었다.

(6) 희귀한 질병의 동시 발생 또는 국가 내 또는 다른 국가에서 공통으로 국경을 공유하지 않았던 지역에서 불규칙적인 증세를 나타내는 질병의 발생. 예를 들어, 영국에서 구제역이 발병하고 첫째주 동안에 Caernarfon, Northumberland, Susses의 농장에서 보고되었다.

(7) 설명될 수 없는 사람 또는 동물간의 높은 이완율 또는 치사율의 발생.

(8) 매우 높은 이완율과 치사율을 나타내는 일반 질병, 또는 보통 치료에 따른 질병의 쇠퇴. 예를 들어, 탄저병 감염은 보통 페니실린 투여로 치료하며, 페니실린과 다른 일반 항생제에 치료가 되지 않으면 의심스럽게 생각한다. 마찬가지로, 독감은 무기력하게 하지만, 젊고 건강한 성인들에서 좀처럼 사망에 이르지 않는다. 그러나 미생물의 매우 높은 병원성의 균주는 자연적으로 생긴다는 것을 기억하라 (예, 스페인플루, SARS)그리고 항생제내성의 빠른 진화는 잘 알려진 현상이다 [예, 메티실린 내성 *Staphylococcus aureus* (MRSA)과 다중약제내성 TB]

(9) 예기치 않은 지역에서 또는 희귀한 계절적 분포가 나타날 때 질병의 발생. 예를 들어, 흑사병은 인도와 아프리카 일부 지역에서 자연적으로 발생하지만, 런던에서의 발생은 매우 의심스럽다. 그러나 신속한 많은 사람의 이동, 특히 비행기 여행은 감염을 전세계로 바르게 전파시킬 수 있다. 예를 들어, 기생체가 1900년대 초기에 사라졌음에도 불구하고 매년 영국에서 3000명 가량의 말라리아 환자들이 치료를 받고 있다.

(10) 어떤 명백한 이유없이 동시에 몇가지 드물거나 뜻밖의 질병의 진단. 예를 들어, SARS와 보툴리눔증을 앓고 있는 환자들은 특별히 불운한 사람이다. 그러나 동시에 몇가지 공통된 질병조건에서 앓고 있는 어떤 사람에서는 드문 일이 아니며, AIDS 환자와 면역반응이 잘 되지 않는 사람들은 종종 다양한 동시감염으로 고통을 받는다.

(11) 많은 사람들에게 고통을 주는 뜻밖의 질병 발생. 예를 들어, 외부에서 유입된 많은 사람들에서 호흡기 질병의 발생은 흡입된 병원균 또는 화학제에 공통적으로 노출되었다는 것을 생각할 수 있다. 이것은 지하철 또는 보행자 전용상점가에서 미생물 또는 독소의 방출에 따라 일어나기도 한다.

하였다 (Breeze 등, 2005). 생물전에 대한 잠재력으로 알려져 있는 병원균의 경우, 전 세계에 있는 실험실에서 합법적으로 보관되어있는 배양균을 사용하여 그 병원균의 유전적 프로파일이나 안정동위원소비율 (Kreutzer-Martin 등, 2004)에 대해 비교함으로써 실행되었다. 이상적으로 이들 각 실험실에서 배양에 관여하는 모든 사람의 명단이 있어야 한다. 이것은 신뢰할만한 데이터베이스와 국가간의 일정수준의 협력이 필요하지만, 지속적으로 개선되어야하며 완전하기까지는 아직 요원하다. 예를 들어, 탄저간균의 분자적 특성으로부터, 어떤 사람이 자연에서 감염되었는지 또는 실험실에서 변형된 변종에 의해 감염되었는지를 결정할 수 있어야 한다. 그러나 많은 가능성 있는 생물학적 제제시험은 균주(strain) 또는 아-균주(sub-strain) 수준에서 식별을 할 수 있을 만큼 이용이 가능하지 못하며 그 시험들은 아직 충분히 입증되지 않았다.

탄저병

탄저병(anthrax)은 *Bacillus anthracis*에 의해 일어나며 (표 10.5), 강력한 병원성은 세가지 단백질을 포함하는 독소에 기인한다. 이들 단백질가운데 하나인 보호항원(protective antigen)은 치사인자(lethal factor)와 부종인자(oedema factor)의 두가지 독성효소는 숙주세포로의 유입을 용이하게 한다. 그 독소를 암호화하는 유전자는 플라스미드(plasmid)에서 발견되며 이들 플라스미드는 현재 유전적 염기서열이 결정되었다. 더욱이 *B. antracis*의 몇가지 균주들의 전체 유전자 염기서열은 진단을 용이하게 하고 어떻게 질병을 일으키는지를 이해하는데 이용되고 있다. 그 세균은 상대적으로 크고 막대형이다. 임상적 시료에서 그 세균은 캡슐을 가지며 보통 단일 또는 쌍(pairs)으로 관찰된다. 포자(spore)는 생장이 준최적화(sub-optimal) 조건에 도달하였을 때 생성되며, 살아있는 조직에서는 발견되지 않는다. 그러나 포자는 그 세균이 죽거나 토양에 존재할 때 생성된다. 반면에 탄저 간균은 배양에서 긴 사슬을 형성하고 캡슐을 만들지 않으며 포자를 생성한다. 탄저균 포자는 죽이기 매우

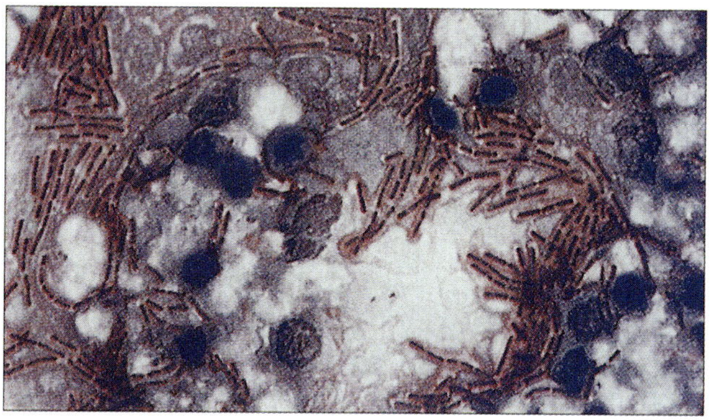

그림 10.5 Loeffler씨 폴리크롬 메틸렌블루(polychrome methylene blue)로 염색한 탄저간균의 광학현미경 사진. 배양에서 간균은 종종 연쇄상으로 자란다. (배율 x1000) [Hart, T.와 Shears, P. (1996) *Color Atlas of Medical Microbiology*. 저작권© 1996, Mosby Wolfe에서 복제].

어려우며 수년간 토양에서 생존할 수 있다. 2004년에 미국 Oakland 시 소재 어린이 병원 및 연구 센터(Children' s Hospital and Research Center)의 연구자들에게 백신생산을 위해 보내졌던 일단의 탄저균이 열처리로 불활성 되었고 배양에서 더 이상 생장하지 않음을 점검한 시험에도 불구하고 살아서 여전히 치명적 상태로 존재하는 것을 알았다 (Anon, 2004b). 병원성을 강화하고 항생제 내성을 갖도록 그 세균을 조작하는 능력과 결부시켜 포자가 오랫동안 생존가능하다는 사실은 생물전의 제제로서 제일의 후보군으로 고려되기에 이르렀다.

임상적으로 탄저병은 피부(cutaneous), 위장관(gastrointestinal), 흡입(inhalation) 등의 세가지 형태로 존재한다. 피부탄저병(cutaneous anthrax)은 세균이 상처 또는 피부의 갈라진 틈을 통하여 신체로 유입되어 생겨나며, 초기에는 아프지 않은 구진(丘疹, papule)이 나타나고, 뒤이어 검은 괴사성 궤양(black necrotic ulcer)으로 발달한다. 탄저(anthrax)라는 이름은 그리스말의 석탄(coal)에서 유래한다. 감염부위는 염증반응을 일으키며 광범위한 붉은 부종(red edema)으로 둘러쌓이게 된다. 피부탄저병(cutaneous anthrax)은 많은 경우에 결국 자연치유 되지만, 감염은 신체주위로 퍼져나가는 세균이 혈액공급체계에 침입하는 것과 같은 문제가 생기면 치명적일 수 있다. 피부탄저병(cutaneous anthrax)은 사람의 질병에서 가장 흔한 형태이며 종종 감염동물이나 가죽과 같은 동물제품생산에 종사하는 사람들에서 발병한다. 이 병은 비교적 흔한 질병이 되었으며, 영국에서 무역과 관련된 woolpacker disease으로 알려져 있다. 의외로 손상부위는 손가락의 경우에 좀처럼 영향을 받지 않으나, 손, 팔, 목 부위에서는 흔하다 (면도를 하다가 생긴 피부상처로 이 세균이 침입할 수 있음). 이 질병은 선진국에서는 동물관리, 위생, 효과적인 동물백신의 이용능력의 향상으로 사람에서는 별로 발생하지 않는다. 영국에서 1981년에서 2000년 사이에 불과 14명의 환자가 발생하였으며, 미국에서 1955-1999년 사이에 매년 평균 5명의 환자가 발생하였다. 위장관 탄저병(gastrointestinal anthrax)은 탄저포자에 오염된 식품을 섭취함으로서 발병되며, 위장관에서 병변을 일으켜 세균의 침입으로 패혈증과 죽음에 이르게 한다. 흡입탄저병(inhalation anthrax)의 자연적 발병사례는 흔하게 일어나지는 않다. 이 병은 포자의 흡입으로 인해 발병하며, 생물테러 공격으로 사용하기에 가장 좋은 형태이다. 탄저포자의 크기는 1-2 μm이며, 폐 속에 존재할 수 있는 크기이다. 탄저포자는 폐포(aloveoli)에 존재하는 대식세포(大食細胞, macrophage)에 의해 섭취되며 발아하여 림프절 인근과 신체 주변의 혈액을 통하여 운반된다. 초기증세는 감기와 유사하지만, 일단 폐에 감염되면 심한 호흡장애가 수반되고 빠르게 치명적으로 될 수 있다. 탄저병의 사람 대 사람 전파는 자연적으로 일어나지 않는 것으로 생각된다.

탄저병의 식별을 위한 가장 좋은 방식은 37℃의 호기적 조건으로 혈액한천배지(sheep blood agar)에 배양하는 것이다. 그러나 이 방식은 종단위의 식별만을 제공하며 법의학적 목적을 위해 감염균주를 결정하고 유사한 출처를 알기 위해서는 분자적 시험과 화학적 시험이 요구된다. 일부 분자적 시험은 다음의 사례연구를 통해서 소개되며, Budowle 등 (2005)은 탄저균을 동정하기위해 개발중인 '랩온어칩(lab-on-a-chip) (역자주: 최미세 회로의 반도체 기술과 나노기술, 생명공학기술 등의 집적으로 손톱만한 크기의 침에서 실험실에서 할 수 있는 연구를 가능하게 만든 장치)' 기법에 대한 견해를 제시하였다.

사례연구: Aum Shrinikyo 종파에 의한 탄저균 살포

탄저균의 병원성은 균주에 따라 크게 다르며, 그 특성은 병원성이 없는 곳에서 백신의 개발에 사용되고 고병원성이 요구되는 생물학적 제제를 개발하는데 사용된다. 일본에 있는 Aum Shrinikyo 종파(cult)의 추종자들은 1993년 그들이 탄저균 포자를 Kameido (도쿄인근에 있는) (Wheelis and Sugishima, 2006)에 퍼트릴 때 이러한 점을 깨닫지 못했던 것 같다. 이 종파의 신도들은 포자현탁물이 포함된 액체배양액을 여러번에 걸쳐 그 건물의 8층에서 뿌렸다. 몇몇 사람들이 냄새 때문에 불평을 하기는 하였으나 아무도 병에 걸리지는 않았다. 지역민들의 불평을 가라앉히기 위하여 이 종파의 대변인은 기자회견을 열었는데, 이 기자회견에서 그는 이 냄새가 그 종파의 종교적 행사와 관련이 있는 것이라고 주장하였다. 주민들은 납득하지 않았으며 그들의 불평은 계속되었고 경찰이 관여되기 시작하였다. 그러자 그 종파는 뿌리는 것을 중지하고 그 곳을 떠났다. 이후에 분석에 의하면 그 종파의 제조장비는 엉성하게 만들어져 새어나갔으며, 효과적인 에어로졸이라기보다는 커다란 비말을 만들어냈다. 더욱이 그 포자의 농도는 아마 너무나 낮아서 비록 더 유독한 균주를 사용하였다 하더라도 효과적이지는 못하였을 것이다. 그들의 진짜 의도는 이 종파가 도쿄의 지하철역에 사린가스(sarin gas)를 조금 더 성공적으로 살포한 후에 밝혀졌다. 이 사건으로 여러 명이 죽었으며, 이 종파의 활동에 대한 면밀한 조사가 이루어졌다. 냄새에 대한 불평 때문에 관계당국에서 채취 보관해 온 액체시료에 대한 분석 결과, 세균집락을 자라게 할 가능성이 있는 탄저균 포자가 발견되었다. 이 집락에 대한 DNA 분리와 MLVA (multiple locus variable number tandem repeat analysis) 유전형은 그 탄저병이 스턴(Sterne) 백신 균주에 속한다는 것을 보여주었다 (Keim 등, 2001). MLVA 타이핑(typing)은 비록 이것이 모든 종들에 적합한 것은 아니지만, 많은 세균 [예, *Yersenia pestis* (페스트), *Mycobacteria tuberculosis* (결핵)]의 균주의 동정에 유용하게 사용된다. 이 기법은 세균 게놈의 적절한 유전자 자리(loci) [마커(makers)]를 분석하는 것과 동정하는 것을 필요로 한다 (그림 10.6). 예를 들어, Lista 등 (2006)은 탄저병의 균주들을 동정하기 위하여 25개의 적절한 마커를 동정하였다. 그후 이 유전자자리(loci)는 증폭되고, PCR 산물들은 그들의 크기에 의해 분리된다 - 그 크기는 그것들이 가지고 있는 연쇄반복(tandem repeat)의 수에 따라 결정된다. 그러면 균주들은 균주가 다르게 있는 위치의 수에 근거하여 구별될 수 있다. Sterne34F2 백신균주는 이것이 동물백신을 만들기 위해서 쓰여지고 있는 일본에서는 널리 구할 수 있다. 그래서 아마도 이종파의 한 신도가 많은 양의 세균이 배양되고 보급되는 곳으로부터 동물백신의 약병을 구했을 것이다. 감사하게도 비병원성이였기 때문에 사람에게는 큰 위협이 되지는 않았다.

사례연구: 워싱턴의 탄저균 편지 공격

2001년 9월에서 10월 사이에 탄저균 포자가 들어있는 편지들이 일반우편을 통하여 미국의 media outlet (역자주: 다양한 유통 채널을 통해 공개 기능을 기사와 뉴스를 전달 출판 또는 방송 프로그램)과 Washington, DC, 그리고 뉴욕시에 있는 두 상원의원들에게 배달되었다. 이 사

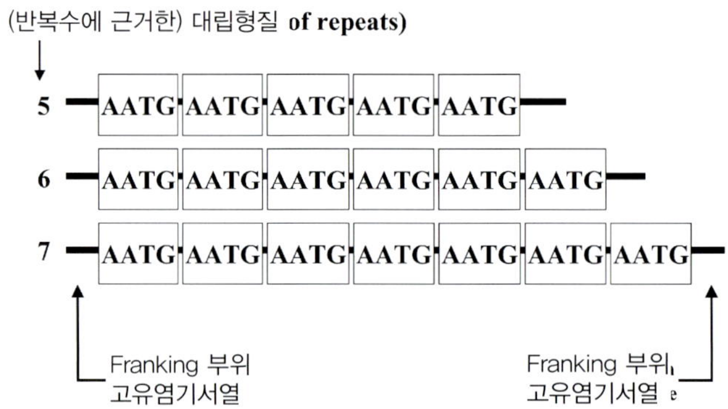

그림 10.6 Multiple-locus variable number tandem repeat analysis (MLVA)의 도해적 표시. 그 세 개의 앰플리콘(amplicon)은 그들이 포함하는 반복서열(repeat sequence)의 수에 따라 크기가 다르다. 예를 들어, 앰플리콘은 크기에 근거한 전기영동에 의해 식별될 수 있다. [Budowle 등 (2005) Genetic analysis and attribution of microbial forensic evidence. *Critical Reviewers in Microbiology*, **31**, Informa Healthcare, Taylor & Francis 승인]

건은 두 번의 서로 다른 때에 발생하였으며 18건의 확인된 탄저병 사건이었으며, 이로 인해 5명이 사망하였다. 이 사건들 중 피부탄저병(cutaneous anthrax)과 접촉되었던 7명은 모두 살아났으며, 흡입탄저병(inhalation anthrax)과 접촉되었던 11명중 6명이 살아났다. 이것은 생물테러(bioterrorsim)를 통해 접촉된 경우, 흡입탄저병(inhalation anthrax)의 발생율이 높다는 것과 이러한 형태의 질병이 치료하기가 훨씬 더 어렵다는 것을 말해주는 것이다. 그 편지들은 손으로 주소가 씌어졌으며 내용물의 특성을 나타내는 간단한 손으로 직접 쓴 노트가 들어있었다. 미국과 이스라엘에 대한 위협과 '알라(Allah)는 위대하다'라고 끝이 맺어져 있었다. 편지들은 거칠게 씌어져 있었으며 잘못된 철자도 있었다. 누구든지 그것을 쓴 사람의 의도는 분명히 의심을 모슬렘 극단주의자 조직에게 돌리게 하려는 것이었다. 비록 몇몇 사람들은 통상적으로 의심을 받고 있는 이라크와 시리아와 관련이 있다고 확실히 믿고 있지만, 이후에 이루어지 조사는 이번사건이 매우 이례적임을 말해주고 있다. 편지들에 찍혀있는 소인들은 편지들이 뉴저지의 프린스턴에서 보내진 것임을 보여주고 있다. 비록 이 지역에 수백 개의 우편함이 있지만 그것들 중 오직 하나에서만 시험에서 탄저균에 대한 양성반응이 나왔다.

편지들은 확실하게 봉합이 되어있었지만 건조된 탄저균 포자들은 바깥부분을 오염시키지 않으면서 일반적인 편지봉투 안에 넣는 다는 것은 근본적으로 불가능한 일이다 (Beecher, 2006). 결론적으로 편지가 붙여진 후 무심하게 봉투를 만진 사람들과 이 봉투를 연 사람들이 감염이 되었다. 이러한 사실은 누구든 이 편지를 보낸 사람은 봉투들을 채울 때에 개인적 위험요소를 줄일 수 있는 시설에 접근할 수 있었으며, 봉투를 봉합하기 위해서 침을 묻히지 않았다는 것을 암시하는 것이다. 봉투들이 열렸을 때 그 편지들에서 분말이 퍼져 나왔다. 어떤 편지들에서는 분말이 거친 갈색이었지만, 다른 것들에서는 고운 흰색의 상태였다. 이어진 분석에서는 분말이 같은 탄저균주의 다른 등급을 나타내고 있음이 밝혀졌다. 다소 당황스럽게도 분자적 분석에서 그 탄저균은 미국 내에서 개발된 'Ames' 균주에 속한 것임이 밝혀졌다. 뿐만 아니라 그 당시 미국 내 몇몇 실험실과 그 밖의 몇 군데에서 이 균주를 보유하고 있기는 하였지만, 모두 미육군 전염병 의학연구소(US Army Medical Institute of Infectious Disease, USAMRID)에서 그 균주의 스톡(stock)이 유래되었다는 것이다. "Ames" 균주는 1980년에 죽은 텍사스의 병든 소에서부터 처음 얻어졌다. 비록 이것이 매우 유독성이 있는 균주이기는 하지만, 백신의 개발에 주로 사용되었다고 보고되었다. 탄저균 포자가 무기화 되었다는 표현에는 아직도 논란의 여지가 있다. 예를 들어, 공기중에 퍼져있을 만큼 작은 크기로 빻아지고, 또는 덩어리지는 것을 줄이고 에어러졸화 하는 것을 돕기 위해 실리카와 같은 첨가제가 입혀진다. 한번 에어로졸화되면 포자는 공기의 흐름을 타고 먼 거리까지 퍼져 나갈 수 있어, 넓은 지역의 표면을 오염시킨다. 초기 보고에서는 최소한 몇 개의 탄저균 편지들이 무기화된 포자를 갖고 있다고 하였다 (Inglesby 등, 2002). 그러나 Beecher (2006)에 따르면 첨가제가 사용되어 포자가 만들어지고, 이 포자가 군사적 무기생산에 가까운 발전된 기술로 여겨지는 것은 널리 회자되고 있는 잘못된 인식이라는 것이다. 이것은 이러한 인식이 편지를 보낼 수 있는 사람들의 수를 증가시키기 때문에 중요한 것이다. 불행히도 Beecher는 이러한 주장을 뒷받침할만한 어떠한 데이터나 참고문헌을 제공하지 못하였으며, 이러한 것들이 제공될 때까지 의심은 지속될 것이다 (Mereish, 2007). 몇몇 포자는 전자현미경 사진을 스캐닝해 보면, 실리카 입자들이나 '제분(milling)'의 증거가 전혀 없는 매우 순수한 샘플이라는 것을 알 수 있다. Ember에 의하면 (2006) X 선, 질량분석법(mass spectrometry)을 사용한 포자샘플 중에서 실리카가 검출된 것들이 있었다는 보고가 있다. 그러나 다른 보고에서는 이것은 실리카 화합물(silica, SiO2)의 피크가 실리콘 원소(Si)의 피크와 혼동되었기 때문이라는 주장이 있었다. 비록 실리콘이 *Bacillus cereus*의 포자의 표면에서 보고되긴 하였지만, 다른 사람들은 상당한 양에서 실리콘의 존재를 확인하는데 실패하였으며, 그리고 탄저포자에 실리콘이 있었다는 것은 입증될 필요가 있었다. 만일 실리카가 포자와 함께 있었다면, 그것의 화학적, 물리학적 특성은 이것이 어디서 유래하였는지를 알아내기 위해 '징표(signature)'로서 사용되었을 것이며, 이로 인해 출처명단을 줄여나갈 수 있을 것이다. 비교적 최근의 뉴스에서 (Greenemeier, 2008) 과학자들이 2002년쯤에 표면에서보다 탄저균 포자 안에 실리콘/실리카가 있다는 것을 보여주었다고 언급하였으나, 아직 그들의 결과를 발표하지는 못하고 있다. 불행하게도 그 뉴스보고서에서는 실리콘과 실리카라는 단어를 마치 그것들이 같은 것인 것처럼 사용하고 있다. 만약 존재가 측정된 그 물질이 실리카이고 외부보다는 내부에 있는 것이라면 포자가 무기화가된 것이 아니라는 더욱더 확실한 증거가 될 것이다.

포자가 편지로 배달되기 이전의 2년 동안 어느 때에 만들어졌다는 것을 보여주기 위해 폭탄 펄스 연대측정법(bomb pulse dating) (1장)이 사용되었다(Tuniz 등, 2004). 일단 탄저균 포자가 형성되면 그것들의 대사는 효과적으로 멈추게 되며, 그들은 생산연도를 표시하기 위해 ^{14}C signature를 가진다.

동위원소 분석을 통해 탄저균 포자의 배양에 사용된 물이 북동쪽 주에서 온 것이라고 보고된 바 있으나 아직까지 이 작업에 대해 자세하게 밝혀진 바는 없다 (Ember, 2006). 만약 이것이 맞다면 그 공격이 완전히 미국 내에서 이루어졌다는 좀 더 확실한 증거가 된다.

2008년까지 FBI는 USAMID의 과학자 Bruce Ivens에게 초점을 맞추었으나, 그는 기소되기 전 그해 7월 29일에 자살하였다. 2007년에 FBI는 편지에 사용된 탄저병이 Ivens가 일하던 실험실에서 사용하던 것과 동일한 Ames 균주 (RMR-1029)에 속한 것이라는 입증을 하였고 (Bhattacharjee and Ensrink, 2008), 이밖의 증거들이 Ivens가 이번 범죄에 연루된 유일한 범인이라는 것을 확실하게 하였다고 주장하였다. 그 편지에 사용된 탄저병의 출처를 찾아내기 위해서 과학자들은 새로운 분석방법을 개발해야만 하였고, 이것들에 대한 자세한 내용과 그들이 알아낸 것에 대해서는 Enserink가 간단한 설명을 제공하기는 하였지만 아직까지 공개되지 않았다(2008). 요약하자면, 수사관들은 그 편지들에 있었던 포자로부터 채취한 탄저균을 한천평판배지에서 키워 대부분의 다른 것들과 어떤 면에서 다르게 보이는 집락을 식별하였다. 예를 들면, 그것들은 약간 색이 다르거나 집락의 모서리가 조금 더 거칠거나 작은 것들이다. 한천평판배지에서 자란 각각의 집락들은 단일 포자에서 유래한다는 것을 나타낼 것이고, 이러한 대부분의 이상한 집락들은 다른 표현형을 나타낸다고 여겨질 수 있다. 그래서 이 이상한 집락들은 그들의 염기서열이 대부분의 집락들과 얼마나 다른 가를 밝혀내기 위해서 엄청난 과제로서 전체 유전체분석(full genome analysis)을 하게 되었다. 그 당시 분자적 시험이 이러한 차이점을 규명하기 위해 개발되었으며, 이 이상한 표현형의 존재를 찾아봄으로서 편지에서 나온 탄저균과 의심되는 출처에서 나온 탄저균을 맞추어 보는 것이 가능하게 되었다. 이러한 방법으로 과학자들은 미국내 실험실 내에서 온 탄저균 샘플들과 미국외 세계 전 지역에서 온 샘플들을 비교할 수 있었다.

수사초기 단계에서 FBI는 또 다른 정부측 과학자인 Steve Hatfill을 범인으로 지목하였으나, 그는 그 혐의에 대해 완전히 누명을 벗었고 손해배상으로 5백8십만 달러를 받았다. 그래서 불행하게도 Bruce Ivens에 대한 혐의는 법정에서 다루어 질 수 없게 되었다.

2008년 이 사건은 종결되었고 편지가 발송된 지 7년이 지난 후, 우리는 그 탄저균이 Ames 균주, 특히 RMR-1029 균주에 속한 것이라는 것을 확실히 알 수 있게 되었으나, 그것이 무기화가 되었는지는 모른다. 우리는 그 탄저균이 편지가 발송되기 직전에 만들어졌으며, 그것이 암거래시장으로 흘러들어가 있는 비축물(stock pile)에서 유래한 것이 아니라는 것은 확신하게 되었다. 그리고 또한 그 탄저균이 미국 내에서 생성되었다는 일부 과학적 근거가 있다. 더욱이 몇몇 폭탄테러범들 같지 않게, 공격이 일반시민들이 부엌에서부터 저질러졌다는 것도 매우 이례적이다. 그러나 가장 유력한 용의자들이 죽었기 때문에 재판은 없을 것이며, 많은 사람들의 마음속에 의심은 아직도 남아있게 될 것이다. 이에 대해서 FBI는 곧 전문가에 의해 평가된 과학논문을 통하여 최소한 증거들을 밝히겠다고 하였다. 이 유감스러운 사건 이야기의 끝부분에서 한 가지 확실한 것은 그 치명적인 편지의 배달이후 수많은 탄저균에 대한 거짓 소문과 거짓 경고들이 있었지만, 이 세상 어느 곳에서도 이러한 일이 또 일어나지는 않았다는 것이다. 이것은 이러한 형태의 테러리즘은 쉽지도 간단하지도 비용이 싸지도 않다는 것을 의미한다.

흑사병

중세시대에 영국과 다른 유럽 국가들을 괴롭혔던 가래톳흑사병(bubonic plague)의 대발생은 돌이킬 수 없을 정도로 국가전체의 심리적 불안으로 이어졌으며, '흑사병(plague)'에 대한 설명이 충분하지 못하여 사람들은 많은 불안에 휩싸였다. 영국에서 마지막으로 심각했던 흑사병의 창궐이 200년 전에 일어났기 때문에, 사람들은 흑사병이 현재 단지 역사적 사실만 존재하는 것으로 오해하고 있다.

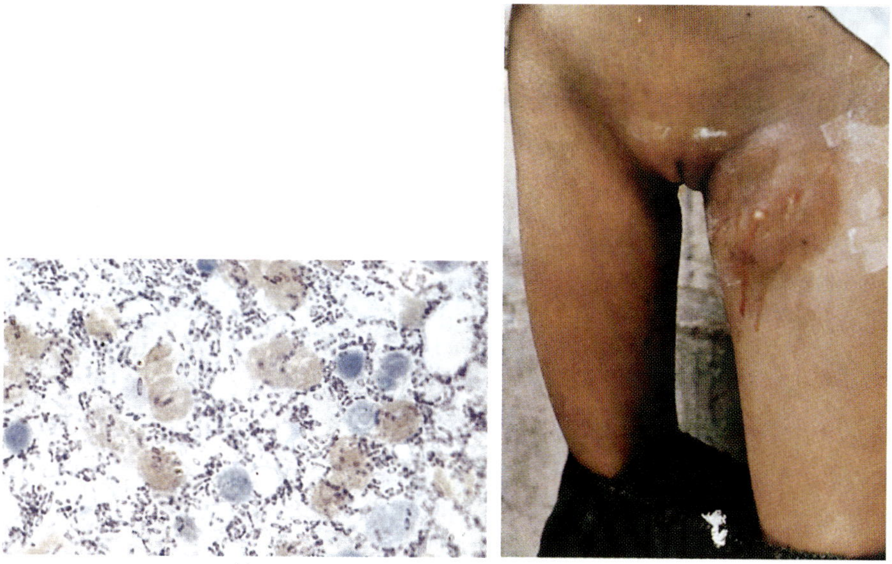

(a) (b)

그림 10.7 페스트의 원인균인 *Yersenia pestis*. (a) 간 도말(liver smear)에서의 세균들. 그 세균들은 개수가 많고, 작고 구형이며, 엷은 자색을 나타낸다. (b) 곪아 부풀어 오른 상태(suppurating swelling) [림프절종창(buboes)]는 가래톳흑사병(bubonic plague)의 전형적 특징이다. (Peters, W. and Gilles, H.M. (1977) 승인, *A Colour Atlas of Tropical Medicine and Parasitology*, 저작권 Wolfe Medical Publications Ltd.)

그러나 흑사병은 아프리카와 아시아의 여러 지역에서 여전히 보고되고 있으며, 거기에는 북미에서 초원지역에 프레리독(prairie dog) (역자주: 캐나다 중부, 미국, 멕시코 북부를 지나 록키산맥 동쪽에 발달한 남북으로 긴 대평원인 프레리 지역에서 큰 떼를 짓고 사는 개쥐)들 간에 자연주기(natural cycle)가 있으며 종종 사람들도 감염된다. 비록 중세시대에 아시아 · 유럽에 유행했던 흑사병(Black Death)의 대발생은 에볼라바이러스와 마버그바이러스와 관련된 미동정 바이러스 때문이라는 것이 보고되었으며, 대다수 미생물학자들은 *Yersenia pestis*가 원인이라고 믿고 있다. 흑사병은 가래톳(bubonic), 폐렴성(pneumonic), 패혈성(septicaemic) 등 세 가지의 주요 형태로 존재하며, 그들 모든 형태는 *Y. pestis*에 의해 일어난다 (그림 10.7). 가래톳흑사병(bubonic plaque)은 주로 사타구니, 겨드랑이, 목 등에 고통을 수반하는 림프절종창(buboes)을 생성하며, 그 후 폐렴성 또는 패혈성흑사병으로 진행되어 간다. 초기에 치료하면 가래톳흑사병(bubonic plaque)은 8% 정도의 낮은 치사율을 나타낸다. 폐렴성흑사병(pneumonic plaque)은 비말감염으로 직접 발생하거나, 가래톳흑사병(bubonic plaque)으로부터 진행되어 빠르게 치명적으로 된다. 패혈성흑사병(septicaemic plaque)은 이전의 어떠한 징후없이 또는 가래톳/폐렴성흑사병(bubonic/pneumonic plaque)으로부터 발달된다. 패혈성흑사병은 패혈성 쇼크(septic shock)를 가져오며 33% 이상의 높은 치사율을 나타낸다. 흑사병은 생물학전에서 최초로 사용되었다고 보고된 것으로 알려져 있다. 몽고군이 1346년에 Kaffa의 흑해항(Black Sea port) 주변에 야영을 하였을 때, 흑사병의 발생으로 고통을 겪었으며 많은 병사들이 사망하였으며 결국 투항해야만 하였다. 그들은 그곳을 떠나기 전에 그 도시의 battlement wall (역자주: 성벽 위에 전투를 위해 건설된 좁은 벽) 넘어로 흑사병으로 죽은 사체를 투석기로 발사하였다. 흑사병은 성안의 사람들에서 발생하였으나, 그 질병이 던져진 시신에 의한 것인지 또는 성곽의 안팎을 넘나드는 쥐들 때문인지는 알려지지 않았다. 보통 보편적인 폐렴성 형태의 흑사병은 벼룩 또는 비말감염에 의해 전파된다. 벼룩은 시신의 냉각이 시작될 때 시체에서 떠나지만, 여전히 많은 벼룩들은 먹이를 찾기 위해 남아있다. 시신으로부터 비말감염은 가능성이 낮으며, 오염된 옷은 감염의 위험성이 낮은 것으로 사료된다.

쥐 (그 세균의 정상 숙주)와 사람 간의 질병의 순환은 생활조건이 다르기 때문에 선진국에서는 입증하기가 어렵다. 그러므로 [감염을 일으키는 쥐벼룩(rat flea)인 *Xenopsylla cheopsis*를 전파하는데 필요한 동물인] 방사된 감염 쥐들은 그 쥐들의 죽음 이상을 초래하지 않을 수도 있다. 제2차 세계대전동안 일본은 생물학전 제제를 사용하기 위한 연구를 수행하기 위하여 중국에 731부대로 알려진 기구를 창설하였다. 흑사병은 그들이 연구하던 몇 가지 병원균들 가운데 한가지였으며, 수천마리의 감염된 벼룩의 방출을 포함하는 여러 가지 방법으로 전파시키는 야외실험을 수행하였다 (Harris, 2002). 그들은 실험으로 많은 지역민들을 죽게 하였지만, 자기 부대의 많은 군인들가운데 사망자도 발생하게 하였다. 수천마리의 흑사병에 감염된 벼룩을 기르는 병참술은 테러리스트가 되고자 하는 사람들에게 생각하기 힘든 과제이다. 그러므로 그 질병은 아마도 비말형태로 방출되어야 하며, 한 사람이 100-500개의 균체를 흡입할 정도가 되어야 한다. 그 질병은 따라서 밀폐된 공간에서 어떤 증기생산장치(vapor-producing device)로부터 방출되어야 한다. 탄저병과 다르게 *Y. pestis*는 포자를 형성하지 않아서 장기간 오염의 위험성은 없다. 그러나 모든 테러리스트의 무기와 같이, 그 위협은 실제 살상 잠재력보다 훨씬 더 과장되어 있다.

천연두

천연두(smallpox)는 바리올라 바이러스(Variola virus) (그림 10.8)에 의해 야기되며, 우두 바이러스(cowpox virus)와 원숭이폭스바이러스(monkeypox virus)와 관련이 있다; 수두바이러스(chickenpox virus)는 헤르페스바이러스이며 천연두와는 관련이 없다. '두창(痘瘡, pox)'이라는 용어는 옛날에 사용되던 용어이며, 농포(膿疱, pustules)를 형성하는 질병으로 알려져 있다. 천연두는 흔히 불리는 병명으로, 농포의 크기와 관련된 것이 아니라, 매독에서 생기는 농포와 구분하기 위하여 '거대 두창(巨大痘瘡, great pox)'으로 알려져 있다. 천연두는 비말감염에 의해 전파되며, 감염된 사람과 직접접촉 또는 천연두를 앓는 사람이 입거나 사용하였던 옷이나 침대시트에 의해서도 전파된다. 잠복기는 약 3주 정도이고, 그 후 독감과 유사한 증세가 나타나며, 사람에서 증세가 나타나기 2-3일 전부터 감염성이 된다. 질병이 시작되어 몇일 경과하면, 환자의 체온은 정상으로 돌아오며, 얼굴과 팔다리에 수포성발진(vesicular rash)이 생겨나 몸 전체로 퍼진다. 입과 목 부위에는 많은 양

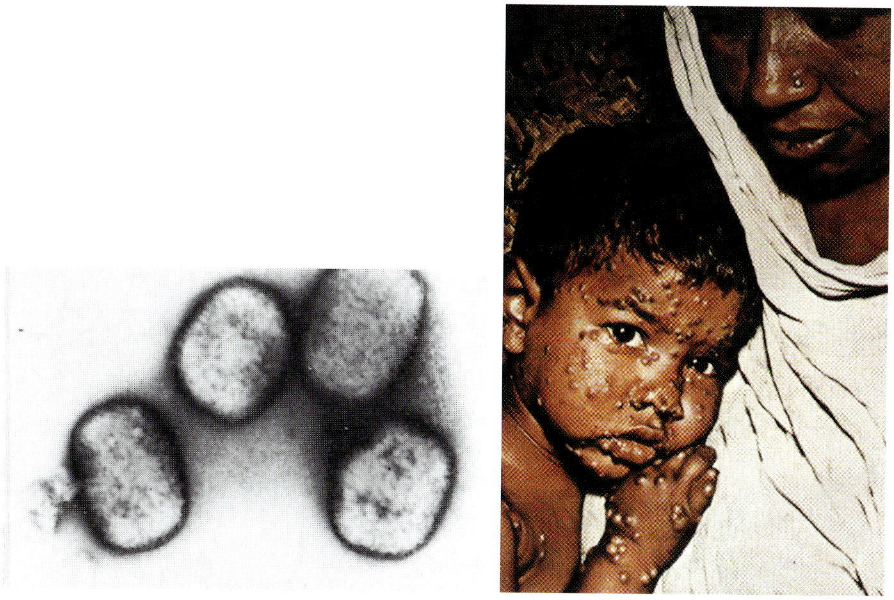

(a) (b)

그림 10.8 천연두. (a) 천연두 바이러스의 투과전자현미경 사진. (b) 천연두를 앓는 어린이. 피부의 감염부위는 세균에 의해 이차 감염될 수 있다; 폐렴과 세균성 패혈증은 빈번한 합병증이다. 그 부위는 상당히 특징적이지만, 그 질병은 실험실 동정법을 통해서 확인된다. (Peters, W. and Gilles, H.M. (1977) 승인, *A Colour Atlas of Tropical Medicine and Parasitology*, 저작권 Wolfe Medical Publications Ltd.)

의 바이러스가 방출되며, 그후 침과 호흡의 비말을 흡입하게 된다. 7-14일이 경과하면, 이들 소수포(小水疱, vesicle)는 부풀어 오르고 터져서 그 상처는 아물게 된다. 환자의 감염성은 여기에서 멈추게 되지만, 발병환자의 절반 정도에서는 다시 고열을 동반한 내부출혈(internal haemorrhage)을 일으켜 몇일 이내에 사망하게 된다. 천연두는 외모변화(disfiguration)와 높은 사망률(high mortality)을 나타내어 매우 무서운 질병으로 알려져 있지만, 이 질병은 또한 병원균이 어떻게 박멸될 수 있는지를 보여준 희귀한 사례를 남겼다. 세계 모든 국가에서는 1979년에 공식적으로 천연두가 지구상에서 사라졌다고 선언하였다. 효과적인 예방접종, 그 바이러스로 감염된 사람의 증세에 대한 신고체계(그러므로 그 바이러스는 확인되어 그 질병이 더 이상 전파되기 전에 치료되었음), 세계의 모든 국가들의 세계보건기구(WHO)의 박멸 캠페인에 적극적인 협조 등으로 박멸이 가능하였다.

이 질병은 박멸되었지만, 재출현할 수 있기 때문에 백신을 개발해야 한다는 명분으로 바이러스 스톡(stock)은 미국 Atlanta 시의 질병관리본부와 러시아 Novoskibirsk 시의 Vektor 연구소에 보관되어있다. 이들 스톡(stock)의 안전성에 문제가 있으며, 출처가 다른 스톡이 세계 여러 나라에서 유지되고 있다는 소문들이 지속적으로 나돌았다. 불법적인 스톡을 소유하고 있는 국가와 기관들은 이러한 사실을 부정하지만, 없다는 것을 입증하기가 불가능하며, 그 질병미생물이 방출된다면 그 결과는 심각하게 된다. 예를 들어, 영국에서 천연두 예방접종(vaccination)은 1960년대에 중지되었으며,

따라서 2005년까지 40세 이하의 사람들은 누구도 예방접종을 받은 사람은 없으며, 노인들의 면역력은 감소하였다. 따라서 대다수 사람들은 천연두에 대하여 감수성을 가지게 되었다. 컴퓨터 모델을 통하여 천연두가 어떻게 확산되는지에 대한 3주간의 경과를 관찰한 결과, 초기 '지침증례(指針症例, index case) (역자주: 어떤 질병의 최초의 증례)'로부터 의도적으로 감염된 10명의 환자는 추후 1명당 10명을 비의도적으로 감염시켰다 (예, 총 100명). 그것은 표지자(標識者, index person)가 매우 짧은 '기회의 창(window of opportunity)'을 통해서 그 기간 동안 감염되었지만 질병의 증상은 안면발진(facial rash)이 확실하지 않다는 위에 열거된 증세들을 기억할 필요가 있으며, 그들은 아마도 매우 고통을 느꼈을 것이다. 바이러스가 사람에게 어떻게 감염되었는지와는 무관하게 세계 도처에서 천연두는 불법적으로 소유하고 있는 바이러스의 누출로 진단하게 된다. 영국정부는 모든 생물학적 및 화학적 무기에서 것처럼 (www.dh.gov.uk), 천연두를 다루기 위한 긴급사태대책(contingency plans)을 수립하였으며, 거기에서 바이러스가 사람들에서 낮은 면역, 일상생활에서 움직이는 속도와 빈도, 그 질병의 증상이 있는 의사와 간호사를 포함한 사람들의 무지로 인하여 빠르게 확산된다는 것을 예측하였다. 경계수준(Alert Level) (1-6)은 최고의료책임자(Chief Medical Officer)에 의해 공표되며, '공개누출(overt release)' (예, 테러리스트가 특별한 경고를 하였을 경우)의 경우에 긴급사태대책은 경찰에 의해 지휘된다. 만일 누출이 '음성(covert)'이라면 (예, 경고는 없었으나 질병의 사례가 양성으로 식별된 경우), 그 대책은 보건부(Department of Health)에 의해 지휘된다. 천연두 진단전문가, 천연두 관리 및 대응 팀을 포함하는 지역의 천연두 진단 그룹과 대응 그룹이 설립되었다. 그 병원균의 구조는 바이러스의 전자현미경과 PCR 분석을 필요로 한다. 경계수준 3(Alert Level 3)에서 (영국에서 발생) 긴급사태대책은 천연두의 확산을 조절하기 위한 것으로, 양성사례를 식별하여, '천연두 센터(smallpox centre)'에서 그들을 분리하고, 그후 모든 가능한 접촉을 식별하고 그들을 예방접종하여 혼란과 불편을 최소화하는 것이다. 전체 인구에 대한 대단위 예방접종은 경계수준 4 (Alert Level 4)로 간주되며, 사례들이 서로 관련이 없는 곳에서 일어나 다른 나라에서 여러 번에 걸쳐 창궐될 때를 나타낸다. 일반 인구들에 대한 예방접종 량은 예방접종 자체에 대한 반응의 결과로서 백만분의 1의 사망률을 가지게 되어 백신의 충분한 투여량을 결정하는 문제는 균형이 맞추어져야 한다 (6천만이상의 많은 사람들에서 이것은 심각한 고려사항 임).

농업테러

생물테러(bioterrorism)는 대부분 사람의 죽음의 원인이 되는 질병과 독소에 초점이 맞추어져 있지만, 농업테러(agricultural bioterrorism)는 한 국가의 경제를 무력화시킬 기능성을 가진다. 이것은 2001년의 영국 구제역 창궐에 의해 실제로 입증되었는데, 영국정부는 직간접 경비로 120억 파운드 이상을 쏟아 부었다. 이 구제역(foot-and-mouth disease)의 발생이 고의적인 행위였다는 암시는 없지만, 그 사건이 얼마나 값비싼 대가를 치르고 파괴적 이었는지를 나타낸다.

20세기동안 각국의 정부들은 농업에 영향을 미치는 가능성을 가진 다양한 병원균들을 조사하였다 (Wheelis 등, 2006). 이들 병원체에는 농작물을 망치거나 가축들을 죽이거나 병들게 하는 바이러스, 세균, 진균, 그리고 곤충들도 포함되었다 (표 10.3 및 표 10.4). 이 연구의 가장 중요한 초점은 적의 경제를 붕괴시키고, 식량의 자급자족을 어렵게 하기 위한 것이었다. 이 병원체들은 횟김에 사용된 경우는 거의 없으며, 아주 극소수만이 어느 정도 심각한 타격을 주어왔다. 1960년대에 미국에 의해 베트남에서 에이전트 오렌지(Agent Orange) [여기에는 *n*-butyl 2,4-dichlorophenoxyacetate (2,4-D)와 *n*-butyl 2,4,5-trichlorophenoxyacetate (2,4,5-T)가 포함되어 있음]와 같은 제초제가 더욱 광범위하게 사용되었으며 일대를 완전히 황폐화 시켰다. 농업은 테러리스트의 공격에 특히 취약한데, 이는 대개 경찰력이 미치기 어려운 안전이 보장되지 않은 광활한 지역에서 일어나기 때문이다. 농작물의 사례에서 많은 농작물들이 대규모 면적에 걸쳐 단일경작으로 재배되며, 유전적으로 유사하여 병원균 공격에 취약하다. 가축은 시장으로 넘기거나 도살하고자 할 때 함께 뒤섞여 상처입기 쉽고, 국가 내, 국가 간에서 장거리 이동으로 질병이 쉽게 전파된다. 일부 사례에서 가축들은 실내에서 고밀도로 사육되며, 축사는 다른 동물의 접근에 어느 정도 안전할 수 있겠으나 감염성 병원균에

표 10.2 과거에 생물학전 제제로서 그들의 가능성에 대해 조사되었거나, 또는 최근에 고의적으로 전파가 가능한 것으로 여겨지는 몇가지 인간 병원균의 간단한 요약. 이것은 간추린 명단으로, 생물학전에서 가능성을 위해 정부에 의해 조사되었다.

미생물	전파
바이러스	
천연두	흡입
한타호흡기증후군	흡입
웨스트나일 바이러스	모기에 물림
에볼라바이러스	접촉
마버그 바이러스	접촉, 성에 의한 전파가능
라싸열 바이러스	접촉, 성에 의한 전파가능
세균	
탄저균, *Bacillus anthracis*	흡입, 섭취, 피부로 침입
흑사병, *Yersenia pestis*	빈대에 물림, 흡입 [폐렴성 흑사병]
살모넬라 식중독, *Salmonella typhimurium*	섭취
장티푸스, *Salmonella typhi*	섭취
콜레라, *Vibrio cholerae*	섭취
야토병, *Francisella tularensis*	진드기에 물림, 섭취, 접촉
브루셀라증, *Brucella* 종	접촉, 섭취
보툴리눔증, *Clostridium botulinum*	섭취
록키산 반점열병, *Rickettsia rickettsii*	진드기에 물림
발진티푸스, *Rickettsia prowazekii*	이에 물림/대변

표 10.3 과거에 생물학전 제제로서 그들의 가능성에 대해 조사되었거나, 또는 최근에 고의적으로 전파가 가능한 것으로 여겨지는 몇가지 가축병원체의 간단한 요약집. 이것은 간추린 명단으로, 생물학전에서 가능성을 위해 정부에 의해 조사되었다.

미생물	숙주	전파
바이러스		
구제역	소, 양, 돼지	접촉, 오염
우역(牛疫, rinderpest)	소, (양과 돼지는 감염될 수 있음)	접촉, 섭취
아프리카 돼지열	돼지	접촉, 섭취, 진드기 벡터
조류독감(fowl plague)	조류, 사람에 감염될 수 있음	접촉, 오염
뉴캐슬 병	조류, 사람에 감염될 수 있음	접촉, 오염
세균		
브루셀라증, *Brucella* 종	소, 사람에 감염될	접촉, 섭취 수 있음
버저병(鼻疽病, glanders), *Burkholderia mallei*	말+다른 말 종류(equids), 사람에 감염될 수 있음	접촉, 흡입
유비저(類鼻疽, Melioidosis) *Burkholderia pseudomallei*	말, 양, 염소, 돼지, 고양이 + 기타 동물 사람에 감염될 수 있음	오염, 섭취
앵무열(鸚鵡熱, psittacosis), *Chlamydia psittaci*	조류, 사람에 감염될 수 있음	흡입

표 10.4 과거에 생물학전 제제로서 그들의 가능성에 대해 조사되었거나, 또는 최근에 고의적으로 전파가 가능한 것으로 여겨지는 몇가지 식물 해충과 병원체의 간단한 요약집.

미생물	숙주	전파
바이러스		
Hoja Blanca 바이러스	벼	매미충 (수액흡입 곤충)
세균		
Candidatus Liberibacter (Huanglongbing) (역자주: 중국, 대만에서 감귤류 질환)	감귤나무	나무이(psyllids) (수액흡입곤충)
진균		
줄기녹병, *Puccicia gramminis*	밀+곡류	바람
벼도열병, *Piricularia oryzae*	벼	바람, 감염된 볍씨
감자마름병, *Phytophthora infestans*	감자	바람, 감염된 씨감자
남부잎마름병, *Sclerotium rolfsii*	많은 활엽작물 토마토, 고추, 콩	감염된 토양
곤충		
콜로라도 감자잎벌레 *Leptinotarsa decemlineata*	많은 활엽작물 토마토, 고추, 콩	비행, 수입농작물내의 오염물

사례연구: 영국의 구제역

구제역 바이러스(foot-and-mouth disease virus, FMDV)는 캡시드 안에 RNA의 단일가닥이 들어있는 RNA 바이러스 이다. 분류학적으로 FMDV는 Rhinovirus 속(屬)에 속하는 picornavirus로 분류된다. 그것은 매우 전염력이 강하고 소, 양, 염소, 돼지 등 양쪽으로 갈라진 발굽을 가지고 있는 포유동물들에게 감염된다. 인간도 감염될 수도 있지만 극히 드문 일이다. [수족구병(hand foot mouth disease, HFMS)은 서로 상관관계가 없는 바이러스인 장바이러스(enterovirus)에 의하여 발생되는 아주 별개의 질병으로, 흔히 아이들에게 감염이 일어난다]. FMD는 바이러스에 감염된 침이나 배설물에 의한 오염에 의해서 퍼진다. 일반적으로 다 자란 동물에게는 치명적이지 않으나 어린 동물들에게는 치사율이 높을 수 있다. 성년이 된 동물에게 치명적이지는 않지만 매우 허약하게 만들어 생산의 감소를 가져온다 (예, 성장, 우유생산). 발에 물집이 잡히거나 염증이 생기면 불구가 될 수도 있으며, 코나 혀 주위에서 물집이나 염증을 발견할 수 있다. 2001년 2월 도살장에 보내진 돼지에게서 발견될 때까지, 이전의 20년동안 영국에서는 FMD가 진단된 경우가 없었다. 그러나 그때쯤 이 질병은 이미 이 나라의 여러 곳에서 많이 발생되고 있었다. 이병은 요즈음에 일반적으로 행해지고 있는 가축의 대량이동에 의해 퍼져나가고 있었다. FMD를 막기 위해 경찰당국은 증세를 보이든 안보이든 이미 감염된 동물과 접촉이 있었거나 있었을 가능성이 있는 동물들은 모두 죽이도록 하였다. 그리고 넓은 지역에 걸쳐 동물과 사람들의 이동을 규제하였다. 이 질병이 발생한지 11개월 후에 끝이 났으며 600만이 넘는 가축들이 도살되었고 널리 혼란에 빠지게 되었다.

다른 RNA 바이러스와 마찬가지로 FMDV는 빠른 증식과 돌연변이율을 보이며, 이로 인해 감염의 근원을 밝혀내는 것이 복잡하였다. 지금은 FMDV의 균주를 규명하는 것은 가능하게 되었으나, 그것이 어디서부터 왔는지를 알아내는 것은 가능하지 않다. 영국에서 2001년 발병을 일으킨 균주는 O형의 범세계적 균주(type O pandemic strain) (Pan Asia)에 속하는 것으로, 이 균주는 20년동안 세계 여러 곳에 전파되어 질병을 일으키는 원인이 되었다. 다른 여러 나라에서 유래하는 균주와 한 나라 안의 여러 지역에서 유래하는 균주의 분리는 그들이 모두 밀접하게 연관이 되어있다는 것을 보여주고 있다. 그러나 특별히 근접한 일치가 남아프리카 분리체에서 발견되었으나, 이것이 영국에서 일어난 발병의 원인이 되는지 영국과 남아프리카 분리체가 공동의 출처를 가지고 있는지는 알려지지 않았다 (Mason 등, 2003). 8장에서 언급되었듯이 어떤 사람들은 야생고기나 밀수입된 고기 때문이라고 의심하고 있으나 언제 어떻게 그 바이러스가 영국에 들어왔는지에 대해서 설명해줄 수 있는 증거가 제시되지 못하고 있다.

두 번째 FMD 발병은 2007년 8월부터 9월에 발생하였다. 이번에도 많은 동물들이 도살되었고 많은 혼란이 일어나기는 하였지만, 2001년보다 훨씬 빨리 통제되었다. 첫 번째로 질병이 진단된 후 신속히 그 질병의 근원이 확인되었으며, 굉장히 당혹스러운 것이 밝혀졌다. 그 바이러스는 FMDV의 다양성에 대하여 연구하는 동물보건연구소(Institute of Animal Health), Merial Animal Health Ltd, Stebilitech LTd. 등의 3개의 정부연구소의 연구개발 장소가 소재하는 Pirbright에서 유래한 것이 거의 확실시 되었다. 바이러스는 아마도 NaOH 처리탱크 (바이러스를 사멸시키는)와 연결되는 배수장치에서 새어나왔을 것이다. 계통유전학적 분석에 의하면 발병의 원인이 된 FMDV는 O1 BFS 균주에 속하는 것이며 Pirbright에서 사용된 것과 아주 밀접하게 연관이 되어있다는 것이다. 그러나 Pirbright에 있는 이 세 곳의 연구소 모두 서로 아주 근소한 차이의 바이러스를 사용하였기 때문에 그 바이러스가 어느 연구소에서 나왔는지를 단언적으로 말하는 것이 불가능 하였다 (www.hse.gov.uk/press/2007/e07032.htm). 계통유전학적 분석은 감염된 모든 농장에서 발견된 바이러스가 서로 매우 밀접하게 연관되어 있었으며, 인근 농장이 감염되는 연쇄적 발생을 예측하는 것이 가능하다는 것을 알아내었다. 어떻게 Pirbright에서 그 농장들로 바이러스가 전파되었는가는 확실하지 않다. 그러나 아마도 질병을 일으키는 바이러스가 토양과 물을 오염시키고 신발과 자동차를 오염시켰을 것이다. 감염이 일어난 첫 번째 농장은 Pirbright에서 불과 3 마일정도 떨어져 있었으며, 길은 직접적 그 농장과 연결되어있었다. 아마도 그 다음에는 농장끼리 전염이 되었을 것이다. 그들 중 최소한 하나는 Pirbright에서 직접 감염이 되었을 것이다. 이번 경우는 철저하게 통제되고 있는 공식적으로 봉쇄된 연구소라고 할지라도 효과적인 생물안전성(biosecurity)을 유지하는 것이 얼마나 어려운가를 보여주고 있다. 결론적으로 생물테러리스트들은 그들의 활동을 비밀스럽게 유지하는 것과 너무 일찍 그들의 미생물이 알려지는 것을 막는 것이 더욱 더 어려워졌다는 것을 인지한 듯하다.

대해서는 취약하다. 더욱이 한 국가 내에서 동식물의 질병이 발생하게 되면 농산물을 수출하기 어려울 수 있으며, 자국에서의 자체소비를 떨어뜨릴 수 있는데, 영국 소에서 BSE(bovine spongioform encephalopathy)의 발생으로 수년 동안 유럽연합으로 육류의 수출이 금지된 바 있다.

해충과 질병의 고의적인 확산에 따른 농업체계의 고유의 취약점에도 불구하고, 테러리스트 집단의 목표로서 상대적으로 위험성은 낮게 평가되고 있다. 이것은 사상자 또는 사회기반시설의 파괴(예, 폭발) 등의 확실한 영향이 부족하기 때문이다. 그러나 그같은 사례의 원인이 되는 병원균은 사람의 병원균에서 이미 알려진 유사한 기법을 사용하여 식별되고 밝혀질 수 있다.

미래 연구방향

미생물 프로파일링의 발달은 사람, 동물, 식물, 사물들이 다른 것들과 지리적 영역의 연관 수단으로서 커다란 잠재적 가능성을 제공한다. 미생물 프로파일링의 변화는 사망시간(PMI), 또는 사체 (또는 유기농이나 유기농이 아닌 것)가 흑 표면위에 머문 시간을 측정하는데 사용될 수 있다. 그러나 가능성 이전에 그 기법들은 세련되고, 표준화하며, 비준함으로서, 그 증거는 법원에서 확실하게 사용될 수 있다.

성병의 분자적 분석은 사람의 DNA 증거가 부족하거나 신뢰성이 없는 강간의 사례에서 가해자와 피해자를 연결하는 가능성을 제공한다. 수십 년간의 성교육과 건강자각캠페인(health awareness campaign)에도 불구하고, 성병은 영국에서 매우 일반화 되어있다. 그 결과, 성병은 많은 강간사례와 밀접한 관련이 있는 듯하다. 이미 언급된 바와 같이, 적절한 도덕적 규범과 법적 비준이 요구되며, 진정으로 효과적이 되기 위해서 각 성병에 대한 국가데이터베이스가 필요하다.

생물테러는 항상 뉴스거리가 되지만, (바라건대) 드물게 일어나는 사건으로 남게 되길 바란다. 그럼에도 불구하고, 많은 양의 자원들을 '실지(field)' 조건에서 잠재적인 병원균을 탐색하기 위한 방법으로 계속 사용되는 일은 불가피하다. 이들은 아마도 'lab-on-a-chip' 기법의 치밀한 점을 필요로 할 것이다. 거기에는 항상 피해망상에 따른 수요가 있으며, 특별히 신뢰하지도 않으면서 사람들은 인터넷에서 탄저병 탐침키트를 살 수 있다. 다른 장비만큼, 이들 장비는 매년 보고되는 짓궂은 장난과 의심스러운 분말, 소포 등을 빠르게 식별할 수 있어야 한다. 그 기술은 (FMD와 조류 독감 등과 같은) 자연적으로 발생한 질병의 확산을 식별하고 추적하기 위해서, 그리고 고의적인 질병전파에서 일어나는 사건을 식별하는데도 필요하다.

연습문제

(1) 다량의 출혈이 부패율을 천천히 하는 이유는 무엇인가?

(2) 부패에 관련된 세균이 주로 혐기적인 이유는 무엇인가?

(3) 토양세균이 어떻게 범죄용의자를 식별하는데 사용되는가?

(4) 범행을 저지른 시간을 완화하기 위해서 피고는 전염병이 될 수 있는 질병을 앓고 있다고 어떻게 탄원할 수 있는지 예를 들어라.

(5) HIV 감염을 무모하게 전파하는 사람을 어떻게 식별할 수 있는가?

(6) 어떤 질병의 고의적 확산에 대한 초기 징조를 세 가지만 제시하라.

(7) 탄저 포자가 그 병원성에 차이가 있는 이유는 무엇인가?

(8) 흑사병의 세 가지 주요 형태는 무엇인가?

(9) 전 세계의 어느 곳에서든지 단 한건의 천연두라 할지라도 테러범이 정부기관에 대한 범법행위의 증거가 될 수 있는가?

(10) 대표적인 예로서 '농업테러'라는 용어가 의미하는 바가 무엇인지를 간단히 기술하라.

실습문제

제목

법의지표로서 토양미생물 프로파일

원리

토양미생물상(soil microbial flora)은 매우 다양하지만, 사람, 동물, 또는 물건과 연관된 법의지표(forensic indicator)가 알려지지 않은 것처럼, 그 유용성에 대한 연구는 거의 없다.

방법

미생물 프로파일링은 리보타이핑과 같은 방법에 의해 결정된다. 옷과 신발밑창에서 토양샘플을 채취하여 그 사람이 걸었던 곳에서 채취한 미생물 프로파일들을 서로 비교한다. 그들 샘플을 다른 곳에서 채취한 샘플들과도 비교하고, 저장 샘플과도 비교 평가한다. 예들 들어, 그 샘플이 2일 이상 분석하지 않으면, 미생물 프로파일은 변화되는가?

제목

토양 미생물상에서 사체의 영향

방법

사체가 어떤 위치에 얼마나 오래 있었는가를 아는데 때때로 유용하다.

원리

토양미생물상(micobial flora)은 위에 상세히 기술한 바와 같이 분자적 프로파일링기법에 의해서 또는 전통적인 방법을 사용한 배양에 의해서 평가될 수 있다. 다양한 부패단계에서 죽은 동물이나 조직은 지면에 위치하며, 샘플은 간격을 두고 하부토양에서 채취한다. 미생물상(microbial flora)의 변화는 분자 프로파일(profile)이 시간이 경과함에 따라 어떻게 변화하는지를 연구하기 위하여 배양가능한 총 세균, 균류, 원생동물의 수로부터 세부적으로 다양한 수준에서 측정될 수 있다. 어떤 변화는 pH, 유기물함량, 질소, 인산, 그리고 단백질 함량과 같은 토양의 물리적 및 화학적 특성뿐 만 아니라 토양의 특성과도 연계될 수 있다 (예, 사질양토와 점토의 비교).

참고문헌

Abbas, A. and Rutty, G. N. (2005) Ear piercing affects earprints: the role of ear piercing in human identification. *Journal of Forensic Sciences* **50,** 386−392.

Abe, S. *et al.* (2003) A novel PCR method for identifying plankton in cases of death by drowning. *Medicine Science and the Law* **43,** 23−30

Acree, M.A. (1999) Is there a gender difference in fingerprint ridge density? *Forensic Science International* **102,** 35−44.

Adair, T.W. and Dobersen, M. J.(1999) A case of suicidal hanging staged as homicide. *Journal of Forensic Sciences* **33,** 1307−0309.

Adair, T.W. *et al.* (2006) The use of luminol to detect blood in soil one year after deposition. *International Association of Bloodstain Pattern Analysis News*. 3−7.

Adair, T.W. *et al.* (2007) Appearance of chemical burns resulting from washing of a deceased body with bleach. *Journal of Forensic Sciences* **48,** 487−496.

Adams, B.J. (2003) Establishing personal identification based on specific patterns of missing, filled, and unrestored teeth. *Journal of Forensic Sciences* **48,** 487−496.

Adams, Z.J.O. and Hall, M.J.R. (2003) Methods used for the killing and preservation of blowfly larvae, and their effect on post−mortem larval length. *Forensic Sciences International* **138,** 50−61.

Akiba, N. *et al.* (2007) Fluorescence spectra and images of latent fingerprints excited with a tunable laser in the ultraviolet region. *Journal of Forensic Sciences* **52,** 1103−1106.

Alssalvar, C. *et al.* (2002) Differentiation of cultured and wild sea bass (*Dicentrarchus labrax*): total lipid content, fatty acid and trace mineral composition. *Food Chemistry* **79,** 145−150

Alberink, I. and Ruifrok, A. (2007) Performance of the FearID earprint identification system *Forensic Science International* **166,** 145−154.

Allery. J-P *et al.* (2001) Cytological detection of spermatozoa: comparison of three staining methods. *Journal of Forensic Science* **46,** 349−351.

Altun, G. (2006) Planned complex suicide: report of three cases. *Forensic Science International* **157,** 83-86.

Aunni-Perret, V. *et al.* (2005) Scanning electron microscope analysis of experimental bone hacking trauma. *Journal of Forensic Sciences* **50,** 796−801

Ambach, W. *et al.* (1992) Corpses released from glacier ice − glaciological and forensic aspects. *Journal of Wilderness Medicine* **3,** 372−376

Amendt, J. *et al.* (2007) Best practice in forensic entomology − standards and guidelines. *International Journal of Legal Medicine* **121,** 90−104.

Ames, C. and Turner, B. (2003) Low temperature episodes in development of blowflies: implications for postmortem interval estimation. *Medical and veterinary Entomology* **17,** 178−186.

Essential Forensic Biology, Second Edition Alan Gunn

Amorim, A. and Pereira, L. (2005) Pros and cons in the use of SNPs in forensic kinship investigation: a comparative analysis with STRs. *Forensic Science International* **150,** 17−21.

Anderson, G.S. (1999) Wildlife forensic entomology: determining time of death in two illegally killed black bear cubs. *Journal of Forensic Sciences* **44,** 856−859.

Anderson, G.S. (2000) Minimum and maximum development rates of some forensically important *Calliphoridae* (Diptera). *Journal of Forensic Sciences* **44,** 856−859.

Anon (2004a) Isotopic techniques to provide fresh evidence. Chemistry and Industry Issue 19 4th October, 2004. 14.

Anon (2004b) Live anthrax bacteria inadvertently sent to vaccine researchers. *Nature* **429,** 692.

Archer, M.S. and Elgar, M.A. (1998) Cannibalism and delayed pupation in hide beetles, Dermestes maculates DeGeer (Coleoptera: Dermstide) *Australian Journal of Zoology* **51,** 569−576.

Archer, M.S. and Elgar, A.A. (2003) Effects of decomposition on carcass attendance in a guild of carrion-beeding flies. *Medical and Veterinary Entomology* **17,** 263−271.

Archer, M.S. and Ranson, D.L. (2005) Potential contamination of forensic entomology samples collected in the mortuary: a case report. *Medicine Science and the law* **45,** 89-91.

Archer, M.E. *et al.* (2006) Fly pupae and puparia as potential contaminants of forensic entomology samples from sites of body discovery. *International Journal of Legal Medicine* **120,** 364-368.

Archer, N.E. rt al. (2005) Changes in lipid composition of latent fingerprint residue with time after deposition on a surface. *Forensic Science International* **154,** 224−239.

Arnaldos, M.I. *et al.* (2005) Estimation of postmortem interval in real cases basedon experimentally obtained entomological evidence. *Forensic Science International* 149, 57−65.

Asamura, H. *et al.* (2004) Unusual characteristic patterns of postmortem injuries. *Journal of Forensic Sciences* **49,** 1−3.

Audi, J. *et al.* (2005) Ricin poisoning. A comprehensive review. *Journal of the American medical Association* **294,** 2342−2351.

Avila, F.W. and Goff, M.L. (1998) Arthropod succession patterns onto burnt carrion in two contrasting habitats in the Hawaiian Islands. *Journal of Forensic Science* 43, 581−586.

Azam, F. and Malfatti, F. (2007) Microbial structuring of marine ecosystems. *Nature Reviews*: *Microbiology* **5,** 782−791.

Bal, R. (2005) How to kill with a ballpoint: credibility in dutch forensic science. *Science Technology and Human Values* **30,** 52−75.

Bamshad, M. *et al.* (2004) Deconstructing the relationship between genetics and race. *Nature*: *Genetics* **5,** 598−609.

Bass, B. and Jefferson, J. (2003) Death's Acre. Time Warner, London.

Bauer, M. (2007) RNA in forensic science. *Forensic Science International*: Genetics **1,** 69−74.

Bauer. M. *et al.* (2003) Quantification of mRNA degradation as a possible indicator of postmortem interval − a pilot study. *Legal Medicine* **5,** 220−227.

Beard, B.L. and Johnson, C.M. (2000) Strontium isotope composition of skeletal material can determine the birth place and geographical mobility of humans and animals. *Journal of Forensic Science* **45,** 1048−1061.

Beecher, D.J. (2006) Forensic application of microbiological culture analysis to identify mail intentionally contaminated with Bacillus anthracis spores. Applied and Environmental Microbiology **72,** 5304−5310.

Bender, K. *et al.* (2000) Application of mtDNA sequence analysis in forensic casework for the identification of human remains. *Forensic Science International* **113,** 103−107.

Benecke, M. (2001). A brief history of forensic entomology. *Forensic Science International* **120,** 2−14

Benecke, M. and Lessig, R. (2001). Child neglect and forensic entomology *Forensic Science International* **120,** 155−159

Bennett, J.L. and Collins, K.A. (2001) An unusual case of anaphylaxis: mold in pancake mix. *American Journal of Forensic Medicine and Pathology* **22,** 292−295.

Bennett, T.L. *et al.* (1997) Iceman's mummification - implications from infrared spectroscopical and histological studies. Chemistry − *a European Journal* **3,** 1032−1038.

Berkefeld, K. (1993) [A possibility for verifying condom use in sex offences. *J Archiv fur Kriminologie* **192**, 37−42. (in German)

Bernard, E.J. *et al.* (2007) HIV forensics: pitfalls and acceptable standards in the use of phylogenetic analysis as evidence in criminal investigations of HIV transmission. HIV Medicine **8**, 382−387

Bernd, K. *et al.* (2002) Backspatter on the firearm and hand in experimental Close-rang gunshots to the head. *American Journal of Forensic Medicine and Pathology* **23**, 211−213.

Bernet, W *et al.* (2007) Bad nature, bad nurture, and testimony regarding MAOA and SLC6A4 genotyping at murder trials. *Journal Forensic Science* **52**, 1−10.

Betz, P. *et al.* (1995) Frequency of blood spatters on the shooting hand and conjunctival petechiae following suicidal gunshot wounds to the head. *Forensic Science International* **76.** 47−53.

Bhattacharjee. Y. and Enserink, M. (2008) FBI releases documents on suspected anthrax poisoner. science NOW Daily News. 6th August 2008. www.sciensenow.sciencemag.org/cgi/contents/full/2008/806/3

Bidmos, M.A. (2005) On the non-equivalence of documented cadaver lengths to living stature estimates basedon Fully's method on bones in the Raymond A. Dart Collection. *Journal of Forensic Sciences* **50,** 501−506.

Blackledge, R. (2005) Condom trace evidence: the overlooked traces. Forensic Nurse www.forensicnursemag.com/articles/311feat6.html.

Bock, H. *et al.* (2000) Suicide in a lions' den. *International Journal of Legal Medicine* **114.** 101−102.

Bogenhagen. D. and. /clayton, D.A. (1974) The number of mitochondrial deoxyribonucleic acid genomes in mouse L and human HeLa cells. *Journal of Biological Chemistry* **249,** 7991−7995.

Bonte, W. (1975) Tool marks in bonesand cartilage. *Journal of Forensic Science* **20,** 315−325.

Borgula, L.M. *et al.* (2003) Isolation and genotypic comparison of oral streptococci from experimental bitemarks. *Journal of Forensic Odontostomatology* **21,** 23−30.

Bourel, B. *et al.* (1999) Effects of morphine in decomposing bodies on the development of *Lucilia sericata* (Diptera: Calliphoridae). *Journal of Forensic Sciences* **44,** 354−358.

Bourel, B. *et al.* (2000). Forensic entomology applied to a mummified cropse. *Annales de la Societe Entomologique de France* **36,** 287−290.

Bourel, B. *et al.* (2003). Flies eggs: a new method for the estination of short-term post-mortem interval? *Forensic Science International* **135,** 27−34.

Bourel, B. *et al.* (2004) Effects of various substances on the delay of colonisation by necro-phagous insects. *Proceedings of the 2nd Meeting of the European Association for Forensic Entomology* London, 29−30 March 2004.

Braack, L.E.O. and Retief, P.E (1986) Dispersal, density and habitat preference of the blow-flies *Chrsyomya albicceps* (Wd). and *Chrysomya marginalis* (Wd). (Diptera: Calliphoridae). *Onderstepoort Journal of Veterinary Research* **53,** 13−18

Brace, C. L. (1995) Region does not mean 'race' − reality versus convention in forensic anthropology. *Journal of Forensic Science* **40,** 171−175.

Brain, C. K. (1981) The Hunters on the Hunted? An Introduction to African Cave Taphonomy. University of Chicago Press.

Branicki, W. *et al*. (2007) Determination of phenotype associated SNPs in the MC1R gene. *Journal of Forensic Science* **52,** 349−354.

Breez, R. G. *et al*. (2005) Microbial Forensics. Elsevier, Amsterdam.

Brodbeck, S.M.C. (2007) Reflections upon arteries and veins − a plea for 'spurt patterns'. *International Association of Bloodstain Pattern Analysts New*. Jun 4−14

Brookes, A. J. (1999) The essence of SNPs. *Gene* **234,** 177−186.

Brown, A. G. (2006) The use of forensic botany and geology in war crimes investigations in NE Bosnia. *Forensic Science International* **163,** 204−120.

Brumfiel, G. (2003) Still out in the cold. *Nature* **423,** 678−680.

Buck, T. J. and Vidarsdottir, U.S. (2004) A proposed method for the identification of race in sub-adult skeletons: a geometric analysis of mandibular morphology. *Journal of Forensic Science* **49,** 1159−1164.

Budowle, B. *et al*. (1999) Mitochondrial DNA regions HVI and HVII population date. *Journal of Forensic Science International* **103,** 23−25

Budowle, B. *et al*. (2005) Genetic analysis and attribution of microbial forensic evidence. *Critical Reviews in Microbiology* **31,** 233−254.

Bunysrd, B.A. (2004) Commentary on: Carter, D.O. Tibbett, M. Taphonomic mycota: fungi with forensic potential. *Journal of Forensic Science* **49,** 1134.

Burragato, F. *et al*. (1998) New forensic tool for the identification of elephant or mammoth ivory. *Forensic Science International* **96,** 189−196.

Butler, J. M. (2005) Forensic DNA Typing 2th edition. Elsevier, London, UK.

Butler, J. M. *et al*. (2003)The development of reduced size STR amplicons as a tool for the analysis of degraded DNA. *Journal of Forensic Science* **48,** 1054−1064

Bux, R. *et al.* (2007) Causes and circumstances of fatal falls downstairs. *Forensic Science International* **171,** 122−126.

Byard, R. W. (2004) Unexpected infant death: lessons from the Sally Clark case. *Medical Journal of Australia* **181,** 52−54.

Byard, R. W. *et al*. (2002) Diagnostic problems associated with cadaveric trauma from animal activity. *American Journal of Forensic Medicine and Pathology* **23,** 238−244

Byard, R.W. *et al.* (2006) The pathological features and circumstances of death of lethal crush/traumatic asphyxia in adults − a 25 year study. *Forensic Science International* **159,** 200−205

Byrd, J. H. and Allen, J.C. (2001) Computer modelling of insect growth and its application to forensic entomology. In: Byrd, J.H. and Castner, J.L. *Forensic Entomology*. pp. 303−329, CRC Press.

Byrd, J. H. and Castner, J.L. (2001) Forensic Entomology. CRC Press, Boca Raton, FL.

Byers, S. N. and Myster, S. (2005) Forensic Anthropology Laboratory Manual. Allyn and Bacon Calacal, G. C. and De Ungria, M.C.A. (2005) Fungal DNA challenge in human STR typing of bone samples. *Journal of Forensic Sciences* **50,** 1394−1401.

Campobasso, C. P. *et al*. (2001) Factors affecting decomposition and Diptera colonization. *Forensic Science International* **120,** 18−27.

Campobasso, C. P. *et al*. (2004a) Post-mortem artefacts made by ants and the effects of antiactivity on decomposition rates. *Proceedings of the 2nd Meeting of the European Association for Forensic Entomology*. London, 29−30 March 2004.

Campobasso, C. P. *et al.* (2004b) A case of *Megaselia scalaris* (Loew) (Dipt., Phoridae) breeding in a human corpse. *Aggrawal's Internet Journal of Forensic Medicine and Toxicology* **5,** 3−5.

Campobasso, C. P. *et al.* (2005) Forensic genetic analysis of insect gut contents. American *Journal of Forensic Medicine and Pathology* **26,** 161−165.

Cardinetti, B. *et al.* (2004) X-ray mapping technique: a preliminary study in discriminating gunshot residue particles from aggregates of environmental occupational origin. *Forensic Science International* 143, 1−19.

Carson, H.J. and Esslinger, K. (2001) Carbon monoxide poisoning without Cherry-red liver. *American Journal of Forensic Medicine and Pathology* **22,** 233−235.

Carter, D.A. and Tibbett, M. (2003) Taphonomic mycota: fungi with forensic potential. *Journal of Forensic Sciences* **48,** 168−171.

Casamatta, D.A. and Verb, R.G. (2000) Algal colonization of submerged carcasses in a midorder woodland stream. *Journal of Forensic Sciences* **45,** 1280−1285.

Catts, E.P. and Goff, M.L. (1992) Forensic entomology in criminal investigations. *Annual Review of Entomology* **37,** 253−272.

Chame, M. (2003) Terrestrial mammal feces: a morphometric summary and description. *Memorias do lnstituto do Oswaldo Cruz* **98,** 71−94.

Chang, Y.M. *et al.* (2003) High failure of amelogenin test in an Indian population group. *Journal of Forensic Sciences* **48,** 1309−1313.

Chapenoire, S. and Benezech, M. (2003) Forensic Medicine in Bordeaux in the 16th century. *American Journal of Medical Pathology* **24,** 183−186.

Cherry, M. and Imwinkelried, E. (2006) A cautionary note about fingerprint analysis and reliance on digital technology. *Judicature* **89,** 334−338.

Ciesielski, C.A. *et al.* (1994) The 1990 Florida dental investigation − the press and the science. *Annals of Internal Medicine* **121,** 886−888.

Coleman, D.C. *et al.* (2004) *Fundamentals of Soil Ecology*. 2nd edn. Elsevier, Amsterdam.

Conn, C. (2008) Forensic Toxicology, Biology and Chemistry. Academic Press. USA.

Cooper, J.E. & Cooper, M.E. (2007) Introduction to Veterinary and Comparative Medicine. Blackwell Publishing. Oxford, UK.

Cordes, T. (2000) Equine identification: the state of the art. *American Association of Equine Practitioners. Annual Convention Proceedings* **46,** 300−301.

Correia, A. and Pina, C. (2000) Tubercle of Carabelli: A review. *Dental Anthropology* Journal **15,** 18−21.

Courtin, G.M. and Faitgrieve, S.L. (2004) Estimation of postmortem interval (PMI) as revealed through the analysis of annual growth rings in woody tissue. *Journal of Forensic Science* **49,** 1−3.

Cox, T.M. *et al.* (2005) King George III and porphyria: an elemental hypothesis and investigation. *The Lancet* **366,** 332−335.

Coyle, H.M.C. (2004) Foresic Botany. CRC Press, Boca Raton, USA.

Coyle H.M.C. (2007) *Nonhuman DNA Typing: Theory and Casework Applications*. CRC Press, Boca Raton, USA.

Crosby, T. K. and Watt, J.c. (1986) Entomological identification of the origin of cannabis. *Journal of Forensic Science* **26,** 35−44.

Dadds, M. R. *et al.* (2002) Development links between cruelty to animals and human *Australian and New Zealand Journal of Criminology* **35,** 363−382.

D'Andrea, F. *et al.* (1998) Preliminary experiments on the transfer of animal hair simulated criminal behaviour.

Journal of Forensic Sciences **43,** 1257–1258.

Dalton, R. (2005) Infection scare inf1ames fight against biodefence network. *Nature* 344.

Daugman, J. (2004) How iris recognition works. *IEE Transactions on Circuits and for Video Technology* **14,** 21–30.

Daugman, J. avd Downing, C. (2001) Epigenetic randomness, complexity and singularity human iris patterns. *Proceedings of the Royal Society of London. Series B.* **268,** 1737–1740.

Davey, J. S. *et al*. (2007) DNA detection rates of host mtDNA in bloodmeals of human body lice (*Pediculus humanus* L. 1758). *Medical and Veterinary Entomology* **21,** 293–296.

Davies, D. *et al*. (2004) The decline of the hospital autopsy: a safety and quality issue for healthcare in Australia. *Medical Journal of Australia* **180,** 281–285.

Davies, L. (2006) Lifetime reproductive output of *Callipbom uicina* and *Lucilia sericat*a in outdoor caged and field populations; flight vs egg production? *Medical and Veterinary Entomology* **20,** 453–458.

Davies, P. L. (2008) Residual based localization and quantification of peaks in x-ray diffractograms. *Annals of Applied Statistics*, in press.

Dawnay, N. *et al*. (2007) Validation of barcoding gene COI for use in forensic genetic species idemification. *Forensic Science International* **173,** 1–6.

Day, D. M. and Wallman, J.F. (2006) Width as an alternative measurement to length for postmortem interval estimations using *Calliphora augur* (Diptera: Calliphoridae) larvae. *Forensic Science International* **159,** 158–168.

De Greef, S. and Willems, G. (2005) Three dimensional cranio-facial reconstruction in forensic identification: latest progress and new tendencies in the 21st century. *Journal of Forensic Sciences* **50,** 12–17.

Deflorio, G. *et al*. (2005) The application of wood decay fungi to enhance annual ring detection in three diffuse-porous hardwoods. *Dendrochronologia* **22,** 123–130.

Denic, N. *et al*. (1997) Cockroach: The omnivorous scavanager – potential misinterpretation of postmortem injuries. *American Journal of Forensic Medicine and Pathology* **18,** 177–180.

Dent, B.B. *et al*. (2004) Review of human decomposition processes in soil. *Environmental Geology* **45,** 576–585.

DeSantis, T.Z. *et al*. (2007) High density universal 16S rRNA microarray analysis reveals broader diversity than typical clone library when sampling the environment. *Microbial Ecology* **53,** 371–383.

Di Martino, D. *et al*. (2004a) Single sperm cell isolation by laser microdissection. *Forensic Science International* **146S,** S151–S153.

Di Martino, D. *et al*. (2004b) Laser microdissection and DNA typing of cells from single hair follicles. *Forensic Science International* **1465,** 5155–S157.

Di Nunno, N. *et al*. (2002) Self-strangulation: an uncommon but not unprecedented suicide method. *American Journal of Forensic Medicine and Pathology* **23,** 260–263.

Disney, R.H.L. (1994) *Scuttle Flies: The Phoridae*. Chapman and Hall.

Disney, R.H.L. (2008) Natural history of the scuttle fly, *Megaselia scalaris. Annual Review of Entomology* **53,** 39–60.

Disney, R.H.L. and Munk, T. (2004) Potential use of Braconidae (Hymenoptera) in forensic cases. *Medical and Veterinary Entomology* **18,** 442–444.

Dolinak, D., Matshes, E.W., and Lew, E.O. (2005) *Forensic Pathology: Theory and Practice*. Elsevier, Amsterdam.

Douceron, H. *et al*. (1993) Long lasting postmortem viability of human immunodeficiency virus - a potential risk in forensic medicine. *Forensic Science International* **60,** 61–66.

Dror, I. and Charlton, D. (2006) Why experts make errors. *Journal of Forensic Identification* **56,** 600−616.

Dror, I. *et al.* (2005) When emotions get the better of us: the effect of contextual top-down processing on matching fingerprints. *Applied Cognitive Psychology* **19,** 799−809.

Dror, I. *et al.* (2006) Contextual information renders experts vulnerable to making erroneous identifications. *Forensic Science International* **156,** 74−78.

Dupras, T. L. *et al.* (2006) Forensic Recovery of Human Remains: Archaeological Approaches. Taylor Francis. Boca Raton, USA.

Duric, M. *et al.* (2005) The reliability of sex determination of skeletons from forensic context in the Balkans. *Forensic Science International* **147,** 159−164.

Dyer, C. (2005) Pathologist in Sally Clark case suspended from court work. *British Medical Journal* **330,** 1347.

Edgar, H.J.H. (2005) Predicting race using characters of dental morphology. *Journal of Forensic Sciences* **50,** 269−273.

Edston, E. and van Hage-Hamsten, M. (2003) Death in anaphylaxis in a man with house dust mite allergy. *International Journal of Legal Medicine* **117,** 299−301.

Edwards, H.G.M. (2004) Forensic applications of Raman spectroscopy to Non-destructive analysis of biomaterials and their degradation. Geological Society of London, *Special Publications* **232,** 159−170.

Ehleringer J. R. *et al.* (2000). Tracing cocaine with stable isotopes. *Nature* **408,** 311−312.

Ehleringer J. R. *et al.* (2008) Hydrogen and oxygen isotope ratios are related to geography. *Proceedings of the National Academy of Sciences* **105,** 2788−2793.

Eichrnann, c., Berger, B., Reinhold, M., Lutz, M. and Parson, W. (2004) Canine-specific STR typing of saliva traces on dog bite wounds. *International Journal of Legal Medicine* **118,** 337−342.

Elliott, S. *et al.* (2004) The possible influence of microorganisms and putrefaction in the production of GHB in post-mortem biological fluid. *Forensic Science International* **139,** 183−190.

Ember, L.R. (2006) Anthrax sleucing: science aids a nettlesome FBI criminal probe. *Chemical and Engineering News* **84,** 47−54.

Enserink, M. (2008) Full genome sequencing paved the way from spores to a suspect. *Science and Engineering News* **84,** 47−54.

Erdtman, G. (1969) *Handbook of Palynology*. Hafner Publishing Co.

Erzinclioglu, Z. (1996) *Blowflies*. Naturlalists' Handbooks 23, The Richmond Publishing Co. Ltd.

Erzinclioglu, Z. (2000) *Maggots, Murder and Man*. Harley Books, UK.

Evans, E.P. (1906) *The Criminal Prosecution and Capital Punishment of Animals*. Heinemann. Reprinted Faber and Faber (1998).

Evans, K. M. *et al.* (2007) An assessment of the potential diatom 'barcode' genes (cox1, rbcL, 18S and ITS rDNA) and their effectiveness in determining relationship in *Sellaphora* (Bacillariophyta). *Protist* **158,** 349−364.

Evershed, R.P. (1992) Criminal composition of a bog body adipocere. *Archaeometry* **34,** 253−265.

Fanton, L. *et al.* (2006) Criminal Burning. *Forensic Science International* **158,** 87−93

Faria, L.D.B. *et al.* (2004) Larval predation on different instars in blowfly populations. *Brazilian Archives of Biology and Technology* **47,** 887−894.

Fedrigo, O. and Naylor, G. (2004) A gene specific DNA sequencing chip for exploring molecular evolutionary change. *Nucleic Acids Research* **32,** 1208−1213.

Fiedler, S. and Graw, M. (2003) Decomposition of buried corpses, with special reference to the formation of adipocere. *Naturwissenschaften* **90,** 291−300.

Fojtasek, L. & Kmjec, T. (2005) Time periods of GSR particles deposition after discharge final results. *Forensic*

Science International **153,** 132–135.

Foran, D. R. *et al*. (1997) Species identification from scat: an unambiguous genetic method: *Wildlife Society Bulletin* **25,** 835–839.

Forbes, S. L. *et al*. (2004) A preliminary investigation of the stages of adipocere formation. *Journal of Forensic Sciences* **49,** 1–9.

Forbes, S. L. Dent, B.B. and Stuart, B.H. (2005a) The effect of soil type on adipocere formation. *Forensic Science International* **154,** 35–43.

Forbes, S. L., Stuart, B.H. and Dent, B.B. (2005b) The effect of the burial environment on adipocere formation. *Forensic Science International* **154,** 35–43.

Forbes, S. L. Stuart, B.H. and Dent, B.B. (2005c) The effect of method of burial on adipocere formation. *Forensic Science International* **154,** 44–52.

Forbes, S. L. *et al*. (2005d) Characterization of adipocere formation in animal species. *Journal of Forensic Sciences* **50,** 633–640.

Forbes, T.R. (1985) *Surgeon at the Bailey*. Yale University Press.

Fridez, F. *et al*. (1999) Individual identification of cats and dogs using mitochondrial DNA tandem repeats? *Science and Justice* **39,** 167–171.

Gaillard, Y *et al*. (2004) Cerbera odollam: a 'suicide tree' and cause of death in the state of Kerala, India. *Journal of Ethnopharmacology* **95,** 123–126.

Galeotti, M. (2008) The world of the lower depths: crime and punishment in Russian history. *Global Crime* **9,** 84–107.

Galloway, A. and Snodgrass, J.J. (1998) Biological and chemical hazards of forensic skeletal analysis. *Journal of Forensic Sciences* **43,** 940–948.

Galloway, A. *et al*. (1989) Decay rates of human remains in an arid environment. *Journal of Forensic Sciences* **34,** 607–617.

Gennard, D.E. (2007) *Forensic Entomology*. Wiley, Chichester, UK.

Gheradi, M. and Constantini, G. (2004) Death, elderly neglect, and forensic entomology. *Proceedings of the 2nd Meeting of the European Association for Forensic Entomology*. London, 29–30 March 2004.

Gibbons, A. (1998) Calibrating the mitochondrial clock. Science **279,** 28–29.

Gill, P. (2001a) Application of low-copy number DNA profiling. *Croatian Medical Journal* **42,** 229–232.

Gill, P. (2001b) An assessment of the utility of single nucleotide polymorphisms (SNPs) for forensic purposes. *International Journal of Legal Medicine* **114,** 204–210.

Gill, P. *et al*. (1994) Identification of the remains of the Romanov family by DNA analysis. *Nature Genetics* **6,** 130–135.

Gill, P. *et al*. (2000) An investigation of the rigour of interpretation rules for STRs derived from less than 100pg of DNA. *Forensic Science International* **112,** 17–40.

Gill, P. *et al*. (2004) An assessment of whether SNPs will replace STRs in national DNA databases - Joint considerations of the DNA working group of the European Network of Forensic Science Institutes (ENFSI) and the Scientific Working Group on DNA Analysis Methods (SWGDAM). *Science and Justice* **44,** 51–53.

Gilmore, S. *et al*. (2007) Organelle DNA haplotypes reflect crop-use characteristics and geographic origins of *Cannabis sativa*. *Forensic Science International* **172,** 179–190.

Giotakos, O. *et al*. (2003) Prevalence and risk factors of HIV, hepatitis B and hepatitis C in a forensic population of rapists and child molestors. *Epidemiology and Infection* **130,** 497–500.

Goff, M. L. (2000). *A Fly for the Prosecution: How Insect Evidence Helps Solve Crimes*. Harvard University

Press.

Goff, M. L. and Lord, W.D. (2001) Entomotoxicology: insects as toxicological indicators and the impact of drugs and toxins on insect development. *In* Byrd, J.H. and Castner, J.L. (2000) *Forensic Entomology*. pp. 331−340. CRC Press, Boca Raton, USA.

Goff, M. L. *et al.* (1991) Effect of heroin in decomposing tissues on the development rate of *Boettcherisca peregrina* (Diptera: Sarcophagidae) and implications of this effect on estimations of postmortem intervals using arthropod development patterns. *Journal of Forensic Sciences* **36,** 537−542.

Goff, M. L. *et al.* (1997) Estimation of postmortem interval based on colony development time for *Anoplepsis longipes* (Hymenoptera: Formicidae). *Journal of Forensic Sciences* **42,** 1176−1179.

Gomes, L. *et al.* (2006) A review of postfeeding larval dispersal in blowflies: implications for forensic entomology. *Naturwissenschaften* **93,** 207−215.

González, W. L., *et al.* (2007) An unusua1 case of thermal injuries with a hot glue gun. De1iberate self-harm or maltreatment? *Forensic Science International* **167,** 53−55.

Gos1ine, A. (2005) Sperm clock calls time on rape. *New Scientist* **185,** 12.

Gottardini, E. *et al.* (2007) Use of Fourier transform (FT-IR) spectroscopy as a too1 for pollen identification. *Aerobiologia* **23,** 211−219.

Grassberger, M. and Frank, C. (2003) Temperature-related development of the parasitoid wasp Nasonia vitripennis as a forensic indicator. *Medical and Veterinary Entomology* **17,** 257−262.

Grassberger, M. and Reiter, C. (2001) Effect of temperature on *Lucilia sericata* (Diptera: Calliphoridae) development with special reference to the isomegalen-and isomorphendiagram. *Forensic Science International* **120,** 32−36.

Graves, S. *et al.* (2002) Cannibalism or violent death a1one? Human remains at a small Anasazi site. In W. Hag1und and M.H. Sorg (editors) *Advances in Forensic Taphonomy: Method Theory and Archaeological Perspective* pp. 310−220. CRC Press, Boca Raton, FL.

Green, J. L. *et al.* (2004) Spatial scaling of microbial eukaryote diversity. *Nature* **432,** 747−750.

Green, P.W.c. *et al.* (2003) Diet nutriment and rearing density affect the growth of the black blowfly larvae, *Phormia regina* (Diptera: Calliphoridae). *European Journal of Entomology* **100,** 39−42.

Green, S. T. and Wi1son, O.F. (1996) The effect of hair co1our on the incorporation of methadone in hair in rats. *Journal of Analytical Toxicology* **20,** 121−123.

Greenbaum, A.R. *et al.* (2004) Intentional burn injury: an evidence-based, clinical and forensic review. *Burns* **30,** 628−642.

Greenberg, B. (1984) Two cases of human myiasis caused by *Phaenicia sericata* (Diptera: Calliphoridae) in Chicago area hospitals. *Journal of Medical Entomology* **21,** 615.

Greenberg, B. and Kunich, J. C. (2002) *Entomology and the Law*. Cambridge University Press.

Greenemeier, L. (2008) Seven years later: electrons unlocked post-9/11 anthrax mai1 mystery. *Scientific American* 19th September, 2008. www.sciam.com

Greenfield, H. J. (1988) Bone consumption by pigs in a contemporary Serbian village: implications for the interpretation of a prehistoric fauna1 assemblage. *Journal of Field Archaeology* **15,** 473−478.

Grif, K. *et al.* (2003) Identifying and subtyping species of dangerous pathogens by automated ribotyping. *Diagnostic Microbiology and Infectious Disease* **47,** 313−320.

Grimaldi, L. *et al.* (2005) Suicide by pencil. *Journal of Forensic Sciences* **50,** 913−914.

Gungadin, S. (2007) Sex determination from fingerprint ridge density. *Internet Journal of Medical Update* **2** www.geocities.com/agnihotrimed

Haefner, J. N. *et al.* (2004) Pig decomposition in lotic aquatic systems: the potential use of algal growth in establishing a postmortem submersion interval (PMS1). *Journal of Forensic Sciences* **49,** 1−7.

Haglund, W. D. (1997) Dogs and coyotes: post-mortem involvement with human remains. pp. 367-381. In: W.D. Haglund and M.H. Sorg (editors) Forensic Taphonomy: *The Post-Mortem Fate of Human Remains*. CRC Press, FL.

Haglund, W. D. and Sperry, K. (1993) The use of hydrogen peroxide to visualize tattoos obscured by decomposition and mummification. *Journal of Forensic Sciences* **38,** 147−150.

Haglund, W. D. *et al.* (1988) Tooth mark artefacts and survival of bones in animal scavenged human skeletons. *Journal of Forensic Sciences* **33,** 985−997.

Harris, S.H. (2002) Factories of Death. Revised edition. Routledge. New York.

Hart, T. and Shears, P. (1996) *Color Atlas of Medical Microbiology*. Mosby Wolfe, London, UK.

Harvey, R. *et al.* (1991) Cat scratch disease: an unusual cause of combative behaviour. *American Journal of Emergency Medicine* **9,** 52−53.

Hauck, M. and Sweijd, N.A. (1999) A case study of abalone poaching in South Africa and its impact on fisheries management. *ICES Journal of Marine Science* **56,** 1024−1032.

Hayden, D. (2003) *Pox. Genius, Madness, and the Mysteries of Syphilis*. Basic Books, New York.

Hayes, E. J. and Wall, R. (1999) Age-grading adult insects: a review of techniques. *Physiological Entomology* **24,** 1−10.

Hayes, E. J. *et al.* (1998) Measurement of age and population structure in the blowfly *Lucilia sericata* (Meigen) (Diptera: Calliphoridae). *Journal of Insect Physiology* **44,** 895−901.

Hazekamp, A. (2006) An evaluation of the quality of medicinal grade cannabis in the Netherlands. *Cannabinoids* **1,** 1−9.

Heath, L .E. and Saunders, V.A. (2006) Assessing the potential of bacterial DNA profiling for forensic soil comparisons. *Journal of Forensic Sciences* **51,** 1062−1068.

Hedges, D. J. (2003) Mobile element-based assay for human gender determination. *Analytical Biochemistry* **312,** 77−79.

Hedouin, V. *et al.* (1999) Determination of drug levels in larvae of *Lucilia sencata* (Diptera: Calliphoridae) reared on rabbit carcasses containing morphine. *Journal of Forensic Sciences* **44,** 351−353.

Hellerich, U. (1992) [Tattoo pigment in regional lymph nodes − an identifying marker] *Archives Kriminologia* **190,** 163-170. (in German)

Henßge, G. and Madea, B. (2004) Estimation of time since death. *Forensic Science International* **144,** 167−175.

Henßge, G. *et al.* (2002) *The Estimation of the Time since Death in the early Postmortem Period.* 2nd edition. Arnold, London.

Herbst, J. and Haffner, H-Th. (1999) Tentative injuries to exposed skin in a homicide case. *Forensic Science International* **102,** 193−196.

Hill, J. *et al.* (2007) Soil DNA typing in forensic science. *In* Coyle, H.M.G. (editor) *Nonhuman DNA Typing: Theory and Casework Applications*. CRC Press, Boca Raton, USA.

Hillier, M. L. and Bell, L.S. (2007) Differentiating human bone from animal bone: a review of histological methods. *Journal of Forensic Sciences* **52,** 249−263.

Hira, P. R. *et al.* (2004) Myiasis in Kuwait: nosocomial infections caused by *Lucilia sericata* and *Megaselia scalaris*. *American Journal of Tropical Medicine and Hygiene* **70,** 386−389.

Hopkins, D. W. *et al.* (2000) Microbial characteristics of soils from graves: an investigation into the interface of soil microbiology and forensic science. Applied Soil Ecology **14,** 283−288.

Hopwood, A. J. *et al.* (1996) DNA typing from human faeces. *International Journal of Legal Medicine* **108,** 237–243.

Horner-Devine, M.C. *et al.* (2004) A taxa-area relationship for bacteria. *Nature* **432,** 750–753.

Horrocks, M. (2004) Sub-sampling and preparing forensic samples for pollen analysis. *Journal of Forensic Sciences* **49,** 1–4.

Horrocks, M. and Walsh, K.A.J. (2001) Pollen on grass clippings: putting the suspect at the scene of the crime. *Journal of Forensic Sciences* **46,** 947–949.

Horsewell, J. *et al.* (2002) Forensic comparison of soils by bacterial community DNA profiling. *Journal of Forensic Sciences* **47,** 350–353.

Howe, R. M. (1950) *Criminal Investigation* 4th edition, Sweet and Maxwell ltd, London, UK.

Hsieh, H-M. *et al.* (2003) Species identification of rhinoceros horns using the cytochrome b gene. *Forensic Science International* **136,** 1–11.

Huntington, T. E. *et al.* (2007) Maggot development during morgue storage and its effect on estimating the post mortem interval. *Journal of Forensic Sciences* **52,** 453–458.

Hurlimann, J. *et al.* (2000) Diatom detection in the diagnosis of death by drowning. *International Journal of Legal Medicine* **114,** 6–14.

Huxley, A. K. and Finnegan, M. (2004) Human remains sold to the highest bidder! A snapshot of the buying and selling of human skeletal remains on eBay®, and Internet auction sites. *Journal of Forensic Sciences* **49,** 17–20.

Hyde, H. A. and Adams, K.F. (1958) *An Atlas of Airborne Pollen Grains.* MacMillan and Co Ltd. London, UK.

Ikegaya, H. and Iwase, H. (2004) Trial of the geographical identification using JC viral genotyping in Japan. *Forensic Science International* **139,** 169–172.

Ikegaya, H. *et al.* (2002) JC virus genotyping offers a new means of tracing the
origins of unidentified cadavers. *International Journal of Legal Medicine* **116,** 242–245.

Ikegaya, H. *et al.* (2007) BK virus genotype distribution offers information of tracing the geographical origins of unidentified cadaver. *Forensic Science International* **173,** 41–46.

Ikematsu, K. *et al.* (2007) Identification of novel genes expressed in hypoxic brain condition by fluorescence differential display. *Forensic Science International* **169,** 168–172.

Ikematsu, K. *et al.* (2006) Gene response of mouse skin to pressure injury in the neck region. *Legal Medicine* **8,** 128–131.

Inglesby, T. V. *et al.* (2002) Anthrax as a biological weapon. *Journal of the American Medical Association* **287,** 2236–2252.

Inman, K. and Rudin, N. (1997) *An Introduction to Forensic DNA Analysis.* CRC Press, Boca Raton, USA.

Ireland, S. and Turner, B. (2006) The effects of larval crowding and food type on the size and development of the blowfly *Calliphora vomitoria. Forensic Science International* **159,** 175–181.

Irwin, J.A. et a. (2007) Application of low copy number STR typing to the identification of aged, degraded skeletal remains. *Journal of Forensic Science* **52,** 1322–1327.

Iscan, M. Y. *et al.* (1984) Age estimation from the rib by phase estimation: white males. *Journal of Forensic Science* **29,** 1094–1104.

Ishii, K. *et al.* (2006) Analysis of fungi detected on human cadavers. *Legal Medicine* **8,** 188–190.

Ivanov, P.L. *et al.* (1996) Mitochondrial DNA sequence heteroplasmy in the Grand Duke of Russia Georgij Romanov establishes the authenticity of the remains of Tsar Nicholas II. *Nature Genetics* **12,** 417–420.

Jackson, A.R.W. and Jackson, J.M. (2008) *Forensic Science* 2nd edition. Pearson, Prentice Hall, Harlow, UK.

Jackson, R.M. and Raw, F. (1966) *Life in the Soil*. Edward Arnold.

Jalba, A.C. *et al*. (2005) Automatic diatom identification using contour analysis by morphological curvature scale spaces. *Machine Vision and Applications* **16,** 217−228.

James, S.H., Kish, P.E. and Sutton T.P. (2005) *Principles of Bloodstain Pattern Analysis*. CRC Press, Boca Raton, USA.

Jans, M.M.E. *et al*. (2004) Characterisation of microbial attack on archaeological bone. *Journal of Archaeological Science* **31,** 87−95.

Janssen, W. *et al*. (2005) Forensic aspects of 40 accidental autoerotic deaths in Northern Germany. *Forensic Science International* **147,** 561−564.

Jayaprakash, P.T. (2006) Postmortem skin erosions caused by ants and their significance in crime reconstruction. *Journal of Forensic Identification* **56,** 972−999.

Jobling, M.A. and Gill, P. (2004) Encoded evidence: DNA in forensic analysis. *Nature Reviews: Genetics* **5,** 739−752.

Johnson, D.J. *et al*. (2005) 5TR-typing of human DNA from human fecal matter using the QIAGEN QIAmp® 5tool Mini Kit. *Journal of Forensic Sciences* **50,** 802−808.

Joy, J.E. *et al*. (2006) Carrion fly (Diptera: Calliphoridae) laπal colonization of sunlit and shaded pig carcasses in West Virginia. *Forensic Science International* **164,** 183−192.

Juusola, J. and Ballantyne, J. (2007) mRNA profiling for body fluid identification by multiplex quantitative RT-PCR. *Journal of Forensic Sciences* **52,** 1−10.

Kahana, T., *et al*. (1999) Marine taphonomy: adipocere formation in a series of bodies recovered from a single shipwreck. *Journal of Forensic Sciences* **44,** 897−901.

Kahana, T., *et al*. (2001) Fingerprinting the deceased: traditional and new techniques. *Journal of Forensic Sciences* **46,** 908−912.

Kahler, K. *et al*. (2003) Reanimating the dead: reconstruction of expressive faces from skull data. *ACM Transactions on Graphics* **22,** 554−561.

Karlsson, A.O. and Holmlund, G. (2007) Identification of mammal species using speciesspecific DNA pyrosequencing. *Forensic Science International* **173,** 16−20.

Karlsson, A.O. *et al*. (2007) DNA-testing for immigration cases: the risk of erroneous conclusions. *Forensic Science International* **172,** 144−149.

Keil, W., *et al*. (2003) Evidence of condom residues. *Forensic Science International* 136, 261.

Keim, P. *et al*. (2001) Molecular investigation of the Aum Shinrikyo anthrax release in kameido, Japan. *Journal of Clinical Microbiology* **39,** 4566−4577.

Kidd, K.K. *et al*. (2006) Developing a SNP panel for forensic identification of individuals, *Forensic Science International* **164,** 20−32.

Kishimoto, M. *et al*. (2004) ribotyping and a study of transmission of staphylococcus aureus collected from food preparation facilities. *Journal of Food Protection* **67,** 1116−1122.

Kitano, T. *et al*. (2007) Two universal primer sets for species identification among vertebrates. *International Journal of Legal Medicine* **121,** 423−427.

Klepinger, L.L. (2006) *Fundamentals of Forensic Anthropology*. Wiley, New Jersey.

Klinbunga, S. *et al*. (2004) Species identification of the tropical abalone (*Haliotis asinine, Haliotis ovina,* and *Haliotis varia*) in Thailand using RAPD and SCAR Markers. *Journal of Biochemistry and Molecular Biology* **37,** 213−222.

Klippel, W.E. and Synstelien J.A. (2007) Rodents as taphonomic agents: bone gnawing by brown rats and gray squirrels. *Journal of Forensic Science* **52,** 765–773.

Klotzbach, H. *et al.* (2004) Information is everything – a case report demonstrating the necessity of entomological knowledge at the crime scene. Agrawal's Internet *Journal of Forensic Medicine and Toxicology* **5,** 19–21.

Knock, C. and Davison, M. (2007) Predicting the position of the source of blood stains for angled impacts. *Journal of Forensic Sciences* **52,** 1044–1049.

Knudsen, P.J. (1993) Cytology in ballistics. An experimental investigation of tissue fragments n full metal jacketed bullets using routine cytological techniques. *International Journal of Legal Medicine* **106,** 15–18.

Kobayashi, M. *et al.* (1993) Novel detection of plankton from lung tissue by enzymatic digestion method. *Forensic Science International* **60.** 81–90.

Komar, D. and Beattie, O. (1998) Postmortem insect activity may mimic perimortem sexual assault clothing patterns. *Journal of Forensic Science* **43,** 792–796.

Komar, D. and Lathrop, S. (2006) Frequencies of morphological characteristics in two contemporary forensic collections: implications for identification. *Journal of Forensic Sciences* **51,** 974–978.

Kondo, T. *et al.* (2002) Ubiquitin expression in skin wounds and its application to forensic wound age determination. *International Journal of Legal Medicine* **116,** 267–272.

Kosa, F. and Castellana, C. (2005) New forensic anthropological approachment for the age determination of human fetal skeletons on the base of morphometry of vertebral column. *Forensic Science International* **147,** S69–S74.

Kračun, S.K. *et al.* (2007) Population substructure can significantly affect reliability of a DNA-led process of identification of mass fatality victims. *Journal of Forensic Sciences* **52,** 874–878.

Kress, W.J. *et al.* (2005) Use of DNA barcodes to identify flowering plants. *Proceedings of the National Academy of Sciences of the United States of America* **102,** 8369–8374.

Kreutzer-Martin, H.W. *et al.* (2004) Stable isotope ratios as a tool in microbial forensics – Part 2. Isotopic variation among different growth media as a tool for sourcing origins of bacterial cells or spores. *Journal of Forensic Sciences* **49,** 961–967.

Krogman, W.M. and Iscan, M.Y. (1986) *The Human Skeleton in Forensic Medicine*. Charles C. Thomas, Springfield, IIlinois, USA.

Kubiczek, P.A. and Mellen, P.F. (2004) Commentary on: Huxley, A.K. and Finnegan, M. (2004) Human remains sold to the highest bidder! A snapshot of the buying and selling of human skeletal remains sold to the highest bidder! A snapshot of the buying and selling of human skeletal remains on eBay®, and Internet auction sites. *Journal of Forensic Science* **49,** 17–20. *Journal of Forensic Science* **49,** 1137.

Kücken, M. (2007) Models for fingerprint pattern formation. *Forensic Science International* **171,** 85–96.

Kunos, C.A. *et al.* (1999) First rib metamorphosis: its possible utility for human age-at-death estimation. *American Journal of Physical Anthropology* **110,** 303–323.

Kyle, C.J. and Wilson, C.C. (2007) Mitochondrial DNA identification of game and harvested freshwater fish species. *Forensic Science International* **166,** 68–76.

Laloup, M. *et al.* (2003) The use of combined liquid chromatography–mass spectrometry method (LC-MS/MS) to detect nordiazepam and oxazepam in a single larva and puparium of *Calliphora vicina* (Diptera: Calliphoridae). *Forensic Science International* **136,** 316–317.

Lamendin, H *et al.* (1992) A simple technique for age estimation in adult corpses – the 2 criteria dental method. *Journal of Forensic Science* **37,** 1373–1379.

Lantz, P-G. rt al. (1997) Removal of PCR inhibitors from human faecal samples through the use of an aqueous two-phase system for sample preparation prior to PCR. *Journal of Microbiological Methods* **28,** 159–167.

Lasczkowski, G.E. *et al.* (2002) Visualization of postmortem chondrocyte damage by vital staining and confocal laser scanning 3D microscopy. *Journal of Forensic Sciences* **47,** 663−666.

Lasseter, A.E. *et al.* (2003) Cadaver dog and handler team capabilities in the recovery of buried human remains in the southeastern United States. *Journal of Forensic Sciences* **48,** 617−621.

Lazarus, H.M. *et al.* (2001) Dangers of large exotic pets from foreign lands. *Journal of Trauma-Injuny Infection and Critical Care* **51,** 1014−1015.

Learn, G.H. and Mullins, J.1. (2004) The microbial forensic use of HIV sequences. In Leitner, T. *et al.* (eds) (2005) *HIV Sequence Compendium*. Los Alamos National Laboratory, Los Alamos, NM, USA.

Leendertz, F.H. *et al.* (2004) Anthrax kills wild chimpanzees in a tropical rainforest. *Nature* **430,** 451−452.

Leikin, J .B. and Watson, W.A. (2003) Post-mortem toxicology: what the dead can and cannot tell us. *Clinical Toxicology* **41,** 47−56.

Lin, A. C-Y. *et al.* (2007) Forensic applications of infrared imaging for the detection and recording of latent evidence. *Journal of Forensic Sciences* **52,** 1148−1150.

Lin, W.F. *et al.* (2005) Identification of four Thunnus tuna species using mitochondrial cytochrome b gene sequences and PCR-RFLP analysis. *Journal of Food and Drug Analysis* **13,** 382−387.

Linch, C.A. *et al.* (2001) Human hair histogenesis for the mitochondrial DNA forensic scientist. *Journal of Forensic Sciences* **46,** 844−853.

Linville, J.G. *et al.* (2004) Mitochondrial DNA and STR analyses of maggot crop contents: effects of specimen preservation technique. *Journal of Forensic Sciences* **49,** 341−344.

Lista, F. *et al.* (2006) Genotyping of *Bacillus anthracis* strains based on automated 25-loci multiple locus variable-number tandem repeats analysis. *BioMed Central Microbiology* **6,** accessed at www.biomedcentral.com/1471−2180/6/33

Lo, M-C. *et al.* (2005) Analysis of heteroplasmy in hypervariable region 11 of mitochondrial DNA in maternally related individuals. *Annals of the New York Academy of Sciences* **1042,** 130−135.

Lockwood, R. (2000) Animal cruelty and human violence: the veterinarian's role in making connection - the American experience. *Canadian Veterinary Journal - Revue Veterinaire Canadienne* **41,** 876−878.

Lord, W.D. *et al.* (1994) The black soldier fly *Hermetia illucens* (Diptera: Stratiomyidae) as a potential measure of post-mortem interval: observations and case histories. *Journal of Forensic Sciences* **39,** 215−222.

Lord, W.D. *et al.* (1998) Isolation, amplification, and sequencing of human mitochondrial DNA obtained from a human carb louse, *Pthirus pubis* (L.), blood meals. *Journal of Forensic Science International*: **43,** 1097−1100.

Loreille, O.M. *et al.* (2007) High efficiency DNA extraction from bone by total demineralization. *Forensic Science International*: *Genetics* **1,** 191−195.

Lorenzini, R. (2005) DNA forensics and the poaching of wildlife in Italy: a case study. *Forensic Science International* **153,** 218−221.

Love, J.C. and symes, S.A. (2004) Understanding rib fracture patterns: incomplete and buckle fractures. *Journal of Forensic Science* **49,** 1153−1158

Lowe, A.L. *et al.* (2001) Inferring ethnic origin by means of an STR profile. *Forensic Science International* **122,** 17−22.

Lowe, A.L. *et al.* (2002) The propensity of individuals to deposit DNA and secondary transfer oflow level DNA from individuals to inert surfaces. *Forensic Science International* **129,** 25−34.

Ludes, B. *et al.* (1999) Diatom analysis in victim's tissues as an indicator of the site of drowning. *International Journal of Legal Medicine* **112,** 163−166.

Lunetta, P. *et al.* (1998) Scanning and transmission electron microscopical evidence of the capacity of diatoms to penetrate the alveo-capillary barrier in drowning. *International Journal of Legal Medicine* **111,** 229–237.

Lunetta, P. *et al.* (2002) Suicide by intracerebellar ballpoint pen. *American Journal of Forensic Medicine and Pathology* **23,** 334–337.

Madea, B. and Musshoff, F. (2007) Postmortem biochemistry. *Forensic Science International* **165,** 165–171.

Madea, B. and Rödig, A. (2006) Time of death dependent criteria in vitreous humor – accuracy of estimating the time since death. *Forensic Science International* **164,** 87–92.

Maher, J. *et al.* (2002) Evaluation of the BioSign PSA membrane test for the identification of semen stains in forensic work. *New Zealand Medical Journal* **114,** 48–49.

Mahoney, P.F. *et al.* (2005) *Ballistic Trauma* 2nd edition. Springer-Verlag, London, UK.

Mallon, W.K and Russell, M.A. (1999) Clinical and forensic significance of tattoos. *Topics in Emergency Medicine* **21,** 21–29.

Manfredi, G. *et al.* (1997) The fate of human sperm derived mtDNA in somatic cells. *American Journal of Human Genetics* **61,** 953–960.

Marko, P. *et al.* (2004) Mislabelling of a depleted reef fish. *Nature* **430,** 309–310.

Marlar, R.A. *et al.* (2000) Biochemical evidence of cannibalism at a prehistoric Puebloan site in southwestern Colorado. *Nature* **407,** 74–78.

Martin, I.M.C. *et al.* (2007) Non cultural detection and molecular genotyping of *Neiserria gonorrhoea*e from a piece of clothing. *Journal of Medical Microbiology* **56,** 487–490.

Martinez-Sanchez, A. *et al.* (2007) Geographic origin affects larval competitive ability in European populations of the blow fly *Lucilia sericata*. *Entomologia Experimentalis et Applicata* **122,** 93–98.

Mason, P.W. *et al.* (2003) Comparison of the complete genomes of Asian, African and European isolates of a recent foot and mouth disease virus type O pandemic strain (PanAsia). *Journal of General Virology* **84,** 1583–1593.

Matsuda, H. *et al.* (2004) Identification of DNA of human origin based on amplification of human specific mitochondrial cytochrome b region. *Forensic Science International* **152,** 109–114.

Matsumoto, H. and Fukui, Y. (1993) A simple method for diatom detection in drowning. *Forensic Science International* **60,** 91–95.

Mayor, A. (2003) *Greek Fire, Poison Arrows, Scorpion Bombs. Biological and Chemical Warfare in the Ancient World*. Overlook Duckworth. Woodstock, USA.

Mejia, R. (2005) You can't rely on firearm forensics. New Scientist **188,** 6–7

Meirmans, P.G. *et al.* (2006) Male sterility in triploid dandelions: asexual females vs asexual hermaphrodites. *Heredity* **96,** 45–52.

Mellen, P.F. *et al.* (1993) Experimental observations on adipocere formation. *Journal of Forensic Science* **38,** 91–93.

Merck, M.D. (2007) *Veterinary Forensics. Animal Cruelty Investigations*. Blackwell Publishing, Oxford, UK.

Mereish, K.A. (2007) Unsupported conclusions on the *Bacillus anthracis* spores. *Applied and Environmental Microbiology* **73,** 5074.

Metfies, K. etal. (2007) An optimization protocol for the identification of diatoms, flagellated algae and pathogenic protozoa with phylochips. *Molecular Ecology Notes* **7,** 925–936

Mildenhall, D.C. *et al.* (2006) Forensic palynology: why do it and how it works. *Forensic Science International* **163,** 163–172.

Millington, J. (2004) development of a synthetic blood substitute for use in forensic science teaching. *LTSN Physical Sciences Development Project: Final Report*. (www.heaacademy. ac.uk)

Miras, A. *et al.* (2001) Method for determining if a corpse has been frozen: measuring the activity of short-chain 3-hydroxyacyl-CoA dehydrogenase (SCHAD). *Forensic Science International* **124,** 22−24.

Monteiro, J.A. (1995) Human and animal bite wound infections. *European Journal of 1nternal Medicine* **6,** 209−215.

Moran, N.C. and O'Connor, T.P. (1992) Bones that cats gnawed upon: a case study in bone modification. *Circaea* **9,** 27−34.

Morel, K. (2004) A concrete body of evidence. *The American Edge. The Official Newsletter of American Companies*. Winter 2004/05. **9,** 1−2. www.amengtest.com/news/edgWint0405. pdf

Morse, S.A. and Khan, A.S. (2005) Epidemiologic investigation for public health, biodefence, and forensic microbiology. *In*. Breeze, R.G. *et al.* (eds) *Microbial Forensics*. Elsevier, Amsterdam, Holland.

Morton, B. (2004) Marine pollution of a more ruthless kind. *Marine Pollution Bulletin* **48,** 1−2.

Mumcuoglu, K.Y *et al.* (2004). Use of lice in forensic entomology. *Journal of Medical Entomology* **41,** 803−806.

Munoz, J.J. *et al.* (2001) A new perspective in the estimation of post-mortem interval (PMI) based on vitreous [K^+]. *Journal of Forensic Sciences* **46,** 209−214.

Munro, H.M.C. and Thrushfield, M.V. (2001) 'Battered pets': sexual abuse. *Journal of Small Animal Practice* **42,** 333−337.

Murray, C. *et al.* (2007) Identification and isolation of male cells using fluorescence in situ hybridisation and laser microdissection, for use in the investigation of sexual assault. *Forensic Science International*: *Genetics* **1,** 247−254.

Musshoff, F. and Madea, B. (2007) New trends in hair analysis and scientific demands on validation and technical notes. *Forensic Science International* **165,** 204−215.

Nadjem, H. *et al.* (2007) Ingestion of pointed objects in a complex suicide. *Forensic Science International* **171,** e11−e14.

Nakazono, T.O. *et al.* (2005) Successful DNA typing of urine stains using a DNA purification kit following dialfiltration. *Journal of Forensic Sciences* **50,** 860−864.

Negrusz, A. *et al.* (2001) Deposition of 7-aminoflunitrezapam and flunitrezepam in hair after a single dose of Rohypnol®. *Journal of Forensic Sciences* **46,** 1143−1151.

Nelson, L.A. *et al.* (2007) Using COI barcodes to identify forensically and medically important blowflies. *Medical and Veterinary Entomology* **21,** 44−52.

Nields, H. and Kessler, S.C. (1998) Streptococcal toxic shock syndrome presenting as suspected child abuse. *American Journal of Forensic Medicine and Pathology* **19,** 93−97.

Nolte, K.B. and Yoon, S.S. (2003) Theoretical risk for occupational blood-borne infections in forensic pathologists. *Infection Control and Hospital Epidemiology* **24,** 772−773

Nowak, R. (2004) Murder detectives must rethink maggot theory. New Scientist 3th April. 13.

Nuffield Council on Bioethics (2007) *The Forensic use of Bioinformation*: *Ethical Issues*. The Nuffield Council on Bioethics, London.

Nyhus, P.J. *et al.*(2003) Dangerous animals in captivity: ex situ tiger conflict and implications for private ownership of examination. *Forensic Science International* **113,** 153−164.

Ohtani, S. *et al.* (2003) Differences in the DIL aspartic acid ratios in dentin among different types of teeth from the same individual and estimated age. *International Journal of Legal Medicine* **117,** 149−152.

Ohtani, S. *et al.* (2007) Age-dependent changes in the racemisation ratio of aspartic acid in human alveolar bone. *Archives of Oral Biology* **52,** 233−236.

Oxley, J.c. *et al.* (2005) Accumulation of explosives in hair. *Journal of Forensic Sciences* **50,** 826−831.

Ozdemir, M.H. *et al.* (2003) Investigating demodex in forensic autopsy cases. *Forensic Science International* **35,** 226−231.

Pamplin, C. (2004) Science on trial. *Chemistry and Industry* 6th December, 2004, 14−15.

Pappas, C.S. *et al.* (2003) New method for pollen identification by FT-IR spectroscopy. *Applied Spectroscopy* **57,** 23−27.

Parra, E.J. *et al.* (2004) Implications of correlations between skin color and genetic ancestry for biomedical research. *Nature Genetics* **36,** S54−S60.

Peeters, M. *et al.* (2002) Risk to human health from a plethora of Simian immunodeficiency viruses in primate bushmeat. *Emerging Infectious Diseases* **8,** 451−-457.

Peng, Z. and Pounder, D.J. (1998) Forensic medicine in China. *American Journal of Forensic Medicine and Pathology* **19,** 368−371.

Peters, W. and GilIes, H.M. (1977) *A Colour Atlas of Tropical Medicine and Parasitology* 1st edition. Wolfe Medical Publications, London.

Petraco, N. *et al.* (2005) An ideal material for the preparation of known tool mark impressions. *Journal of Forensic Sciences* **50,** 1−4.

Petricevic, S.F. *et al.* (2006) DNA profiling of trace DNA recovered from bedding. *Forensic Science International* **159,** 21-26.

Piana, M.C. *et al.* (2006) Pollen analysis of royal jelly: contribution to analytical methods and characterisation. *Apiacta* **41,** 28−43.

Pfeiffer, I. *et al.* (2004) Forensic DNA typing of dog hair: DNA extraction and PCR amplification. *Forensic Science International* **141,** 149−151.

Phillips, C. *et al.* (2004) Nonbinary single-nucleotide polymorphism markers. *Progress in Forensic Genetics* **10,** 27−29.

Phillips, R. (1981) *Mushrooms and other fungi of Great Britain and Europe*. Pan Books. London. UK.

Phipps, M. and Petricevic, S. (2007) The tendency of individuals to transfer DNA to handled items. *Forensic Science International* **168,** 162−168.

Pickering, T.R. (2001) Carnivore voiding: a taphonomic process with the potential for the deposition of forensic evidence. *Journal of Forensic Sciences* **46,** 406−411

Platek, S.F. *et al.* (1997) A false report of product tampering involving a rodent and soft drink can: light microscopy, image analysis and scanning electron microscopy/energy dispersive X-ray analysis. *Journal of Forensic Science* **42,** 1171−1175

Pollanen, M.S. (1997) The diagnostic value of the diatom test for drowning 2. Validity: Analysis of diatoms in bone marrow and drowning medium. *Journal of Forensic Science* **42,** 286−290

Pollanen, M.S. (1998) Diatoms and homicide. *Forensic Science International* **91,** 29−34.

Pollanen, M.S. *et al.* (1997) The diagnostic value of the diatom test for drowning 1. Utility: A retrospective analysis of 771 cases of drowning in Ontario, Canada. *Journal of Forensic Science* **42,** 281−285.

Porta, D. *et al.* (2007) A new method of reproduction of fingerprints from corpses in a bad stste of preservation using latex. *Journal of Forensic Science* **52,** 1319−1321.

Pounder, D.J (1991) Forensic entomo-toxicology. *Journal of the Forensic Science Society* **31,** 469−472.

Pounder, D.J. (2003) The case of Dr Shipman. *American Journal of Forensic Medicine and Pathology* **24,** 219−226.

Pragst, F. *et al.* (1999) Detection of 6-acetylmorphine in vitreous humor and cerebrospinal fluid-comparison with urinary analysis for proving heroin administration in opiate fatalities. *Journal of Analytical Toxicology* **23,** 168−

172.

Prahlow, J.A. and Linch, C.A. (2000) A baby, a virus, and a rat. *American Journal of Forensic Medicine and Pathology* **21,** 127−133.

Pretty, 1. and Sweet, D. (2000) Anatomical location of bitemarks and associated findings in 101 cases from the United States. *Journal of Forensic Sciences* **45,** 812−814.

Pretty, I. and Sweet, D. (2001) A look at forensic dentistry − Part 1: the role of teeth in the determination of human identity. *British Dental Journal* **190,** 359−366.

Pretty, 1. and Turnbull, M.D. (2001) Lack of dental uniqueness between two bite mark suspects. *Jounal of Forensic Sciences* **46,** 1487−1491.

Preuß, J. *et al*. (2006) Dumping after hornicide using setting in concrete and/or sealing with bricks - six case reports. *Forensic Science International* **159,** 55−60.

Prince, D.A. and Ubelaker, D.H. (2002) Application of Lamendin's adult dental aging technique to a diverse skeletal sample. *Journal of Forensic Sciences* **47,** 107−116.

Prinz, M. *et al*. (1993) DNA typing of urine samples following several years of storage. *International Journal of Legal Medicine* **106,** 75−79.

Quarino, L. *et al*. (2005) An ELISA method for the identification of salivary amylase. *Journal of Forensic Sciences* **50,** 873−876.

Quatrehomme, G. and Iscan, M.Y. (1997) Bevelling in exit gunshot wounds in bones. *Forensic Science International* **89,** 93−101.

Rahimi, M. *et al*. (2005) Genotypic comparison of bacteria recovered from human bite marks and teeth using arbitrarily primed PCR. *Journal of Applied Microbiology* **99,** 1265−1270.

Raupp, C.D. (1999) Treasuring, trashing or terrorizing: adult outcomes of childhood socialization about companion animals. *Society and Animals* **7,** 141−159.

Rawson, R.B. *et al*. (2000) Scanning electron microscope analysis of skin resolution as an aid in identifying trauma in forensic investigations. *Journal of Forensic Sciences* **45,** 1023−1027.

Ray, D.A. *et al*. (2005) Inference of human geographic origins using *Alu* insertion polymorphisms. *Forensic Science International* **153,** 117−124.

Reid, M.E. and Lomas-Francis, C. (1996) *The Blood Group Antigen Facts Book*. Academic Press, San Diego, CA, USA.

Rendle, D.F. (2003) X-ray diffraction in forensic science. *The Rigaku Journal* **19,** 11−22.

Riley, W. (2006) Interpreting gang tattoos. *Corrections Today Magazine* **68,** 46−53.

Robino. C. (2006) Incestuous paternity detected by STR-typing of chorionic villi isolated from archival formalin-fixed paraffin-embedded abortion meterial using laser microdissection. *Journal of Forensic Science* **51,** 90−92

Roeterdink, E.M. *et al*. (2004). Extraction of gunshot residues from the larvae of the forensically important blowfly *Calliphora dubia* (Macquart) (Diptera: Calliphoridae). *International Journal of Legal Medicine* **118,** 63−70.

Rognes, K. (1991) *Blowflies (Diptera: Calliphoridae) of Fennoscandia and Denmark*. Fauna Entomologica Scandinavica 24, E.J. Brill/Scandinavian Science Press Ltd, Leiden.

Rognum, TO. *et al*. (1991) Hypoxanthine levels in vitreous humor: evidence of hypoxia in most infants who died of sudden infant death syndrome. *Pediatrics* **87,** 306−310.

Romain, N. *et al*. (2002) Post mortem castration by a dog: a case report. *Medicine and the Law* **42,** 269−271,

Rompen, J.C. *et al*. (2000) A cause celebre: the so-called 'ballpoint murder'. *Journal of Forensic Science* **45,** 1144−1147.

Ropohl, D. *et al*. (1995) Postmortem injuries inflicted by domestic golden hamster: morphological aspects and evidence by DNA typing. *Forensic Science International* **72,** 81−90.

Rothschild, M.A. and Schneider, V. (1997) On the temporal onset of postmortem scavenging 'motivation' of the animal. *Forensic Science International* **89,** 57−64.

Russo, A. *et al*. (2006) Life fertility tables of *Piophila casei* L. (Diptera: Piophilidae) reared at five different temperatures. *Environmental Entomology* **35,** 194−200.

Rutty" G. N. (2005) The estimation of the time since death using temperatures recorded from the external auditory canal. Part 1: can a temperature be recorded and interpreted from this site? *Forensic Science, Medicine, and Pathology* **1,** 41−51.

Rutty, G. N. *et al*. (2000) DNA contamination of mortuary instruments and work surfaces: a significant problem in forensic practice? *International Journal of Legal Medicine* **114,** 56−60.

Sampaio, P. *et al*. (2003) Highly polymorphic microsatellite for identification of *Candida albicans* strains. *Journal of Clinical Microbiology* **41,** 552−557.

Saukko, P. and Knight, B. (2004) *Knight's Forensic Pathology* 3rd edn. Hodder Arnold, London.

Saunders, D. S. (2000) Larval diapause duration and fat metabolism in three geographical strains of the blowf1y *Calliphora vicina*. *Journal of Insect Physiology* **46,** 509−517.

Saunders, D. S. and Hayward, S.A.L. (1998) Geographical and diapause-related cold tolerance in the blowfly Calliphora vicina. *Journal of Insect Physiology* **44,** 541−551.

Sauvageau, A. and Racette, S. (2007) Agonal sequences in a filmed suicidal hanging. Analysis of respirator and movement responses to asphyxia by hanging. *Journal of Forensic Sciences* **52,** 957−959.

Schmidt, U. and Pollak, S. (2006) Sharp force injuries in clinical forensic medicine − findings in victims and perpetrators. *Forensic Science International* **159,** 113-118.

Schmitt, A. and Murail, P. (2004) Is the first rib a reliable indicator of age at death assessment? Test of the method developed by Kunos *et al*. (1999) *Homo* **54,** 207−214.

Schneider, P.M. *et al*. (1999) Forensic mtDNA hair analysis excludes a dog from having caused a traffic accident. *International Journal of Legal Medicine* **112,** 315−316.

Schroeder, H. *et al*. (2003). Use of PCR-RFLP for differentiation of calliphorid larvae (Diptera, Calliphoridae) on human corpses. *Forensic Science International* **132,** 76−81.

Schroeder, H. *et al*. (2002). Larder beetles (Coleoptera, Dermestidae) as an accelerating factor for decomposition of a human corpse. *Forensic Science International* **127,** 231−236

Schudel, D. (2001) Screening for canine spermatozoa. *Science and Justice* **41,** 117−119.

Schumm. J.W. *et al*. (2004) Robust STR multiplexes for challenging casework samples. *Progress in Forensic Genetics ICS* **1261,** 547−549

Scott, S. and Duncan, C. (2004) *Return of the Black Death: the World's Greatest Serial Killer*. Wiley, Chichester, UK.

Sedley, S. (2005) Short cuts. *London Review of Books* 27.

Selavka, C.M. (1991) Poppy seed ingestion as a contributing factor to opiate-positive urinalysis results: the Pacific perspective. *Journal of Forensic Science* **36,** 685−696.

Shankar, K. *et al*. (2005) Quantification of ricin concentration in aqueous media. *Sensors and Actuators B: Chemical* **107,** 640−648.

Sharp, D. (1997) Infrared reveals the 'iceman's' adipocere. *The Lancet* **350,** 191.

Shepherd, R. (2003) *Simpson's Forensic Medicine* 12th edn Hodder Arnold, London.

Sherman, R.A. and Tran, J.M.T. (1995) A simple, sterile food source for rearing the larvae of *Lucilia sericata* (Diptera: Calliphoridee). *Medical and Veterinary Entomology* **9,** 393−398.

SHibuya, E.K. *et al*. (2006) Sourcing Brazilian marijuana by applying IRMS analysis to seized samples. *Forensic Science International* **160,** 35−43.

Shyu, H.F. *et al*. (2002) Colloidal gold-based immunochromatographic assay for detection of ricin. *Toxicon* **40,** 255−258.

Sidari, L. *et al*. (1999) Diatom test with Soluene-350 to diagnose drowning in sea water. *Forensic Science International* **103,** 61−65.

Sigee, D.C. *et al*. (2002) Fourier-transform infrared spectroscopy of *Pediastrum duplex*: characterization of a micro-population isolated from a eutrophic lake. *European Journal of Phycology* **37,** 19−26.

Simpson, E.K. *et al*. (2007) Role of orthopaedic implants and bone morphology in the identification of human remains. *Journal of Forensic Sciences* **52,** 442−448.

Sims, R.W. and Gerard, B.M. (1985) *Earthworms*. Synopses of the British Fauna. 31. E.J. Brill/Dr. W. Backhuys, London, UK.

Singh, R.R. *et al*. (2003) Application of X-ray diffraction to characterize ivory, antler and rhino horn: implications for wildlife forensics. *Forensic Science International* **136,** 376−377.

Sinha, S.K. *et al*. (2003) Development and validation of a multiplexed Y-chromosome STR genotyping system, Y-PLEX™6, for forensic casework. *Journal of Forensic Sciences* **48,** 93−103.

Skidmore, P. (1985) *The Biology of the Muscidae of the World*. Dr W. Junk Publishers.

Skinner, M. and Dupras, T. (1993) Variation in birth timing and location of the neonatal line in human enamel. *Journal of Forensic Sciences* **38,** 1383−1390.

Skopp, G. (2004) Preanalytical aspects in post-mortem toxicology. *Forensic Science International* **142,** 75−100.

Slone, D.H. and Gruner, S.V. (2007) Thermoregulation in larval aggregations of carrion feeding blow flies (Diptera: Calliphoridae). *Journal of Medical Entomology* **44,** 516−523.

Smith, K.E. and Wall, R. (1988) Estimates of population density and dispersal in the blowfly *Lucilia sericata* (Diptera: Calliphoridae). *Bulletin of Entomological Research* **88,** 65−73.

Smith, K.G.V. (1986) *A Manual of Forensic Entomology*. British Natural History Museum.

Smith, L.M. and Burgoyne, L.A. (2004) Collecting, archiving and processing DNA from wildlife samples using FTA® databasing paper. BMC Ecology. www.biomedcentral.com/1472−6785/4/4

Sodhi, G.S. and Kaur, J. (2001) Powder method for detecting latent fingerprints: a review. *Forensic Science International* **120,** 172−176.

Spalding, K. *et al*. (2005) Age written in teeth by nuclear tests. *Nature* **437,** 333−334.

Sperry, K. (1991) Tattoos and tattooing. Part 1: History and methodology. *American Journal of Forensic Medicine and Pathology* **12,** 313−319.

Spiers, E.M. (1975) The use of the dum dum bullet in colonial warfare. *Journal of Forensic Imperial and Commonwealth History* **4,** 3−14.

Stacey, R.B. (2004) Report on the erroneous fingerprint individualization in the Madrid train bombing case. *Journal of Forensic Identification* **54,** 706−718.

Stanley, E.A. (1992) Application of palynology to establish the provenance and travel history of illicit drugs. Microscope **40,** 149−152.

Steadman, D.W. and Worne H. (2007) Canine scavenging of human remains in an indoor setting. *Forensic Science International* **173,** 78−82.

Strlling, M.A. and van det Peijl, G.J.Q. (2003) Analytical chemical tools in wildlife forensics, *Forensic Science International* **136,** 381−382.

Stephan. C.N. and Henneberg, M. (2001) Building faces from dry skulls: are they recognized above chance rates?

Journal of Forensic Science **46,** 432−430.

Stephens, P.J. and Taff, M.L. (1987) Rectal impaction following enema with concrete mix. *American Journal of Forensic Medicine and Pathology* **8,** 179−182.

Stoermer, E.F. and Smol, J.P. (2001) *The Diatoms: Applications for the Earth and Environmental Sciences*. Cambridge University Press.

Stroud, R.K. (1998) Wildlife forensics and the veterinary practitioner. *Seminars in Avian and Exotic Pet Medicine* **7,** 182−192.

Sukontason, K. *et al*. (2004) Identification of forensically important fly eggs using potassium permanganate staining technique. *Micron* **35,** 391−395.

Swango, K.L. *et al*. (2006) A quantitative PCR assay for the assessment of DNA degradation in forensic samples. *Forensic Science International* **158,** 14−26.

Swift, B. and Rutty, G.N. (2003) The human ear: its role in forensic practice. *Journal of Forensic Sciences* **48,** 153−160.

Swift, B. *et al*. (2001) An estimation of the post-mortem interval in human skeletal remains: a radionucleotide and trace element approach. *Forensic Science International* **117,** 73−87.

Sykes, L.N. *et al*. (1988) Dum-dums, hollow-points, and devastators − techniques designed to increase wounding potential of bullets. *Journal of Trauma-Injury Infection and Critical Care* **28,** 618−623,

Szpila, K. *et al*. (2008). Morphology of the first instar of Calliphora vicina, Phormia regina, and *Lucilia illustris* (Diptera, Calliphoridae). *Medical and Veterinary Entomology* **22,** 16−25.

Tahtouh, M. *et al*. (2007) The application of infrared chemical imaging to the detection and enhancement of latent fingerprints: method optimization and further findings. *Journal of Forensic Sciences* **52,** 1089−1096.

Tailby, R. and Gant, F. (2002) The illegal market in Australian abalone. *Trends and Issues in Crime and Criminal Justice*. Number 225. Canberra: Australian Institute of Criminology.

Taylor, J.J. (1994) Diatoms and drowning - a cautionary case note. *Medicine, Science, and the Law* **34,** 78−79.

Teletchea, F. *et al*. (2005) Food and forensic molecular identification: update and challenges. *Trends in Biotechnology* **23,** 359−366.

Thali, M.J. *et al*. (2003) Bite mark documentation and analysis: the forensic 3D/CAD supported photogrammetry approach. *Forensic Science International* **135,** 115−121.

Thompson, W.G. and Schumann, E.L. (1987) Interpretation of statistical evidence in criminal trials: the prosecutor's fallacy and the defense attorney's fallacy. *Law and Human Behavior* **11,** 167−187.

Tibbett, M. *et al*. (2004) A laboratory incubation method for determining the rate of microbial degradation of skeletal muscle tissue in soil. *Journal of Forensic Science* **49,** 1−6

Tobe, S.S. *et al*. (2007a) Evaluation of six presumptive tests for blood, their specificity, sensitivity, and effect on high molecular weight DNA. *Forensic Science International* **52,** 102−109.

Tobe, S.S. *et al*. (2007b) Successful DNA typing og a drug positive urine sample from a race horse. *Forensic Science International* **173,** 85-86

Tomberlin J.K. *et al*. (2005) Black soldier fly (Diptera: Strationmyidae) colonization of pig carrion in south Georgia. *Journal of Forensic Science* **50,** 152−153.

Torok, T.J. *et al*. (1997) A large community outbreak of salmonellosis caused by intentional contamination of restaurant salad bars. *Journal of American Medicine Association* **278,** 389-395.

Tracqui, A. *et al*. (1998) Suicidal hanging resulting in complete decapitation: a case report. *International Journal of Legal Medicine* **112,** 55−57.

Tracqui, A. *et al*. (2004). Entomotoxicology for the forensic toxicologist: much ado about nothing? *International*

Journal of Legal Medicine **118,** 194−196.

Tranvik, L.J. (1997) Rapid fluorimetric assay of bacterial density in lake water and sea water. *Limmology and Oceanography* **42,** 1629−1634.

Trotter, M. (1970) Estimation of stature from intact long limb bones. In. Stewart, T.D. (ed.) *Personal Identification in Mass Disasters*. Smithsonian Institution Press, Washington, DC.

Tsokos, M. and Puschel, K. (2001) Postmortem bacteriology in forensic pathology: diagnostic value and interpretation. *Legal Medicine* **3,** 15−22.

Tsokos, M. *et al*. (1999) Skin and soft tissue artefacts due to postmortem damage caused by rodents. *Forensic Science International* **104,** 47−57.

Tully, G. (2007) Genotype versus phenotype: human pigmentation. *Forensic Science International*: *Genetics* **1,** 105−110.

Tun, Z. *et al*. (1999) Simultaneous detection of multiple STR loci on sex chromosomes for forensic testing of sex and identity. *Journal of Forensic Sciences* **44,** 772−777.

Tuniz, C. *et al*. (2004) Sherlock Holmes counts the atoms. Nuclear Instruments and *Methods in Physics Research. B.* **213,** 469−475.

Turner, C. G. and Turner, J.A. (1999) *Man Corn*: *Cannibalism and Violence in the American Southwest*. University of Utah Press, Salt Lake City, USA.

Ubelaker, D. H. and Buchholz, B.A. (2006) Complexities in the use of bomb-curve radiocarbon to determine time since death of human skeletal remains. Forensic Science Communications [Online] http://www.fbi.gov/hq/lab/fsc/backissue/jan2006/research/2006_01_research01.htm

Ullyett, K. (1963) *Crime out of Hand*. Michael Joseph, London, UK.

Van Oorschot, R.A.H. *et al*. (2005) Beware of the possibility of fingerprinting techniques transferring DNA. *Journal of Forensic Sciences* **50,** 1417−1422.

Vandenberg, N. and van Oorschot, R.A.H. (2002) Extraction of human nuclear DNA from feces samples using the QIAamp DNA Stool Mini Kit. *Journal of Forensic Sciences* **47,** 99−-995.

Vanezis, P. *et al*. (2000) Facial reconstruction using 3-D computer graphics. *Forensic Science International* **08,** 81−95.

VanLaerhoven, S.L. and Anderson, G.S. (1999) Insect succession on buried carrion in two biogeoclimatic zones of British Colombia. *Journal of Forensic Sciences* **44,** 32−43.

Vardy, S. and Uwins, P. (2002) Fourier transform infrared microspectroscopy as a tool to differentiate *Nitzschia closterium* and *Nitzschia longisisima*. *Applied Spectroscopy* **56,** 1545−1548.

Varetto, L. and Curto, O. (2004) Long persistence of rigor mortis at constant low temperature. *Forensic Science International* **147,** 31−34.

Varnam, A. and Sutherland, J.M. (1995) *Meat and Meat Products: Technology, Chemistry and Microbiology*. Springer.

Vass A.A. *et al*. (2002) Decomposition chemistry of human remains: a new methodology for determining postmortem interval. *Journal of Forensic Science* **47,** 542−553.

Vege, A *et al*. (1994) Vitreous humor hypoxznthine level in SIDS and infectious death. *Acta Paediatrica* **83,** 634−639.

Villain, A. *et al*. (2004) Windows of detection of zolpidem in urine and hair: application of drug facilitated sexual assaults. *Forensic Science International* **143,** 157−161.

Vintiner, S.K. *et al*. (1992) Alleged sexual violation of a human female by a rottweiler dog. *Journal of the Forensic Science society* **32,** 357−362.

Wang, J. (2000) From DNA biosensors to gene chips. *Nucleic Acid Research* **28,** 3011−3016

Ward, D.W. *et al*. (2005) DNA barcoding Australian fish species. *Philosophical Transactions of the Royal Society. Biological Sciences* **360,** 1847−1857.

Ward, J. *et al*. (2005) Molecular identification system for grasses: a novel technology for forensic botany. *Forensic Science International* **152,** 121−131.

Wasser, S.K. *et al*. (2007) Using DNA to track the origin of the largest ivory seizure since the 1983 trade ban. *Proceedings of the National Academy of Sciences* **104,** 4228−4233.

Watkins, W.S. *et al*. (2003) Genetic variation among world populations: inferences from 100 Alu insertion polymorphisms. *Genome Research* **13,** 1607−1618.

Wedel, V.L. (2007) Determination of season death using dental cementum increment analysis. *Journal of Forensic Sciences* **52,** 1334−1337.

Weir, B.S. (2007) The rarity of DNA profiles. *The Annals of Applied Statistics* **1,** 358−370.

Weitzel, M.A. (2005) A report of decomposition rates of a special burial type in Edmonton, Alberta from an experimental field study. *Journal of Forensic Sciences* **50,** 641−647.

Wells, J.D. and King, J. (2001) Incidence of precocious egg development in flies of forensic importance (Calliphoridae). *Pan-Pacific Entomologist* **77,** 235−239.

Wells, J.D. and Stevens, J.R. (2008) Application of DNA-based methods in forensic entomology. *Annual Review of Entomology* **53,** 103−120.

Wells, J.D. *et al*. (2007) Phylogenetic analysis of forensically important *Lucilia* flies based on cytochrome oxidase I: a cautionary tale for forensic species determination. *International Journal of Legal Medicine* **121,** 229−233.

Wheelis, M. and Sugishima, M. (2006) Terrorist use of biological weapons. In. M. Wheelis *et al*. (eds) *Deadly Cultures*. pp. 284−303. Harvard University Press. Massachusetts, USA.

Wheelis, M. *et al*. (2006) *Deadly Cultures*. Harvard University Press. Massachusetts, USA.

Whittaker, D.K. (1995) Forensic dentistry in the identification of victims and assailants. *Journal of Clinical Forensic Medicine* **2,** 145−151.

Whitwell, H.L. (2003) Reforming the coroner's service. *British Medical Journal* **327,** 175−176.

Wilkinson, C. (2004) *Forensic Facial Reconstruction*. Cambridge University Press, Cambridge, UK.

Will, K.W. and Rubinoff, D. (2004) Myth of the molecule: DNA barcodes for species cannot replace morphology for identification and classification. *Cladistics* **20,** 47−55.

Willey, P. and Heilman, A. (1987) Estimating time since death using plant roots and stems. *Journal of Forensic Sciences* **32,** 1264−1270.

Williams, M.C. (1996) Forensic examination of a mouse allegedly found in a previously sealed can of milk stout. *Forensic Science International* **82,** 211−215.

Willis, C. *et al*. (2001) Errors in the estimation of the distance of fall and angles of impact blood drops. *Forensic Science International* **123,** 1−4.

Willott, G.M. and Allard, J.E. (1982) Spermatozoa: their persistence after sexual intercourse. *Forensic Science International* **26,** 125−128

Wiltshire, R.E.J. (2006a) Hair as a source of forensic evidence in murder investigations. *Forensic Science International* **163,** 241−248

Wiltshire, R.E.J. (2006b) Consideration of some taphonomic variables of relevance to forensic palynological investigation in the United Kingdom. *Forensic Science International* **163,** 178−182.

Wiltshire, R.E.J. and Black, S. (2006) The cribiform approach to the retrieval of **playnological** evidence form the turbinates of murder vicitims. *Forensic Science International* **163,** 224−230.

Winn, W. *et al*. (2006) *Koneman's Color Atlas and Textbook of Diagnostic Microbiology*. 6th edition. Lippincott Williams and Wilkins. Baltimore, USA.

Withrow, A.G. *et al*. (2003) Extraction and analysis of human nuclear and mitochondrial DNA from electron beam irradiated envelopes. *Journal of Forensic Science* **48,** 1302−1308.

Wolodarsky-Franke, A. and Lara, A. (2005) The role of 'forensic' dendrochronology in the conservation of alerce (*Fitzroya cupressoides* ((Molina) Johnston)) forests in chile. *Dendrochronologia* **22,** 235−240.

Wooldridge, J. *et al.* (2007) Flight activity of the blowflies *Calliphora vomitoria* and *Lucilia sericata* in the dark. *Forensic Science International* **172,** 94−97.

Wyss, C. and Cherix, D. (2004) Murder followed by suicide in a forest: what could be learned from a comparative field experiment. *Proceedings of the 2nd Meeting of the European Association for Forensic Entomology*. London, UK, 29−30 March, 2004.

Wyss, C. and Cherix, D. (2002) Beyond the limits, the case of *Calliphora* species (Diptera, Calliphoridae). *Proceedings of the 1st Meeting of the European Association for Forensic Entomology*. Rosny Sous Bois, France, 28−30 May, 2002.

Yajima, D. *et al*. (2006) Ethanol production by Candida albicans in post-mortem human blood samples: effects of blood glucose level and dilution. *Forensic Science International* **164,** 116−121.

Yamamoto, M. *et al*. (2000) Forensic study of sex determination using PCR on teeth samples. *Acta Medica Okayama* **54,** 21−32.

Zala, K. (2007) Dirty science: soil forensics digs into new techniques. *Science* **318,** 386−387.

Zhu, G.H. *et al*. (2007) Puparial case hydrocarbons of *Chrysomya megacaphala* as an indication of the post-mortem interval. *Forensic Science International* **169,** 1−5.

Zuccato, E. *et al*. (2005) Cocaine in surface waters: a new evidence-based tool to monitor community drug abuse. *Environmental Health: A Global Access Science* **14,** 4−14.

Zumpt, F. (1965) *Myiasis in Man and Animals in the Old World*. Butterworths, London, UK.

영문 찾아보기

한글 찾아보기

Essential Forensic Biology, Second Edition Alan Gunn